“十二五”职业教育国家规划教材
经全国职业教育教材审定委员会审定

服装工艺

（第3版）

张繁荣　主　编
刘　锋　副主编

中国纺织出版社

内　容　提　要

本书是“十二五”职业教育国家规划教材，目前已是第3版。本书讲解了服装基础工艺和装饰工艺，对与服装工艺密切相关的服装材料和服装结构进行了详细阐述，以大量案例形式分品类从款式、结构、放缝、排料到缝制工艺全面讲解裙装、衬衫、裤装、西服、夹克的制图及缝制过程。书后附服装缝制工艺常用名词术语解释。

本书内容全面、重点突出、图文并茂、易学实用，适合高等教育服装专业学生学习参考，也可供服装企业技术人员、设计人员阅读学习。

图书在版编目（CIP）数据

服装工艺/张繁荣主编．—3版．—北京：中国纺织出版社，2017.5（2022.9重印）
“十二五”职业教育国家规划教材
ISBN 978-7-5180-3406-2

Ⅰ．①服…　Ⅱ．①张…　Ⅲ．①服装工艺—高等职业教育—教材　Ⅳ．①TS941.6

中国版本图书馆CIP数据核字（2017）第064998号

责任编辑：张晓芳　　特约编辑：张　棋　　责任校对：楼旭红
责任设计：何　建　　责任印制：何　建

中国纺织出版社出版发行
地址：北京市朝阳区百子湾东里A407号楼　邮政编码：100124
销售电话：010－67004422　传真：010—87155801
http：//www.c-textilep.com
中国纺织出版社天猫旗舰店
官方微博 http：//weibo.com/2119887771
三河市宏盛印务有限公司印刷　　各地新华书店经销
2002年3月第1版　2012年5月第2版
2017年5月第3版　2022年9月第13次印刷
开本：787×1092　1/16　印张：23
字数：402千字　定价：48.00元（附网络教学资源）

出版者的话

百年大计，教育为本。教育是民族振兴、社会进步的基石，是提高国民素质、促进人的全面发展的根本途径，寄托着亿万家庭对美好生活的期盼。强国必先强教。优先发展教育、提高教育现代化水平，对实现全面建设小康社会奋斗目标、建设富强民主文明和谐的社会主义现代化国家具有决定性意义。教材建设作为教学的重要组成部分，如何适应新形势下我国教学改革要求，与时俱进，编写出高质量的教材，在人才培养中发挥作用，成为院校和出版人共同努力的目标。2012 年 12 月，教育部颁发了教职成司函［2012］237 号文件《关于开展"十二五"职业教育国家规划教材选题立项工作的通知》（以下简称《通知》），明确指出我国"十二五"职业教育教材立项要体现锤炼精品，突出重点，强化衔接，产教结合，体现标准和创新形式的原则。《通知》指出全国职业教育教材审定委员会负责教材审定，审定通过并经教育部审核批准的立项教材，作为"十二五"职业教育国家规划教材发布。

2014 年 6 月，根据《教育部关于"十二五"职业教育教材建设的若干意见》（教职成［2012］9 号）和《关于开展"十二五"职业教育国家规划教材选题立项工作的通知》（教职成司函［2012］237 号）要求，经出版单位申报，专家会议评审立项，组织编写（修订）和专家会议审定，全国共有 4742 种教材拟入选第一批"十二五"职业教育国家规划教材书目，我社共有 40 种教材被纳入第一批"十二五"职业教育国家规划。为在"十二五"期间切实做好教材出版工作，我社主动进行了教材创新型模式的深入策划，力求使教材出版与教学改革和课程建设发展相适应，充分体现教材的适用性、科学性、系统性和新颖性，使教材内容具有以下几个特点：

（1）坚持一个目标——服务人才培养。"十二五"职业教育教材建设，要坚持育人为本，充分发挥教材在提高人才培养质量中的基础性作用，充分体现我国改革开放 30 多年来经济、政治、文化、社会、科技等方面取得的成就，适应不同类型高等学校需要和不同教学对象需要，编写推介一大批符合教育规律和人才成长规律的具有科学性、先进性、适用性的优秀教材，进一步完善具有中国特色的职业教育教材体系。

（2）围绕一个核心——提高教材质量。根据教育规律和课程设置特点，从提高学生分析问题、解决问题的能力入手，教材附有课程设置指导，并于章首介绍本章知识点、重点、难点及专业技能，增加相关学科的最新研究理论、研究热点或历史背景，章后附形式多样的习题等，提高教材的可读性，增加学生学习兴趣和自学能力，提升学生科技素养和人文素养。

（3）突出一个环节——内容实践环节。教材出版突出应用性学科的特点，注重理论与生产实践的结合，有针对性地设置教材内容，增加实践、实验内容。

（4）实现一个立体——多元化教材建设。鼓励编写、出版适应不同类型高等学校教学需要的不同风格和特色教材；积极推进高等学校与行业合作编写实践教材；鼓励编写、出版不同载体和不同形式的教材，包括纸质教材和数字化教材，授课型教材和辅助型教材；鼓励开发中外文双语教材、汉语与少数民族语言双语教材；探索与国外或境外合作编写或改编优秀教材。

教材出版是教育发展中的重要组成部分，为出版高质量的教材，出版社严格甄选作者，组织专家评审，并对出版全过程进行过程跟踪，及时了解教材编写进度、编写质量，力求做到作者权威，编辑专业，审读严格，精品出版。我们愿与院校一起，共同探讨、完善教材出版，不断推出精品教材，以适应我国职业教育的发展要求。

中国纺织出版社
教材出版中心

第3版前言

服装工艺是服装专业的主干课程之一，重在实践。近年来，服装新材料的研发成果广泛应用于服装的面料与辅料，缝制设备的专业化、智能化水平大为提高，服装制作工艺也在向着机械化、自动化、智能化的方向发展。因此，目前服装行业需要大量的新型专业技术人才，要求具备针对新材料、新设备进行工艺设计及组织生产的能力，能够解决实际问题。所以高等院校在培养学生时，应该适应行业需求，注重专业知识的更新，加强实践环节的培养和训练。

作为专业教材，本书也力求做到与时俱进。第一版于2002年出版，历时10年，很大部分内容已经不能适应当前的教学要求，2011年应约进行再版修订，主体内容仍包括基础工艺和八大件成衣工艺两大部分，具体内容大面积更新，编排由易到难，部件及部件工艺对应分散在每一章，独立为一节，既增强了应用的针对性又不影响成衣工艺的整体性，体系更加合理、完善，经过7位老师的精心工作，第二版于2012年出版。

2013年8月，本教材经教育部职业教育与成人教育司遴选，立项为“十二五”职业教育国家规划教材，进行第三次修订。这次修订保留了第二版的基本体系及主要内容，基础部分新增内容主要是在第一章中增加了平缝机主要构件的说明，并介绍了各种常见的专用压脚，体现主体设备的“多功能”性；在第三章中增加了新型面料及辅料；在第四章中增加了缝制模板技术的简介，并在成衣工艺部分作了相应的应用说明。

成衣部分首先是更新和完善了每章节的结构图，以原型制图法为主；其次在部件工艺中更新了部分工艺，补充了部分图示，细化了操作说明；对应款式及工艺要求调整了部分工艺流程框图，工艺顺序更加明确、合理；缝制工艺说明也作了更新。

本教材由太原理工大学教师编写，张繁荣任主编，刘锋任副主编。其中第一章、第四章、第九章及附录由刘锋编写；第二章由卢致文编写，第三章由郭启微编写；第五章、第七章由吴改红编写；第六章由刘淑强编写；第八章由许涛编写。作为大专院校的专业教材，本书也适用于广大服装从业人员和爱好者自学。为了方便教学，本次修订增加了配套的课件。

本书编写过程中，参考了许多著作、论文及网络资料与图片，在此一并表示感谢。

由于水平有限，时间紧张，教材中难免有疏漏和不妥之处，敬请批评指正。

编者

2017年1月

第2版前言

本书在出版十年之际再版，修订后共分九章。其中，前四章为基础部分，内容重新整合，并细化了操作说明，增加了“服装材料基础”部分，为成衣制作前的备料提供参考；增加了“服装结构与成衣工艺基础”部分，规范了制板与缝制过程。

后五章为成衣制作部分，在原有款式的基础上，第五章增加了低腰育克裙，第七章增加了牛仔裤，基本涵盖了常用服装品类，编排顺序根据制作工艺由易到难，更加科学、合理。部位及部件工艺拆解分散于各章中，增加应用的针对性及连贯性。每章节的款式及结构图都进行了更新，以原型制图法为主；样板制作部分强调了规范性与可操作性；增加了工艺流程框图，工艺顺序更加明确；缝制工艺说明基于新设备、新技术、新材料，采用新方法，尤其在第七章男裤制作工艺、第八章及第九章中体现充分。

本教材由刘锋任主编，其中第一章、第四章、第五章第五节、第八章第一节、第二节和第四节、附录由刘锋编写；第二章由张繁荣编写；第三章由闫承花编写；第五章第一节至第四节、第七章由吴改红编写；第六章由刘淑强编写；第八章第三节、第九章由许涛编写。本书可以作为大专院校的专业教材，也适用于广大服装从业人员和爱好者自学。

由于本人水平有限，时间紧张，教材中难免有疏漏和不妥之处，敬请批评指正。

刘锋

2011年11月

第1版前言

按照教育部“面向21世纪教育振兴行动计划”，全国纺织教育学会组织各专业教学指导委员会编写了纺织服装类21个重点专业的指导性教学计划和教学大纲。

专业指导委员会根据教育部审定通过的专业教学改革方案和指导性计划以及对课程安排、课时、教学内容的要求，组织最有权威和有丰富教学经验的教师编写了此套教材。

本套教材内容丰富，充分反映生产实际中的新知识、新技术、新工艺和新方法，注意文化基础课和专业课的衔接，注意按不同工种、不同技能和不同层次提出要求，按“基础模块”、“选用模块”、“实践教学模块”等部分编写，在教学上有较大的灵活性和适用性，便于全国各地学校根据教学的具体情况加以选用。本书目录中凡有“*”处均为教学选用内容。

本书的编写由张繁荣组织，刘锋、许涛执笔。书中第一至第四章，第五章中的第一至第四节、第五节的简做部分、第六节、第十节由刘锋编写；第五章中的第五节精做部分、第七至第九节、第十一节由许涛编写。在编写过程中，由于时间有限，难免有疏漏、不当之处，望广大同行、读者朋友批评指正。本书的编写得到了霍永亮先生的大力协助，在此表示衷心的感谢！

全国纺织教育学会教材编辑出版部

《服装工艺》教学内容及课时安排

章/课时	课程性质	节	课程内容
第一章 （16 课时）	技术理论与 专业技能		·基础工艺
		一	手缝工艺
		二	机缝工艺
		三	熨烫工艺
第二章 （8 课时）			·装饰工艺
		一	手缝装饰工艺
		二	机缝装饰工艺
第三章 （2 课时）	基础理论与 专业知识		·服装材料基础
		一	面料
		二	里料及絮填料
		三	衬料
		四	其他辅料
第四章 （4 课时）			·服装结构与成衣工艺基础
		一	人体测量与号型系列
		二	服装结构基础
		三	成衣工艺基础
第五章 （32 课时）	实践训练与 技术理论		·裙装缝制工艺
		一	裙装部件与部位工艺
		二	直身裙缝制工艺
		三	低腰育克裙缝制工艺
		四	连衣裙缝制工艺
		五	旗袍缝制工艺
第六章 （32 课时）			·衬衫缝制工艺
		一	衬衫部件与部位工艺
		二	女衬衫缝制工艺
		三	男衬衫缝制工艺
第七章 （48 课时）			·裤装缝制工艺
		一	裤装部件与部位工艺
		二	女西裤缝制工艺
		三	男西裤缝制工艺
		四	牛仔裤缝制工艺
第八章 （64 课时）			·西服缝制工艺
		一	西服部件与部位工艺
		二	女西服缝制工艺
		三	男西服缝制工艺
		四	西服马甲缝制工艺
第九章 （24 课时）			·夹克与大衣缝制工艺
		一	夹克与大衣部件与部位工艺
		二	夹克缝制工艺
		三	大衣缝制工艺

注 各院校可根据本校的教学特色和教学计划对课程时数进行调整。

目录

技术理论与专业技能——

基础工艺

课题名称： 基础工艺

课题内容： 手缝工艺

机缝工艺

熨烫工艺

课题时间： 16 学时

教学目的： 通过基础工艺的学习，使学生掌握服装缝制的基本技术。理论联系实际，提高动手能力；掌握服装缝制的基本手缝针法、机缝针法、熨烫技法等，为服装整体缝制奠定扎实的基础。

教学方式： 理论讲解、实物分析和操作示范相结合，根据教材内容及学生的具体情况灵活制定训练内容，加强基本理论和基本技能的教学，重视课后训练，并安排必要的练习作业。

教学要求： 1. 掌握重要手缝工艺针法。

2. 了解基本的缝纫设备和机缝线迹的种类、特点和用途。
3. 熟练操作平缝机与三线包缝机。
4. 掌握缝型的分类以及基本的机缝针法。
5. 掌握熨烫工艺基本技法。

第一章　基础工艺

服装基础工艺是服装由面料到成衣过程的基本手段和方法，主要内容包括手缝工艺、机缝工艺、熨烫工艺。

第一节　手缝工艺

✲课前准备

• 材料准备

白坯布：练习用布，幅宽160cm，长度40cm。

缝线：白棉线少量，小卷缝纫线1卷（颜色自选）。

扣子：直径2cm的四眼纽扣2粒（颜色自选）。

• 工具准备

备齐手缝常用工具（图1－1）。

手缝工艺在我国有着悠久的历史，因其很强的实用性而流传、发展至今。手缝工艺是服装工艺中不可或缺的基础内容。

一、基本工具与材料的选用

（一）工具与材料

手缝工艺的工具如图1－1所示。

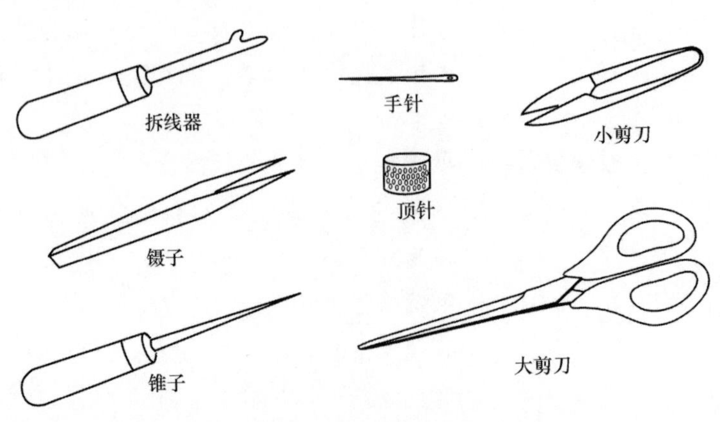

图1－1　手缝工具

1. 手针　手针又称缝针，是最简单的缝纫工具。缝针的规格用针号表示，针号表明针的粗细、长短。号小的针粗而长，号大的针细而短。常用的手针为6号、7号。使用手针时，需根据不同布料、不同技法及技术要求进行选择。不同号手针用途见表1－1。

表1－1　不同号手针的用途

针号	用途	针号	用途
1	帆布制品	7	一般薄料
2		8	
3	锁眼钉扣	9	丝绸制品
4		10	
5	一般毛料	11	软薄料刺绣
6		12	

2. 线　常见缝线的品种有棉线、丝线、毛线、混纺线及各种化纤线。各种缝线因质地、粗细不同用途也不同，选用时不仅要根据不同布料、针法及技术要求，还要根据手针的针号加以调整。普通棉坯布应选用6或7号针、普通粗棉线即可。

3. 剪刀　剪刀属必备工具。剪线头用小剪刀，裁布料需用专用大剪刀，剪扣眼时特别要求剪刀要锋利、有尖。

4. 其他工具　锥子、镊子、拆线器、顶针均为手缝工艺的辅助性工具。

（二）针线的使用

掌握手缝工艺首先要学会穿线、打结、捏针等正确的方法。

1. 穿针、引线　左手拇指与食指捏针，中指将针抵住，针孔一头露出约1cm；右手拇指与食指捏线，线头露出约1.5cm；两手相抵，把线穿入针孔后，右手顺势拉出，如图1－2（a）所示。

2. 打线结　线结分起针结和止针结，分别在开始缝纫和完成缝纫或线用完时打结，均为防止线头脱出。

（1）起针结：左（右）手捏针，右（左）手拇指与食指捏住线头拉直线，右（左）手先把线头在食指上绕一圈，然后拇指向前、食指向后搓，使线头卷入圈内，捋平，收紧线圈。要求线结光洁，大小适中，尽量少露线头。

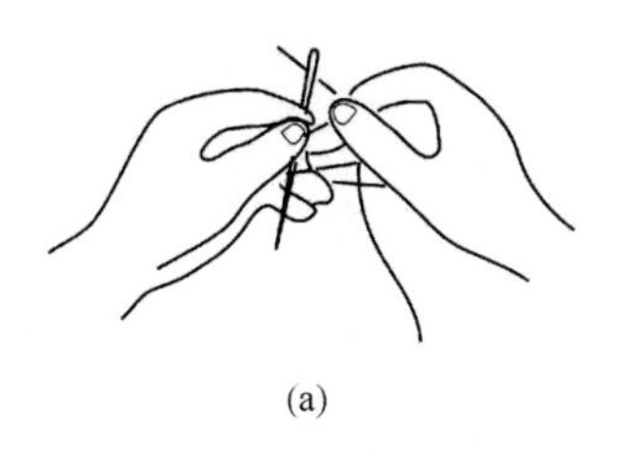

(a)

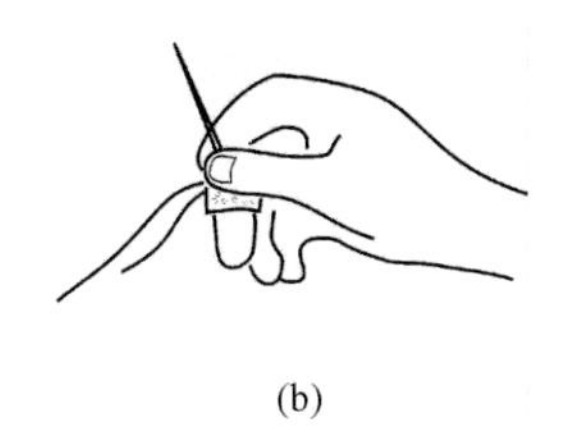

(b)

图1－2　针线的使用

（2）止针结：在止针点处将线甩成小圈（周长约3cm），左手拇指与食指捏住线圈，右手持针，从线圈中往复穿2～3次，左手拇指在止针处捋住线圈，右手将线拉紧即成。要求线结紧扣布面，并在原地回一针后将结拉入布层。

3. 捏针 右手拇指与食指捏住针杆中段，中指戴顶针抵住针尾，如图1－2（b）所示。

二、手缝针法

（一）拱针

拱针是手针练习的基本功，操作时，一上一下、自右向左顺向等间距运针（正反面线迹相同），如图1－3所示。主要用于袖口收细褶、袖山头吃势、两层衣片的临时缝合等。要求针距均匀，线迹大小根据工艺要求而定。

（二）打线丁

打线丁是用缝线在两层衣片上做上下对应的缝制标记，多见于毛料服装。打线丁时用双股白色粗棉线，沿划线拱针缝合，直线区域针距大，曲线部位针距小。一般位置打“一”字丁，转折或交点部位打“十”字丁。缝完后将浮线剪断，需要边抽线头边剪，每端留出约1.5cm余线；然后上下分层，将上层衣片与线迹方向平行掀开，当两层衣片间露出的线约1cm时从中间剪断，使两层衣片分离；修剪线头，留下0.2cm左右，拍毛，避免滑脱，如图1－4所示。

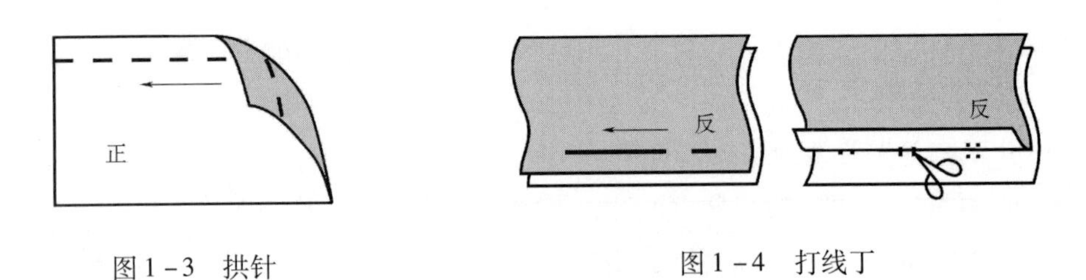

图1－3　拱针　　图1－4　打线丁

（三）回针

回针也称钩针或倒钩针，是向前缝一针再向后缝一针的循环针法。操作时进退结合，自左向右运针，如图1－5所示。一般用在高级毛料服装的领口、袖窿等受力部位，起加固作用。注意缝线不宜拉紧，使线迹有一定伸缩性。表面线迹成斜线，底面线迹呈细小点状。

（四）顺钩针

顺钩针是仿机器线迹的针法。操作时自右向左运针，进一针退半针，表面线迹前后相接呈直线状，底面线迹呈交互重叠状，如图1－6所示。要求针距相等，紧密相连。

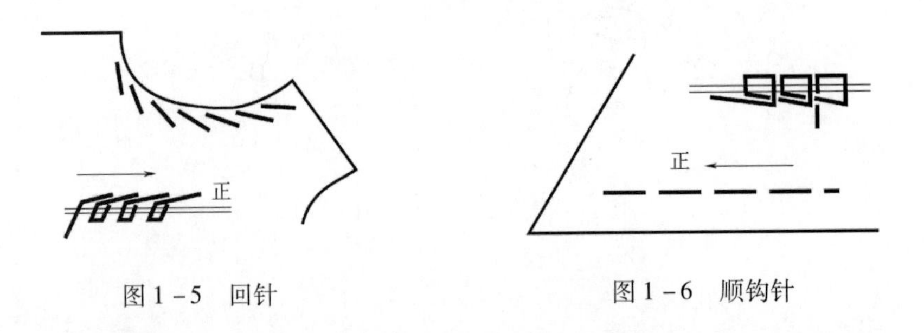

图1－5　回针　　图1－6　顺钩针

（五）缭针

缭针适用于真丝、呢料服装贴边的固定。操作时，针尖挑起衣片的两三根纱线后，斜向前由贴边下穿出，抽拉缝线时不宜过紧，如图 1－7 所示。要求线迹整齐，细密均匀，正面少露线迹。

（六）缲针

缲针分为明缲针和暗缲针。

1. 明缲针　主要用于中式服装和民族服装的贴边固定。操作时，将衣片大身沿贴边上口折转，使贴边止口露出少许，针尖在衣片上挑起几根纱线后，从贴边对应位置垂直穿出，如图 1－8 所示。要求线迹整齐，松紧适当，正面少露线迹。

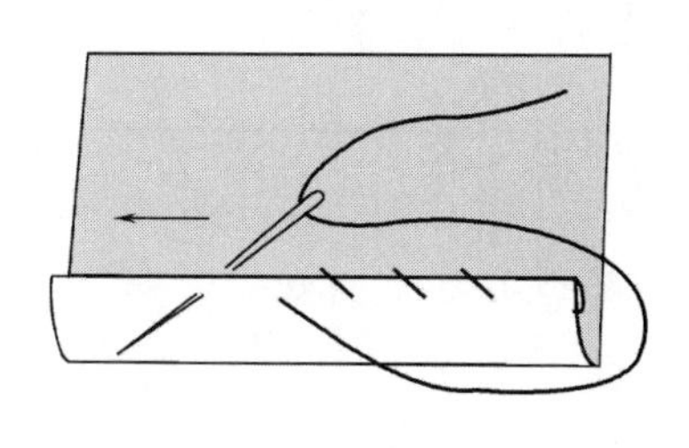

图 1－7　缭针

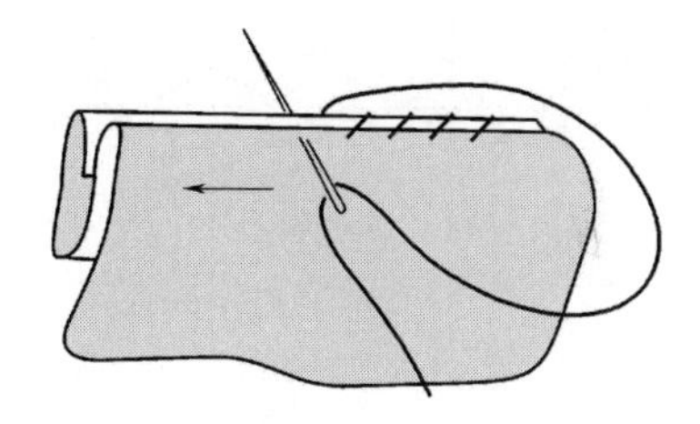

图 1－8　明缲针

2. 暗缲针　通常用于女式夹服、女呢大衣、两用衫的贴边固定。操作时，先用里布在贴边上滚出宕条，然后翻开宕条，针尖挑起面料几根纱线，再向前挑住贴边（不能扎穿贴边），如图 1－9 所示。要求线迹整齐，松紧适当，正面少露线迹。

（七）三角针

三角针也称黄瓜架、十字针，表面线迹呈“V”形，主要用于锁边后贴边的固定。操作时，从左端贴边内起针，斜向后退针，挑起衣片面料几根纱线；再斜向后退针，挑起贴边几根纱线，完成一组线迹，如图 1－10 所示。要求线迹整齐、均匀，密度适中，正面少露线迹。

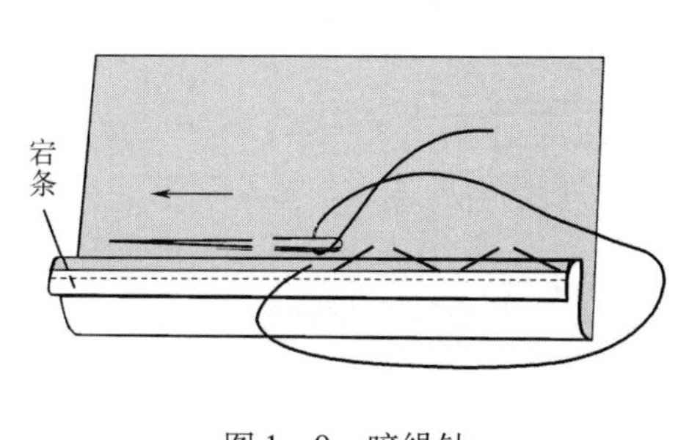

图 1－9　暗缲针

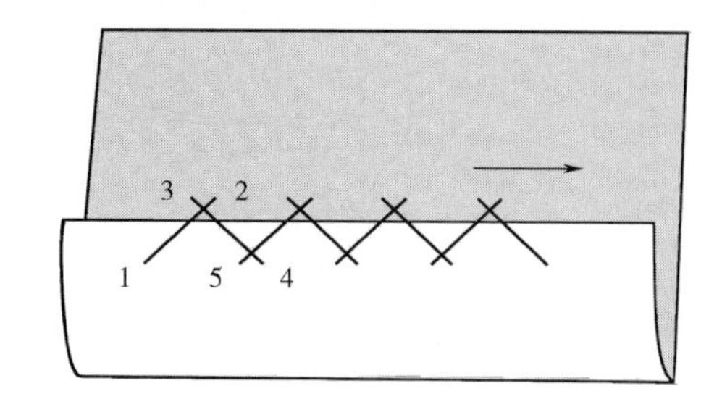

图 1－10　三角针

（八）花绷针

花绷针的操作方法与三角针相同，线迹呈“X”形，如图 1－11 所示。

（九）杨树花针

杨树花针是一种具有装饰性的针法，用于女装里子下摆贴边的固定。操作时，从右端起针，针针相套延续，每个方向的针数可以有一针、两针或三针。绷好的杨树花针呈“人”字形，如图1－12所示。要求每个“人”字大小相等，松紧适宜，布面平服。

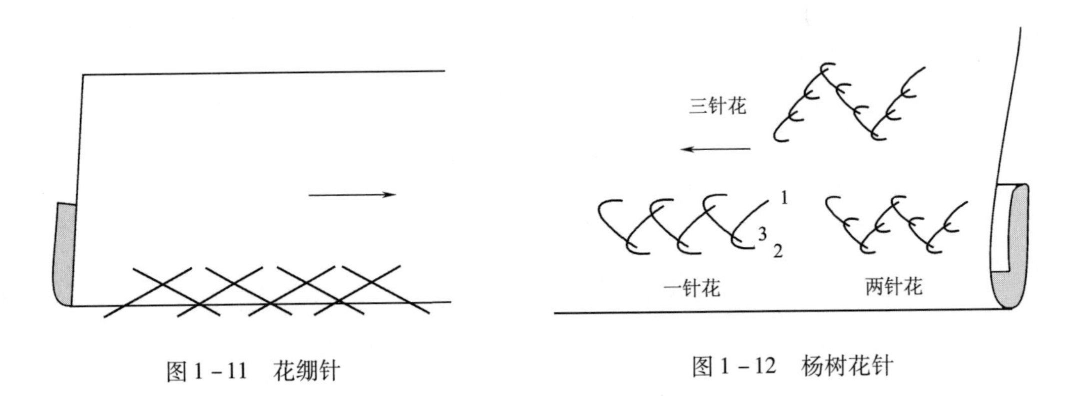

图1－11 花绷针　　图1－12 杨树花针

（十）锁针

锁针即锁扣眼针法。扣眼形状分平头眼（长方形）、圆头眼（火柴头形）两种。平头眼一般用在衬衫、内衣、童装上；圆头眼用于外套及横向开眼的夹衣、呢服、棉服装上。扣眼开在门襟上，习惯为“男左女右”，现在有些女装也采用左门襟。扣眼大小根据扣子大小而定，一般大于扣直径2～3mm。锁扣眼要求大小一致，整齐光洁，坚牢美观。

锁圆头眼步骤

（1）定位：确定位置时，应超出前中线3mm，按设计要求等距离作记号，扣眼大小必须一致。

（2）剪扣眼：先沿记号对折，剪开小口，然后打开向两端剪，超出中线部分剪出圆头，如图1－13（a）所示。

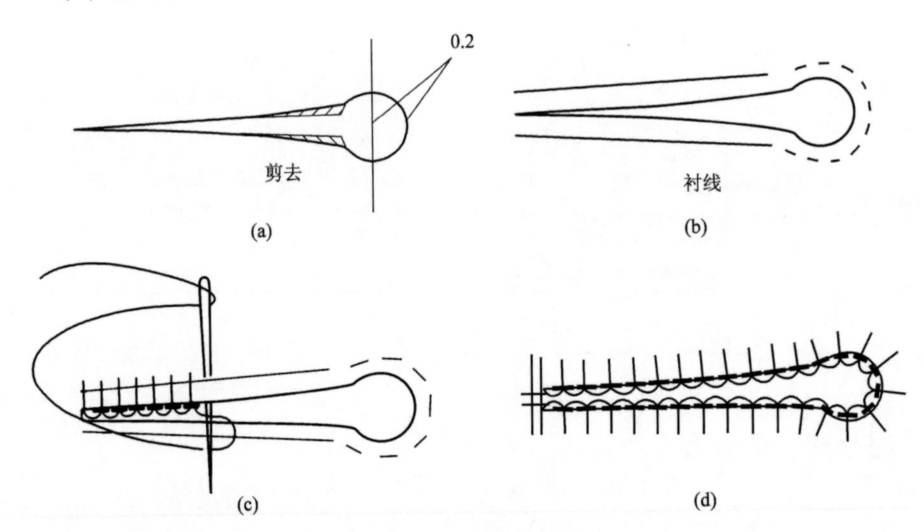

图1－13 锁圆头眼

（3）打衬线：衬线与扣眼平行，间距 3mm，由夹层中间起针，线不宜抽得太紧，要平直，如图 1－13（b）所示。打衬线一是为了加固扣眼边缘，二是为了上下层布料的平服。较薄门襟手锁眼或机锁眼常省略此步。

（4）锁眼：左手的食指和拇指捏牢扣眼尾端，食指在扣眼中间处撑开，然后针从衬线外侧入针、扣眼中间出针，随手把针尾引线套住针尖，出针后向右上方 45°方向拉线，形成第一个锁眼线迹。同样方法，针针密锁至圆头处，如图 1－13（c）所示。锁圆头时针法相同，只是每针拉线方向都要经过圆心。

（5）尾端封口：在尾端缝两条平行封线，并在封线上锁两针，将尾端封牢；针向反面穿出，打止针结，线结抽入夹层中隐藏，如图 1－13（d）所示。

（十一）钉针

钉针即钉扣针法。纽扣分实用扣和装饰扣两种。装饰扣只需平服地钉在衣服上，而实用扣要求绕有线柱。

实用扣缝钉步骤（图 1－14）

（1）定位：在扣位画出“十”字记号，穿好双股线，从正面点 *O* 处入针，线结留在正面，钉扣后必须被全部遮盖，正反面都要整洁。点 *A*、*B*、*C*、*D* 距离点 *O* 均为 2～3mm。

（2）缝扣：针从 *A* 处穿出，上下穿过两个纽孔后从 *B* 处入针，再从 *A* 处出针，往复四次（俗称四上四下），完成一组线迹；*C*、*D* 处完成另一组线迹。缝线顺序也可以是先 *AC* 后 *BD*，或者先 *AD* 后 *BC*，不同顺序使得扣表面的线迹不同。特别注意每次穿引线松量必须一致（略大于门襟厚度），便于绕线柱。

（3）绕线柱：绕线柱时由上而下，紧密缠绕，一般绕 6～8 圈，高度为 3～5mm，保证扣好纽扣后衣服平整、服帖。

（4）收针：在线柱底端打止针结，并将线结引入线柱内；然后针穿至布料反面，紧扣布面再打止针结，针再次穿至布料正面，将线结带入夹层后剪断线即可，保证反面整洁。

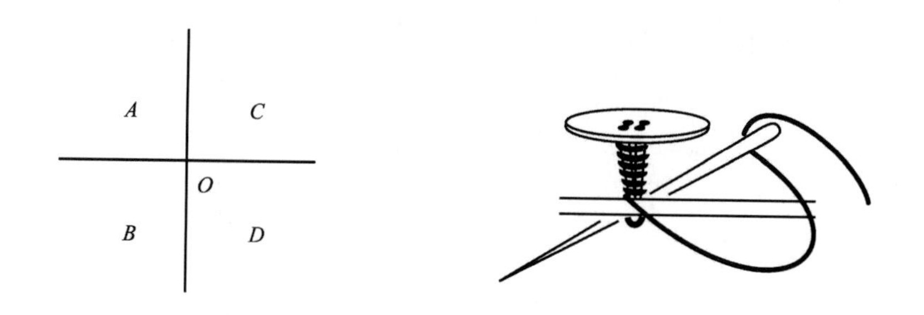

图 1－14　钉扣

（十二）拉线襻

常用的线襻有活线襻、梭子襻、双花襻等。

1. 活线襻　用于带活里服装下摆处面料贴边与里子的连接，也可在裙腰里侧作吊挂带，如图 1－15（a）所示。其操作步骤如下：由贴边摆缝反面起针，线结藏于夹层中，缝两针后留出线套；左手撑开线套，中指钩出下一个线套；右手配合左手拉线、放线，直到线襻满足长度要求，针从最后一个线套中穿出；在里子摆缝贴边对应位置缝两针固定，收针。

2. 梭子襻 在袖开衩处用作假扣眼，线迹一环扣一环，呈链状，如图1－15（b）所示。操作时由反面起针，留出线套；在出针点正上方约2mm处入针，斜向前约6mm出针，并压住线套，完成一组线迹；每次出（入）针点保持在同一条直线上，且距离相等，线迹成直线状，也可以根据要求调整线迹走向；收针时，出针后跨过线套同一点入针，反面打结即可。

3. 双花襻 用于驳头的插花眼。操作时，首先在确定的位置打四根衬线，正面留出约30cm线尾；然后线头、线尾分别在衬线两侧留出线套，并从衬线上、下跨过，穿入对方线套，同时收紧两侧线套，完成一组线迹；往复穿套，直到填满衬线；最后将两线头穿至反面打结、收针，如图1－15（c）所示。

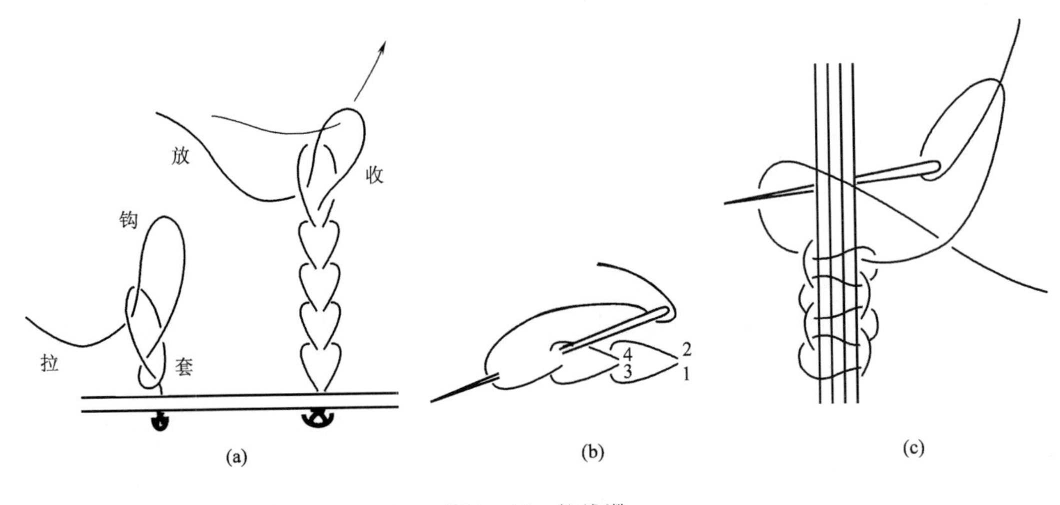

图1－15 拉线襻

（十三）套结针法

套结针法主要用于中式服装摆缝开衩处、袋口两端、门襟封口等部位，既增加牢度又美观，如图1－16所示。

操作步骤

（1）缝衬线：由布料反面起针，在开衩止点处横向缝四根衬线，衬线之间尽量靠紧。

（2）套入：用锁针缝牢衬线及布面。注意，抽线时不宜太紧，每针拉力要均匀。要求针针密锁，排列整齐。

（3）收针：衬线锁满后针穿至反面打结。

（十四）绕缝

绕缝俗称甩缝子、反缝头，主要用于毛呢服装边缘无法锁边的部位，使毛边不易散开。通常使用白粗棉线，始终由反面入针、正面出针形成斜形线迹，如图1－17所示。要求线迹均匀，倾斜度一致，松紧适宜，边缘不起毛。

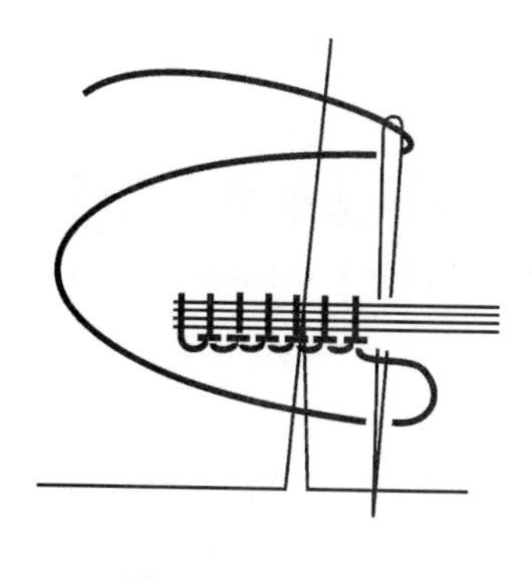

图1-16 打套结

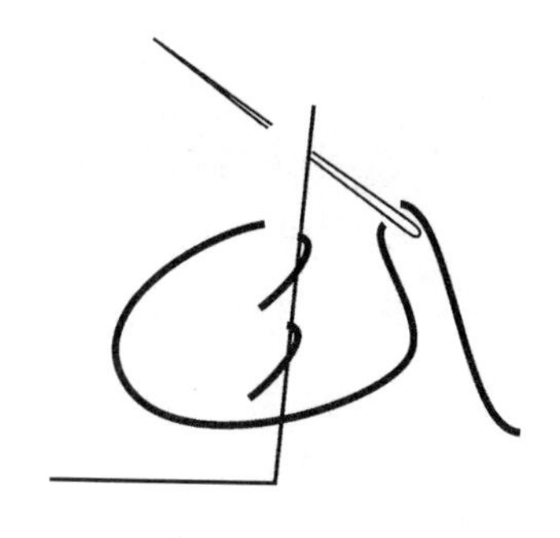

图1-17 绕缝

三、手缝工艺实训

1. 手缝针法练习

要求：（1）准确而熟练地掌握常用针法。

（2）各针法符合各自工艺要求。

（3）注意实用与美观很好地结合。

2. 综合练习

将所学的手缝针法集中表现在一块30cm×40cm的布料上。

要求：（1）针法准确，符合各自工艺要求。

（2）各种针法编排运用合理。

（3）图面体现一定主题，具有设计意识，构图合理。

（4）布面整洁，无毛边。

第二节 机缝工艺

✽课前准备

• 材料准备

白坯布：练习用布，幅宽160cm，长度100cm。

缝线：大卷缝纫线1卷（颜色自选）。

牛皮纸：整张牛皮纸1张。

• 工具准备

备齐手缝与机缝常用工具：手缝工具（见上节），14号机针1包（10根），梭皮、梭芯各1个，小号螺丝刀1把（装针用），专用打板尺，画线用笔。

机缝工艺是需要借助缝纫设备完成的工艺，主要包括机缝线迹与缝型、常用设备与机缝针法等。

一、机缝线迹与缝型

线迹与缝型是缝制过程中两个最基本的因素，为了规范服装工业生产技术文件的表达，便于各国服装企业的交流与合作，国际标准化组织（International Organization for Standardization，简称ISO）制定了线迹标准与缝型标准。

（一）线迹类型

线迹是指缝料上相邻针眼之间的缝线（组织）结构单元，各条缝线在线迹中的相互配置关系决定了线迹结构的形成。

为使用方便，国际标准化组织根据线迹的形成方法和结构的变化，拟定了线迹类型标准（ISO 4915—1991），该标准将线迹类型分为六级，其列举88种线迹图例，下面简单介绍各种类型的常用线迹及其特点与用途。

1. 100级链式线迹 这类线迹有7种，多数为单环链式，如图1－18所示。其优点是环与环相互穿套，使线迹具有弹性；缝纫时不用梭芯，缝制效率高。缺点是易脱散，缝合可靠性差；耗线量大。常用的链式线迹有以下两种：

（1）101号线迹：一般用于针织服装的缝合，匹配了服装本身具有的弹性；也可用于包装袋封口，如面袋、米袋等，便于拆解；还可用于钉扣及西服领的扎驳头。

（2）103号线迹：多用于服装折边的缲缝。

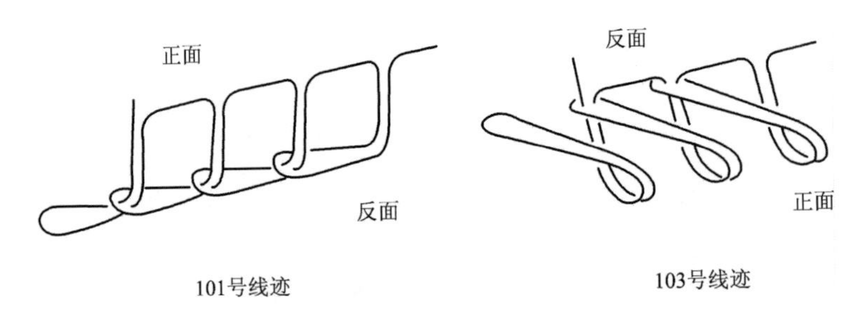

图1－18 常用链式线迹

2. 200级仿手工单线链式线迹 这类线迹有13种，主要用于不便机缝部位或者需要加固的部位，同时具有一定装饰作用，如图1－19所示。常用的仿手工线迹有以下几种：

（1）202号线迹：俗称回针，缝料上表面线迹呈直线连续状态，下表面呈斜向迭合状态，用于加固某些部位的缝口牢度。

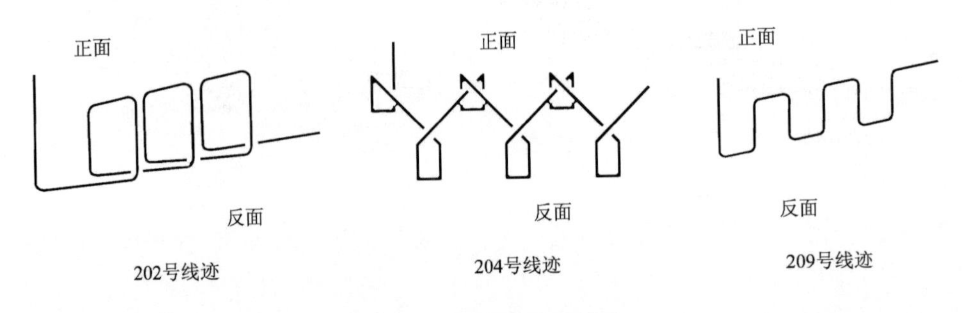

图1－19 常用仿手工线迹

（2）204 号线迹：俗称三角针，正面点状线迹不明显，常用于服装贴边的固定。

（3）209 号线迹：俗称拱针，用于衣片的临时固定或装饰性固定，如西服过面的固定。

3. 300 级锁式线迹　这类线迹有 27 种，由面线（机针导入）和底线（梭芯导入）在缝料中相互套挂形成，正反面线迹相同，如图 1－20 所示。其优点是用线量少，不易脱散；上下层缝合紧密，线迹结构简单、牢固。缺点是弹性差，需要频繁更换梭芯，影响缝纫效率。常用的锁式线迹有以下两种：

（1）301 号线迹：缝纫中最常见的线迹，外观呈直线连续状。一般用于普通衣料（弹性很小）的缝合及零部件的缝制。

（2）304 号线迹：外观呈折线连续状，弹性较好，外形美观，但用线量较多，线迹有一定的宽度，不适合用于衣片的连接，多用于止口装饰、打套结、锁平头眼等。

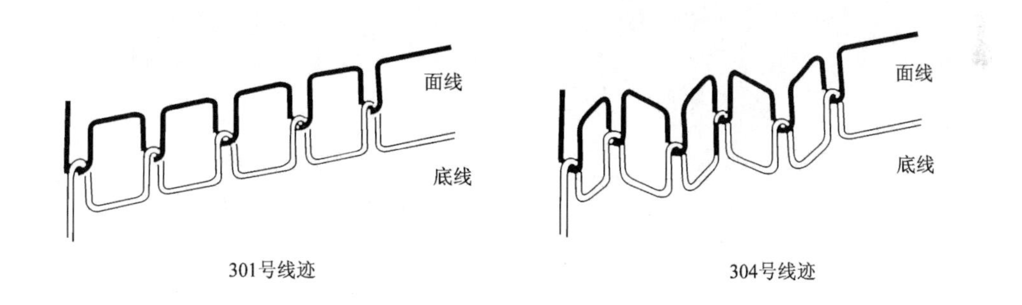

图 1－20　常用锁式线迹

4. 400 级多线链式线迹　这类线迹有 17 种，由两条以上缝线相互套环形成，如图 1－21 所示。面线由直针导入，可以是单针、双针、三针、四针，底线由一个弯针导入。优点是弹性好，强力大，缝纫效率高，与 100 级线迹相比不易脱散。缺点是用线量大。常用的多线链式线迹有以下两种：

（1）401 号线迹：由单针两线形成，正面呈直线连续状，反面套环。常用于裤装后裆缝的加固，牛仔裤合缝等。

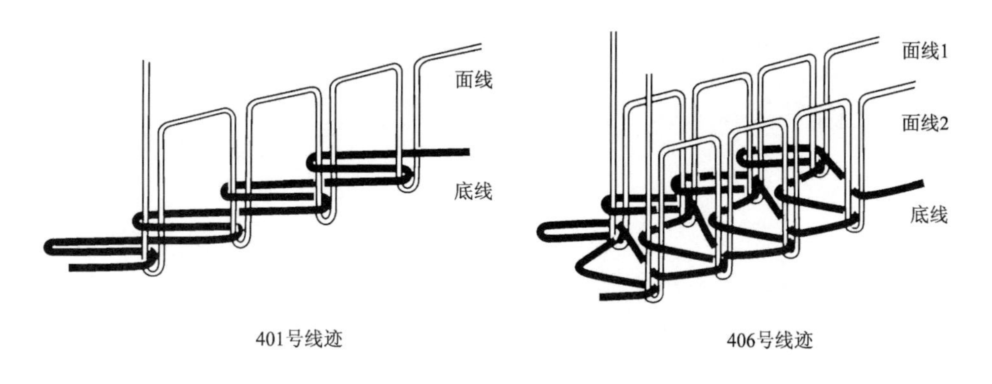

图 1－21　常用多线链式线迹

（2）406号线迹：又称绷缝线迹，由双针三线形成，正面呈双直线平行状，反面往复环套，呈一定宽度网状覆盖，多用于针织服装滚边、折边固定等。

5. 500级包缝线迹 这类线迹有15种，主要作用是包覆缝料边缘，防脱散，弹性好，如图1－22所示。常用的包缝线迹有以下两种：

（1）501号线迹：单线包缝，易脱散，一般用于毛毯边缘的包缝。

（2）504号线迹：三线包缝，覆盖较密，用于各类织物的包边处理。该线迹与401号线迹组合后形成复合线迹，称为五线包缝，既能防止边缘脱散，又可以缝合衣片，多用于针织类服装的合缝。

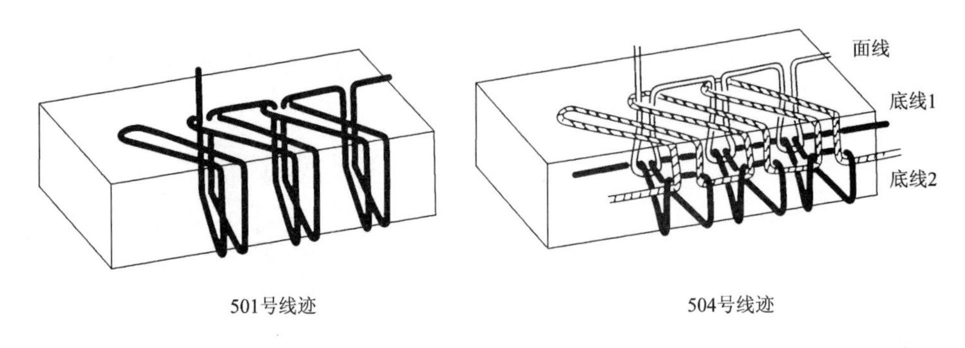

图1－22 常用包缝线迹

6. 600级覆盖链式线迹 这类线迹有9种，也属于绷缝线迹。国际标准中，无装饰线的绷缝线迹属于400级，有装饰线的属于600级。如406号线迹加一条装饰线为602号线迹，加两条装饰线为603号线迹，如图1－23所示。优点是强力大，拉伸性好，美观平整，主要用于针织服装滚边、固定贴边、拼接等。

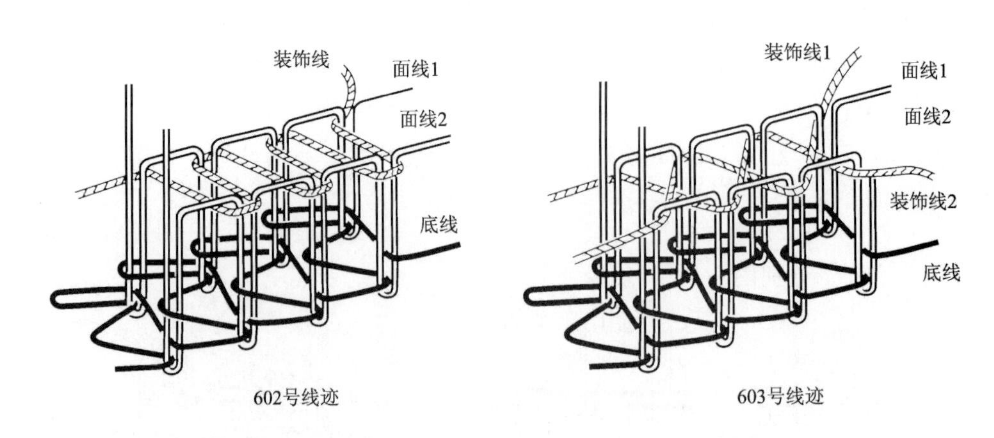

图1－23 常用覆盖链式线迹

（二）缝型

缝型是指一定数量的缝料在缝制过程中的配置形态，即缝料间的层次与位置关系。

1. 缝型分类 根据缝料数量及配置方式，国际标准（ISO 4916—1991）将缝型分为八类，如图1－24所示。其中缝料被缝合一侧的布边称为“有限布边”（用直线表示），与该边相对的另一边称为“无限布边”（用波浪线表示）。

（1）一类缝型：两片或两片以上缝料在有限布边一侧叠合，单侧或两侧均为有限布边。

（2）二类缝型：两片或两片以上缝料，在有限布边一侧搭合。

（3）三类缝型：两片或两片以上缝料，其中一片两侧均为有限布边，双折后将另一片缝料的有限布边夹入其中。

（4）四类缝型：两片或两片以上缝料拼合，有限布边相对。

（5）五类缝型：两片或两片以上缝料，其中一片重叠于另一片的某一位置处，有限布边无要求。

（6）六类缝型：一片缝料，无位置关系，任意一侧为有限布边。

（7）七类缝型：两片或两片以上缝料，其中一片的任意一侧为有限布边，其余缝料两侧均为有限布边，重叠置于上述缝料有限布边一侧。

（8）八类缝型：一片或一片以上缝料，缝料两侧均为有限布边。

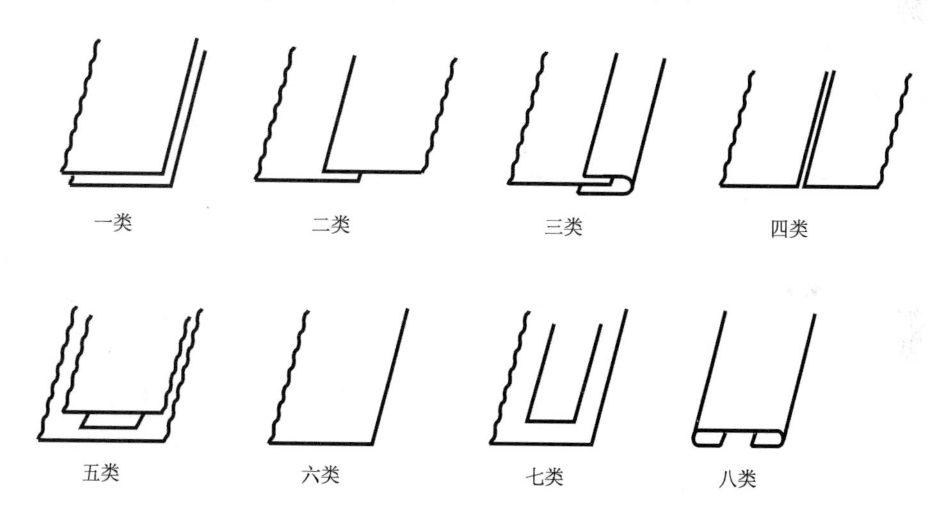

图 1－24　缝型分类

2. 机针穿刺缝料的方式　缝合时，机针穿刺缝料的方式有三种，如图 1－25 所示。一是穿透全部缝料；二是不穿透全部缝料，三是成为缝料的切线。根据机针穿刺缝料的部位不同或缝料排列的不同，分别用 01～99 表示。

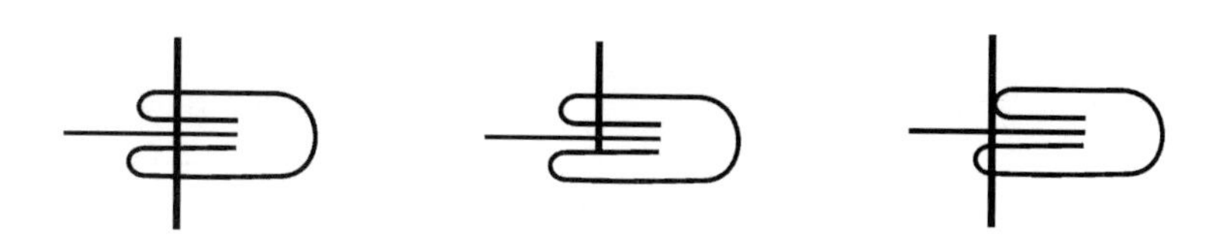

图 1－25　机针穿刺缝料的方式

3. 缝型的国际标准表示方法　按照国际标准 ISO 4916—1991，缝型可由 5 组（个）数字表示，代号命名的排列顺序如图 1－26 所示。

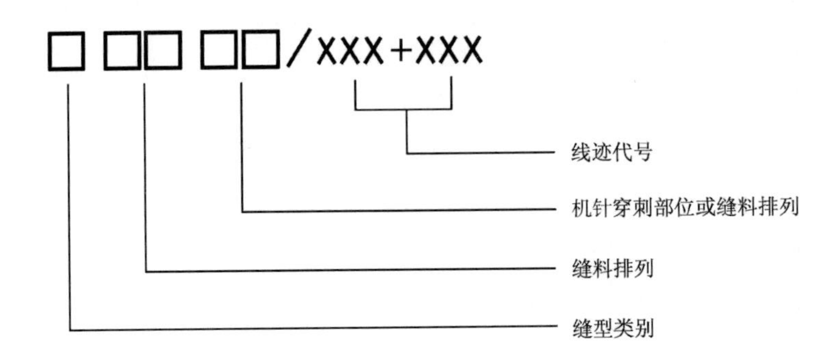

图1－26　缝型的表示方法

第一个数字代表缝型类别，1～8表示；第二和第三个数字表示缝料排列形态。第四和第五个数字表示机针穿刺情况。

通常情况下，线迹与缝型代号共同表明工艺要求，所以在缝型代号之后是线迹代号，用“/”分开，如果有多种线迹，则自左向右排列，用“＋”连接。

服装缝制过程中常用的缝型代号见表1－2。

表1－2　常用缝型代号

线迹类型	缝型	缝型示意图
锁缝类	平缝（1.01.01/301）	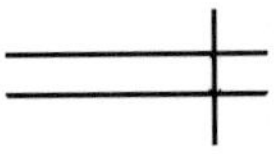
	来去缝（1.06.02/301）	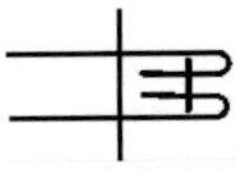
	固压缝（2.02.03/301）	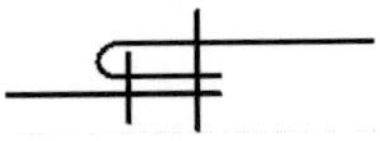
	装拉链（4.07.02/301）	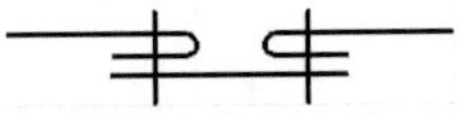
	扣压缝（5.05.01/301）	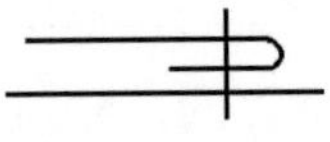
	折边缝（6.03.03/301）	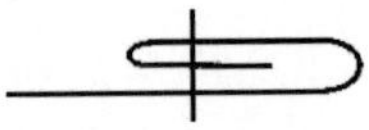
	绣花（6.01.01/304）	
	钉商标（7.02.01/301）	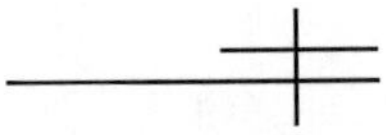
	卷腰口（7.26.01/301）	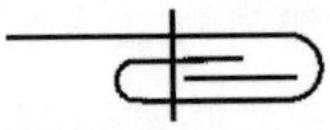

续表

线迹类型	缝型	缝型示意图
绷缝类	绲边（3.03.11/602 或 605）	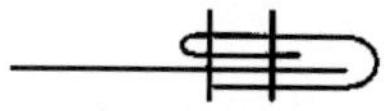
	双针绷缝（4.04.01/406）	
	腰口折边（6.02.07/406 或 407）	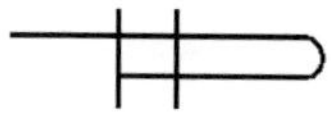
	装松紧带（7.15.02/406 或 407）	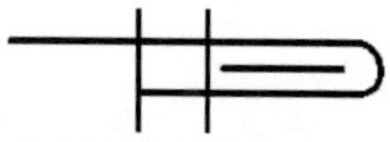
	缝裤襻（8.02.01/406）	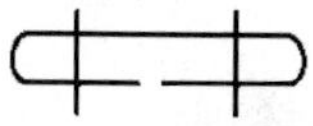
包缝类	三线包边（6.01.01/504）	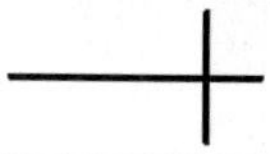
	三线包缝（1.01.01/504 或 505）	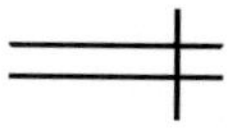
	五线包缝（1.01.03/401＋504）	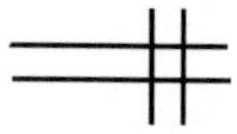
	四线包缝带肩条（1.23.03/512 或 514）	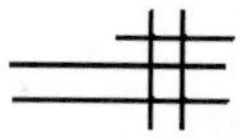
链缝类	平缝（1.01.01/101 或 401）	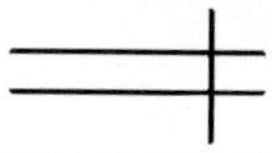
	双针双包边（2.04.04/401＋404）	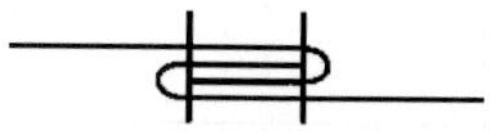
	双针绲边（3.03.11/401＋404）	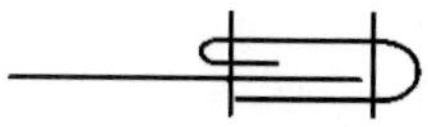
	绲边（3.05.03/401）	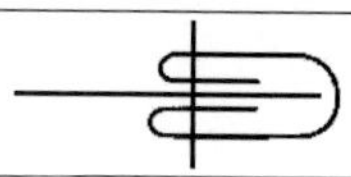
	压绢条（5.06.01/401＋401）	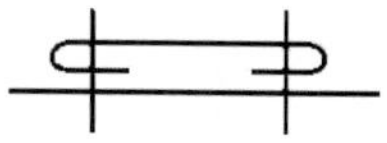
	固定裥（5.02.01/401）	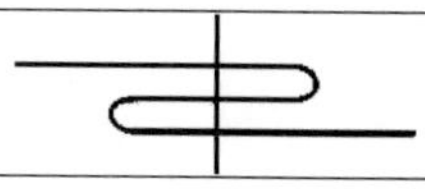
	缲边（6.03.05/103 或 409）	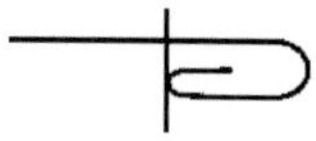
	锁眼（6.05.01/404）	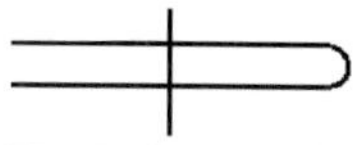
	双针装松紧（7.25.01/401）	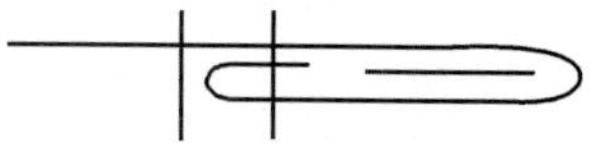

二、机缝常用设备简介

常用机缝设备有工业用平缝机、三线包缝机、四线包缝机、五线包缝机、双针机、缲边机、锁眼机等。

（一）工业用平缝机

工业用平缝机是最常用的缝纫设备，主要用于衣片的连接及部件的缝制，成缝线迹301。

1. 主要部件 平缝机主要部件包括机头、台板、电动机、机架与踏板，如图1－27所示。

（1）机头：机头是平缝机的核心部分，由运动构件与固定构件组合而成。运动构件的主要作用是完成缝合线迹，包括成缝机构和润滑机构。成缝机构包括引线机构、钩线机构、挑线机构和送料机构。固定构件的主要作用是支撑、辅助成缝和安全保护，包括外壳、压脚、过线机构、绕线器等。

（2）台板：用于支撑机头，是主要的工作面。

（3）电动机：机器的动力机构，需要连接220V或380V电源。电动机通过皮带与机头转轮连接。

（4）机架：支撑台板、机头和电动机。

（5）踏板：通过挂钩与电动机相连，控制机器的启动及转速。

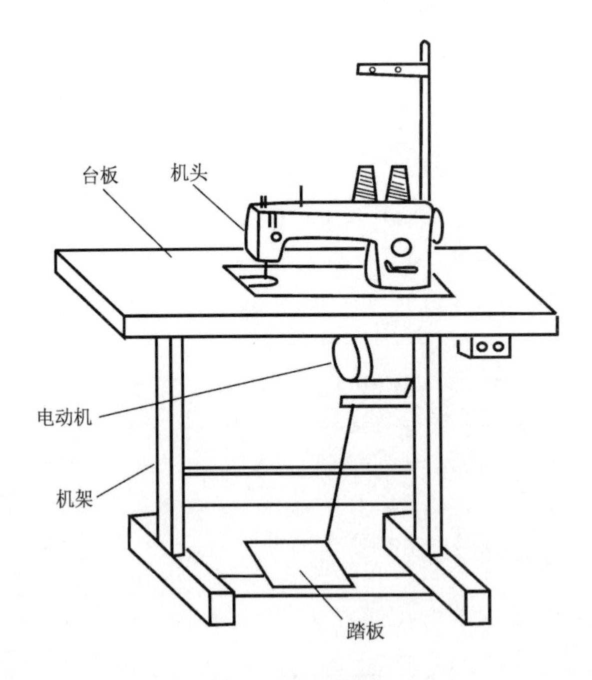

图1－27　平缝机

2. 机头的运动构件 机头的四大运动机构精密配合，共同完成缝纫动作。

（1）引线机构：引线机构是指引导面线穿过缝料的一系列构件，外观可以看到的有针杆和机针，如图1－28所示。该机构通过针杆驱动机针上下垂直运动，引导面线穿过缝料并在下面形成线环，为与底层缝线实现交叉套结作准备。

引线机构的功能最终通过机针来实现，平缝机机针代号 DB，由七部分组成，如图 1－29 所示。机针以针杆粗细来分号，号数越大针越粗，常用机针多为 14 号。机缝时，根据所要缝制的材料选择机针以及匹配的缝线。线的直径不能超过机针容线槽深度的 80%，否则容易出现断线、拉线套等状况，影响缝纫质量。具体机针的选择见表 1－3。

表 1－3 机针与缝线的配合选择

类别	机针（100d mm）	布料种类	缝线（tex）2～3 股
薄料	9 号（65）	薄细布、亚麻布、丝绸	棉、丝线（9.8～14.8）
	11 号（75）	薄棉布、一般薄料	棉、涤线（9.8～14.8）
普通料	12 号（80）	普通布料、细布	棉、涤线（9.8～14.8）
	14 号（90）	粗斜纹布、薄毛织物	棉、涤线（9.8～14.8）
	16 号（100）	普通手工织品、中厚料	棉、涤线（11.8～19.7）
厚料	18 号（110）	厚毛织品、帆布、一般厚料	棉、涤线（11.8～19.7）

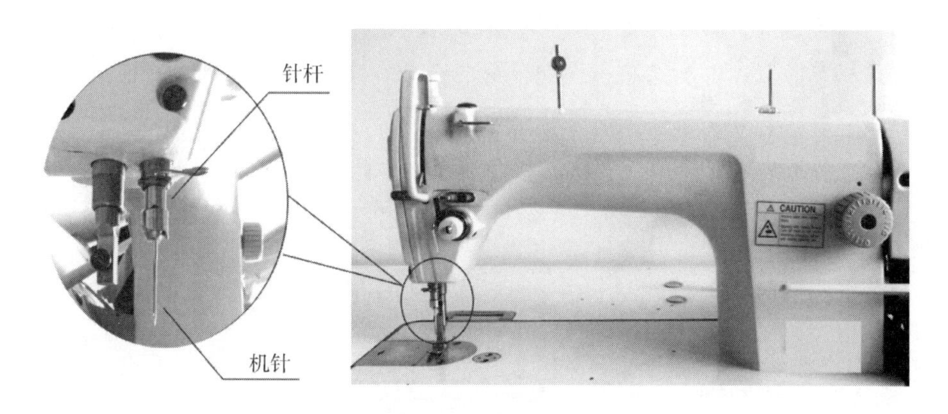

图 1－28 引线机构

机针安装在针杆下端，装针时，用小螺丝刀旋松顶针螺丝，将针插入针槽并顶足，特别注意针的方位，必须是长容线槽在机头左侧（朝外），针孔为左右方向，确认无误后，左手捏紧机针，右手拧紧顶针螺丝。

（2）钩线机构：钩线机构是指机头底部完成面线与底线相互交叉套结的一系列构件，外观可以看到的有旋梭和梭床，如图 1－30 所示。该机构通过带动旋梭转动，完成钩线（面线所留的线套）、分线、过线、脱线，同时放底线，实现面线与底线的交叉。

旋梭是导入底线的必要部件，包括梭壳与梭芯。

（3）挑线机构：挑线机构是指输送和收紧面线的一系列构

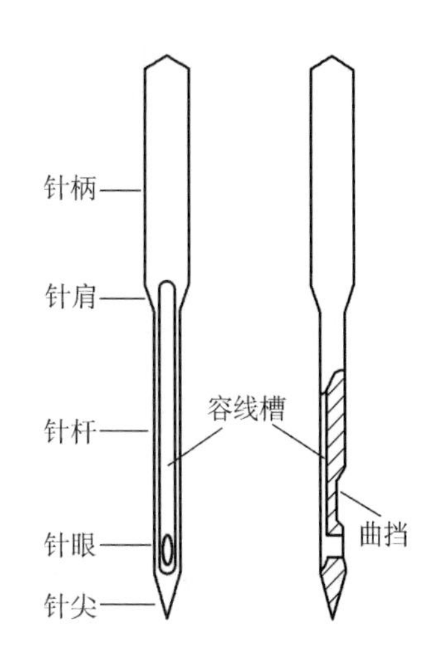

图 1－29 平缝机针

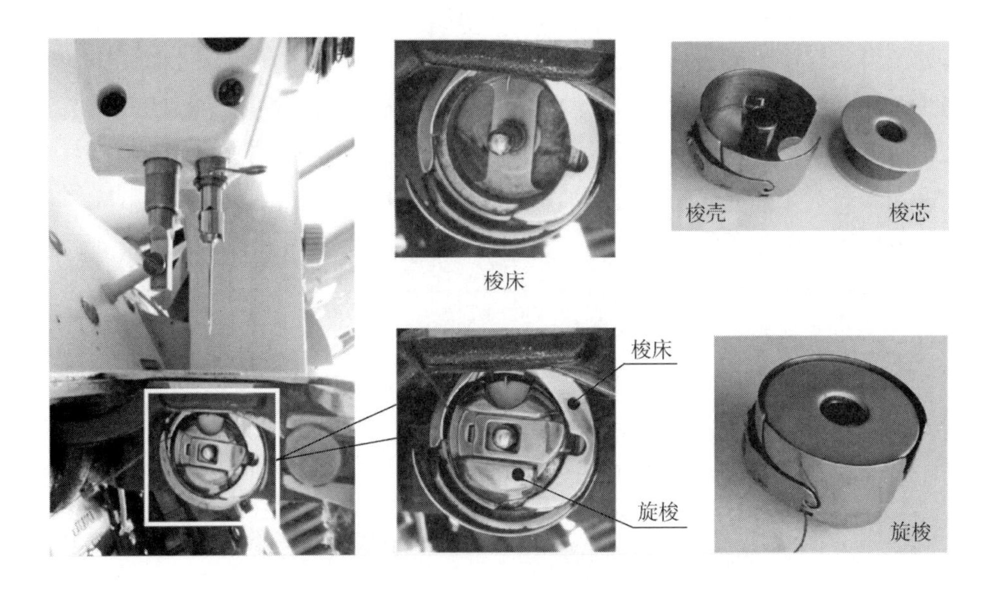

图1－30　钩线机构

件，外观可以看到挑线杆，如图1－31所示。该机构通过挑线杆与针杆的一次同步往复运动，进行面线的放松与收紧，并与送布机构配合形成一个完整的线迹。面线的收紧还需要借助固定的收线器张力装置，包括挑线簧、夹线器、线钩等。

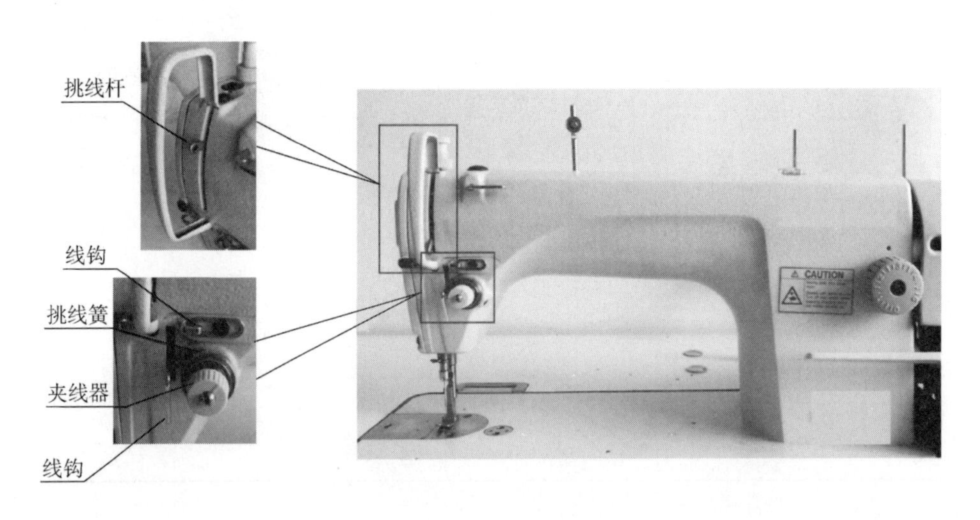

图1－31　挑线机构

（4）送料机构：送料机构是指输送缝料的一系列构件，外观可以看到送布牙，如图1－32所示。该机构通过送布牙向前、下降、向后、上升的交替运动，完成一定距离的送布动作。送布牙的动作周期与机针上下运动的周期是一致的。

送料的动作需要压脚的配合。有了压脚的压力，才能使缝料与缝料之间、缝料与送布牙之间产生一定的摩擦力，有利于送布并减少缝料间的滑移。压脚的压力大小可以调节，顺时针拧紧压脚杆上部的螺帽，压力加大。压力的大小需要根据缝料的特征而定，缝料密实厚重时压力要大，缝料松软轻薄时压力要小。送布牙的高度、齿距也应与缝料的特征相匹配，中厚缝料选择粗齿、高位，薄料选择细齿、低位。

压脚为缝纫时的送布动作提供必要的压力，缝料向前运送的过程中，下层与送布牙的齿面接触，摩擦力较大；上层与压脚底部的光面接触，摩擦力较小，会引起上下层缝料的错位，为保证上下同步送料，需要操作者手部动作加以调整。

送料的方向可以通过回针手柄控制，如图 1 – 32 所示，正常状况下手柄处于高位，此时向前送料；将手柄压至低位时逆向送料；手柄压至居中水平位时，送料牙只做上下运动，不做前后运动，所以不送料。

送料牙一次送料的距离，就是机针连续两次穿过缝料间的距离，称为针距。工业平缝机的针距通常以毫米为单位，实际使用中，通常用针码密度来表示针距大小，即 3cm 内所走的针数。针距调节旋钮位于机头右侧（见图 1 – 32），调针距时需将回针杆压至居中位置，然后再转动旋钮，顺时针方向调小，一般需要经过试缝确定是否符合要求。不同的缝料及同种缝料厚薄或部位不同，都应选择适当针距。

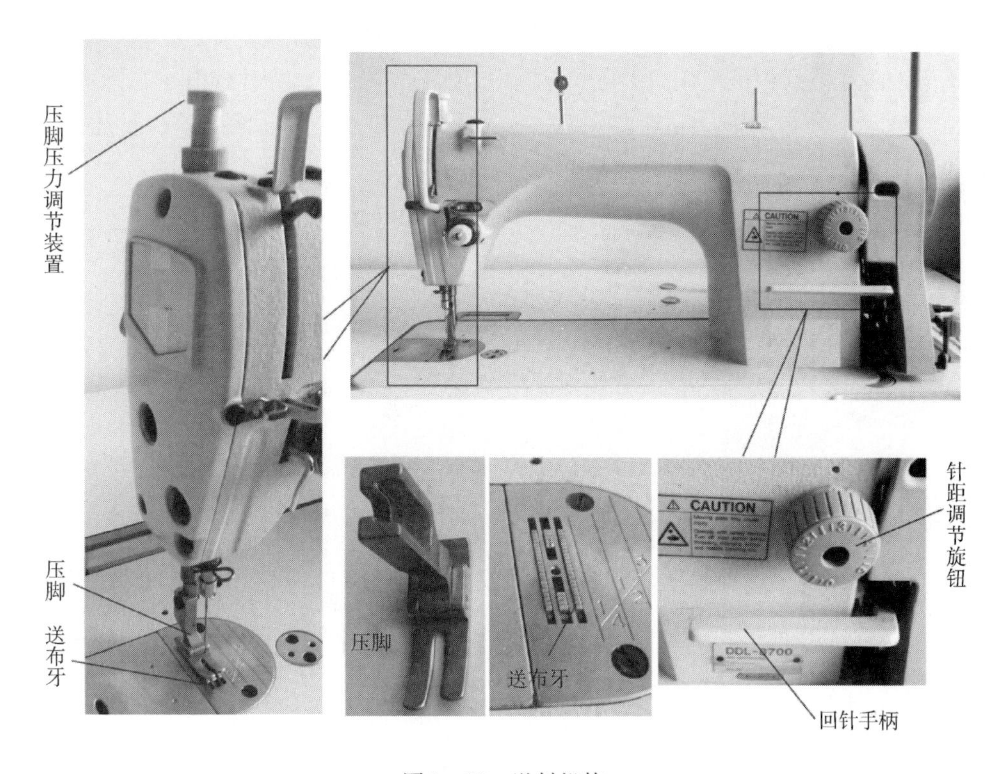

图 1 – 32　送料机构

为避免压脚底部的磨损，压脚不可以与送布牙直接接触，尤其在运转时更不允许两者直接接触（即不允许无料磨合）。不需要缝纫时，压脚应该被抬起，可以手控也可以膝控，如图 1 – 33，压脚手柄位于机头背面，膝控位于机板下方的右腿一侧。压脚是可拆卸的构件，可以根据不同的缝纫需求进行更换，具体内容另述。

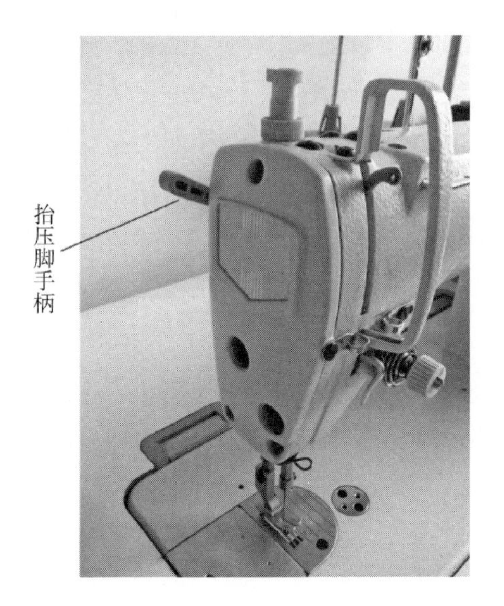

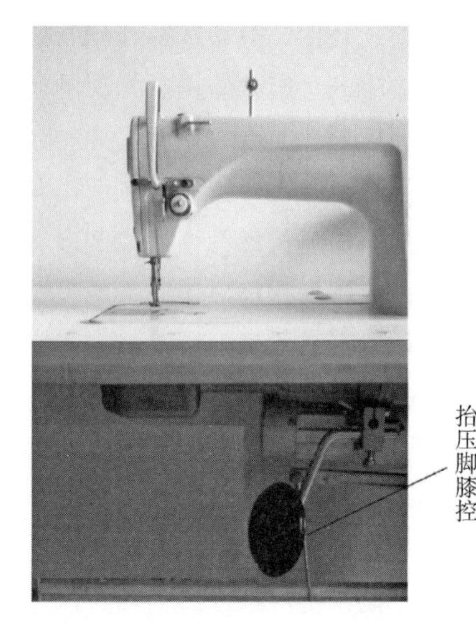

图1-33　压脚及送料的控制

3. 缝线的穿引

（1）面线的穿引：穿引面线要按照图1-34中1～12的顺序依次进行，特别提醒，挑线杆隐蔽在保护罩下，容易漏穿。

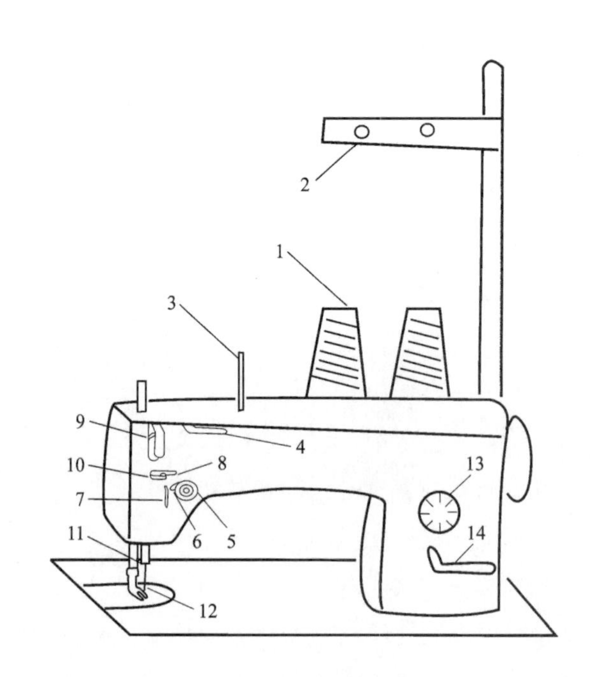

图1-34　平缝机面线的穿引

1—线架　2、3、4、7、8、10、11—导线钩　5—夹线器　6—挑线簧　9—挑线杆　12—机针　13—针距调节旋钮　14—回针手柄

（2）底线的准备：底线需要缠绕在梭芯上，缠底线时，首先抬起压脚，将梭芯置于机头最右侧的绕线器上，向前推压线片，使绕线器转轮与皮带接触，随同机器顺时针旋转，线缠满后自动弹回，如图1－35所示。为保证底线张力一致，缠线必须经过绕线夹线器。

缠满线的梭芯装入梭壳，线头夹入弹片下，拉动线头，梭芯逆时针转动时安装正确，如图1－36所示。底线张力由弹片控制，拉住线头，底梭能匀速下落表明张力适中，如果下落过快或过慢，适当微调螺丝改变张力，注意避免大动作拧螺丝，否则容易造成螺丝脱落遗失。

调好张力的底梭置于梭床中（缺口向上），要确保安装到位，否则不仅不能成缝，还会损坏机针和机器。开始缝纫前，需要左手拉住面线线头，右手逆时针转动机器手轮一圈，将底线带出，与面线一并压入压脚下备缝。面线张力配合底线调整，通过试缝，观察线迹情况。底、面线交结点在缝料厚度中间，线迹整齐、紧密说明张力正好。面线张力通过夹线器调节，顺时针拧紧，张力变大。夹线器内容易夹入线头或杂物，需要经常清洁。

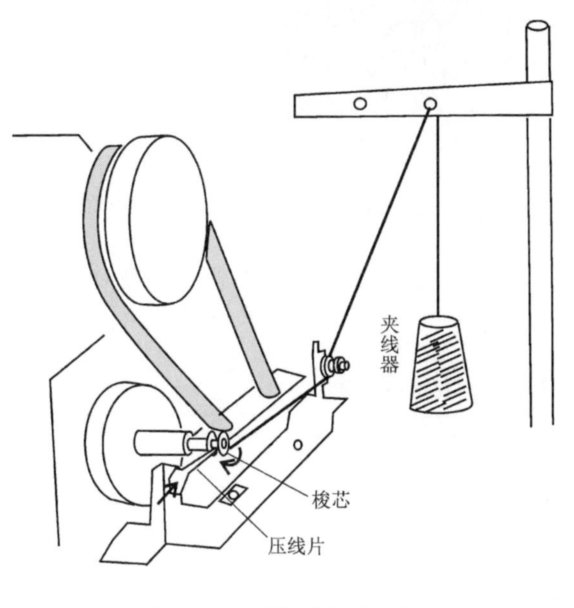

图1－35　平缝机绕线装置

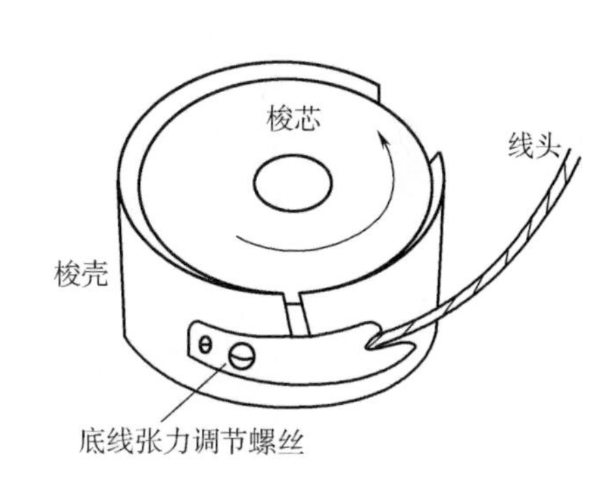

图1－36　平缝机底梭

4. 平缝机的保养

（1）加油：一般平缝机都可以自动上油，注意定期检查机油是否充足。

（2）清洁：经常用干净纱布或软布擦拭机器表面，送步牙与梭床也需要定期清理。

（3）正确操作：先了解操作方法再上机，不得违反操作规程，不缝纫时应将压脚抬起；加强日常检查，发现异常及时报告并处理；螺丝松动立即拧紧，部件磨损严重要及时更换。

5. 专用压脚　压脚不仅可以为送料提供必要的压力，也可以通过功能化的设计为不同的缝纫需求提供帮助，提高缝纫质量和效率，降低操作难度，这也是目前平缝机辅助件设计与改进的一个主要方面。下面介绍一些常见的专用压脚。

（1）不同缝料的专用压脚，如图1－37所示。

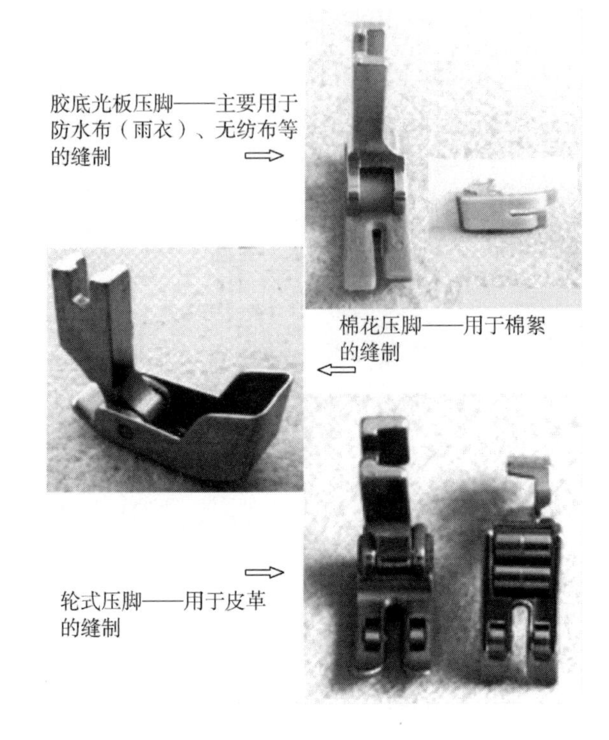

图1-37　不同缝料的专用压脚

（2）普通布料用的功能压脚，各种功能压脚的特点及使用范围，如表1-4所示。

表1-4　功能压脚的特点及使用范围

名称	实物图	特点及使用范围
单边压脚		只在机针的一侧提供压力，主要用于装普通拉链、绢止口等，可以根据缝制方向选择左右单边
隐形拉链压脚		压脚底部有双凹槽，可以容纳隐形拉链的齿，同时固定拉链的位置，专用于装隐形拉链

续表

名称	实物图	特点及使用范围
卷边压脚	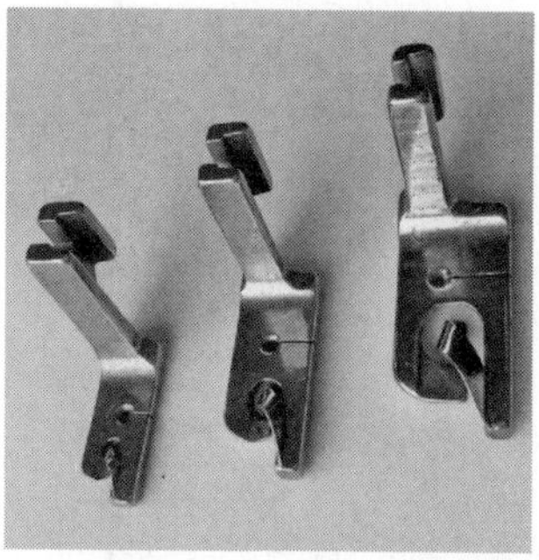	压脚前端有螺旋引导槽，缝料可以自动卷入。用于缝料边缘的卷边处理，可以根据工艺要求选择不同的宽度
高低压脚	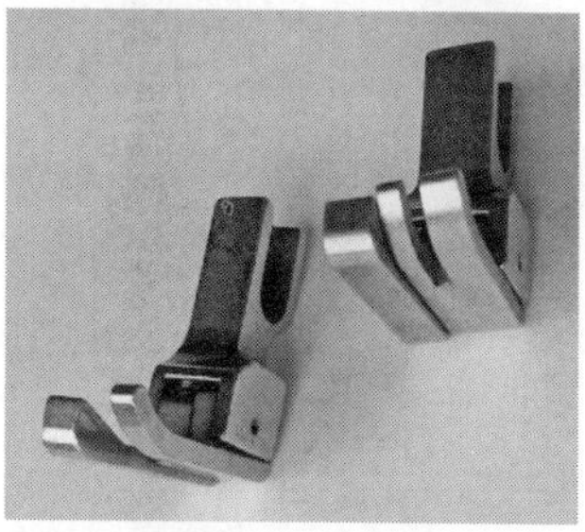	压脚前端底部的两侧高低不同，便于压合两侧厚度不同的止口部位。用于缉止口的明线，可以保证缉线与止口的间距，常用间距为0.2cm
抽褶压脚		压脚底部前高后低，送料不顺畅自然形成均匀的褶皱，用于褶皱类装饰的固定
嵌线压脚	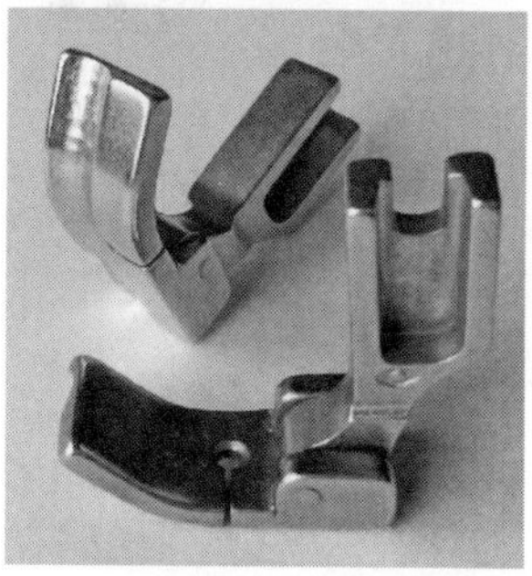	压脚底部有凹槽，可以容纳衬线，同时能保证衬线与边缘的间距均匀。用于有衬线装饰部位的缝合
导带压脚	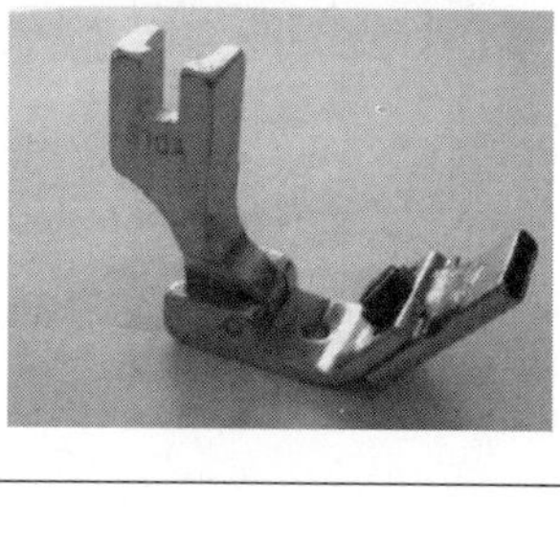	压脚前端有扁平的筒状导入口，用于带状缝件的固定

续表

名称	实物图	特点及使用范围
橡筋压脚		压脚前端有橡筋导入口，还可以通过调节橡筋导入的受力大小，控制缝料加装橡筋后的抽缩量。用于需要借助橡筋缩褶部位的固定

6. 电脑平缝机 电脑平缝机是指某些特定的操作可以由电脑系统进行控制的平缝机，实现了机针定位停车、定长缝纫、自动计数、自动挡线、自动倒缝、自动剪线、自动抬压脚等。

电脑平缝机，如图1-38所示，是在普通平缝机上另外加装电脑控制系统。和普通平缝机相比，电脑平缝机的优势在于：线迹控制精确，缝制质量好，缝制效率高；对操作者技能依赖程度低，易上手；节省缝线，耗电少；噪音低，发热量少，更加环保。但是电脑平缝机购买成本较高，电脑操作系统需要精心维护，必须严格遵守操作规程。

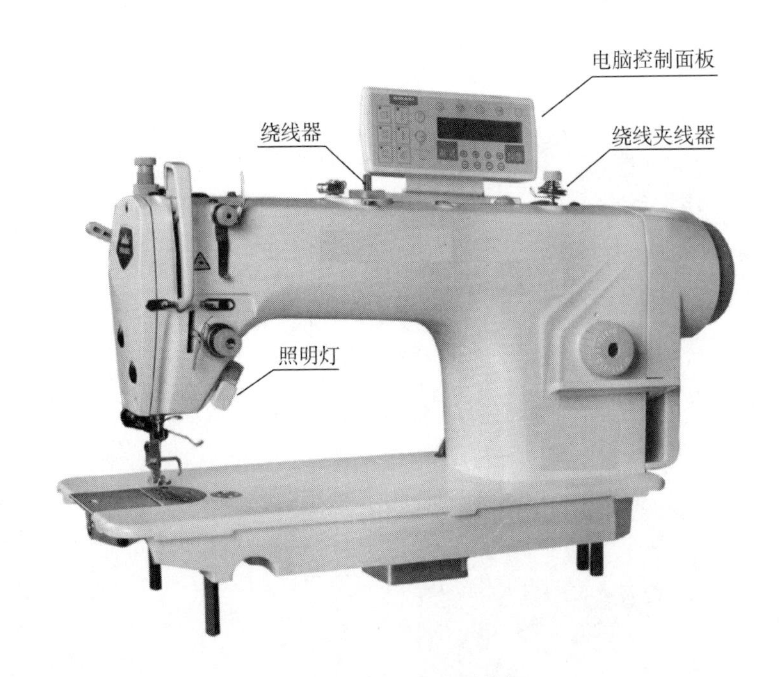

图1-38 电脑平缝机

（二）三线包缝机

三线包缝机也是常用机缝设备，主要用于布料边缘毛边的处理和衣片的缝合，成缝线迹504（合缝）、505（包边）。

1. 主要部件 三线包缝机主要部件与平缝机基本相同，主要区别是机头部分，另外踏板有两个，其中左踏板启动机器，右踏板控制压脚。

2. 机针 三线包缝机机针代号DC，由八部分组成，如图1－39所示。针柄部分比平缝机针短且粗，针杆两侧均有容线槽。机针同样以针杆粗细来分号，号数越大针越粗，常用针多为14号。装针时，注意针眼为前后方向，长容线槽面对操作者。

3. 线的穿引 三条缝线要按照图1－40所示的顺序依次穿引。

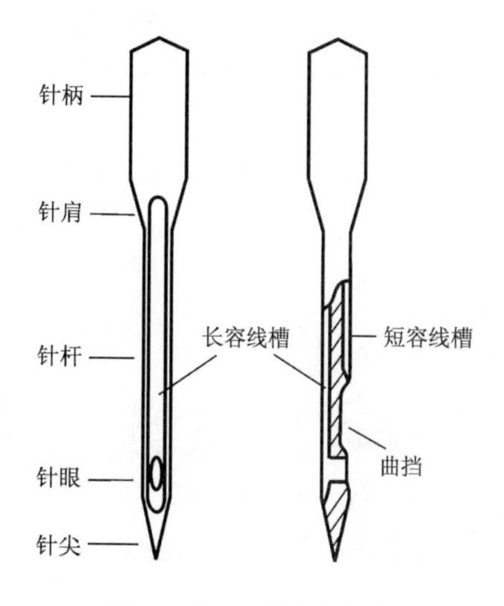

图1－39 三线包缝机针

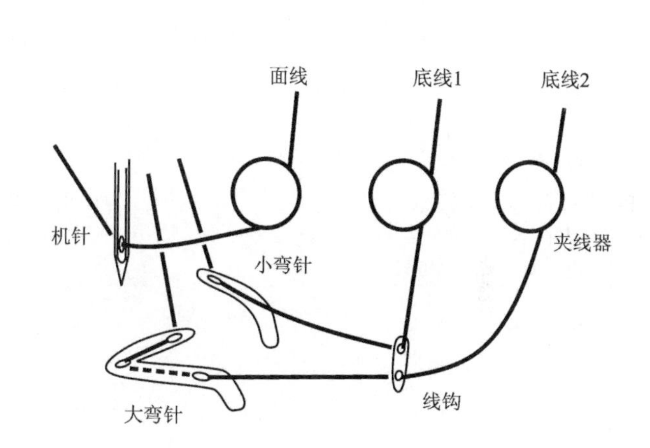

图1－40 三线包缝机的引线方法

4. 操作方法 缝料置于压脚下，布边与压脚右侧平齐（超出压脚部分会被刀切掉），启动机器后注意保持匀速运转，突然变速容易造成断线。缝料自动前送，双手只需整理缝料，左右调整保持前进方向，不可以拉住缝料，否则会使缝料变形，也容易造成断线。

（三）其他缝纫设备

四线包缝机、五线包缝机、双针机、缲边机、平头锁眼机、圆头锁眼机等也是常见缝纫设备，简单介绍见表1－5。

表1－5 其他常见缝纫设备简介

设备名称	成缝线迹	用途
四线包缝机	507、512、514	用于针织服装的包缝（只能倒缝）
五线包缝机	516、517	用于机织和针织面料衣片的合缝（只能倒缝）
单针双线链缝机	401	用于机织和针织面料衣片的合缝（可以劈缝）
双针三线绷缝机	406	针织服装的拼接、滚边、固定贴边等
平头锁眼机	304	薄料、普通厚度面料服装（衬衣）的扣眼锁缝
圆头锁眼机	401＋101＋502	中厚料、厚料服装（外套）的扣眼锁缝
套结机	304	服装受力较大部位（袋口、裤襻等）的加固
钉扣机	107或304	缝钉两眼、四眼的圆形平扣
缲边机	103	上衣下摆、裙摆及裤脚口的固定

三、机缝基础训练

（一）空车练习

1. 机器的启动与停车 将压脚抬起，右脚放在踏板上，脚尖逐渐下压启动机器。如果一次没有启动，需要松开脚尖，使踏板复位，然后再稍加点力下压，直至机器启动。启动后，控制脚尖位置，保持用力不变，使机器匀速运转。停车时，脚尖松开踏板要果断、及时。注意踩踏板不能用力过大，否则会导致机器突然启动并高速运转，有一定危险性。

2. 手的辅助动作 机缝时缝纫方向的控制及缝料的平服，都由手帮助控制。调整方向时，双手用力要轻缓、均匀，突然用力或用力过大都会使线迹不顺，甚至损坏机针。缝两层或多层缝料时，双手都放在压脚前方，左手按住上层缝料稍向压脚下推送，右手拇指在下，其余四指放在两层之间，捏住下层缝料稍加力向后拉，使上下层送布量一致。左右手互相配合，要求做到习惯自然。

3. 纸上空缉训练（训练手、脚、眼协调配合） 在纸上分别画直线、弧线、几何形、平行线，然后按画的线印进行练习。要求针迹与线印重合，不能偏离；中途尽量少停车，减少因停车造成针迹不顺现象；需要转角时，针留在针板的容针孔中，再抬压脚转动纸片，对准下一条线印。动作熟练后，再进行速度练习。

进行点缝训练，练习对平缝机的精确控制。启动机器，缝4～5个针迹停车，反复练习，要求做到主动控制针迹数量。

（二）缉布训练

缉布训练是为了进一步熟练缝纫动作，协调手、眼、脚的配合。

1. 缉线训练 类似于缉纸训练，缝缉不同布料，使学生体会不同材料的缝缉特点，增强实际缝制能力。要求线迹平整、牢固、松紧适宜，布面平服、整洁。

2. 起落针、倒回针训练

（1）起针：起始缝缉的下针。薄料相叠缉缝，由端口处起针，对准需要缉缝的位置，转动手轮使机针插入缝料，放下压脚，打开电源，启动机器缉缝。厚料相叠，起针应离开端口约1cm，起针后，先倒回针缉到端口处，再沿线迹重合向前缉缝。需要右手控制倒回针杆，脚踩踏板准确配合。

（2）落针：结束缉缝的收针。缉到尽头时，为加固缝迹，可重叠回针2～3次，倒回针长度1cm。注意，线迹重合时不要重复过多，以免使缝迹加厚变硬。

（3）倒回针：对缝迹的加固针法。左手控制缝料走向，右手控制倒回针杆。要求起落针线迹牢固，无浮线、脱线现象；倒回针一定要在原缝迹上进行，不能出现多轨线迹。

四、机缝针法

缝制服装时，按照使用部位可以将针法分为连接类与止口类。

（一）连接类针法

1. 合缝 合缝是机缝中最基本的缝制方法，缝型代号1.01.01。操作时，将上下两层裁片正面相对，沿所留缝份进行缝合，如图1－41所示。下层裁片由送布牙直接推送，走得较快，上层裁片有压脚的阻力且为间接推送，走得较慢，所以容易产生上层长下层短（上吃下）的现象，为保持上下层裁片长度一致，缝合时，可适当拉紧下层，推送上层（有特殊工艺要求的例外）。合缝要求线迹顺直，缝份均匀，完成后布面平整，不吃不赶。

合缝后，缝份可以向两侧分开折转，称为分缝；也可以都倒向同一侧，称为坐倒缝。对缝份的固定有不同的方法。

（1）劈压缝：也称分缉缝，缝型代号4.03.03。劈缝后，从正面沿缝口缉线，分别固定两侧缝份，线迹与缝口间距0.1cm，如图1－42所示。常用于领子的拼接。

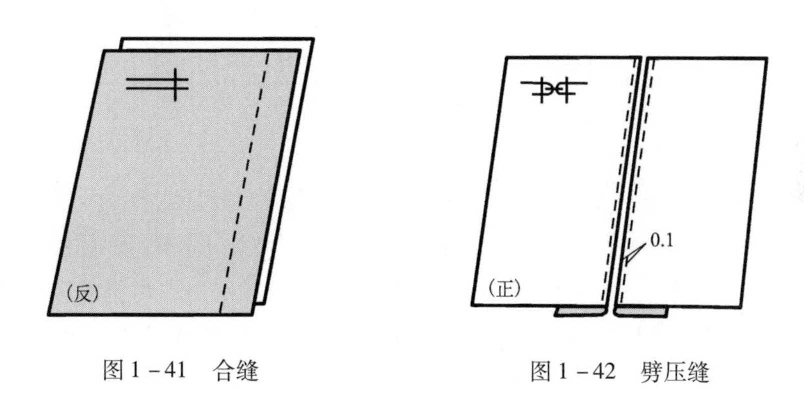

图1－41　合缝　　图1－42　劈压缝

（2）固压缝：也称坐缉缝，缝型代号2.02.03。倒缝后，从正面沿缝口缉线固定缝份，线迹与缝口间距0.2~0.6cm，如图1－43所示。多用于休闲类服装，明线线迹同时具有装饰作用。

（3）分压缝：平缝后，将上层缝份折转，距离止口0.1cm缉线，线迹与平缝线迹重合，如图1－44所示。多用于裤装后裆缝，具有固定缝口、增强牢度的作用。

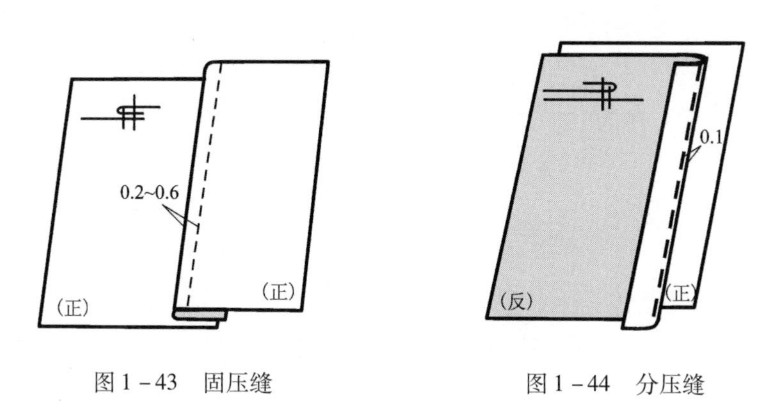

图1－43　固压缝　　图1－44　分压缝

2. 搭缝　缝型代号2.01.01。操作时，将两裁片的缝份互相搭合后，沿重叠区域的中线缉缝固定，如图1－45所示。要求线迹顺直，接合平服；两侧缝份一致，重叠宽度适当。这种针法缝份较薄，用于衬料、胆料等的拼接。

3. 排缝 缝型代号4.05.01。两裁片分别与第三裁片搭缝固定，正面刚好拼合，如图1－46所示。操作时要求两裁片不能相搭，也不能有间隙；完成后布面平整、无皱缩。主要用于衬料或胆料的拼接，为减少缝份厚度，第三裁片选用较薄布料。

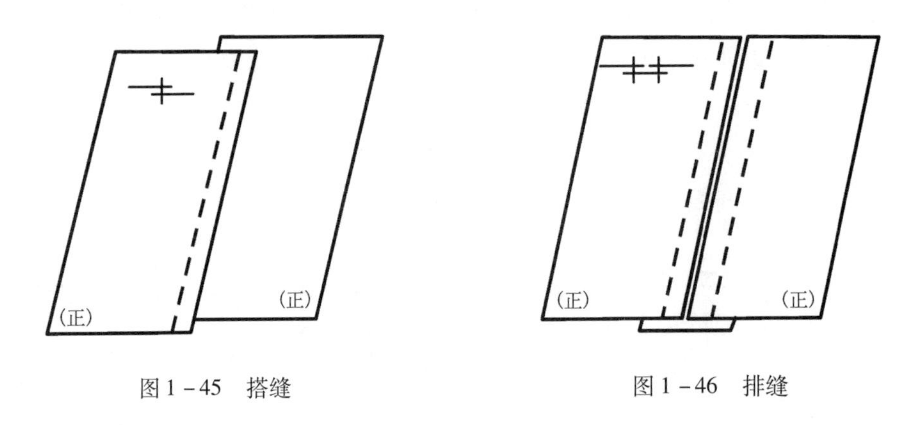

图1－45 搭缝　　图1－46 排缝

4. 来去缝 来去缝也称筒子缝或反正缝，缝型代号1.06.03。先做来缝：将裁片反面相对叠合，距离裁片边缘0.3～0.4cm平缝，并劈缝，注意缝口处不能有坐势；再做去缝：将来缝的缝份修剪整齐，折转裁片，使正面相对叠合，距离止口0.5～0.6cm平缝；然后打开两裁片，将缝头折倒、熨平，如图1－47所示。操作时要求来缝的缝份要小于去缝的缝份，但不能过小，以免影响牢度；去缝的缝份整齐、均匀、无绞、无皱、无毛露。这种针法常用于女衬衫（薄料）和童装的摆缝、袖缝等处的缝合。

5. 压缉缝 压缉缝也称扣压缝，先将裁片的裁边向反面折转1～1.2cm，并与另一裁片正面相搭，沿折转止口缉缝（缝型代号2.02.07），线迹与止口间距根据工艺要求确定，如图1－48所示。这种针法多用于绱过肩。扣折后与另一裁片的正面相叠，沿止口缉缝（缝型代号5.05.01），这种针法多用于装贴袋。扣压缝操作时要求线迹整齐、平行美观、止口均匀、位置正确，布面平服，折边无毛露。

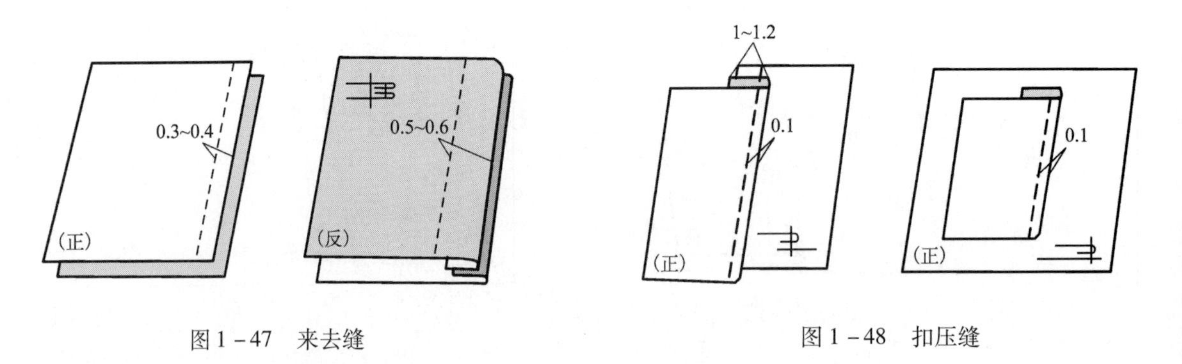

图1－47 来去缝　　图1－48 扣压缝

6. 滚包缝 缝型代号1.08.01。两裁片正面相对错位叠合，先将下层裁片（缝份2～2.5cm）折转毛边0.5cm，再包卷上层裁片的缝份（0.7～1cm），并沿折边止口0.1cm缉线，如图1－49所示；然后打开两裁片，向下层裁片方向折倒缝份、烫平。操作时要求包卷折边宽度一致、平整无绞皱，线迹顺直，止口均匀，无毛露。该针法主要用于薄料的缝合。

7. 内包缝 内包缝也称裹缝、暗包缝，缝型代号 2. 04. 06。先做包缝：两层裁片正面相对错位叠合，下层裁片（缝份 1. 5cm）包转上层缝份 0. 7cm，距裁片边缘 0. 1cm 缉缝；然后打开上层裁片，拉平缝口，距离缝口 0. 4 ~ 0. 5cm，正面缉线，注意不能漏缉缝份，如图 1 - 50 所示。操作时要求正面线迹顺直，缝口平服；反面缝份平整，无毛露。该针法牢度高，主要用于中山装、工装裤、牛仔裤的缝制。

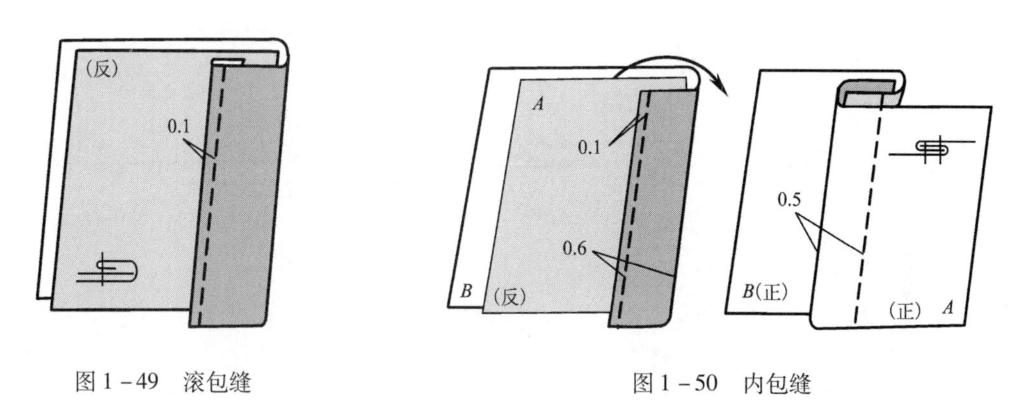

图 1 - 49 滚包缝

图 1 - 50 内包缝

8. 外包缝 外包缝也称明包缝，缝型代号 2. 04. 05。操作方法与内包缝有两点不同，一是最初叠合时是反面相对，二是两层打开时需要折转下层，使缝份留在正面，并向毛边方向折倒，沿止口 0. 1cm 缉线，如图 1 - 51 所示。操作时要求正面线迹顺直，缝口平服，无毛露；反面无坐势。这种针法牢度高且美观，主要用于男两用衫、风衣、大衣、夹克的缝制。

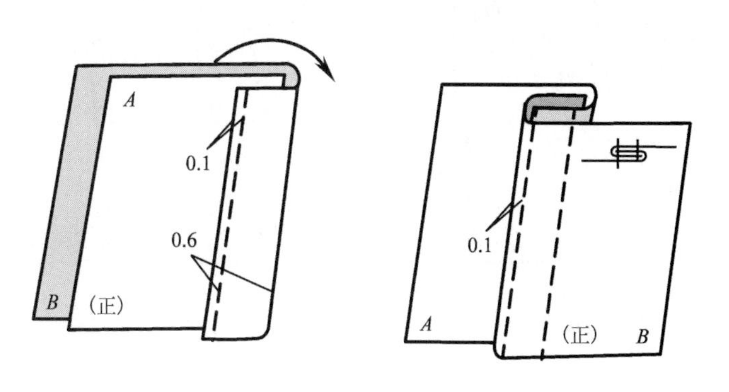

图 1 - 51 外包缝

（二）止口类针法

1. 来去缝 来去缝也称钩压缝或钩止口，缝型代号 1. 06. 02。操作时先将裁片正面相对叠合，沿净线平缝，修剪毛边，再将裁片翻至正面，烫平止口，沿边缉线，线迹与止口间距根据工艺要求确定，如图 1 - 52 所示。操作要求，沿净线平缝转角部位时，略吃进面料，保证成品有自然窝势；沿止口边缉缝时，止口均匀、线迹整齐，保持窝势。该针法主要用于缝袋盖、领子、门襟等止口部位。

2. 折边缝 缝型代号6.03.03。操作时，先将裁片折边折光（折0.5～1cm），再扣折（2～3cm），然后沿折边上口缉缝，如图1-53所示。该针法常用在非透明布料的裤口、袖口、底边等处贴边的固定。要求折转的贴边平服，宽度一致，缉线顺直，止口均匀，无毛露。

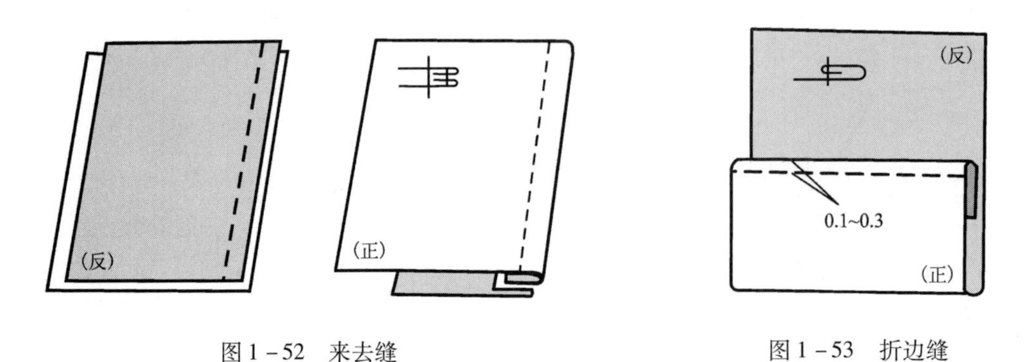

图1-52 来去缝

图1-53 折边缝

3. 卷边缝 缝型代号6.03.01。将布料裁边连折两次成三层，宽度1.5～2cm，再沿折边上口缉缝，如图1-54所示。这种针法主要用于透明布料的裤口、袖口、底边等处贴边的固定。操作要求同折边缝。

4. 漏落缝 漏落缝也称灌缝，缝型代号1.10.01。先合缝两裁片并劈缝，然后在正面缝口内缉缝，带住下层布料，如图1-55所示。这种针法多用于固定挖袋嵌线、装腰头。操作时要求正面缉缝线迹不能落在缝口两侧。

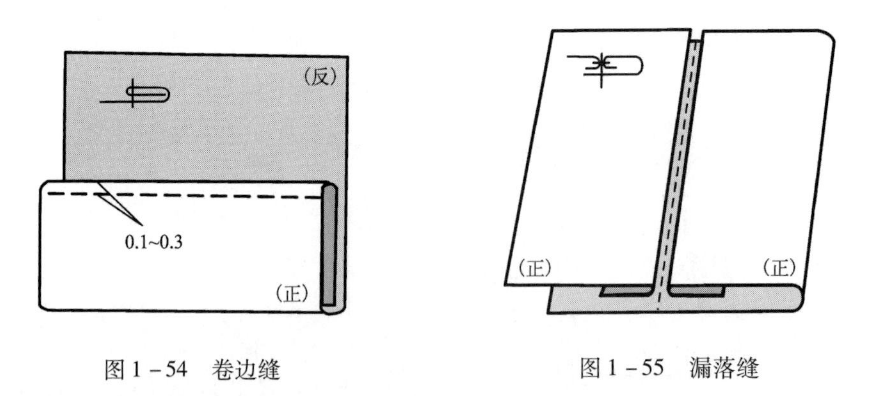

图1-54 卷边缝

图1-55 漏落缝

5. 夹缝 夹缝也称骑缝、闷缝、咬缝，是双层夹缝单层的针法。操作方法有三种，完成后要求线迹顺直，布面平服，无链形。

（1）双面夹缝：缝型代号3.05.01。操作时将两边折净的裁片沿中线对折后，夹住另一裁片的缝份，距折边正面边缘0.1cm缉线，如图1-56所示。缉缝时注意要尽量推送上层，带紧下层，保持上下送布一致。这种针法用于装袖克夫、袖衩等。

（2）反正夹缝：缝型代号3.05.06。操作时先将两裁片正面对反面叠合，缝第一道线；再将A裁片翻转并折转缝份，压在（刚好盖没）第一道缝线的位置，距折边正面边缘0.1cm缉线，如图1-57所示。缉缝时同样注意送上层、带下层，这种针法常用于装领、腰头、门襟条等。

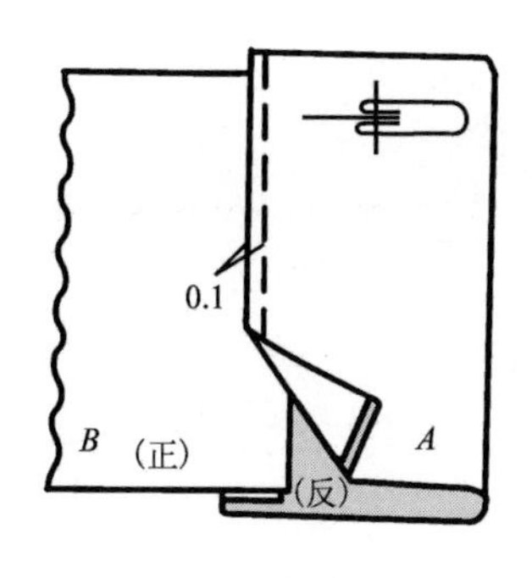

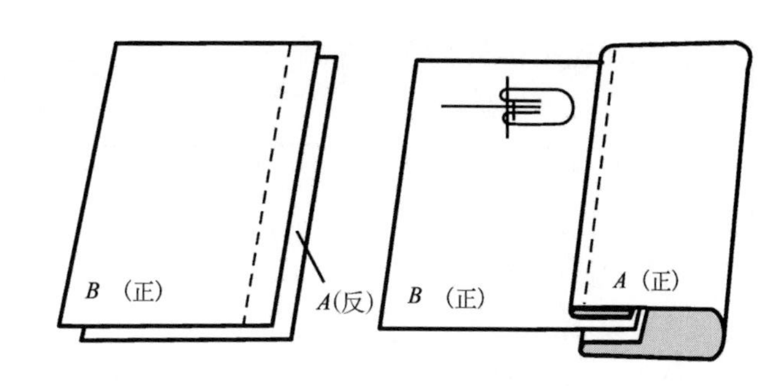

图1－56 双面夹缝

图1－57 反正夹缝

（3）正反夹缝：缝型代号3.03.07，两裁片正面相对叠合，缝第一道线；再将A裁片翻转，沿中线折转；正面缝口处漏落缝或者距折边0.1cm缉线，带住下层，如图1－58所示。缉缝时同样注意送上层、带下层，这种针法用于装腰头。

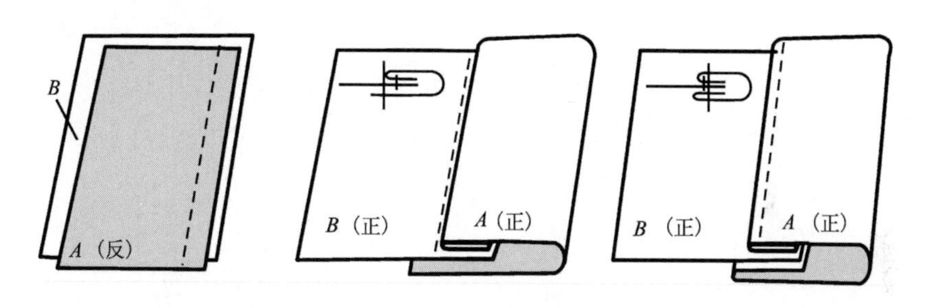

图1－58 正反夹缝

五、机缝工艺实训

（一）纸上空缉训练

1. 在8开的牛皮纸上顺长度方向缉直线、弧线及平行线

要求：（1）针眼不能偏离画线。

（2）控制好机速。

（3）在一定时间内完成。

2. 在牛皮纸上练习点缝

要求：（1）3～4针为一组练习，不能多针、少针。

（2）回针练习针迹要重合。

（二）缉布训练

1. 各种机缝针法练习

要求：（1）平缝一定要过关，符合工艺要求。

（2）各种针法操作正确，符合各自工艺要求。

2. 机缝针法综合练习

应用所有机缝针法拼接布条，完成后净大40cm×30cm。

要求：（1）包括所学各种针法。

（2）各种针法操作正确，符合各自工艺要求。

（3）针法排列应用合理。

（4）布面整洁。

（三）针法应用

1. 设计并制作枕套一个

2. 设计并制作袖套一副

3. 设计并制作包袋一个

第三节　熨烫工艺

✲课前准备

• 材料准备

白坯布：练习用布，幅宽160cm，长度50cm。

一、熨烫的作用

熨烫是服装加工过程中的一道重要工序，业内素有“（成衣）三分做，七分烫”的说法。熨烫主要有如下几种作用。

（一）预缩面料

在制作服装前对面料喷水、熨烫，可使面料获得一定预缩，同时能够消除褶皱，平服折痕。

（二）对服装塑型

运用熨烫中“推、归、拔”工艺，利用面料纤维的可塑性，适当改变织物经纬组织的密度和方向，塑造服装的主体造型，使服装更适合人的体型和运动的需要，弥补平面裁剪的不足。

（三）便于缝制

缝制过程中一边熨烫，一边缝纫，能使定位准确，缝制精巧，从而保证成衣质量。

（四）增加成衣舒适度和美感

成衣经过后整烫、热定型处理后，造型自然，表面平整、挺括，褶裥、线条笔挺，穿着舒适，具有整体美感。

二、熨烫工具及设备

（一）熨烫工具

1. 常用工具（图1－59）

（1）熨斗：熨烫中最主要也是最普通的工具，常用的有普通调温电熨斗和蒸汽式调温电熨斗。

（2）烫布：盖在被烫衣物表面的布料，一般用纯棉白细布，主要防止衣料表面被烫焦或起“极光”。

（3）布馒头：熨烫服装开阔曲面部位的辅助工具。

（4）铁凳：类似于布馒头的辅助工具，主要用于熨烫肩部。

（5）袖枕：熨烫服装狭长弧面部位的辅助工具，如袖缝、裆缝、裤侧缝。

（6）袖山烫板：熨烫袖山头部位的辅助工具。

（7）平整的桌子：熨烫时必备的设备。

（8）薄棉毯：铺在桌面上作烫垫用。

（9）喷水器：加湿用的工具（蒸汽熨斗不需要）。

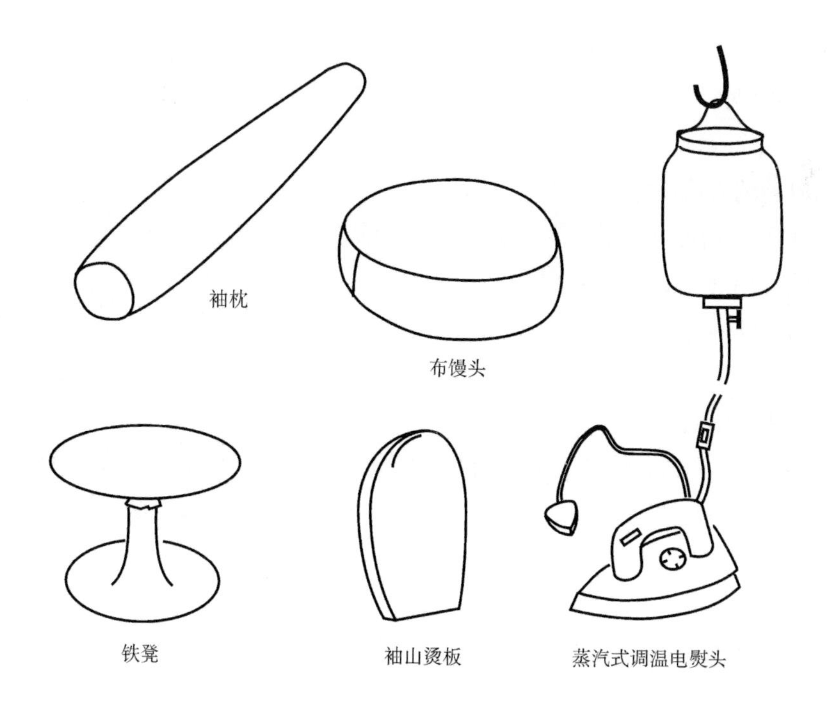

图1－59　熨烫常用工具

2. 熨烫用具的使用与保养　这里主要介绍电熨斗的保养。

（1）使用熨斗时要注意安全。不用时，应切断电源，并放在专用底座上，不要随手放在被烫衣物或工作台上，以免烫坏衣物或工作台板，或引起火灾。

（2）注意保持熨斗底部清洁。熨烫时注意工作台面整洁，特别注意黏合衬的碎料要及时清理，以防熨斗粘染胶粒和污垢，污损衣物。

（3）各种熨烫用具用完切忌随手乱丢乱放，以免弄脏或弄坏。

（二）熨烫设备

蒸气熨烫设备的高温和热压条件远远超过只能在局部范围熨烫的熨斗，既省时省力，又熨烫彻底、效果好，适用于成衣整烫。

成品熨烫设备包括真空吸风烫台、熨烫模具、锅炉、空压机、熨斗等。真空吸风烫台带有真空抽湿装置，能配备各种形状的熨烫模具，是熨烫服装的工作台。锅炉、空压机为熨烫提供高压蒸汽，通过熨斗对服装给湿和加热，其高温蒸气均匀渗透到服装内部，从而使面料纤维变得柔软可塑，然后再通过各种压模定型，最后利用真空抽湿，使服装迅速冷却、干燥，实现服装定型。

三、熨烫基本要求

（一）把握正确的熨烫温度

熨烫中要试温，忌烫黄、烫焦衣物。

（二）给湿正确

喷水或加蒸汽要均匀、适度，忌过干或过湿。

（三）注意力要集中

熨烫时，要根据熨烫要求推移熨斗，掌握轻重缓急，要随时观察熨烫效果，熨斗不能长时间停留在一个位置上。

（四）被熨烫的衣物要垫实展平

平烫衣物时要有薄呢垫，定型时布馒头等也要垫稳、垫实。

（五）合理选择熨斗的使用部位

熨烫时根据衣物部位及工艺要求的不同，有时用熨斗底的全部，有时需用尖部、侧部、后部等。

（六）双手密切配合

右手持熨斗操作，左手整理衣物，分缝烫时用手指劈开缝份，归拔时辅助聚拢或伸开丝缕。

四、熨烫要素

温度、压力、时间、湿度是熨烫工艺的基本要素。各要素适当配合，可达到定型的完美效果。

（一）熨烫温度

各种面料因原料和染料的不同，熨烫温度不同，可通过试烫实验确定熨烫温度。调温熨斗上已明确各类面料适宜熨烫温度，正常情况下可直接选定。常见面料熨烫温度和时间见表1-6。

表 1-6　常见面料熨烫温度和时间

面料品种	熨烫温度（℃）	原位熨烫时间（s）	方法
丙纶	80～100	3～4	盖潮布
尼龙绉	90～110	3～4	干烫
维纶	100～120	3～5	干烫或盖干布
锦纶	110～130	5	喷水熨烫
腈纶	120～150	5	盖潮布
涤棉、涤纶	120～160	3～5	喷水熨烫
丝绸	110～130	3～4	干烫
灯芯绒	120～130	若干	盖潮布
漂白布	130～150	若干	喷水熨烫
劳动布	140～160	若干	喷水熨烫
混纺呢绒	140～160	5～10	盖湿布
毛涤	140～160	5～10	盖湿布
全棉府绸	150～160	3～5	喷水烫
绒布	150～160	3～5	喷水烫
印花布	150～170	3～5	喷水烫
全毛呢绒	160～180	10	盖湿布

熨斗不能显示温度，可通过水滴在熨斗的底面上，听音观察变化确定熨斗的温度。滴水法测试熨斗温度方法见表 1-7。

表 1-7　滴水法测试熨斗温度

温度（℃）	声音	看水滴
<100	无声	水滴形状不散开
100～120	“嗤”声	水滴扩散开，有很大的水泡
130～150	“叽由”声	有水泡，不太沾湿，向四周溅出小水滴
160～180	短的“扑叽”声	不起泡，出现滚动水滴，很少存留水珠
>190	更短的“扑叽”声	熨斗底面完全不沾湿，水滴迅速蒸发成蒸汽

（二）熨烫湿度

许多面料熨烫前要喷水，使其保持一定的湿度，尤其是天然纤维面料，湿度大小直接影响熨烫效果。

注意合成纤维面料不能简单地加湿、加温。如果还进行高温水浸泡，面料易变皱，更不易烫平。例如，维纶在潮湿状态下受高温会收缩熔化，只能干烫。

（三）熨烫的压力和时间

熨烫压力和时间的选定随面料的质地和厚薄而定。面料薄或织物组织松弛，所需压力小，时间短，温度也低；厚实紧密的面料则相反。

熨斗不宜在衣服的某一位置长时间停留或重压，以免留下熨斗的印痕或烫变色。

五、熨烫技法

熨烫技法大致分为平烫、起烫、扣烫、推、归、拔等，根据不同的熨烫目的和要求选用。无论哪种技法，在操作前都应进行试烫，以免损坏面料。

（一）平烫

平烫是将衣物放在衬垫物上依照衬垫物的造型烫平，不作特意伸缩处理的一种手法。常用于布料去皱、缩水或服装的整理等。

操作过程

（1）选择一块有皱痕布料，平铺在工作台上。

（2）根据指示调整熨斗控温旋钮，或用滴水法试熨斗底温，另取一块同种碎料试烫，确认温度合适再进行熨烫。

（3）在明显的折痕部位刷水，其他部位熨烫时同步加蒸汽。

（4）右手持熨斗，从右至左，由下向上推移；或由中心向左右、上下推移；同步加湿，均匀控制湿度。左手按住布料，配合右手动作，使布料不随熨斗移动。注意当熨斗前推时，尖部略抬起；熨斗后退时，后部略抬起；平稳推动熨斗，用力均匀。

要求：布面烫平整、干燥、完全消除皱痕，无烫黄、烫焦现象。

（二）起烫

起烫是处理面料表面留下的水花、极光或绒毛倒伏现象的熨烫技法。该技法比平烫要轻，力求使面料恢复原状。

操作过程

（1）取一块带有极光的面料，平铺在工作台上。

（2）面面上铺一块含水量较大的布。

（3）手持高温熨斗，在有极光的部位前后、左右反复擦动。注意熨斗不要重压布料。

（4）轻烫含水布表面，将布料烫干。

要求：熨烫时手势始终要轻，不能操之过急，更不能重压面料，以免造成新的极光或倒绒。

（三）分烫

分烫是将缉缝后的裁片缝份按需要烫分开的熨烫技法。根据不同要求一般有平分烫、伸分烫、缩分烫等。

1. 平分烫　两块裁片平缝后，将布面拉平，使缝份朝上，平铺在工作台上；左手在前分开缝份，右手持熨斗，用熨斗尖逐渐跟进左手，向前将缝份分开烫平；翻至正面（盖上含水布），用熨斗底部压住已分烫开的缝份，烫平、烫干。

要求：缝份完全打开，不留坐势；缝口平整，不变形。

2. 伸分烫　先做平分烫，缝份全部烫开后，用熨斗底部压住缝份，向两边拉伸熨烫。左手捏住缝份一端向外拉伸，右手持熨斗压住缝份，边压边向前推移，使缝口比原先略长，如图 1－60 所示。操作时注意双手配合，当熨斗底部压住缝份伸分烫时，不能停留时间过长，以免烫坏面料；拉伸幅度应视需要而定，拉伸用力均匀，要求同平分烫。

3. 缩分烫 平缝后的两块裁片，缝份劈开，下面垫袖枕或布馒头；右手持熨斗，熨斗尖对准缝份，左手将缝份分开，并向熨斗尖方向略推送；熨斗将分开的缝份压实，边分烫边前进，如图 1－61 所示。

要求：左手辅助熨烫，推送时前后要均匀一致；缩分烫完成后，缝口平服，不变形。

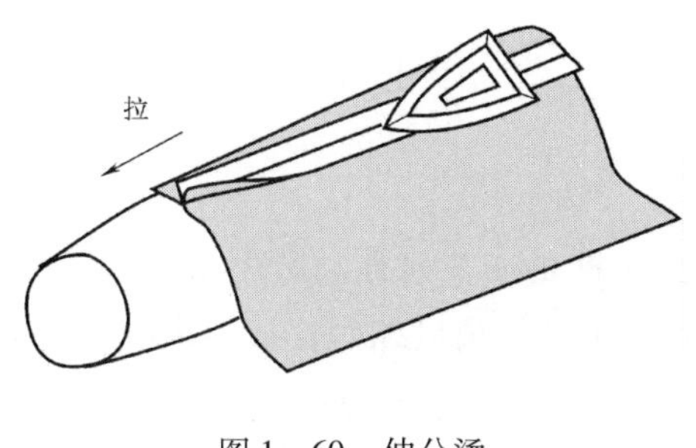

图 1－60 伸分烫

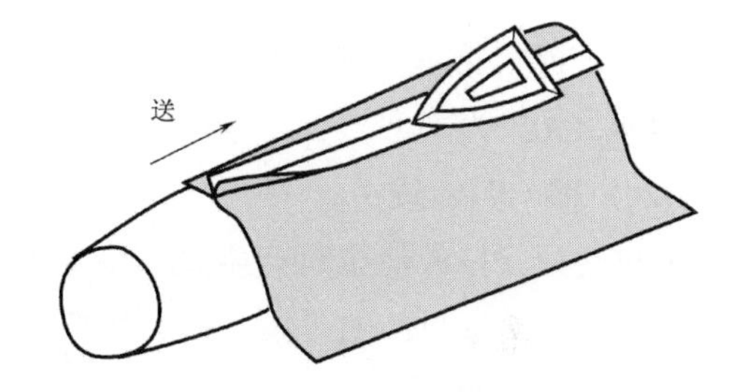

图 1－61 缩分烫

（四）扣烫

将裁片毛边扣净并压烫定型的熨烫手法。主要用于贴袋、袖口、下摆等处的熨烫。常用的有平扣烫、缩扣烫。为保证熨烫质量，扣烫时一般都备有硬而薄的净样。

1. 平扣烫 取一块长方形布料，反面朝上铺在烫台上；左手按净样纸板将布料毛边向上扣折 1～3cm，右手持熨斗压住转折的缝份；左手边扣边向后退，右手边烫边跟进，如图 1－62 所示。将布料翻正，整个熨斗压住折边，加湿后用力烫实，切忌熨斗沿折边用力推。注意扣烫折边时要轻，最后翻正熨烫时要重；双手动作配合默契，尤其右手注意跟进。

要求：折口顺直、平服、不变形，折边宽度一致。

2. 缩扣烫 取一块圆形布料，反面朝上铺在烫台上；剪圆形硬纸模板，半径小于布料 2cm；模板与布料中心对齐，四周留出相等的缝份；从布料直丝一侧开始烫，左手折边，右手边烫边跟进，用熨斗的尖部压实折边，如图 1－63 所示；取出模具，布料翻向正面，沿折口用力压烫，同时给蒸汽。注意整个过程样板不能移动，可以借助拱针缩缝帮助定型。

要求：折口圆顺、平服、不变形，缝份无死褶。

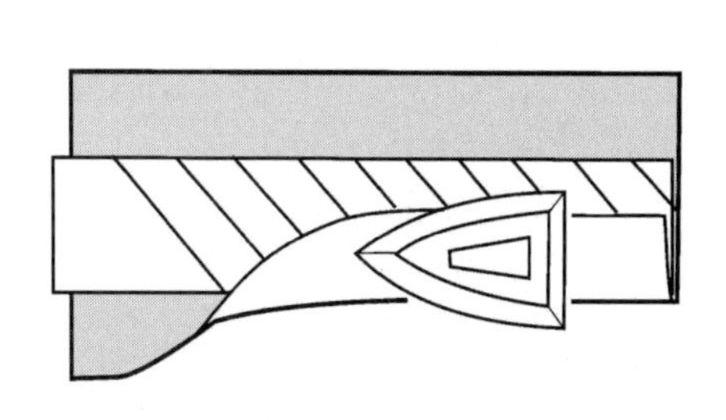

图 1－62 平扣烫

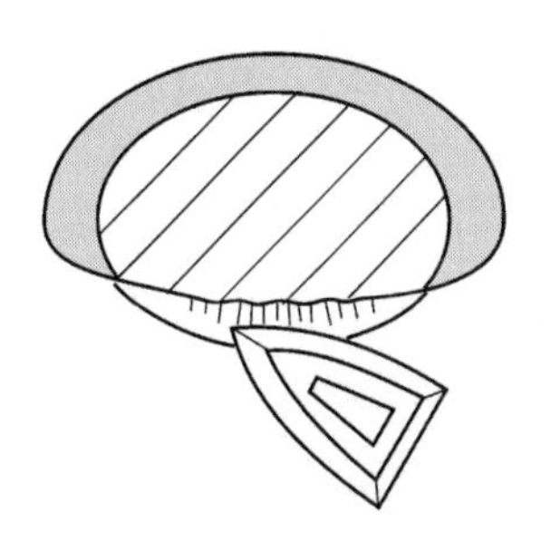

图 1－63 缩扣烫

（五）压烫

压烫是服装止口处压实定型的熨烫手法。主要用于缝制后的领、衣襟、底边、袖口等部位的熨烫定型。

取两块长方形布料，来去缝两边；修剪缝份并劈缝；翻正，盖上含水布，用熨烫力压烫折口，停留时间可稍长，直至烫平、烫薄、烫干，如图1－64所示。

要求：折角方正，压烫平实；折口不倒吐；布面整洁，无极光。

图1－64　压烫

（六）推、归、拔

通过收拢或拉伸使布料产生热塑变形的熨烫手法。推是在熨斗移动时用力下压的手法，是实现归、拔变形目的的手段。归，指归拢，通过熨烫使布料长度缩短；拔，指拔长，通过熨烫使布料长度变长。归、拔熨烫的变形是有限的，变形程度与布料特性有关。

1. 归烫　左手归拢布料丝缕，右手稍用力沿弧线推移熨斗，需要缩短的部位在熨斗内侧，如图1－65所示。

要求：布料变形自然，曲面平服。

2. 拔烫　左手向前拉布料，右手持熨斗沿弧线用力推，需要拔长的部位在熨斗外侧，如图1－66所示。

要求：布料变形自然，曲面平服。

图1－65　归烫

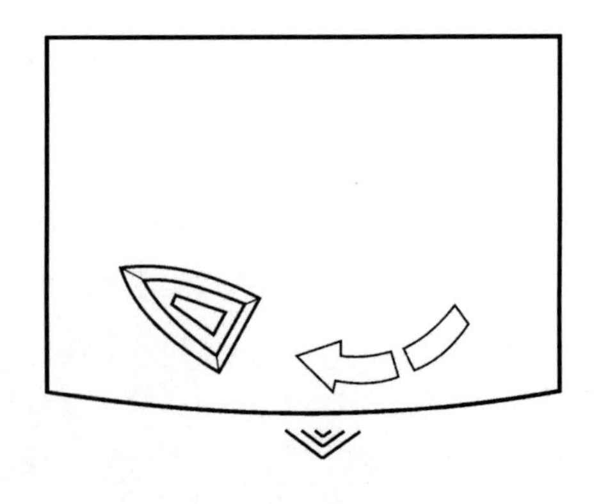

图1－66　拔烫

六、熨烫工艺实训

熟悉各种熨烫技法的正确操作。

要求：（1）分类操作，符合各自熨烫要求。

（2）烫过的布面无皱、无光、无黄、无伤。

（3）注意安全操作规程。

技术理论与专业技能——

装饰工艺

课题名称： 装饰工艺

课题内容： 手缝装饰工艺
机缝装饰工艺

课题时间： 8 学时

教学目的： 装饰工艺是对服装的美化和丰富，通过该课程的学习，使学生在掌握基本手缝、机缝装饰针法的基础上，不断发现和挖掘新的装饰技法，从而达到培养学习兴趣、拓展专业课程学习的目的。

教学方式： 理论讲解、实物分析和操作示范相结合，根据教材内容及学生具体情况灵活制订训练内容，加强基本理论和基本技能的教学，重视课后训练，并安排必要的练习作业。

教学要求： 1. 掌握常用手缝装饰技法。
2. 掌握不同种类的机缝装饰技法。
3. 能够合理组合应用各种装饰技法。

第二章　装饰工艺

装饰工艺是指用布、线、针及其他有关材料和工具，通过扳、镶、滚、盘、绣、编等手工技法形成装饰，与服装造型相结合，以达到美化服装的目的。新颖的装饰材料不断出现，使装饰工艺更加丰富，表现更加完美。

在现代服装工艺中，装饰工艺是必不可少的，尽管技法千变万化，但不外乎手缝装饰和机缝装饰工艺两大类。

第一节　手缝装饰工艺

✲课前准备

• 材料准备

白坯布：练习用布，幅宽160cm，长度40cm。

单色中厚棉布：实训作业用布，颜色自选，大小根据本人设计需要确定。

绣花线：各色绣花线适量。

编结绳：专用编结绳适量。

• 工具准备

备齐手缝常用工具。

手缝装饰工艺是具有民族特色的传统工艺，常用的有绣、挑花、扳网、盘扣、编结等手法。

一、绣

我国的刺绣工艺不仅有悠久的历史和优良的传统，而且分布广泛，有被誉为四大名绣的苏绣、湘绣、粤绣、蜀绣，以及闻名遐迩的瓯绣、鲁绣、汴绣等，还有极富少数民族特色的刺绣。虽然各种流派风格各异，但制作方法基本相同，下面介绍几种基本装饰针法。

（一）平针

平针是一种常用的、简单的针法，也是刺绣的基本针法。即一针上，一针下，进针、出针均与布面垂直。要求带线时松紧一致，针迹整齐，线迹排列均匀，密而不叠，平针排列可以组成各种图案，如图2－1所示。

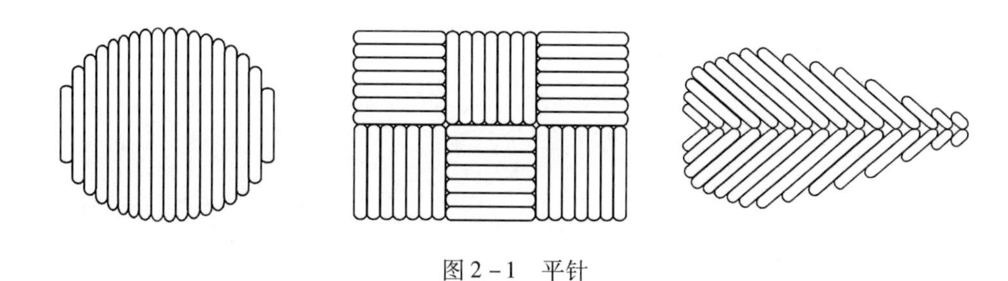

图2－1 平针

（二）回针

回针需要前进、后退相结合运针。此针法的每一针都是采用从左向右的倒回针，如图2－2所示。运针时如果退一针、进半针，即为柳针。针法要求两线排列紧密，线迹按纹样变化转折，充分表现出线条的变化。同时还可变化形成多种图案，如图2－3所示。

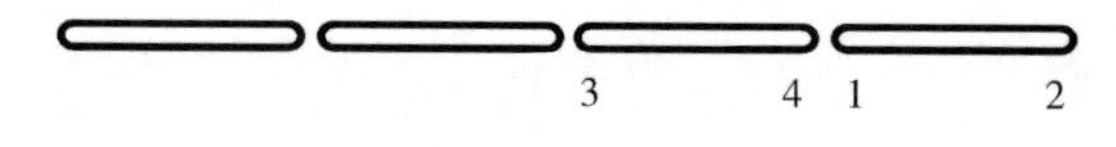

图2－2 回针

（图中数字为入针、出针顺序，奇数为出针，偶数为入针）

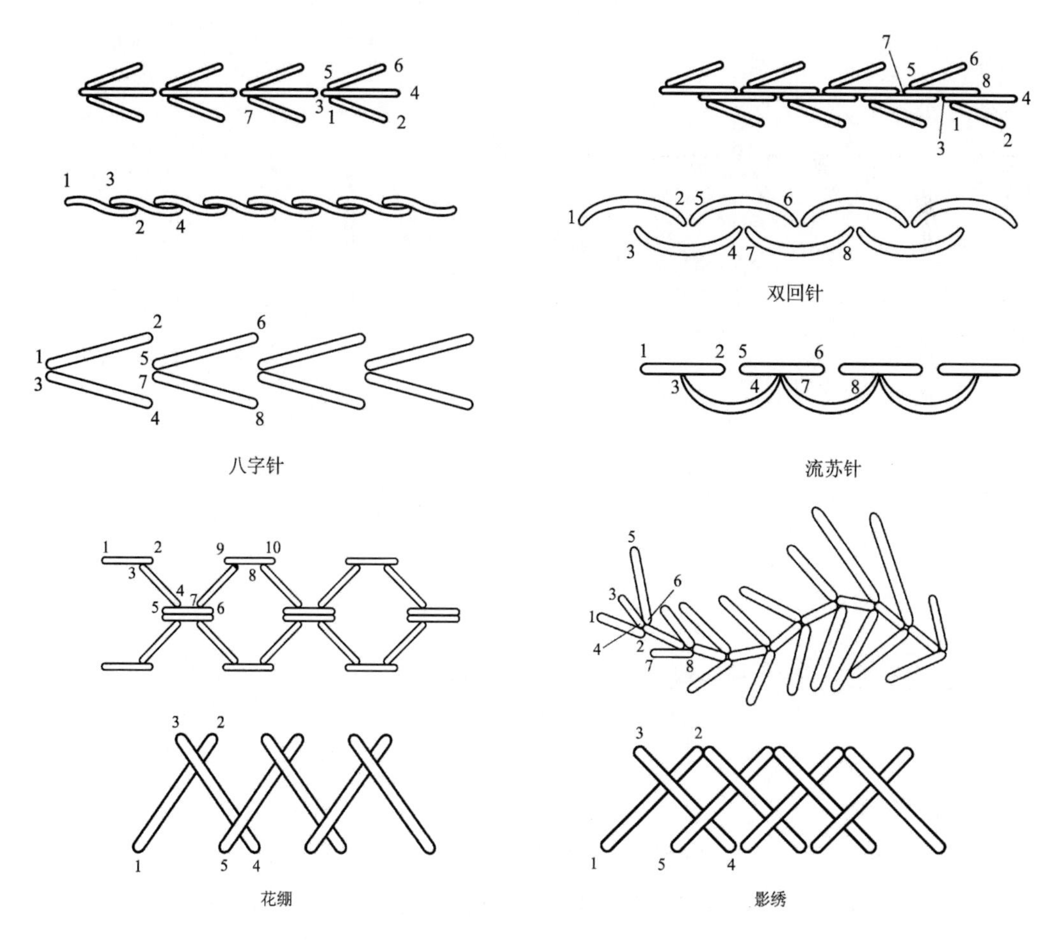

图2－3 回针应用

（图中数字为入针、出针顺序，奇数为出针，偶数为入针）

（三）套针

套针即第一章手针工艺中的杨树花针，还可以变化形成其他针法，如图2－4所示。

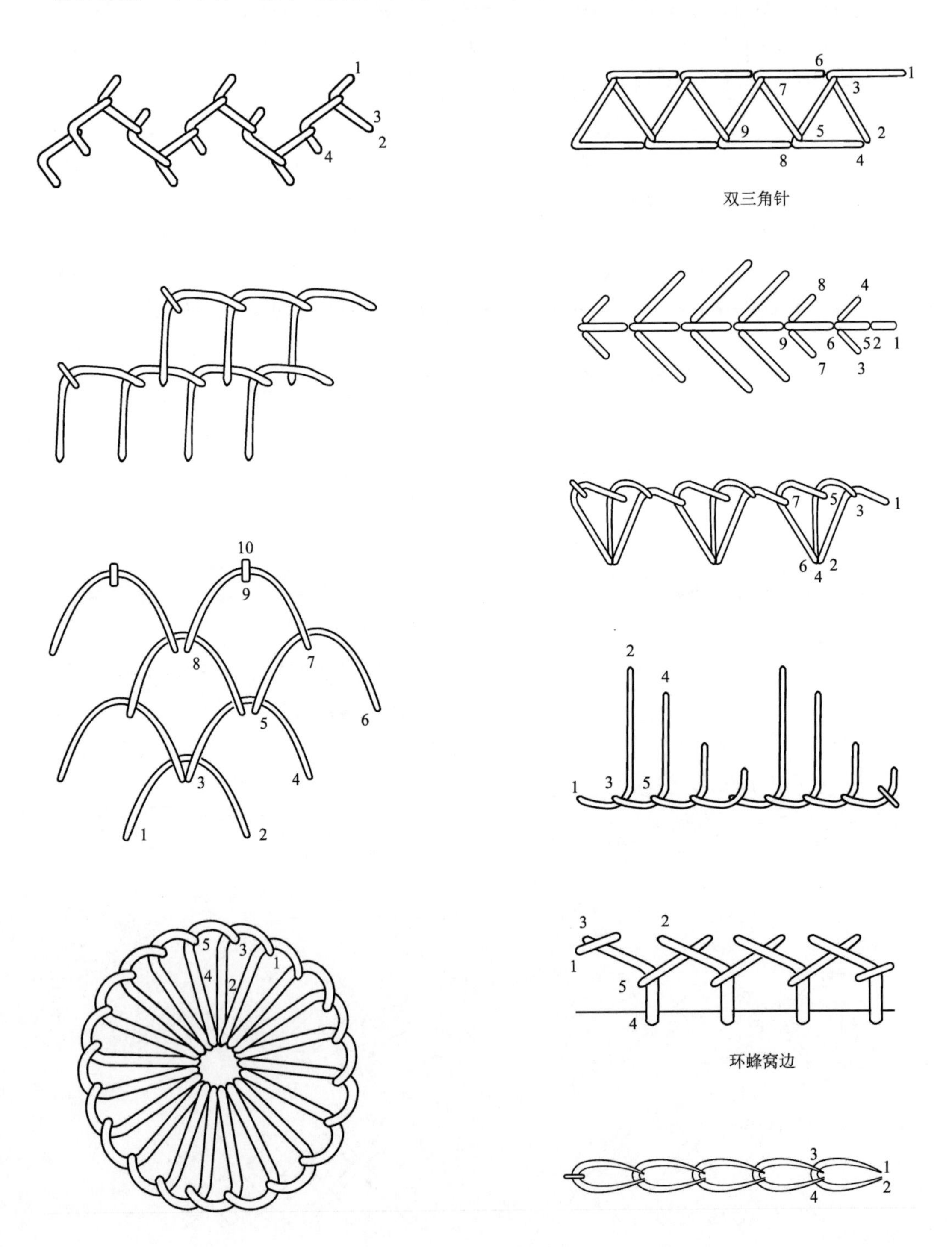

图2－4　套针

（图中数字为入针、出针顺序，奇数为出针，偶数为入针）

（四）绕针

绕针可分为链形针、打籽针和节子针。

1. 链形针　链形针又称拉链绣。起针将线引出布面，在针后部绕一圈，形成线套，绕后用拇指按住线套，紧挨出针位置下针，向前一针出针，完成一个链针，如图 2－5 所示。制作时要求链状均匀，整齐美观，线不宜过紧。

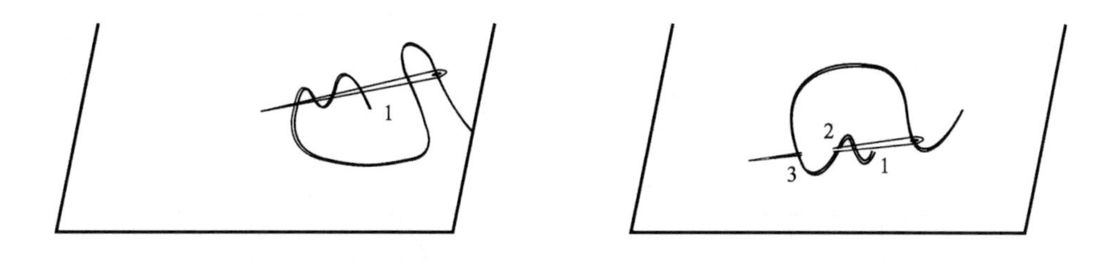

图 2－5　链形针

（图中数字为入针、出针顺序，奇数为出针，偶数为入针）

2. 打籽针　打籽针又称圆子针，多用于花蕊。线需在针上绕 2～3 圈，紧挨出针处入针，形成小圆粒状线迹，如图 2－6 所示。制作时要求圆粒大小适中。

3. 节子针　节子针又称缠针。线在针上绕数圈后，拔针抽线，然后进行打结，可组成各种花型、图案，如图 2－7 所示。

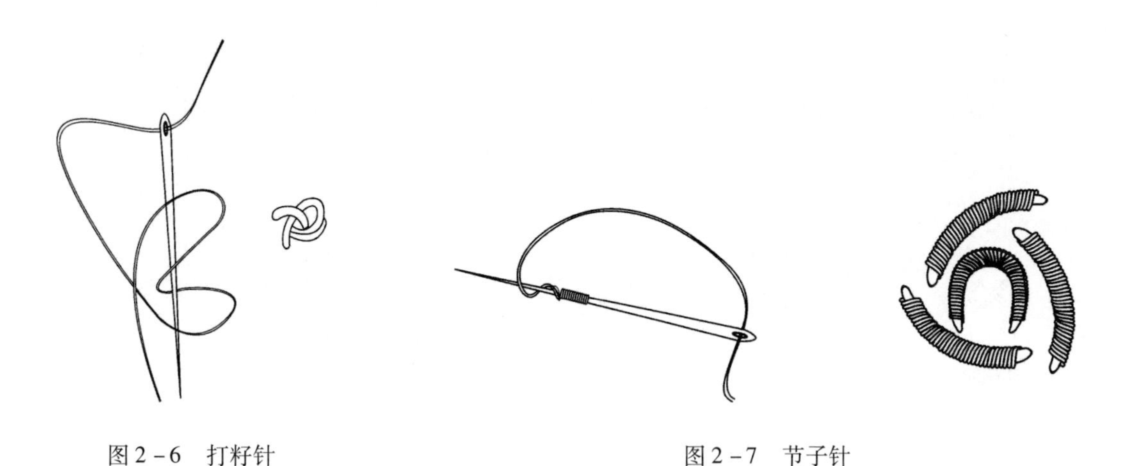

图 2－6　打籽针　　　　图 2－7　节子针

二、挑花

挑花工艺在民间流传广泛，其针法简单易学，效果变化无穷，所用材料要求不高。挑花工艺针迹短，排列紧凑，耐磨、耐洗，挑花大多装饰于袖口、领外口及挂袋、手帕等生活用品上。挑花图案多来源于生活，构图严谨，多为对称、平稳的形式，简练而夸张。除了主题图案外，还常以几何图案作陪衬。用线色彩对比强烈，极富特色。常见的有十字挑、一字挑、套针挑等。以下着重介绍十字挑花的制作。

（一）十字挑花用料

挑花适合在厚实的棉土布上挑绣，也可选用平纹织物，如夏布、亚麻布、十字布、网眼布等。挑花用线可选丝绣线、棉绣线或细绒线。另外，还需根据线的粗细选用手针。

（二）十字挑花针法要领

1. 入针、出针 入针、出针的方向基本在一条垂直线上，行针方向为水平线，如图2－8所示。

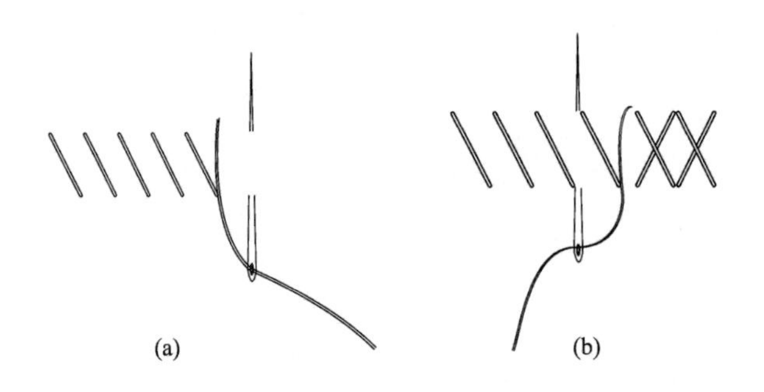

图2－8 十字挑花针法

2. 线迹组合 线迹组合要注意交叉方向一致，交叉线迹呈90°角，反面线迹呈垂直、水平状排列，如图2－9所示。

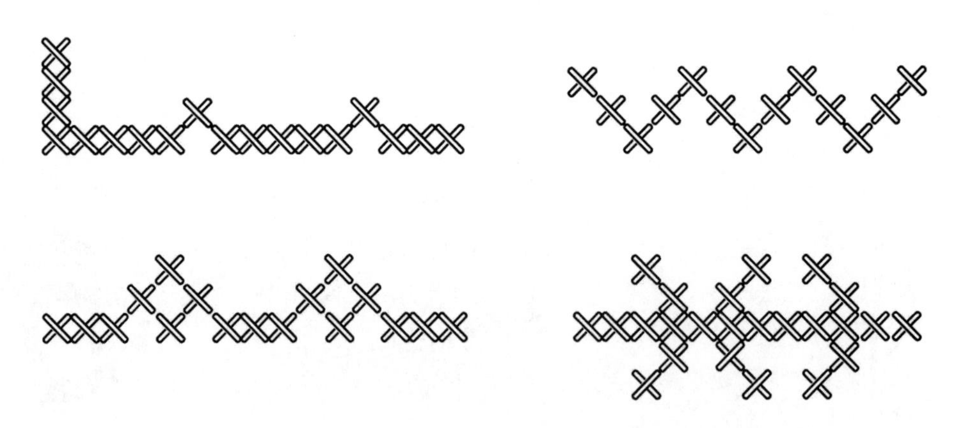

图2－9 十字挑花应用

三、扳网

扳网也称缩褶，打缆。首先要在面料上有规律地行针，且将绗线抽紧，使面料形成有规律的细裥，在裥的折边部位用线进行有规律地编缝，形成各种网状图案。这种工艺不仅具有很强的装饰性，而且能产生松紧变化，从而使服装造型也产生一定变化，既美观又舒适，多用于生活中的女装和童装的局部装饰，如腰部、袖口等处。

（一）扳网工艺用料

板网工艺最好选用薄型、浅色或素色的织物，如细棉布、府绸、涤棉织物等。因要经过缩褶，所以必须计算好用料，可以通过试缝算出，也可以直接按比例确定，例如，取30cm长布条，试缝抽缩至要求状态，量取其长度为12cm，则抽缩比例为12∶30＝2∶5，即完成状态长2cm，用料就需5cm，根据完成后需要的长度算得用料长；另一种方法是直接确定比例1∶2或1∶3等，根据需要长度计算用料长，省去了试缝步骤，但在该比例情况下，裥的效果是不好预见的，通常有一定经验才能把握得更好。

扳网用线一般是各色棉绣花线。第一行绗缝抽缩线，多用结实的涤纶线，再根据线的粗细选用合适的手针。

（二）扳网工艺步骤

1. 绗缝　绗缝用涤纶双股线穿针，形成四股线后打结。在距布料上口1.5cm处画线，以下每隔2cm画一条线，平行排列，沿第一道画线自右向左拱针，针距为0.3～0.4cm，然后将布料抽紧至所需长度，将两端线打死结，保证长度不再改变。可将缩好褶的布料固定在桌边或桌面上，准备编缝。

2. 编缝　编缝根据选用的编缝针法，一般为自左向右行针，完成一行即打结收尾，下一行仍要自左向右行针。不同的编缝针法及图案如图2－10所示。

四、盘扣

盘扣是我国服装行业的传统工艺，有着悠久的历史和鲜明的民族风格，是旗袍等中式服装上的必要附件，也是女装的装饰品。下面介绍葡萄扣的工艺。

（一）做纽条

纽条做法有下列两种：

1. 缲缝式　缲缝式是将宽2cm左右的正斜布条向反面各折转0.5cm左右，边折边缲缝。要求针迹细密、工整，用薄料制作时中间可衬几根棉线。

2. 机缝式　机缝式是将宽1.8cm的正斜布条正面相叠，缝份为0.4cm沿边缉线，然后翻至正面形成纽条（借助长针）。有时为使盘花扣便于造型，纽条中还可包入细铜丝。

（二）盘扣珠

盘葡萄扣珠的具体制作步骤与方法如图2－11所示。制作时要求扣珠坚硬、匀称，可借助镊子逐步盘紧，缝线应盘在下面。

（三）盘花

扣珠与扣门的尾端可以盘出各种图案，使盘扣具有很强的装饰性。常见的有模仿动物形状的，如凤凰扣、蝴蝶扣；有模仿花形的，如菊花扣、兰花扣；有模仿其他用品的，如琵琶扣、如意扣、双耳扣等，如图2－12所示。

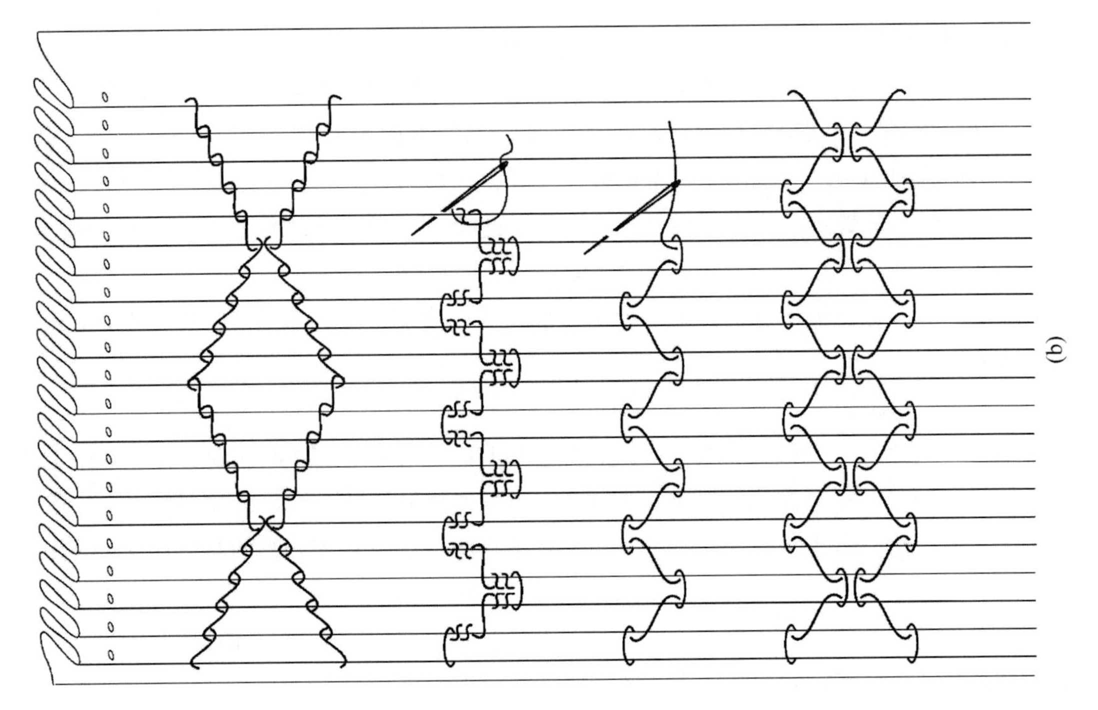

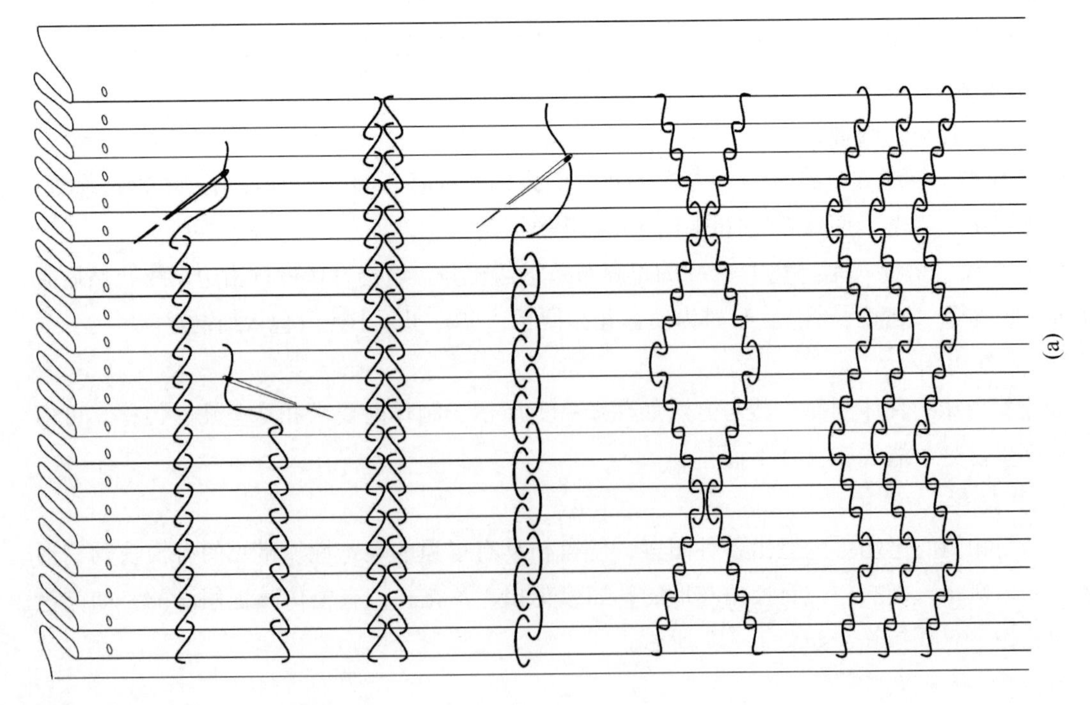

图2-10 扳网

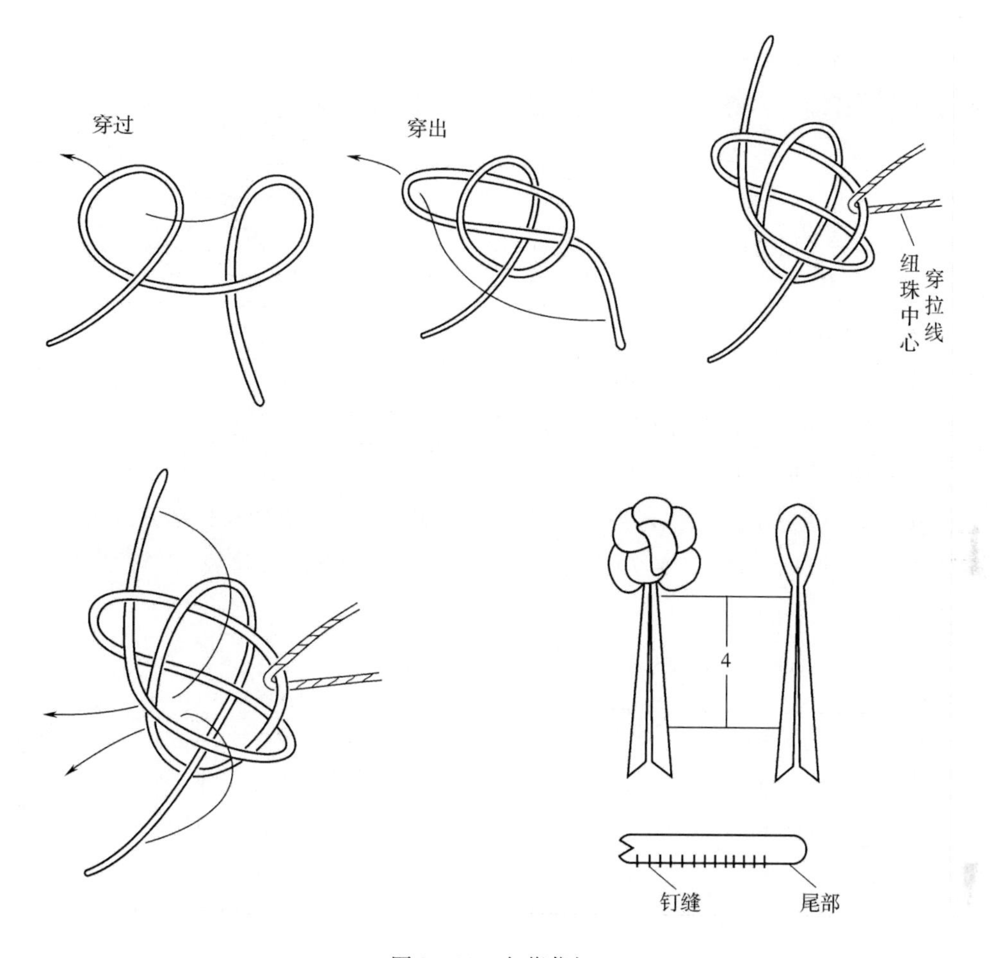

图2－11　盘葡萄扣

兰花扣

双耳扣

琵琶扣

图2－12　盘扣花形

（四）缝扣

盘好的扣珠与扣门要分别缝在衣服的门襟与里襟上，缝扣时，从头部开始，细密缝钉，纽脚尾部折叠整齐缝牢。要求缝线整齐，疏密一致，缝钉牢固。

五、编结

编结也是深受人们青睐的一种手工装饰工艺，它以其特有的立体效果及丰富的图案装点着人们的生活。

（一）编结用材料

编结用料可选用均匀、坚固的棉、麻、毛、丝或化纤类线绳，粗细均可。不需特制的专用工具，只要固定绳子的大头钉或大头针即可。

（二）编结的基本技法

1. 打结 打结要准备一条固定绳，固定在桌边或墙面上。常用的打结方式有三种，分别为活扣结（图2－13）、双环扣结（图2－14）、卷式扣结（图2－15），这种结可作流苏穗，扣结不易散开。

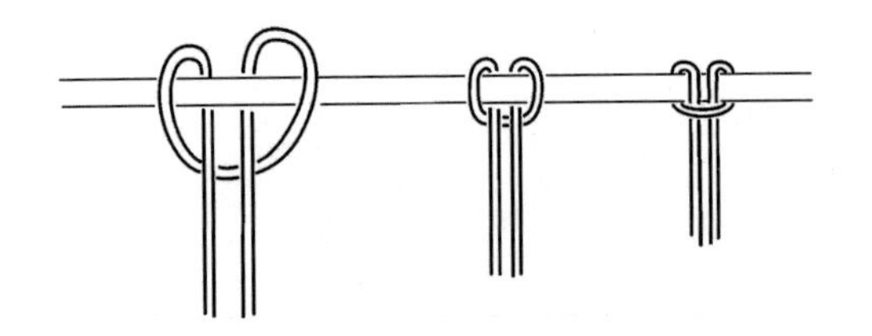

图2－13 活扣结

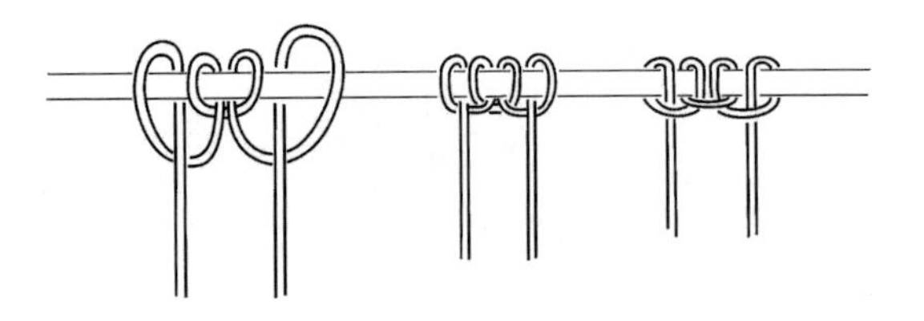

图2－14 双环扣结

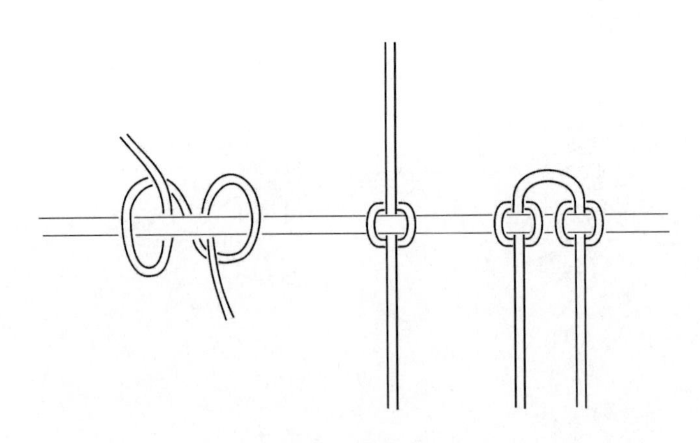

图2－15 卷式扣结

2. 旋转式平结 旋转式平结起头打“卷式扣结”，以四条垂线为一组，右或左侧垂线始终压住其他两条线，中间两条线为芯柱，左或右侧的线与上面的一条垂线相互编穿。连续进行即形成右或左旋转式平结，如图2－16所示。

3. 左右平结　左右平结与旋转式平结不同之处是压在上面的是同一条垂线，即左侧垂线压在上面编到右侧后，下一次穿编时这条垂线从右侧压回左侧，连续穿编，即左压右、右压左、左压右循环而成，如图 2－17 所示。

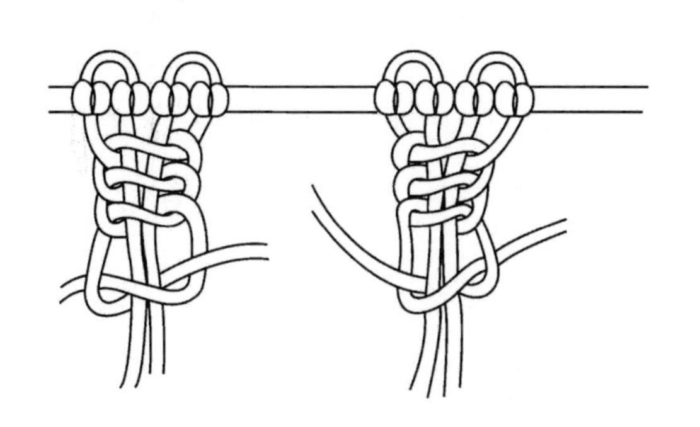

图 2－16　旋转式平结

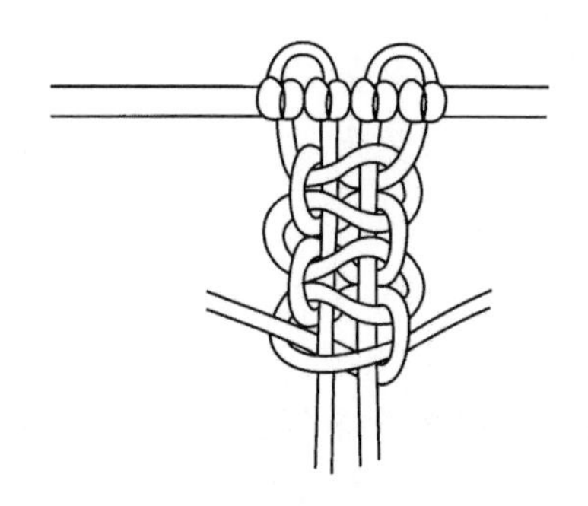

图 2－17　左右平结

4. 七宝结　七宝结编结方法就是左右平结，每行编结时进行交错，形成图案，如图 2－18 所示。

图 2－18　七宝结

5. 双回结　双回结每两根绳组成一个双回图案，如图 2－19 所示。

图 2－19　双回结

6. 卷结　卷结编结方法同卷式扣结法。用卷式扣结起头，以左端垂线为芯线，其余垂线都卷绕于其上，每条垂线绕两次。芯线走向不同，其效果不同，芯线为45°斜向时为斜卷结，芯线呈现纵向时为纵卷结，芯线为横向时则为横卷结，如图2－20所示。

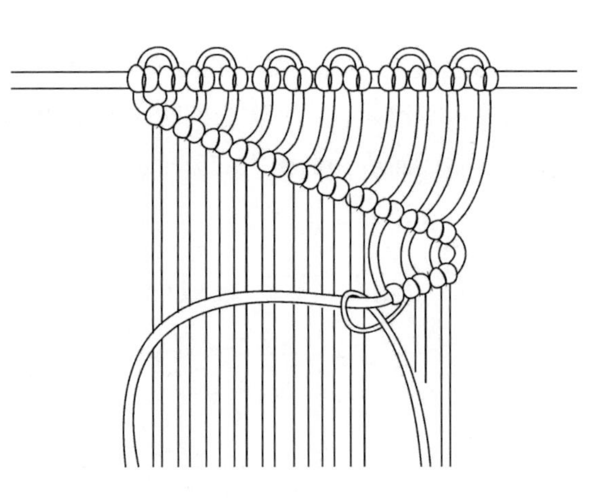

图2－20　卷结

六、练习与实训

1. 练习本节所学的手工装饰针法

2. 设计一件由手工装饰针法完成的饰品

要求：（1）包括所学各种针法。

（2）针法正确，符合工艺要求。

（3）设计主题明确，有创意。

（4）针法编排合理，图案美观。

3. 编结一件小饰品

要求：（1）包括所学编结技法。

（2）设计主题明确，有创意。

（3）编排合理，图案美观。

第二节　机缝装饰工艺

✲课前准备

• 材料准备

白坯布：练习用布，幅宽160cm，长度50cm。

缝线：大卷缝纫线一卷（颜色自选）。

• 工具准备

备齐常用手缝工具与机缝工具。

机缝装饰工艺包括缉线、缉细褶以及传统的滚边、嵌条、镶边、宕条等工艺，下面分别介绍。

一、缉线工艺

缉线工艺是在服装某些部位或部件表面缉明线，以表面线迹作为装饰，常见的有下列三种形式：

（一）缉止口

缉止口也称压止口，是在部件（位）边缘等距离缉明线，既有装饰效果，又增强牢度，即机缝工艺中来去缝的压缝，多用于领、袋、腰头、门襟等处，如图 2－21 所示。操作时要求止口平薄，无坐势，止口反吐均匀；缉线宽度一致、圆顺，线迹均匀、美观；缝口处无绞拧，配线适当。

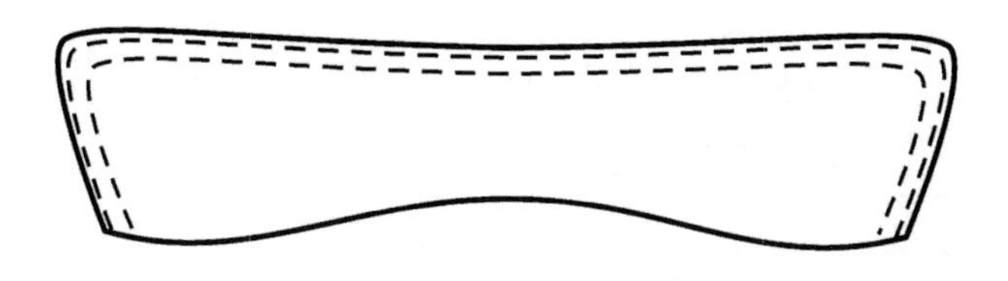

图 2－21 缉止口

（二）缉拼接缝口

缉拼接缝口即在拼接缝两侧缉明线，根据缝份倒向不同，又可分为固压缝（倒缝）、劈压缝（劈缝）、机缝针法中的平缝。缉线工艺被广泛应用于衣片、裤片的缝合部位，其要求同缉止口。

（三）缉图案

缉图案多用于有胆料的服装，如羽绒服、棉衣等。图案根据需要设计，在固定胆料的同时，具有很强的装饰性。

二、缉细褶工艺

缉细褶是在女装或童装的局部缉有规律的细褶作为装饰，使之更具立体感。

（一）直线细褶

直线细褶如图 2－22 所示，裁剪时需留出褶量并画出褶位，缉线时，沿线缉一定宽度（0.2cm），褶间距约 1cm，完成后将褶朝同一方向熨倒。

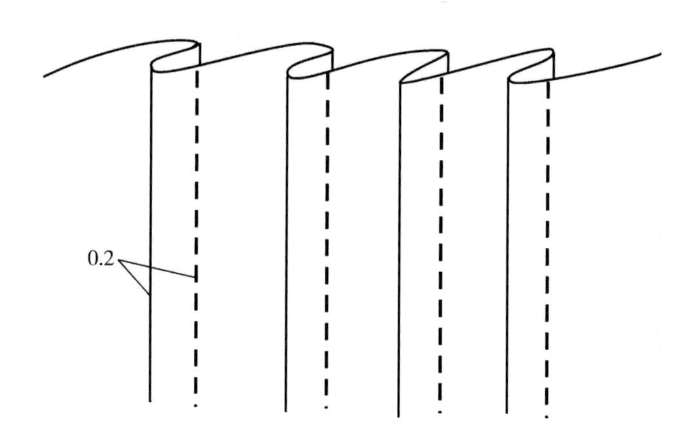

图 2－22 直线细褶

（二）十字细褶

直线细褶完成后，再沿其垂直方向缉横向褶，使褶呈方格状效果，如图2－23所示。缉横褶时，每次将竖褶都倒向同一方向，如图2－23（a）效果；缉横褶时下一行与上一行将竖褶反向，如图2－23（b）效果。

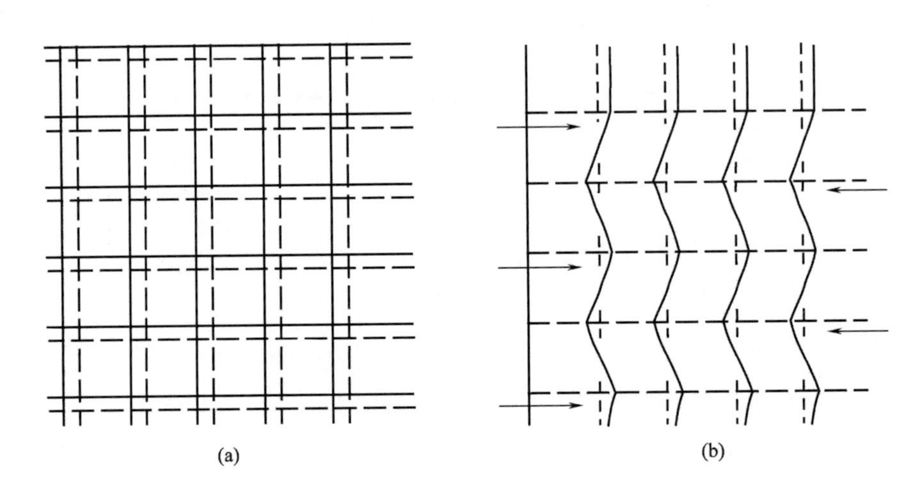

图2－23　十字细褶

（三）衬线细褶

衬线细褶如图2－24所示，在两条缉线中间穿入衬线的工艺更具有立体感，制作时需用单边压脚。衬线细褶可分为单做式和夹做式两种。

1. 单做式　单做式可根据穿线的粗细确定褶量，画出褶位，将衬线夹在褶中缉线，顺势固定两端。

2. 夹做式　将衬线夹在两层面料中间，表层面料需根据衬线的粗细加放出褶量。

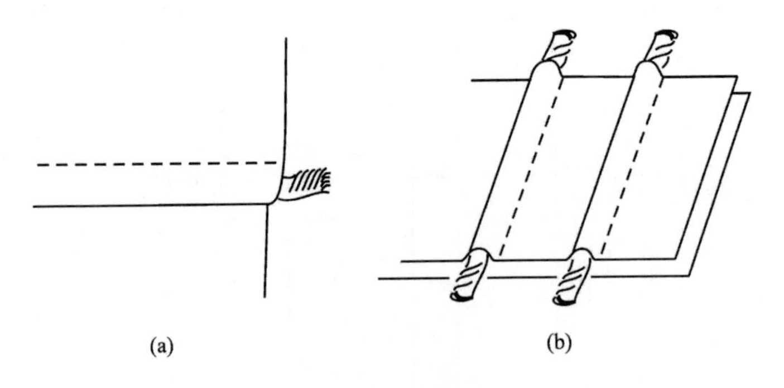

图2－24　衬线细褶

三、滚边工艺

滚边工艺是指用一条布料将衣片毛边包光的同时作为装饰的一种缝制工艺。滚条布料一般用正斜向绸料，其伸缩性较大，易于弯曲扭转，滚制方便，效果好。

（一）裁滚条

单滚条裁制，用45°正斜向绸料裁制，拼缝时注意斜角相拼，两边对齐，如图2－25（a）、（b）所示。正方形滚条布沿对角线剪开后，直角边拼缝，可使滚条拼长，如图2－25（c）所示。把滚条布拼缝呈筒状开剪，可使滚条变长，如图2－25（d）所示。滚条用料宽度应为4倍的滚条宽，但要注意因斜料易变形拉长而变窄，裁条时应适当加宽。

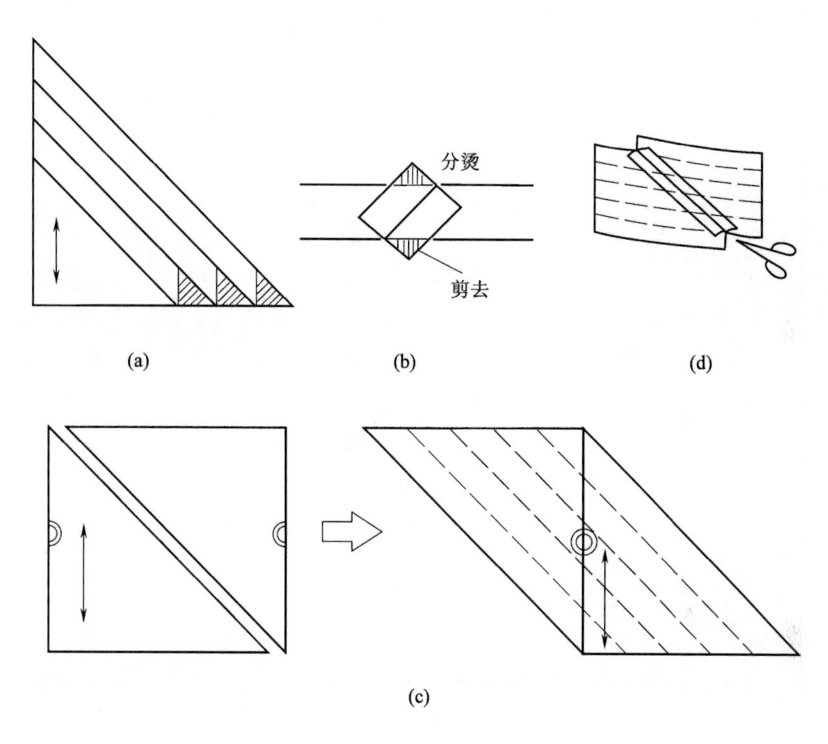

图2－25　裁滚条

（二）缝滚条

缝绲条的方式包括绲边反面缲缝式、绲边正面缉明线式和绲边正面漏落缝式，如图2－26所示。

如果绲边部位为弧线，两次缝线时应注意：若为凸弧形，略吃进绲条；若为凹弧形，略吃进衣片。

四、嵌条工艺

嵌条是指在部件的边缘或拼接缝的中间嵌上一道带状的嵌条布，起到装饰作用。嵌条宽一般为双折1.2cm左右，嵌条布宜选用正斜丝布条。要求宽度一致，缉线整齐美观。

（一）暗缝式

暗缝式装嵌条工艺如图2－27（a）所示，将两裁片正面相叠，嵌条夹在中间缉线，翻正烫倒缝，注意不要压到嵌条双折处。

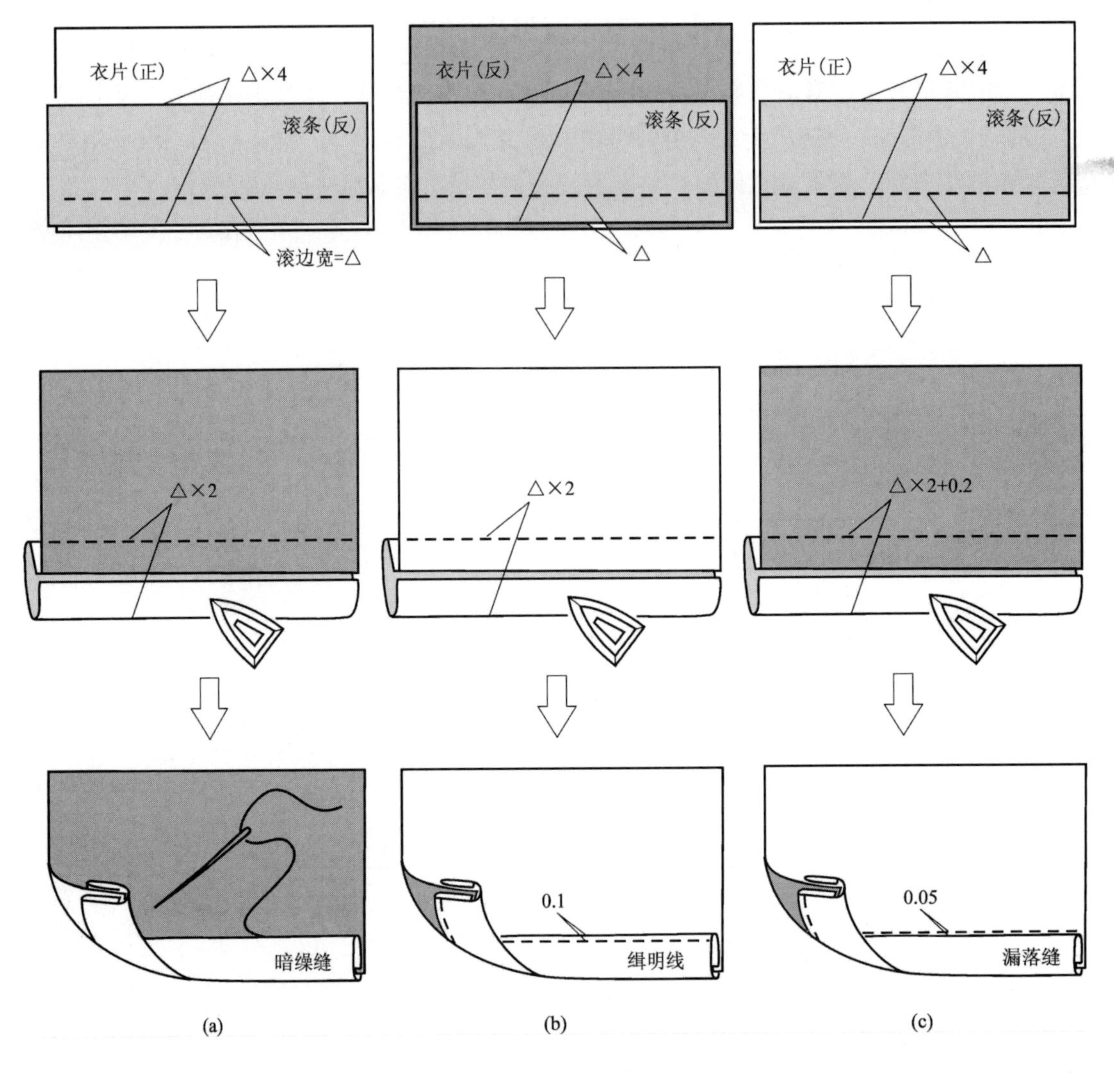

图2－26　缝滚条

（二）明缝式

明缝式装嵌条工艺如图2－27（b）所示，将嵌条夹在两层裁片之间，正面缉线宽0.1cm。缝制时需用单边压脚，嵌条中可夹入线绳，使之更具立体感。

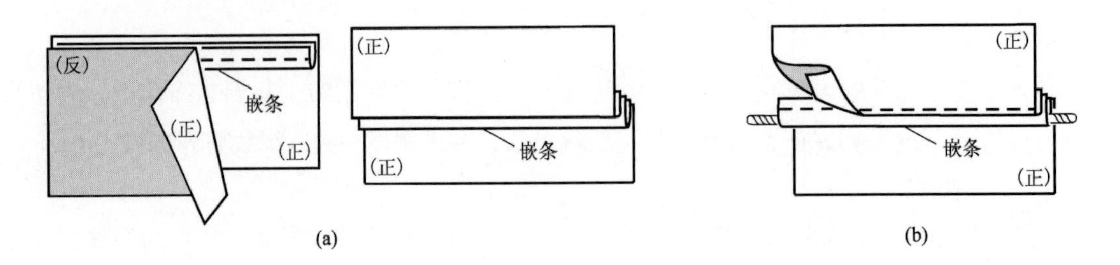

图2－27　装嵌条

五、镶边工艺

镶边是指用与大身面料不同的面料镶缝在衣片的边缘，常用于女装或童装的领口、袖口、门襟等处。镶边宽度一般不超过7cm，分为暗镶和明镶两种。

（一）暗镶

暗镶多用于直线形或弧度小的弧线形镶边。镶料与衣片正面相叠，沿边缉线，翻正烫平，如图2－28（a）所示。

（二）明镶

明镶多用于复杂轮廓的镶边。将镶料边缘扣净，直接在衣片上进行压缉缝，止口为0.1cm，如图2－28（b）所示。

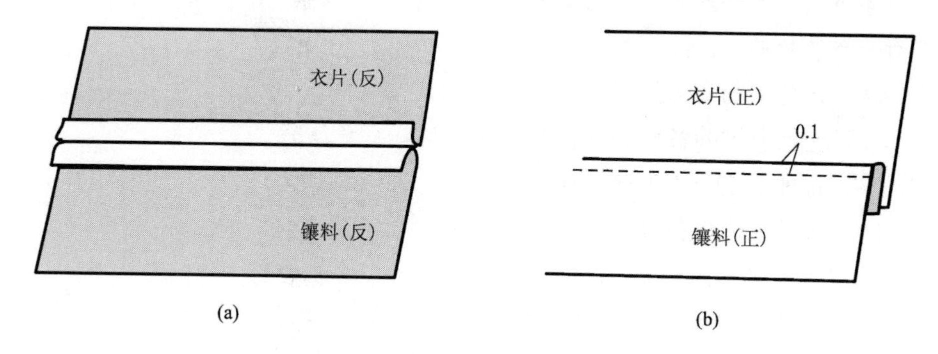

图2－28 镶边

（三）工艺要求

（1）使用纱向正确，反面黏衬（纱向应与衣片纱向一致或取斜纱向）。

（2）拼缝平整。

（3）镶边柔中有挺。

六、宕条工艺

宕条是指用另一种面料缝贴在距止口一定距离处，起装饰作用。根据部位不同，宕条可采用斜料或直料。常见的宕条工艺形式有暗宕、明宕、单宕、双宕、三宕，也有与滚条配合使用的一滚一宕、一滚双宕等多种。

（一）暗宕式

暗宕式是指缝好的宕条表面无线迹，如图2－29（a）所示。

（二）明宕式

明宕式需要先将宕条两侧毛边扣净，缉线固定在衣片上，线迹距宕条止口0.1cm，如图2－29（b）所示。

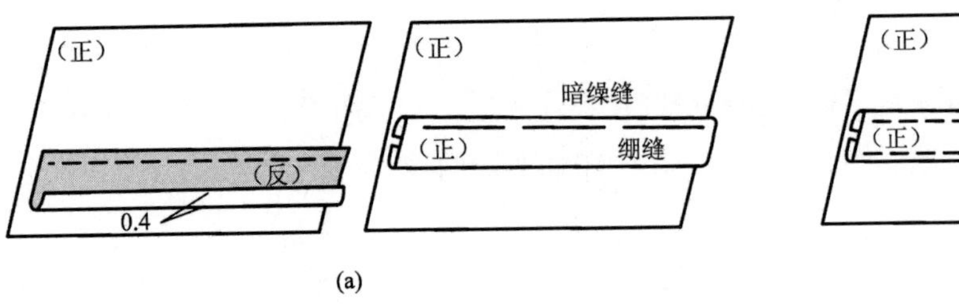

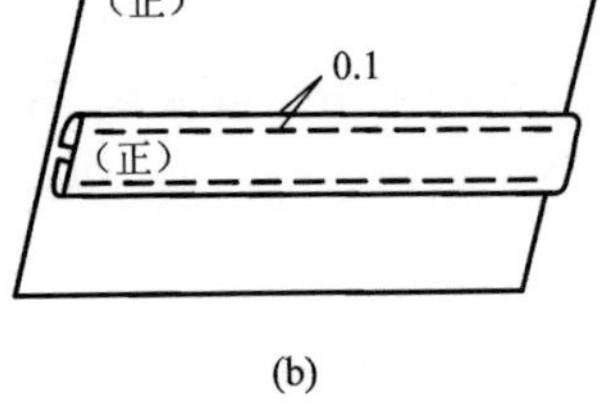

图2－29　缝宕条

七、思考与实训

1. 练习本节所学的机缝装饰工艺方法

2. 设计一件装饰品

要求：（1）设计主题明确。

（2）包括所讲的各种机缝装饰工艺。

（3）各种工艺方法正确，符合要求。

（4）各种工艺分布合理，成品整体效果好。

基础理论与专业知识——

服装材料基础

课题名称： 服装材料基础

课题内容： 面料
里料及絮填料
衬料
其他辅料

课题时间： 2 学时

教学目的： 通过该课程的教学，使学生系统地掌握服装常用材料的特点、主要性能和选择材料的原则。通过从理论教学到市场调研，使学生熟悉常用面料和各种辅料，为服装制作备料、选料奠定基础。

教学方式： 理论讲授、展示各种材料实物，同时结合教材内容及学生具体情况，灵活制订市场调研内容。加强课后作业辅导。

教学要求： 1. 掌握常用面料的性能和选择面料的方法。
2. 掌握里料的作用和选配方法。
3. 掌握衬料的种类、作用和选配方法。
4. 了解缝纫线、纽扣、花边等辅料在服装制作中如何合理应用和搭配。

第三章 服装材料基础

服装材料包括服装面料和辅料，除面料以外均称为辅料。里料、衬料和絮填料是大辅料；缝纫线、纽扣、拉链、松紧带、商标、花边、粘扣等属于小辅料。本章分别讲述常用面料、里料、衬料和其他辅料的基本知识，供制作服装备料与选料时参考。

第一节 面料

服装色彩、服装材质和款式造型是服装的三要素。服装色彩和材质直接由服装面料来体现。款式造型也与面料的柔软、硬挺、悬垂及厚薄等密切相关。面料是构成服装的主体材料。

一、面料的分类

（一）按原料分类

根据原料，面料可分为天然纤维面料和化学纤维面料两大类。天然纤维面料有纯棉、纯毛、纯麻和真丝面料。化学纤维面料主要有黏胶（人造棉）、天丝、涤纶、锦纶、腈纶和新型纤维面料（牛奶、大豆、玉米纤维）。此外，还有天然纤维和化学纤维混纺面料。

（二）按纺织加工方法分类

根据纺织加工方法，面料可分为机织面料、针织面料、非织造面料及毛皮面料四类。

1. 机织面料 机织面料是把经纱和纬纱相互垂直交织在一起形成的织物。其基本组织有平纹、斜纹、缎纹三种。

（1）平纹面料：即织物组织为平纹组织的面料。平纹面料的经纬纱全部交错，无浮纱，布面平整，质地紧密，坚牢而挺括，但手感较硬。有经纬纱线和经纬密度完全相同的正反两面相同的平纹面料；也有经纬纱线不同，经纬密度也不同的凸条、隐条、隐格等不同外观的平纹组织面料。平纹面料适合做衬衫，工作服等服装。

（2）斜纹面料：即织物组织为斜纹组织的面料。它的特点是经纱浮点或纬纱浮点的浮长构成斜向织纹。根据斜纹方向又分为左斜纹和右斜纹。斜纹浮线较长，不交错的经（纬）纱易浮动靠拢，故面料柔软，光泽较好。斜纹面料适合做西装、夹克、羽绒服或职业装。

（3）缎纹面料：缎纹面料的经纱或纬纱在织物中形成一些单独的互不相连的经组织点或纬组织点。这些组织点被两旁的浮长线所“遮盖”。因此，缎纹面料浮线越长，织物越柔软、平滑和光亮，但坚牢度越差。缎纹面料适合做旗袍、裙装、礼服等高档服装。

2. 针织面料 针织面料是用织针将纱线或长丝钩成线圈，再把线圈相互串套而成。由于针织物的线圈结构特征，单位长度内储纱量较多，因此有很好的弹性。针织面料有两大类。

（1）纬编针织面料：是将纱线由纬向喂入，同一根纱线依次弯曲成圈并相互串套而成的面料。最常见的毛衣即为纬编针织物。

（2）经编针织面料：线圈的串套方向正好与纬编相反，是一组或几组平行排列的纱线，按经向喂入，弯曲成圈并相互串套。

针织面料适合做内衣、紧身衣、运动衣等弹性要求大的服装。

3. 非织造面料 非织造面料是用纺织短纤维或者长丝进行定向或随机排列，形成纤网结构，然后采用机械、热黏或化学等方法加固而成的布状或絮片物。非织造布多用于辅料，很少用作面料，只有少数手术医务服或防化消防服等特殊服装才用非织造面料。

4. 毛皮面料 毛皮面料是经过鞣制的动物毛皮面料。可以分为如下两类：

（1）皮革：经去毛等加工处理的光面或绒面皮板叫作“皮革”。皮革经染色或印花、压花处理后可得到各种华丽的外观风格。它多用以制作时装、冬装，是高档服装面料之一。

（2）裘皮：即鞣革后的连皮带毛的皮革。它的优点是轻盈保暖，雍容华贵。缺点则是价格昂贵，贮藏、护理方面要求较高。裘皮是防寒服的理想材料。裘皮的皮板密不透风，毛绒间的静止空气可以保存热量，故保暖性强。它既可做面料，又可做里料或絮填料。

二、常用服装面料

（一）纯棉机织面料

纯棉机织面料是服装加工中应用最广泛的天然纤维面料之一。

1. 纯棉机织面料的种类

（1）按颜色分类：本色白布、漂白布、染色布、印花布、色织布等。

（2）按织物组织分类：纯棉平纹布（包括平布、细平布、中平布、纱府绸、半线府绸、全线府绸），纯棉斜纹布（包括纱斜纹、纱哔叽、半线哔叽、纱华达尼、卡其、半线卡其、全线卡其、拉绒斜纹布等），纯棉缎纹布（包括纱直贡、半线直贡、横直贡等）。

2. 纯棉面料的主要特征 纯棉面料具有良好的吸湿性、透气性，穿着柔软舒适；保暖性好，服用性能优良；坚牢耐用；弹性差，起折皱后不易回复，保型性差；染色性好，色泽鲜艳，色谱齐全；耐碱性强，耐酸性差；耐热和耐光性能均较好；易生霉，但抗虫蛀。因此，棉织物是最为理想的内衣面料，也是价廉物美的大众外衣面料。

3. 纯棉面料的服装适用性

（1）细平布：细平布轻薄，平滑细洁，光泽柔和，无极光；粗平布质地粗糙，厚实耐用。细平布、中平布适合做内衣和婴幼儿服装；粗平布宜做夹克等服装。

（2）丝光棉平布：经纬纱用埃及棉细纱或精梳棉细纱，经烧毛丝光整理手感挺而滑爽，布面细密。适用于夏季男女衬衫、T恤，更适用于裙装和绣花衣等女装。

（3）泡泡纱：泡泡纱是一种具有特殊凹凸效应外观的平纹布。洗后不需熨烫，穿着舒适。适用于夏季裙装，睡衣裤等，特别适合做宝宝服。

（4）牛仔面料：牛仔面料有平纹、斜纹、人字纹、交织纹、竹节纹、暗纹以及植绒牛仔面料等。牛仔面料成分除了纯棉外，还包括棉含莱卡、棉麻混纺以及天丝等。牛仔布从薄到厚依次用来做夏季服装（如背心、无袖衫、短裤或裙装）、春秋夹克、冬季棉衣等。最常用的是做牛仔裤。

（二）黏纤面料

黏纤即黏胶纤维。黏纤是以棉短绒、木材为原料生产的纤维素纤维。黏纤的含湿率最符合人体皮肤的生理要求，标准回潮率为12%～14%。黏纤面料和纯棉面料的种类、性能和用途相似，服用性能比纯棉光滑凉爽、透气、抗静电、色泽绚丽，但不如纯棉结实耐用，且生产过程有污染。

（三）真丝面料

真丝面料是以蚕丝为原料纺织而成的各种丝织物的统称。真丝面料品种很多，组织色泽各异。它可以用来制作各种服装，尤其适合用来制作女装。真丝的优点是轻薄、柔软、滑爽、透气、富有光泽、高贵典雅和穿着舒适。不足是易折皱、耐光性差、白色易泛黄、花色易褪色、不耐碱、易虫蛀等。

（四）纯麻面料

纯麻面料主要是以亚麻、苎麻为原料制成的各种组织和花色的面料，也有少数是由大麻、黄麻、剑麻、蕉麻等各种麻类植物纤维制成的面料。纯麻面料的优点是强度极高，吸湿性能优于棉，在常用面料中仅次于黏胶而居第二，标准回潮率可达10%，导热性、透气性甚佳。缺点是外观较纯棉面料为粗糙，触感不如棉柔软，有生涩感。一般用来制作休闲装、工作装，目前也多用于普通的夏装。

（五）纯毛面料

纯毛面料俗称毛料，是用羊毛、羊绒为主要原料加工成的织物统称。纯毛面料适合制作礼服、西装、大衣等正规、高档的服装。优点是手感柔软，高雅丰满，富有弹性，保暖性强。缺点是不耐碱、易虫蛀，洗涤较为困难等，不适宜做夏装。

（六）化纤面料

化纤面料是指用化学纤维为原料的纺织品。主要有纯涤纶面料、锦纶面料、腈纶面料和混纺面料。它们共同的优点是色彩鲜艳、质地柔软、悬垂挺括、滑爽耐磨。缺点是光泽不够柔和，有极光，吸湿性、透气性较差，涤纶、腈纶和锦纶的标准回潮率分别只有0.4%、1.6%和4%，很容易产生静电、吸尘和沾污，遇热容易变形，特别要注意熨烫温度（见表3-9）。化纤面料有仿棉、仿麻、仿毛和仿真丝面料。其品种繁多，绚丽多彩，可用于替代天然纤维面料制成各式各样的服装。

涤纶面料是最常用的一种化纤服装面料。品种有涤纶仿真丝、涤纶仿毛、涤纶仿麻和涤纶仿麂皮面料。其最大的优点是抗皱性和保型性很好，因此适合做外套服装。涤纶面料主要有以下特点：

（1）具有较高的强度和弹性回复能力，坚牢耐用、抗皱免烫。

（2）吸湿性较差，穿着有闷热感，同时易带静电、沾污灰尘，影响美观和舒适性，但有良好的洗可穿性能。

（3）涤纶是化纤织物中耐热性最好的面料，具有热塑性，可制作百褶裙，褶裥持久。但是，涤纶的抗熔性较差，遇烟灰、火星等易形成孔洞。因此，加工和穿着时应尽量避免烟头、火花等的接触。

（4）耐磨性仅次于锦纶织物。

（5）涤纶服装不怕霉菌，不怕虫蛀。

（6）染色困难，但色牢度好，不易褪色。

（七）混纺面料

混纺面料是将天然纤维与化学纤维按照一定的比例，混合纺织而成的织物，可用来制作各种服装。混纺面料的长处是优势互补，既吸收了棉、麻、丝、毛和化纤各自的优点，又尽可能地避免了它们各自的缺点，而且在价值上相对较为低廉，适合做春夏秋冬各类服装。

（八）色织针织面料

色织针织面料色泽鲜艳、美观、配色调和，织纹清晰，轻薄凉爽。主要用于制作男女上装、T 恤、背心、裙子、童装等。

（九）涤盖棉针织面料

涤盖棉针织面料适合制作夹克、运动服。面料挺括抗皱，坚牢耐磨，贴身的一面吸湿透气，柔软舒适。

（十）天然毛皮和人造毛皮面料

天然毛皮常用来制作高档裘皮大衣和皮夹克。人造毛皮常用来制作儿童大衣和拟态服装；人造皮革用来制作皮夹克等仿真皮服装。

三、新型服装面料

（一）天然彩色棉面料

天然彩棉指种植收获的棉纤维本身是有颜色的，主要种植地在新疆。到目前为止，实验室已经培育出浅蓝色、粉红色、浅黄色与浅褐色等彩棉品种，但实际大规模可种植的只有浅棕色和浅绿色。天然彩色棉面料色泽柔和古朴，穿着舒适卫生，符合人们返璞归真、回归自然的心态。适合做衬衫、贴身内衣裤和睡衣裤，特别适合做婴幼儿服装。

（二）天然彩色毛面料

天然彩毛主要有牦牛绒和羊驼绒，还有山东等地培养的蓝色、棕色等彩色兔毛。通常牦牛绒呈深褐色，手感蓬松，保暖性强，多用于针织面料。羊驼绒色彩比较丰富，有黄、棕、褐、咖啡、砖红等颜色。

（三）天然彩色真丝面料

自然条件下利用转基因方法培养出的蚕可直接吐出黄色、粉色等彩色蚕丝。天然彩棉、彩毛和彩丝服装面料不经印染加工工序，绝对环保健康。

（四）竹纤维面料

竹纤维面料是以竹子为原料制成的，有竹原纤维和竹浆纤维面料两种。前者更具纯天然特性。竹纤维面料具有优良的着色性、弹性、悬垂性、耐磨性、抗菌性，特别是吸湿放湿性、透气性是所有面料中最好的，被称为“会呼吸的面料”。

（五）天丝纤维面料

天丝被称为绿色纤维或环保纤维。其面料的服用性能集化学纤维、天然纤维的优点于一身，既有棉的舒适感、又有黏胶的悬垂感，同时还有涤纶的强度、真丝的手感。其干强度接近于涤纶，湿强度仍有干强度的85%，良好的尺寸稳定性和洗涤稳定性，良好的吸湿透湿性，良好的悬垂性能，制出服装具有特殊的流动感特征。

（六）莫代尔面料

莫代尔面料属于高湿模量的改性黏胶纤维面料。其干湿强力、缩水率均优于普通黏胶纤维。面料色泽鲜艳，手感柔软、顺滑，并有丝质感，吸湿性优良。莫代尔纤维比蚕丝更细，是超薄服装的首选面料。

（七）大豆纤维面料

大豆纤维面料是以榨过油的大豆粕为原料制成。大豆纤维面料既具有天然真丝面料的优良性能，又具有合成纤维的机械性能，其面料外观华贵、舒适性好，染色性能优良。

（八）玉米纤维面料

玉米纤维面料又称为聚乳酸或PLA纤维面料，是由玉米淀粉为原料制成。它具有良好的形态保持性、较好的光泽、丝绸般的手感和良好的芯吸性能，皮肤接触不发黏，使人感觉凉爽。玉米纤维面料是可完全生物降解的环保面料。

四、面料的选择

（一）选择面料的原则

服装的面料精良，色泽调和，款式新颖，三者珠联璧合，才称得上是完美的服装。服装面料的品种和花色繁多，新品种又层出不穷。但无论怎么变化，从面料的质地来看，不外乎三大类：天然纤维纺织品（棉、麻、丝、毛织物等）、化学纤维纺织品（涤纶、锦纶、腈纶、丙纶、维纶、黏胶纤维等）、非纺织品（人造革、合成革、皮革、裘皮等）。面料的选择应注意以下几个原则：

1. 功能原则 考虑面料的特点必须符合服装功能的要求，例如，儿童和老年人睡衣要求阻燃功能，选玉米纤维面料较好。

2. 色泽原则 考虑面料的色泽和图案，必须与设计要求相符或相近。

3. 质感原则 若服装款式是两种或以上面料的组合，则要考虑几种面料的厚薄、密度、缩率、质感等是否协调，寿命和牢度是否一致。

4. 工艺原则 考虑所选面料必须符合该款式服装的缝纫、熨烫等加工工艺的要求。

5. 价格原则 考虑服装的档次，以免成本过高而影响销量。

6. 卫生原则 对内衣、婴幼儿服装要考虑卫生保健，对皮肤无刺激。

7. 综合原则 综合考虑，尽力兼顾，一旦不能全部顾及时可以有所侧重。

（二）服装面料选用实例

根据面料选择原则，参考国产和进口服装面料，面料选用举例如表3－1所示。

表3－1　服装面料选用实例

服装名称	适用面料名称
男西服套装	全毛牙签条花呢、涤黏混纺花呢等
男西裤	纯涤纶仿毛织物、涤黏混纺板司呢、涤棉混纺卡其等
男、女衬衫	涤棉府绸、纯棉细布、丝光棉布、人造丝交织缎、真丝面料、全棉条格色织布、玉米纤维面料、牛奶纤维面料等
风衣、夹克	涤棉卡其、全棉粗平布、仿麂皮等
女便服	全棉灯芯绒、全棉条格色织布、全棉牛仔布、针织面料等
睡衣	全棉毛巾布、全棉针织布、莫代尔针织布、真丝缎面料等
童装	全棉或涤棉印花布、条格布、棉绒布、泡泡纱布、人造毛皮等
羽绒服	涤棉高密全线府绸、锦纶涂层塔夫绸等
女礼服	丝绒、软缎、锦缎、金银丝闪光面料等
男礼服	黑白两色为主色调的礼服呢、华达呢、涤棉高支府绸等
旗袍	夏季：真丝双绉、绢纺等；春秋：织锦缎、古香缎、金丝绒等

五、常用面料的熨烫缩率和熨烫温度

在服装的加工和使用中，面料需要熨烫。多数面料在喷水或垫湿布熨烫时都会回缩。天然纤维面料和黏纤类面料缩率大于合成纤维面料，表3－2～表3－5是常用面料的喷水或盖湿布熨烫收缩率。熨烫时必须注意合适的温度，以免烫坏或熨烫不平，常用面料的熨烫温度见表3－6～表3－9。

表3－2　化学纤维织物喷水或盖湿布熨烫收缩率

材料名称		收缩率（%）	
		经向	纬向
黏胶纤维织物		10	8
涤纶黏胶纤维混纺织物（涤含量65%）		2.5	2.5
富强纤维涤混纺织物（富纤含量65%）		3	3
涤腈混纺织物（涤含量50%）		1	1
棉丙纶混纺织物（丙纶含量50%）		3	3
精纺羊毛化纤混纺呢绒（涤含量40%）		1	1
粗纺羊毛化纤混纺呢绒	化纤含量40%以下	3.5	4.5
	化纤含量40%以上	4	5

续表

材料名称		收缩率（%）	
		经向	纬向
粗纺化纤织物	涤纶含量40%以上	2	1.5
	锦纶含量40%以上	3.5	3
	腈纶含量50%以上	3.5	3
化纤长丝织物	醋酯纤维织物	5	5
	纯人造丝织物或交织物	8	3
	涤纶长丝织物	2	2
	天丝织物	3	3
涤棉混纺织物	平布、细布、府绸	1	1
	卡其、华达呢	1.5	1.5

表3-3　毛织物喷水或盖湿布熨烫收缩率

材料名称	收缩率（%）	
	经向	纬向
精纺毛织物	0.2~0.6	0.2~0.8
粗纺毛织物	0.4~1.2	0.3~0.1
毛涤混纺	0.2~0.5	0.2~0.5
其他化纤与毛混纺	0.5~0.1	0.5~0.1

表3-4　丝织物喷水或盖湿布熨烫收缩率

材料名称	收缩率（%）	
	经向	纬向
桑蚕丝织物	5	2
桑蚕丝与其他纤维交织物	5	3
绉线织品和绞纱织物	10	3

表3-5　毛呢类面料喷水或盖湿布熨烫收缩率

面料名称			收缩率（%）	
			经向	纬向
精纺毛呢	纯毛或羊毛含量70%以上		3.5	3
	一般织品		4	3
	化纤含量在40%以上		4	5
粗纺毛呢	呢面紧密露纹织物	羊毛含量60%以上	2	1.5
		羊毛含量60%以下	4.5	4
	绒面织物	羊毛含量60%以上	4.5	4.5
		羊毛含量60%以下	5	5

表 3－6　毛呢类面料熨烫温度

面料名称		熨斗温度（℃）	
		垫湿布	直接烫
精纺衣料	薄型织物：凡立丁、派力司	200～220	150～170
	中厚型织物：毛哔叽、华达呢	220～250	160～180
	毛绒面织物：法兰绒、啥味呢	210～240	150～170
粗纺衣料	海军呢、麦尔登、大衣呢	220～250	160～180
	女式呢、女衣呢	210～240	150～170

表 3－7　纯棉面料和黏胶纤维面料熨烫温度

面料名称	熨斗温度（℃）	
	喷水后直接烫	垫湿布或干布
平布、细布等平纹棉布	165～185	180～190
卡其、华达呢等较厚实的棉布	180～200	210～230
灯芯绒、平绒等有毛绒的棉织物	180～200	200～230
人造丝织物：黏胶长丝织物、天丝织物	160～180	200～220
人造棉织物：黏胶短纤织物或莫代尔	160～180	165～185

表 3－8　丝绸和麻类面料熨烫温度

面料名称		熨斗温度（℃）	
		直接烫	垫湿布
丝绸面料	薄型织物：电力纺、绢丝纺	160～170	200～210
	中厚型织物：织锦缎、古香缎	160～180	200～220
	柞蚕丝绸	155～165	190～220
麻类面料	苎麻布、亚麻布	160～180	170～195

表 3－9　化学纤维面料熨烫温度

面料名称	熨斗温度（℃）	
	直接烫	垫湿布
纯涤纶织物：机织弹力呢、涤纶绸等	150～170	190～210
涤棉混纺织物：涤棉府绸、卡其等	150～170	210～200
涤黏混纺织物：凡立丁、花呢等	150～170	200～220
涤毛混纺织物：派力司、花呢等	150～170	200～220
涤纶长丝交织物：涤桑绸、涤锦绸等	140～160	180～210
厚型锦纶织物：黏锦华达呢、黏锦哔叽等	120～140	180～210
腈纶织物：腈黏凡立丁、腈黏花呢等	110～130	180～200
丙纶混纺织物：丙棉细布、丙棉花布等	85～100	150～160
氯纶织物：氯纶混纺凡立丁、棉氯混纺哔叽	40～60	不可湿烫
维纶织物：卡其、华达呢等	125～145	不可湿烫

第二节　里料及絮填料

除衬衫等单衣外，像夹克等春秋装和羽绒服等冬装都有里料或絮填料。里料是部分或全部覆盖面料反面的布料。部分覆盖的称“半挂里”，全部覆盖的称“全挂里”。填充在面料与里料之间的材料叫絮填料或填充料。

一、里料

（一）里料的作用

里料可以覆盖服装面料反面的接缝和衬料等，使服装内部显得光滑而完善；也可给服装附加支持力，减少服装的打褶和起皱，提高服装的保型性；还可以起到保暖作用。

（二）常用里料

1. 纯棉里料　纯棉里料保暖舒适，方便洗涤；缺点是不够光滑，易缩水，较厚重。适用于婴幼儿服装和中低档夹克便服等。

2. 尼龙绸里料　由锦纶（尼龙6或尼龙66）长丝织成的平纹或斜纹素色织物俗称尼龙绸。它轻薄耐磨，光滑有弹性，回潮率为4%，不缩水。尼龙绸是当前国内外普遍采用的里料之一，特别是风衣、羽绒服等普遍用尼龙绸作为里料。

3. 涤纶绸里料　由涤纶长丝织成的平纹和斜纹素色织物称为涤纶绸，它的性能与尼龙绸相似，比尼龙绸价格低廉，回潮率为0.4%，易起静电。

4. 黏胶里料　由黏胶短纤织成的人造棉布和由黏胶长丝织成的人丝软缎等黏胶里料，光滑、舒适、保暖、不起静电，但缩水率大、耐磨性差。可用作中低档且不多水洗的服装里料。

5. 醋酯纤维里料　醋酯纤维里料光滑、质轻，裁口边易脱散，与真丝里料相似，适用于各种服装。较厚重的斜纹、缎纹醋酯纤维织物常用于休闲外套、夹克、呢子大衣和毛皮大衣的里料。

（三）里料选配原则

1. 里料与面料性能匹配　里料与面料的缩水率、耐热性、洗涤用洗涤剂的酸碱性要一致。其次，强力、弹性、厚薄也要相符。例如，纯棉或人造棉里料适用于纯棉面料服装，羊绒大衣或裘皮大衣宜用较厚的里料。另外，易产生静电的面料要配吸湿性好和抗静电的里料。

2. 里料与面料颜色要协调　里料颜色要与面料颜色相同或比面料略浅。

3. 里料比面料柔软并要随和　一般来说，里料要比面料柔软和轻薄，里料和面料要自然随和，否则，“两张皮”现象会大大降低服装档次。

4. 里料与面料成本相符　一般来说，成本高的高档面料配较贵的里料，低价低档面料配价廉的里料。

总之，里料不仅要符合美观实用的原则，更要符合经济原则，以降级服装成本，提高服装生产利润。

二、絮填料

（一）絮填料的作用

在服装面料与里料之间填充的纤维状、絮片状、羽绒状填充物统称絮填料。其作用主要是保暖，也有防辐射（宇航服）、防热（消防服）等作用，不同材料起着不同作用。

（二）常用絮填料

1. 棉花　棉纤维是空心的，空气不流动时保暖性好，蓬松的棉花纤维内和纤维间充满了静止空气，有很好的保暖性，但棉花弹性差，受压后保暖性降低。棉花适合做儿童和老人的服装，也常用于军大衣。经常曝晒和拍打有利于保持其保暖性和蓬松性。

2. 羽绒　羽绒主要是鸭绒，也有鹅绒和雁绒。羽绒的保暖性很好，蓬松性好，是轻便保暖絮填料之上品。羽绒的价格较高，适用于高档服装和时装。

羽绒和棉花都属于纤维状填充料，需要绗缝，以免松散“乱套”，厚薄不均。棉花或羽绒等絮填料也可先用布包住并绗缝，以保护和固定这些填充物，这种包布称为托布。托布应选质地柔软、不影响服装外观造型的材料。

3. 腈纶棉　腈纶是保暖性最好的化纤之一，且相对密度小。把腈纶短纤与低熔点的少量丙纶混匀铺平，加热丙纶熔化流动，冷却后把腈纶短纤固结成厚薄均匀、不会松散且有足够蓬松性的絮片。腈纶棉优于棉花和羽绒的特点是，可以根据服装尺寸任意裁剪，可省去托布和绗缝工艺过程；易水洗，洗后不乱、不毡结，仍能保持原有蓬松性和保暖性。腈纶棉的保暖性次于棉花，更次于羽绒，适于制作气候不太寒冷地区的冬装。

4. 中空棉　中空棉是由中空涤纶短纤中加少量丙纶经热熔制成的絮片。性能和用途类似腈纶棉。涤纶截面有1~7孔之分，“七孔棉”即截面七个孔，保暖性最好。

5. 喷胶棉、热熔棉　喷胶棉、热熔棉一般由丙纶短纤为主体纤维，经加少量乙纶作为热熔纤维或喷洒聚酰胺胶水制成丙纶絮片，是价廉物美的中低档冬装填充料。

6. 混合填料　驼绒和腈纶或中空涤纶混合做絮填料可减少毡结性和降低成本。

第三节　衬料

衬料是黏附或紧贴在服装面料反面的材料。衬料的使用可使服装获得丰满、挺括、线条优美、造型和结构稳定的效果，还有保暖的附加作用。

一、衬料的分类

衬料的分类方法很多，常用以下方法进行分类：

（一）按厚薄与重量分类

（1）轻薄型衬：小于$80g/m^2$。

（2）中型衬：$80\sim160g/m^2$。

（3）重型衬：大于160g/m^2。

（二）按基布的原料分类

按基布原料可分为棉衬、麻衬、毛衬、树脂衬和黏合衬等。

（三）按使用部位分类

按使用部位可分为腰衬、胸衬和领带衬等。

二、常用衬料及其用途

（一）棉衬、麻衬

棉衬、麻衬是指未经整理加工或仅上浆硬挺整理的棉布或麻布。棉布衬可用作一般面料服装的衬布，而其中的牵条布则主要用于领口（腰口）、袖窿、底边等部位，作为拉紧或定型用，它对服装的结构和造型有稳定加固作用。而麻布衬则由于其使用原料为麻纤维而具有一定的弹性和韧性，广泛用于各类毛料制服、西装和大衣等服装中。

（二）毛衬

毛衬包括黑炭衬布和马尾衬布。黑炭衬布是指用动物性纤维（如山羊毛、牦牛毛、人发等）或毛混纺纱为纬纱，棉或棉混纺纱为经纱加工成基布，再经特殊整理加工而成。马尾衬布则是用马尾作纬纱，棉或涤棉混纺纱为经纱加工成基布，再经定型和树脂加工而成。由于黑炭衬布和马尾衬布的基布均以动物纤维为主体，故它们具有优良的弹性、较好的尺寸稳定性。黑炭衬布主要用于西服、大衣、制服等服装的前身、肩、袖等部位，马尾衬布则主要用于肩、胸等部位。

（三）树脂衬

树脂衬是以棉、化纤及混纺的机织物、针织物或非织造布（无纺布）为底布，并经过树脂整理加工制成的衬布。树脂衬主要包括纯棉树脂衬布、涤棉混纺树脂衬布、纯涤纶树脂衬布。其中，纯棉树脂衬因其缩水率小、尺寸稳定、舒适等特性而应用于服装中的衣领、前身、腰头等部位，此外还用于生产腰带；涤棉混纺树脂衬因其弹性较好的特性而广泛应用于各类服装中的衣领、前身、驳头、口袋、袖口等部位，此外还大量用于腰衬、嵌条衬等；纯涤纶树脂衬因其弹性极好和手感滑爽而广泛应用于各类服装中，它是一种品质较高的树脂衬。

（四）黏合衬

黏合衬即热熔黏合衬，它是将热熔胶涂于底布上制成的衬。在使用时需在一定的温度、压力和时间条件下，使黏合衬与面料（或里料）黏合，达到服装挺括美观并富有弹性的效果。因黏合衬在使用过程中无须繁复地缝制加工，极适用于工业化生产，又符合了当今服装薄、挺、爽的潮流需求，所以被广泛采用，成为现代服装生产的主要衬料。

黏合衬主要有以下两种分类方法：

1. 按底布分类

（1）机织黏合衬：通常为纯棉或与其他化纤混纺的平纹织物，机织黏合衬尺寸稳定性和抗皱性较好，多用于中高档服装。

（2）针织黏合衬：包括经编衬和纬编衬，针织黏合衬弹性较好，尺寸稳定，多用于针织物和弹性服装中。

（3）非织造黏合衬：常以化学纤维为原料制成，分为薄型（15～30g/m^2）、中型（30～50g/m^2）和厚型（50～80g/m^2）三种。因其价格低廉而广泛用于各类服装。

2. 按热熔胶分类

（1）聚酰胺（PA）黏合衬：具有较好的黏合强力和耐干洗性能，多用于衬衫、外衣等。

（2）聚乙烯（PE）黏合衬：高密度 HDPE 具有较好的水洗性能，但温度及压力要求较高，多用于男式衬衫；低密度 LDPE 具有较好的黏合性能，但耐洗性能较差，多用于暂时性黏合衬布。

（3）聚酯（PES）黏合衬：具有较好的耐洗性能，尤其对涤纶纤维面料黏合力强，多用于涤纶仿真丝面料。

（4）乙烯醋酸乙烯（EVA）黏合衬：具有较强的黏合性，但耐洗性能差，多用于暂时性黏合。

（五）专用腰衬

近年来开发的新型衬料，多采用锦纶、涤纶、棉为原料按不同的腰头宽织成带状衬布，对裤腰和裙腰部位起到硬挺、防滑、保型和装饰作用，故其在现代服装生产中的应用越来越普遍。

三、衬料的选配

（一）衬料选配原则

（1）根据面料性能选配。衬料和面料的缩水率要一致。

（2）根据面料组织结构选配。弹性大的面料要选择有弹性的衬料。

（3）根据服装款式要求选配。需要服装笔挺时要选用较硬的衬料。

（4）根据制作工艺条件选配。需要高温定型、熨烫的服装应配以耐高温的衬料。

（二）衬料选配实例

常用于服装各部位衬料选配实例见表 3－10 所示。

表 3－10　常用于服装各部位衬料选配实例

胸衬	底衬	棉或黏胶黑炭衬、黏合衬
	挺胸衬	全毛黑炭衬、马尾衬
	保暖衬	薄型毛毡、腈纶棉
	下腰衬（腰节线以下胸衬）	棉衬、黏合衬
	肩部增衬	化学纤维衬
	胸部固定衬	棉衬
领衬	衬衣领	棉衬、化学纤维衬、黏合衬
	西服领	领底呢（毡类织物）辅以黏合衬
过面衬	门襟部位	棉衬、化学纤维衬、黏合衬

第四节　其他辅料

除了里料、絮填料、托布料和衬料这些辅料外，还有缝纫线、纽扣、拉链、钩环、绳带、商标、花边、粘扣等辅料。它们虽小，但对服装的结构起着方便、实用、必不可少的作用；对服装的外观起着画龙点睛、锦上添花的点缀作用。

一、线带辅料

（一）缝纫线

1. 缝纫线的作用　缝纫线在服装中起到缝合衣片、连接各部件的作用，也可以起到一定的装饰美化作用，无论是明线还是暗线，都是服装整体风格的组成部分。

2. 常用的缝纫线

（1）按规格分：常用缝纫线的型号有202、203、402、403、602、603等。缝纫线是由几股纱并捻而成的。型号前两位（如20、40、60等）均指纱的支数；型号最后一位（如2或3）是指该缝纫线是由两股或三股纱并捻而成。例如，603就是由3股60支纱并捻而成。股数相同的缝纫线，单纱支数越高，线就越细，强度也越小；单纱支数相同时，股数多的缝纫线较粗，强度也较大。线粗细的比较：203 > 202 > 403 > 402 = 603 > 602；线强度的比较与线粗细顺序一致。

其中，602号线最细，多用于薄型面料，如夏季穿的真丝、乔其纱等用线；603和402线是最普通的缝纫线，一般面料都可以使用，如棉、麻、涤纶、黏胶等各种常用面料用线；403线用于较厚面料，如呢制面料等用线；202和203线也可称为牛仔布用线，线较粗，强度大，专用于缝制牛仔服装。

（2）按缝纫线原料分：可以分为纯棉缝纫线、涤纶缝纫线和锦纶缝纫线等。

纯棉缝纫线：纯棉软线适用于棉织物等素色织物；可用于手缝、包缝、假缝样衣等；丝光棉线用于棉织物缝纫；蜡光线用于皮革等硬面料或需高温熨烫面料的缝纫。

涤纶缝物线：涤纶长丝线用于缝制军服等结实耐用的服装；涤纶弹力丝缝纫线用于缝制健美服装、运动服等有弹性的服装；涤纶短丝线用于缝制混纺织物服装。

锦纶缝纫线：主要品种是锦纶长丝缝纫线，用于缝制化纤、呢绒、针织物等有弹性且耐磨面料的服装。

（3）按卷装形式分：可分为木纱团线、纸管线、宝塔线等。

木纱团线：又叫木芯线，也有纸芯或塑芯线，长度在350m左右。可用于缝纫机，也可用于手缝。

纸管线：500～1000m卷装。用于家用缝纫。

宝塔线：大卷装，长度为3000～20000m。适合于高速缝纫机使用。

3. 缝纫线选配原则

（1）缝纫线的颜色与面料要一致。除装饰线外，应尽量选用相近色，且宜深不宜浅。

（2）缝纫线的缩率应与面料一致，缝纫物经过洗涤后缝迹不会因缩水过大而使织物起皱。高弹性及针织面料应使用弹力线。

（3）缝纫线粗细应与面料厚薄、风格相适宜。

（4）缝纫线材料应与面料材料特性接近。线的色牢度、弹性、耐热性要与面料相适宜，尤其是成衣染色产品，缝纫线必须与面料纤维成分相同（特殊要求例外）。

（二）带类材料

服装中的带类材料有装饰性和实用性两种作用。常见的带类有松紧带、罗纹带、人造丝饰带、彩带、搭扣带、滚边带和门襟带等。

二、紧扣辅料

（一）紧扣辅料的作用和种类

紧扣料在服装中主要起连接、组合和装饰作用，它包括纽扣、拉链、钩、环、尼龙子母搭扣等。

（二）紧扣辅料选配原则

（1）根据服装的种类选择，例如，婴幼儿及童装的紧扣辅料宜简单、安全，一般采用尼龙拉链或搭扣；男装注重厚重和宽大；女装注重装饰性。

（2）根据服装的用途选择，例如，风雨衣、游泳装的紧扣材料要能防水、耐用，宜选用塑胶制品；女内衣的紧扣件要小而薄，重量轻而牢固；裤子门襟和裙装使用的拉链一定要能自锁。

（3）根据服装的保养方法选择，例如，常洗服装应少用或不用金属紧扣材料，可选用塑胶、尼龙等耐洗耐磨的紧扣辅料。

（4）根据服装面料选择，例如，粗重、起毛的面料应用大号的紧扣材料；结构松的面料不宜用钩、襻和环。

三、花边辅料

（一）花边的作用和种类

花边种类繁多，是女装及童装重要的装饰材料，包括机制花边和手工花边。

机制花边又分为梭织花边、刺绣花边和编织花边三类。手工花边包括布绦花边、纱线花边、编织花边、钩织棉线花边等辅料。

（二）花边选配原则

选择和应用花边时，需要考虑花边的装饰性、穿着性、耐久性等特性，根据不同的需求加以选择。

我们的生活日新月异，随着个性时代的到来，许许多多的装饰材料都成为现代服装的流行元素，服装材料的内涵和外延将继续不断发展变化。

四、思考与实训

（1）平纹、斜纹、缎纹面料的牢度、手感和光泽有何不同？为什么？

（2）简述机织物与针织物有何区别。

（3）纯棉面料有哪些服用特点？

（4）常用的纯棉面料主要有哪些品种？

（5）真丝面料、麻织物和毛织物面料各有什么特点？

（6）简述化纤织物的服用性能。

（7）如何选择面料？

（8）里料和衬料的选配原则各是什么？

（9）如何选配缝纫线？

（10）通过市场调查，了解三种新型的服装材料，指出它们与传统的服装材料有何不同？它们的外观、手感、风格和价格如何？

（11）调查三个行业劳保服装的要求，哪些服装材料可以满足这些要求？

基础理论与专业知识——

服装结构与成衣工艺基础

课题名称： 服装结构与成衣工艺基础

课题内容： 人体测量与号型系列

服装结构基础

成衣工艺基础

课题时间： 4学时

教学目的： 服装结构与成衣工艺基础是服装制作的前提，通过学习这部分内容，规范学生的人体测量、结构制图、样板制作、放缝排料等作业方法，从而为服装的制作工艺打下良好的基础。

教学方式： 理论讲解为主，借助多媒体，用图片直观展示实例，结合现场示范操作。

教学要求： 1. 掌握人体测量的方法。

2. 了解服装号型的含义及应用。
3. 掌握结构制图的要求以及样板制作的要点。
4. 掌握排料的原则。
5. 了解工艺流程的设计。
6. 了解模板技术的应用现状及发展方向。

第四章　服装结构与成衣工艺基础

服装结构是对立体服装进行合理分解后得到的各部分平面形状，包括结构制图、样板放缝等。成衣工艺是将平面的服装材料经过裁剪、缝制做成立体服装。本章主要介绍服装结构与成衣工艺的相关基础知识。

第一节　人体测量与号型系列

✲课前准备

• **工具准备：** 备齐制图常用工具（图4－1）。

人体特征部位的尺寸是结构制图的依据，要取得准确的尺寸，可以直接对个体进行测量，也可以通过国家标准控制部位数值表查到。

一、量体

针对个体进行单件服装制图时，确定尺寸的最好方法就是直接测量。

（一）量体要求

（1）被测者取自然站立姿势，着装尽可能简单。

（2）测量者站在被测者右前方，同时注意观察被测者体型特征。

（3）测量围度时，松度以插入一指能自然转动为宜。

（二）测量部位及方法

人体测量时，应按照围度、宽度、长度的顺序，由上而下，从前到后依次进行，具体测量方法见表4－1。

表4－1　人体各部位的测量方法

序号	部位	测量方法
1	头围	自额头中央经过耳朵上方，绕脑后凸出处围量一周，帽用
2	颈根围	经第七颈椎点、肩颈点及颈窝点围量一周
△3	胸围	经过胸高点水平绕胸部围量一周
△4	腰围	绕腰部最细处水平围量一周

续表

序号	部位	测量方法
△5	臀围	绕臀部最丰满处水平围量一周
6	腹围	绕腹部最凸出处水平围量一周，紧身裤（裙）用
7	手臂根围	经过前后腋点、肩点绕手臂根部围量一周，确定最小袖窿弧线长
8	臂围	绕上臂根部最粗处水平围量一周，确定最小袖肥用
9	肘围	弯曲肘部，经过肘点围量一周，紧身袖用
10	手腕围	绕手腕根部围量一周，紧身袖口用
△11	肩宽	测量左右肩端点之间的水平弧长
12	背宽	测量背部左右后腋点之间的距离，参考尺寸
13	胸宽	测量胸部左右前腋点之间的距离，参考尺寸
14	胸点间距	测量左右胸高点的距离，参考尺寸
△15	背长	沿后背曲线测量第七颈椎点至后腰线的距离
16	前腰长	自肩颈点过胸高点至腰围线的距离，参考尺寸
17	胸点长	自肩颈点到胸高点的距离，参考尺寸
△18	衣长	（前）自肩颈点经胸高点垂直向下量至所需的长度，（后）自第七颈椎点垂直向下量至所需的长度
△19	袖长	从肩端点随手臂自然弯曲至手腕的长度
△20	腰臀长	人体侧面测量腰围线至臀围线的距离
△21	裤长	人体侧面自腰围线至所需裤脚口位置间的长度
△22	裙长	人体侧面自腰围线至所需下摆位置间的长度

注　序号前带△的部位为控制部位。

二、号型系列

对于服装号型，国家有统一标准（GB/T 1335—2008），适用于批量生产服装时确定尺寸，对单件制图也具有参考意义。

（一）号型定义

“号”指人体的身高，以厘米为单位表示，是设计和选购服装长短的依据；“型”指人体的上体胸围或下体腰围，以厘米为单位表示，是设计和选购服装肥瘦的依据。以人体胸围与腰围的差值为依据，国家标准将体型分为四类。男女体型分类标准见表 4－2。

表 4－2 男女体型分类标准 单位：cm

体形分类代号 胸腰差 性别	Y	A	B	C
男	17～22	12～16	7～11	2～6
女	19～24	14～18	9～13	4～8

（二）号型系列

号型表示方法为“号/型、体型分类代号”，如160/84A。

国家标准中，在大量测量统计的基础上，确定了所占比例最大的男、女中间体，分别为170/88A、160/84A。以中间体为中心，号以5cm分档，型以2cm、4cm分档，两者对应组合形成号型系列，即5·2、5·4系列，其中5·2系列对下装适用，5·4系列上下装通用。

（三）控制部位数值

控制部位数值是指人体主要部位的数值（系净体数值），是设计服装规格的依据，如胸围、腰围、肩宽等。控制部位数值与号型标准对应，表4－3～表4－10列出了男女各种体型控制部位的详细数值。

表 4－3 男子5·4、5·2Y号型系列控制部位数值 单位：cm

Y体型																
部位	数值															
身高	155		160		165		170		175		180		185		190	
颈椎点高	133.0		137.0		141.0		145.0		149.0		153.0		157.0		161.0	
坐姿颈椎点高	60.5		62.5		64.5		66.5		68.5		70.5		72.5		74.5	
全臂长	51.0		52.5		54.0		55.5		57.0		58.5		60.0		61.5	
腰围高	94.0		97.0		100.0		103.0		106.0		109.0		112.0		115.0	
胸围	76		80		84		88		92		96		100		104	
颈围	33.4		34.4		35.4		36.4		37.4		38.4		39.4		40.4	
总肩宽	40.4		41.6		42.8		44.0		45.2		46.4		47.6		48.8	
腰围	56	58	60	62	64	66	68	70	72	74	76	78	80	82	84	86
臀围	78.8	80.4	82.0	83.6	85.2	86.8	88.4	90.0	91.6	93.2	94.8	96.4	98.0	99.6	101.2	102.8

表4-4 男子5·4、5·2A号型系列控制部位数值 单位：cm

A体型

部位	数值							
身高	155	160	165	170	175	180	185	190
颈椎点高	133.0	137.0	141.0	145.0	149.0	153.0	157.0	161.0
坐姿颈椎点高	60.5	62.5	64.5	66.5	68.5	70.5	72.5	74.5
全臂长	51.0	52.5	54.0	55.5	57.0	58.5	60.0	61.5
腰围高	93.5	96.5	99.5	102.5	105.5	108.5	111.5	114.5

胸围	72	76	80	84	88	92	96	100	104
颈围	32.8	33.8	34.8	35.8	36.8	37.8	38.8	39.8	40.8
总肩宽	38.8	40.0	41.2	42.4	43.6	44.8	46.0	47.2	48.4

腰围	56	58	60	60	62	64	64	66	68	68	70	72	72	74	76	76	78	80	80	82	84	84	86	88	88	90	92
臀围	75.6	77.2	78.8	78.8	80.4	82.0	82.0	83.6	85.2	85.2	86.8	88.4	88.4	90.0	91.6	91.6	93.2	94.8	94.8	96.4	98.0	98.0	99.6	101.2	101.2	102.8	104.4

表4-5 男子5·4、5·2B号型系列控制部位数值 单位：cm

B体型

部位	数值							
身高	155	160	165	170	175	180	185	190
颈椎点高	133.5	137.5	141.5	145.5	149.5	153.5	157.5	161.5
坐姿颈椎点高	61.0	63.0	65.0	67.0	69.0	71.0	73.0	75.0
全臂长	51.0	52.5	54.0	55.5	57.0	58.5	60.0	61.5
腰围高	93.0	96.0	99.0	102.0	105.0	108.0	111.0	114.0

胸围	72	76	80	84	88	92	96	100	104	108	112
颈围	33.2	34.2	35.2	36.2	37.2	38.2	39.2	40.2	41.2	42.2	43.2
总肩宽	38.4	39.6	40.8	42.0	43.2	44.4	45.6	46.8	48.0	49.2	50.4

腰围	62	64	66	68	70	72	74	76	78	80	82	84	86	88	90	92	94	96	98	100	102	104
臀围	79.6	81.0	82.4	83.8	85.2	86.6	88.0	89.4	90.8	92.2	93.6	95.0	96.4	97.8	99.2	100.6	102.0	103.4	104.8	106.2	107.6	109.0

表4－6　男子5·4、5·2C号型系列控制部位数值　　单位：cm

C体型

部位	数值							
身高	155	160	165	170	175	180	185	190
颈椎点高	134.0	138.0	142.0	146.0	150.0	154.0	158.0	162.0
坐姿颈椎点高	61.5	63.5	65.5	67.5	69.5	71.5	73.5	75.5
全臂长	51.0	52.5	54.0	55.5	57.0	58.5	60.0	61.5
腰围高	93.0	96.0	99.0	102.0	105.0	108.0	111.0	114.0

部位	数值										
胸围	76	80	84	88	92	96	100	104	108	112	116
颈围	34.6	35.6	36.6	37.6	38.6	39.6	40.6	41.6	42.6	43.6	44.6
总肩宽	39.2	40.4	41.6	42.8	44.0	45.2	46.4	47.6	48.8	50.0	51.2

部位	数值																					
腰围	70	72	74	76	78	80	82	84	86	88	90	92	94	96	98	100	102	104	106	108	110	112
臀围	81.6	83.0	84.4	85.8	87.2	88.6	90.0	91.4	92.8	94.2	95.6	97.0	98.4	99.8	101.2	102.6	104.0	105.4	106.8	108.2	109.6	111.0

表4－7　女子5·4、5·2Y号型系列控制部位数值　　单位：cm

Y体型

部位	数值							
身高	145	150	155	160	165	170	175	180
颈椎点高	124.0	128.0	132.0	136.0	140.0	144.0	148.0	152.0
坐姿颈椎点高	56.5	58.5	60.5	62.5	64.5	66.5	68.5	70.5
全臂长	46.0	47.5	49.0	50.5	52.0	53.5	55.0	56.5
腰围高	89.0	92.0	95.0	98.0	101.0	104.0	107.0	110.0
胸围	72	76	80	84	88	92	96	100
颈围	31.0	31.8	32.6	33.4	34.2	35.0	35.8	36.6
总肩宽	37.0	38.0	39.0	40.0	41.0	42.0	43.0	44.0

部位	数值															
腰围	50	52	54	56	58	60	62	64	66	68	70	72	74	76	78	80
臀围	77.4	79.2	81.0	82.8	84.6	86.4	88.2	90.0	91.8	93.6	95.4	97.2	99.0	100.8	102.6	104.4

表4－8　女子5·4、5·2A号型系列控制部位数值　　单位：cm

<table>
<tr><td colspan="25">A体型</td></tr>
<tr><td>部位</td><td colspan="24">数值</td></tr>
<tr><td>身高</td><td colspan="3">145</td><td colspan="3">150</td><td colspan="3">155</td><td colspan="3">160</td><td colspan="3">165</td><td colspan="3">170</td><td colspan="3">175</td><td colspan="3">180</td></tr>
<tr><td>颈椎点高</td><td colspan="3">124.0</td><td colspan="3">128.0</td><td colspan="3">132.0</td><td colspan="3">136.0</td><td colspan="3">140.0</td><td colspan="3">144.0</td><td colspan="3">148.0</td><td colspan="3">152.0</td></tr>
<tr><td>坐姿颈椎点高</td><td colspan="3">56.5</td><td colspan="3">58.5</td><td colspan="3">60.5</td><td colspan="3">62.5</td><td colspan="3">64.5</td><td colspan="3">66.5</td><td colspan="3">68.5</td><td colspan="3">70.5</td></tr>
<tr><td>全臂长</td><td colspan="3">46.0</td><td colspan="3">47.5</td><td colspan="3">49.0</td><td colspan="3">50.5</td><td colspan="3">52.0</td><td colspan="3">53.5</td><td colspan="3">55.0</td><td colspan="3">56.5</td></tr>
<tr><td>腰围高</td><td colspan="3">89.0</td><td colspan="3">92.0</td><td colspan="3">95.0</td><td colspan="3">98.0</td><td colspan="3">101.0</td><td colspan="3">104.0</td><td colspan="3">107.0</td><td colspan="3">110.0</td></tr>
<tr><td>胸围</td><td colspan="3">72</td><td colspan="3">76</td><td colspan="3">80</td><td colspan="3">84</td><td colspan="3">88</td><td colspan="3">92</td><td colspan="3">96</td><td colspan="3">100</td></tr>
<tr><td>颈围</td><td colspan="3">31.2</td><td colspan="3">32.0</td><td colspan="3">32.8</td><td colspan="3">33.6</td><td colspan="3">34.4</td><td colspan="3">35.2</td><td colspan="3">36.0</td><td colspan="3">36.8</td></tr>
<tr><td>总肩宽</td><td colspan="3">36.4</td><td colspan="3">37.4</td><td colspan="3">38.4</td><td colspan="3">39.4</td><td colspan="3">40.4</td><td colspan="3">41.4</td><td colspan="3">42.4</td><td colspan="3">43.4</td></tr>
<tr><td>腰围</td><td>54</td><td>56</td><td>58</td><td>58</td><td>60</td><td>62</td><td>62</td><td>64</td><td>66</td><td>66</td><td>68</td><td>70</td><td>70</td><td>72</td><td>74</td><td>74</td><td>76</td><td>78</td><td>78</td><td>80</td><td>82</td><td>82</td><td>84</td><td>86</td></tr>
<tr><td>臀围</td><td>77.4</td><td>79.2</td><td>81.0</td><td>81.0</td><td>82.8</td><td>84.6</td><td>84.6</td><td>86.4</td><td>88.2</td><td>88.2</td><td>90.0</td><td>91.8</td><td>91.8</td><td>93.6</td><td>95.4</td><td>95.4</td><td>97.2</td><td>99.0</td><td>99.0</td><td>100.8</td><td>102.6</td><td>102.6</td><td>104.4</td><td>106.2</td></tr>
</table>

表4－9　女子5·4、5·2B号型系列控制部位数值　　单位：cm

<table>
<tr><td colspan="23">B体型</td></tr>
<tr><td>部位</td><td colspan="22">数值</td></tr>
<tr><td>身高</td><td colspan="3">145</td><td colspan="3">150</td><td colspan="3">155</td><td colspan="3">160</td><td colspan="3">165</td><td colspan="3">170</td><td colspan="2">175</td><td colspan="2">180</td></tr>
<tr><td>颈椎点高</td><td colspan="3">124.5</td><td colspan="3">128.5</td><td colspan="3">132.5</td><td colspan="3">136.5</td><td colspan="3">140.5</td><td colspan="3">144.5</td><td colspan="2">148.5</td><td colspan="2">152.5</td></tr>
<tr><td>坐姿颈椎点高</td><td colspan="3">57.0</td><td colspan="3">59.0</td><td colspan="3">61.0</td><td colspan="3">63.0</td><td colspan="3">65.0</td><td colspan="3">67.0</td><td colspan="2">69.0</td><td colspan="2">71.0</td></tr>
<tr><td>全臂长</td><td colspan="3">46.0</td><td colspan="3">47.5</td><td colspan="3">49.0</td><td colspan="3">50.5</td><td colspan="3">52.0</td><td colspan="3">53.5</td><td colspan="2">55.0</td><td colspan="2">56.5</td></tr>
<tr><td>腰围高</td><td colspan="3">89.0</td><td colspan="3">92.0</td><td colspan="3">95.0</td><td colspan="3">98.0</td><td colspan="3">101.0</td><td colspan="3">104.0</td><td colspan="2">107.0</td><td colspan="2">110.0</td></tr>
<tr><td>胸围</td><td colspan="2">68</td><td colspan="2">72</td><td colspan="2">76</td><td colspan="2">80</td><td colspan="2">84</td><td colspan="2">88</td><td colspan="2">92</td><td colspan="2">96</td><td colspan="2">100</td><td colspan="2">104</td><td colspan="2">108</td></tr>
<tr><td>颈围</td><td colspan="2">30.6</td><td colspan="2">31.4</td><td colspan="2">32.2</td><td colspan="2">33.0</td><td colspan="2">33.8</td><td colspan="2">34.6</td><td colspan="2">35.4</td><td colspan="2">36.2</td><td colspan="2">37.0</td><td colspan="2">37.8</td><td colspan="2">38.6</td></tr>
<tr><td>总肩宽</td><td colspan="2">34.8</td><td colspan="2">35.8</td><td colspan="2">36.8</td><td colspan="2">37.8</td><td colspan="2">38.8</td><td colspan="2">39.8</td><td colspan="2">40.8</td><td colspan="2">41.8</td><td colspan="2">42.8</td><td colspan="2">43.8</td><td colspan="2">44.8</td></tr>
<tr><td>腰围</td><td>56</td><td>58</td><td>60</td><td>62</td><td>64</td><td>66</td><td>68</td><td>70</td><td>72</td><td>74</td><td>76</td><td>78</td><td>80</td><td>82</td><td>84</td><td>86</td><td>88</td><td>90</td><td>92</td><td>94</td><td>96</td><td>98</td></tr>
<tr><td>臀围</td><td>78.4</td><td>80.0</td><td>81.6</td><td>83.2</td><td>84.8</td><td>86.4</td><td>88.0</td><td>89.6</td><td>91.2</td><td>92.8</td><td>94.4</td><td>96.0</td><td>97.6</td><td>99.2</td><td>100.8</td><td>102.4</td><td>104.0</td><td>105.6</td><td>107.2</td><td>108.8</td><td>110.4</td><td>112.0</td></tr>
</table>

表4-10　女子5·4、5·2C号型系列控制部位数值　　单位：cm

<table>
<tr><td colspan="25">C体型</td></tr>
<tr><td>部位</td><td colspan="24">数值</td></tr>
<tr><td>身高</td><td colspan="3">145</td><td colspan="3">150</td><td colspan="3">155</td><td colspan="3">160</td><td colspan="3">165</td><td colspan="3">170</td><td colspan="3">175</td><td colspan="3">180</td></tr>
<tr><td>颈椎点高</td><td colspan="3">124.5</td><td colspan="3">128.5</td><td colspan="3">132.5</td><td colspan="3">136.5</td><td colspan="3">140.5</td><td colspan="3">144.5</td><td colspan="3">148.5</td><td colspan="3">152.5</td></tr>
<tr><td>坐姿颈椎点高</td><td colspan="3">56.5</td><td colspan="3">58.5</td><td colspan="3">60.5</td><td colspan="3">62.5</td><td colspan="3">64.5</td><td colspan="3">66.5</td><td colspan="3">68.5</td><td colspan="3">70.5</td></tr>
<tr><td>全臂长</td><td colspan="3">46.0</td><td colspan="3">47.5</td><td colspan="3">49.0</td><td colspan="3">50.5</td><td colspan="3">52.0</td><td colspan="3">53.5</td><td colspan="3">55.0</td><td colspan="3">56.5</td></tr>
<tr><td>腰围高</td><td colspan="3">89.0</td><td colspan="3">92.0</td><td colspan="3">95.0</td><td colspan="3">98.0</td><td colspan="3">101.0</td><td colspan="3">104.0</td><td colspan="3">107.0</td><td colspan="3">110.0</td></tr>
<tr><td>胸围</td><td colspan="2">68</td><td colspan="2">72</td><td colspan="2">76</td><td colspan="2">80</td><td colspan="2">84</td><td colspan="2">88</td><td colspan="2">92</td><td colspan="2">96</td><td colspan="2">100</td><td colspan="2">104</td><td colspan="2">108</td><td colspan="2">112</td></tr>
<tr><td>颈围</td><td colspan="2">30.8</td><td colspan="2">31.6</td><td colspan="2">32.4</td><td colspan="2">33.2</td><td colspan="2">34.0</td><td colspan="2">34.8</td><td colspan="2">35.6</td><td colspan="2">36.4</td><td colspan="2">37.2</td><td colspan="2">38.0</td><td colspan="2">38.8</td><td colspan="2">39.6</td></tr>
<tr><td>总肩宽</td><td colspan="2">34.2</td><td colspan="2">35.2</td><td colspan="2">36.2</td><td colspan="2">37.2</td><td colspan="2">38.2</td><td colspan="2">39.2</td><td colspan="2">40.2</td><td colspan="2">41.2</td><td colspan="2">42.2</td><td colspan="2">43.2</td><td colspan="2">44.2</td><td colspan="2">45.2</td></tr>
<tr><td>腰围</td><td>60</td><td>62</td><td>64</td><td>66</td><td>68</td><td>70</td><td>72</td><td>74</td><td>76</td><td>78</td><td>80</td><td>82</td><td>84</td><td>86</td><td>88</td><td>90</td><td>92</td><td>94</td><td>96</td><td>98</td><td>100</td><td>102</td><td>104</td><td>106</td></tr>
<tr><td>臀围</td><td>78.4</td><td>80.0</td><td>81.6</td><td>83.2</td><td>84.8</td><td>86.4</td><td>88.0</td><td>89.6</td><td>91.2</td><td>92.8</td><td>94.4</td><td>96.0</td><td>97.6</td><td>99.2</td><td>100.8</td><td>102.4</td><td>104.0</td><td>105.6</td><td>107.2</td><td>108.8</td><td>110.4</td><td>112.0</td><td>113.6</td><td>115.2</td></tr>
</table>

三、规格

规格是在人体控制部位数值的基础上，经过必要的松量加放后得到的成衣尺寸，即制图尺寸。可以简单地用 *L*、*B*、*W* 表示。制图时，尺寸以规格表的形式明确给出，举例见表4-11。

表4-11　男衬衣规格表　　单位：cm

号/型	领围	胸围（*B*）	肩宽（*S*）	衣长（*L*）	袖长（*AL*）
170/88A	36.8+2.2	88+20	43.6+2.4	66.5+2.5	55.5+3.5

四、思考与实训

（1）简述号型及号型系列的定义。

（2）男、女体型分类标准有何差异？

（3）简述号型与规格的差异。

（4）任选10位同学，测量并记录每位同学的控制部位尺寸，与国家标准的数值进行比较。

第二节　服装结构基础

服装结构的主要内容是确定各衣片的具体形状，包括结构制图与样板制作两部分。

一、结构制图

结构制图需要在理解结构图的基础上进行1∶1制图，制图过程中有相应的规范要求。

（一）制图常用工具

制图时常用的工具有以下几类，如图4－1所示。

1. 笔　制图主要用笔是铅笔，可以直接选用一定粗度的自动铅笔，以保证图线粗细均匀。

2. 橡皮　使用绘图橡皮，去除铅笔线迹效果最好。

3. 尺类　常用的有专用打板尺、曲线尺、比例尺、三角尺、软尺等。

4. 剪刀　剪纸样的必备工具，尺码大小根据使用者的需要选择。

5. 描线器　复制纸样的专用工具，使用时需要在制图桌上加垫卡纸。

6. 其他　特殊情况下需要使用一些辅助工具，如圆规、量角器等。

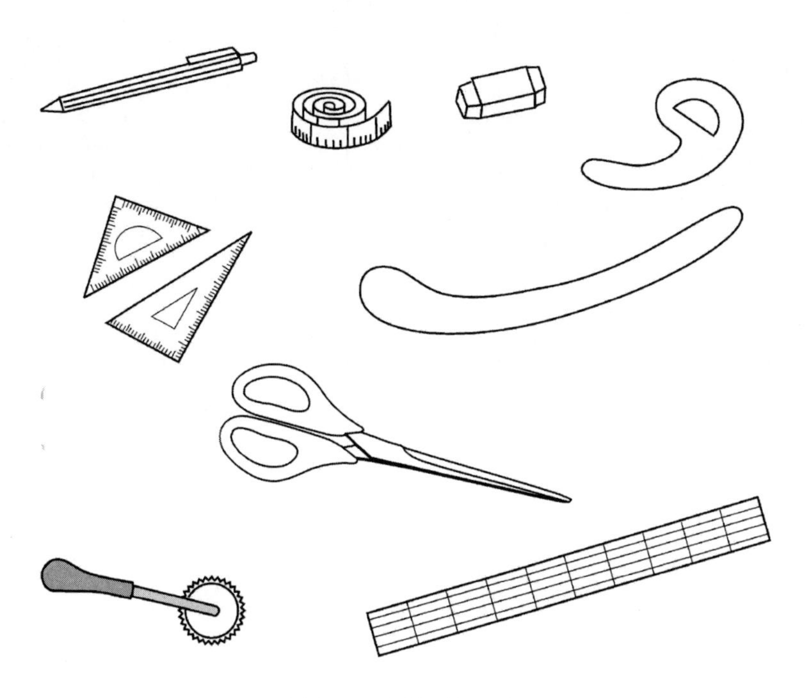

图4－1　制图常用工具

（二）制图常用线型、符号及部位代号

1. 制图线型要求及用途　在进行服装结构制图时，线的类型、粗细都有规范的表达形式，绘图时要遵照要求，识图时要以此为依据，具体内容见表4－12。

表 4－12　服装结构制图线型　　单位：mm

序号	名称	形式	粗细	主要用途
1	粗实线		0.9	服装和部件的轮廓线、部位轮廓线
2	细实线		0.3	结构图的基本线、辅助线、尺寸标记线
3	粗虚线		0.9	背面轮廓影示线
4	细虚线		0.3	缝纫明线线迹
4	点划线		0.3	对称折叠线
5	双点划线		0.3	某部分需折转的线，如驳领翻折线

注　虚线、点划线、双点划线的线段长度与间隔应均匀，首末两端应是线段（参照 FZ/T 80009—2004）。

2. 制图符号及其含义　制图符号是指制图中具有特定含义的记号，要求认识、记住这些符号，并能在制图时正确使用，具体内容见表 4－13。

表 4－13　服装结构制图常用符号

序号	名称	形式	含义
1	等分线		等分某线段
2	等量符号	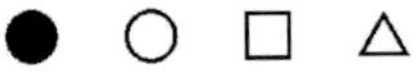 ● ○ □ △	用相同符号表示两线段等长
3	省道		需折叠并缝去的部位
4	单向折裥	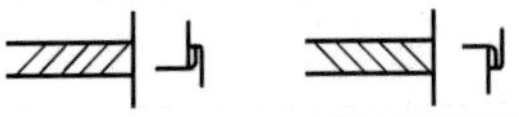	按一定方向有规律地折叠
5	暗裥符号	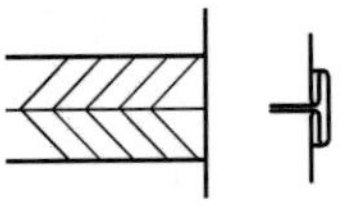	两裥相对折叠
6	明裥符号	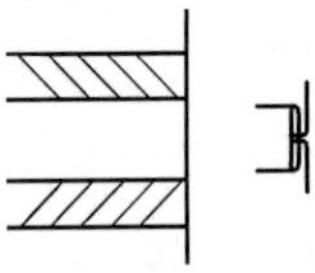	两裥相背折叠
7	缩缝符号		用于面料缝合时收缩
8	垂直符号	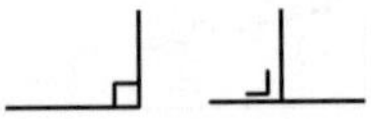	两线相交呈 90°
9	重叠符号	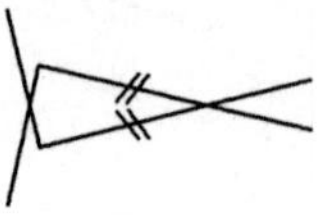	两裁片交叉重叠，两边等长
10	拼合符号		两部分对应相连，裁片不能分开
11	经向符号		对应衣料的经纱方向
12	顺向符号		绒毛或图案的顺向

续表

序号	名称	形式	含义
13	距离线		标注两点间或两线间距离
14	斜纱方向		符号对应处用斜料
15	拉链		装拉链，如符号上有数字，则表示需要缝份的宽度
16	归拔符号	归 拔	表示制作时对应部位需要被归拢或拔开

3. 制图中的部位代号 在服装结构制图中，为了简洁，常用代号表示部位及部位线。这些符号一般是取相应的英文单词首字母或其组合的大写形式表示，见表4－14。

表4－14 服装结构制图的部位代号

部位	代号	相应的英文单词及词组	部位	代号	相应的英文单词及词组
领围	*N*	Neck Girth	后颈点	*BNP*	Back Neck Point
胸围	*B*	Bust Girth	肩端点	*SP*	Shoulder Point
腰围	*W*	Waist Girth	前中心线	*FCL*	Front Center Line
臀围	*H*	Hip Girth	后中心线	*BCL*	Back Center Line
肩宽	*S*	Shoulde	总体长（颈椎点高）	*FL*	Full Length
衣长	*L*	Length	后腰节长	*BWL*	Back Waist Length
袖窿	*AH*	Arm Hole	前腰节长	*FWL*	Front Waist Length
领围线	*NL*	Neck Line	前胸宽	*FBW*	Front Bust Width
上胸围线	*CL*	Chest Line	后背宽	*BBW*	Back Bust Width
胸围线	*BL*	Bust Line	袖山	*AT*	Arm Top
下胸围线	*UBL*	Under Bust Line	袖肥	*BC*	Biceps Circumference
腰围线	*WL*	Waist Line	袖窿深	*AHL*	Arm Hole Line
中臀围线	*MHL*	Middle Hip Line	袖口	*CW*	Cuff Width
臀围线	*HL*	Hip Line	袖长	*SL*	Sleeve Length
肘围线	*EL*	Elbow Line	领座	*CS*	Collar Stand
膝围线	*KL*	Knee Line	裤长	*TL*	Trousers Length
大腿根围	*TS*	Thigh Size	下裆长	*IL*	Knee Line
胸高点	*BP*	Bust Point	前上裆	*FR*	Front Rise
侧颈点	*SNP*	Side Neck Point	后上裆	*BR*	Back Rise
前颈点	*FNP*	Front Neck Point	脚口	*SB*	Slacks Bottom

4. 制图中的尺寸标注 服装结构制图的公式及尺寸，具体地说明图线间的比例关系，只有完全掌握了尺寸关系后，才能绘制出准确的结构图。

（1）尺寸标注的基本规则：

①所有部位尺寸，均以厘米（cm）为单位；

②标注数值应为实际尺寸，不能按比例变化；

③各部位尺寸只标注一次；

④标注尺寸线不能与其他图线重合；

⑤书写文字方向必须与标注方向一致。

（2）尺寸标注：

①点与线（点）的距离标注：距离较大时，可直接在点线间引直线标注，如图4－2中的前领深；若距离较小时，可分别从两个位置引线，在适当位置做标注，如图4－2中的冲肩。

②线与线的距离标注：距离较大时，可在轮廓线外直接引线标注，如图4－2中的胸围线高度；若需要在轮廓线内标注，可直接在两线间垂直方向引线标注，如图4－2中的前胸宽；间距较小时，可以直接在两线间标注数值，如图4－2中的省口位置（$B^*/32$）。

③线与线的角度标注：可以直接标注角度，如图4－2中的胸省大，也可以标明相邻两直角边的长度比，如图4－2中的肩斜。

④轮廓线长度的标注：用符号表示轮廓线的长度时，可直接标在轮廓线上，如图4－2中的前领窝。

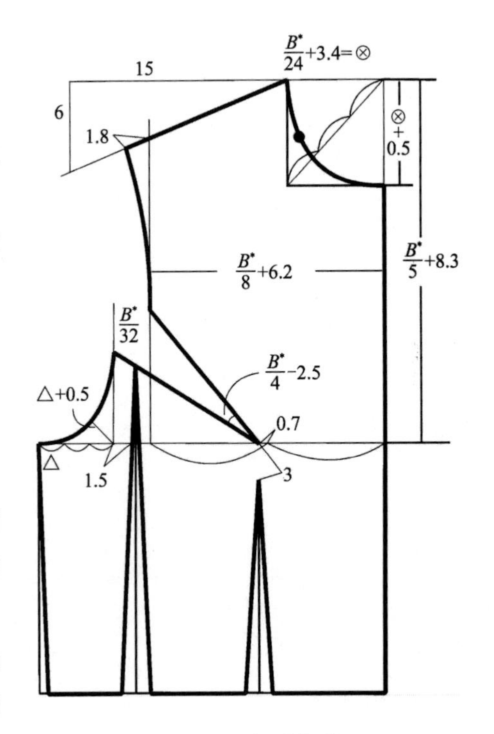

图4－2 尺寸标注

（三）衣片部位名称

为使制图规格与量体尺寸相对应，主要的结构线被赋予了与人体部位相应或相关的名称。

1. 上衣结构线名称 上衣中主要部位结构线的名称，如图4－3所示。

2. 裤装结构线名称 裤装中主要部位结构线的名称，如图4－4所示。

3. 裙装结构线名称 裙装中主要部位结构线的名称，如图4－5所示。

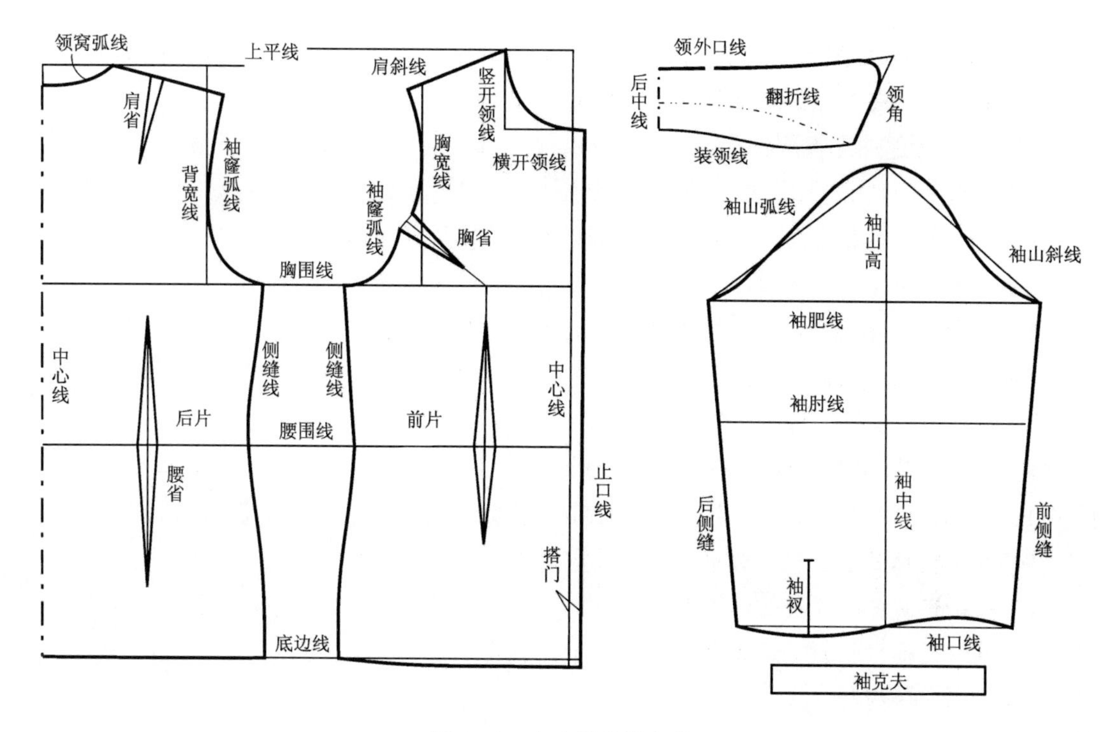

图4－3 上衣结构线名称

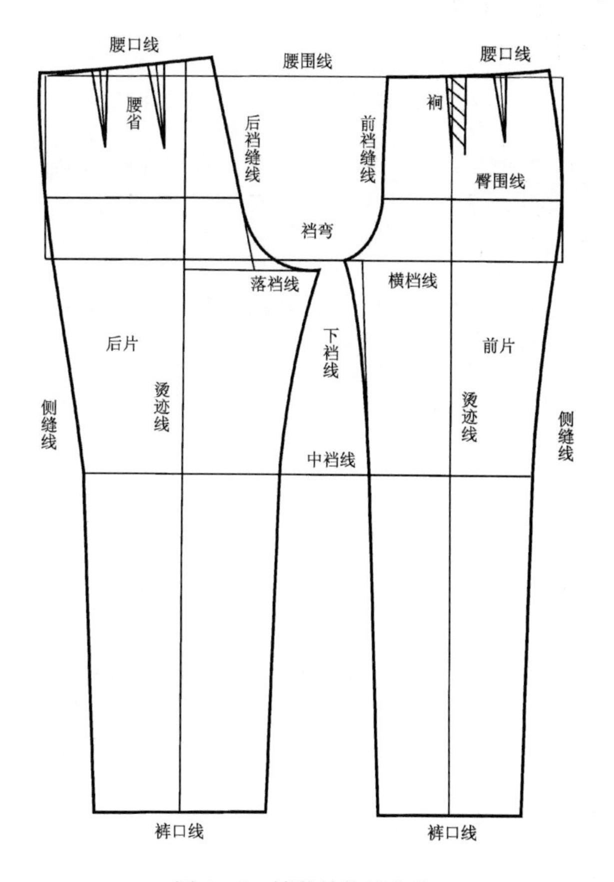

图4－4 裤装结构线名称

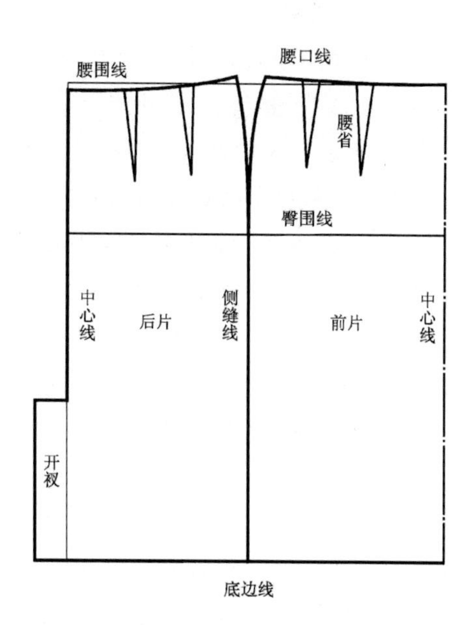

图4－5 裙装结构线名称

（四）制图的具体要求

1. 制图顺序 主要制图顺序遵循如下四点。

（1）图线的绘制顺序：制图时，一般先以长度为基础（竖直线），确定围度、宽度方向的基本线（水平线），如上平线、底边线、胸围线等；然后以围度为基础（水平线），确定长度方向的基本线，如中心线、侧缝线、胸宽线等。完成所有基本线后，再由轮廓线的某一点开始，顺（逆）时针方向依次做出衣片轮廓线，保证轮廓线的完整、连贯。

（2）衣片的绘制顺序：上衣绘制顺序一般为后片、前片、领片、袖片；裤装与裙装绘制顺序为前片、后片、腰头。主要部件绘制完成后，再由大到小绘制零部件，但次序要求并不十分严格。一些小且形状简单的部件可以不画，如裤襻、滚条等。

（3）上、下装的制图顺序：一般为先上后下。

（4）面、辅料的制图顺序：先绘制面料图，再绘制里料图、衬料图及其他辅料图。

2. 图线及整体要求 整体要求有如下五点。

（1）规格正确，公式尺寸计算准确。

（2）基本线横平竖直，轮廓线光滑圆顺。

（3）图线使用规范，线条均匀。

（4）部件齐全，标注完整。

（5）制图布局合理，图面整洁。

二、样板制作

服装样板的制作需要在结构图完成之后，经过拷贝使各衣片完整分离，再进行纸样调整、缝份与贴边的加放、文字与符号的标注等。

（一）拷贝纸样

通常使用描线器拷贝纸样，称为点印法，也可以借助专业拷贝台完成复制。点印法方便而且准确，使用广泛，因此以点印法为例介绍纸样拷贝。

1. 准备 为避免描线器损坏桌面，拷贝纸样前，需要准备一张整开的卡纸垫在制图桌上，并将结构图与样板纸重叠固定于卡纸上。

2. 拷贝顺序 需要拷贝的线包括重要的基本线、轮廓线与所有标记，基本线主要确定水平、竖直方向，如前中心线、后中心线、胸围线、腰围线、臀围线等。拷贝顺序为先拷基本线，再拷轮廓线；基本线由上而下，轮廓线从某个角、点开始，逆（顺）时针逐点进行，避免遗漏。标记与轮廓线同步拷贝。

3. 拷贝方法 拷贝直线时，只需要复制两端点，每个点都需要两段互相垂直的线段（约2cm）交叉确定，交点即为拷贝点；拷贝曲线时，两端点的复制方法同前，中间段根据曲度，沿轮廓线间隔2～3cm点压一次，切忌描线器沿整条轮廓线滚动，这样既损坏结构图，又会使拷贝样不准确。为放毛样作准备，拷贝的衣片间应留出大于两个缝份的间隙。如果衣片有交叉重叠部分，拷贝完一片后，保持相应水平线在同一高度，将结构图平移，留出足够空隙后继续拷贝下一片。

点印完成后，需要逐点确认无遗漏，方可取下结构图，进行拷贝样的描绘。连线顺序与拷贝顺序一致，注意明确标记，并在适当位置画出纱向符号。所有衣片复制完成后，需要确认与结构图的一致性。

特别提醒：结构图需要整张保存，以备制板、裁剪、缝制过程中遇到问题时核对，成品完成后作为资料留用。

4. 纸样调整与确认　拷贝好的衣片需要进一步调整、确认、修正。

纸样的调整包括省道转移、领面分割、调整止口、过面驳头加出折转量、双折部位的对称复制等。

纸样的确认分几个方面：首先对照规格表，检验各主要部位尺寸是否准确；其次检查相关部位是否匹配，如前、后衣片侧缝形状与长度的一致性、前、后肩缝等长或有吃势、领窝与装领线长度关系、袖山与袖窿间的吃势分布等；然后检查衣片拼接后轮廓线是否圆顺，如拼合肩缝后领窝及袖窿的圆顺度、拼合袖缝后袖山及袖口的圆顺度、拼合侧缝及分割线后下摆的圆顺度等，如图4－6所示。后两项检查需要在硫酸纸或拷贝纸上拷贝局部轮廓线后进行，如果发现有不合适的部分，应根据情况修正。

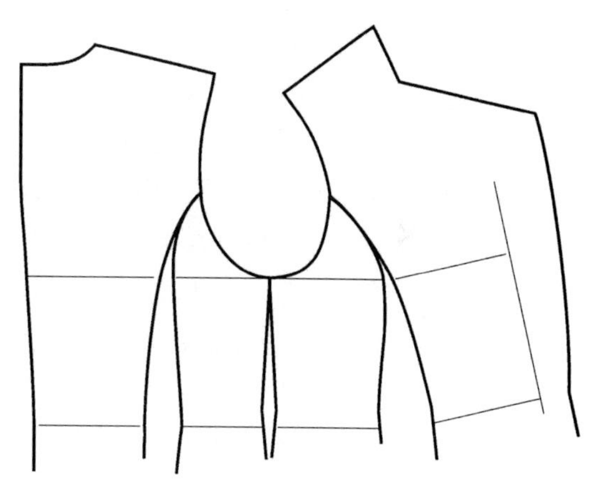

图4－6　袖窿圆顺度检查

（二）加放缝份与贴边

缝份是指衣片缝合后反面被缝住的部分，是衣片上的必要宽度。贴边是指服装止口部位反面被折进的部分，也是衣片上的必要宽度。制作样板时，需要根据工艺要求适当加放。

1. 加放缝份　一般情况下缝份宽度为1cm，具体加放时需要根据情况调整。

（1）根据缝型加放：机缝工艺部分介绍了八类缝型、十四种常用针法，不同缝型与针法需要的缝份也不同，常用针法需要的缝份量见表4－15。

表4－15　常用针法需要的缝份加放量　　单位：cm

针法	缝份加放量
平缝、分压缝	两片各放1
钩压缝、骑缝	两片各放1
固压缝、扣压缝	两片均为大于明线宽度0.2～0.5
滚包缝	一片0.7，另一片2
来去缝	两片各放0.8～1
内（外）包缝	一片大于明线宽度0.2，另一片是其双倍
搭缝	两片各放0.5～1
排缝	两片均不放

（2）根据面料加放：样板的放缝需要考虑面料的质地。质地厚的面料需要较大翻折量，放缝时多加两倍厚度，按照正常宽度缝合。质地松散的面料考虑到裁剪和缝制时的脱散损耗，适当加宽缝份。厚度一般、质地紧密的面料按常规加放缝份。

（3）根据工艺要求加放：服装的某些特殊部位放缝份时有特别要求，需要特别处理。例如，裤片后裆缝的加放量如图4－7所示，装拉链的部位需要1.5～2cm缝份。放缝也与轮廓线形状有关，较直的部位正常放，弧线的部位加量较小，且弧度越大加的越小，以免影响缝口平服。

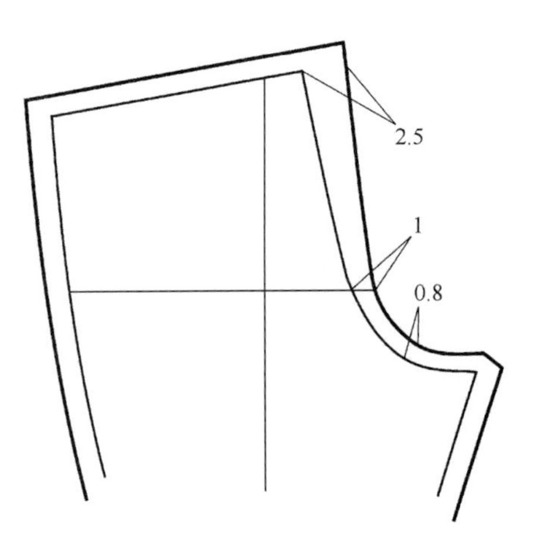

图4－7　裤片后裆加放缝份

2. 加放贴边　贴边宽度与所处部位及止口形状有关。直线或接近直线的止口处可以直接加出贴边宽度，称为连贴边或自带贴边；止口为弧线的部位，贴边需要另外拷贝相应边缘形状，净样宽3～5cm，然后加放缝份，称为另加贴边。

不同部位的连贴边宽度会有所不同，表4－16为常用贴边加放量。

表4－16　常用贴边参考加放量　　单位：cm

部位	加放量
门襟	衬衫3～4，装拉链外套5～6，单排扣外套7～8，双排扣外套12～14
下摆	圆摆衬衫1～1.5，平摆衬衫2～3，外套4，大衣5～6
袖口	衬衫2～3，外套3～4（通常与下摆相同）
袋口	明贴无盖式大袋3～4，有盖式2，斜插袋3
开衩	不重叠类2，重叠类4
裙摆	弧度较大1.5～2，一般3
裤脚口	短裤3，长裤4

连贴边的轮廓要求与折转后对应区域的衣片一致，加放贴边时，应该以止口线为轴，根据宽度要求画衣片轮廓的对称线，如图4－8所示。

3. 轮廓角点的加放　轮廓线转折部位的加放需要考虑满足双向的要求，基本要求是衣片连接后轮廓线顺直。具体放缝方法如图4－9所示，需要先将净样拼合，然后逐步确定放缝量。图中可以看出，如果拼合部位相应角均为直角，可以直接顺延双向缝份，相交即可；如果拼合部位相应角互为补角，则不可以省略拼合步骤，否则容易造成两条缝合线不等长；如果服装有夹里，角点处缝份可以画成直角，称为方头缝；如果服装无夹里，则应该严格按照对称要求加缝份。

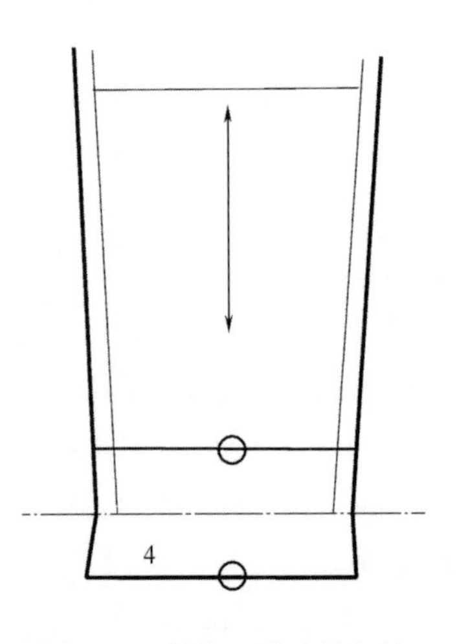

图4－8　裤脚口贴边的加放

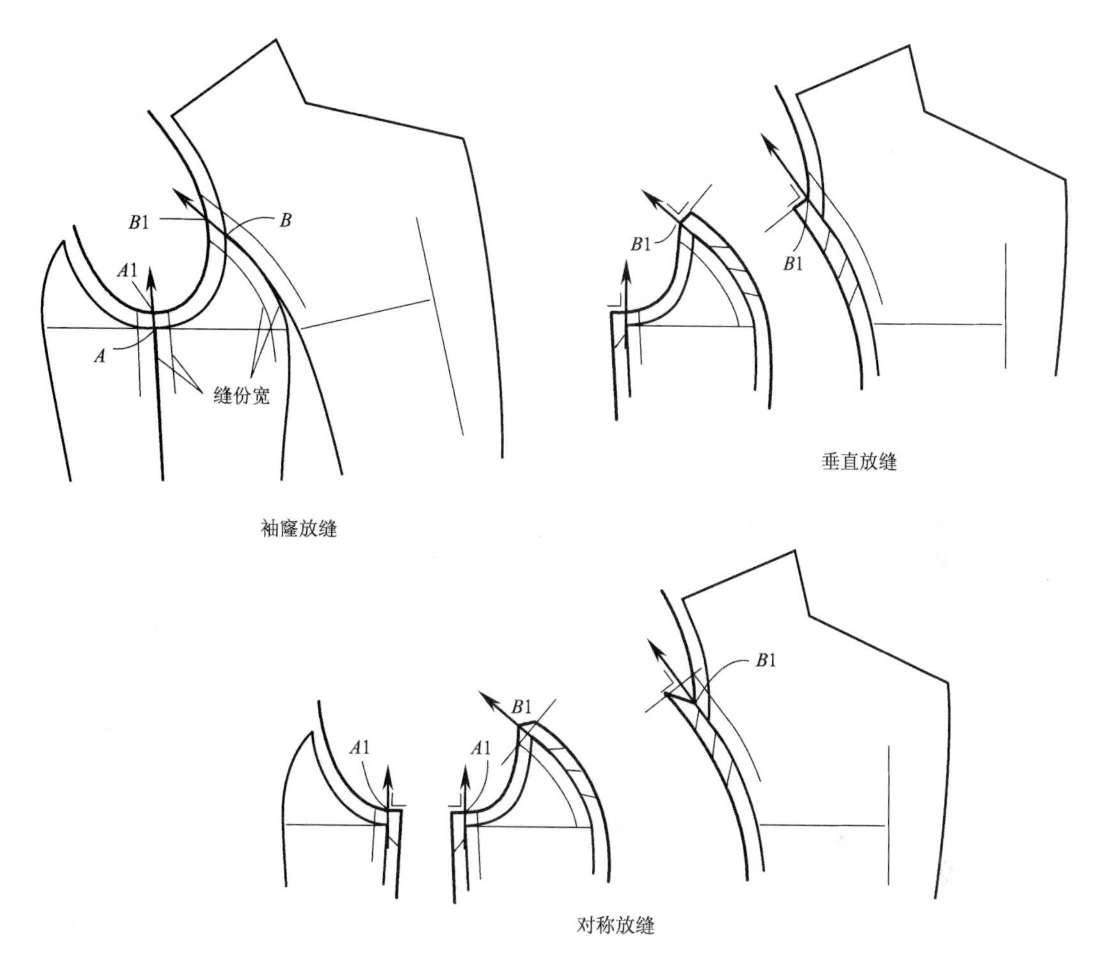

图4－9　轮廓角点的放缝

（三）作标记

作标记是保证成品服装质量的有效手段，通常标记分为对位标记和定位标记两种。

1. 对位标记　对位标记是衣片间连接时需要对合位置的记号，具体位置及数量根据缝制工艺要求确定。例如，绱领对位点、绱袖对位点、上衣侧缝腰节线对位点、裤装侧缝中裆线对位点等，侧缝对位点控制等长缝合，而绱袖对位点控制袖山吃势大小及分布。轮廓线上需要作记号的位置用专业剪口钳剪出0.5cm深的剪口，如图4－10所示，也可以用剪刀剪出0.5cm深的三角形剪口。

2. 定位标记　定位标记是衣片内部需要明确定点位置的记号，如收省的位置、口袋的位置等。需要作记号的点位用锥子扎眼，孔径约为0.3cm。为避免缝合后露出锥眼，扎眼时一般比实际位置缩进0.3cm左右，如图4－10所示。

（四）标注文字与符号

样板是重要的技术资料，裁剪与缝制过程中都要用到，而且每套样板都包括许多样片，为方便使用，在每个样片上都应该有必要的文字标注。

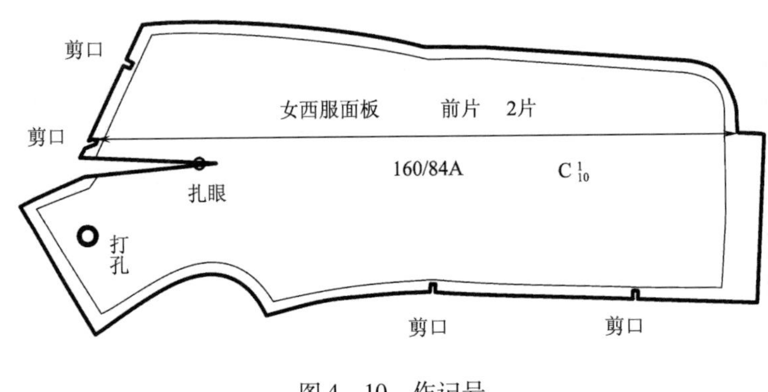

图4－10　作记号

1. 名称标注　名称标注包括款式名称（如女衬衫）、样片名称（如面料样板、里料样板）、衣片名称及片数（如前衣片2片）。

2. 号型或规格标注　号型或规格表明样板的尺寸，需要明确标注。

3. 数量标注　每套样板由许多样片组成，为避免遗漏，要对样片统一编号，用 C_n^1 表示。其中下角标n表示该套样板的样片总数，上角标1，2，3…表示本样片的序号，由大片排起。

4. 纱向标注　每片样片都有明确而严格的用料方向，为方便使用，样片正、反面都应该画出贯穿衣片的纱向符号，而且方向必须一致。如果面料有顺向要求，则应该画出顺向符号。所有文字标注分列于纱向符号两侧，要整齐、便于查看。

5. 其他标注　样片上还需要签注姓名和日期等基本信息。

（五）样板的检验与确认

样板全部完成后，必须经过检验与确认无误后才可以剪下备用。每片样片在某一侧的中间位置，比轮廓线偏进3～4cm处打孔，可以用线绳穿起，便于悬挂保存，如图4－10所示。

1. 规格的检验与确认　样板规格必须与规格表一致，需要分部位测量确认。

2. 缝合边的检验与确认　相互对应的缝合边有形状与长度的要求，平接部位应该形状一致、长度相等，非平接部位两边不等长，但差值要确定，而且明确界定在某个区域，需要分段检验。

3. 衣片组合的检验与确认　将样片相关部位拼接后，检查整体轮廓的圆顺度。

三、思考与实训

（1）绘制结构图时应该按照怎样的顺序进行？

（2）拷贝样板时需要注意哪些问题？

（3）纸样确认包括哪些内容？

（4）加放缝份时需要考虑的因素有哪些？

（5）样板标记分为哪几类？如何在样板上作标记？

（6）说明样板上需要标注的内容。

第三节　成衣工艺基础

成衣工艺是指将平面的衣服裁片缝合成立体成衣的过程，主要包括裁剪工艺和缝制工艺两部分。

一、裁剪工艺

裁剪工艺的任务是把服装材料按照样板要求剪成裁片。具体工作分为排料和裁剪两部分。

（一）排料

排料是将服装样板在面料幅宽范围内合理排放的过程。为保证裁片质量并尽可能降低材料成本，排料需要做到严谨而合理。

1. 排料原则　排料时需要把握以下原则。

（1）保证设计要求：当服装款式对面料花型、条格等具有一定要求时，样板的选位必须能保证成衣效果要求。

（2）符合工艺要求：服装工艺设计时对衣片的用布方向、对称性、对位及定位标记都有严格要求，排料时必须严格遵循。

（3）节约用料：服装材料成本是总成本的主要组成部分，减少耗材便可以降低成本，所以在保证设计与工艺要求的前提下，尽可能节约用料，这是排料应遵循的原则。

2. 排料的要求

（1）样板确认：复核样板各部位尺寸；清点样板数量，保证部件齐全，不多不少；检查标注内容是否完整，包括对位记号、定位记号、正反面纱向符号等。

（2）衣片对称：服装上大多数衣片具有对称性，制作样板时通常只制出一片，单层排料时特别注意需要将样板正、反面各排一次，所以要求样板正、反面要有方向一致的纱向符号，避免排料时出现“一顺”或漏排现象。如果衣片不对称，必须确认正面效果，以防左右颠倒。

（3）标记完整：所有的对位记号、定位记号都需要复制于裁片上，以确保缝制工艺正常完成。

（4）纱向要求：严格地讲，排料时必须使样板上的纱向符号与布边保持平行，某些情况下，为了节约用料，一些部位可以允许少量偏斜（≤3%），见表 4－17 所示。

表 4－17　允许纱向调整的情况

项目	不允许	允许少量
服装档次	高档产品	中低档
着装要求	讲究着装仪表	日常生活装
面料特点	对条、对格、对花类	无花纹素色类
衣片部位	直接影响外观及造型的部位	次要部位

国家标准对纱向要求有明确的规定，表4－18是衬衫纬斜允许程度。

表4－18 衬衫纬斜允许程度

原料	色织与印染		素色		
部位	前身	后身	前身	后身	袖子
要求	不允许倒翘，顺翘≤3%	允许3%	不允许倒翘，顺翘≤3%	允许2%	允许3%

（5）色差规定：有些服装面料存在色差，排料时要注意重点部位样板位置的选择，要求服装面料色差符合国家标准的规定，见表4－19。

表4－19 服装色差国家标准

类别	高于4级	4级	3～4级
衬衫	领面、过肩、口袋、袖克夫面与大身色差	其他部位	衬布影响色差
棉服	衣领、袋，裤侧缝部位	其他表面部位	
西裤	其他表面部位	下裆缝、腰头与裤片	
女西服	其他表面部位	袖缝、摆缝色差	
风衣	领、驳头、前披肩	其他表面部位	里布

（6）对条、对格：对条、对格是排料时要求各类相关衣片的条格对称吻合，以保证成衣的外观。普通服装主要对条、对格的部位，如图4－11所示。

上衣：左右衣片门襟、前后衣片侧缝、袖片与衣片、后衣片中线、左右领角等。

裤子：前后片侧缝、前裆缝、后裆缝等。

国家标准规定的衬衫对条、对格要求见表4－20。

表4－20 衬衫对条、对格要求

部位名称	对条、对格要求	备注
左右前身	条料顺直，格料对格，互差不大于0.3cm	格子大小不一致时以前身$\frac{1}{3}$上部为准
袋与前身	条料顺直，格料对格，互差不大于0.2cm	格子大小不一致时以袋前部中心为准
斜料双袋	左右对称，互差不大于0.3cm	以明显条为主（阴阳条除外）
左右领尖	条格对称，互差不大于0.2cm	阴阳条格面料以明显条格为主
袖头	条格顺直，左右以直条对称，互差不大于0.2cm	以明显条格为主
后过肩	条料顺直，两头对比差不大于0.4cm	
长袖	条料顺直，以袖山为准左右对称，互差不大于1cm	3cm以下格料不对横，1.5cm以下不对条
短袖	条料顺直，以袖口为准左右对称，互差不大于0.5cm	2cm以下格料不对横，1.5cm以下不对条

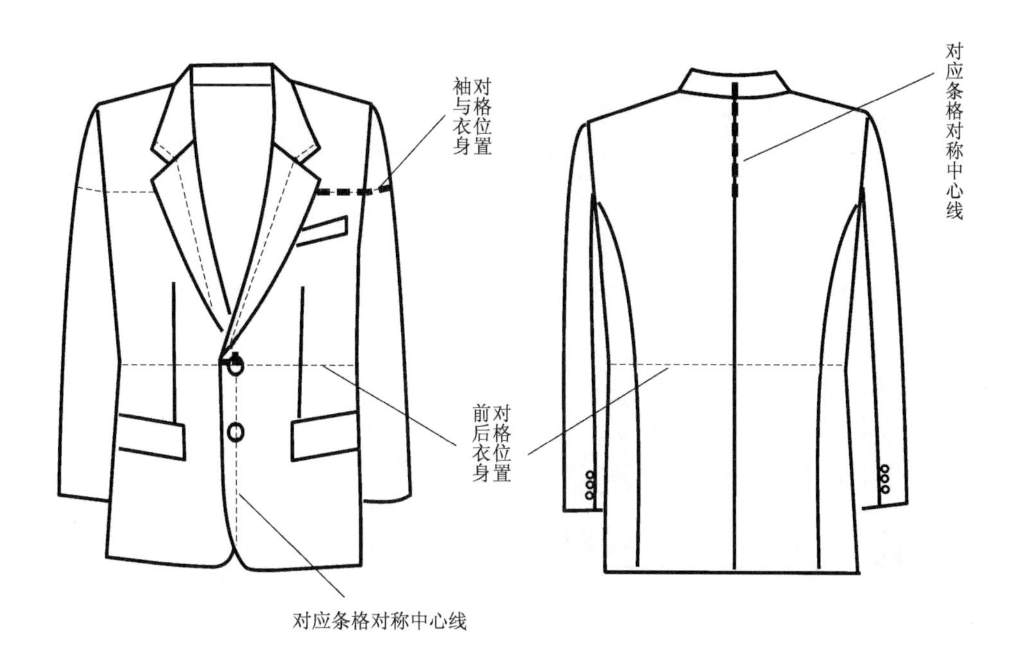

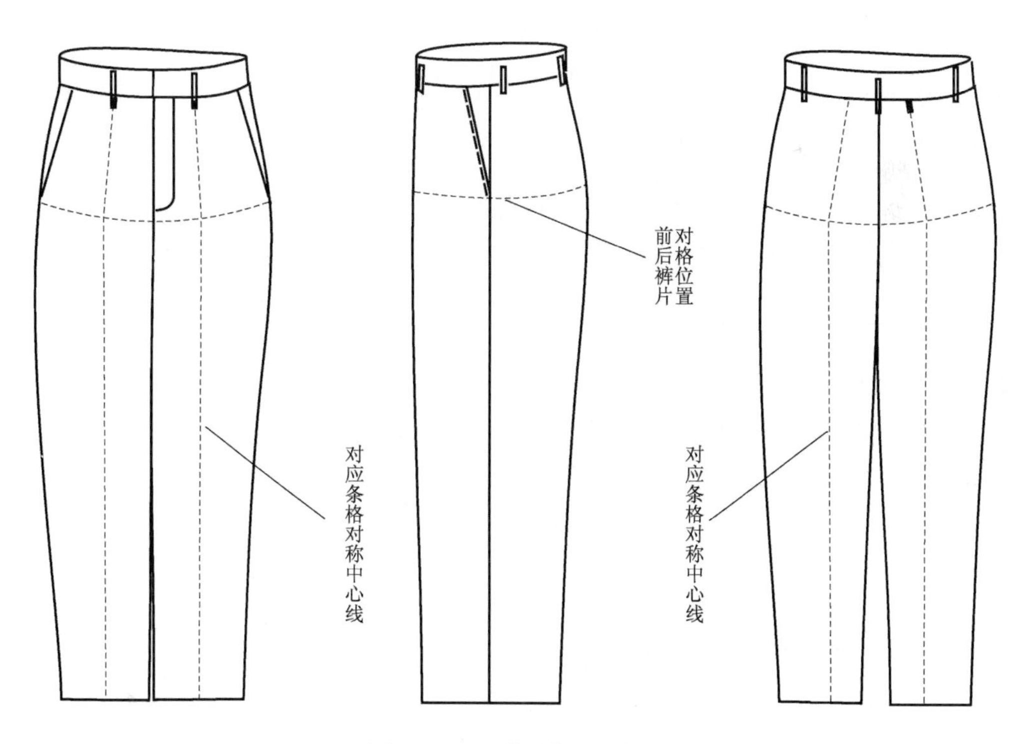

图 4－11　服装对条对格部位

3. 排料方法　排料前，面料需要经过预缩、烫平、整纬，然后单层平铺于裁案，反面朝上，布边与裁案边平行；按个人习惯由左（右）下角处排起。或者双层铺料，将面料正面相对，两侧布边叠合后置于靠近裁案边一侧，双折边在裁案内侧；根据样板面积大小，有时也将面料沿经纱方向部分双折，此时双折边应靠近裁案边一侧。

具体排料时，有“先大后小，紧密套排，缺口合并，合理拼接”的技巧。

（1）先大后小：排料时，先排重要的大片，保证工艺要求，小片填补空隙，合理穿插。

（2）紧密套排：样板形状各有不同，排列时尽可能做到直线对合，斜线反向拼合，凹凸相容，紧密套排。

（3）缺口合并：样板间的余料互相连续时，便于小片的插入，所以可以把两片样板的缺口拼在一起，加大空隙。所以双层铺料时要求由布边处排起，余料留在双折区域，可利用的机会较多。

（4）合理拼接：服装零部件的次要部位，在技术标准内允许适当拼接，目的是提高布料利用率。但拼接会增加工序，耗材耗工，需要权衡利弊，慎重采用。拼接要以不影响外观为原则。国家标准对表面部位拼接范围进行明确的规定，见表4－21。

表4－21　国家标准对服装拼接的规定

类别	拼接要求
衬衫	一等品，合格品袖底允许拼角，不大于袖肥的$\frac{1}{4}$
男西服	过面允许在两扣眼间两接一拼，领里允许两接一拼
男大衣	过面同男西服，领里拼接不限，耳朵片允许两接一拼
女西服	过面允许在下$\frac{1}{3}$处避开扣眼两接一拼，领里允许两接一拼
女大衣	过面同女西服，领里允许四拼三接
西裤	后裆拼角，接口纱向一致，长≤20cm，宽≥3cm，女裤腰头在侧缝或后中允许拼一处
风衣	过面在驳头下、最低扣位以上可一拼，避开扣眼位，领里对称一拼（立领不允许）

4. 样板的拷贝　将样板排列定位后，用划粉或水溶性彩笔拷贝到布料上。为保证拷贝的一致性，需临时将样板与布料固定，划线尽可能清晰，细而均匀，同时注意标记，确保拷贝全部完成后，才可以将样板移开，并按顺序整理后保存，备用。

（二）裁剪

裁剪需要将全部样板拷贝样分别剪开。

1. 工艺要求　精确性是裁剪工艺的主要工艺要求，为此，裁剪裁片时必须沿划线外沿剪。裁剪顺序为先小后大，因为如果先裁大片的话，余下的布料面积小而且零乱，不易把握，容易造成裁片变形或漏裁。

2. 裁剪方法　裁剪操作时，需要右手执剪，剪刀前端依托裁案，较直的裁边部位刃口尽量张开，一剪完成后，再向前推进，减少倒口；裁剪曲度较大的部位时刃口只需要张开一半，边裁边调整前进方向；同时左手轻压剪刀左侧布料，随剪刀跟进，双层裁剪时左手辅助尤其重要，可减少上下层裁片的误差。切忌将布料拎起，离开裁案裁剪。

裁片分离后，在需要的位置扎眼、划线或打剪口作记号，要求位置准确，不能遗漏。特别注意打剪口的深度要求为：$\frac{1}{3}$缝份 < 深度 < $\frac{1}{2}$缝份，剪口过深会影响缝合，过浅会不易对合。

3. 裁片检查　对裁好的衣片进行质量与数量的检查是必需的工作，通常称为验片。检查包括以下几项：

（1）形状准确：裁片与样板的尺寸与形状保持一致，左右对称，正反无误，边缘整齐圆顺。

（2）标记齐全：裁片上剪口与定位孔清晰，位置准确，无遗漏。

（3）数量一致：裁片与样板要求数量一致，无遗漏或多余。

（4）条格对应：要求条格对应的部位相合。

（5）外观合格：裁片纱向、色差、残疵等项符合标准要求。如果检查有不合格的衣片，需要更换。

二、缝制工艺

缝制工艺是指将裁好的裁片按一定的顺序及组合要求缝制成服装的过程，主要包括缝制流程设计、部位与部件工艺、组合工艺三部分。

（一）缝制流程设计

缝制流程设计是针对工艺特点及要求进行缝制顺序的安排。为方便表达流程，必须明确缝制过程中各部位的先后关系，每个部位各步骤的先后顺序，也就是通常所说的工序。

1. 工序划分　划分工序需要详细了解服装外观要求、规格与结构、工艺方法及技术要求，通过对成衣全部操作内容的分析与研究，以加工部件和部位为对象，按其加工顺序划分。加工顺序一般为先小后大，先局部后整体。具体划分时，要做到既不影响成衣效果，又便于操作；既要保证成品质量，又要考虑工作效率；既要考虑传统工艺、又要积极摸索和采用新工艺、新技术、新设备。

2. 工艺流程　以框图的形式表达划分好的工序，称为工艺流程框图。框图可以概括地表达工艺流程，便于初学者掌握，如图4-12所示为女衬衫缝制工艺流程。

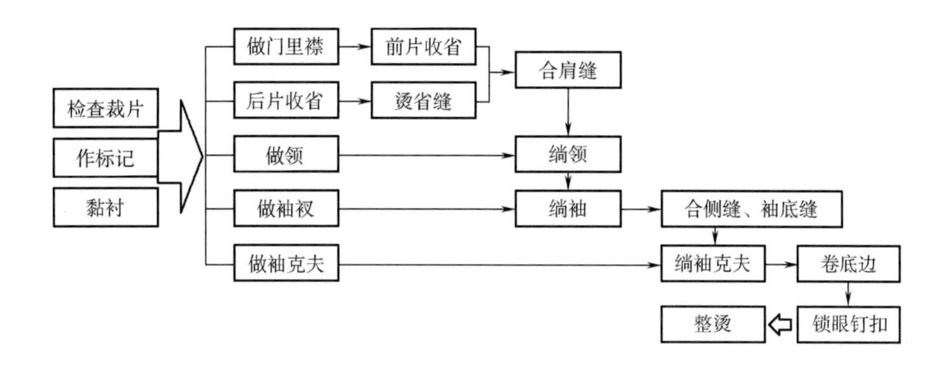

图4-12　女衬衫缝制工艺流程框图

（二）部位与部件工艺

服装一般都由衣片和部件组成，不同部位的衣片有不同的工艺方法及要求，称为部位工艺；部件与衣片相对独立，不同部件的工艺方法及要求也不同，称为部件工艺。

1. 部位工艺 衣片上常见的部位工艺，如收省、烫门襟、拼合分割线、局部装饰等。

2. 部件工艺 常见的部件有领、门襟、口袋、袖、开衩、袖克夫、带类、襻类等。不同部件的工艺不同，同类部件的具体工艺方法也不尽相同，部件工艺作为服装工艺中的重点与难点部分，需要多学多练，举一反三。

（三）组合工艺

工艺流程设计时，要求先局部后整体。局部指的是部位和部件工艺，整体指的是部位衣片的组合及部件与衣片的组合，称为组合工艺。

不同部位及部件的组合方式会有所不同，需要根据工艺方法进行，但常规的工艺要求是基本一致的，即组合位置准确、接合平服、顺序合理。

三、质量检查

为保证成品符合质量要求，需要随工艺进行检查，如样板质量检查、裁片质量检查、缝制质量检查、熨烫质量检查等。工艺完成后还需要进行成品质量检查。

检查的方式分三个层次：自检，每部分工作完成后，养成自觉复查的好习惯，发现问题及时修正；互检，互相之间交互检查，检查的过程也是互相学习的过程；专检，专职的质检人员（老师）把关，确保成品质量。

服装成品的部位按照对外观影响程度的大小分为4个等级，如图4－13所示。其中0级为最重要部位，衬衫前领区域属于该等级，1、2、3级依次降级。等级越高的部位对面料和工艺的要求越高。

各类服装质量标准国家有统一的规定，检查应遵照规定执行。

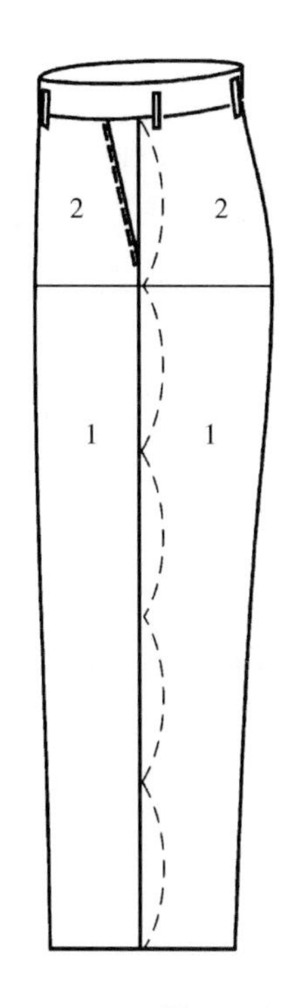

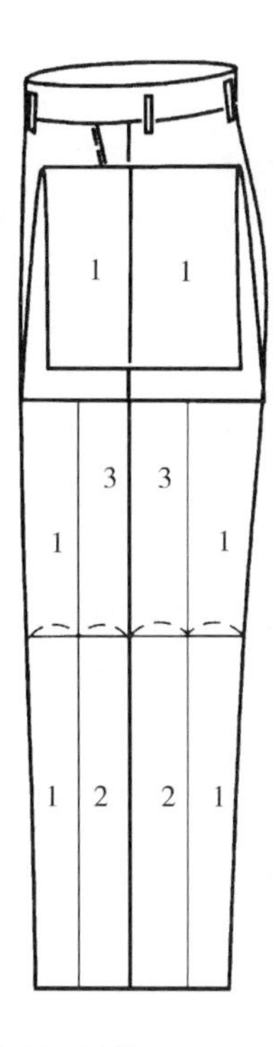

图 4－13 服装成品部位按影响外观等级划分

四、模板技术的应用

服装模板技术是基于服装工艺、机械工程以及 CAD 数字化原理相结合的新型技术，通过在模具材料上开槽，实现按照模具轨迹进行缝纫的一种技术。模板技术的应用是一种半自动化的生产方式，通过设计模板，编排模板工艺，可以使生产成品标准化、程式化、同质化。

（一）服装模板

服装模板是现今服装生产较先进的工艺之一，可以将复杂工序简单化、标准化，提高效率、降低品质不良率、提高品质及生产时间的稳定性、减少对高技能人员的依赖程度。

1. 模板的制作工艺流程 服装模板是利用切割设备，在透明的有机胶板（图 4－14）上按缝制工艺要求的尺寸开槽，具体制作流程如下：

图 4－14 模板用有机胶板

（1）设计模板：利用服装工艺模板系统进行模板的设计，注重细节的工艺要求以及线条的流畅、精度的控制。

（2）切割模板：模板的切割有传统的切割方式，又有现代化的激光切割技术。保证切割精度以及痕迹流畅是模板切割的基本要求。

（3）制作模板：模板切割完成后，需要根据工序进行模板的合理粘贴，保证粘贴精度以及简化作业步骤是模板制作的最高要求。人工切割模板时，粘贴要在切割之前进行。除此之外，还要依据工艺要求加设垫层、防滑条、定位针、挂线板等辅助部件。

（4）检验模板：模板完成之后进行最后的检验，以确保无误。

2. 模板的作用 服装模板由两片完全相同的模板连接固定并可以开合，缝料按照准确位置固定在两层模板之间。缝纫时机针在槽中运行缝线，可以保证缝线标准；上下层模板可以很好地固定缝件，而且各层缝料受力情况相同，可以保证上下层缝合的平整性；两层模板之间还可以设计加层，能够满足层势的需要。

服装模板的制作是模板技术应用的重要技术保障，要求形状准确，方便使用。模板制作过程结合了服装样板与服装工艺技术，利用服装CAD进行设计、智能切割设备进行模具生成。模板只针对固定形状的缝制需要，不同款式间重复利用率较低，特别适合标准相同、大批量的服装生产。

（二）模板缝纫机

模板技术的实现需要模板缝纫机，服装模板缝纫机分为手动模板缝纫机、半自动模板缝纫机、全自动模板缝纫机。

1. 手动模板缝纫机 手动模板缝纫机是在普通平缝机基础上进行技术改造，主要是更换模板用压脚、针板和送料牙，如图4－15所示。相对来说，手动模板缝纫机性价比高，但是可操作方面有局限性，适用于小部件的模板缝制。

2. 半自动模板缝纫机 半自动模板缝纫机是在长臂机的基础上更换模板用压脚、针板和送料牙，如图4－16所示。由于臂长，操作空间大，对模板应用更加灵活。

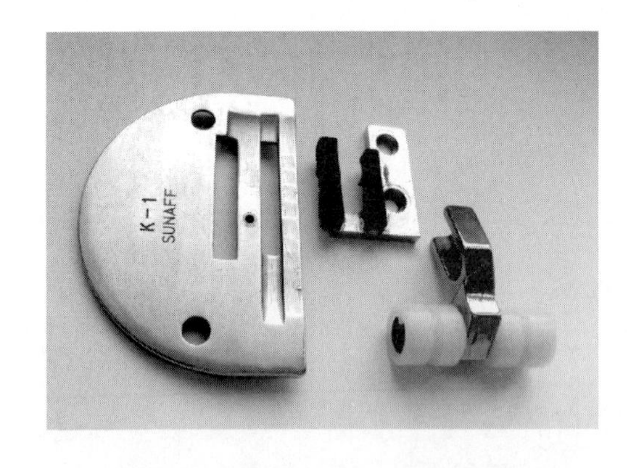

图4－15 模板用压脚、针板和送料牙

图4－16 长臂机的模板缝制

3. 全自动模板缝纫机 全自动模板缝纫机是结合服装模板CAD软件、服装模板以及先进的数控技术进行全自动缝制，如图4－17所示。这种先进的设备不仅可以提升产品品质和生产效率，而且用自动化程度更高的电脑控制的机器代替原有的人工操作的缝纫机，减少了对高技能人员的依赖程度，保证品质的同时解决产业工人用工短缺与技能缺陷问题。

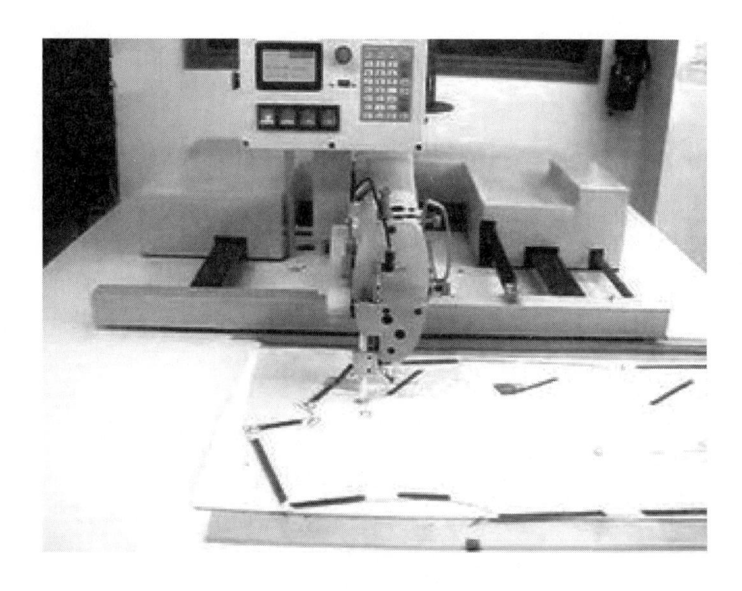

图4-17　全自动模板缝纫机

(三) 服装模板技术的应用现状

至今，服装模板技术已基本成熟，与之对应的CAD绘图软件的智能化、模板切割机的高效化，优化了服装模板技术，工艺应用从部件工序到整件工序，从部分服装类别到全部类别服装的应用。

模板技术的应用，不仅可以大幅提高整体生产效率，提升企业形象，提高企业竞争优势。同时降低了对工人技术的要求，从而解决服装企业长期以来招熟练工困难的问题并缓解工人短缺的问题。服装生产企业通过模板设计和编排模板工艺可以更加科学和精准地安排流水作业，使流水线更加合理化、精细化、准确化、程式化，有效地控制生产成本，减轻生产人员的工作压力。

越来越多的服装生产企业采用了模板技术，模板的设计与开发也成为目前服装企业技术革新的重要内容。

五、思考与实训

(1) 排料时应该遵循的原则有哪些?

(2) 排料有哪些要求? 如何进行排料?

(3) 裁片检查的项目有哪些?

(4) 如何理解工序及工艺流程?

(5) 模板技术的应用现状如何?

实践训练与技术理论——

裙装缝制工艺

课题名称： 裙装缝制工艺

课题内容： 裙装部件与部位工艺
直身裙缝制工艺
低腰育克裙缝制工艺
连衣裙缝制工艺
旗袍缝制工艺

课题时间： 32 学时

教学目的： 通过该课程的教学，使学生系统地掌握不同裙装的缝制工艺、质量要求。通过从理论教学到自己动手制作的基本训练，使学生更深入理解专业课程，同时为服装专业相关课程的学习奠定扎实的基础。

教学方式： 理论讲授、展示讲解和实践操作相结合，同时根据教材内容及学生具体情况灵活制订训练内容，加强基本理论和基本技能的教学，加强课后训练并安排必要的作业辅导。

教学要求：
1. 掌握重要款式的部件缝制技术与方法。
2. 了解不同款式裙装面料的选购方法。
3. 掌握裙装样板的放缝要点、排料方法。
4. 掌握不同款式裙装的缝制流程和技术。
5. 掌握裙装的缝制工艺质量标准。
6. 了解缝制新工艺、新技术。

第五章　裙装缝制工艺

裙装是覆盖女性下半身的服装。一般穿裙装不受年龄的限制，从年幼的女童到成熟的淑女以及端庄稳重的中老年妇女，款式各异的裙装展示了不同年龄女性的特有韵味。裙装是女性服饰中最具有特色和活力的一大品种。

裙装随着时代的社会背景和生活方式变化而变化。裙装各式各样，根据腰围部位形态可分为低腰裙、无腰裙、装腰裙、高腰裙、连腰裙和连衣裙；根据裙长可分为迷你裙、短裙、膝长裙、中长裙、长裙和超长裙；根据廓型可以分为直筒裙、A 型裙、圆摆裙。裙装中还可以加入褶裥和分割线等，由此可以形成不同造型的裙装。

裙装款式变化突出，表现形式多样，制作工艺也有差异，现以人们最常穿着的典型款式（直身裙、低腰育克裙、连衣裙、旗袍），介绍裙装的制作工艺。

第一节　裙装部件与部位工艺

✲课前准备

• 材料准备

1. 白坯布：部件练习用布，幅宽 160cm，长度 100cm。
2. 拉链：需要约 20cm 长的普通拉链两条，隐形拉链一条，要求与面料顺色。
3. 缝线：准备与面料颜色及材质相匹配的缝线。
4. 无纺衬：幅宽 90cm，长度约为 25cm。

• 工具准备

备齐制图常用工具与制作常用工具，调整好缝纫机针距，面线、底线张力等。

• 知识准备

复习基础工艺部分。

裙装相关的部件与部位工艺包括省道工艺、下摆工艺、开衩工艺、门襟工艺、腰头工艺、贴边工艺等。

一、省道工艺

省道具有使布料由平面到立体的作用，适用于合体服装或局部合体的服装，一般作为缝制成衣的首要工序。

省道的形式较多，如图5－1所示。常用的有两端尖形的菱形省，如上衣腰省；一端收平一端收尖的锥形省，如裤腰省、裙腰省；还有两端收平的开花省，多用于女装、童装上衣，有一定的装饰作用。无论是哪种省，均在反面缉缝，正面只有缝口而无线迹。

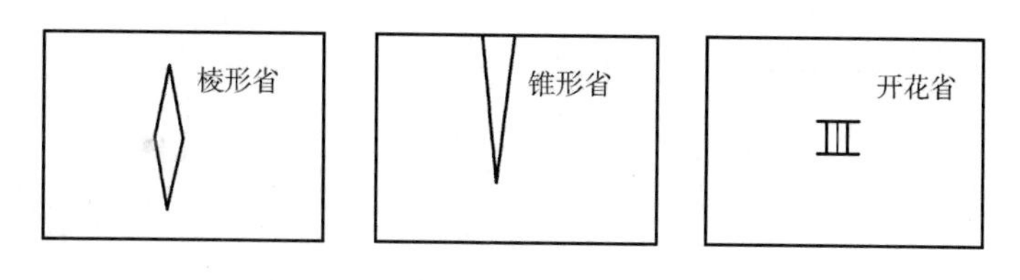

图5－1　省的形式

（一）锥形省

锥形省的缝制步骤与熨烫，如图5－2所示。

（1）叠省：沿省中线折叠裙片，理顺省道［图5－2（a）］。

（2）缉省：从省口处起针，倒回针，沿省边线缉缝。要求省口牢固，缉线顺直［图5－2（a）］。

（3）收省尖：距省尖3cm左右时，缉线向省中线靠拢，并最终相切，缉至省尖不能回针，留出的线头用手打结后修剪至0.5cm长，如图5－2（a）所示。要求省尖细而尖。

（4）烫省：在省份下垫一纸板，将省份倒向一侧，熨斗压实、烫平，如图5－2（b）所示。通常横向省份倒向上方，纵向省份倒向中心线，省尖处需要垫上布馒头，从正面烫圆润。要求熨烫平服，省尖处无泡，正面无坐势，不露线迹。

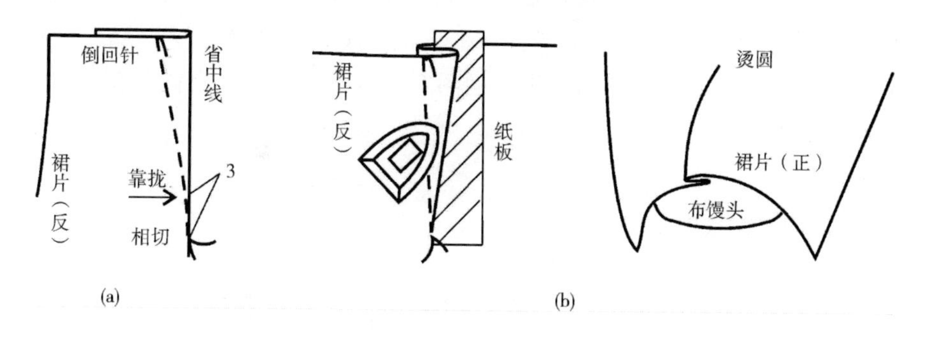

图5－2　锥形省工艺

（二）菱形省

不同的面料，菱形省的制作方法不同。

1. 垫布式　多用于易脱丝面料的收省。其制作步骤为：首先沿省中线折叠衣片，理顺省道；然后在省份下垫一层布料，取斜纱方向，长度比省道略长，宽约3cm；再缉合省道，起落针倒回针，如图5－3（a）所示；最后在省份最宽处横向打剪口，分烫省份与垫布，并将两层垫布分别剪成省的形状，如图5－3（b）所示。要求缉线顺直，两端省尖细而尖；熨烫平服，省尖处无泡，正面无坐势，不露线迹。

2. 剪开分缝式 多用于不易脱丝厚料的收省。其制作步骤为：首先叠省，然后沿省边线缉缝，起落针倒回针，修剪线头；最后沿中线将省份剪开至距省尖约3cm处，在省份中段打剪口，劈开烫实，省尖处可插入手针帮助分份，然后压烫，如图5－3（c）所示。

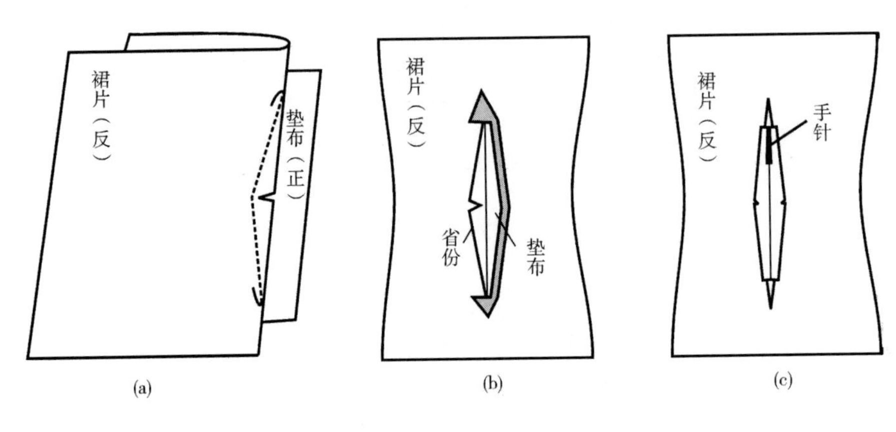

图5－3 菱形省工艺

（三）开花省

开花省是裥固定后的效果，其缝制步骤如图5－4所示。

（1）叠省：沿省中线折叠衣片。

（2）缉省：如图5－4（a）所示，一种是沿省边线缉直线，起落针倒回针；另一种先缉横线再转缉竖线，起落针倒回针。

（3）烫省：对于第一种缉合方式，省缝居中压烫，操作时将省中线与缝口相对，正面呈阴裥的效果，如图5－4（b）所示。对于第二种缉合方式，必须倒份烫，操作时将缝合的省缝倒向一侧烫实，正面呈单向折裥的效果，如图5－4（c）所示。收省要求缉线顺直，熨烫平服，正面效果美观。

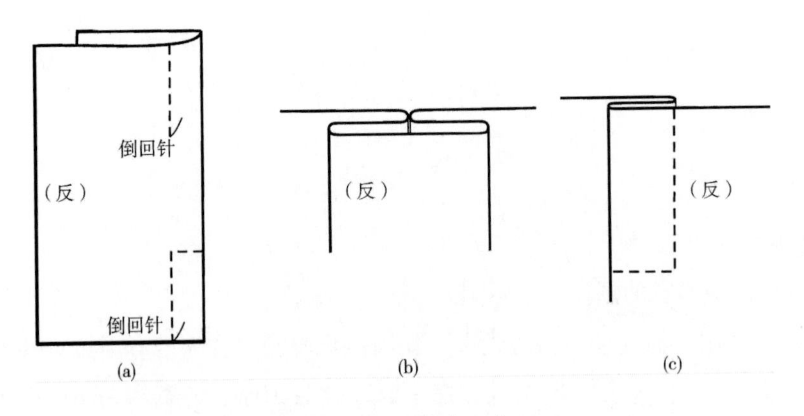

图5－4 开花省工艺

二、下摆工艺

下摆位于裙装的最底端，它的处理方法因面料的质地、厚薄、底边轮廓、裙装的款式不同而不同，以下是几种常用的裙摆处理方法：

（一）折边缝

将下摆边折光，再扣折，沿折边上口缉明线固定，如图5－5（a）所示。这种方法多用于中厚非透明面料。

（二）卷边缝

将下摆边等宽度折转两次，然后沿折边上口缉明线固定，如图5－5（b）所示。这种方法多用于薄且透明面料。

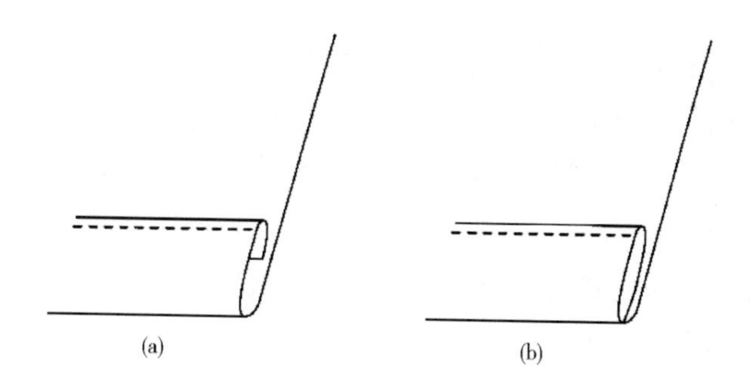

图5－5　下摆的折法

（三）缲缝

先将下摆毛边进行锁边，然后沿净线折转熨烫，用手针缲缝固定，如图5－6（a）所示。

（四）抽褶

对于弧度较大的圆下摆，可以先沿下摆边缘用大针距车缝一道，进行抽褶处理，然后手工缲缝或缉明线固定底边，如图5－6（b）所示。

（五）有里料的下摆

面料采用缲缝的方法进行处理；里料采用折边缝的方法进行处理。里料与面料不缝合在一起，在侧缝处采用拉线襻的方法加以固定，如图5－6（c）所示。

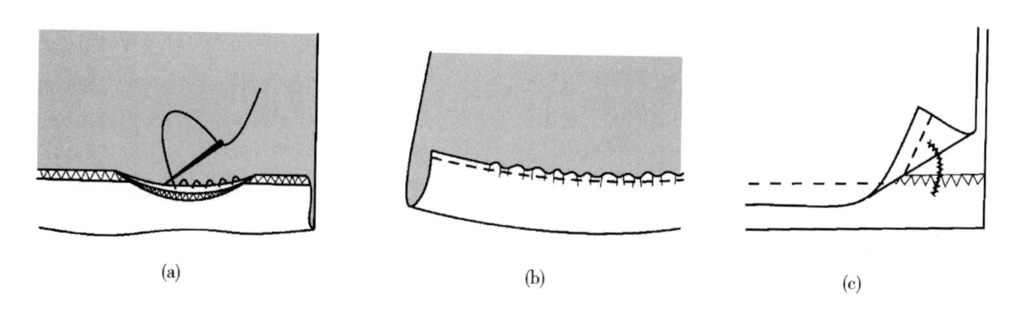

图5－6　下摆的固定方法

所有下摆制作时要求平服，无绞皱；折边宽度一致，止口均匀；线迹顺直、美观（正面为底线线迹）。

三、裙开衩工艺

开衩在裙装中应用非常广泛，当裙下摆围度过小而影响人体活动时，常采用开衩的方法解决这样的问题。裙开衩按所在部位分为后中开衩和侧开衩，位置不同工艺也不同。

（一）后中开衩

裙装是否挂里子，后中开衩的缝制工艺有所差异。

1. 不挂里的后中开衩 不挂里的后中开衩的制作步骤（图5－7）。

（1）黏衬：在裙片开衩上端黏衬，一是为加强牢度，二是里襟一侧需在转折处打剪口，黏衬可以防止脱丝。

（2）合中缝：从拉链止口处起针、倒回针，缉合后中缝，顺缉开衩上端，但不能缉到头，留出1～1.5cm折边，如图5－7（a）所示。

（3）烫开衩：右片开衩上端转折处打剪口，剪至距离缉线0.1～0.2cm处，分烫中缝，扣烫开衩折边，保证正面中缝顺直，如图5－7（b）所示。

（4）做下摆：扣烫里襟开衩止口及整个下摆，贴边宽度要均匀。一侧开衩与下摆折边的处理有不同方法。一种方法是先烫好开衩折边再扣烫下摆折边，如图5－7（c）所示，由于转角处为四层，缝份较厚；第二种方法是采用拼角缝合，转角处如图5－7（d）所示缝制，由于只留拼缝缝份，因此比较平薄。

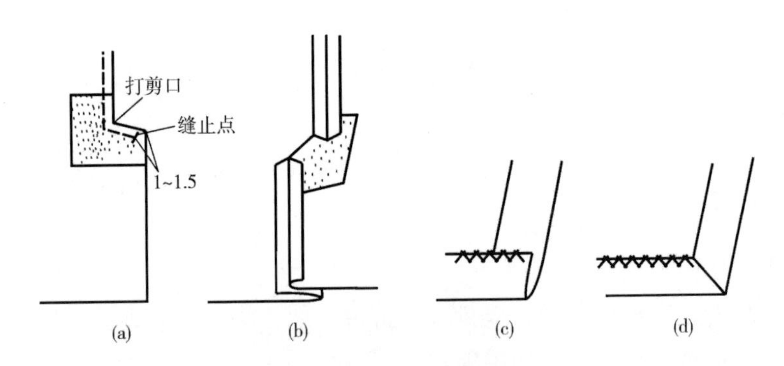

图5－7 不挂里裙开衩

2. 挂里的后中开衩 挂里的后中开衩的制作步骤（图5－8）。

（1）做面料开衩：对面料进行黏衬，合后中缝，烫开衩，做下摆，如图5－7所示。

（2）合里料后缝：从拉链止点起针，沿后中线缝合至开衩上端，如图5－8（a）所示。

（3）卷里料底边：折转里料底边，再扣折，然后距上口0.1～0.2cm缉缝。折边的宽度根据工艺要求确定，一般为2cm，如图5－8（b）所示。

（4）扣烫：在开衩一侧转角处打剪口，折转扣烫里料开衩处，如图5－8（c）所示。

（5）固定：如图5－8（d）所示，将里料和面料反面相对，固定开衩上端及两侧。可以手针缲缝，或者由下摆处掏出相应部位的裙片和里料进行反面车缝。

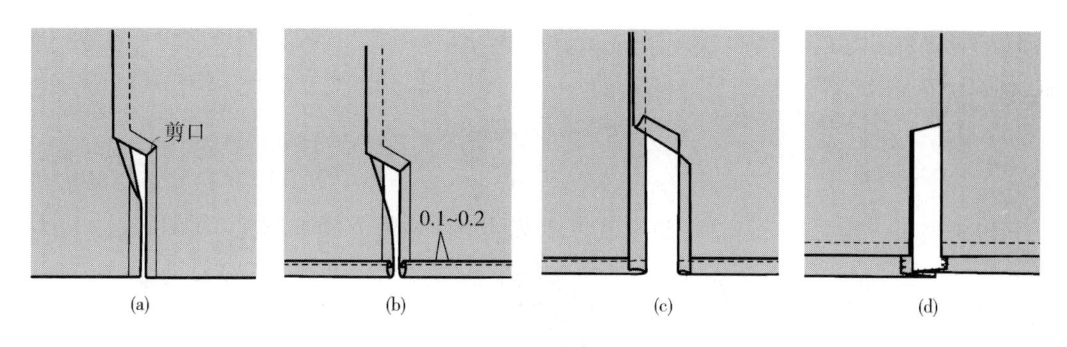

图 5－8　挂里裙后衩工艺

（二）裙侧开衩

1. 利用缝份做裙侧开衩　如图 5－9 所示，合裙侧缝到开口止点，倒回针固定。然后折转裙侧缝份和下摆，缉明线固定裙开衩。也可以如图 5－10 所示，将侧缝和下摆两边对折缝合，然后缉明线做裙开衩。

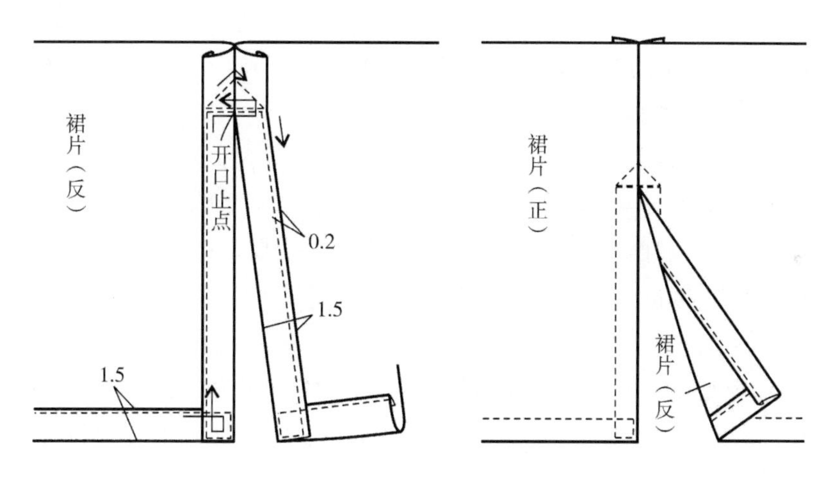

图 5－9　裙侧开衩制作方法一

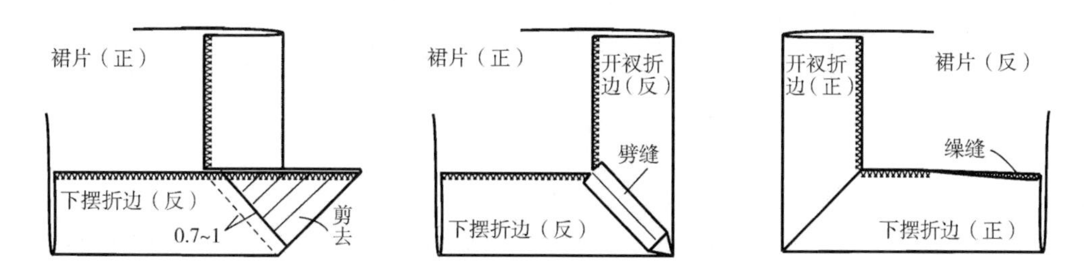

图 5－10　裙侧开衩制作方法二

2. 圆角开衩　圆角开衩需要裁配与裙身形状相同的圆角贴边，如图 5－11（a）所示。然后将贴边和裙身正面相对缝合，如图 5－11（b）所示；修剪多余缝份并劈缝（可以保证止口圆顺且无坐势），翻正熨平，最后将贴边其余三边手针缲缝固定，如图 5－11（c）所示。这种开衩常用于厚面料或者弧线曲度较大的情况。

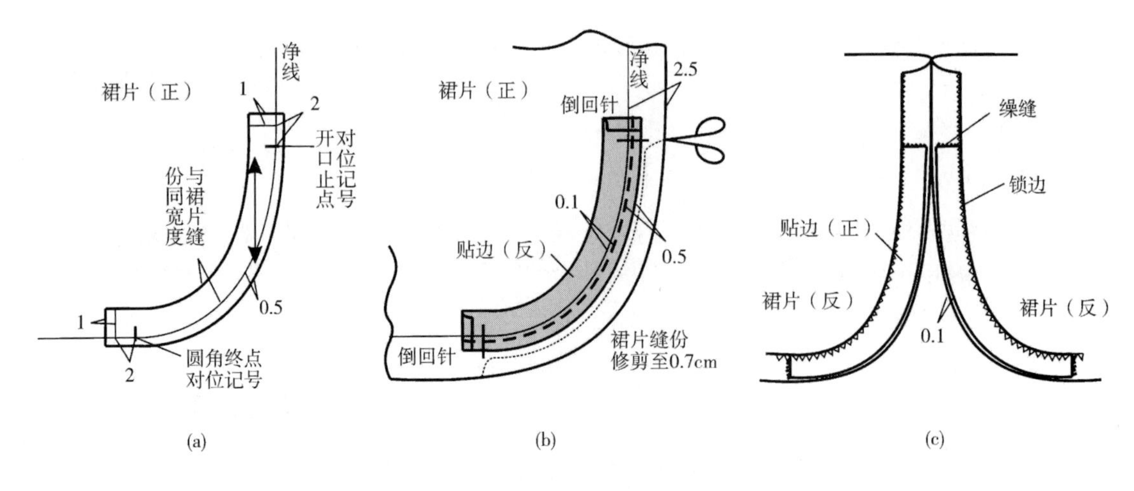

图5－11　圆角开衩

四、门襟工艺

裙装门襟需要装拉链，常用的拉链有普通拉链和隐形拉链两种，不同拉链的缝制工艺不同，需要与缝制相匹配的压脚也不同。

（一）普通拉链缝制工艺

1. 单层无里襟的款式　操作时先将拉头拉至最下端，手针分别绷缝两边拉链布带，绷缝线迹距止口0.6cm；然后正面缉线，缉线距止口0.5cm（需要单边压脚）；最后将拉头拉至上端，将拉链下端与面料对齐，重合缉缝三次，固定拉链下端（注意避开拉链尾端的金属齿扣），如图5－12所示。

2. 单层有里襟的款式　操作时先扣压缝固定一侧拉链和里襟，缉线0.1cm；接着绷缝拉链另一侧和门襟；然后正面缉线，距止口0.8cm（需要单边压脚）；最后将拉链下端与面料对齐，重合倒回针三次封下口，如图5－13所示。

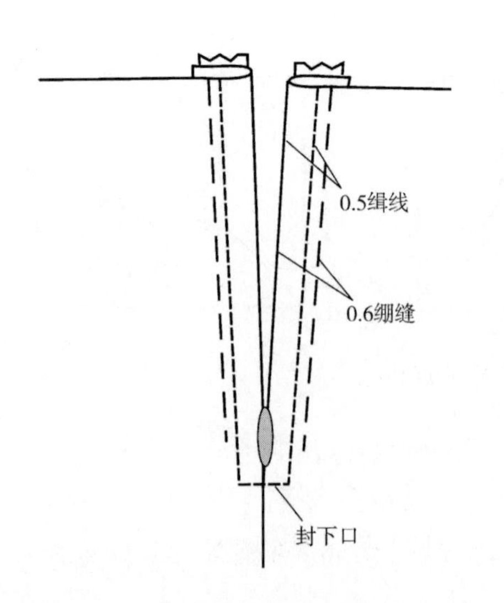

图5－12　单层无里襟装拉链工艺

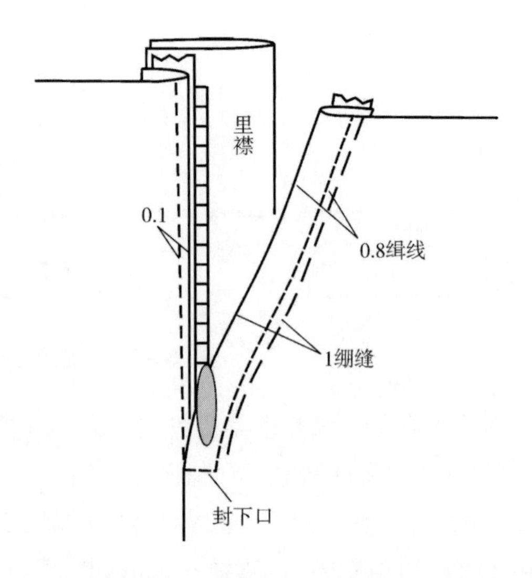

图5－13　单层有里襟装拉链工艺

3. 有里子无里襟的款式　有里子无里襟的裙装绱拉链操作步骤（图5－14）。

（1）黏衬：在拉链开口部位黏衬。

（2）合缝：将左右裙片中缝对齐，缉合下部，如图5－14（b）所示。注意起落针时重合倒回针。

（3）装缝里襟侧拉链布带：将缝份扣折0.8cm，搭合拉链左侧布带，正面缉明线，距止口0.2cm（需要单边压脚），如图5－14（c）所示。

（4）装缝门襟侧拉链布带：将左、右裙片放平，右边缝份全部扣折，并与拉链右侧布带缉合固定，距止口0.8cm（初学者可绷带），如图5－14（d）所示。

（5）做裙里：将左、右片裙里开口对齐，缝合开口以下区域；开口止点处剪三角，宽度约1.5cm；将剪开的三角及开口两边缝份扣烫平整，如图5－14（e）所示。

（6）缝裙里：将裙里反面和裙面反面开口处对齐，用手针沿裙里开口折边手缝固定，如图5－14（f）所示。

制作时要求裙面平服，止口顺直，不拧不皱。

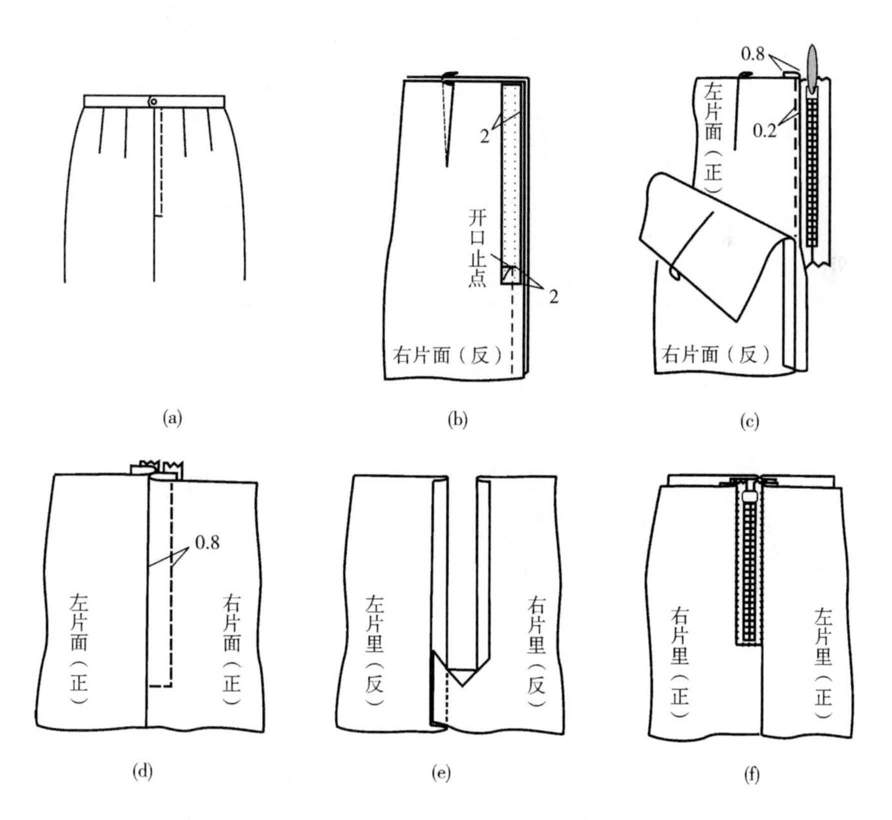

图5－14　有里子无里襟拉链工艺

（二）隐形拉链

裙装绱隐形拉链的操作步骤（图5－15）。

（1）合缝：将两裙片正面相对，先缝合开口以下区域，起落针需要倒回针；然后大针脚绷缝开口区域（熟练者可以不缝），如图5－15（b）所示。

（2）拉链定位：将上一步缝合的部分劈缝，拉合的拉链反面朝上覆在缝份上，左右居中，拉头距离腰口1cm；在两侧的拉链基布及裙片缝份上作定位记号（对初学者很重要），如图5－15（c）所示。

（3）绱拉链：拆开裙片开口区域的绷缝线迹；将拉头拉至尾端，比齐记号，分别将拉链缝在左、右裙片上（需要隐形拉链压脚），缝止点超过开口止点0.5cm（约两针），开口止点处回针，如图5－15（d）所示。

（4）固定拉链：将拉头从开口止点处拉出，确认拉合、开启顺畅；拉链在开口止点以下留出约2cm，修剪尾端的多余部分，并用面料包覆、固定；将拉链两侧的基布分别和裙片的缝份固定，如图5－15（e）所示。

要求拉链隐蔽，两侧平服，开合顺畅。

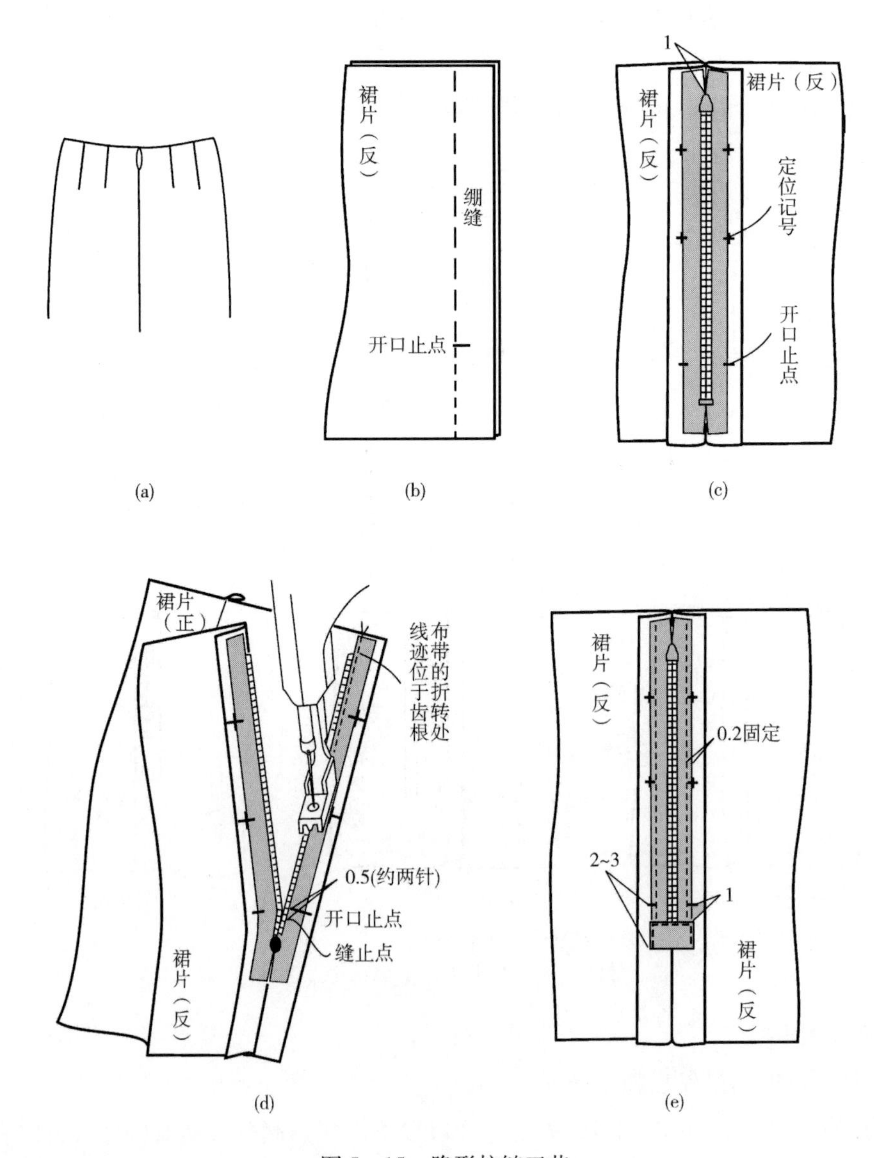

图5－15　隐形拉链工艺

五、腰头工艺

根据款式特征的不同，腰头通常分为另装式、连腰式、无腰式等几种；从工艺特征看，另装式腰头需要双层腰头，而连腰式和无腰式则只需要一层腰口贴边，所以腰头工艺一般分为双层式和贴边式两种。

（一）双层式腰头缝制工艺

双层式腰头包括腰面和腰里，两层的形状完全相同。正常腰位的腰头是直条状，腰面与腰里可以连裁；高腰位或低腰位的腰头呈弧形，腰面与腰里需要各自单裁。绱腰头是双层与单层的连接，具体有三种方法，如图5－16所示。

1. 反正夹缝法　反正夹缝法需要两次缝合，先绱腰里，再绱腰面。下面以直腰头为例说明其工艺，如图5－16（a）所示。

（1）腰头黏衬：腰头面、腰头里的反面全黏无纺黏合衬，扣烫腰头面下口的缝份。

（2）车缝：将腰头里、面正面相对，车缝两端至下口净线。

（3）烫腰头：翻至正面，压烫腰头止口。

（4）绱腰头：先将腰头里和裙片反面相对，沿扣烫好的腰头面下止口外侧车缝一周；然后翻起腰头头，将缝份置于腰头里、腰头面之间，腰头面止口刚好盖没绱腰头里的线迹，沿腰头面下止口缉线0.1cm。

2. 正反夹缝法　正反夹缝法需要两次缝合，先绱腰面，再绱腰里。下面以直腰头为例说明其工艺，如图5－16（b）所示。

（1）腰头黏衬、包边：腰头面、腰头里的反面全黏无纺黏合衬，将腰里的下口毛边包缝或者用滚条包覆。

（2）车缝：将腰头对折正面相对车缝两端至下口净线。

（3）烫腰头：翻至正面，压烫腰头止口。

（4）绱腰头：先将腰头正面和裙片正面相对，沿下口净线车缝一周；然后翻起腰头，将缝份置于腰里、腰面之间，沿腰头面下止口缉线0.1cm（或者灌缝），固定腰里的下口，注意不能漏缝腰里。

3. 双面夹缝法　双面夹缝法只需要一次缝合，但缉线部位层次多，操作难度大，尤其对于弧形腰头难度更大，可以借助腰头模板来完成。下面以弧形腰头为例说明其工艺，如图5－16（c）所示。

（1）腰头黏衬：腰头面、腰头里的反面全黏无纺黏合衬，扣烫腰头面、腰头里下口的缝份，使腰头里净宽超出腰头面0.1～0.2cm。

（2）车缝：将腰头面与腰头里正面相对车缝两端及上口。

（3）烫腰头：翻至正面，压烫腰头止口。

（4）绱腰头：将裙片腰口缝份插入腰头面、腰头里之间，从正面缉线，距离止口0.1cm，顺缉腰头其他三边的止口。

要求腰头平服、两端平齐、宽度一致、止口均匀。

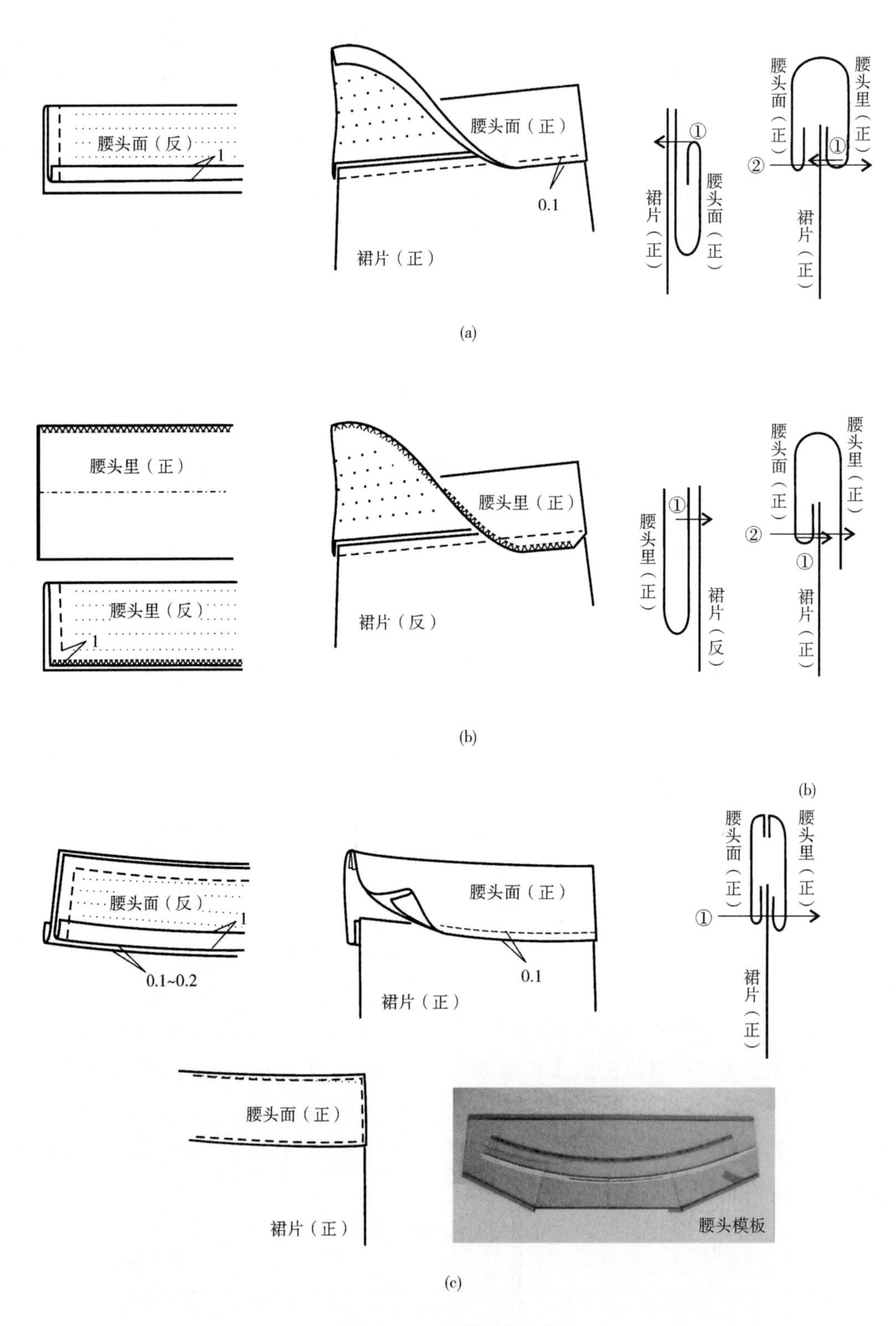

腰头面（反）
1
腰头面（正）
0.1
裙片（正）
①
裙片（正）
腰头面（正）
腰头面（正）
腰头里（正）
②
①
裙片（正）
(a)
腰头里（正）
腰头里（反）
1
腰头里（正）
裙片（反）
①
腰头里（正）
裙片（反）
腰头面（正）
腰头里（正）
②
①
裙片（正）
(b)
(b)
腰头面（反）
1
0.1~0.2
腰头面（正）
0.1
裙片（正）
腰头面（正）
腰头里（正）
①
裙片（正）
腰头面（正）
裙片（正）
腰头模板
(c)

图5-16 双层腰头工艺

（二）贴边式腰头缝制工艺

连腰和无腰裙装的腰口采用贴边式的腰头工艺，具体方法如图5－17所示。

（1）裁贴边：如图5－17（a）所示，按照拼合腰省后的腰口部位裁配贴边，贴边净宽为4cm；为了使之挺括、不易变形，通常贴边需要全黏无纺布黏合衬，并包缝下口。

（2）车缝两端：参考前面隐形拉链工艺，在裙片后中缝处绱拉链；分别缝合裙片侧缝、贴边侧缝；将贴边与裙片腰部正面相对，比齐后中，分别车缝两端，缝份1.5cm，如图5－17（b）所示。

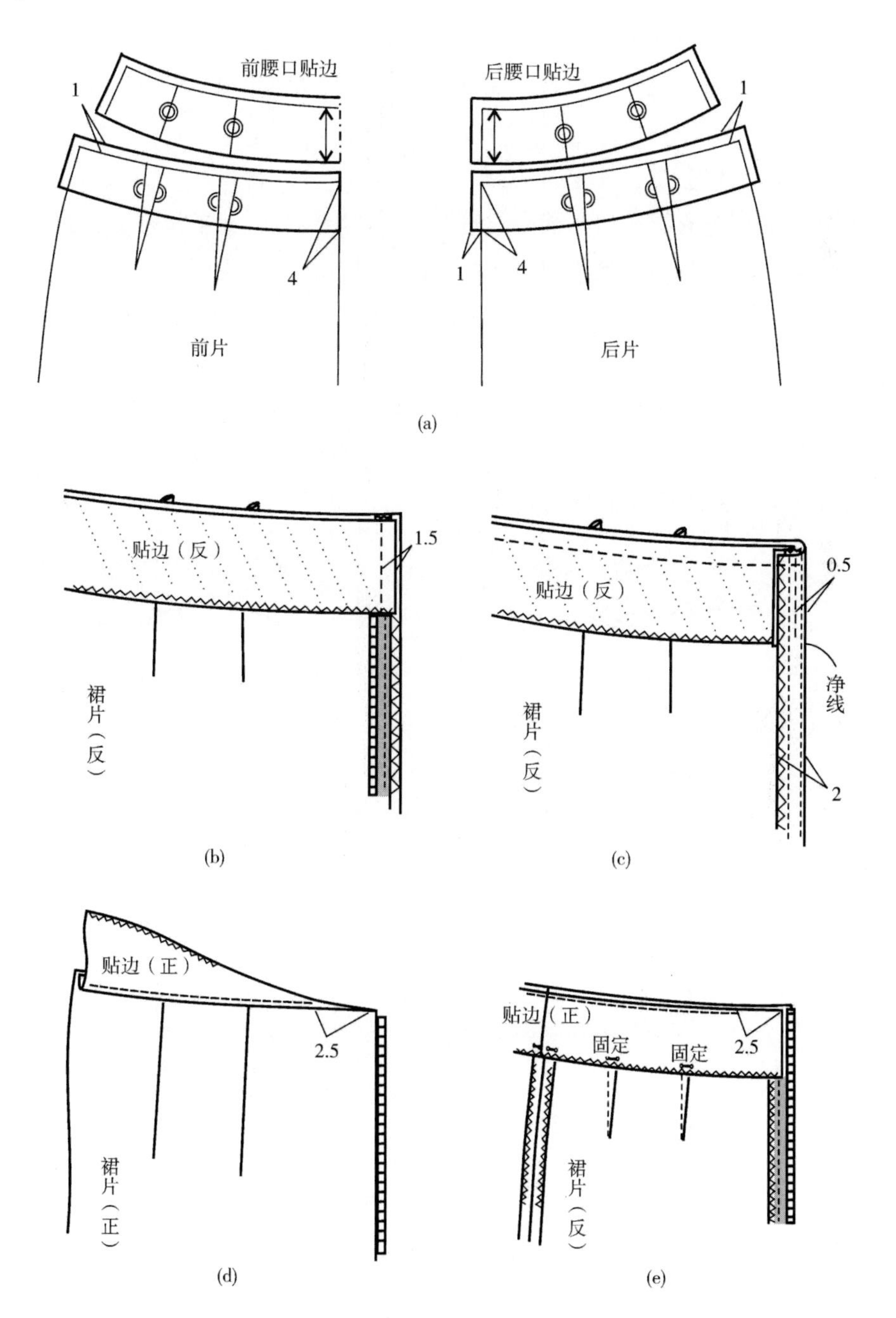

图5－17　贴边式腰头工艺

（3）车缝腰口：如图5－17（c）所示，沿净线折转裙片后中的缝份，此时贴边腰口与裙片腰口的长度应该一致；沿腰口净线缝合腰口，注意不能还口。

（4）缉腰口：如图5－17（d）所示，翻正贴边，沿腰口线缉0.1cm明线压住两层缝份（裙身正面无线迹），两端留出2.5cm不缉线；熨烫腰止口，裙片反吐0.1cm。

（5）固定：如图5－17（e）所示，在裙片反面有缝份的部位手针固定贴边下口。

六、连衣裙贴边工艺

无领、无袖的连衣裙需要在领口、袖窿部位装贴边，既处理了毛边，还可以使止口挺括，造型稳定。制作时要求贴边整齐、均匀、平服，线迹顺直，面止口反吐0.1～0.2cm。制作方法有两种。

（一）分片式贴边工艺

分片式贴边是按照连衣裙领口与袖窿的轮廓分别裁出贴边，然后将贴边和连衣裙的领口、袖窿缝合。下面以连衣裙领口为例说明具体的制作步骤（图5－18）。

（1）裁贴边：如图5－18（a）所示，按照领口形状裁剪前后贴边，贴边反面全黏无纺黏合衬，外口包缝。

（2）车贴边：如图5－18（b）所示，先将衣片、贴边的肩缝分别缝合，注意贴边肩缝按照1cm缝份缝合；再将衣片领口与领口贴边正面相对车缝，注意此时贴边边缘会超出裙片0.2cm，以贴边缝份1cm缉线（此时裙片缝份0.8cm）。

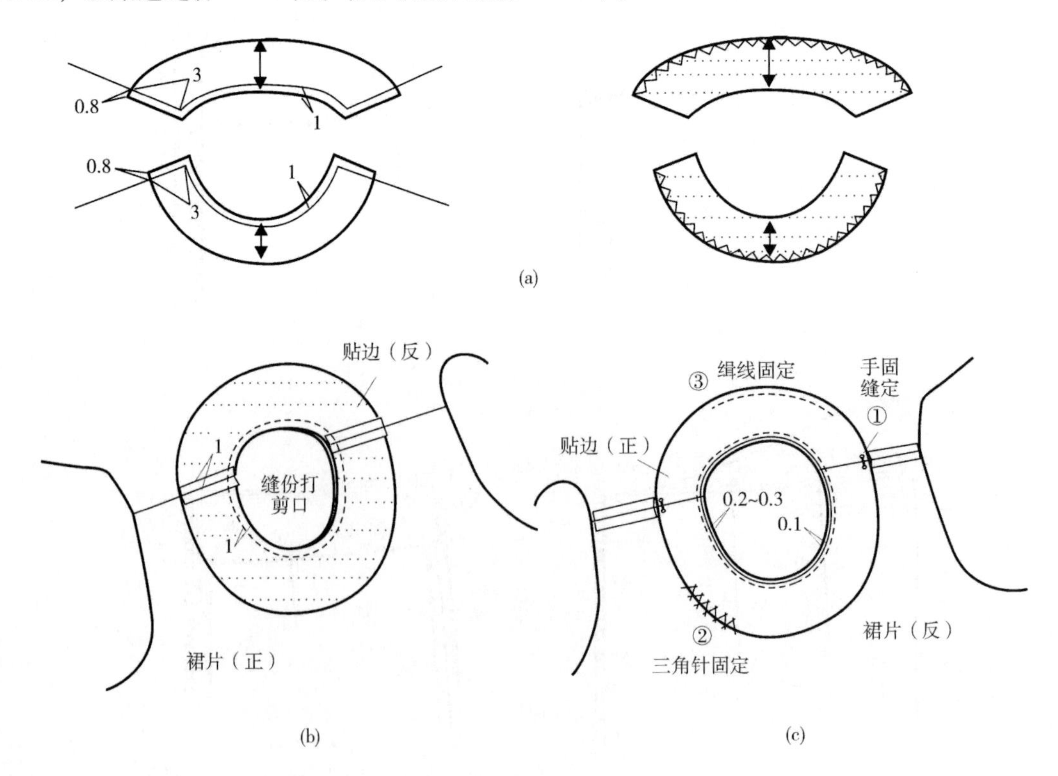

图5－18 领贴边工艺

（3）翻烫：在领口处弧度较大的缝份上打剪口，翻正贴边，衣片反吐 0.1～0.2cm，烫平。

（4）固定贴边：如图 5－18（c）所示，在连衣裙正面缉领口止口 0.2～0.3cm 明线。固定贴边外口的方法可分为几种，一是用手针固定在肩缝处的缝份上；二是用三角针将贴边外口固定在连衣裙的领口处；三是沿贴边外口与连衣裙缉缝固定，但易出现绞皱，操作时要加以注意。

（二）整体式贴边工艺

窄肩的连衣裙，领口和袖窿的贴边需要连在一起裁剪，称为整体式贴边。对于领口后中是否有开口，贴边的做法稍有不同。现以后中有开口为例，具体介绍整体式贴边的做法（图 5－19）。

（1）裁贴边：按照样板中领口、袖窿的形状，裁剪贴边，并在反面全黏黏合衬，锁缝贴边下口，如图 5－19（a）所示。

（2）合肩缝：分别缝合贴边肩缝、裙片肩缝，并劈缝烫平，如图 5－19（b）所示。

（3）合贴边：扣烫裙片的后中缝份，然后将贴边与裙片正面相对，沿袖窿、领口净线外 0.1～0.2cm 缝合，如图 5－19（c）所示。

（4）翻烫：在领口处弧度较大的缝份上打剪口，剪口的间隔为 1～2cm，然后按净线将缝份烫倒向贴边一侧，如图 5－19（d）所示；翻正裙片和贴边，后裙片需要从衣身和贴边间的左右肩线分别掏出，如图 5－19（e）所示。

（5）装拉链：衣身后中心处装隐形拉链，贴边两边缲缝固定在拉链缝份上。

（6）合侧缝：将袖窿底贴边翻开，和裙片的侧缝连贯缝合，缝份做劈缝处理，如图 5－19（f）所示。

当袖窿与领口都没有开口时，前后贴边都可以连裁，各为一个整片。制作时首先将贴边黏衬、锁边，然后缝合侧缝，劈缝烫平（注意不缝合肩缝）；衣身也做同样的处理。再将衣身与贴边正面相对，缝合袖窿、领口（注意距离肩缝 5cm 内不缝合），如图 5－19（g）所示；分别由肩缝将前后裙片翻正、烫平。最后缝合肩缝，劈缝烫平，补缝领口及袖窿剩余部分，如图 5－19（h）所示。

七、思考与实训

（1）练习收省、装隐形拉链工艺及直腰头缝制工艺。

（2）练习挂里裙后开衩工艺。

（3）练习弧形腰头的缝制工艺。

（4）练习连衣裙分片式贴边工艺与整体式贴边工艺。

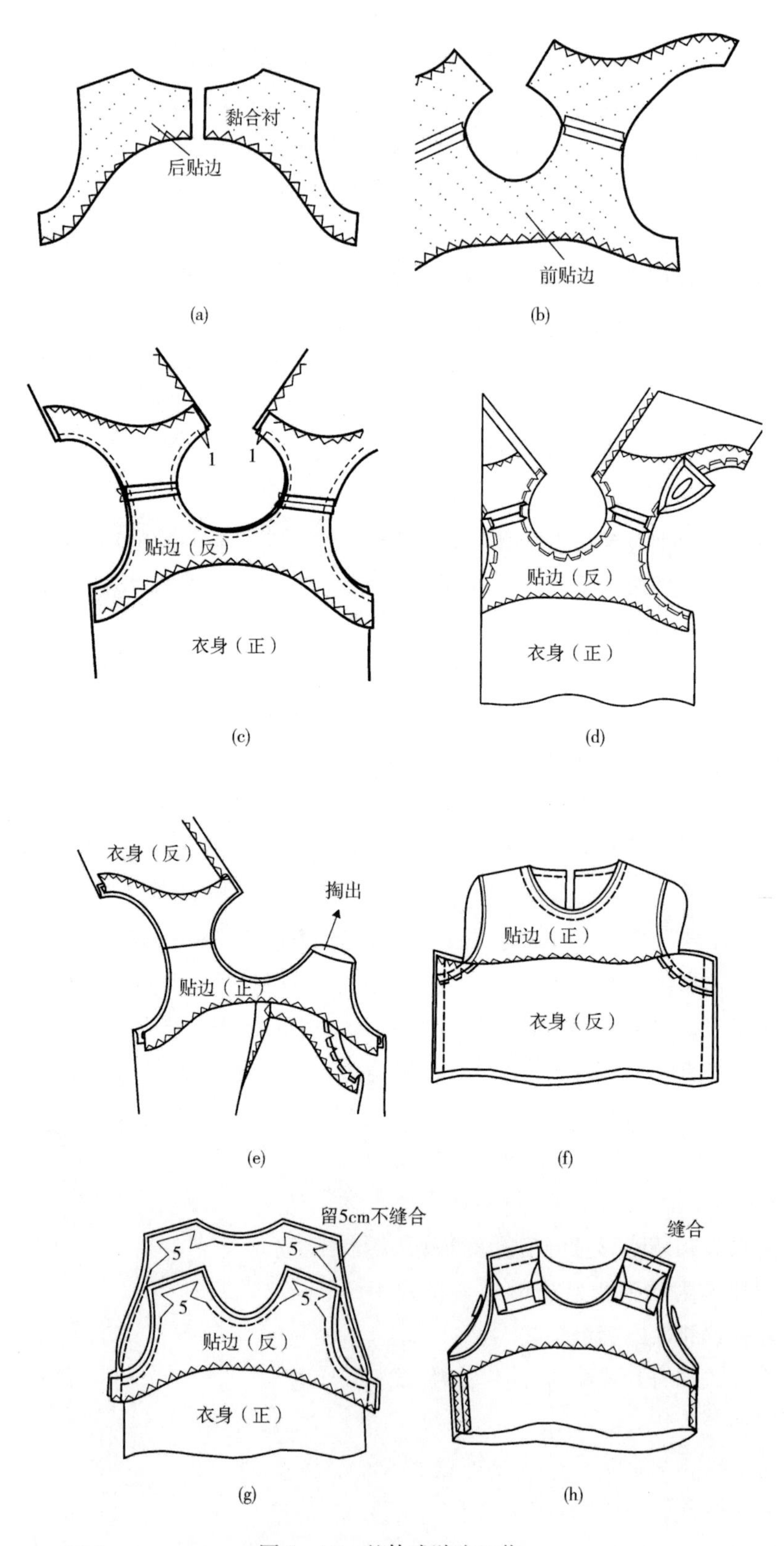

图5－19　整体式贴边工艺

第二节　直身裙缝制工艺

✲课前准备

• 材料准备

1. 面料

（1）面料选择：直身裙面料材质选择范围比较大，根据穿着场合、季节以及个人爱好可选择不同花色和图案的面料，比如毛呢类、混纺类、棉、麻、丝等织物，颜色深浅均可。秋冬季穿用时，以毛呢类面料为主；春夏穿用时以吸湿透气的棉、麻面料为主。

（2）面料用量：幅宽144cm，用量为腰围 + 搭门量 + 缝份（2cm），约为75cm。幅宽不同时，应根据实际情况酌情加减面料用量。

2. 里料

（1）里料选择：一般选择与面料材质、颜色、厚度相匹配的涤丝纺、尼丝纺等织物。

（2）里料用量：幅宽144cm，用量为裙长 + 缝份（5cm），约为65cm。

3. 其他辅料

（1）裙钩：裙钩一副。

（2）拉链：约20cm长的隐形拉链一条，要求与面料顺色。

（3）缝线：准备与面料颜色及材质相匹配的缝线。

（4）无纺衬：幅宽90cm，用量约为25cm。

（5）打板纸：整张绘图纸2张。

• 工具准备

备齐制图常用工具与制作常用工具，调整好缝纫机针距、面线底线张力等。

• 知识准备

复习直身裙样板绘制的相关知识以及部件与部位工艺部分。

直身裙是半身裙的代表款式，其简洁、干练的风格，易于搭配各类服装的优点，使直身裙赢得很多女性的青睐。直身裙已被作为职业女装中的经典样式固定下来，随着流行产生细节部位的变化。

一、款式特征概述

挂里裙装，另装窄腰头，门里襟处钉裙钩，前身整片，后中缝下端开衩，上端装拉链，前、后腰口各收四个省，裙身呈直筒状，裙长至膝，如图5－20所示。

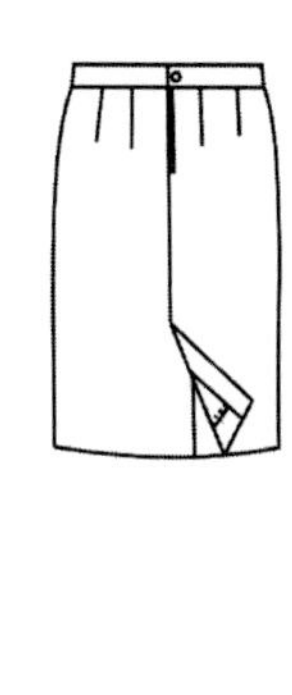

图5－20　直身裙款式图

二、结构制图

1. 制图规格 制图规格见表5－1。

表5－1 直身裙规格尺寸 单位：cm

号/型	裙长（L）	腰围（W）	臀围（H）	腰长
160/68A	60	68＋2（放松量）	90＋4（放松量）	18

2. 直身裙结构制图 直身裙结构制图如图5－21所示。

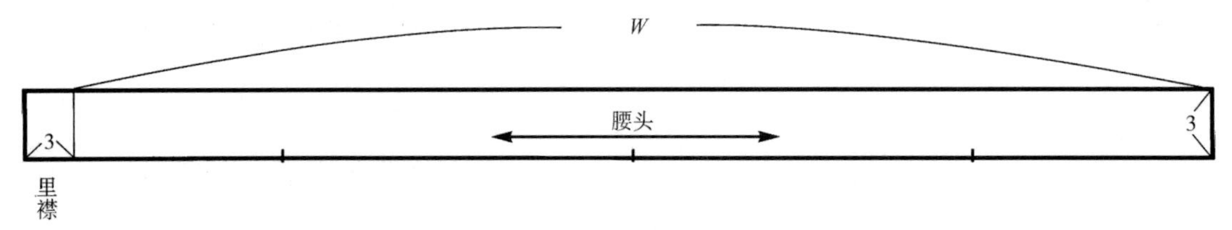

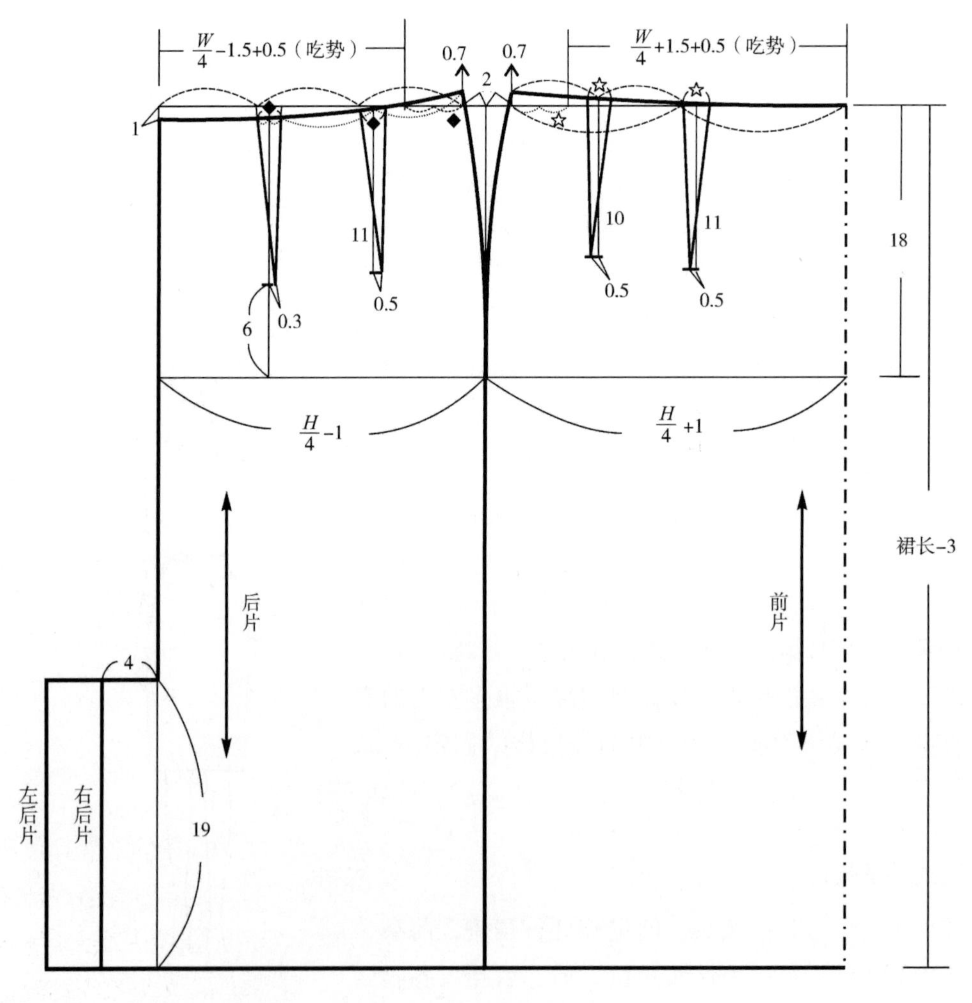

图5－21 直身裙结构图

三、放缝与排料

面料放缝与排料如图 5－22 所示，里料放缝与排料如图 5－23 所示。图中未特别标明的部位放缝量均为 1cm。

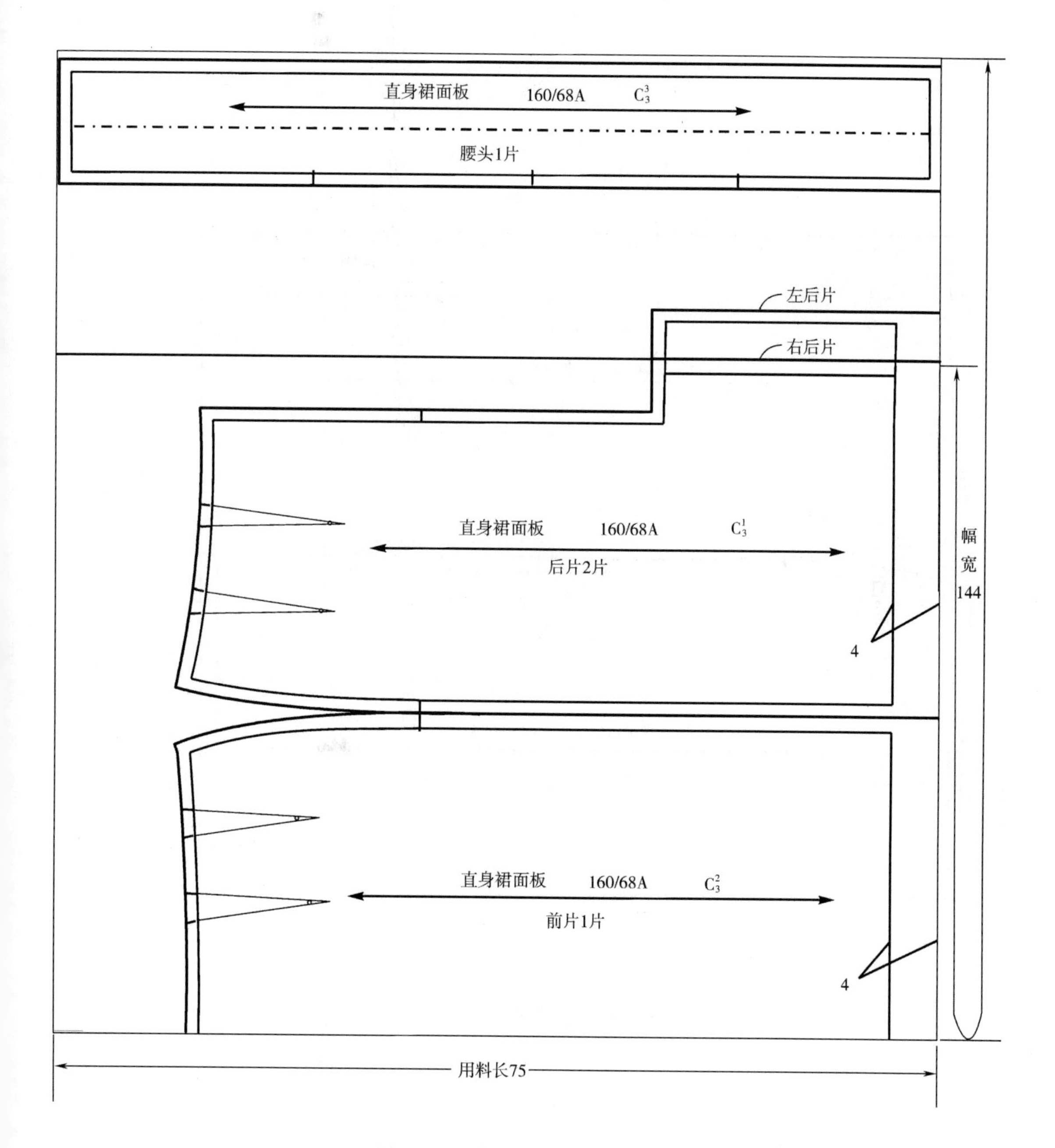

图 5－22　直身裙面料放缝排料图

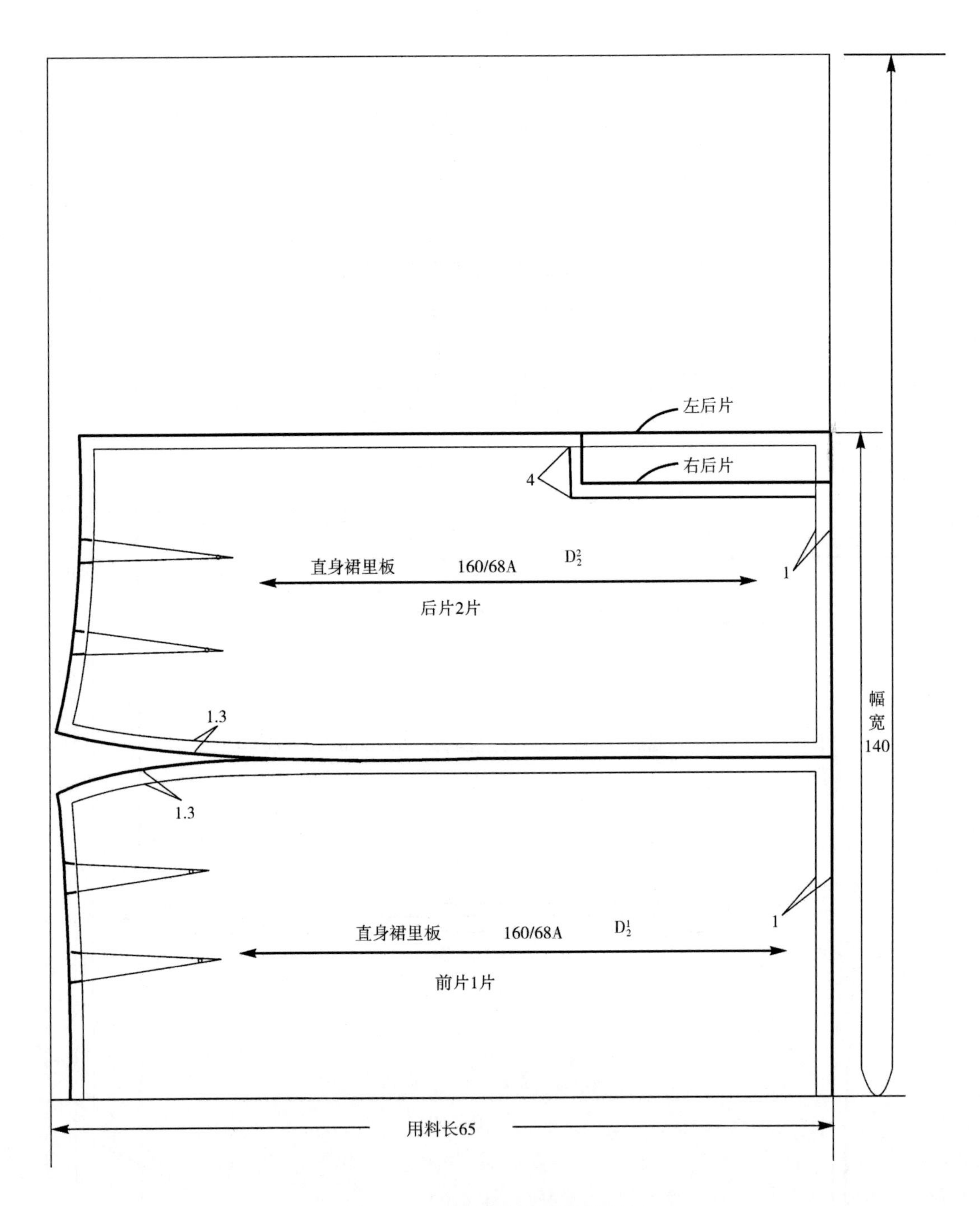

图5－23　直身裙里料放缝排料图

四、缝制工艺

（一）缝制工艺流程框图

直身裙缝制工艺流程，如图5－24所示。

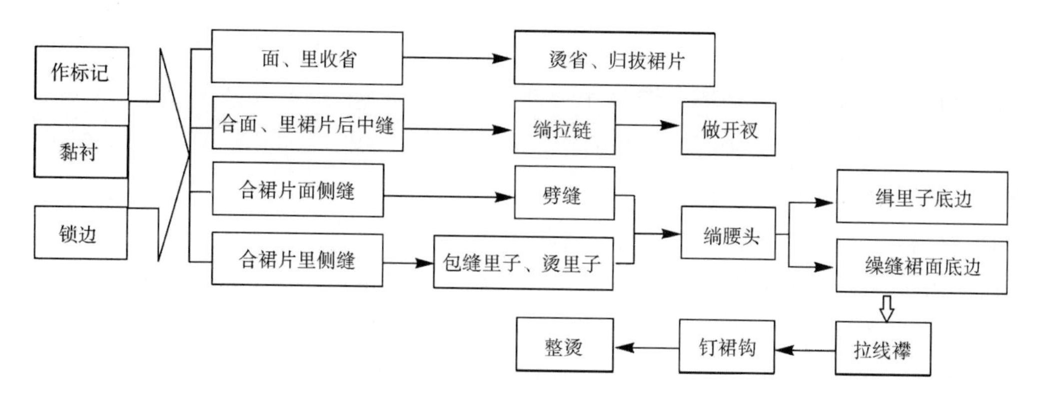

图5－24 直身裙缝制工艺流程

（二）缝制准备

1. 检查裁片

（1）检查数量：对照排料图，清点裁片是否齐全。

（2）检查质量：认真检查每片裁片的用料方向、正反、形状是否正确。

（3）核对裁片：复核定位、对位标记，检查对应部位是否符合要求。

2. 作标记 按照样板分别在面料、里料的前后省位、开衩位、拉链止点、下摆等处作标记。

3. 黏衬 用熨斗在腰头、裙后开衩处黏上无纺衬。注意面料的性能，熨烫温度及压力要适宜，以保证黏衬均匀、牢固。

4. 锁边 裙片腰口不锁边，其余三边全应锁边，如图5－25所示。

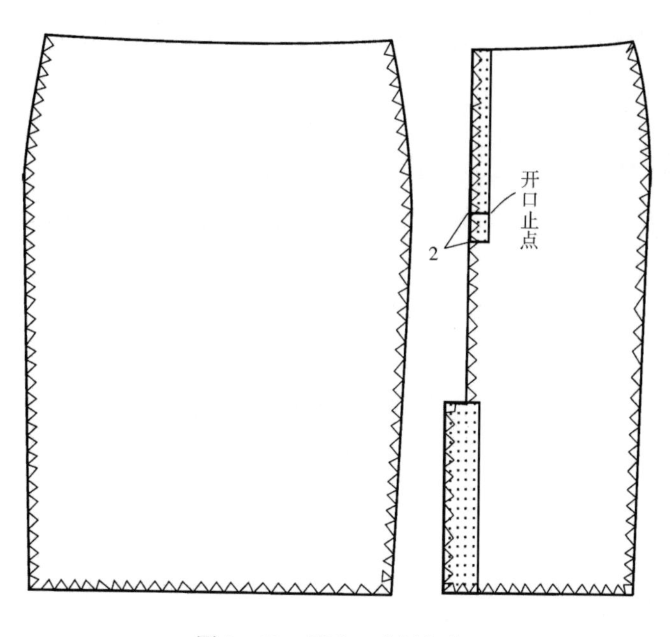

图5－25 锁边、黏衬部位

（三）缝制说明

1. 面料、里料收省（可以用省道模板）

（1）前（后）裙片面料收省，缝线在省尖处打结。省缝倒向前（后）中心线熨烫，烫至省尖位置时，用手向上推着省尖熨烫，以免此区域纱向变形。

（2）里料收省方法与面料相同，里料的省道也可以按照褶裥的形式来处理。里料省道熨烫时，前、后省缝分别向两侧烫倒，与面料省道的倒向相反，以减少裙子省道处的厚度，使表面更平整。熨烫时注意省尖处平服、无泡。

（3）前（后）裙片的侧缝在臀部区域需要归拢，使侧缝尽量形成直线，如图5－26所示。

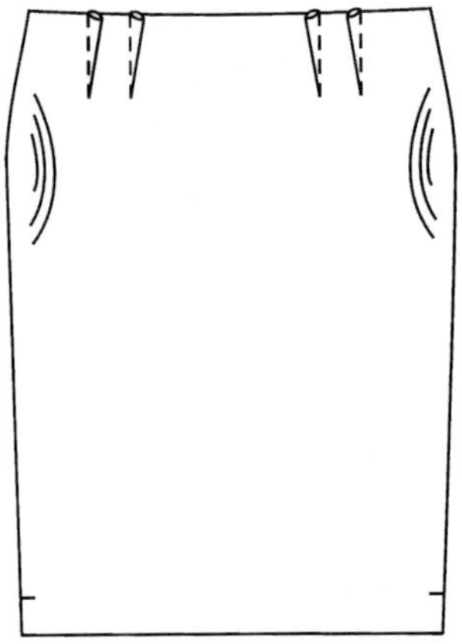

图5－26　裙片侧缝归拢

2. 后中线装隐形拉链（需要专用压脚）

（1）合后中缝：从拉链止点起针（倒回针），留1cm缝份缝合，顺缉开衩上端，劈缝烫平。

（2）装拉链：先将缝份和隐形拉链正面相对绷缝，然后打开拉链，使用单边压脚贴近拉链牙车缝，完成后缝份自动拼齐，且正面无明线。

（3）固定里料：缝合拉链与开衩之间的裙里后中线，上部剪三角，并翻折扣烫，然后用手针缲缝固定；或将里料与拉链反面相对，按缝份车缝固定里料、拉链、面料。

3. 缝合面料裙后开衩　具体方法及要求参见上节部件工艺部分的“挂里裙后中开衩工艺”。

4. 缝合面料、里料侧缝

（1）缝合面料侧缝：将前、后裙片侧缝缝合，起落针倒回针，分缝烫平；然后扣烫底边。

（2）缝合里料侧缝：裙里前、后片对齐，正面相对，1cm缝份，缝合两侧缝；再三线包缝两侧缝；然后按照1.3cm缝份向后片扣烫侧缝，如图5－27所示。

5. 绱腰头　具体方法及要求参阅上节部件工艺部分的“直腰头缝制工艺”。注意门襟和里襟长短一致，腰头宽窄均匀，不拧不绞。

6. 缲底边及拉线襻　将扣烫好的裙底边折边，用三角针固定，要求线迹松紧适宜，正面不露针迹。在裙子两侧缝底摆处，用线襻将面、里悬挂固定，线襻长3～5cm。

7. 钉挂钩　腰头门襟钉挂钩，里襟钉拉钩，如图5－28所示。

8. 整烫　盖水布，喷水熨烫。腰臀部需放在布馒头上熨烫，保证圆顺、窝服。

五、思考与实训

在规定的时间内，按工艺要求完成一条挂里直身裙的裁制，规格尺寸自定。工艺要求及评分标准见表5－2。

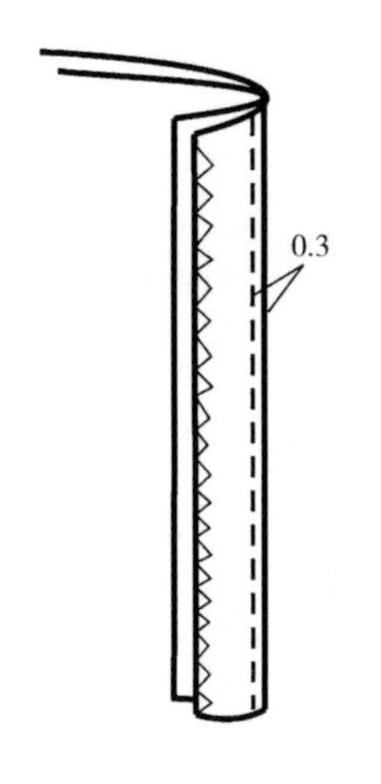

图5－27 裙里侧缝熨烫

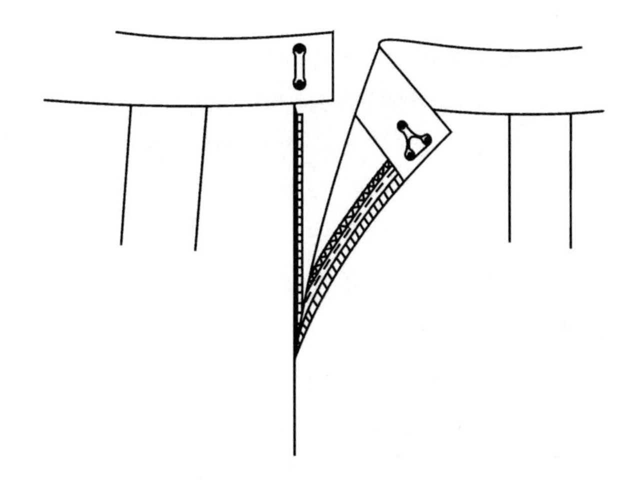

图5－28 钉挂钩

表5－2 直身裙工艺要求及评分标准

部位	工艺要求	分值
规格	允许误差：$W=\pm1.0$cm，$L=\pm1.5$cm	15
腰头	宽度一致，不拧、不皱、无泡，线迹整齐	15
腰省	前后腰省位置、长度、大小对称，省尖平服无泡	10
拉链	两侧高度一致，隐形拉链在拼缝处正好对合；普通拉链缉明线，止口均匀，线迹整齐、牢固	15
开衩	开衩上口平服，与中缝顺直，不起吊，不外翻，里子平服	20
下摆	折边宽度一致，平服，无绞皱，不变形，正面线迹符合要求	5
侧缝	缝口顺直，两侧平服，无坐势	5
里子	与裙面规格相符，平整，无毛露，侧缝固定	5
整烫效果	平整、挺括、无脏、无黄、无焦、无极光等	10

第三节 低腰育克裙缝制工艺

✲课前准备

• 材料准备

1. 面料

（1）面料选择：面料材质适合选择结实有弹性的面料。毛织物如法兰绒、华达呢、哔叽等；棉织物如粗斜纹布、凸纹布、灯芯绒等；也可选用麻织面料、化纤等面料。

（2）面料用量：幅宽144cm，用量为裙长＋10cm，约为65cm。幅宽不同时，根据实际情况酌情加减面料用量。

2. 其他辅料

（1）拉链：需要20cm长隐形拉链一条，要求与面料顺色。

（2）无纺衬：幅宽90cm，用量约为30cm。

（3）缝线：准备与面料颜色及材质相符的缝线。

（4）打板纸：整张绘图纸两张。

• 工具准备

备齐制图常用工具与制作常用工具。

• 知识准备

复习低腰育克裙样板制作的相关知识，以及装隐形拉链缝制工艺、贴边式腰头缝制工艺。

一、款式特征概述

本款服装为轮廓呈A型的半截短裙，低腰，无腰头，宽育克，前中有一对折暗褶裥，后中缝装隐形拉链，如图5-29所示。

图5-29　低腰育克裙款式图

二、结构制图

1. 制图规格　制图规格见表5-3。

表 5-3　低腰育克裙规格尺寸　　单位：cm

号/型	裙长（L）	腰围（W）	原型臀围（H）	腰口贴边宽
160/68A	55	68+4（放松量）	90+4（放松量）	4

2. 低腰育克裙结构制图　低腰育克裙结构制图，如图 5-30 所示。

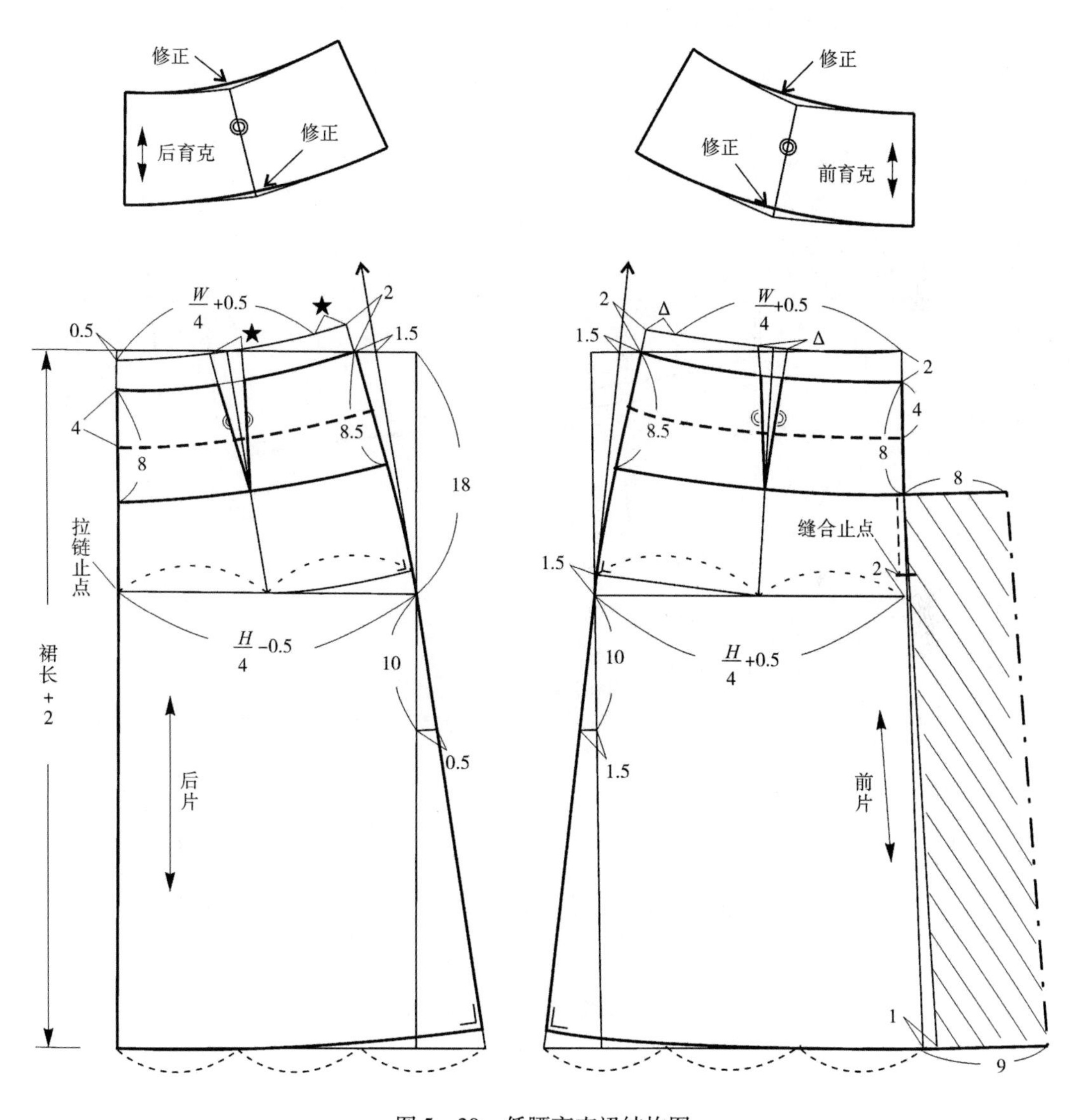

图 5-30　低腰育克裙结构图

三、放缝与排料

面料放缝与排料，如图 5-31 所示，图中未特别标明的部位放缝量均为 1cm。

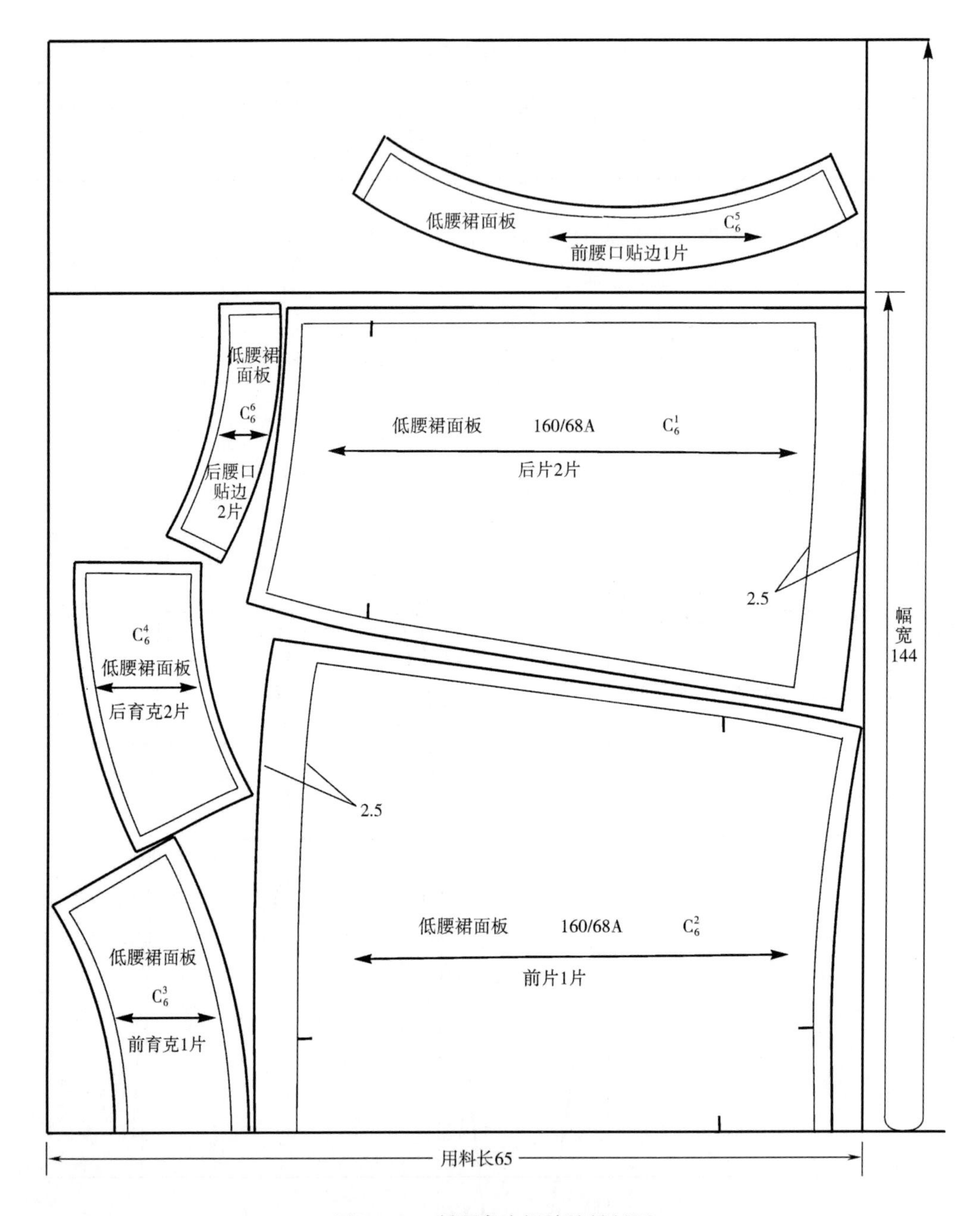

图5－31 低腰育克裙放缝排料图

四、缝制工艺

（一）缝制工艺流程框图

低腰育克裙缝制工艺流程，如图5－32所示。

（二）缝制准备

1. 检查裁片

（1）检查数量：对照排料图，清点裁片是否齐全。

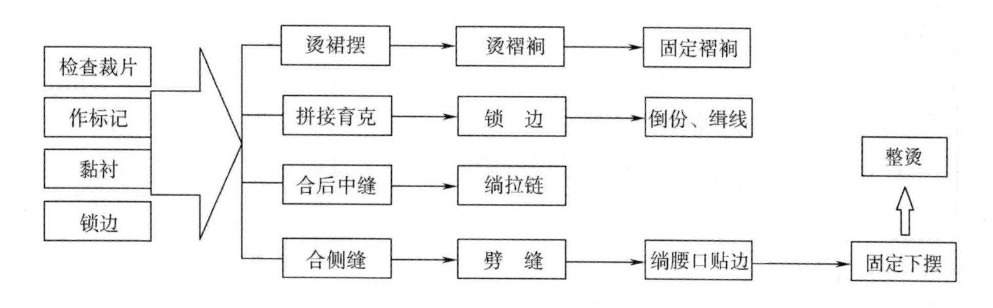

图 5－32 低腰育克裙缝制流程

（2）检查质量：认真检查每片裁片的用料方向、正反、形状是否正确。

（3）核对裁片：复核定位、对位标记，检查对应部位是否符合要求。

2. 作标记 在前中心线褶裥部位，根据烫折线划出褶裥的位置；后中心线标出拉链止点的位置。

（三）缝制说明

1. 黏衬 在裙后中拉链部位黏无纺黏合衬，宽 2cm，长度向下超过拉链止点 2cm 左右。腰口贴边全粘无纺黏合衬。

2. 锁边 育克部分的侧缝需要锁边（三线包缝）；裙片部分除上口外，其余三边包缝。腰口贴边的侧缝及下口包缝。

3. 烫裙摆 面料前后片按净线扣烫裙摆。

4. 固定褶裥 裁片正面朝上，根据烫折线位置熨烫出前中褶裥；在裙片反面，在褶裥两侧车缝 0.1cm 明线至裙底边，便于褶裥固定；然后在裙片上口处缝份内缉明线（距上口约 0.8cm），将褶裥固定在相应的位置，如图 5－33（a）；最后将裙片翻正，整理褶裥并车缝固定褶裥上部，如图 5－33（b）所示。

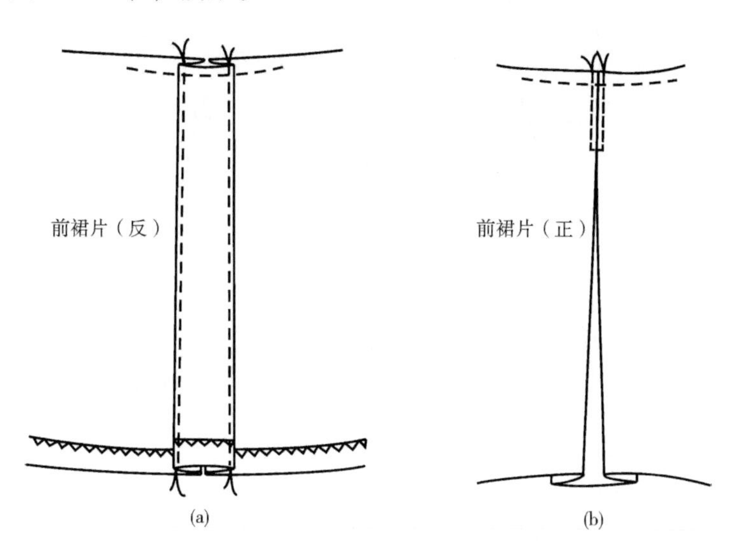

图 5－33 固定褶裥

5. 拼接育克 将前、后育克与裙片面料裁片分别进行拼接，双层缝份一起包缝，然后向育克一侧烫倒，如图5－34所示。缝制时注意上下片的中点对齐，根据款式要求，育克止口可以正面缉0.2cm/0.6cm双线或0.5cm单线固定。

6. 合侧缝 沿净线缝合裙左右侧缝，劈缝烫平。要求缉线顺直，左右长短一致，前后育克平齐。

7. 合后中缝并装拉链 从拉链开口止点以下缝合后中缝，劈缝烫平。然后换单边压脚，装隐形拉链。注意左右育克平齐，腰口平齐，如图5－35所示。

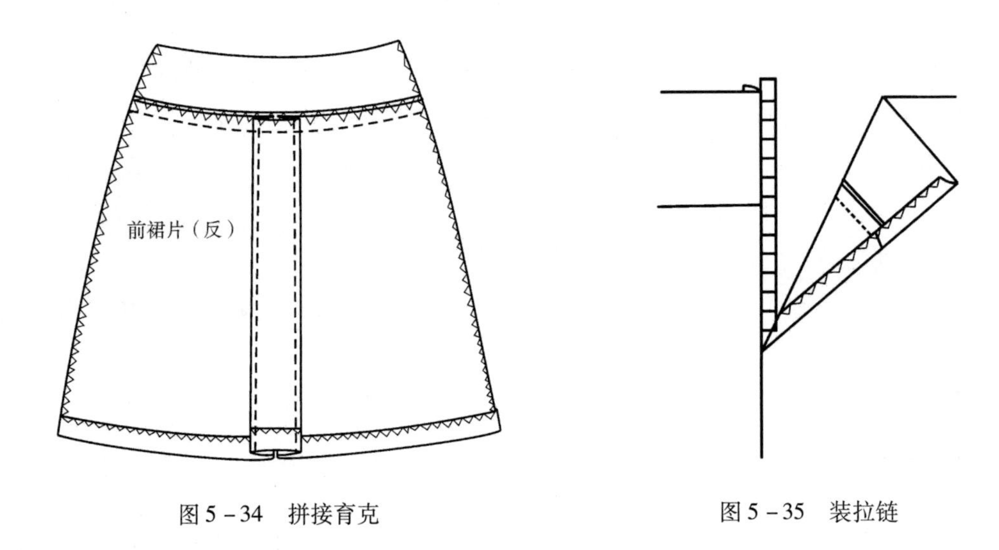

图5－34 拼接育克　　　图5－35 装拉链

8. 绱腰口贴边 绱腰口贴边参考本章第一节“贴边式腰头工艺”。注意止口不能反吐，正面压缉0.1cm明线，如图5－36所示。

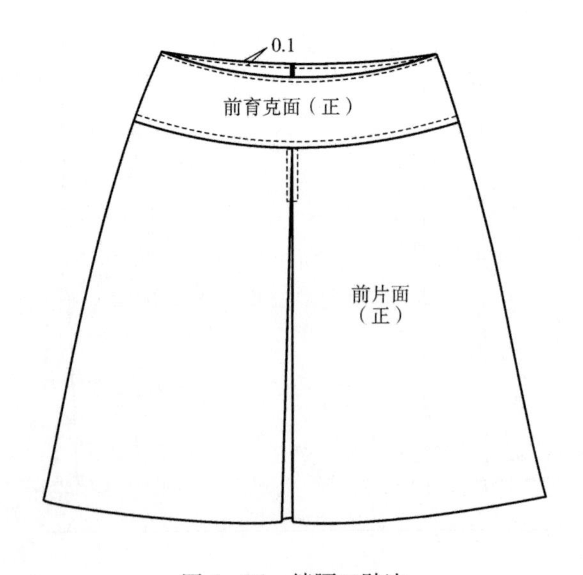

图5－36 绱腰口贴边

9. 固定裙下摆　用三角针固定裙下摆折边，要求针迹均匀，正面不露线迹。

10. 熨烫　在裙子反面，将各条缝份、裙褶裥、裙腰口以及裙底边摆平熨烫。翻到正面，观看整体效果，要求裙子平服、美观。

五、思考与实训

在规定时间内，按工艺要求完成一条低腰育克裙的裁制，规格尺寸自定。工艺要求及评分标准见表5－4。

表5－4　低腰育克裙工艺要求及评分标准

项目	工艺要求	分值
规格	允许误差：$W=\pm1.0$cm，$L=\pm1.5$cm	20
褶裥	裥位准确，褶边顺直	15
侧缝	缉线顺直，左右长短一致	15
育克	位置准确，宽窄一致	15
隐形拉链	拉链封合牢固，开启顺畅，无褶皱，左右育克平齐	15
下摆	折边宽窄一致，止口均匀，不拧不皱	10
整烫效果	无线头，无皱、无污、无黄、无极光，平服	10

第四节　连衣裙缝制工艺

✲课前准备

• 材料准备

1. 面料

（1）面料选择：面料材质适合选择棉、麻、薄型毛料或化纤类织物，也可选择带有蕾丝、飘逸的雪纺类面料。选择范围比较广，视具体的穿着场合和个人爱好而定。

（2）面料用量：幅宽144cm，用量为裙长＋10cm，约为110cm。下摆摆度大的款式，根据实际情况酌情增加面料用量。幅宽不同时，也要根据实际情况酌情加减面料用量。

2. 其他辅料

（1）拉链：需要40cm长隐形拉链一条，要求与面料顺色。

（2）无纺衬：幅宽90cm，用量约为20cm。

（3）缝线：准备与面料颜色及材质相符的缝线。

（4）打板纸：整张绘图纸2张。

• 工具准备

备齐制图常用工具与制作常用工具。

• 知识准备

提前准备女装上衣原型衣片净样板，复习隐形拉链缝装工艺。

一、款式特征概述

本款连衣裙外轮廓呈A型，腰部略收，无领，无袖，左侧缝装隐形拉链，前、后片各有两条纵向分割线，裙长及膝，如图5－37所示。

图5－37 连衣裙款式图

二、结构制图

1. 制图规格 制图规格见表5－5。

表5－5 连衣裙规格尺寸 单位：cm

号型	人体净胸围（B^*）	胸围（B）	腰围（W）	裙长（L）	背长
160/84A	84	84＋12（放松量）	69	100	38

2. 女上衣原型结构制图 标准女上衣原型结构图，如图5－38所示。

3. 调整上衣原型结构图 上衣原型结构图的调整，如图5－39所示。

（1）后衣身：把肩省的1/3量转移到袖窿，作为袖窿松量。

（2）前衣身：胸部浮余量的1/3量作为袖窿松量。

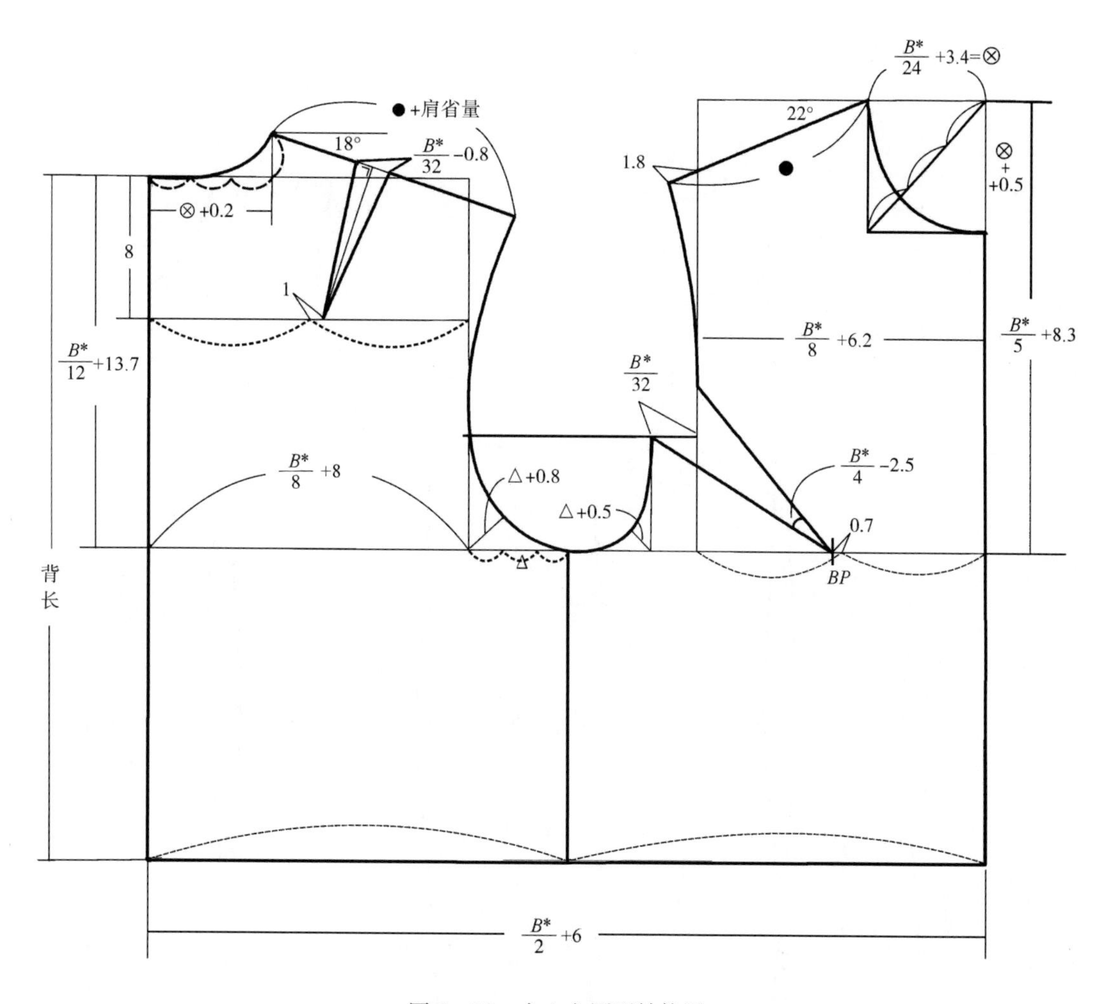

图 5－38　女上衣原型结构图

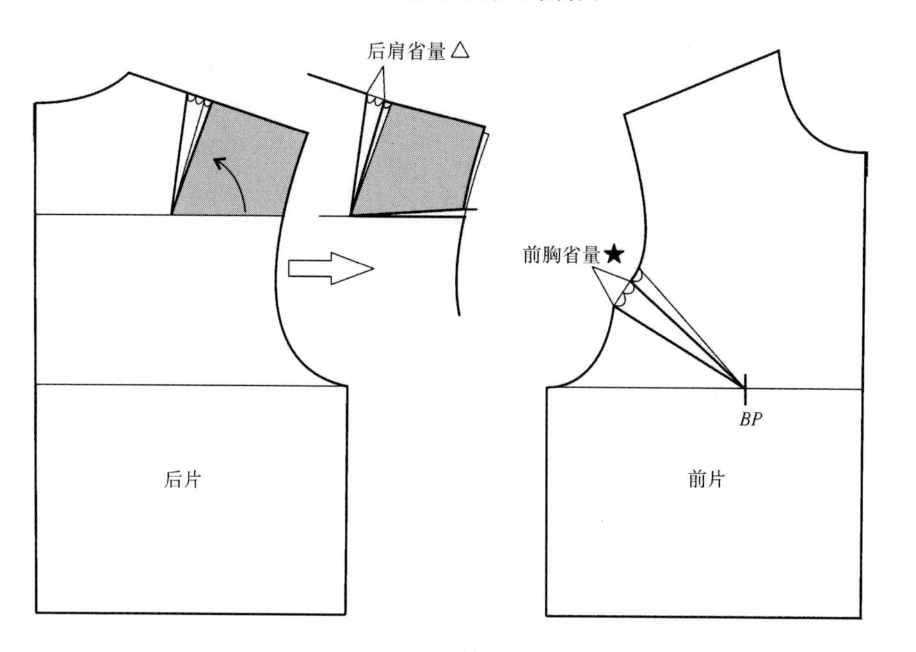

图 5－39　原型省量转移图

4. 裙片结构制图 裙片结构制图，如图5－40所示。

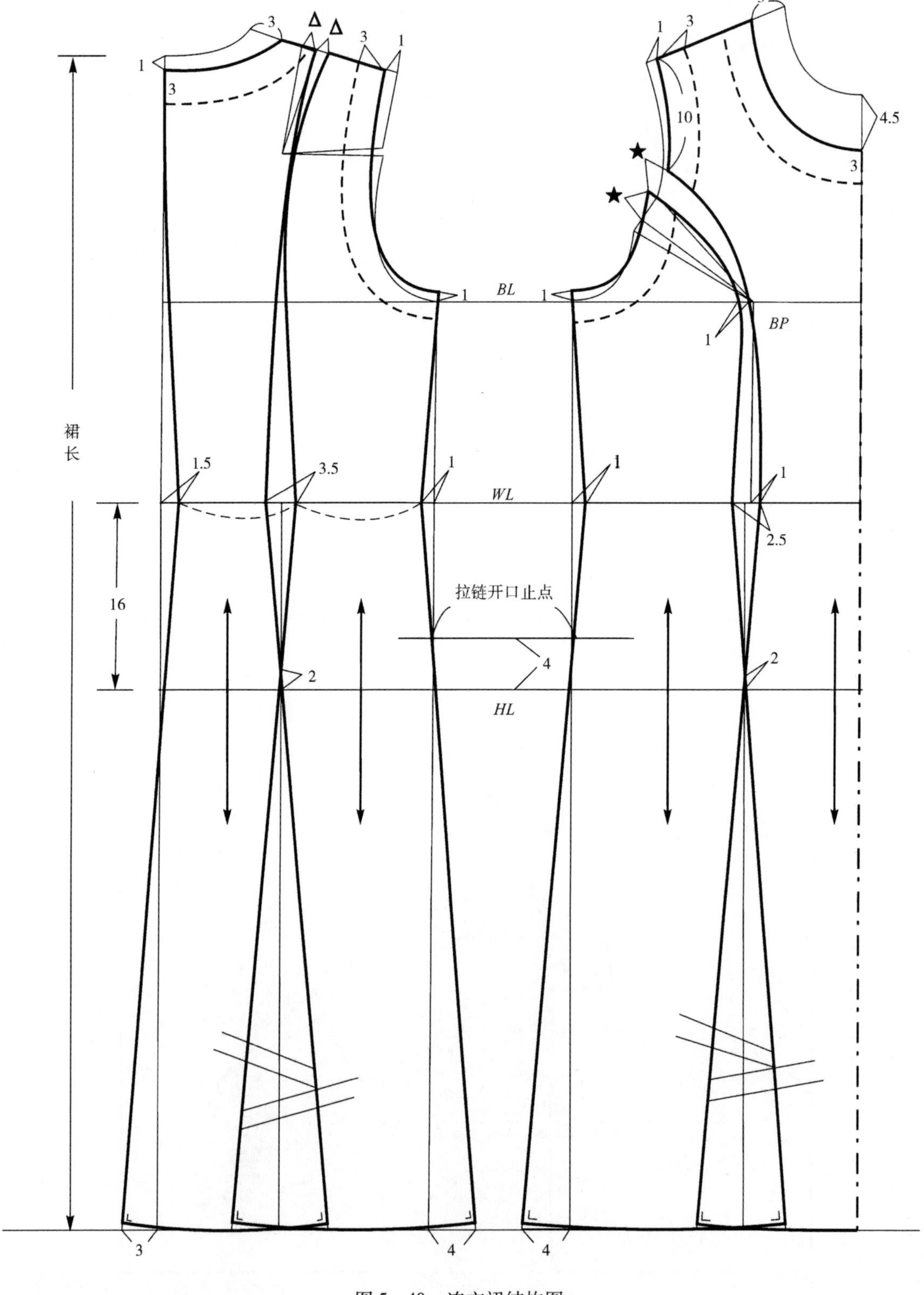

图5－40 连衣裙结构图

三、放缝与排料

面料放缝与排料，如图5－41所示，图中未特别标明的部位放缝量均为1cm。

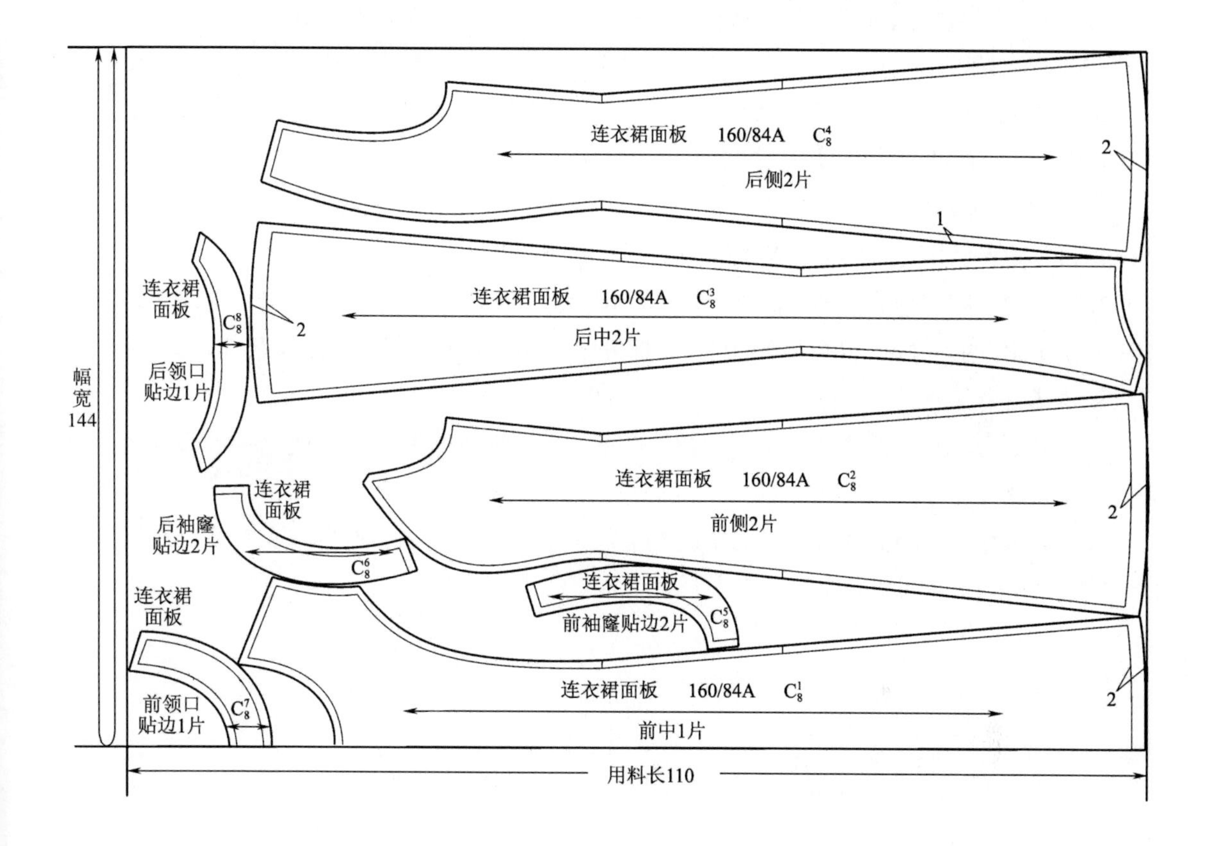

图5－41 连衣裙面料放缝排料图

四、缝制工艺

（一）缝制工艺流程框图

连衣裙缝制工艺流程，如图5－42所示。

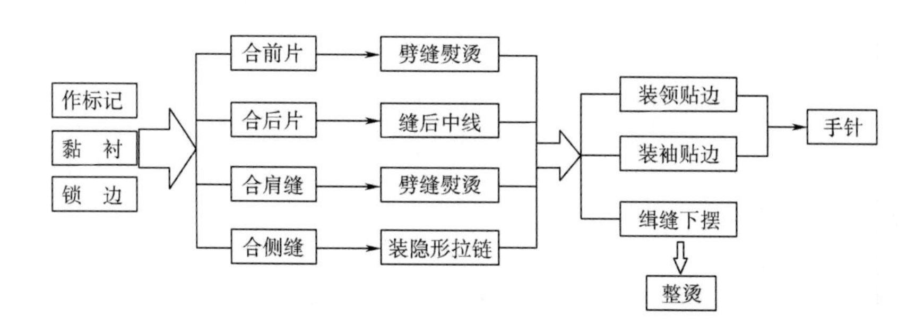

图5－42 连衣裙缝制工艺流程

（二）缝制准备

1. 检查裁片

（1）检查数量：对照排料图，清点裁片是否齐全。

（2）检查质量：认真检查每片裁片的用料方向、正反、形状是否正确。

（3）核对裁片：复核定位、对位标记，检查对应部位是否符合要求。

2. 作标记 需要准确定型的部位，在裁片反面划线，如拉链止口位置、对位符号等。

（三）缝制说明

1. 黏衬、锁边 领口、袖窿贴边黏全衬，拉链开口部位也可以黏衬。先黏衬后锁边，衣片除领口、袖窿底边外全锁边；贴边除领口、袖窿一侧外全锁边。

2. 合前片 平缝前分割线，前中片在上，前侧片在下，从下向上车缝，在胸点附近略吃进前中片，腰节部位两片对齐，然后分烫劈缝，腰部拔开，胸部熨烫出胸部曲面，如图5-43所示。

3. 合后片

（1）合后分割线：后中片在上，后侧片在下，由下向上平缝后分割线，腰节部位两片对齐，然后分烫劈缝，腰部拔开，如图5-44所示。

（2）合后中线：首先用熨斗将后中缝腰节以上弧线归拢顺直，然后左、右两后片对齐车缝，劈缝烫平。要求缉线顺直，熨烫平服。

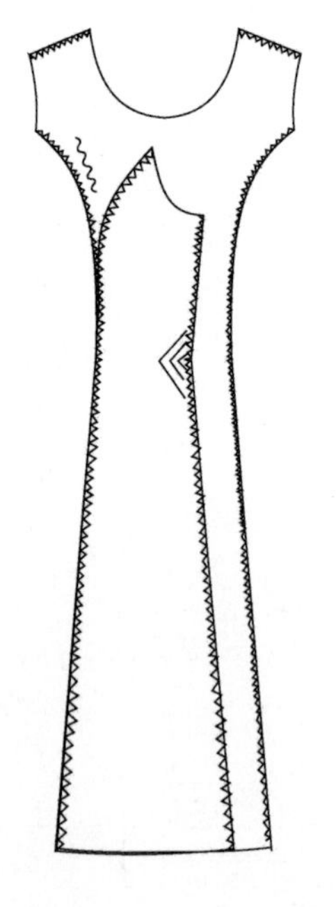

图5-43 合前片

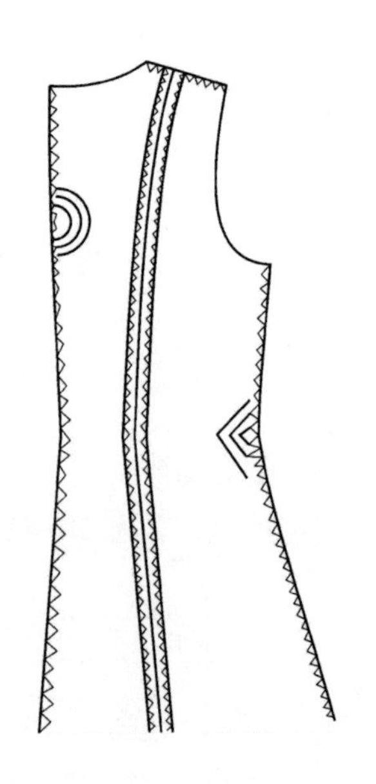

图5-44 合后片

4. 合肩缝 缝合肩缝，略吃进后片，并分烫劈缝。

5. 合侧缝

（1）合左侧缝：从拉链止点处起针、回针，缉1cm缝份至底边，分烫劈缝。

（2）装拉链：换用单边压脚装隐形拉链（具体工艺及要求参阅本章第一节“隐形拉链工艺”）。

（3）合右侧缝：由袖窿向下缉 1cm 缝份至底边，分烫劈缝。

6. 装贴边

（1）领贴边：首先合贴边肩缝，然后车缝领口，沿领口净线外侧 0.1cm 缉线，略吃进裙片，弧度较大处需将缝份打剪口；为避免坐势，劈缝后再翻正贴边，连衣裙领口反吐 0.1cm，压烫止口。要求领口圆顺，不拧不皱，贴边不反吐。

（2）袖贴边：右侧贴边，合贴边肩缝、侧缝后，做法与领贴边相同；而左侧贴边不能合侧缝，车缝完成翻正后，需用手针缭缝与拉链固定。

7. 固定贴边　用三角针固定领口、袖窿贴边的外口，缭针固定左侧袖贴边的侧缝。

8. 缉缝底边　折边缝底边、先扣烫 0.5cm，再扣烫 1.5cm，然后车缝底边。要求缝底边要准确，止口圆顺，缝线顺畅，熨烫平服。

9. 整烫　领、胸部放在布馒头上烫好；侧缝及分割线处摆平烫平，完成后应无皱、无极光、无沾污。

五、思考与实训

在规定时间内，按工艺要求完成一件连衣裙的裁制，规格尺寸自定。工艺要求及评分标准见表 5－6。

表 5－6　连衣裙工艺要求及评分标准

项目	工艺要求	分值
规格	允许误差：$B=\pm2.0$cm；$L=\pm2.0$cm	20
领口	领口圆顺、止口平薄、不反翘，贴边平服，不反吐	15
袖窿	止口顺直、平薄，贴边平服、不反吐	15
拉链	位置准确，缝份拼合，封口牢固，开启顺畅	15
合缝	缉线顺直，胸部吃量适当，圆顺无皱	15
下摆	折边宽窄一致，止口均匀，不拧不皱	10
整烫效果	无线头，无皱、无沾污、无黄、无极光	10

第五节　旗袍缝制工艺

✲课前准备

• 材料准备

1. 面料

（1）面料选择：面料材质适合选择丝、棉、化纤类织物等。夏季穿用的旗袍，面料应选择真丝双绉、绢纺、电力纺、杭罗等真丝织品。这些织品质地柔软、轻盈不粘身、舒适透凉。春秋季穿用的旗袍，面料应选各种缎和丝绒类，如织锦缎、古香缎、金玉缎、绉缎、乔其立绒、金丝绒等。

（2）面料用量：幅宽110cm，用量为裙长+袖长+10cm，约为165cm。幅宽不同时，根据实际情况酌情加减面料用量。

2. 里料

（1）里料选择：与面料材质、颜色、厚度相匹配的里料。

（2）里料用量：幅宽144cm，用量为裙长+5cm，约为110cm。

3. 其他辅料

（1）黏合衬：薄型有纺衬8cm×40cm，中等厚度无纺衬10cm×40cm，直纱牵条约300cm，斜纱牵条约60cm。

（2）盘扣：旗袍一般用盘扣，用滚条布料制作。

（3）拉链：需要约40cm长隐形拉链一条，要求与面料顺色。

（4）滚条：宜选择较柔软轻薄、富有光泽的单色面料，颜色与面料色对比度要大，而且要协调。

（5）缝线：准备与使用面料颜色及材质相符的缝线。

（6）打板纸：整张绘图纸3张。

- **工具准备**

备齐制图常用工具与制作常用工具。

- **知识准备**

提前准备女装上衣原型衣片净样板，复习第二章第一节盘扣制作部分、连衣裙装隐形拉链工艺。

旗袍具有中国女性服饰文化的象征意义，是满族的传统服饰。20世纪上半叶，当时的服饰设计师参考满族女性传统旗服和西洋服装，设计出现代旗袍，并逐渐演变成为具备中国服饰特色的一类女装。

一、款式特征概述

本款旗袍造型合体，收腰、包臀，下摆内收。具体款式为圆角立领，偏圆大襟，腋下收胸省，前、后片左右各收一个腰省，两侧开衩。全挂里，领止口、袖口滚边，门襟钉盘扣，如图5－45所示。

二、结构制图

1. 制图规格 旗袍制图规格，见表5－7。

图 5－45　旗袍款式图

表 5－7　旗袍规格尺寸

单位：cm

号/型	胸围（B）	腰围（W）	臀围（H）	裙长（L）	袖长（SL）
160/84A	84＋8（放松量）	66＋6（放松量）	90＋4（放松量）	105	52＋1

2. 调整上衣原型结构图　上衣原型的调整，如图 5－46 所示。

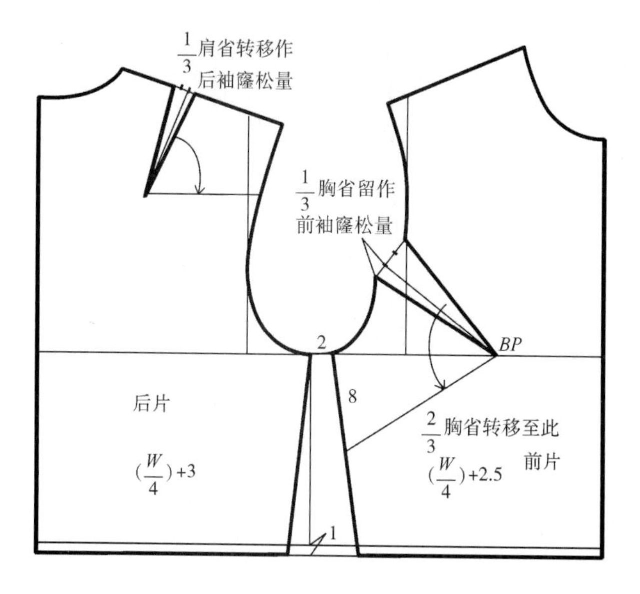

图 5－46　女上衣原型调整

3. 裙片结构制图 裙片结构制图如图5－47所示。

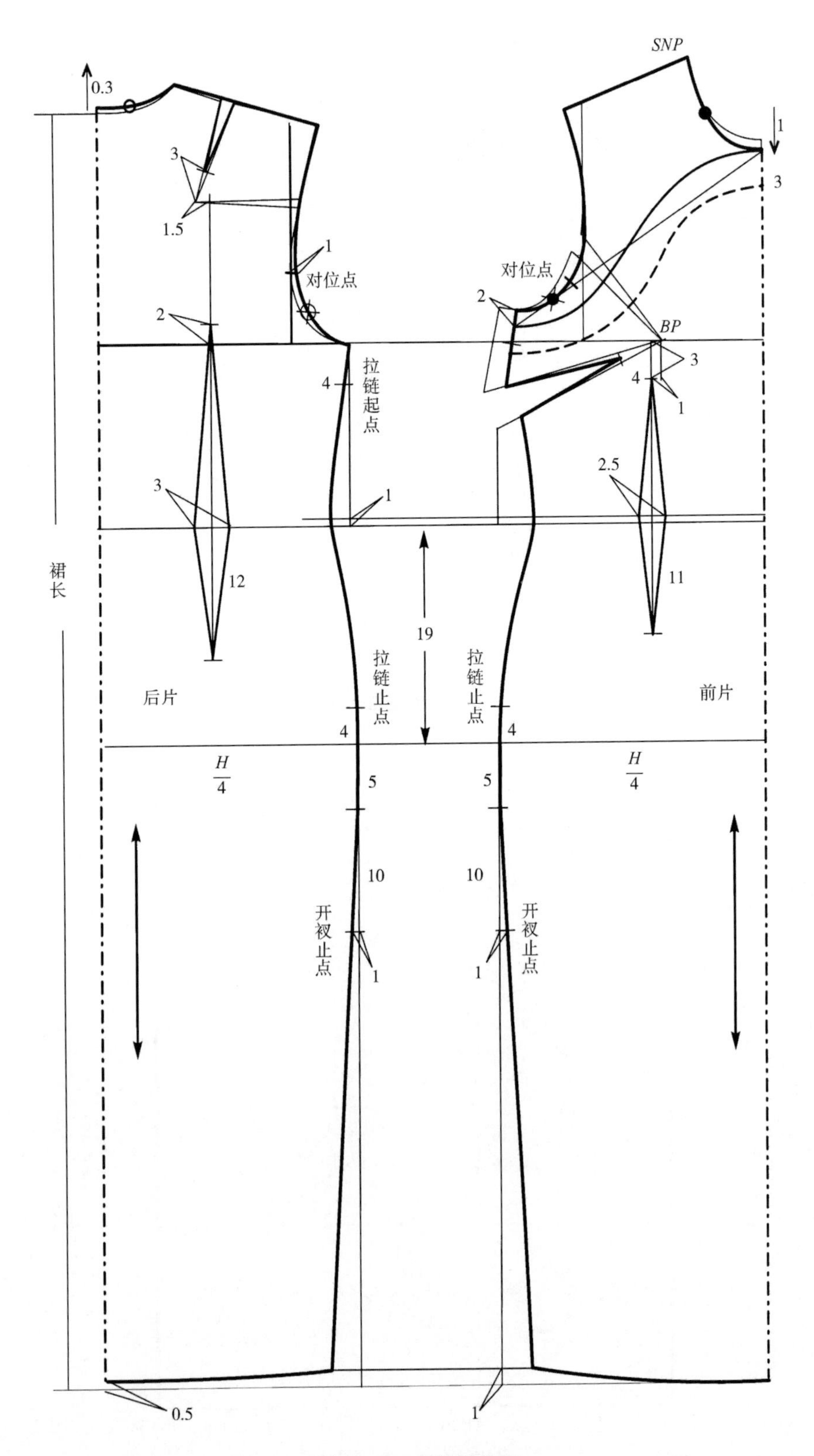

图5－47 旗袍结构图

4. 袖片与领片结构制图 袖片与领片结构制图，如图 5－48 所示。其中袖山高＝0.65×$AH/2$。

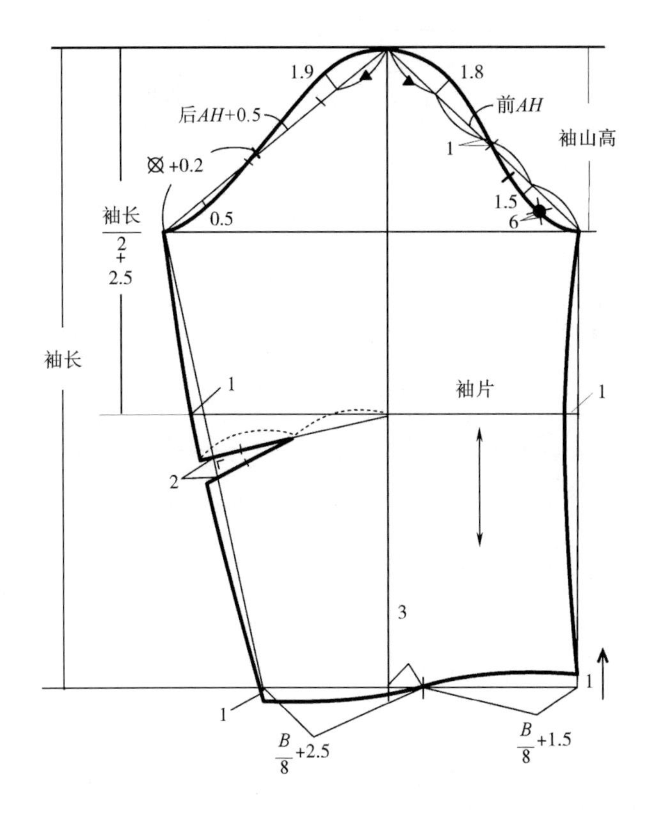

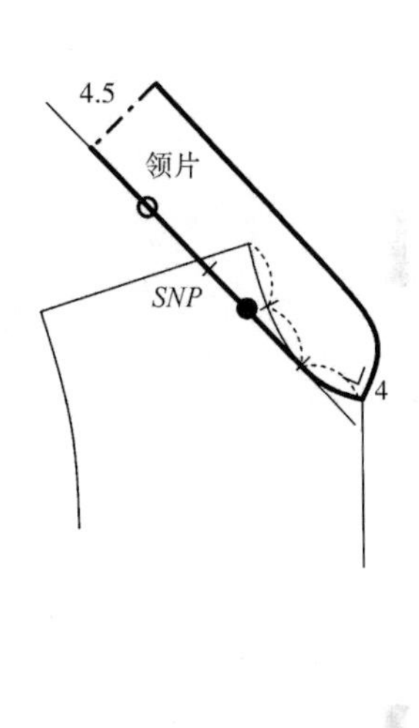

图 5－48 旗袍袖片与领片结构图

三、放缝与排料

旗袍面料放缝与排料如图 5－49 所示，里料放缝与排料如图 5－50 所示，图中未标明的部位放缝量均为 1cm。

四、缝制工艺

（一）缝制工艺流程框图

旗袍缝制工艺流程，如图 5－51 所示。

（二）缝制准备

1. 检查裁片

（1）检查数量：对照排料图，清点裁片是否齐全。

（2）检查质量：认真检查每片裁片的用料方向、正反、形状是否正确。

（3）核对裁片：复核定位、对位标记，检查对应部位是否符合要求。

2. 作标记 需要准确定型的部位，在裁片反面划线，如门襟止口净线、省位等。

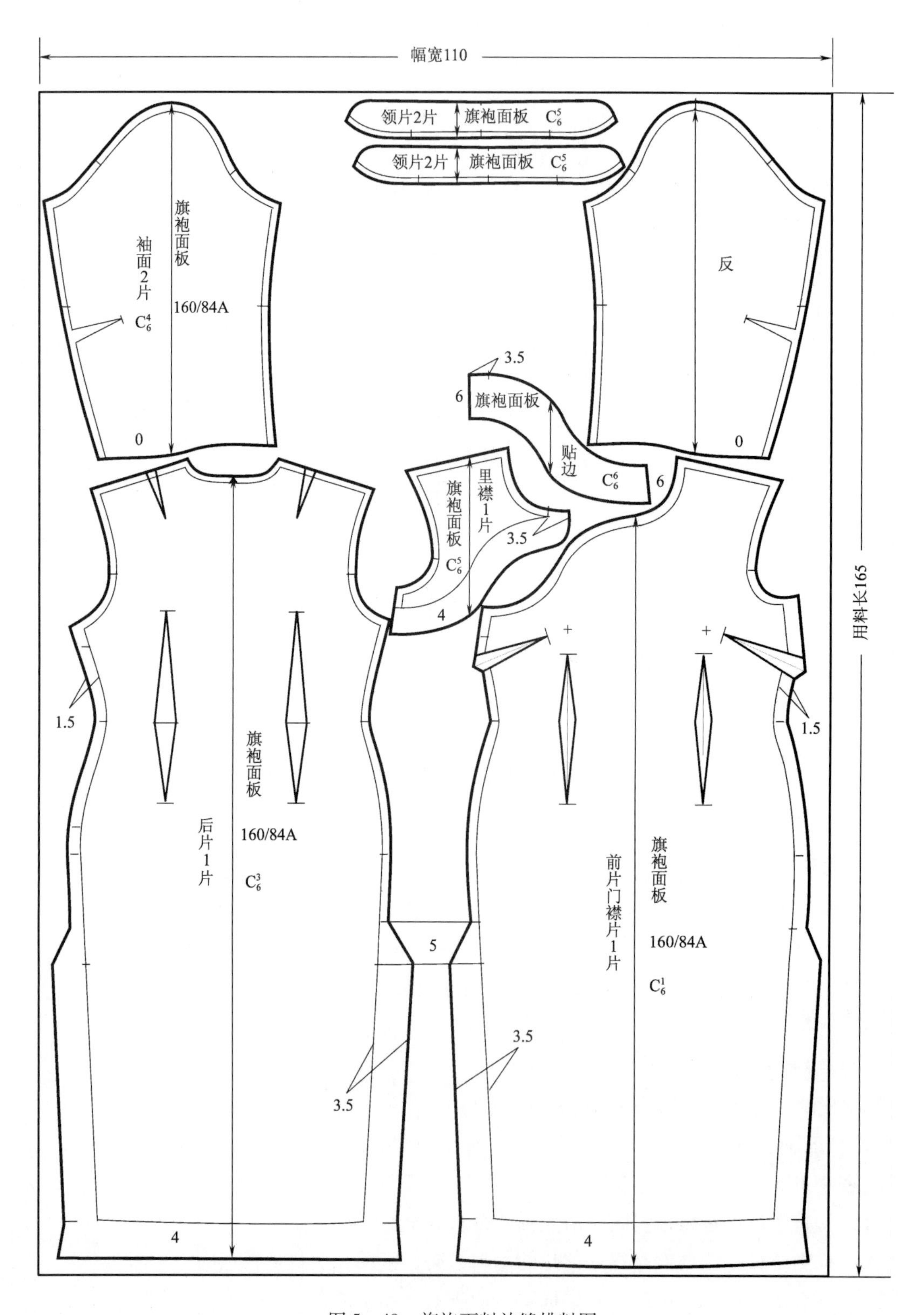

图5-49　旗袍面料放缝排料图

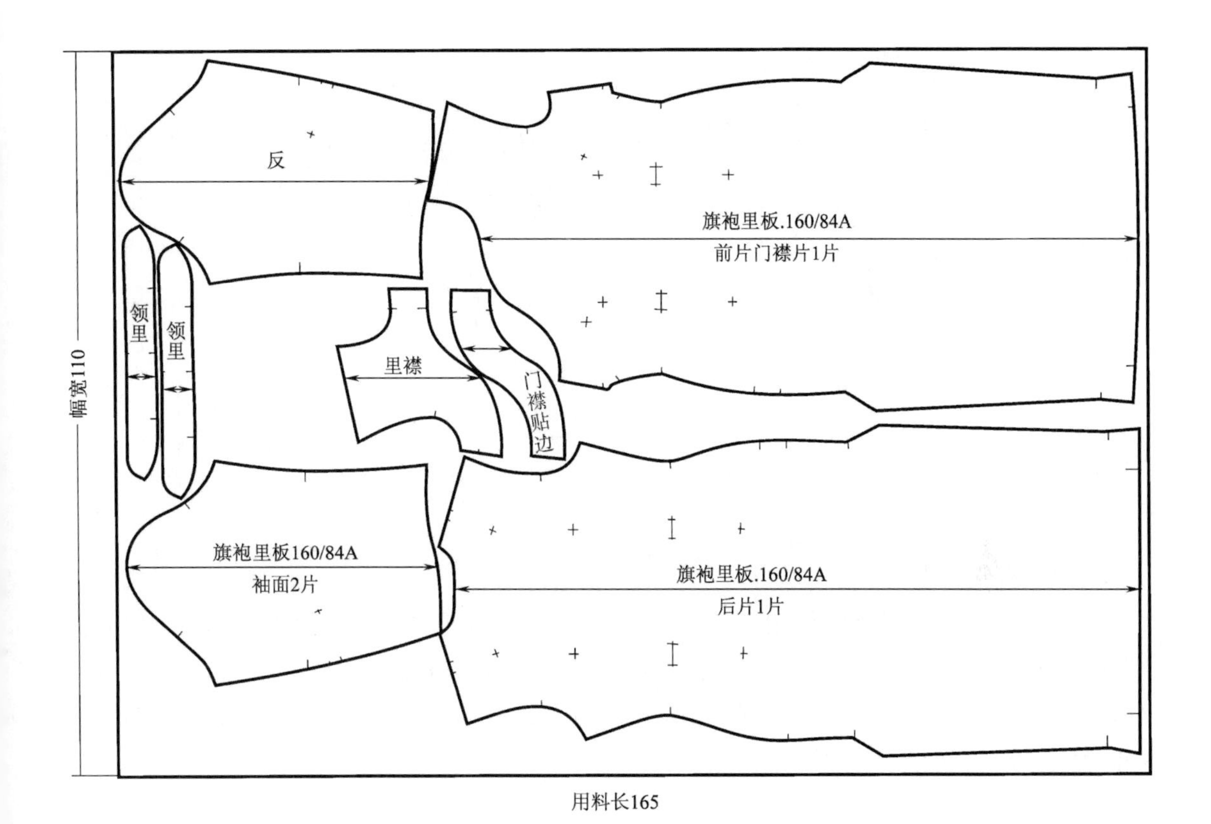

图 5－50　旗袍里料放缝排料图

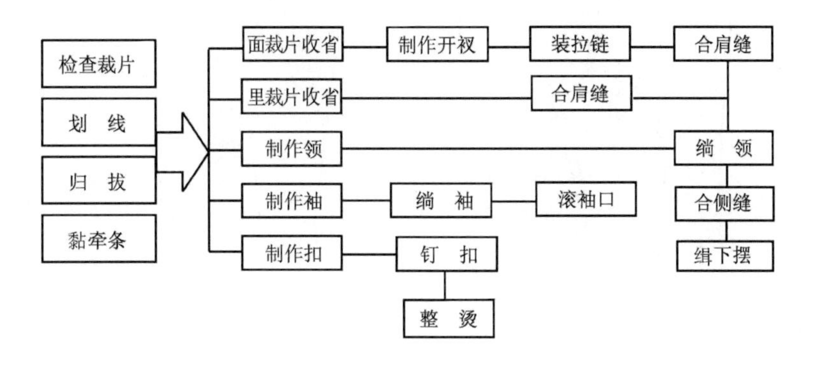

图 5－51　旗袍缝制工艺流程

（三）缝制说明

1. 收省、烫省

（1）收省：沿省中线折叠后车缝，起落针打结。

（2）烫省：腰省分别倒向前、后中心线，肩省倒向后中心线，腋下省倒向袖窿底。为使熨烫平服，腰省中区需要打剪口，如图 5－52 所示。如果面料较厚，可以将收好的省缝沿中心剪开至距省尖 5cm 处，剪开的毛边用手针绕缝，然后分烫。

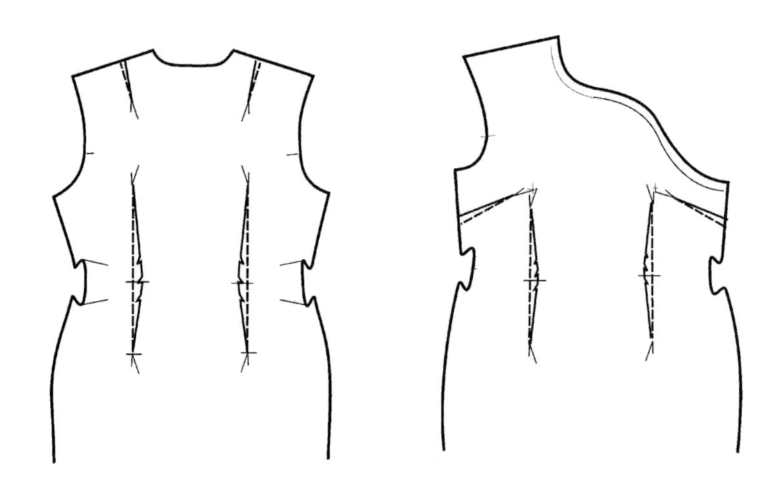

图5-52 收省

2. 归拔旗袍裁片

（1）归拔：将前片侧缝腰部拔开，袖窿处略归拢，腹高区相应侧缝处要略向腹部中心位置归拢，腹部中心要稍拔开，腰省上尖点及胁省尖处要向胸高点区域归拢，腰省下尖点区域要向腹高区略推，使胸高点归出明显的凸势。后片侧缝臀部向臀高区归，腰省尖分别向臀高区和背高区略推，如图5-53所示。

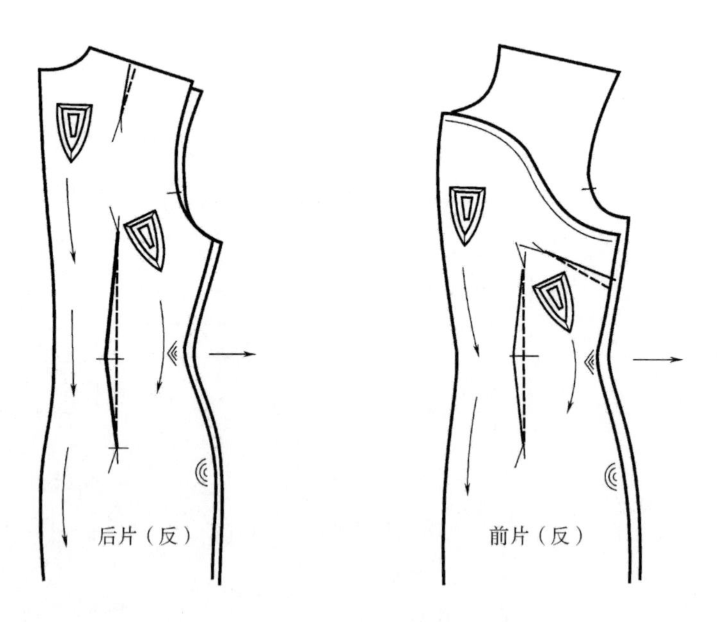

图5-53 归拔裙片

（2）黏牵条：为保持归拔后的裙片形状，在前大襟止口、里襟下口、开衩、后片侧缝等处黏牵条衬，直线部位黏直纱牵条，曲度较大部位黏斜纱牵条。牵条外沿比净缝线缩进0.1cm，如图5-54所示。

3. 制作开衩 扣烫开衩及下摆折边，转角处对角线拼缝至净线处，如图5-55所示。

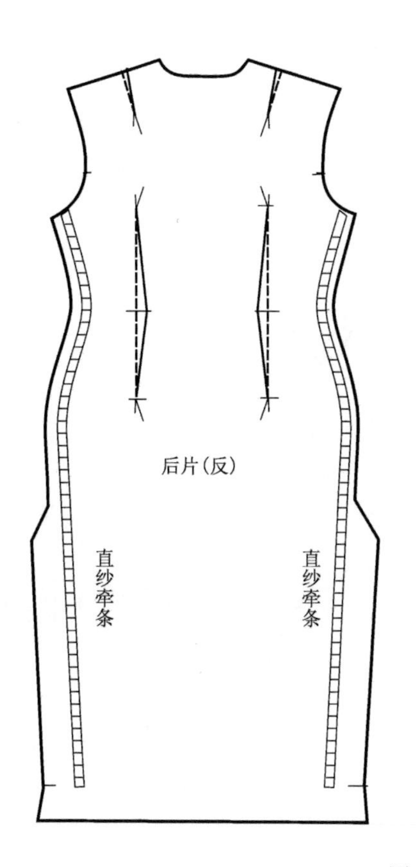

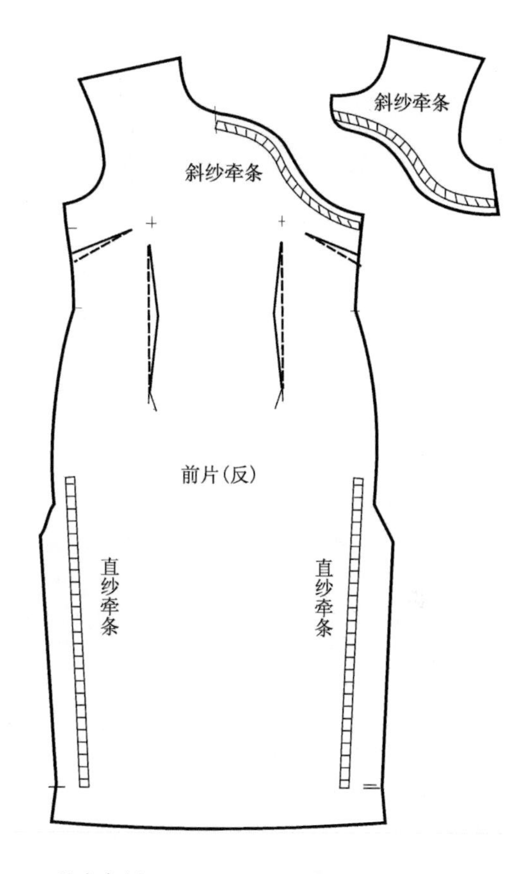

图 5－54　黏牵条衬

4. 装隐形拉链

（1）合左侧缝：将前、后裙片正面相对，对准对位点缝合左侧缝。注意起落针回针，装拉链区域不缝。腰节线上下区域的缝份打剪口后分烫，如图 5－56 所示。

（2）装拉链：参考连衣裙绱拉链内容。

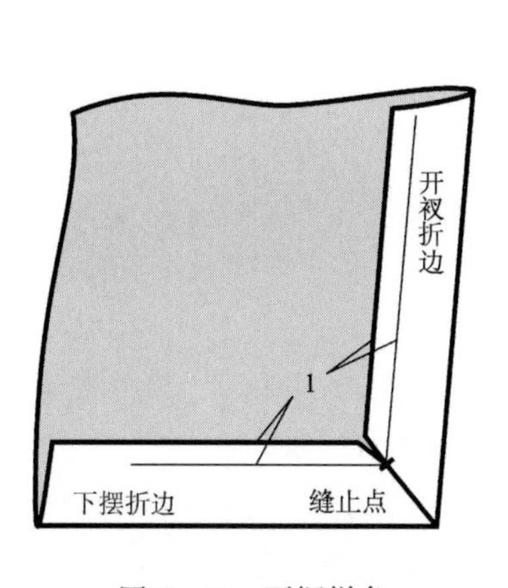

图 5－55　下摆拼角

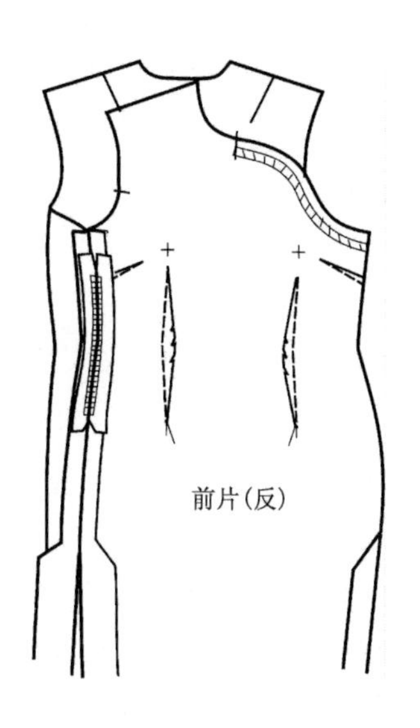

图 5－56　装拉链

5. 制作裙片里 将门襟贴边与前片里子拼缝，距侧缝2cm处止缝，如图5－57所示。然后前、后片分别收省、烫省，省缝倒向与裙面省缝倒向相反。

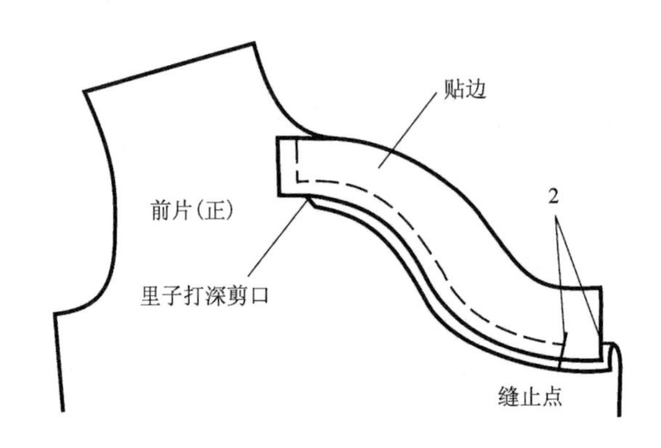

图5－57 缝贴边

6. 合肩缝 将裁片前、后面布肩缝正面相对缝合，然后分烫缝份；相同方法合旗袍前、后片里布肩缝，缝份倒向后片。

7. 制作衣领

（1）黏衬：领面黏有纺衬（净衬），领里黏无纺衬（全衬）。

（2）裁滚条：滚条宜选择较柔软轻薄、富有光泽的单色面料，颜色与面料颜色要对比强烈，取正斜纱剪成2～2.5cm宽的条（可以提前在滚条反面进行刮浆硬化处理）。

（3）装滚条：领里、领面反面相对，比齐止口临时固定；缝装滚条，如果不允许缉明线，可以手针缭缝内层。

8. 缝止口、绱领 如图5－58所示，勾里襟、门襟与绱领可以一条线完成。

（1）车里襟：将里襟里、面正面相对，对准对位点，距侧缝2cm处开始勾缝里襟下口，缝至领口中点（绱领起点）暂停。

（2）绱领：将做好的立领夹在里、面之间；不断线继续缝合，注意对准四层记号，缝至门襟一侧领口中点（绱领止点）暂停。

（3）车门襟：不断线，接着缝合门襟止口，缝至侧缝收针。

（4）烫止口：将底襟、门襟正面翻出，止口烫平。

9. 合侧缝

（1）合旗袍里左侧缝：对应旗袍面装拉链起点与止点，里子上下分别少缝1.5cm；侧缝下端缝至距开衩止点1cm处止针，倒回针固定。

（2）里子与拉链固定：里子缝份正面与拉链反面相对，比齐缝份边缘后缝合，缝份1cm。距上下端1.5cm内斜向缝合，形成过渡。

（3）合旗袍面右侧缝：掀开里子，临时固定门襟（连同贴边）、里襟面侧缝对位点；以前片完整的侧缝与后片侧缝缝合至开衩止点，如图5－59所示。

（4）合旗袍里右侧缝：里襟里与前片里在侧缝处正好对接，形成完整的前侧缝，与后侧缝缝合，距开衩止点0.5cm处止针，倒回针固定。

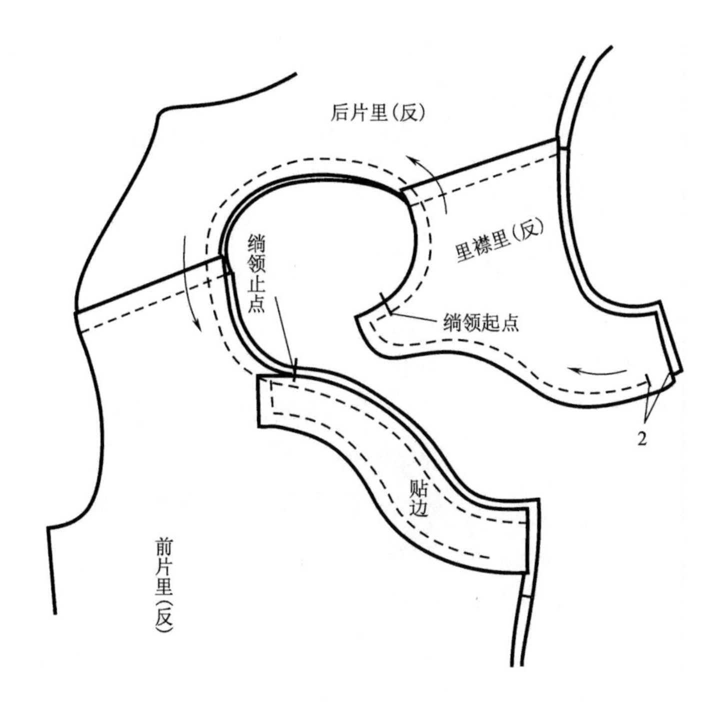

图 5－58　缝止口与绱领

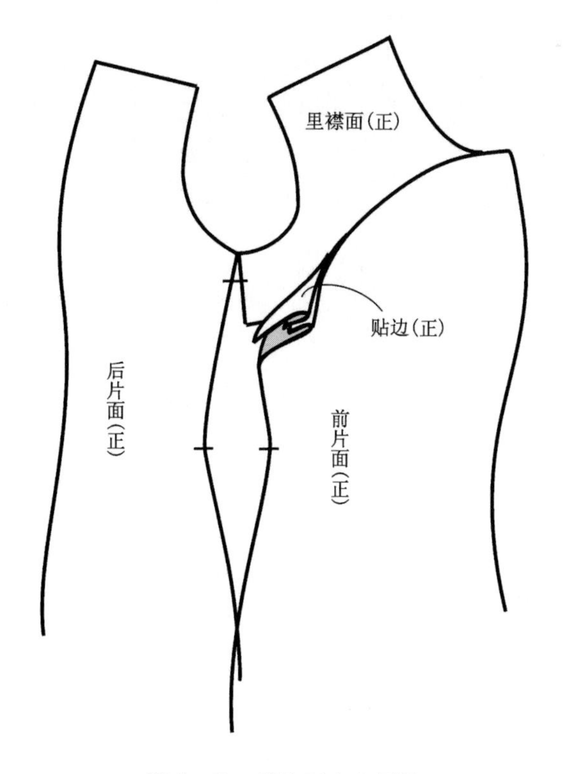

图 5－59　旗袍面合右侧缝

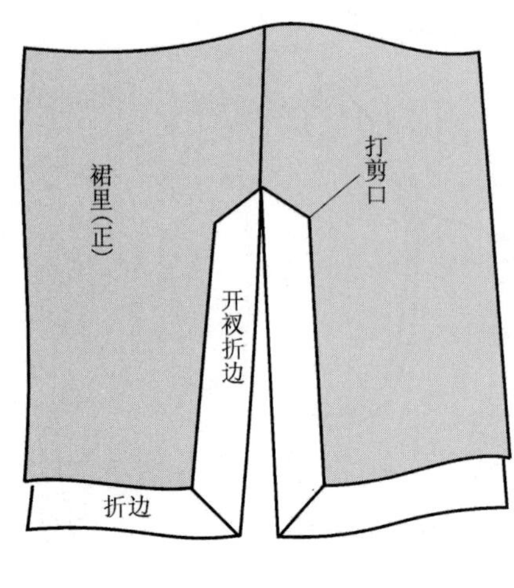

图5－60　缝底边

10. 缝底边　缝开衩及底边折边与裙里，里子开衩止点斜角处需要打剪口后再缝合，如图5－60所示。

11. 制作袖　分别制作袖里与袖面，如图5－61所示。

（1）归拔袖片：拔开前袖缝肘位。

（2）收肘省：分别缝合袖里与袖面肘省，袖面省缝倒向袖山方向，袖里省缝倒向袖口方向，省尖要烫平服。

（3）抽缩袖山：袖里用机器大针距车缝，抽缩袖山吃势；袖面用1.5cm宽的斜纱白布条缝缩吃势，缩缝后的袖山与袖窿长度基本一致，在专用烫板上将袖山吃势烫圆顺。

（4）合袖缝：分别缝合袖里、袖面侧缝；缉缝袖里时，距净缝线0.3cm缝合；袖面劈缝，袖里缝份倒向后侧。

（5）固定肘部：袖面、袖里缝份相对，比齐袖口，在肘部上下将面、里缝份用手针绷缝固定。

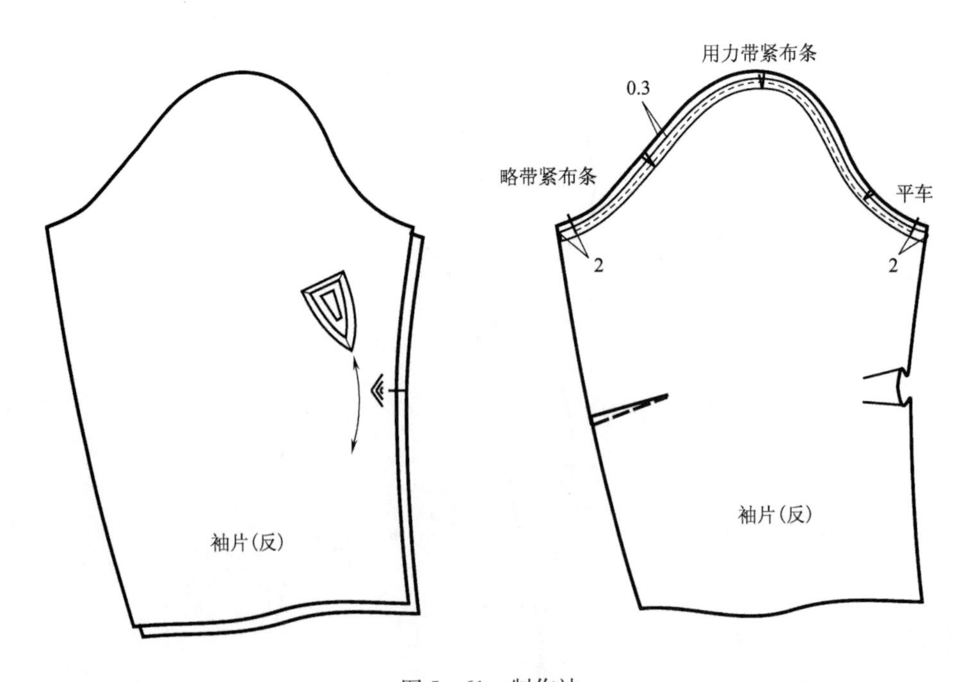

图5－61　制作袖

12. 绱袖

（1）绱袖面：袖面与衣身面袖窿正面相对缝合。注意对准对位点，先绷缝后车缝，如图5－62所示。

（2）绱袖里：袖里与衣身里袖窿正面相对缝合。同样注意对准对位点。

13. 滚袖口　袖面在外，与袖里反面相对套合，临时固定袖口；取滚条与袖口围等长，斜角拼接成圈；与领止口相同方法装滚条。

14. 制作扣　具体制作方法参阅第二章第一节相关内容。

15. 钉纽

（1）定扣位：将领中点到腋下一段斜襟分为四等份，每份的端点定为扣位，纽头钉在门襟上，纽襻钉在里襟上，扣位与止口线垂直。

（2）钉纽：为了加强钉扣部位的强度，用斜倒钩针在门、里襟钉纽部位缝 3～4 针，将纽尾毛边折回手针固定。钉纽时用同色线，两纽之间的门襟要求服帖。

16. 整烫　胸部、腰部、臀部及侧缝放在布馒头上熨烫平整；开衩及下摆铺平烫实，完成后应面、里无皱、无极光、无沾污。

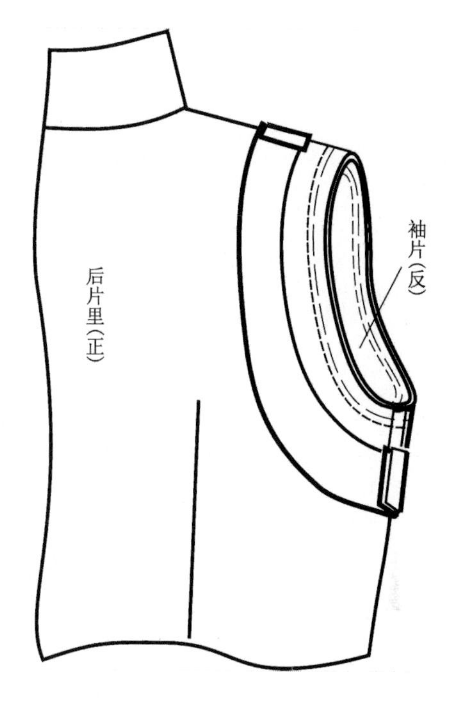

图 5－62　绱袖面

五、思考与实训

在规定时间内按工艺要求完成旗袍的裁剪与缝制，规格尺寸自定。工艺要求及评分标准见表 5－8。

表 5－8　旗袍工艺要求及评分标准

项目	工艺要求	分值
规格	允许误差：$N=\pm0.5$cm；B、W、$H=\pm1.0$cm；$S=\pm0.5$cm；$L=\pm1.5$cm；$SL=\pm0.5$cm	15
领	领头圆顺、对称、窝服，领口平齐，止口平薄，领口不外吐	15
滚边	各部位滚边宽度一致，顺直平服，松紧适宜	10
省	分别对称，省份顺直，省尖无泡	10
开衩	长短一致，止点处平服、牢固，摆角窝服，不起吊，不反翘，止口顺直，不搅不豁	15
袖	装袖圆顺，对位准确，吃势均匀，无死褶	15
里	松紧适宜，平整服帖	5
钉纽	盘纽大小一致，位置准确，门、里襟平服	5
整烫效果	造型挺括，止口顺直、美观，无线头、无沾污、无黄斑、无极光、无水渍	10

实践训练与技术理论——

衬衫缝制工艺

课题名称： 衬衫缝制工艺

课题内容： 衬衫部件与部位工艺
女衬衫缝制工艺
男衬衫缝制工艺

课题时间： 32 学时

教学目的： 本课程旨在提高学生的动手操作能力，理论联系实际的理解能力，掌握结构、样板与工艺之间的关系，从而达到系统掌握服装结构、准确绘制服装样板、深刻理解服装缝制质量的要求。

教学方式： 理论讲授、展示讲解和实践操作相结合，同时根据教材内容及学生具体情况灵活制订训练内容，加强基本理论和基本技能的教学，加强课后训练并安排必要的作业辅导。

教学要求： 1. 掌握重要款式的部件缝制技术与方法。
2. 了解男、女衬衫面料的选购方法。
3. 掌握男、女衬衫样板的放缝要点和排料方法。
4. 掌握男、女衬衫的缝制程序和技术。
5. 掌握男、女衬衫的缝制工艺质量标准。
6. 了解缝制新工艺、新技术。

第六章　衬衫缝制工艺

衬衫是穿在内外上衣之间，也可单独穿用的上衣。衬衫传入我国最初多为男用，后来逐渐被女子采用，现已成为常用服装之一。

按照不同的分类标准，可将衬衫分成不同类别。按照用途的不同，可分为配西装的传统衬衫和外穿的休闲衬衫；西式衬衫的领讲究而多变，按领式分类有小方领、中方领、短尖领、中尖领、长尖领和八字领等；按衣身和袖克夫分类，衣身有直腰身、曲腰身、内翻门襟、外翻门襟、方下摆、圆下摆以及有背褶和无背褶等；袖有长袖、短袖、单袖克夫、双袖克夫等。但最明显的分类则是按照穿着对象的不同分为男衬衫和女衬衫。本章就以男女衬衫为例，具体介绍衬衫的制作工艺。

第一节　衬衫部件与部位工艺

✲课前准备

• 材料准备

1. 白坯布：部件练习用布，幅宽160cm，长度100cm。
2. 缝线：准备与面料颜色及材质相匹配的缝线。
3. 无纺衬：幅宽90cm，长度约为50cm。

• 工具准备

备齐制图常用工具与制作常用工具，调整好缝纫机针距、面线底线张力等。

• 知识准备

复习基础机缝工艺部分。

衬衫相关的部件与部位工艺包括贴袋工艺、袖开衩工艺、门襟工艺、领子工艺等。

一、贴袋工艺

（一）尖角贴袋

尖角贴袋的缝制工艺，如图6－1所示。

1. 裁袋布　按规格裁剪袋布，并配适当大小的衣片，如图6－1（b）所示。

2. 制作

（1）扣烫：准备口袋净样纸板用作扣烫样板；按口袋净样纸板扣折袋口折边及毛边共

3cm；其余袋边扣烫缝份1cm，如图6－1（c）所示。

（2）缝钉：按要求位置装袋，压缝止口0.1cm，两端封袋口为直角三角形，如图6－1（d）所示。

（3）整烫：在衣片反面用力来回烫，使口袋定型，保证袋布、衣片平服无皱。

缝制时要求口袋位置准确、端正，袋口左右封口对称，缉线整齐顺直，布面平整。

明贴袋工艺可以借助模板，不需要扣烫定型，直接扣压缝在预定位置，如图6－1（e）所示。

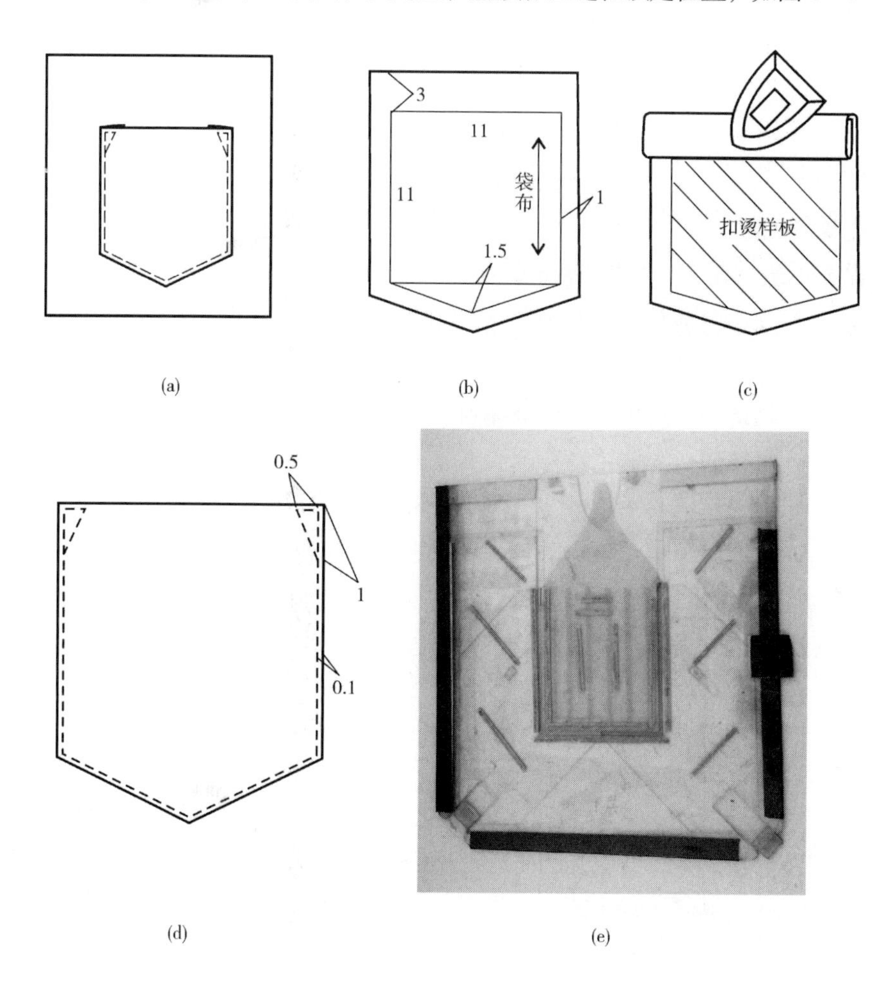

图6－1　尖角贴袋工艺

（二）圆角贴袋

暗缝式圆角贴袋缝制工艺，如图6－2所示。

1. 裁袋布　按规格裁剪袋布，并配适当大小的衣片，如图6－2（b）所示。

2. 制作

（1）扣烫：先在袋口折边上黏无纺衬，然后扣烫折边及缝份1.5～2cm，圆角处采用缩扣烫（参阅第一章第三节熨烫工艺）。

（2）缝钉：画出袋位记号，在袋口两端垫上支力布，从一端袋口起针，距扣烫折边1cm缉缝袋布，如图6－2（c）所示。

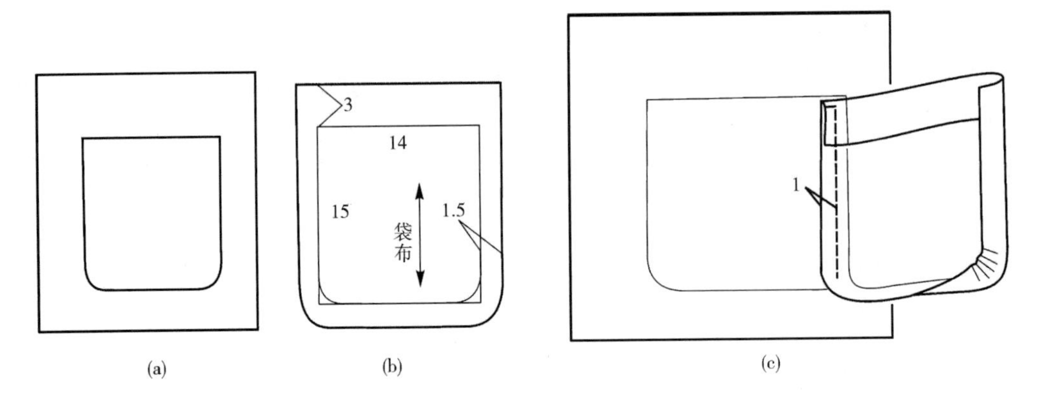

图6-2　圆角贴袋工艺

（三）风琴式贴袋

风琴式贴袋的缝制工艺，如图6-3所示。

1. 裁袋布　按规格裁剪袋布，并配适当大小的衣片，如图6-3（b）所示。

2. 制作

（1）做袋口：扣烫袋口折边，并缉缝袋口。

（2）做袋底：缉缝袋角，留出缝份1cm，如图6-3（c）所示。

（3）烫袋：扣烫袋布缝份1cm，压烫袋面折边。

（4）缉袋边：沿烫好的袋边缉0.1cm止口，如图6-3（d）所示。

（5）装贴袋：摆正袋位，沿下层止口缉0.1cm明线，然后两端封袋口，双层缉缝，封口长度0.6cm，如图6-3（e）所示。

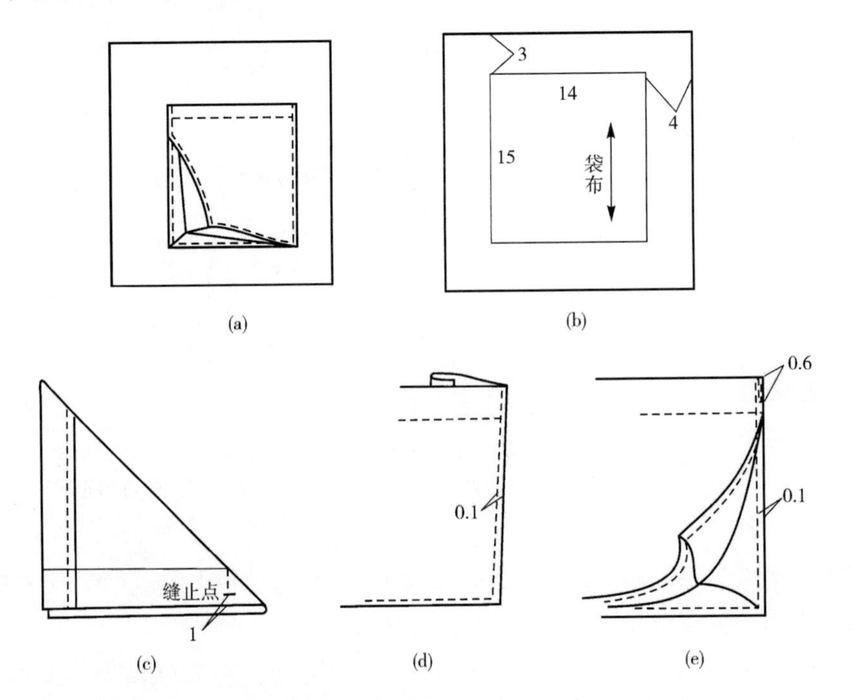

图6-3　风琴式贴袋工艺

二、袖开衩工艺

为使服装更便于穿着，开衩存在于服装的不同部位，部位不同其工艺也不相同。男女衬衫中常用袖开衩有以下几种：

（一）简易袖衩

简易袖衩只需要在合缝时留出袖衩长，分别将缝份扣折缉线固定，如图 6－4 所示。多用于女衬衫、儿童衬衫的袖口。

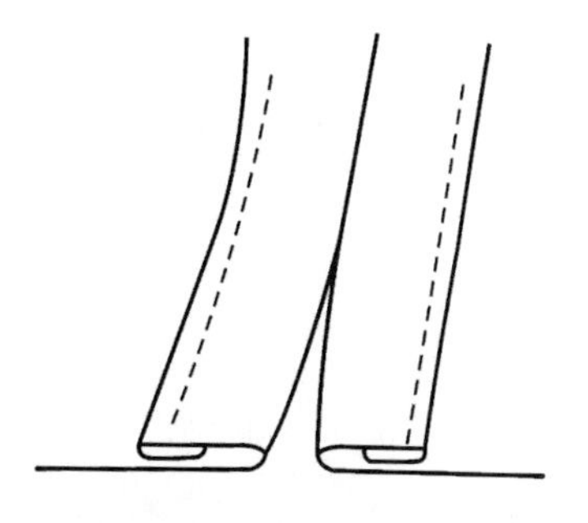

图 6－4 简易袖衩工艺

（二）垫布式袖衩

垫布式袖衩多用于女衬衫袖口。其制作步骤如下：

1. 裁垫布 如图 6－5（a）所示，垫布长于开衩 2cm，宽为 4～5cm，需要全黏无纺衬。

2. 制作

（1）缉垫布：垫布与袖片在开衩部位正面相叠，沿开衩缉线，两侧各留出 0.3～0.5cm 缝份，开衩止口处缉圆弧形线迹，如图 6－5（b）所示。

（2）剪开衩：沿开衩线剪开，圆头处打小剪口。

（3）烫开衩：垫布翻至反面烫平，要求开衩上端平服，止口不反吐。

（4）缉止口：翻正开衩，沿翻折边缉明线，距边缘 0.1cm，如图 6－5（c）所示。要求缉线顺直，止口均匀。

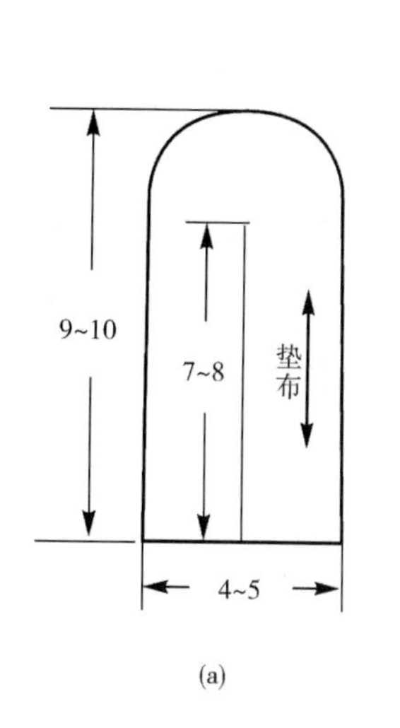

(a)

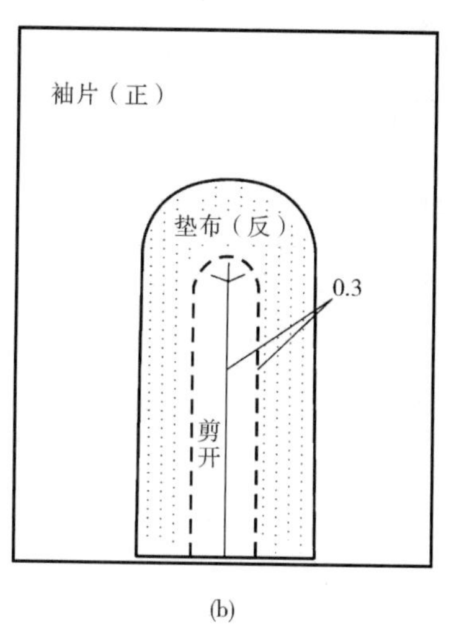

(b)

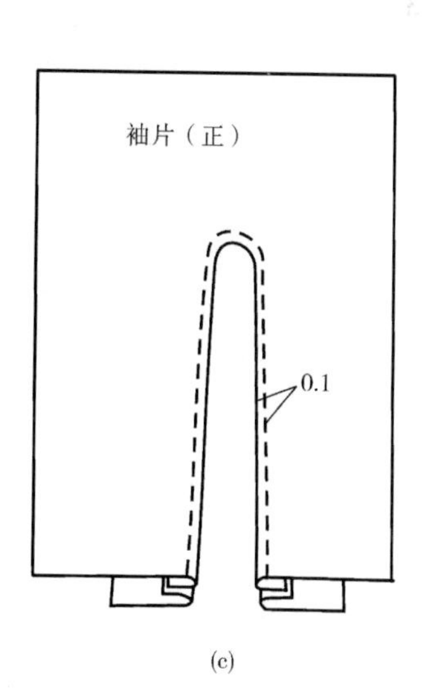

(c)

图 6－5 垫布衩工艺

（三）条形袖衩

条形袖衩多用于男、女衬衫袖口。其制作步骤如下：

1. 裁衩条 如图 6－6（a）所示，袖衩条长为开衩长的 2 倍，约 20cm，宽为 3～3.5cm，取直纱向。

2. 制作

（1）剪开衩：剪开袖口开衩9～10cm。

（2）烫衩条：袖衩条两侧扣烫毛边0.4～0.5cm，再对折熨烫，下层止口比上层宽出0.1cm，如图6－6（b）所示。

（3）缉衩条：拉直开衩，衩条夹住袖片进行缝制，袖衩止口处缝份逐渐减小，继续缉至开衩止点纵向记号处停车，保持机针的低位以便固定袖衩，调整方向后缉缝另一侧开衩，如图6－6（c）所示。要求不能漏缉袖片和下层衩条，缉线止口均匀（0.1cm）。

（4）封上口：衩条转折处从反面将袖衩条斜向封三角（注意封口线迹不能超出缉缝衩条的线迹），如图6－6（c）所示。要求开衩平服、封口牢固。

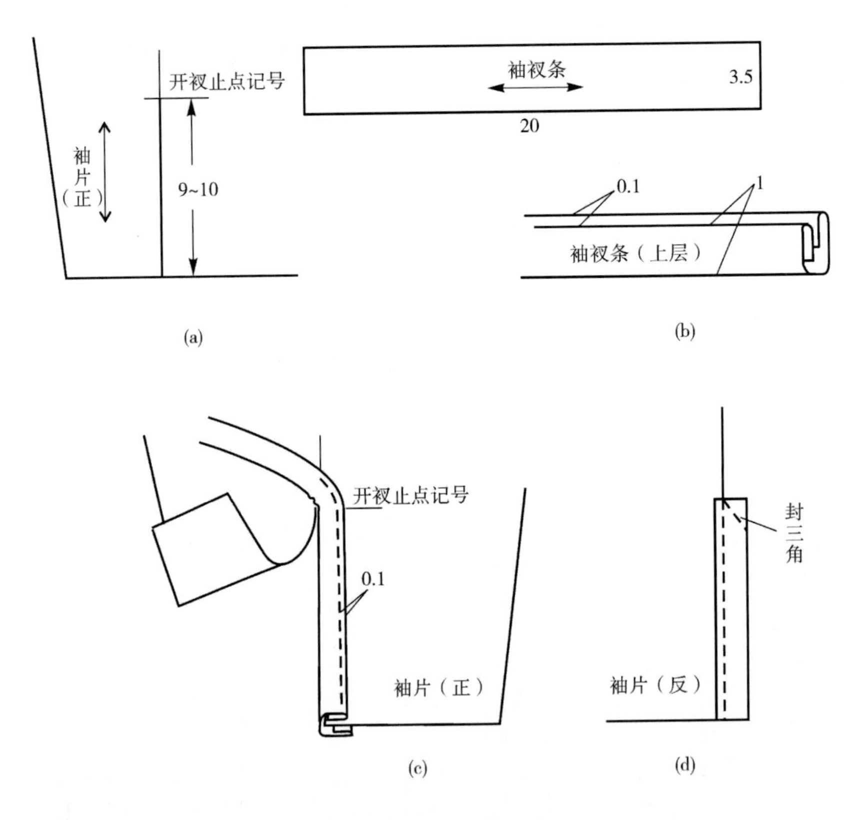

图6－6　条形衩工艺

（四）宝剑头袖衩

宝剑头袖衩主要用于男衬衫。其制作步骤如下：

1. 裁衩条　裁剪袖衩条，如图6－7（a）所示。

2. 制作

（1）扣烫衩条：按净样制硬样板，将衩条裁片缝份扣烫好，再折叠熨烫，使下层比上层宽0.1cm，如图6－7（b）所示。

（2）剪开衩：如图6－7（c）所示，在袖片上剪“Y”形开衩。

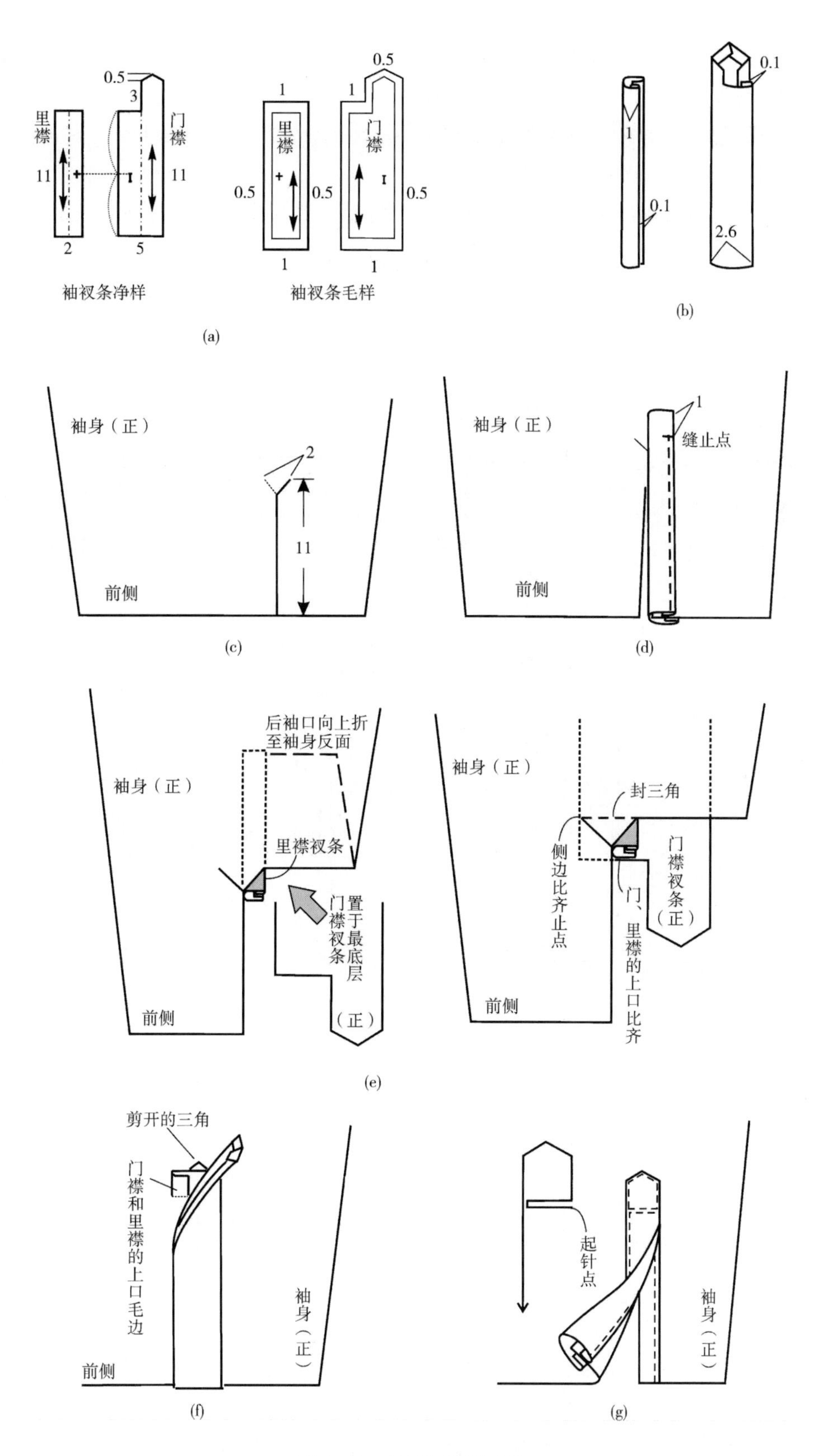
0.5
3
里襟
门襟
11
11
2
5
袖衩条净样
0.5
1
1
里襟
门襟
0.5
0.5
0.5
1
1
袖衩条毛样
(a)
0.1
1
0.1
2.6
(b)
袖身（正）
2
11
前侧
(c)
袖身（正）
1
缝止点
前侧
(d)
后袖口向上折至袖身反面
袖身（正）
里襟衩条
门襟衩条置于最底层
（正）
前侧
袖身（正）
封三角
侧边比齐止点
门、里襟的上口比齐
门襟衩条（正）
前侧
(e)
剪开的三角
门襟和里襟的上口毛边
袖身（正）
前侧
(f)
起针点
袖身（正）
(g)

图6－7 宝剑头袖衩工艺

（3）缉里襟：里襟衩条夹住后侧衩口缉缝至开衩止点，缉线 0.1cm（注意不能漏缉），如图6－7（d）所示。

（4）缉三角：如图6－7（d）所示，将后侧袖口部分向上折至袖身反面；剑形衩条展开，正面朝上，剑头朝向袖口方向，插入袖身之下；注意剑形衩条内层的上口与里襟条的上口比齐，侧边对齐“Y”形剪开的止点；沿剪开的三角底边往返 2～3 次缉缝。

（5）缉剑形衩条：如图6－7（e）所示，翻下后侧袖口，整理剑形衩条；夹住前侧衩口，如图6－7（e）所示方向缉缝。要求袖衩平服，缉线顺直，无毛无漏，上端封口牢固。

三、门襟工艺

（一）圆角对襟

圆角对襟多用于女装和童装，是左门襟夹装搭门，右里襟夹装纽襻的款式，如图6－8所示。制作步骤如下：

1. 裁片 如图6－8（b）所示，裁剪门襟、里襟贴边，搭门和纽襻布。贴边宽度 5cm，搭门宽度 8cm，纽襻条尺寸 16cm×1.5cm。

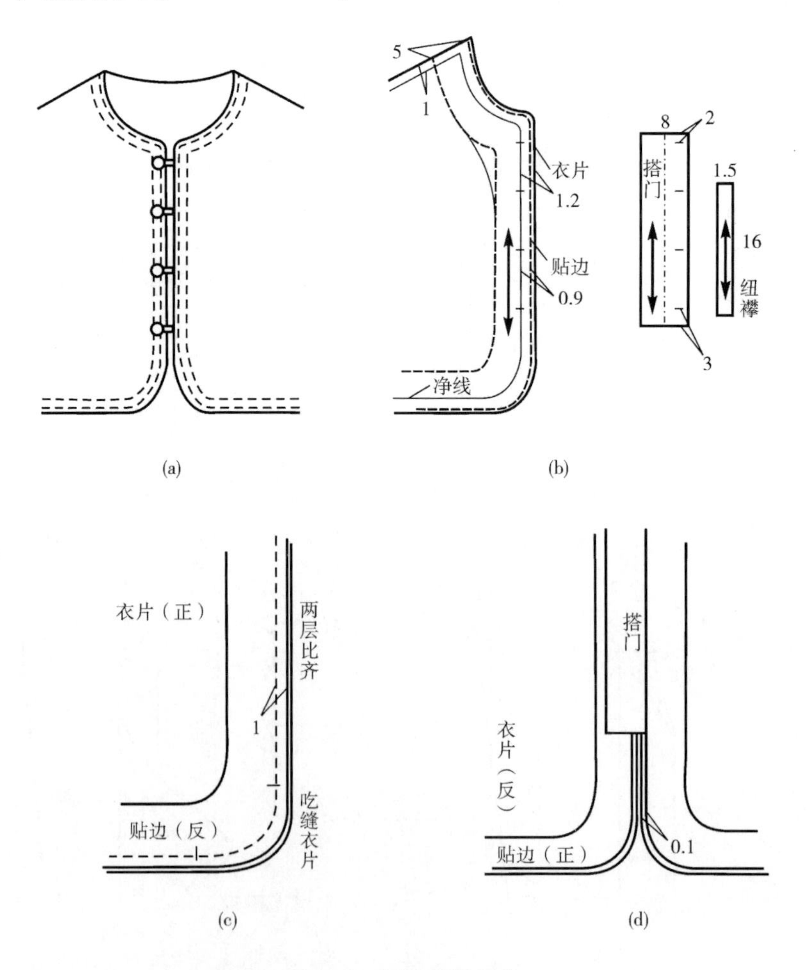

图6－8 圆角对襟工艺

2. 制作

（1）制作纽襻及搭门：缝搭门两端，然后翻正；顺长度方向缝纽襻条，翻正并四等分剪断，分别绷钉在右衣片对应位置。

（2）缝贴边：如图6－8（c）所示，将贴边与衣片正面相叠，沿净线外侧0.1～0.2cm车缝，下摆圆角处略吃进衣片。

（3）做门襟：如图6－8（d）所示，翻正衣片，止口处衣片反吐0.1～0.2cm，熨烫平服，缉双明线。

（二）明门襟

明门襟多用于休闲衬衫。门襟净宽度为搭门宽的2倍，两侧对称缉止口。常见的明门襟工艺有三种，如图6－9所示。

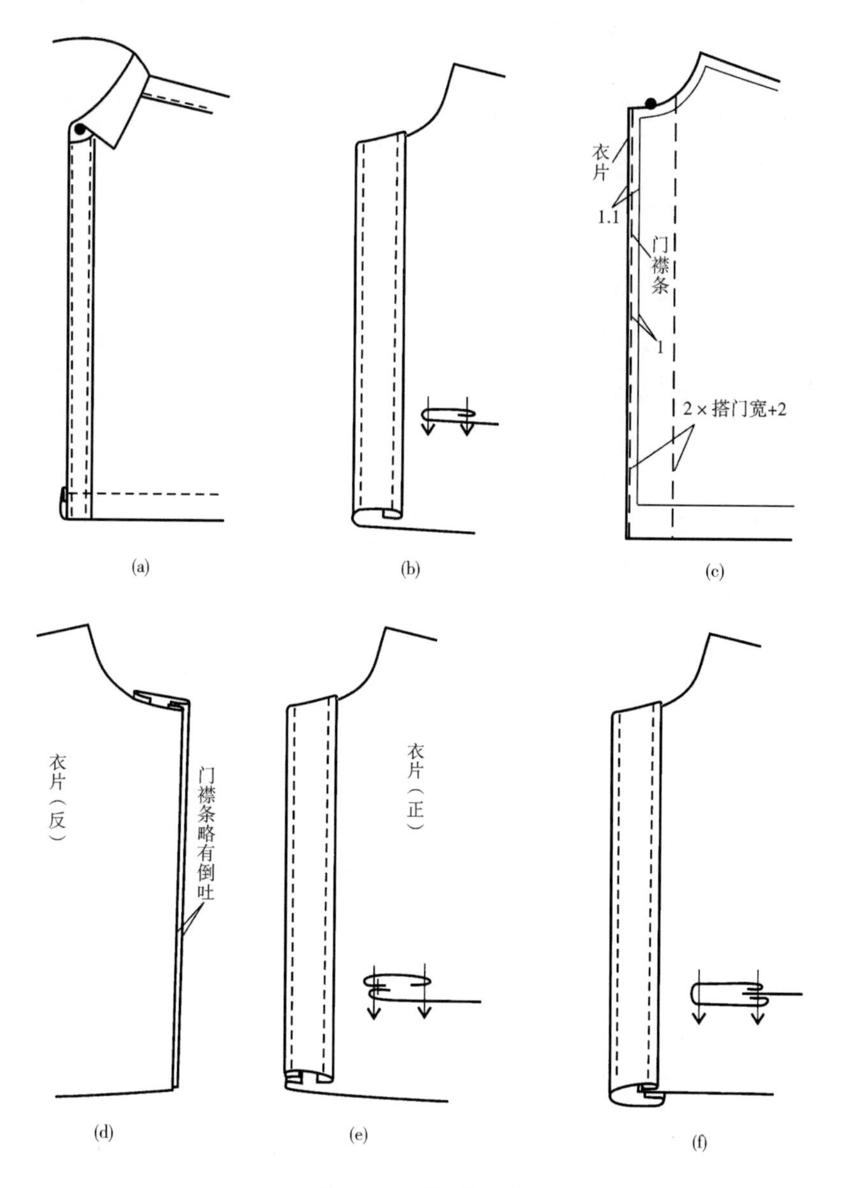

图6－9　明门襟工艺

1. 连裁式 连裁式明门襟是将与衣片连裁的贴边直接外翻作为门襟，只能用于正反面相同的面料，批量生产时很少用此方法。

（1）裁片：左衣片连裁明门襟，宽度为2×搭门宽+1cm（注意领口弧度）。

（2）黏衬：贴边反面全黏6cm宽的无纺布黏合衬。

（3）扣烫：取3cm宽纸板（长度大于门襟长度约5cm）作为熨烫样板，扣烫门襟两侧的止口。

（4）缉线：距离门襟两侧止口0.1cm分别缉线，如图6-9（b）所示。

2. 单层另装式 单层另装式是最常见的明门襟工艺，只另装门襟的上层。

（1）裁片：如图6-9（c）所示，裁剪门襟条（注意领口弧度）、左衣片局部。

（2）黏衬：门襟条反面全黏无纺布黏合衬。

（3）扣烫：取3cm宽纸板（长度大于门襟长度约5cm）作为熨烫样板，扣烫门襟两侧的止口。

（4）缝装门襟：将门襟条（正）与左衣片（反）相叠，上下层比齐车缝止口，缝份1cm；劈开缝份后，翻正门襟条，压烫止口，注意门襟条略有反吐，如图6-9（d）所示。

（5）缉线：距离门襟两侧止口0.1cm分别缉线，如图6-9（e）所示。

3. 双层另装式 双层另装式明门襟是将门襟部位的双层连裁，衣片去掉搭门宽度，留出1cm缝份；扣净门襟内外层止口后与衣片车缝连接，如图6-9（f）所示。

这种工艺难度较大，且门襟缝份叠加、厚度差异较大，实际应用较少。

明门襟工艺要求门襟平服，宽度一致，缉线顺直。

（三）半明门襟

半明门襟多用于男、女T恤、毛衣等，其缝制步骤如下：

1. 裁片 按规格裁剪门襻、里襟、装领滚条，如图6-10（b）所示。

2. 制作

（1）黏衬：门襻、里襟黏全衬，沿中线对折烫好，扣烫一侧缝份0.7cm。

（2）装门、里襟：将门、里襟对称装在开口两侧，起落针要回针，如图6-10（c）所示。

（3）剪开口：从领口开始沿门、里襟间的中线剪“Y”形开口。注意剪三角时必须将门、里襟片掀开，三角正好剪到距离最后一个针眼1~2根布丝，如图6-10（d）所示。

（4）翻正门、里襟：门、里襟分别从剪口处翻正，缝份倒向门里襟。

（5）封三角：掀开衣片，摆正门、里襟，沿三角底边缉线，重复缉三次，如图6-10（e）所示。要求缉线正好到位，偏上会使正面横向打褶，偏下会使三角根部毛露。

（6）绱领：合肩缝，滚条式装领。门、里襟的贴边按止口线向正面折转，衣领夹在两层中间，滚条在最上层，领的两端分别与衣片领口剪开处对齐；上下层边缘比齐、沿领口缝合，距装领滚条边缘0.7cm，如图6-10（f）所示；翻正装领滚条，滚条包卷缝份后与衣片固定，缉止口0.1cm，如图6-14（g）所示。

（7）缉明线：翻正门、里襟，沿止口缉线固定，注意下层不能漏缝，如图6-10（h）所示。

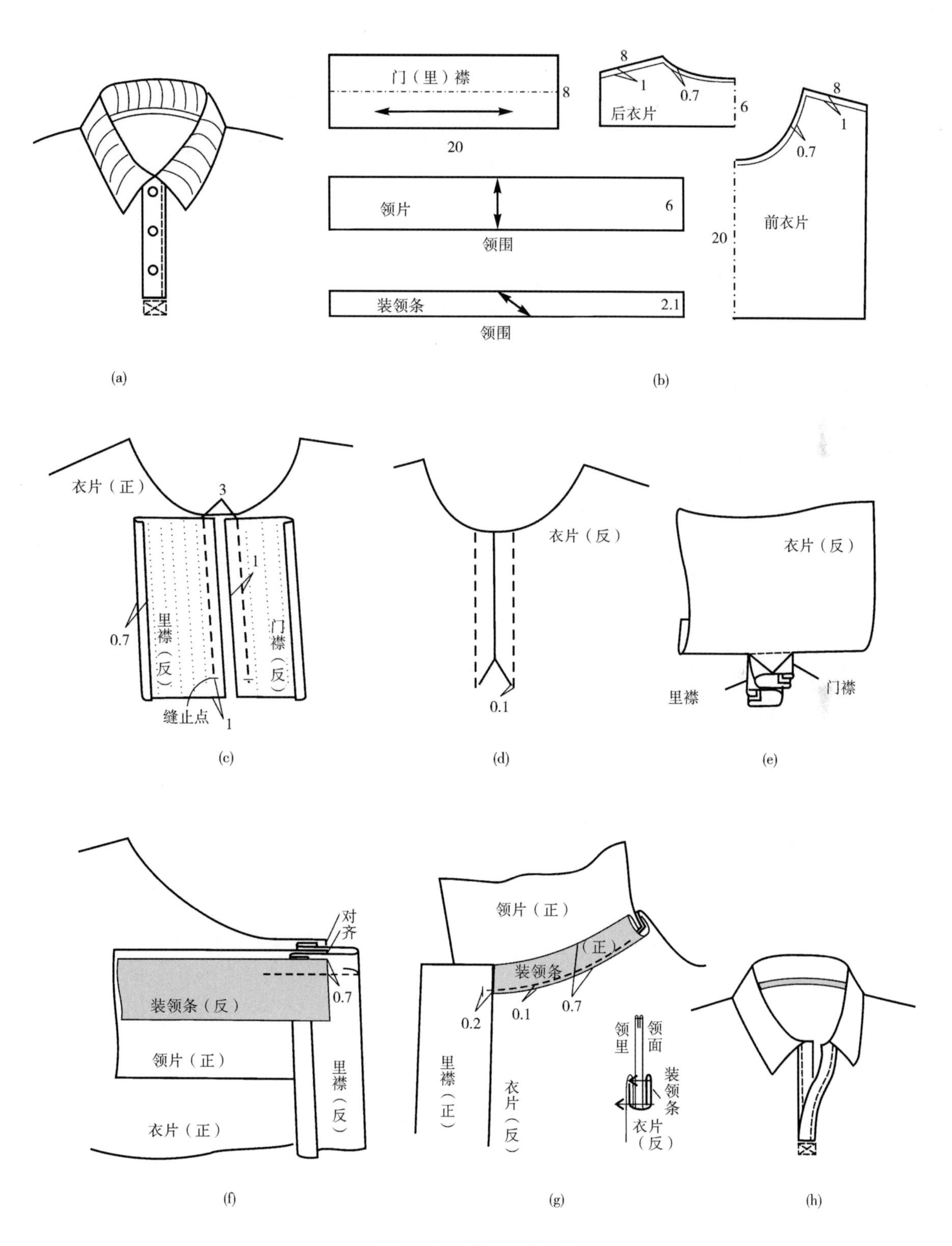

门（里）襟
8
20
后衣片
1
0.7
6
领片
6
领围
前衣片
20
装领条
2.1
领围
(a)
(b)
衣片（正）
3
1
0.7
里襟（反）
门襟（反）
缝止点
1
(c)
衣片（反）
0.1
(d)
衣片（反）
里襟
门襟
(e)
对齐
装领条（反）
0.7
领片（正）
里襟（反）
衣片（正）
(f)
领片（正）
（正）
装领条
0.2
0.1
0.7
里襟（正）
衣片（反）
领里
领面
装领条
衣片（反）
(g)
(h)

图6－10 半明门襟工艺

四、领子工艺

（一）衬衫立领

衬衫立领工艺，如图6－11所示，缝制步骤如下：

1. 裁片 如图6－11（b）所示，裁剪领里、领面、领面无纺衬（全衬），领面略大于领里。

2. 制作

（1）黏衬：领面黏衬。

（2）做领：缝领里、领面，缝份1cm，止口处略吃进领面；修剪缝份至0.7cm，扣烫领面下口缝份，翻至正面，熨烫止口，注意领面略反吐，如图6－11（c）所示。

（3）绱领：骑缝装领，先里后面。可先将领面下口缝份扣烫固定，所有缝份夹在两层领片之间，沿领面的下口缉线，再缉0.1cm止口线，刚好盖住第一条线。顺缉领上口明线，缉线宽度根据工艺要求确定，如图6－11（d）所示。

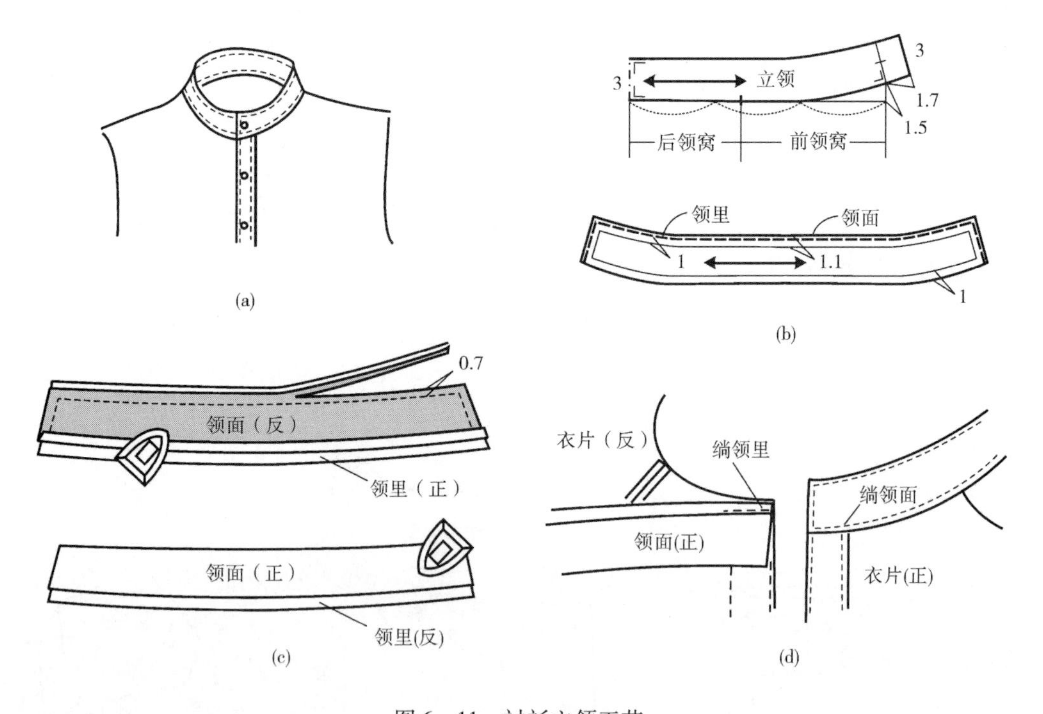

图6－11 衬衫立领工艺

（二）中式立领

中式立领工艺，如图6－12所示，缝制步骤如下：

1. 裁片 如图6－12（b）所示，裁剪领面、领里、领面有纺衬（净衬），领面略大于领里。

2. 制作

（1）黏衬：领面黏衬，先黏中部，然后拎起领子，分别向两端熨烫，围作立体状，烫出两端窝势。

（2）制作领：如图6－12（c）所示，沿领净线让出0.1cm车缝，两端下口各留一个缝份宽，领角处下层领里稍拉紧，做出领角窝势；修剪缝份呈阶梯状，领面留0.5cm，领里留0.3cm；翻至正面，熨烫止口，领面止口吐出0.1cm，如图6－12（d）所示。要求领止口无坐势，领角两端圆顺对称。

（3）绱领：修剪领面下口缝份为0.7cm，如图6－12（d）所示，然后装领面，缲领里。

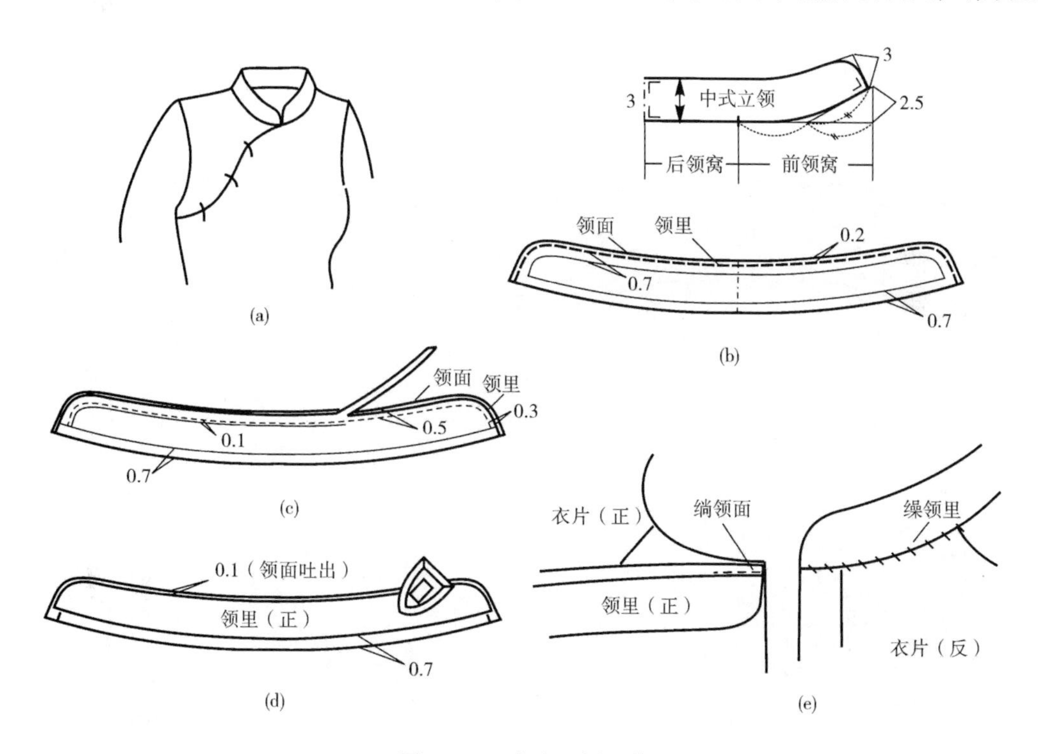

图6－12　中式立领工艺

（三）尖角翻领

尖角翻领工艺，如图6－13所示，缝制步骤如下：

1. 裁片　如图6－13（b）所示，裁剪领里、领面、领面衬（全衬），领里在净样四周放出缝份0.7cm，领面在净样四周放出缝份0.9cm。

2. 制作

（1）黏衬：领面黏衬，薄料领面黏薄全衬，厚料领面黏厚净衬，先黏中部，然后拎起领子，分别向两端熨烫，最后烫领角，注意烫出领角窝势。

（2）制作领：如图6－13（c）所示，领面在上、领里在下车缝领止口，上、下层边缘对齐；沿领面净线外0.1cm（薄料）或0.2cm（厚料）车缝，领角处拉紧领里，吃进领面，做出领角窝势；然后修剪领角缝份至0.3cm，并翻正领子烫实止口，领面止口吐出0.1cm（注意保持领角窝势），修剪下口缝份为0.7cm并熨烫，熨烫时应左手向上拎起领的中部、右手执熨斗，边烫边由领角处退出，如图6－13（d）所示。要求领角对称、自然窝服，止口顺直、无坐势。

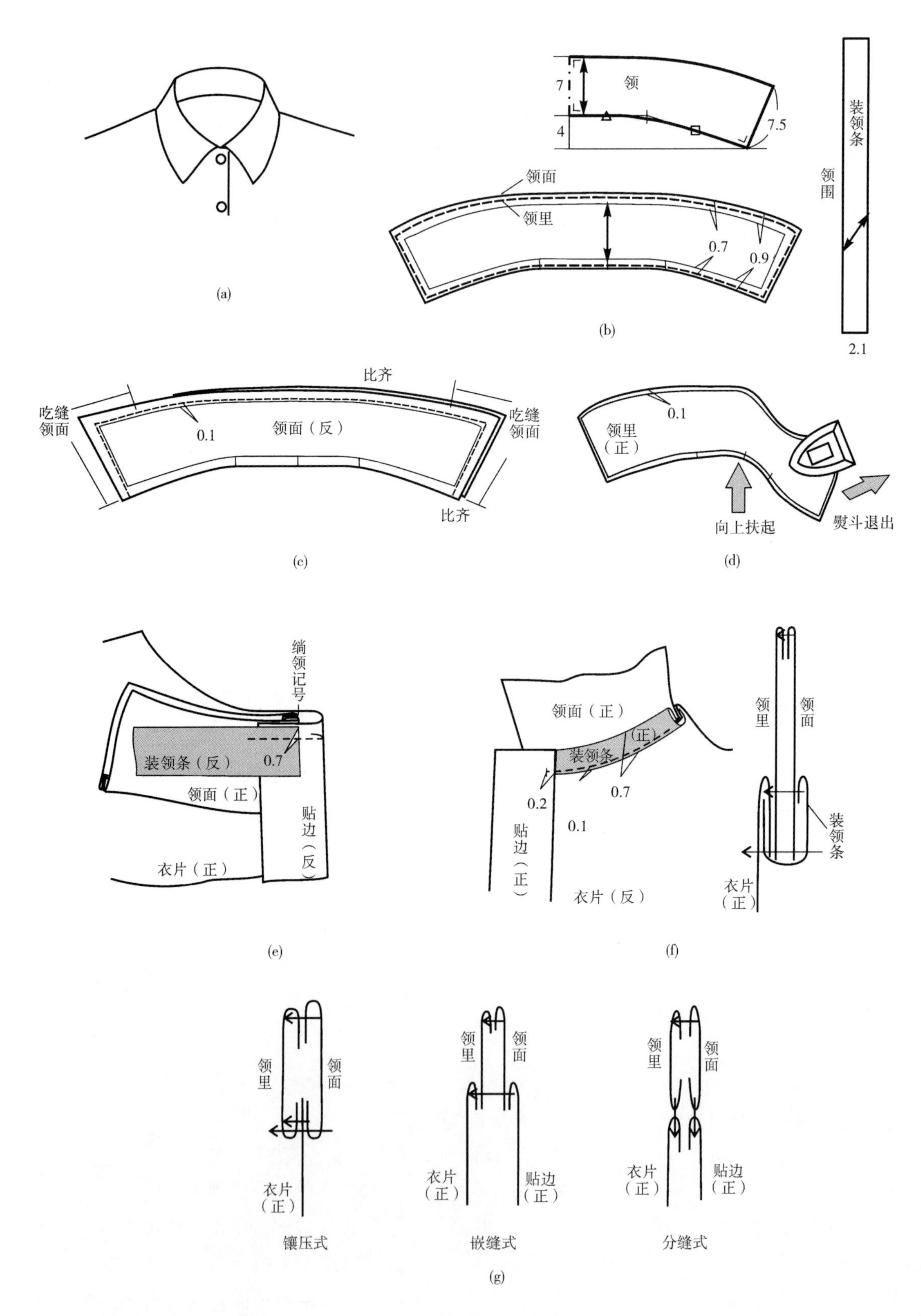
(a)
7
4
领
7.5
领面
领里
0.7
0.9
(b)
装领条
领围
2.1
比齐
吃缝
领面
0.1
领面（反）
吃缝
领面
比齐
(c)
0.1
领里
（正）
向上扶起
熨斗退出
(d)
绱领记号
装领条（反）
0.7
领面（正）
贴边（反）
衣片（正）
(e)
领面（正）
（正）
装领条
0.7
0.2
0.1
贴边（正）
衣片（反）
领里
领面
装领条
衣片（正）
(f)
领里
领面
衣片（正）
镶压式
领里
领面
衣片（正）
贴边（正）
嵌缝式
领里
领面
衣片（正）
贴边（正）
分缝式
(g)

图6－13 尖角翻领工艺

（3）绱领：如图6－13（e）所示，先将门、里襟的贴边按止口线位置向正面折转，车缝搭门的上口，缝份0.6cm；在绱领点以内，在领口缝份上斜向打剪口，剪至距离缝线止点0.2cm；翻正贴边，留出绱领缝份。绱领，先里后面，如图6－13（f）所示。

如果衣服领口有贴边或者带里子，可以采用以下的绱领方法，如图6－13（g）所示：一是嵌缝式，将衣片面与贴边正面相对，领夹在中间缝合，缝份倒向衣片。二是分缝式，分别将领面与里子领口（贴边）缝合，领里与衣片领口缝合，各自劈缝后用手针固定领口里、面的缝份。

（四）两用领

两用领的止口多缉有明线，绱领方法略有不同，其工艺如图6－14所示。

1. 裁片 如图6－14（b）所示，裁剪领里、领面、领面衬（全衬）。

2. 制作

（1）黏衬：领面黏无纺布黏合衬。

（2）制作领：如图6－14（c）所示制作领子，根据工艺要求沿止口缉明线0.2cm。另外，为绱领方便，领面下口打剪口，在贴边的领圈上量取▲的量，然后在领面下口相应位置打剪口，扣烫剪口之间的下口线，缝份0.7cm。

（3）绱领：绱领要先里后面。绱领里如图6－14（d）所示，领里与衣片正面相对，对正绱领点、侧颈点、后中点；将门、里襟贴边按止口线反折，盖在领面上，距边缘0.7cm车缝；分别在距离门、里襟贴边里口线1cm处打剪口。翻正如图6－14（e）所示，翻正贴边，将绱领缝份塞入两层领片之间，注意不能有坐势。缉领面如图6－14（f）所示，整理领面，扣烫好的领面下口刚好盖住领里绱领线，距下口0.1cm车缝固定领面。

（五）立翻领

立翻领多用于男衬衫，其缝制步骤如下：

1. 裁片 如图6－15（b）所示，按规格裁出领里、领面、领衬。翻领面比翻领里长0.3cm、宽0.1cm，缝份均为0.7cm；翻领面需要全衬，有时还需要领角加强衬（净衬）。领座两片大小相同，缝份均为0.7cm；领座衬下口放缝0.7cm，前端为净缝。

2. 制作

（1）领面黏衬：翻领面黏衬时，先黏中部，然后拎起领面黏领角，使领角自然有窝势。领座面黏衬时，对齐上口，下口和两端留出缝份平黏。要求黏合牢固，无起泡、皱缩现象。然后扣烫领座下口缝份（0.7cm），如图6－15（c）所示。

（2）缝翻领：如图6－15（d）所示，沿领面衬净线外侧0.1cm缉缝两端及上口，缝领角时需稍拉紧下层领里，做出自然窝势。要求起落针回针，两领尖不缺针，两角对称。

（3）翻正：修剪领角处缝份至距缉线0.2cm，将缝份折转，领子翻正，用锥子尖沿线迹翻出尖角。要求两尖无毛露，大小一致，两领角自然窝服。

（4）烫翻领：领里朝上，由外口向内口熨烫。要求止口烫平，整齐不外吐，无坐势，领子左右对称，保持领角窝势。

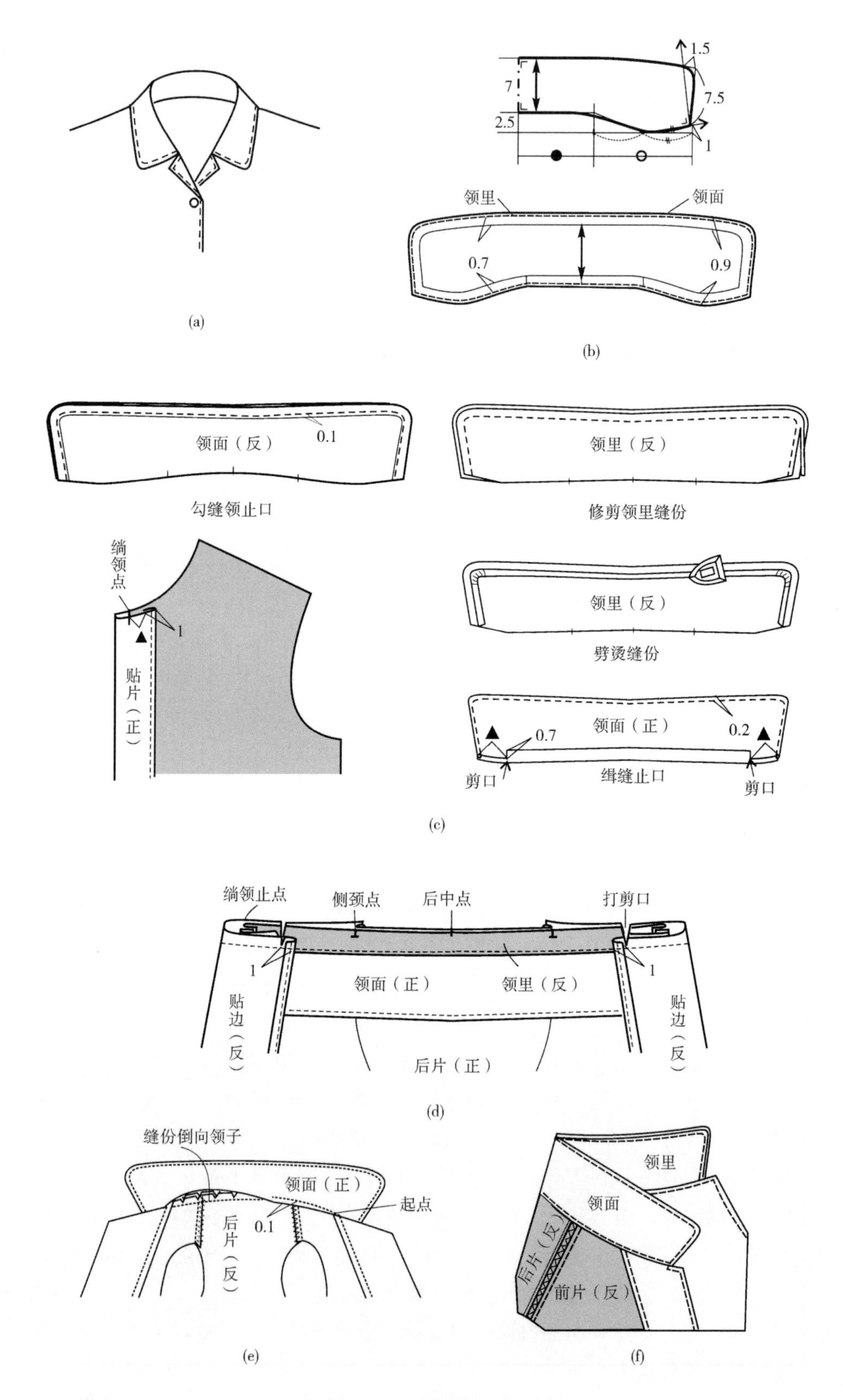

(a)
1.5
7
7.5
2.5
1
领里
领面
0.7
0.9
(b)
领面（反）
0.1
勾缝领止口
领里（反）
修剪领里缝份
绱领点
1
贴片（正）
领里（反）
劈烫缝份
领面（正）
0.7
0.2
剪口
缉缝止口
剪口
(c)
绱领止点
侧颈点
后中点
打剪口
1
领面（正）
领里（反）
1
贴边（反）
后片（正）
贴边（反）
(d)
缝份倒向领子
领面（正）
起点
0.1
后片（反）
(e)
领里
领面
后片（反）
前片（反）
(f)

图6－14　两用领工艺

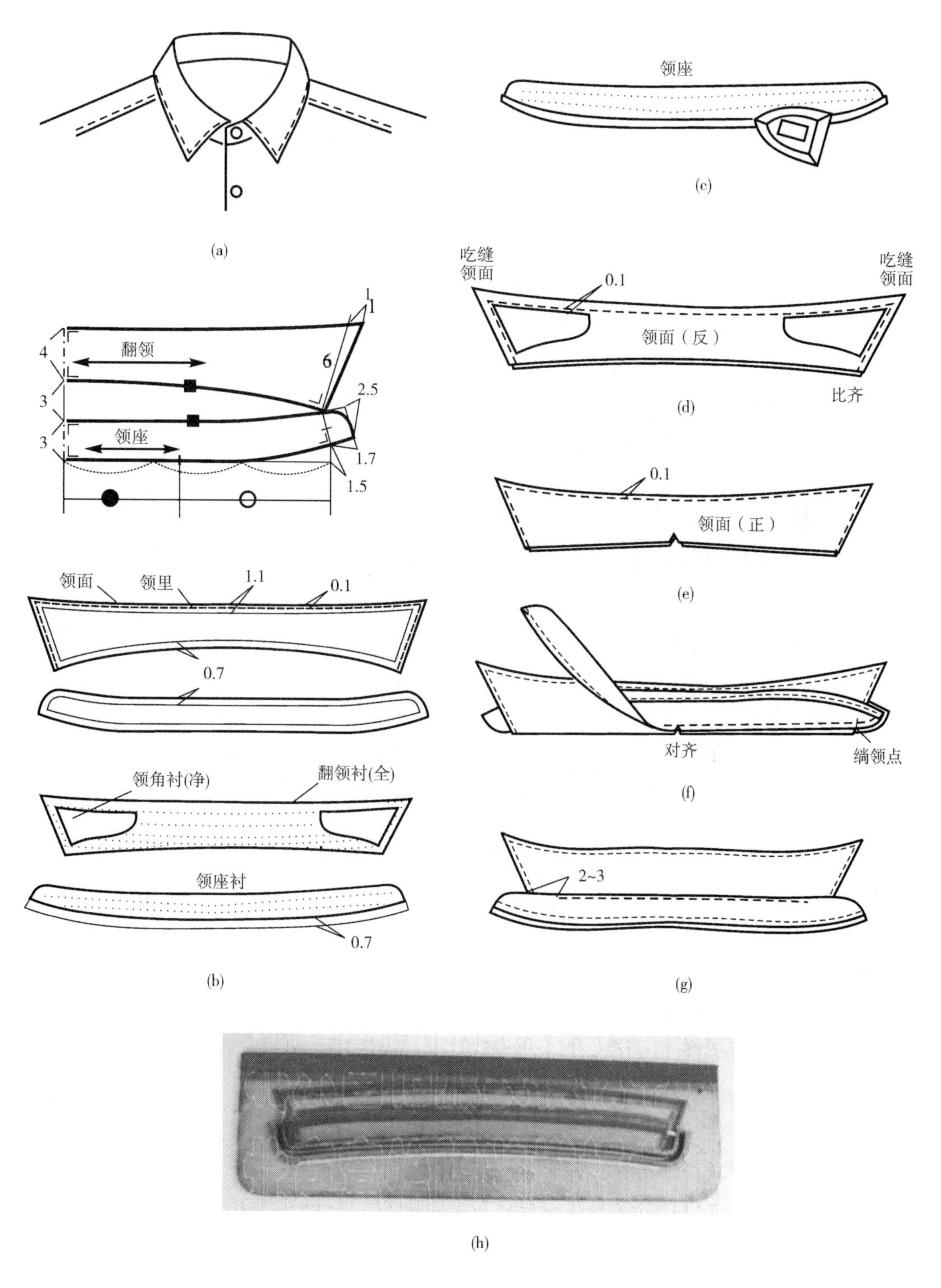

图 6－15　立翻领工艺

（5）缉止口：止口宽度依工艺要求而定，和服装其他部位一致。缉缝时领面在上，需要一边缉一边稍推送领面，缉好的翻领对折并在下口中间处打剪口（0. 2cm），如图 6－15（e）所示。要求领角外口 10cm 内不可接线，领尖缉足，线迹整齐，无跳针；领面平整、不反吐；

两角保持自然窝势。

（6）折领座下口边：将扣烫好的领座面下口缉线0.6cm，并在两片领座上口中间作对位记号。要求缉线顺直，止口均匀，两端1/3内不可接线。

（7）装翻领：翻领夹在领座里和面中间，沿领座衬净线外侧0.1cm缉合。注意对齐四层的中间剪口和两端装领点，下层不可有吃势，如图6－15（f）所示。要求起落针回针，缝份宽窄均匀，缉线顺直，两端对称。

（8）翻烫领座：先修剪圆头处缝份，约留0.3cm，翻出圆头，翻正领座里和面，并压烫止口。要求领座圆头圆顺、美观，左右对称，止口不反吐、无坐势。

（9）固定领座：沿翻领、领座接合处，在领座一侧缉线0.1cm，起落针均在翻领两端内侧2～3cm处，如图6－15（g）所示。要求线迹整齐、顺直，反面平服无漏缝。

绱领座时使用领座模板可以简化工艺，如图6－15（h）所示。

五、思考与实训

（1）练习明缝尖角贴袋、暗缝圆角贴袋、明缝风琴式贴袋工艺。

（2）练习垫布式袖衩、条形袖衩、宝剑头袖衩缝制工艺。

（3）练习半明门襟缝制工艺。

（4）练习尖角翻领与立翻领缝制工艺。

第二节　女衬衫缝制工艺

✲课前准备

• 材料准备

1. 面料

（1）面料选择：女衬衫适合的材料比较多，精梳全棉布（泡泡纱、细平纹织布、牛津布、格子布）、真丝、双绉、涤棉、麻、化纤织物、薄型毛料织物等均可，可根据用途以及穿着场合进行选择，挑选时以轻、薄、软、爽、挺、透气性好为理想。

（2）面料用量：幅宽144cm，用量为衣长＋袖长＋10cm，约为120cm。幅宽不同时，根据实际情况酌情加减面料用量。

2. 其他辅料

（1）纽扣：8粒树脂纽扣，颜色、图案要与面料相配，大小与衬衫整体相协调。

（2）无纺衬：幅宽90cm，用量约为60cm。

（3）缝线：准备与面料颜色及材质相匹配的缝线。

（4）打板纸：整张绘图纸3张。

• 工具准备

备齐制图常用工具与制作常用工具。

●知识准备

提前准备女装上衣原型衣片净样板，复习女衬衫样板绘制的相关知识。

一、款式特征概述

本款女衬衫为圆角翻领，6粒纽扣，腋下收胸省，外观较合体，略收腰。泡泡袖，袖口收细褶，条形袖衩，方角窄袖克夫，圆下摆，如图6-16所示。

图6-16　女衬衫款式图

二、结构制图

1. 制图规格　制图规格见表6-1所示。

表6-1　女衬衫规格尺寸　　单位：cm

号型	胸围（B）	后衣长（L）	袖长（SL）	袖口大	袖克夫宽
160/84A	84+12（放松量）	58	52	24	3

2. 衣身原型的调整　应用新文化式原型样板进行女衬衫样板的绘制，首先需要对原型样板中的胸省、肩省进行转移处理，如图6-17所示。

后衣身：原型中后肩省的1/3转移至袖窿，作为后袖窿松量。

前衣身：原型中胸省的1/3留作前袖窿松量，2/3转移至腋下。

3. 女衬衫结构制图　女衬衫衣片结构制图如图6-18所示，袖片与领片结构如图6-19所示。

三、放缝与排料

女衬衫面料裁片的放缝与排料，如图6-20所示。图中未特别标明的部位放缝量均为1cm。

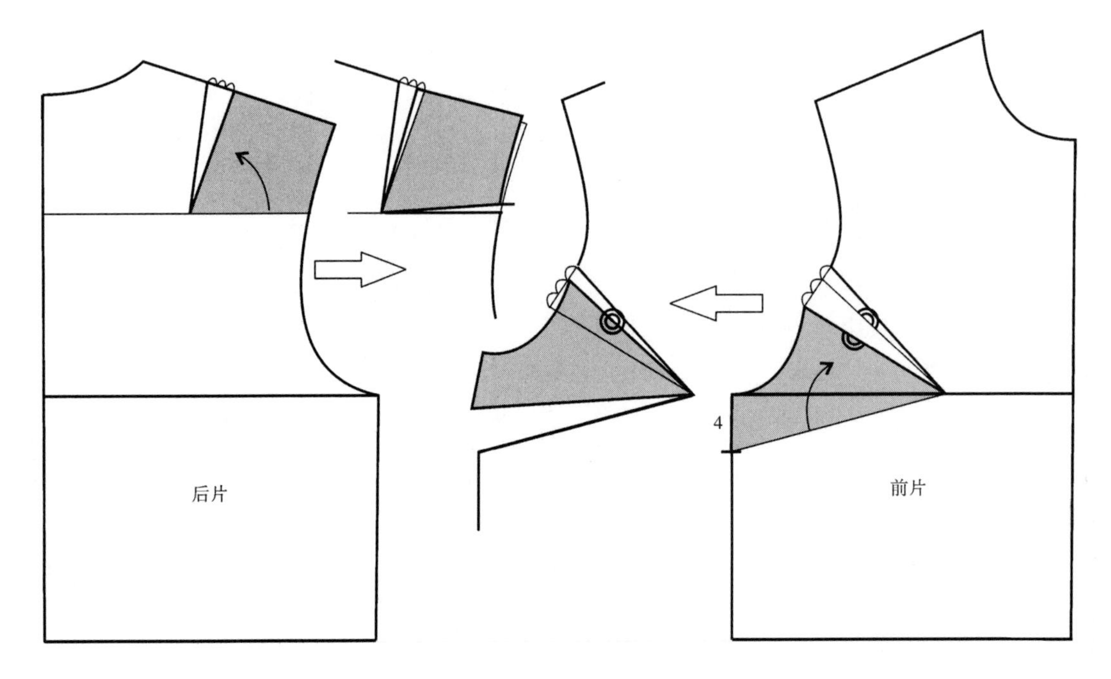

图6－17 省转移

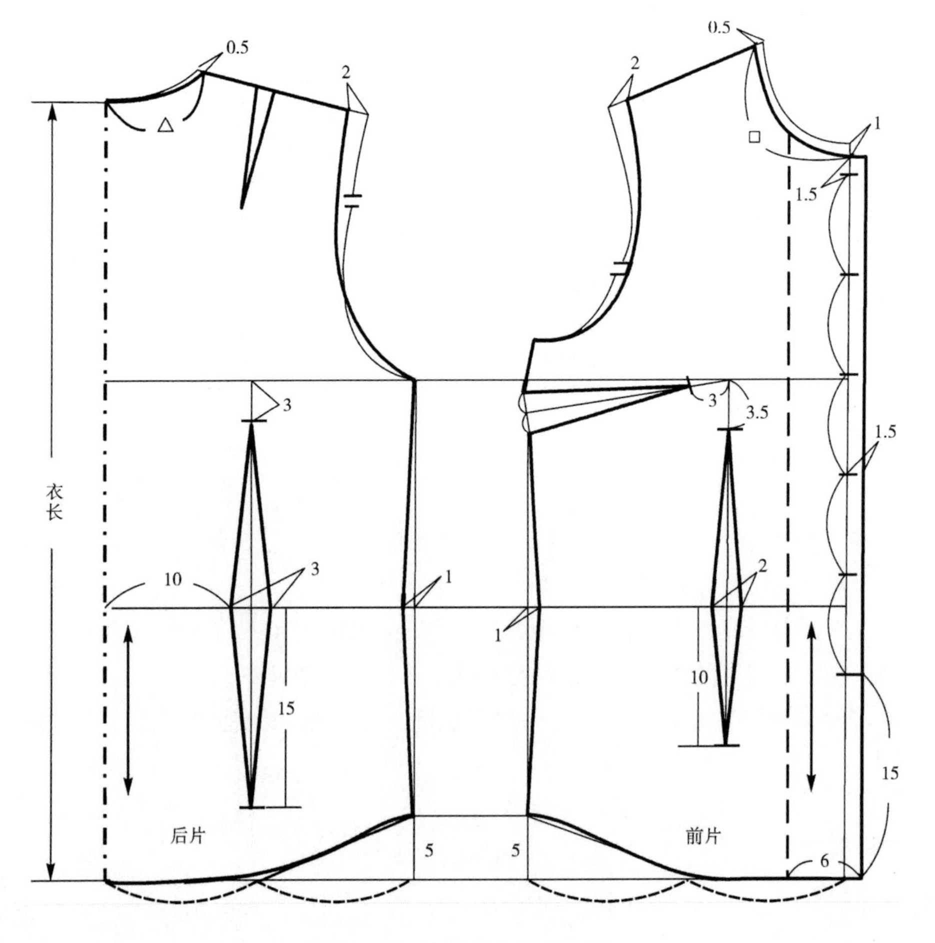

图6－18 女衬衫衣片结构图

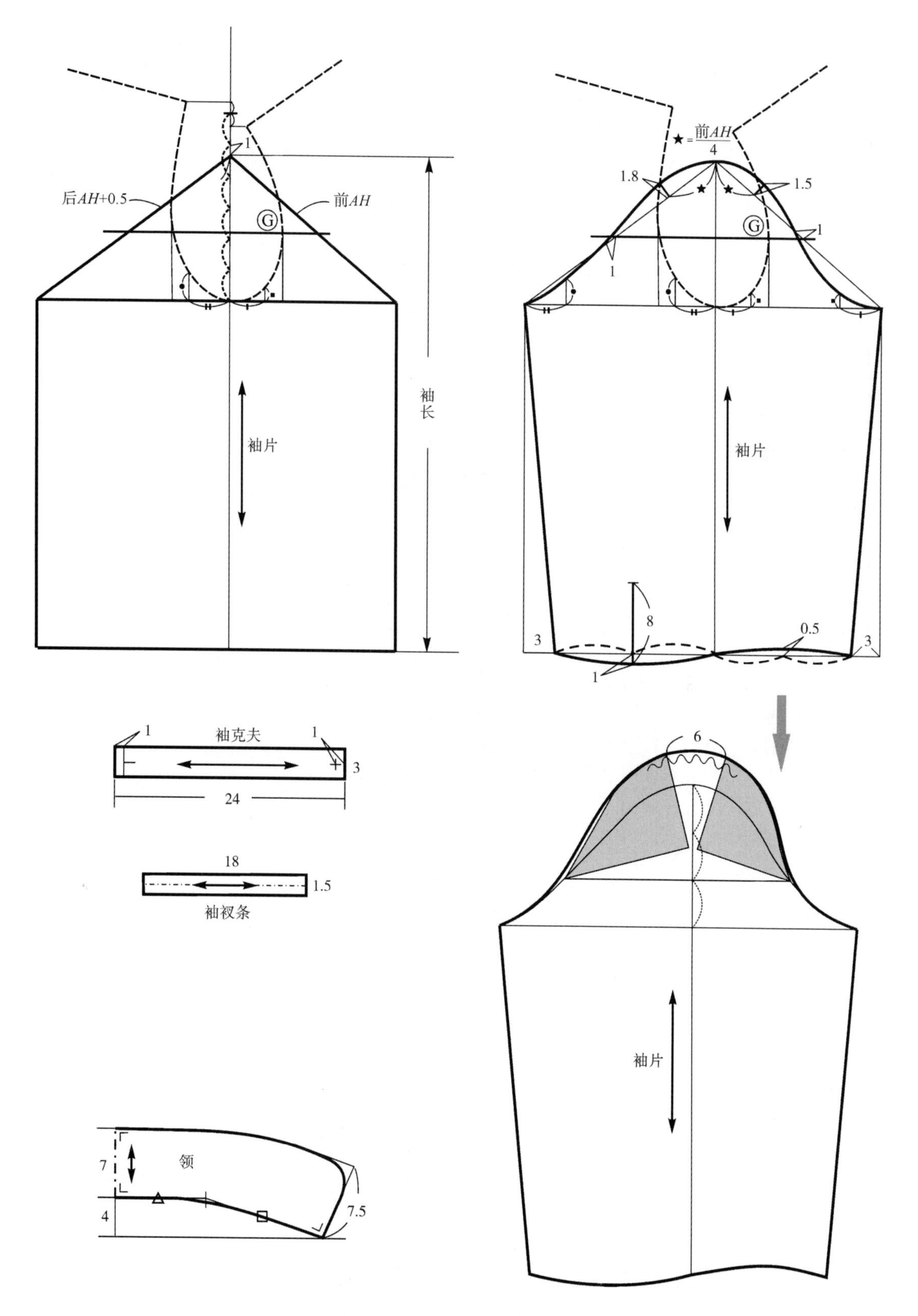

图6－19　女衬衫领、袖结构图

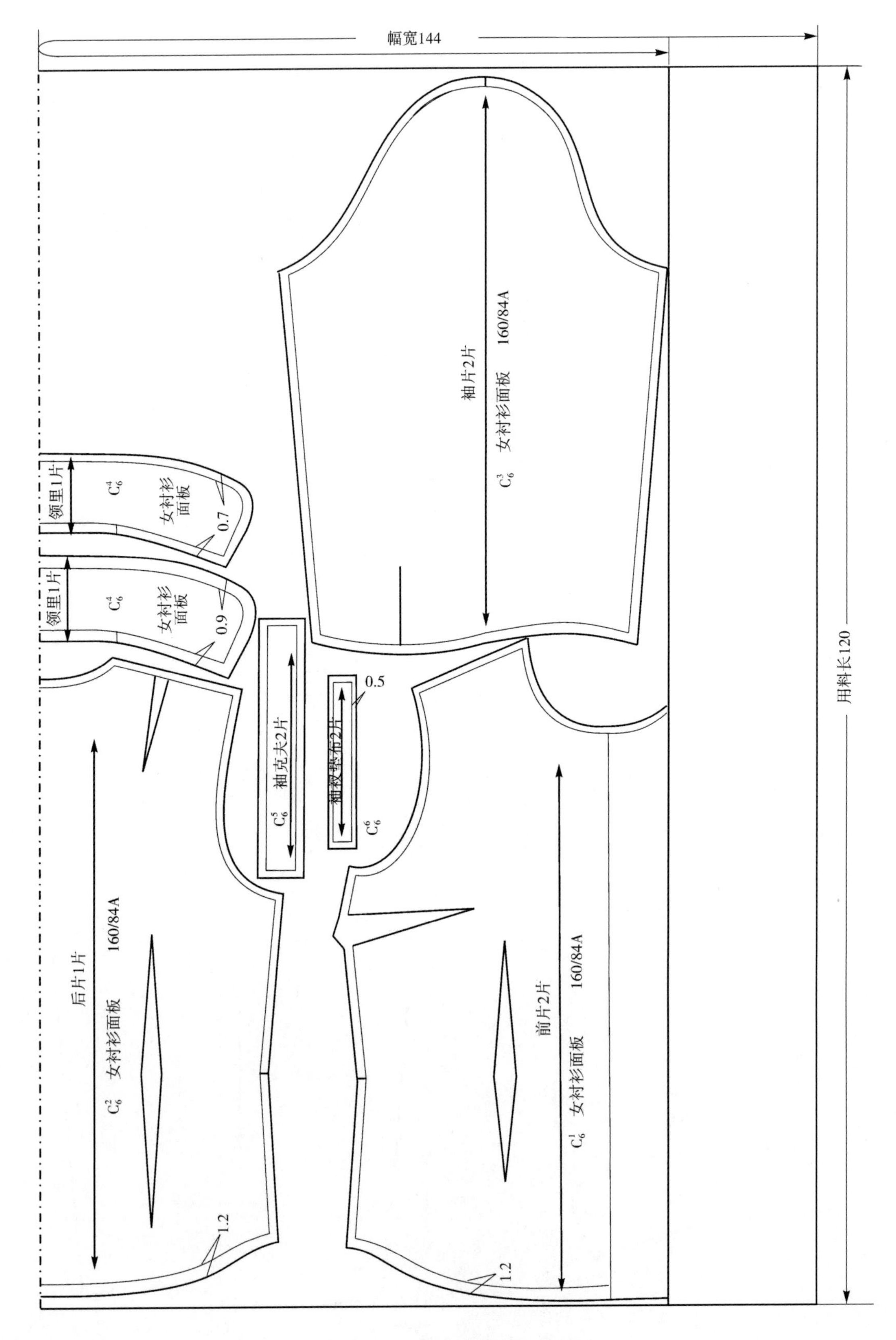

图6－20 女衬衫裁片放缝排料图

四、缝制工艺

（一）缝制工艺流程框图

女衬衫缝制工艺流程，如图6－21所示。

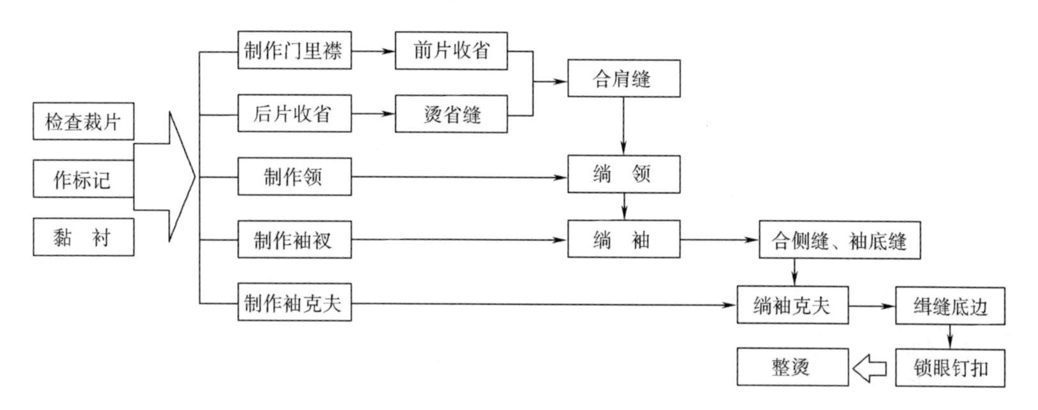

图6－21　女衬衫缝制工艺流程

（二）缝制准备

1. 检查裁片

（1）检查数量：对照排料图，清点裁片是否齐全。

（2）检查质量：认真检查每片裁片的用料方向、正反、形状是否正确。

（3）核对裁片：复核定位、对位标记，检查对应部位是否符合要求。

2. 作标记　按照样板在前、后片有省道的部位标出省位，袖片上标出袖衩的位置，在前中止口线处作剪口标记。

（三）缝制说明

1. 黏衬　前片过面部分和领面黏无纺衬。根据个人需要，领面可再黏角衬。

2. 制作门里襟

（1）黏衬：前片门襻黏衬，要求超出前中心线0.7cm。

（2）缉边：将门里襟扣烫1cm，沿折边线车缝0.1cm固定，如图6－22所示。

（3）扣烫：从上向下沿止口线扣烫门里襟，要求止口顺直。

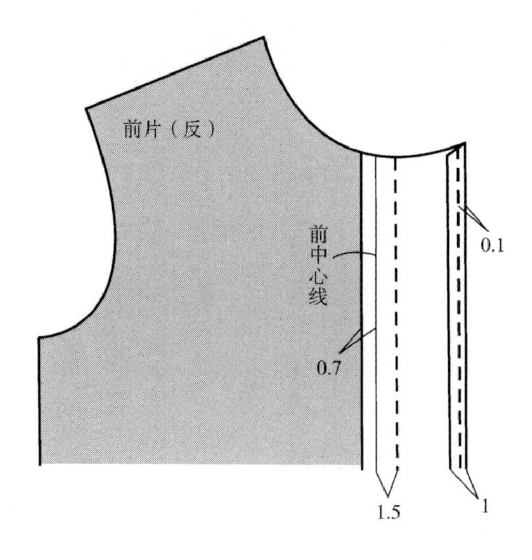

图6－22　扣烫门襟

3. 收省　缉胸省、后肩省和腰省。要求缉线顺直，起针回针，省尖缉尖，左右对称。前、后腰省分别向前中、后中烫倒，腋下省向上烫倒，如图6－23所示。烫省时省尖部位要烫圆，不能有褶皱，烫好的省缝要顺直。

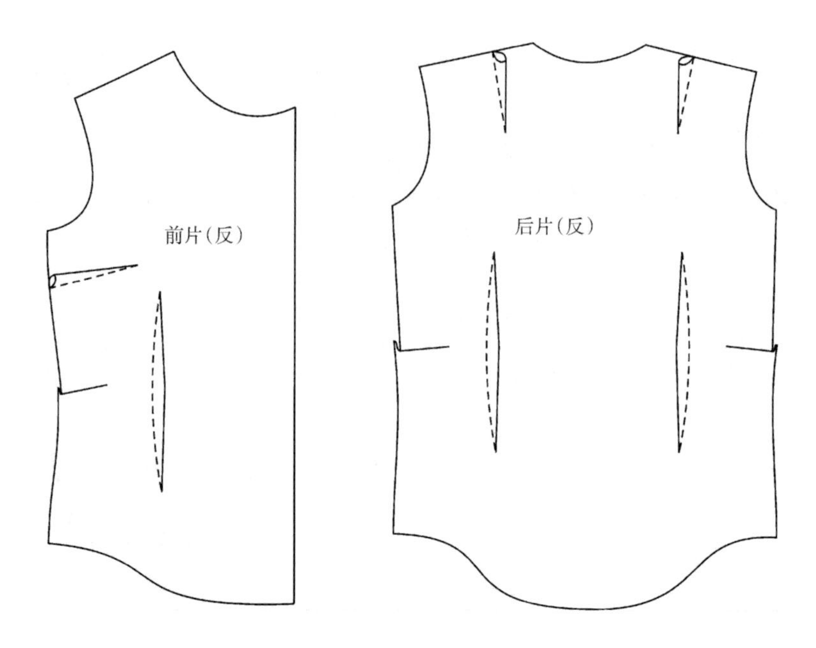

图6－23　省道的处理

4. 合肩缝　前、后肩缝正面相对，1cm 缝份车缝，前片在上，稍吃进后片，顺直缉线，起落针回针；肩缝缝份双层锁边后向后片烫倒。

5. 制作领　翻领工艺参照上节部件工艺部分内容。

6. 绱领　绱领工艺参照上节部件工艺部分内容。

7. 制作袖衩　袖衩工艺参照上节部件工艺条形袖衩部分。

8. 绱袖

（1）袖山抽褶：采用大针距，距袖山底点 6～7cm，距袖山边缘 0.5cm 车缝抽细褶，褶量主要集中在袖山头部分。要求褶量分配恰当，袖山饱满，如图6－24 所示。

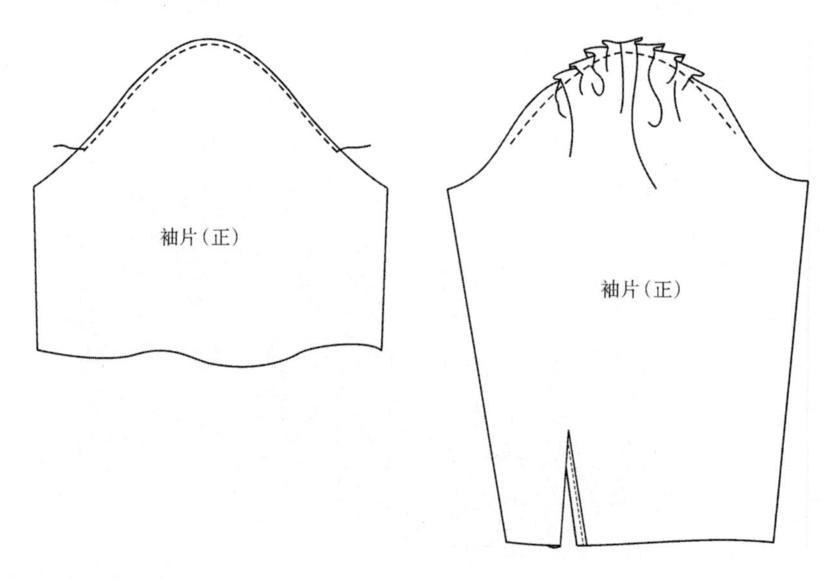

图6－24　袖山抽褶

（2）绱袖：袖子在上，衣片在下，正面相对，对准剪口，1cm 缝份缝合，如图 6 – 25 所示。

（3）包缝：两层缝份同时锁边，缝份倒向袖子一侧，不能熨烫。

9. 合缝　前后衣片正面相对，侧缝和袖底缝连贯缝合。由底边起针，袖底十字缝对齐，松紧一致，缉至袖口，缝份 1cm；将缝份双层锁边后向后片烫倒，如图 6 – 26 所示。

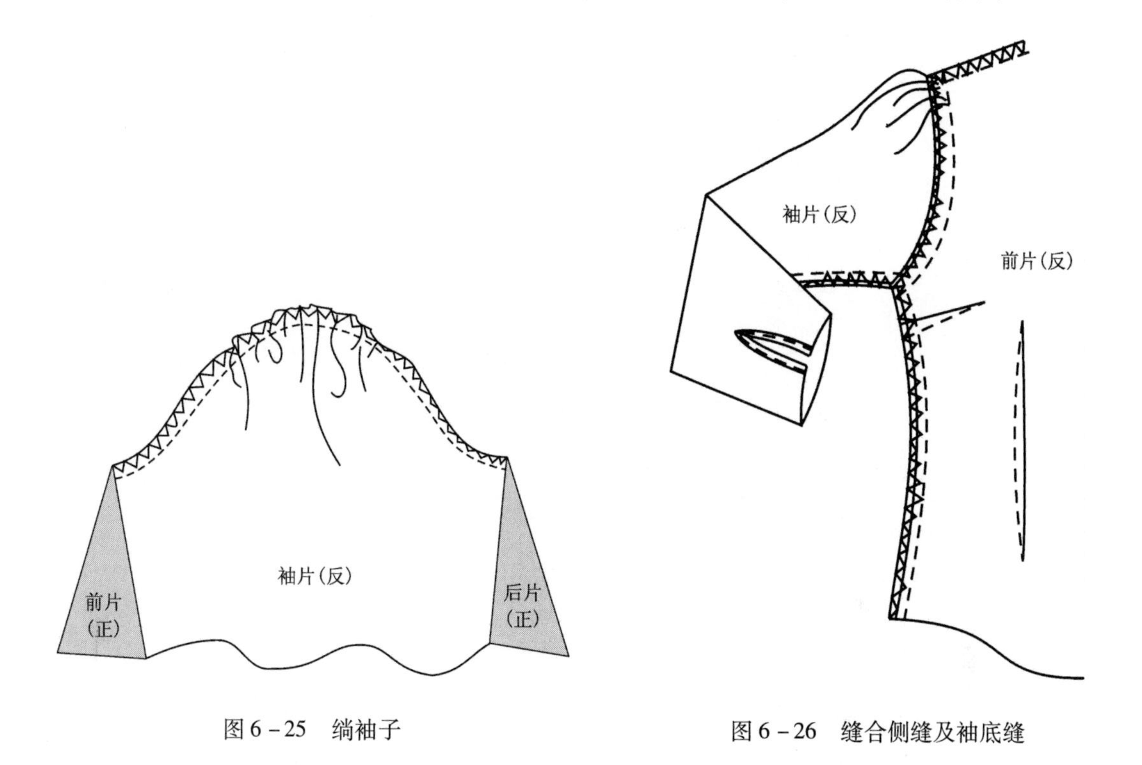

图 6 – 25　绱袖子　　　图 6 – 26　缝合侧缝及袖底缝

10. 绱袖克夫

（1）收袖口：袖口抽细褶，操作时采用大针距，右手轻抵压脚后端袖口，距袖口边缘 0.8cm 缝缩，抽至袖克夫长度，如图 6 – 27 所示。

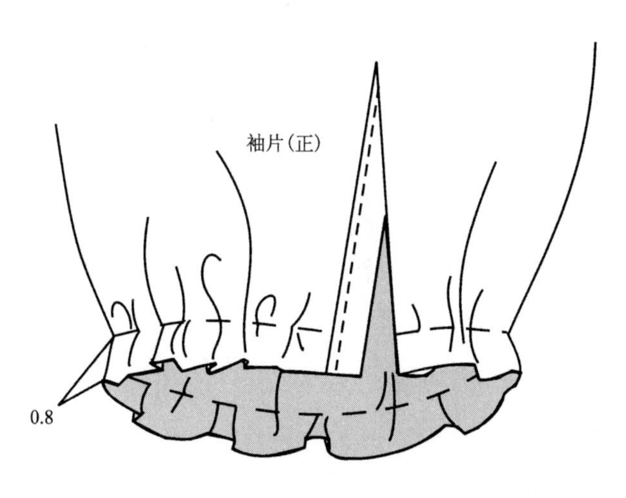

图 6 – 27　袖口收褶

（2）制作袖克夫：如图6-28所示，袖克夫黏全衬，扣烫袖克夫面1cm缝份；然后按折印翻至反面，车缝两侧，缝份为1cm；最后翻正压烫两侧止口，注意不能有坐势。

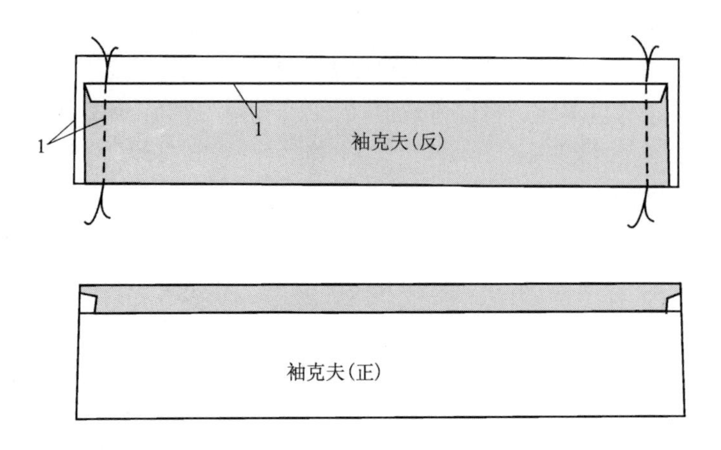

图6-28 制作袖克夫

（3）绱袖克夫：绱袖克夫，先里后面。操作时袖克夫里（正）与袖口（反）相对，袖口开衩两端和袖克夫两端对齐，1cm缝份缝合；翻正袖克夫，袖克夫面止口缉线0.1cm，如图6-29所示。要求缉线整齐，反面缝份不超过0.3cm。

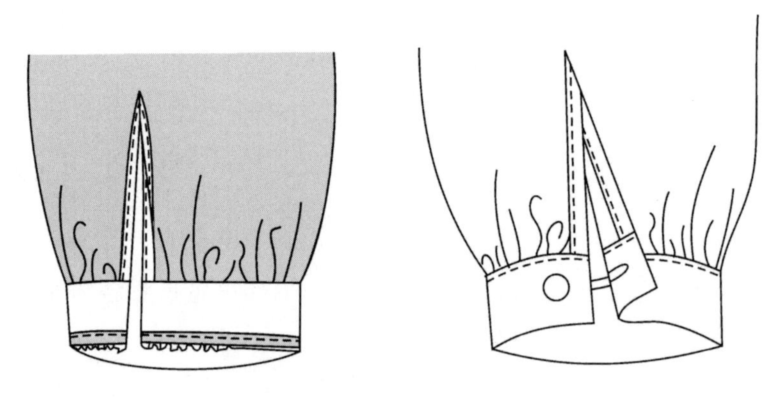

图6-29 绱袖克夫

11. 缉缝底边 用大针距沿底边凸出弧度大的部位车缝，缝份0.5cm，抽褶，以使折边后的底边圆顺。然后扣烫下摆，先扣烫0.5cm，再折进0.7cm扣烫，沿折边缉明线，距止口0.1cm。要求门、里襟长短一致，下摆圆顺，不拧绞，线迹松紧适宜，如图6-30所示。

12. 锁眼钉扣 在门襟上锁横扣眼6个，左、右袖克夫各锁扣眼1个。钉扣时注意和扣眼位对齐，要求钉扣针脚平齐，缝钉牢固。

13. 整烫 均匀喷水，全面烫平，领子烫挺，领角有窝势；袖底缝与侧缝应放在拱形烫木或袖枕上烫平。

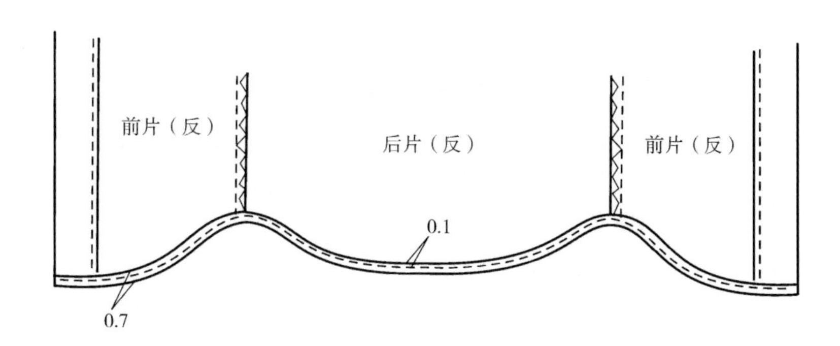

图6－30　缉缝底边

五、思考与实训

在规定时间内，按工艺要求裁制一件女长袖衬衫，规格尺寸自定。工艺要求及评分标准见表6－2。

表6－2　女长袖衬衫工艺要求及评分标准

项目	工艺要求	分值
规格	允许误差：$B=\pm2.0$cm；$L=\pm1.0$cm；$SL=\pm0.8$cm；$N=\pm0.6$cm；$S=\pm0.8$cm	15
领	领头、领角对称，自然窝服顺直	25
	绱领位置准确，方法正确	
	领面平服	
袖	绱袖圆顺，吃势均匀，对位准确，无死褶	20
	袖细褶均匀，袖克夫符合规格、左右对称	
	袖衩平服，无毛露，缉线顺直	
侧缝	袖底十字缝对齐，线迹顺直，无死褶	5
下摆	起落针回针，折边宽度一致，止口均匀	5
	两端平齐，中间不皱、不拧	
门襟	长短一致，不拧、不皱，贴边宽度均匀	10
	锁眼、钉扣位置准确	
省	省大、省位、省向、省长左右对称	10
	省尖无泡、无坑，曲面圆顺	
锁眼钉扣	扣眼位置正确，大小合适，针迹均匀；钉扣牢固、位置正确	5
整烫效果	线头修净，衣身平整，无污、无黄、无极光	10

第三节　男衬衫缝制工艺

✲课前准备

• 材料准备

1. 面料

（1）面料选择：男衬衫可以选择的面料范围比较广，可根据不同的季节、不同的用途选择面料，棉、麻、化纤、混纺织物等均可。

（2）面料用量：幅宽144cm，用量为衣长 + 袖长 + 15cm，约为150cm。幅宽不同时，根据实际情况酌情加减面料用量。

2. 其他辅料

（1）纽扣：12粒树脂纽扣，颜色、图案要与面料相配，大小与衬衫整体相协调。其中里襟处6粒，袖衩处2粒，袖克夫处4颗。

（2）无纺衬：幅宽90cm，用量约为60cm。

（3）缝线：准备与面料颜色及材质相匹配的缝线。

（4）打板纸：整张牛皮纸3张。

• 工具准备

备齐制图常用工具与制作常用工具。

• 知识准备

提前准备男装上衣原型衣片净样板，复习男衬衫样板绘制的相关知识及本章第一节部件工艺部分内容。

一、款式特征概述

典型的男式长袖衬衫，立翻领，6粒纽扣，左胸尖角贴袋，宽松式直腰身，双层过肩，背后两个褶裥，平下摆，袖窿缉明线，袖口收两个褶，宝剑头袖衩，圆角袖克夫，如图6－31所示。

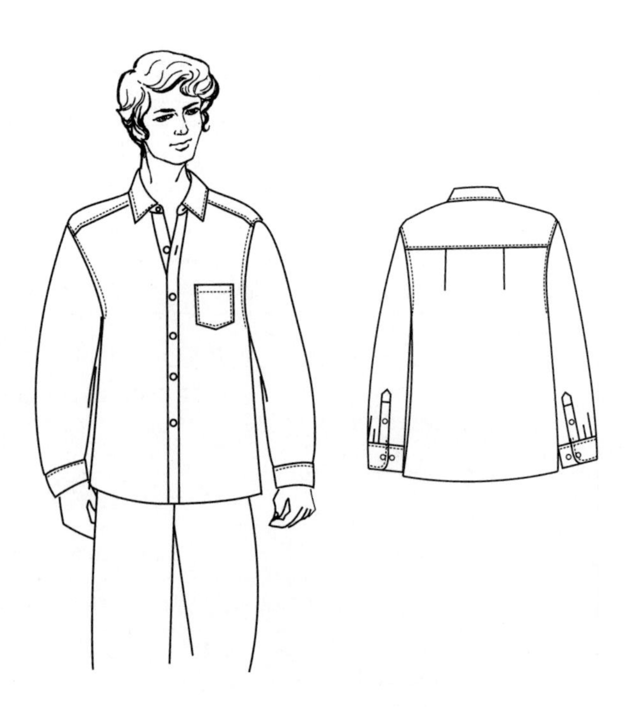

图6－31　男衬衫款式图

二、结构制图

1. 制图规格　制图规格见表6－3。

表6－3　男衬衫规格尺寸　　单位：cm

号型	胸围（B）	后衣长（L）	袖长（SL）	袖口大	袖克夫宽
175/92A	92＋20（放松量）	74	60	24	6

2. 男上装原型制图　男上装原型制图，如图6－32所示。

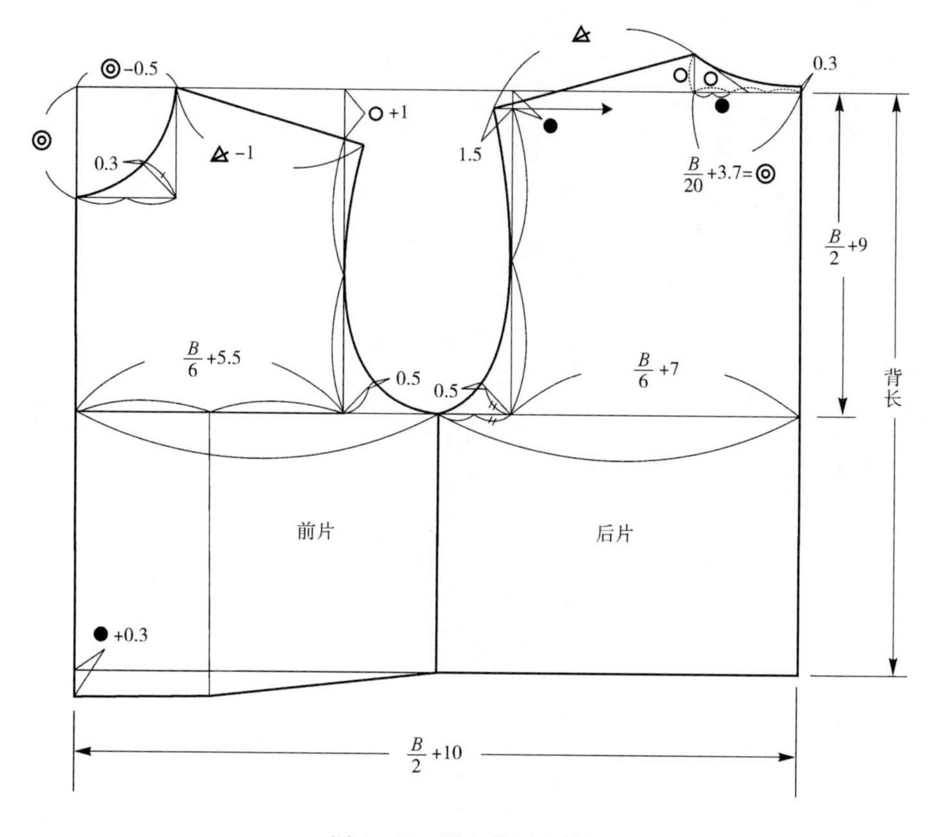

图6－32　男上装原型制图

3. 男衬衫结构图　男衬衫衣片结构制图，如图6－33所示，袖片与领片结构，如图6－34所示。

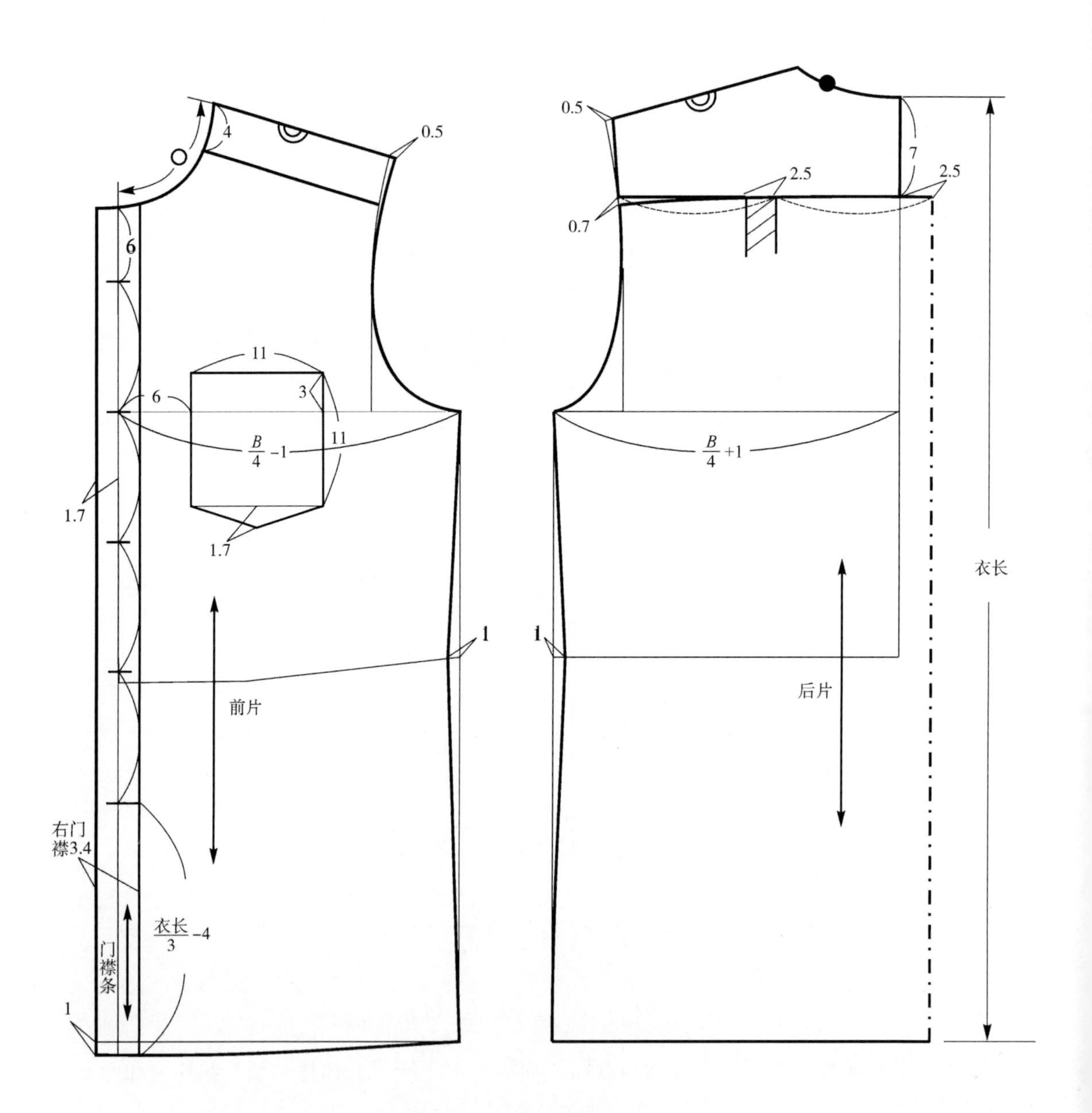

图6-33 男衬衫衣身结构图

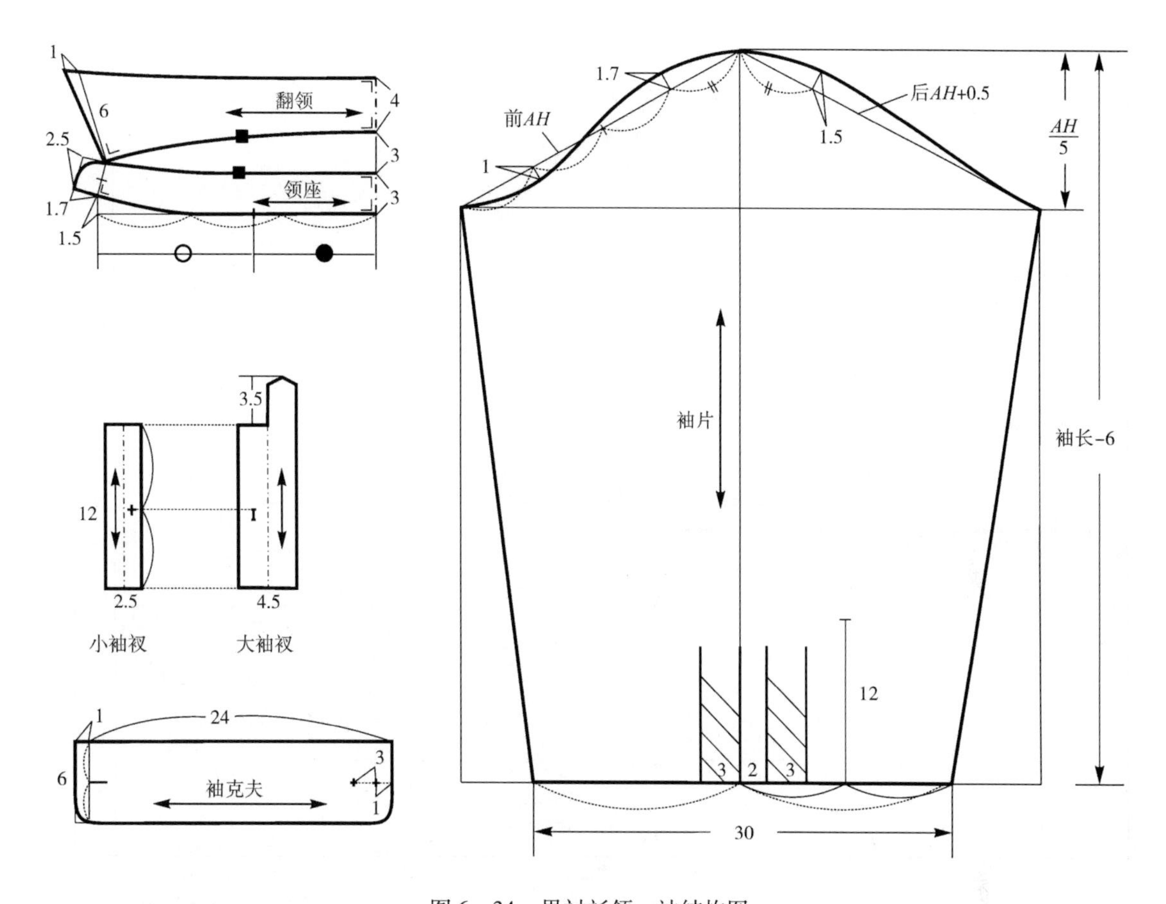

图 6－34　男衬衫领、袖结构图

三、放缝与排料

男衬衫面料裁片的放缝与排料，如图 6－35 所示。图中未特别标明的部位放缝量均为 1cm。

四、缝制工艺

（一）缝制工艺流程框图

男衬衫缝制工艺流程，如图 6－36 所示。

（二）缝制准备

1. 检查裁片

（1）检查数量：对照排料图，清点裁片是否齐全。

（2）检查质量：认真检查每片裁片的用料方向、正反、形状是否正确。

（3）核对裁片：复核定位、对位标记，检查对应部位是否符合要求。

2. 作标记　按照样板在前中止口线、后片褶裥、袖衩、袖裥处作剪口标记。在前片标出袋位，作为装袋记号。

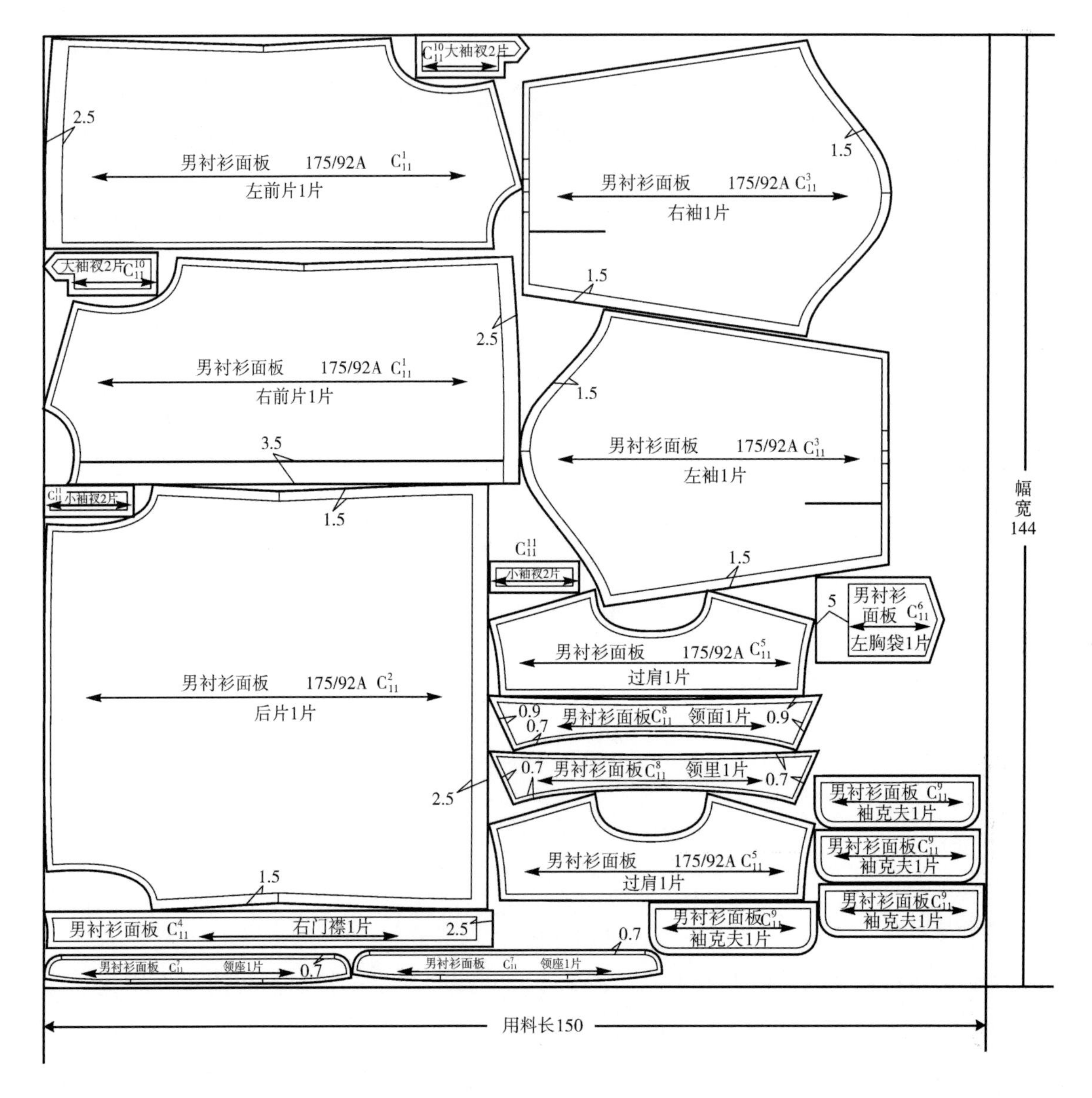

图6-35 男衬衫放缝排料图

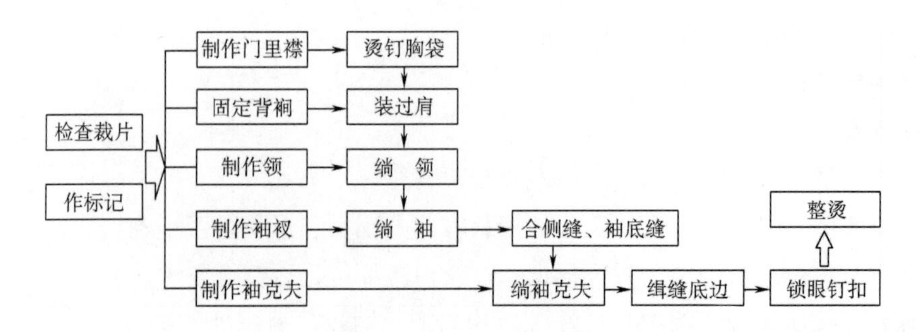

图6-36 男衬衫缝制流程

（三）缝制说明

1. 制作门襟、里襟

（1）制作门襟：参阅本章第一节部件工艺明门襟部分。门襟条黏衬，并扣烫门襟条外侧缝份。然后将门襟（正）与左衣片（反）相叠，车缝止口。翻正门襟条，压烫止口。最后缉缝门襟两侧止口 0.1cm，要求宽度一致，如图 6－37 所示。

（2）制作里襟：将里襟贴边外侧缝份向反面扣烫，再沿止口线扣烫，沿里襟边缘缉线 0.1cm，如图 6－38 所示。

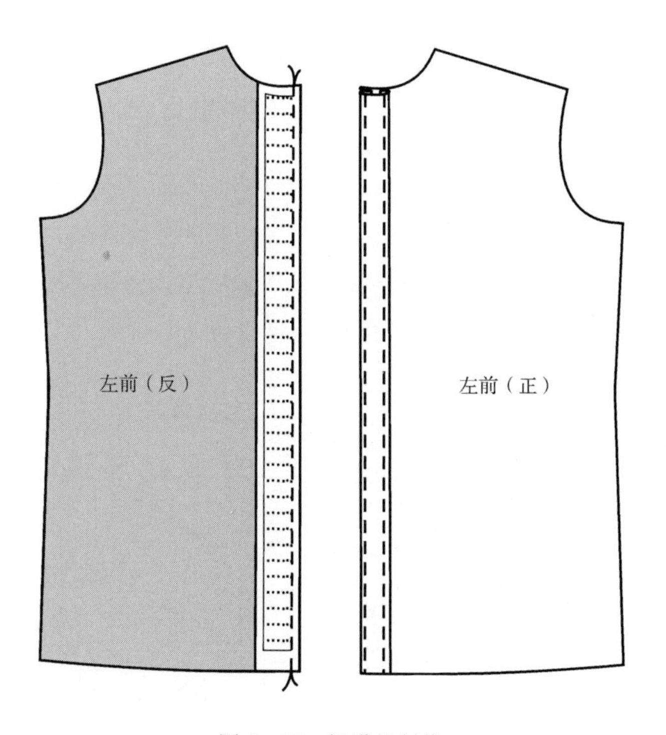

图 6－37　门襟的制作

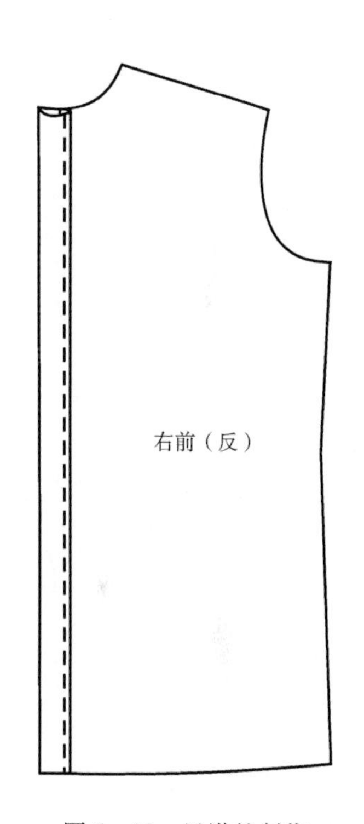

图 6－38　里襟的制作

2. 烫钉胸袋　胸袋工艺参阅本章第一节部件工艺尖角贴袋部分。如图 6－39，将袋口贴边分两次扣烫，缉明线固定，止口 0.1cm，其余袋边扣烫缝份 1cm；然后根据袋位钉袋，距袋边缘 0.1cm 缉缝明线，封袋口为直角三角形，宽 0.5cm，长 1cm。要求袋位准确，袋口牢固，缉线顺直，四周平服。

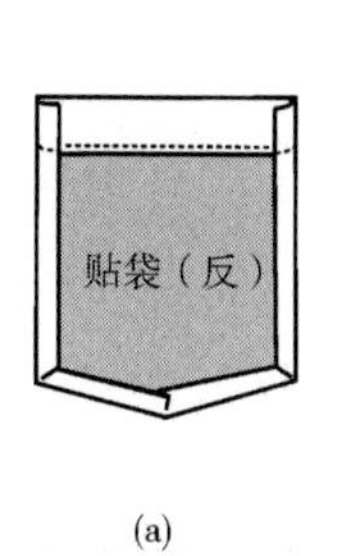

(a)

(b)

图 6－39　钉胸袋

3. 装过肩

（1）烫过肩面：将过肩面前肩缝份扣烫 1cm。

（2）固定背部褶裥：根据剪口标记折叠褶裥（褶裥量 2.5cm），并车缝固定，缝份 0.8cm，如图 6-40 所示。

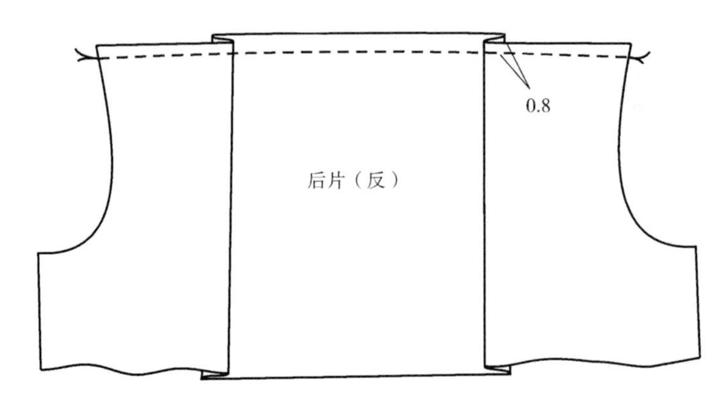

图 6-40　固定背裥

（3）接后片：将后衣片夹在两层过肩之间，中间剪口对齐缉合，缝份 1cm，如图 6-41 所示；翻正过肩，压缉止口 0.1cm（或 0.1cm/0.6cm），注意反面不能留坐势。

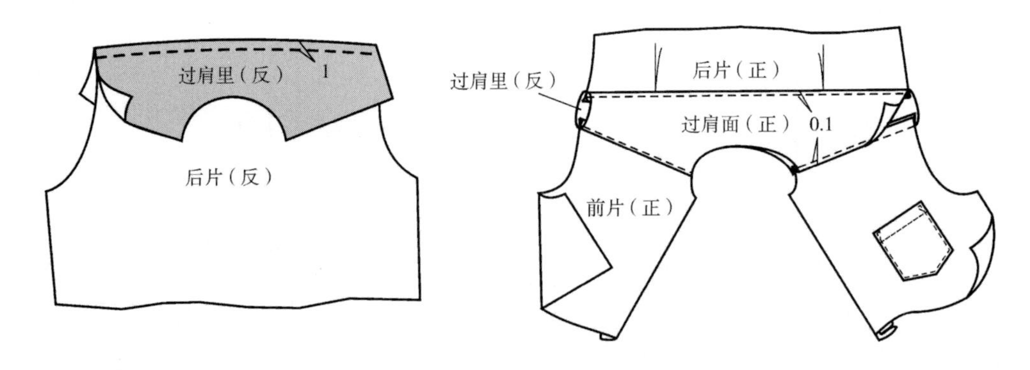

图 6-41　装过肩

（4）合前片：前片在下，过肩里折边的正面和前片反面相对，缝合肩缝 1cm，缝份倒向过肩；过肩面拉平刚好盖住过肩里缝份，缉线 0.1cm。要求线迹整齐，领口平齐，过肩面里平服。

4. 制作领　制作领方法参照本章第一节部件工艺立翻领部分。

5. 绱领　绱领，先里后面。领座里的两端和衣片止口比齐，中点对准，缉合缝份 0.7cm，注意领口斜势处不能拉伸；然后翻上领座，压缝好的下口刚好盖住领座里绱领线，沿边缘缉明线 0.1cm。要求门里襟等长，两端平服，沿边缉线无跳线、断线，如图 6-42 所示。

6. 绱袖

（1）制作袖衩：参阅本章第一节部件工艺中宝剑头袖衩部分。

（2）固定袖褶裥：根据剪口记号在 0.8cm 的缝份处固定袖口褶裥，褶裥倒向袖衩。

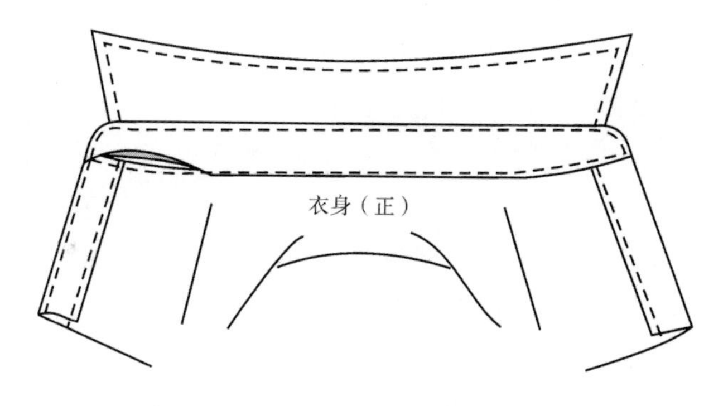

图 6－42　绱领子

（3）绱袖：如图 6－43 所示，采用内包缝绱袖，袖片在下，衣片在上，正面相对，对合衣片、袖片上的对位记号，袖片的缝份宽出衣片缝份 0.5cm；沿袖窿车缝，缝份 1cm；袖山缝份包转袖窿后倒向衣片，沿边缉线固定。要求缝线顺直，间距均匀，袖窿平服。

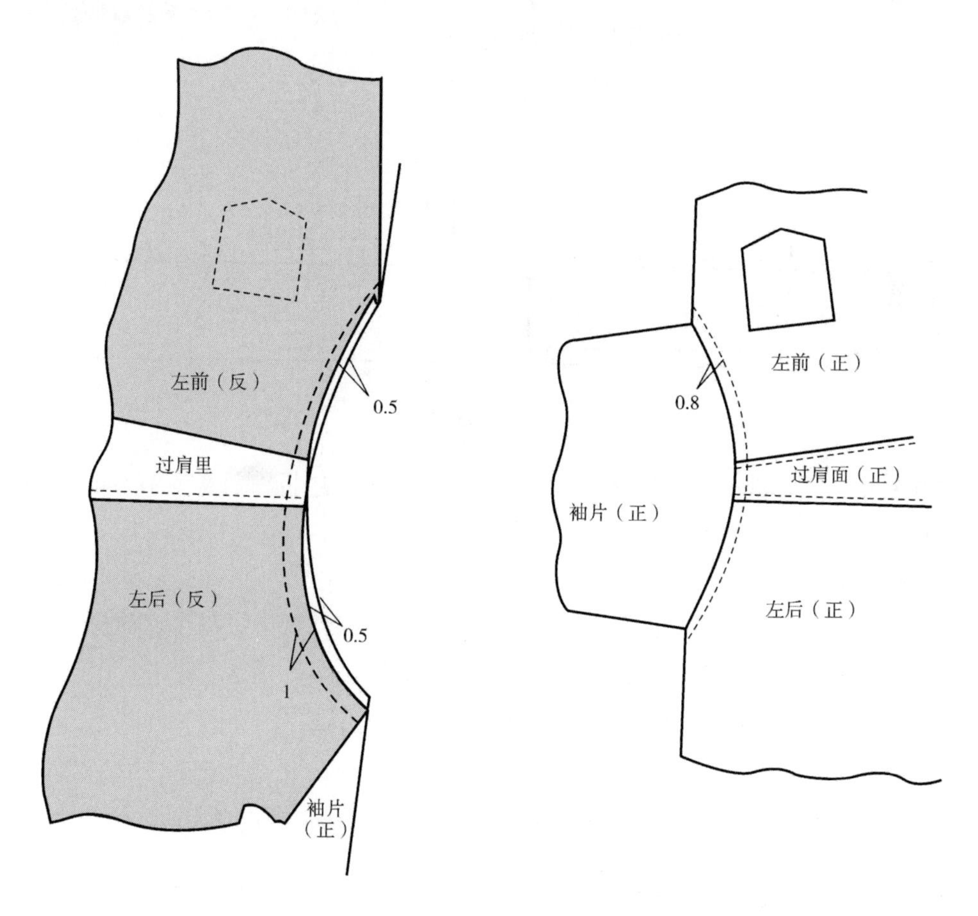

图 6－43　绱袖子

7. 合缝　合缝侧缝与袖底缝也采用内包缝的方法，后片在下，前片在上，正面相对，后衣片（后袖片）宽出前衣片（前袖片）缝份 0.5cm；沿前片车缝，缝份 1cm，后片缝份折转 0.5cm 后倒向前片，如图 6 - 44 所示；翻正衣片，沿后衣片、后袖片折边车缝 0.1cm 明线。要求缉线顺直，宽窄一致，袖底缝十字缝对齐。

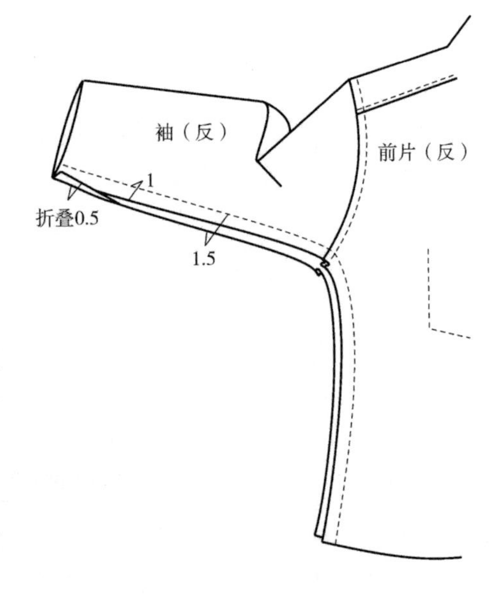

图 6 - 44　合侧缝及袖底缝

8. 绱袖克夫

（1）制作袖克夫：袖克夫面全黏无纺衬，然后与袖克夫里正面相叠，袖克夫面在上，沿净线外0.1cm缝合，圆角处略吃进面；翻到正面并压烫止口，装袖处扣烫缝份，里比面宽出0.1cm，如图6－45所示。绱袖克夫处留出1cm。

（2）绱袖克夫：袖克夫夹住袖口，离止口0.1cm缉明线，顺缉袖克夫止口线，宽度和衣身明线一致。

制作时要求左、右袖口的褶裥对称，袖克夫圆顺，形状一致，止口均匀，里不反吐。

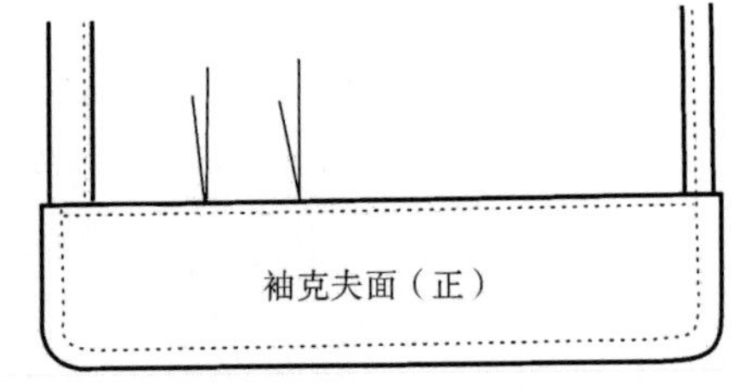

图 6－45　绱袖克夫

9. 缉缝底边　先校准门里襟长度，然后卷边缝，底边贴边折净后宽为1.5cm，反面缉贴边止口0.1cm，起落针倒回针。

10. 锁眼钉扣

（1）领座锁1个横眼，门襟锁5个竖眼，左、右袖克夫各锁2个横眼，袖衩左、右各锁1个竖眼。要求锁眼大小一致，线迹成“—”字形，无毛边。

（2）钉扣要求与扣眼位置一致，缝钉牢固。

11. 整烫

（1）检查成衣，剪净线头，清洗污渍。

（2）领子烫挺，前领口留窝势，不可烫死。

（3）袖子烫平，收裥处按褶裥烫平。

（4）衬衫放平，熨烫后衣身。

（5）熨烫门、里襟。

五、思考与实训

在规定时间内，按工艺要求裁制一件男长袖衬衫，规格尺寸自定。工艺要求及评分标准见表6－4。

表6－4 男长袖衬衫工艺要求及评分标准

项目	工艺要求	分值
规格	允许误差：$B=\pm2.0$cm；$L=\pm1.0$cm；$SL=\pm0.8$cm；$N=\pm0.6$cm；$S=\pm0.8$cm	15
领	领头左右对称、顺直	24
	翻领明线宽窄一致，不拧、不皱、无泡，线迹整齐	
	领座明线宽度一致，绱领时门、里襟止口顺直	
	领的制作方法正确	
袖	绱袖圆顺无死褶	21
	袖克夫左右对称，圆角圆顺，明线顺直（0.1cm）	
	袖衩平服、无皱、无毛露	
	绱袖、袖衩、绱袖克夫工艺制作方法正确	
门、里襟	顺直、平服、长短一致，锁、钉位置适当	10
口袋	位置正确，规格符合要求	10
	口袋无毛露，明线宽0.1cm，封结方法正确、对称	
	整齐、平服	
底边	起落针倒回针，折边宽度一致，两边平齐，中间无皱	5
合缝	袖底交叉位置准确	5
	线迹顺直、无死褶	
锁眼钉扣	扣眼位置正确，大小合适，针迹均匀；钉扣牢固、位置正确	5
整烫效果	线头修净，衣身平整，无污渍、无黄、无极光	5

实践训练与技术理论——

裤装缝制工艺

课程名称： 裤装缝制工艺

课题内容： 裤装部件与部位工艺

女西裤缝制工艺

男西裤缝制工艺

牛仔裤缝制工艺

课题时间： 48 学时

教学目的： 通过对裤装缝制工艺的学习，使学生系统地掌握不同裤装的缝制工艺、质量要求，提高学生的动手能力、实际操作能力。通过训练使学生更深入理解专业知识，同时为服装专业相关课程的学习奠定扎实的基础。

教学方式： 理论讲授、展示讲解和实践操作相结合，同时根据教材内容及学生具体情况灵活制订训练内容，加强基本理论和基本技能的教学，加强课后训练并安排必要的作业辅导。

教学要求： 1. 掌握不同裤装的部件缝制技术与方法。

2. 了解不同款式裤装面料的选购方法。
3. 掌握裤装样板的放缝要点、排料方法。
4. 掌握不同款式裤装的缝制程序和技术。
5. 掌握裤装的缝制工艺质量标准。
6. 了解缝制新工艺、新技术。

第七章　裤装缝制工艺

裤装是包覆人体下身的服装。裤装的实用性很强，便于人们日常活动和生产劳动。裤子的种类很多，可以根据款式、造型、裤长以及材料和用途的不同进行分类。从总体上来说，裤装分为男裤、女裤和童裤；按面料和外观分类，可分为西裤、休闲西裤和牛仔裤；按造型和款式分类，可分为直筒裤、紧身裤、喇叭裤、灯笼裤、铅笔裤、阔腿裤、打底裤、裙裤等。

裤子的款式多样，穿着范围广泛，因而在人们生活中占据着重要地位。因为其品种繁多，所以裤装的缝制工艺也多种多样。本章以最常穿着的裤装品种为例，具体介绍裤装的缝制工艺。

第一节　裤装部件与部位工艺

✲课前准备

• 材料准备

白坯布：部件练习用布，幅宽160cm，长度100cm。

拉链：需要约20cm长的普通拉链两条，要求同面料顺色。

缝线：准备与面料颜色及材质相匹配的缝线。

无纺衬：幅宽90cm，长度约为30cm。

• 工具准备

备齐制图常用工具与制作常用工具，调整好缝纫机针距以及面线、底线张力等。

• 知识准备

复习基础工艺部分。

裤装相关的部件与部位工艺，包括口袋工艺、门襟工艺、腰头工艺等。

一、插袋工艺

（一）腰缝表袋

表袋隐藏在腰头与裤（裙）片的接缝处，袋口6～7cm，袋深8～9cm，其缝制工艺如图7－1所示。

1. 裁袋布　如图7－1（b）所示，袋布长10cm、宽8cm，内袋布用袋布裁，外袋布用服装本料裁。

2. 装袋布　如图 7－1（c）所示，内袋布与腰口正面相对，沿袋口净线外侧 0.2cm 缉缝，两端留出缝合袋布的缝份，起落针要倒回针，袋口两端缝份打斜剪口、翻正，袋口处裤片倒吐 0.2cm［图 7－1（d）］，缉明线固定。

3. 反缝袋布　两层袋布正面相对，车缝袋底及两侧，如图 7－1（d）所示。

4. 封袋口　如图 7－1（e）所示绱腰头，注意袋口两端倒回针封牢，不能将袋口缝在腰头内。

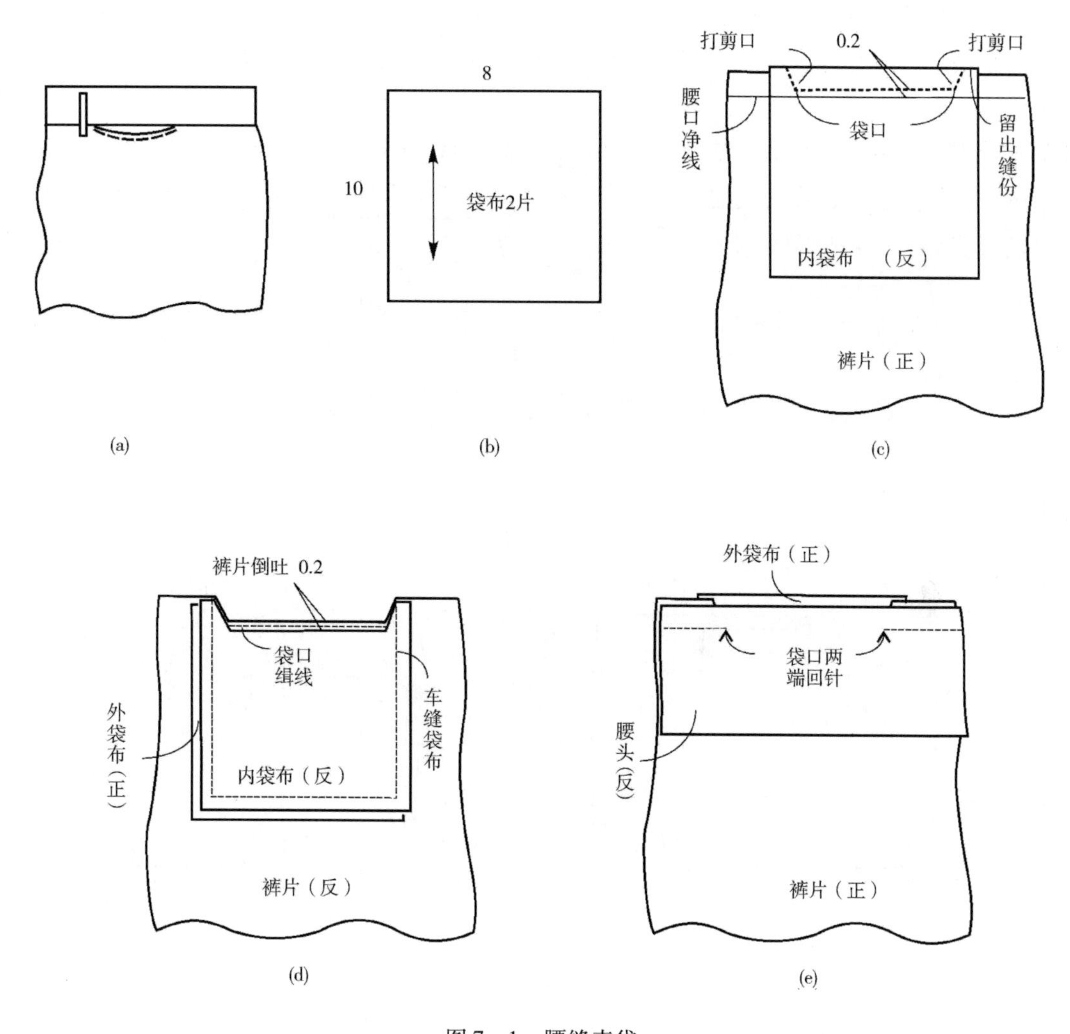

图 7－1　腰缝表袋

（二）横插袋

裤前片横插袋也称为月亮袋，多用于牛仔裤、休闲裤，缝制工艺如图 7－2 所示。

1. 裁片　如图 7－2（b）所示，按规格尺寸裁剪钱币袋、垫袋布裁片。

2. 做钱币袋　先将钱币袋四周锁边，然后按净线扣烫，上口缉明线，距净线 0.1cm 和 0.6cm。在右裤片垫袋布相应的位置摆放好钱币袋，两侧及袋底缉明线，距净线 0.1cm 和 0.6cm 固定，如图 7－2（c）所示。

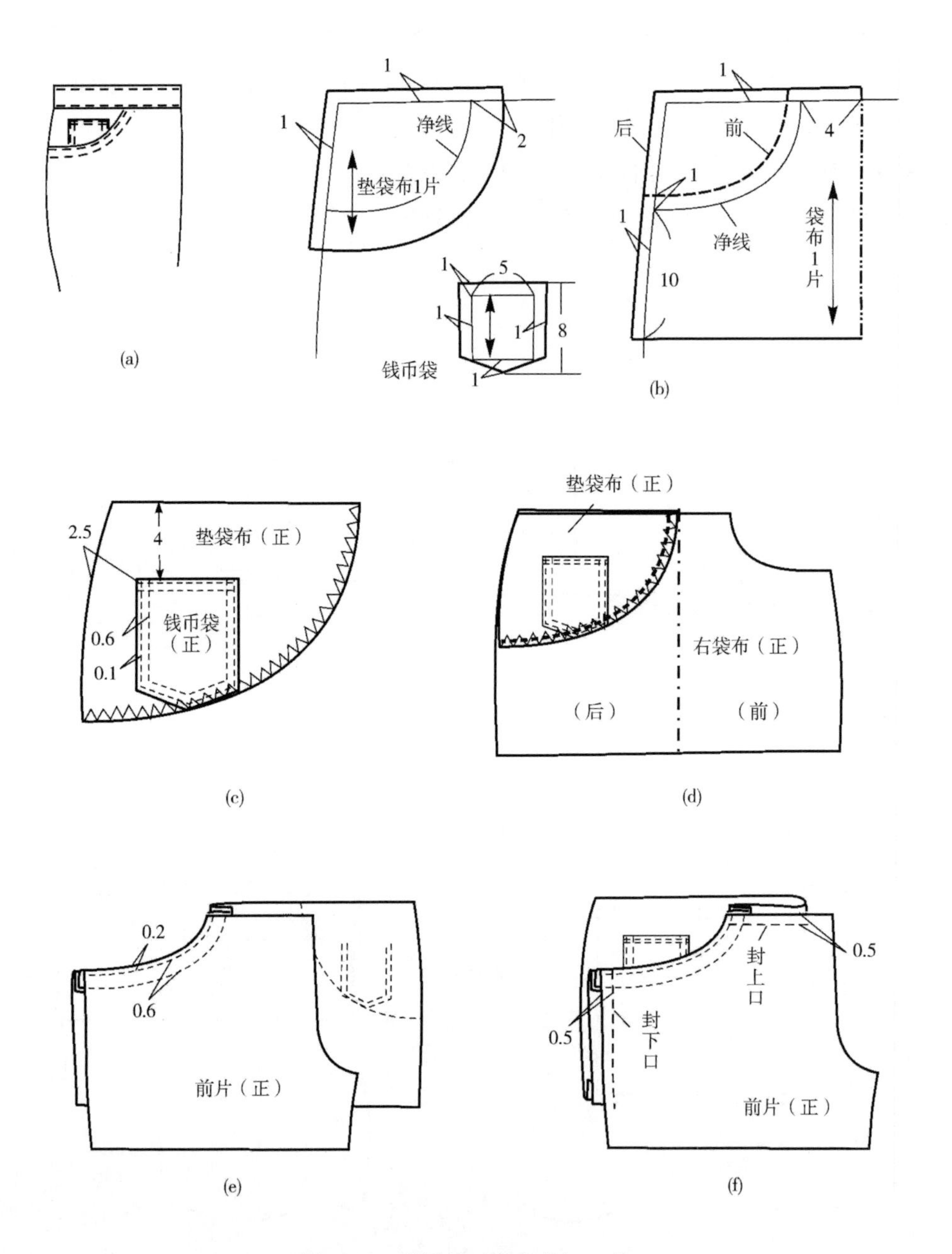

图7－2 横插袋（月亮袋）工艺

3. 装垫袋布 垫袋布上口、外口与右袋布比齐，扣压缝固定弧线部分，如图7－2（d）所示。

4. 缝合袋布 将袋布与裤片袋口车缝（注意不能拉伸变形），缉线距净线0.2cm；修剪缝份至0.5cm，并在弧度较大区域打剪口；翻正袋口，缉双明线，注意裤片里外匀的量（0.2cm），如图7－2（e）所示；然后用来去缝将袋布下口及内侧缝合。

5. 固定袋布 比齐袋口记号，在腰口、侧缝处绷缝固定袋布，缝份0.5cm，如图7－2（f）所示。

6. 合侧缝　合侧缝时注意将裤片前、后侧缝与袋布外侧同时缝合，缝份倒向后片，正面缉线固定。

要求袋口平服，袋位准确，封口牢固，袋布平服。

（三）直插袋

直插袋的缝制工艺，如图 7－3 所示。

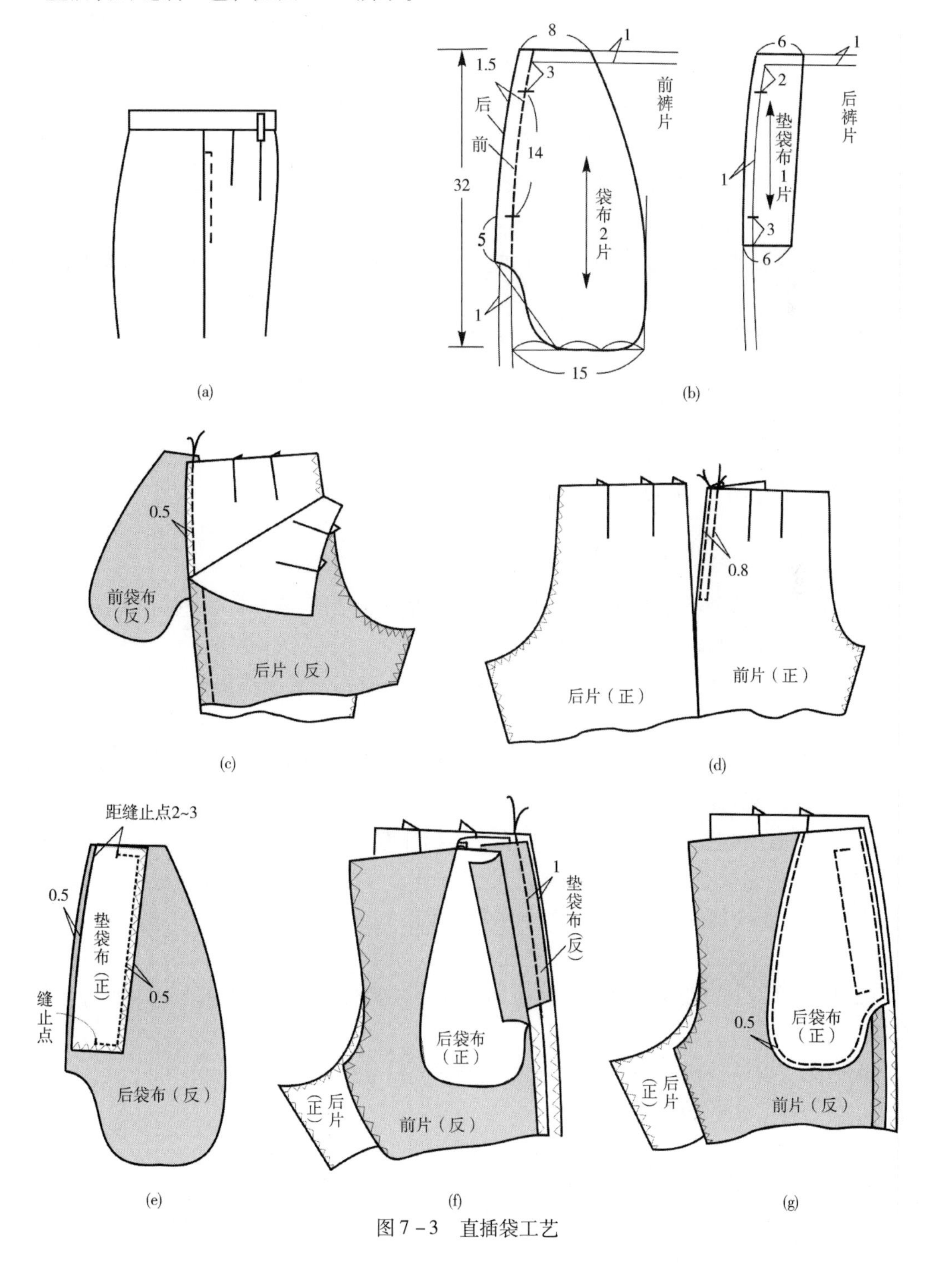

图 7－3　直插袋工艺

1. 裁片 按图7－3（b）所示的规格尺寸，裁袋布、垫袋布等。

2. 制作直插袋

（1）合侧缝：缝合前、后裤片侧缝口袋以下部位，注意起落针倒回针。

（2）缝合前袋布：先将前裤片与前袋布比齐净线搭缝，如图7－3（c）所示；然后将前袋布翻正，在裤片正面袋口处缉明线固定，如图7－3（d）所示。

（3）装垫袋布：按图7－3（e）所示的位置固定垫布内侧及上下口，上下口缝至距离侧缝2～3cm止。

（4）缝袋布：袋底反缝0.4cm，缝至距袋口下端1.5cm处止。

（5）装后袋布：反面掀开后袋布，沿后片侧缝净线外0.1cm，将垫袋布与后片侧缝缝合，如图7－3（f）所示；然后分缝烫平，并将后袋布侧缝处扣烫0.5cm折光，铺平袋布，扣压缝于后片缝份上，缉止口0.1cm，如图7－3（g）所示。

（6）封袋口：铺平袋布及袋口，先下后上，重合倒回针3～4次封袋口（将线头抽至反面打结）。

缝制时要求袋口大小符合要求，封口牢固、美观，缉线顺直，止口均匀，袋口、侧缝、袋布平服。

（四）斜插袋

斜插袋的缝制工艺，如图7－4所示。

1. 裁片 按照图7－4（b）所示规格尺寸，裁剪袋布、垫袋布、前后裤片局部。

2. 制作斜插袋

（1）黏衬：在前裤片袋口处黏衬，沿袋口净线扣烫袋口贴边。

（2）缉袋口：将前袋布斜口对准裤片袋口线作搭缝，如图7－4（c）所示；翻正，沿袋口缉明线（单明线0.5cm或双明线0.1cm/0.6cm），如图7－4（d）所示。

（3）装垫袋布：按图7－4（e）所示缉缝垫袋布，注意左右侧垫袋布不要装反，也不能一顺。

（4）反缝袋布：如图7－4（f）所示，在袋布反面距边缘0.4cm车缝，然后翻正袋布，捋平。靠近侧缝处预留3～4cm不缝合。

（5）合侧缝：掀起前后袋布，将垫袋布、前裤片侧缝与后裤片侧缝沿1cm缝份处缝合，劈缝，如图7－4（g）所示。后袋布侧边折光0.5cm，与后裤片缝份缉线固定，止口0.1cm。前袋布侧边将缝份全部折光，与前裤片缝份缉线固定。

（6）缉袋底：如图7－4（h）所示正面缉袋底，止口0.5cm。

（7）封袋口：上口距腰头4cm，重合回针固定，顺缉上袋口以上部分。相同方法固定下口。

缝制时要求袋口、侧缝平服，无绞皱。封袋布上口时裤片褶裥要烫倒，和袋布上口封死，褶量、褶位对称，满足腰围且袋布平整。

二、挖袋

男裤后开袋多为双嵌线挖袋，常见的还有带盖挖袋和单嵌线挖袋。从缝制工艺的角度分

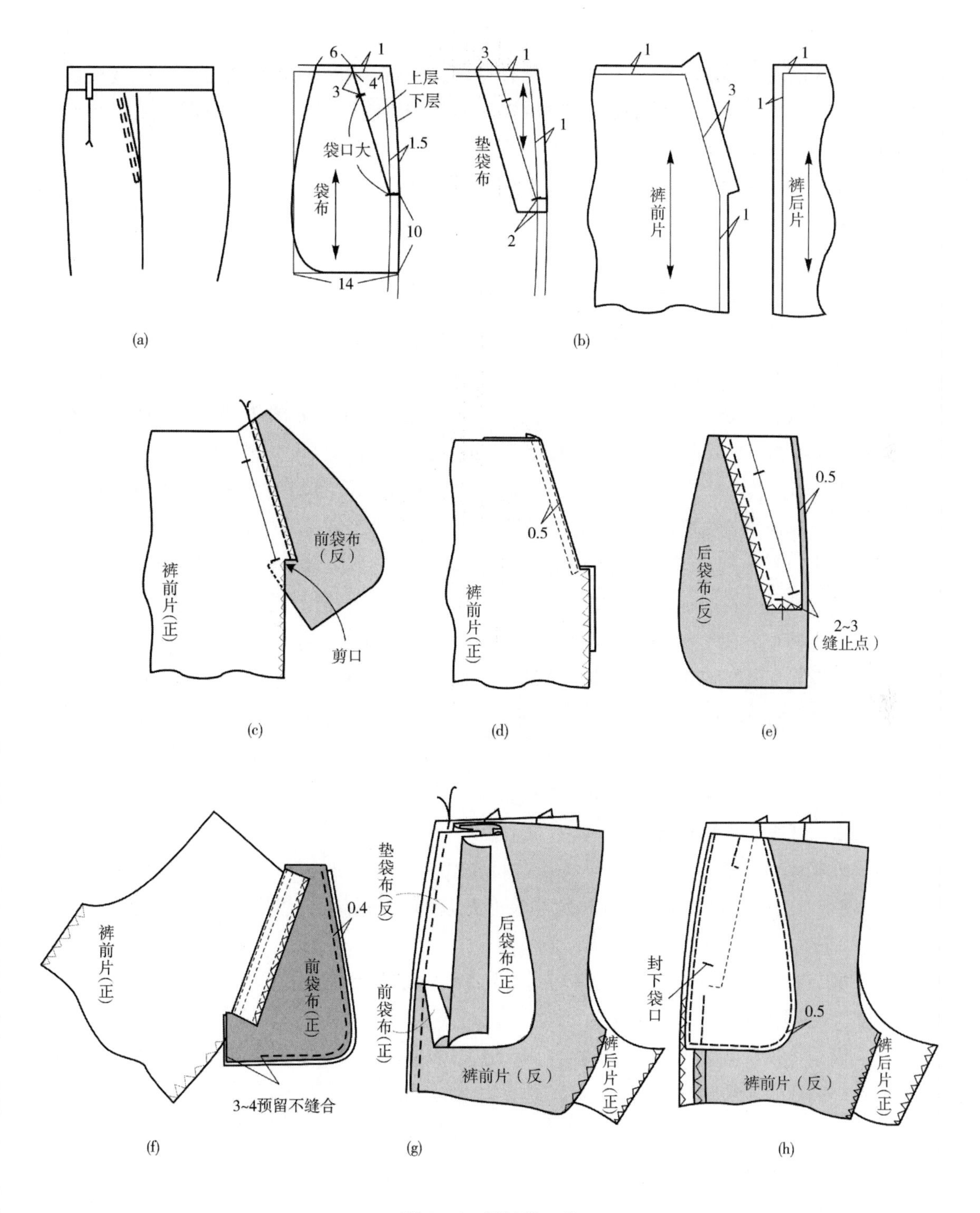

图 7－4　斜插袋工艺

析，带盖挖袋可以看作由后袋盖代替上嵌线的双嵌线挖袋，单嵌线挖袋则可以看作上嵌线宽度为零的双嵌线挖袋。下面分别介绍双嵌线挖袋和单嵌线挖袋的缝制工艺。

（一）双嵌线挖袋

双嵌线挖袋的嵌线缝份有两种处理方式，即倒缝或劈缝。倒缝式的嵌线呈现内凹的立体效果，劈缝式的嵌线与四周平齐，外观上各有特点。不同的嵌线处理方式也使得双嵌线挖袋的缝制工艺有所不同。目前采用较多的是倒缝式，开袋机制作挖袋就采用这种方式。下面分别介绍这两种工艺。如图 7 -5 所示。

1. 倒缝式 嵌线倒缝式的挖袋工艺，如图 7 -5 所示。

（1）裁片：按图 7 -5（b）所示规格尺寸，裁剪裤片、垫袋布、嵌线、袋布、无纺布黏合衬。

（2）黏衬：在裤片开袋位置反面黏衬，嵌线反面上口黏衬，如图 7 -5（c）所示；确认裤片正面的袋口记号，在嵌线正面画袋口记号，距离上口 2cm，左右居中，沿袋口记号上、下 1cm 线扣烫嵌线。

（3）装嵌线：将袋布垫在裤片下面，上口比齐，左右居中，如图 7 -5（d）所示；再将嵌线与裤片正面相对，比齐袋口记号；如图 7 -5（e）所示，掀开嵌线下口，沿上折边缉线，距离止口 0.5cm，两端一定重合回针；再沿嵌线下折边缉线，距离止口 0.5cm，两端一定重合回针；反面检查两条线迹，要求平行且间距为 1cm，两端平齐，如果有问题及时修正。

（4）剪袋口：在裤片正面将嵌线沿袋口记号剪开成上下两部分；如图 7 -5（f）所示，从裤片反面在缉线中间处剪开口，袋口两端剪三角，注意，一定不能剪到嵌线，三角剪至距离最后一个针眼一根布丝处（0.1cm）。

（5）封三角：从剪开的袋口处将嵌线翻至反面，压烫平实；从正面掀开袋口两端的裤片及袋布，将两端的三角沿其底边封牢，如图 7 -5（g）所示。要求袋角无褶裥、无毛露，且牢固。

（6）固定下嵌线：如图 7 -5（h）所示，掀开袋口以下的裤片，压缝固定下嵌线下口和袋布，注意，这条线容易被漏缝。

（7）缝垫袋布：如图 7 -5（i）所示，将垫袋布置于反面袋口处，上口超出袋口 1 ~ 1.5cm，袋布向上拉至和腰口平齐，确定垫袋布在袋布上的位置，然后车缝固定垫袋布下口和袋布。

（8）缝袋布：掀开裤片，来去缝袋布，沿袋布边缘先反缝，缝份 0.3 ~ 0.4cm，再翻正缝，缝份 0.5 ~ 0.6cm。

（9）固定上嵌线：如图 7 -5（j）所示，正面整理好袋口，从腰口处掀开裤片，沿裤片折边 0.1cm 缉线，顺势缉袋口两端。

缝制时要求嵌线宽窄一致，袋口无褶裥、无毛露，袋布顺直、平服。

2. 劈缝式 嵌线劈缝式的挖袋工艺，如图 7 -6 所示。

（1）裁片：按图 7 -6（b）所示规格尺寸，裁剪裤片、垫袋布、嵌线、袋布、无纺布黏合衬。

（2）黏衬：在裤片开袋位置反面黏衬，嵌线反面上口黏衬，如图 7 -6（c）所示；确认裤片正面的袋口记号，在嵌线正、反面画袋口记号，距离上口 2cm，左右居中。

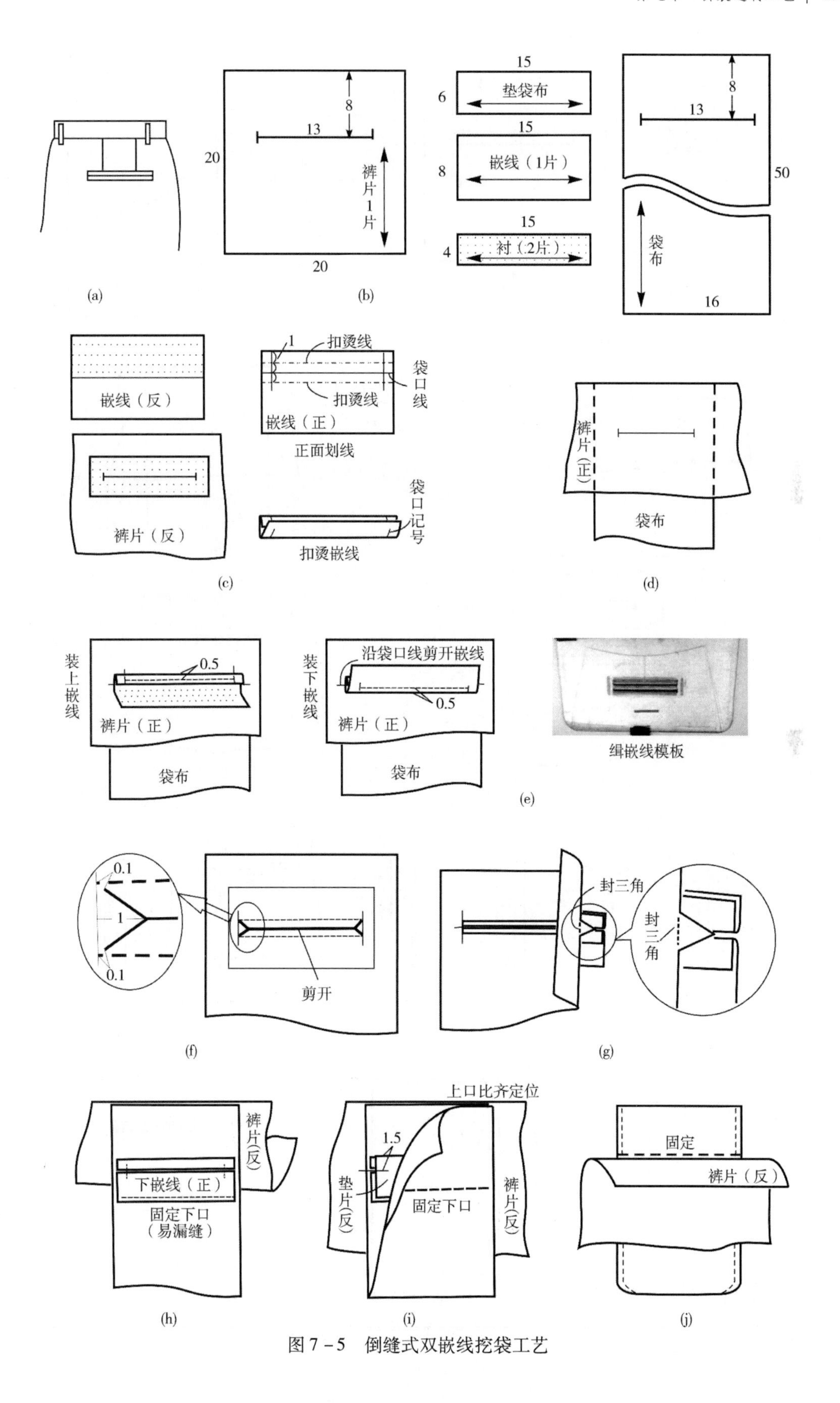

图7－5　倒缝式双嵌线挖袋工艺

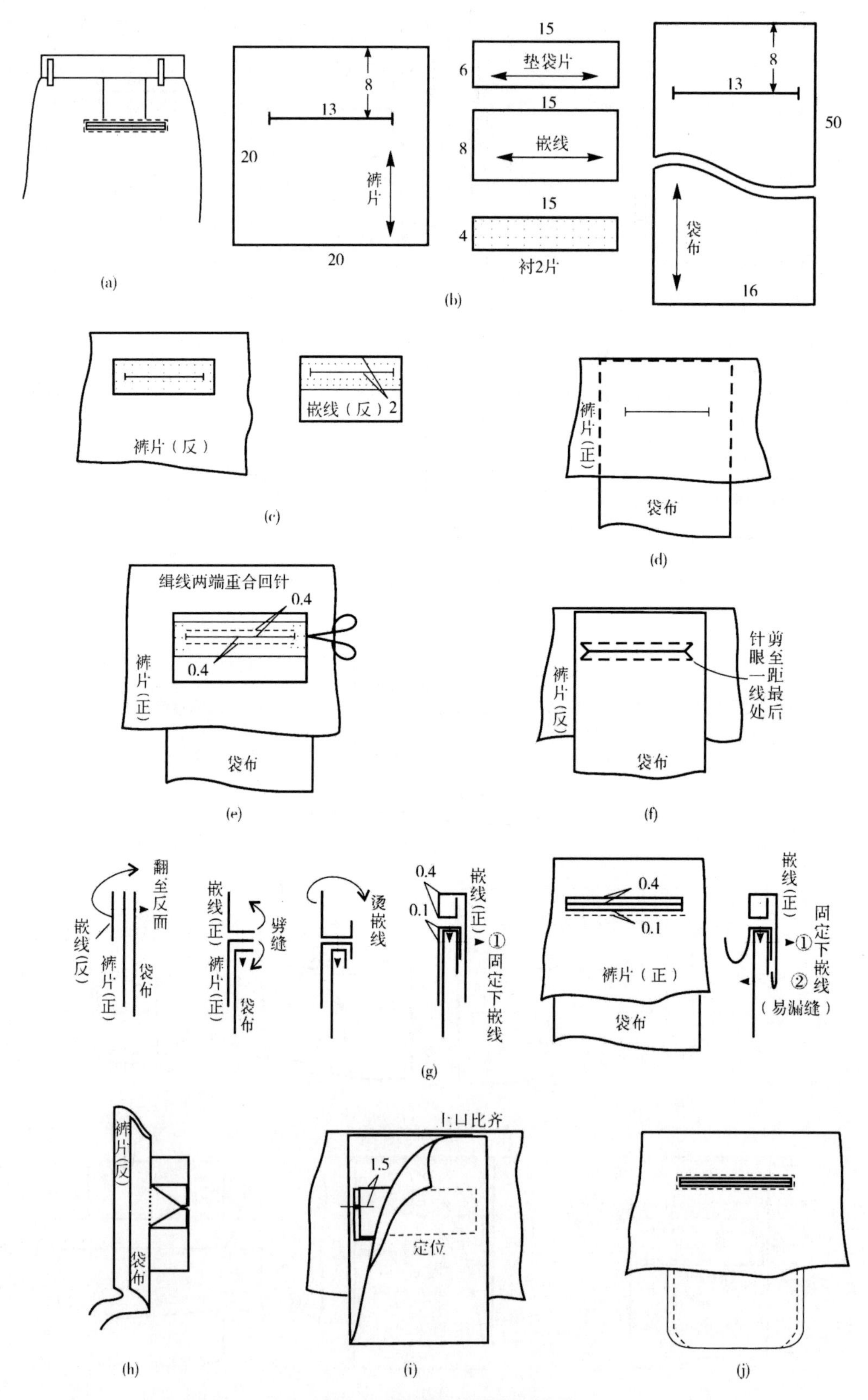

图7-6　劈缝式双嵌线挖袋工艺

（3）装嵌线：将袋布垫在裤片下面，上口比齐，左右居中，如图7－6（d）所示；再将嵌线与裤片正面相对，比齐袋口记号；如图7－6（e）所示，分别在袋口记号上、下0.4cm处缉线，两端一定重合回针；检查两条线迹，要求平行且间距为0.8cm，两端平齐，如果有问题及时修正。

（4）剪袋口：在裤片正面将嵌线沿袋口记号剪开成上下两部分；如图7－6（f）所示，从裤片反面在缉线中间处剪开口，袋口两端剪三角，注意，一定不能剪到嵌线。三角剪至距离最后一个针眼一根布丝处（0.1cm）。

（5）固定下嵌线：如图7－6（g）所示，将上、下嵌线分别翻至反面，劈开嵌线与裤片（连同袋布）的缝份；沿嵌线缝份的边缘折烫嵌线，使正面留出0.4cm的宽度；从正面距下嵌线的缝口0.1cm缉线固定下嵌线；掀开袋口以下的裤片，压缝固定下嵌线下口和袋布。注意这条线容易被漏缝。

（6）封三角：从正面掀开袋口两端的裤片及袋布，将两端三角沿其底边封牢，如图7－6（h）所示。要求袋角无褶裥、无毛露，且牢固。

（7）缝垫袋布：如图7－6（i）所示，将垫袋布置于反面袋口处，上口超出袋口1～1.5cm，袋布向上拉至和腰口平齐，确定垫袋布在袋布上的位置，然后压缝固定垫袋布下口和袋布。

（8）缝袋布：掀开裤片，来去缝袋布，沿袋布边缘先反缝，缝份0.3～0.4cm，再翻正缝，缝份0.5～0.6cm。

（9）固定上嵌线：如图7－6（j）所示，正面整理好袋口，从正面沿上嵌线的缝口缉线0.1cm固定上嵌线，顺势缉袋口两端。

缝制时要求嵌线宽窄一致，袋口无褶裥、无毛露，袋布顺直、平服。

（二）单嵌线挖袋

单嵌线挖袋的工艺如图7－7所示。

1. 裁片 按图7－7（b）所示规格尺寸，裁剪裤片、垫袋布、嵌线、袋布、无纺布黏合衬。

2. 缝制

（1）黏衬：如图7－7（c）所示，在裤片开袋位置反面黏衬，嵌线、垫袋布反面上口黏衬；确认裤片正面的袋口记号，在嵌线正面画袋口记号，距离上口2cm，左右居中；沿袋口记号扣烫嵌线。

（2）装垫袋布：如图7－7（d）所示，将一片袋布垫在裤片下面，上口比齐，左右居中；如图7－7（e）所示，再将垫袋布与裤片正面相对，下口距离袋口记号0.1cm，左右居中；沿垫布下口缉线，缝份0.9cm，两端一定重合回针。

（3）装嵌线：如图7－7（f）所示，将嵌线的双折边作为下口，扣烫折边与裤片正面相对，比齐袋口记号；沿嵌线下口折边缉线，缝份1cm，两端重合回针；反面检查两条线迹，要求平行且间距为1cm，两端平齐，如果有问题及时修正。

（4）剪袋口：如图7－7（g）所示，从裤片反面，沿两条缉线的中间处剪开口，袋口两端剪三角，注意不能剪到嵌线。三角剪至距离最后一个针眼一根布丝处（0.1cm）。

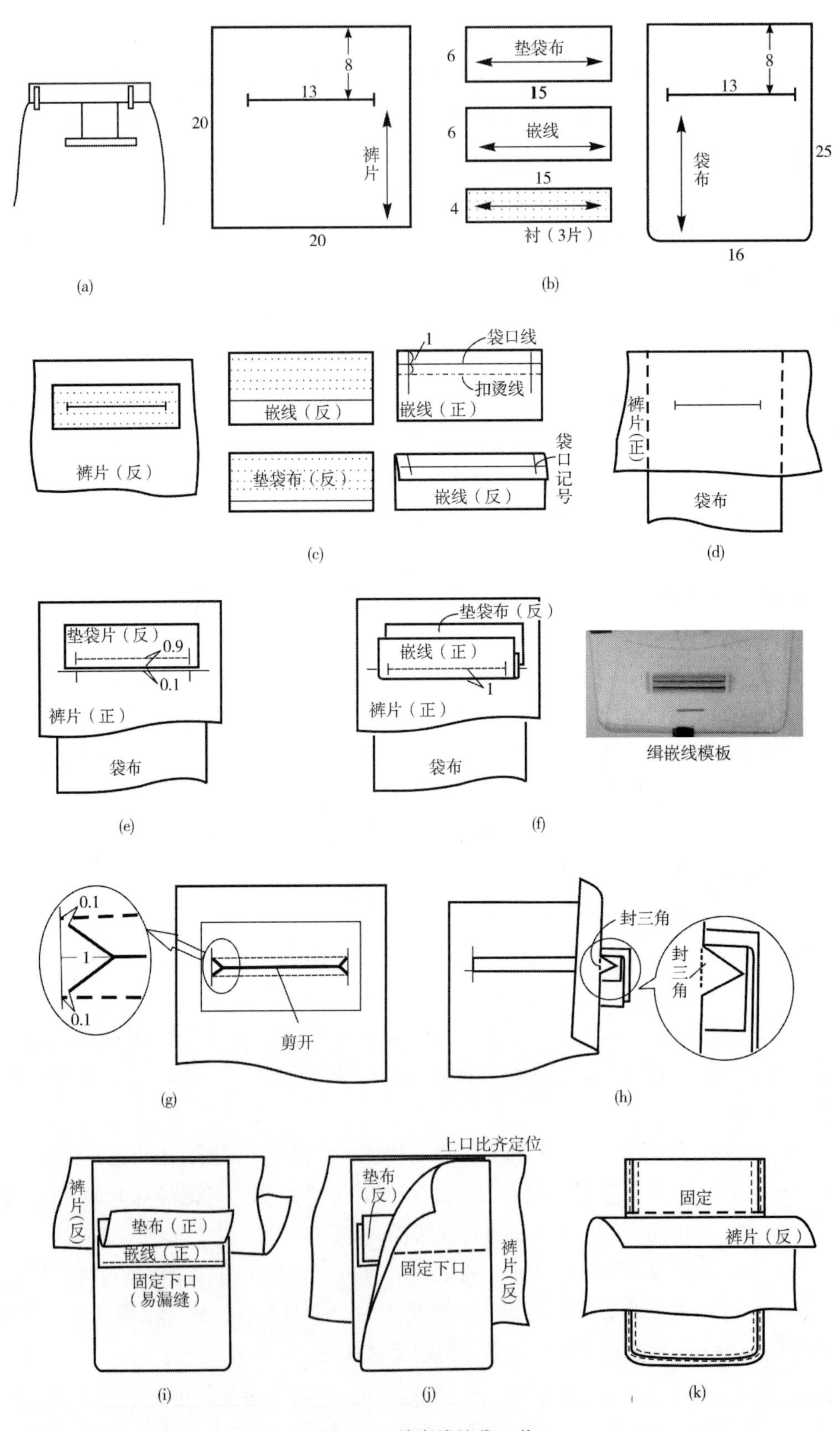

20
8
13
20
裤片
垫袋布
6
15
6
嵌线
15
4
衬（3片）
8
13
袋布
25
16
(a)
(b)
1
袋口线
扣烫线
裤片（反）
嵌线（反）
嵌线（正）
裤片(正)
袋布
垫袋布（反）
嵌线（反）
袋口记号
(c)
(d)
垫袋片（反）
0.9
0.1
裤片（正）
袋布
垫袋布（反）
嵌线（正）
1
裤片（正）
袋布
缉嵌线模板
(e)
(f)
0.1
1
0.1
剪开
封三角
封三角
(g)
(h)
上口比齐定位
裤片(反)
垫布（正）
嵌线（正）
固定下口
（易漏缝）
垫布（反）
固定下口
裤片(反)
固定
裤片（反）
(i)
(j)
(k)

图7－7　单嵌线挖袋工艺

（5）封三角：从剪开的袋口处将垫布、嵌线翻至反面，压烫平实；如图7－7（h）所示，从正面掀开袋口两端的裤片及袋布，将两端三角沿三角的底边封牢。要求袋角无褶裥、无毛露，且牢固。

（6）固定下嵌线：如图7－7（i）所示，掀开袋口以下的裤片，压缝固定下嵌线下口和袋布，注意，这条线容易被漏缝。

（7）缝垫布：如图7－7（j）所示，取另一片袋布，上口和裤片腰口比齐，确定垫袋布在袋布上的位置，然后压缝固定垫袋布下口和袋布。

（8）缝袋布：缝合两层袋布的两端及下口，缝份1cm，然后绢滚条处理毛边。

（9）固定上嵌线：如图7－5（k）所示，正面整理好袋口，从腰口处掀开裤片，沿裤片折边0.1cm缉线，顺势缉袋口两端。

缝制时要求嵌线宽窄一致，袋口无褶裥、无毛露，袋布顺直、平服。

三、前门襟工艺

（一）单做暗缝式

单做暗缝式门襟多用于女裤，常见的缝制方法有两种，以下分别介绍。

1. 方法一（图7－8）

（1）裁片：如图7－8（a）所示裁剪门襟、里襟。

（2）合小裆：从门襟止点起针缝合，然后分烫，注意上口必须重合回针。

（3）装拉链：拉链正面和门襟正面相对，拉链布带外边距门襟前口0.5cm，另一边缉双线，如图7－8（b）所示。

（4）装门襟：门襟与左前裤片正面相对，缉线0.8cm；压烫缝份，翻正后缉0.1cm止口，如图7－8（c）所示。

（5）装里襟：右前裤片里襟处缝份扣折1cm，和双里襟夹住拉链布带右边，缉线0.1cm，如图7－8（d）所示（可以提前将拉链布带与里襟绷缝固定）。

（6）缉门襟：里襟折向右前裤片，门襟缉明线3～3.5cm，如图7－8（e）所示。可以借助缝制模板，如图7－8（f）所示。

（7）封小裆：门襟止点处横向缉双线或打套结封口。

缝制时要求门、里襟等长，前小裆摆平，封口处不起吊。

2. 方法二（图7－9）

（1）缝裆弯：如图7－9（a）所示，沿净线假缝左、右前裤片门襟处（针码放大，起落针不回针）。

（2）装门襟：门襟与左前裤片缝份正面相对车缝，缝线距假缝线迹0.1～0.2cm，缝份倒向门襟，压缉止口0.1cm。

（3）装里襟：拉链置于里襟正面，与里襟内侧绷缝固定，如图7－9（b）所示；然后将里襟、拉链与右前裤片正面相对缝合，缝线距假缝线迹0.2～0.3cm。

（4）装拉链：反面掀开里襟，沿拉链左边在门襟上画线定位；对齐定位线，将拉链压缝

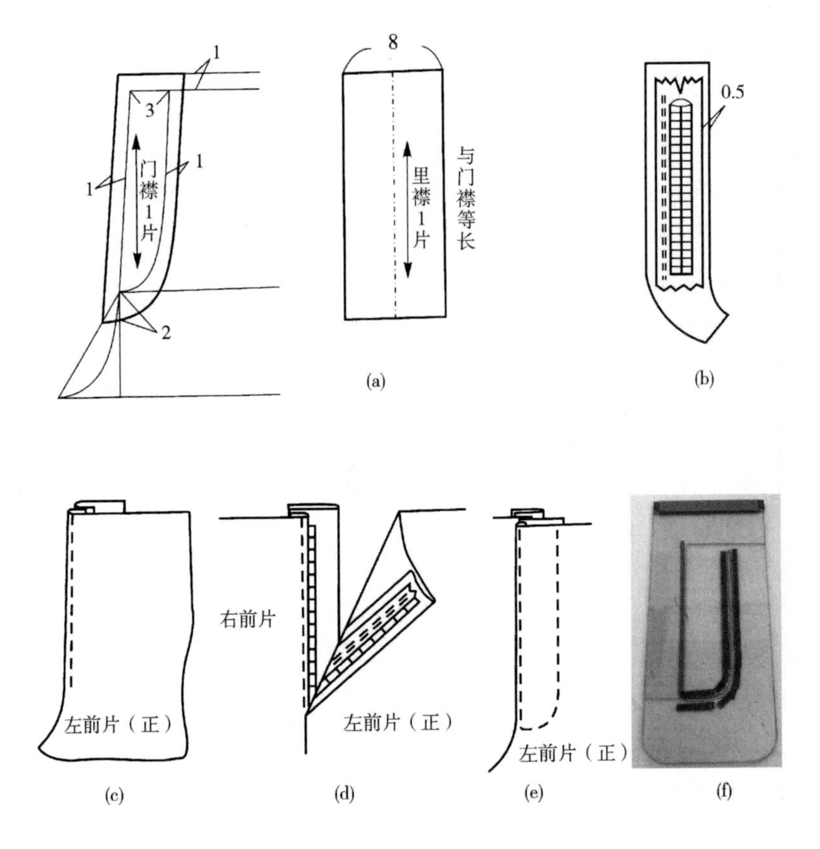

图7-8　单做暗缝式门襟方法一

在门襟上，为保证牢度可缉双线，如图7-9（c）所示。

（5）缉门襟：翻至正面，从腰口开始缉门襟明线，与前中止口距离3~3.5cm，门襟下端缉圆角，顺缉封小裆，如图7-9（d）所示。

（6）烫门襟：拆掉假缝线迹，盖水布，分别烫好门、里襟。

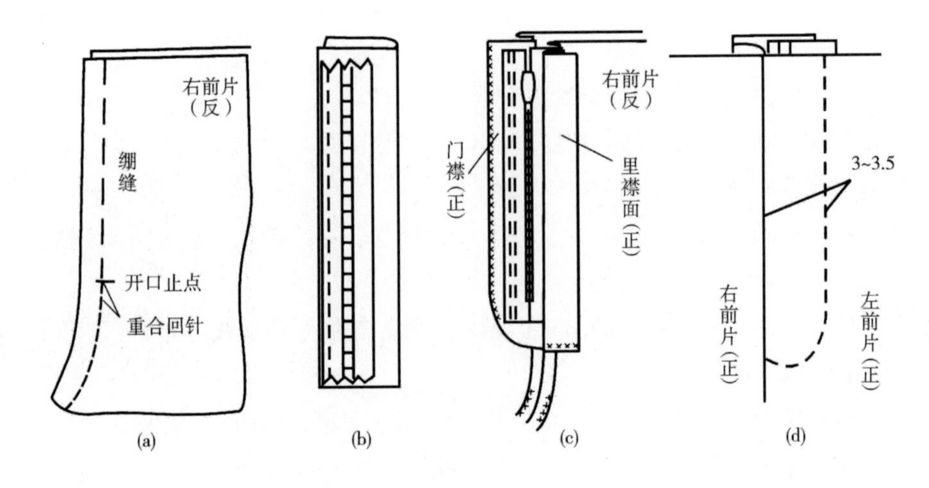

图7-9　单做暗缝式门襟方法二

（二）夹做暗缝式

夹做暗缝式门襟多用于男裤，常见的缝制方法有两种，以下分别介绍。

1. 方法一 门、里襟形状相同时所采用的方法比较简单，具体步骤如下：

（1）裁片：如图 7－10 所示裁剪门襟、里襟。

（2）合小裆：从门襟止点起针缝合，然后分烫，注意上口重合倒回针。

（3）做里襟：里襟面、里黏全衬，两层正面相对车缝外口；将里襟翻至正面，压烫平实，缉 0.1cm 线；扣烫里襟里的前中心线，使里襟里宽出里襟面 0.1cm；扣烫里襟里的前端，烫出宝剑头，小裆弯处稍拔开（近似呈直线），如图 7－11 所示。

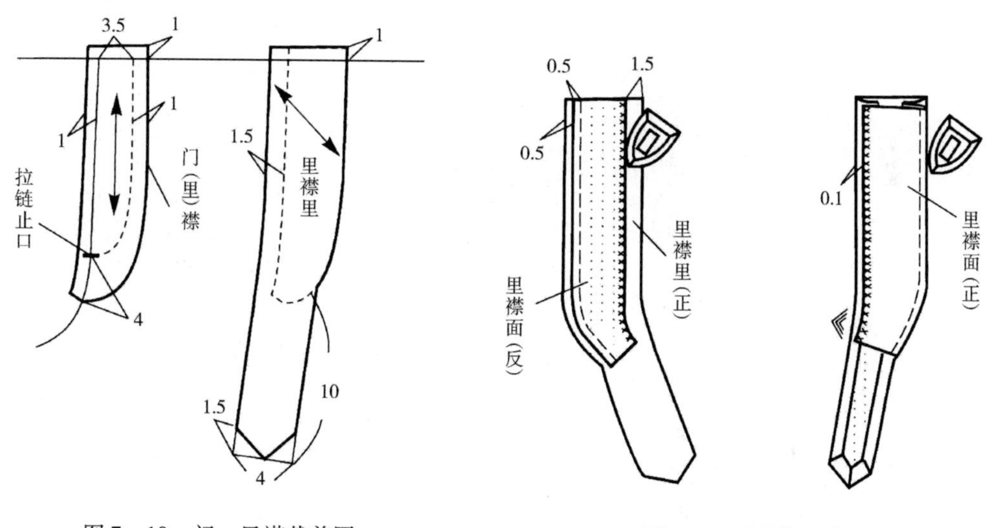

图 7－10 门、里襟裁剪图　　图 7－11 制作里襟

（4）绱门襟：门襟反面黏全衬，与左前裤片正面相对，沿门襟净线外侧 0.2cm 车缝前中心线，略吃进裤片；门襟翻正，缝份倒向门襟，止口缉 0.1cm 线；沿裤片前中心线折进门襟，垫上布馒头压烫止口，保证门襟不反吐，不反翘，如图 7－12 所示。

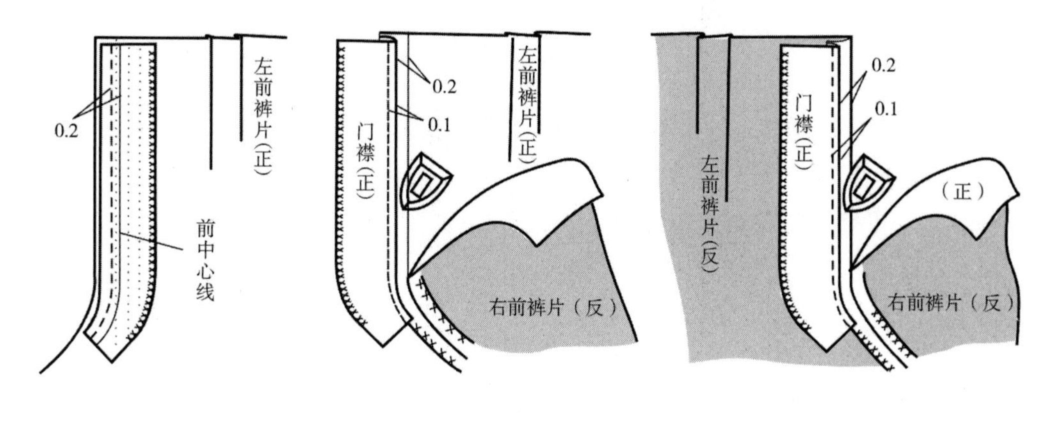

图 7－12 绱门襟

（5）装拉链：如图 7－13（a）所示，先绱里襟一侧，将右前裤片前中线缝份扣烫

0.8cm，与里襟面做扣压缝（掀开里襟里），缉线0.1cm，中间夹住拉链布带右边（可以提前将拉链与里襟面绷缝固定）；如图7－13（b）所示，正面铺平前裤片，对合左右片中心线并绷缝固定；如图7－13（c）所示，翻至反面，掀开里襟，将拉链左边与门襟准确对位后作标记或绷缝固定；掀开左裤片，将拉链与门襟双线缉牢；如图7－13（d）所示，拆除绷缝线迹，将里襟折向右前裤片，缉缝门襟明线，与前中线距离3～3.5cm，下口顺缉圆头。要求线迹整齐、美观，裤片平服。

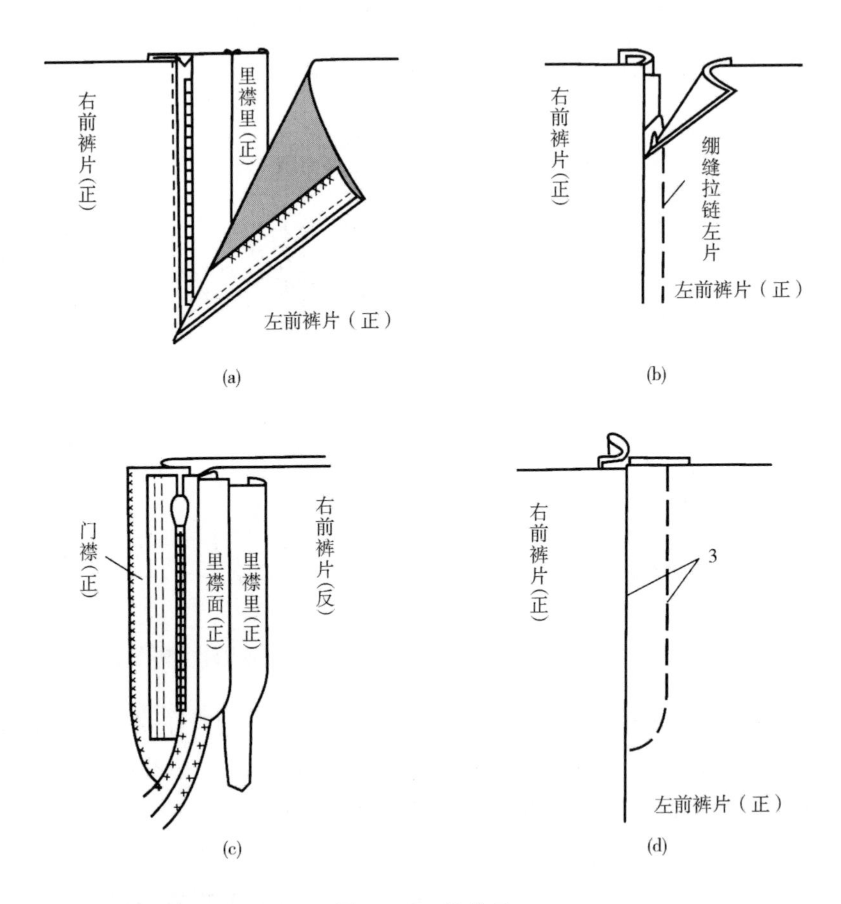

图7－13 装拉链

（6）缉里襟里：将扣烫好的里襟里与右裤片前中缝份缉缝固定，顺缉宝剑头处（也可用手针缭缝），如图7－14所示。

2. 方法二 里襟为较宽的切角形状时（俗称鸭嘴襟），缝制工艺复杂，工艺要求精细，外观更佳，其缝制步骤如下：

（1）裁片：如图7－15（a）所示，裁剪门襟面、里，里襟面、里，腰头面、里，左右前裤片局部。

（2）合小裆：从门襟止点起针缝合，然后分烫，注意上口重合倒回针。

（3）做门襟：门襟面反面黏全衬，与门襟里正面相对车缝圆头一侧及下口；翻正门襟，压烫止口，如图7－15（b）所示。

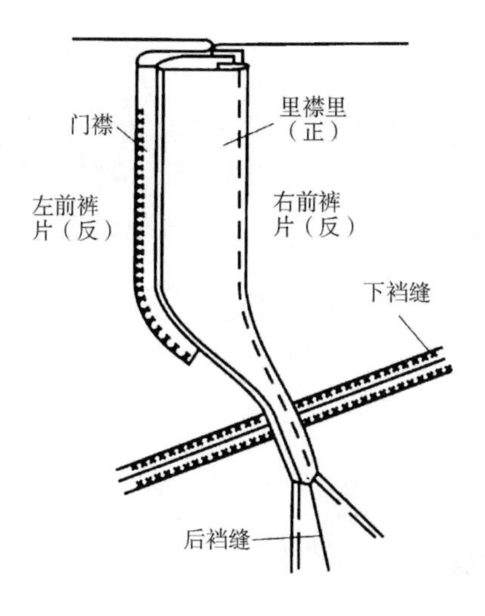

图 7－14　缉里襟里

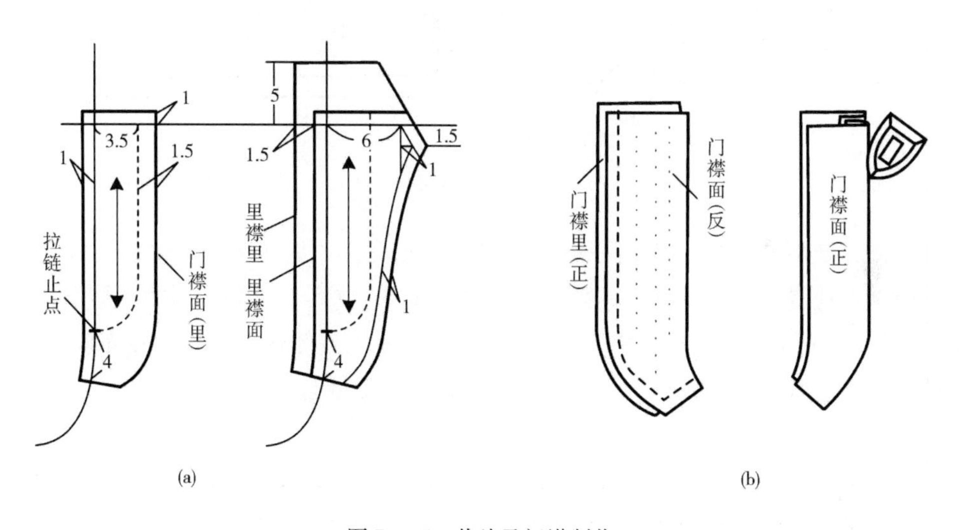

图 7－15　裁片及门襟制作

（4）绱门襟：门襟与左前裤片正面相对，沿门襟净线外侧 0.2cm 车缝前中心线，略吃进裤片；门襟翻正，沿前中止口压缉缝份（0.1cm）；沿裤片前中心线折进门襟，垫上布馒头压烫止口，保证门襟不反吐，不反翘（具体方法可参阅图 7－12）。

（5）绱里襟面：里襟面、里黏全衬备用，扣烫里襟里的前中心线，使里襟里宽出里襟面 0.1cm；将里襟面和右前裤片正面相对叠合，中间夹住拉链右边布带（可以提前将拉链与里襟面绷缝固定），沿前中心线车缝至门襟止点，缝份 0.8cm，如图 7－16 所示。

（6）制作腰头

①做腰里：裁剪腰里布（涤棉布取斜纱），长度等于腰围，宽为 20～22cm；顺长度方向扣烫，将一边扣折 4～4.5cm，另一边扣折 6～6.5cm，然后沿边线对折扣烫；在距对折线 1.5cm 处缉缝腰里，将四层腰里固定（如果要装饰腰里，也可在此缉缝 lcm 宽的丝带），如图

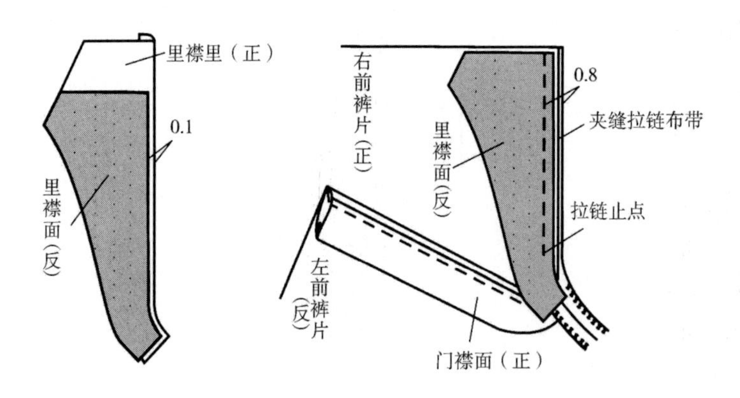

图7－16　绱里襟面

7－17所示（可以买专用成品腰里）。

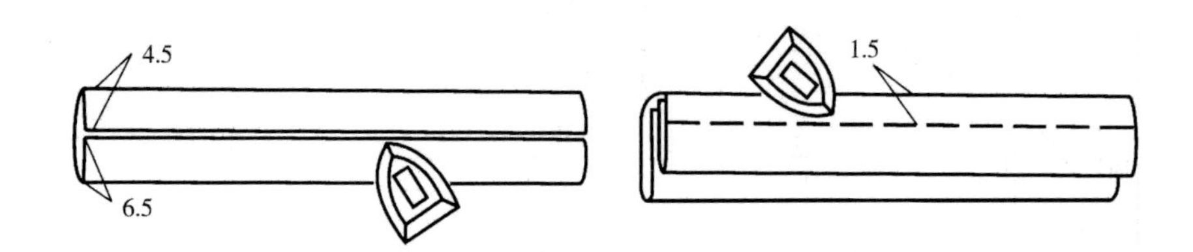

图7－17　做腰里

②做腰面：腰面先黏衬，黏专用腰衬（净衬），或者黏两层无纺衬（全衬）。

③合腰头：搭缝腰里与腰面，距腰面上口净线0.3～0.5cm缉缝（也可用多功能机三角针缉缝），缝份为0.1cm，略吃进腰面，如图7－18所示。右侧腰里从超出腰面前中心线1cm缝起，缝至后中心线；左侧腰里从距离前中心线2.5cm处缝起，缝至后中心线。

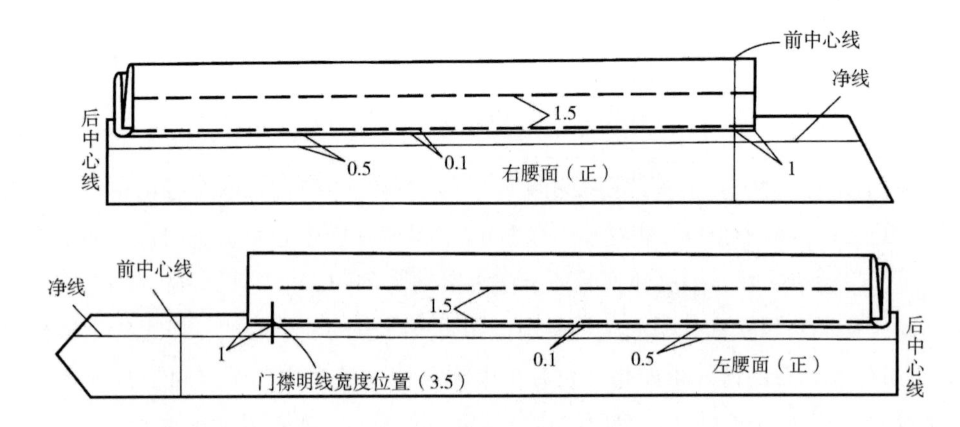

图7－18　缉缝腰面与腰里

（7）绱里襟，如图7－19所示。

①绱右侧腰面：腰面与右前裤片腰口正面相对车缝，缝份0.9cm，注意里襟切角平齐。

②勾里襟：腰面和里襟里正面相对车缝上口，缝线刚好盖没腰里上止口；理顺腰面与里

襟里（注意留出腰面上口的反吐量），沿腰面上口净线翻折腰头，里襟面和里正面相对车缝切角止口，缝份0.9cm。

③烫里襟：翻正里襟，压烫止口，要求止口圆顺，平薄、无坐势；从正面沿右裤片前中漏落缝或缉0.1cm明线固定里襟里，缝至门襟止点。

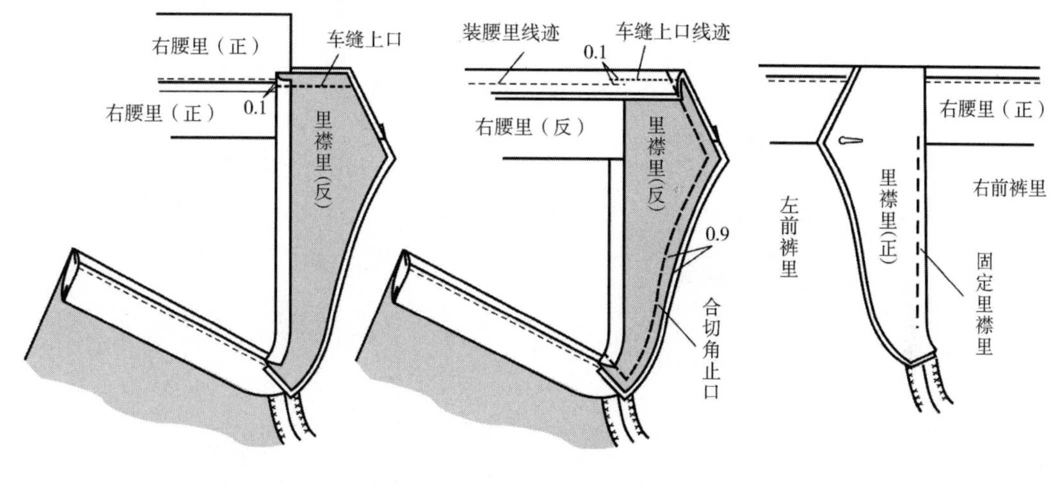

图7－19　绱里襟

（8）绱左侧腰头及宝剑头：正面铺平前裤片，对合左、右裤片中心线并绷缝固定；翻至反面，掀开里襟，将拉链左边与门襟准确对位后作标记或绷缝固定；掀开左裤片，将拉链与门襟双线缉牢，拆除绷缝线迹。

如图7－20所示，腰面与左裤片腰口正面相对，比齐后中心线车缝，缝份0.9cm，缝至裤片前中心线；宝剑头腰里折进里端缝份，并与门襟对齐，反面车缝至门襟前中心线；整理好门襟止口，车缝宝剑头，缝份0.9cm，翻正宝剑头，压烫止口，缉明线固定腰头里与腰里。

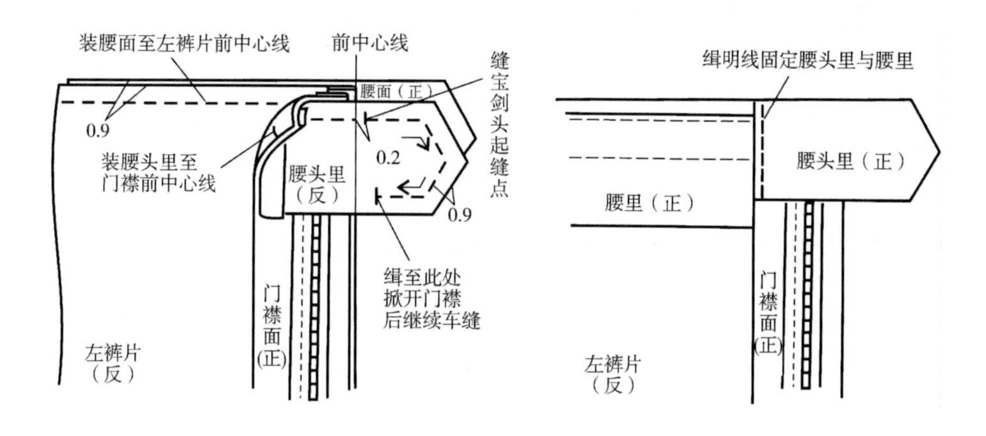

图7－20　绱左侧腰头及宝剑头

（9）封口：裤片翻至正面，将里襟折向左裤片，门襟缉缝明线，与前中间距3～3.5cm，下口顺缉圆头，要求线迹整齐、美观，裤片平服；整理好门、里襟，在门襟止点正面封口，横向打套结或用平缝机重复缉缝3～4次，线迹长约1cm；翻出门、里襟，在圆头区域套结固定，如图7－21所示。

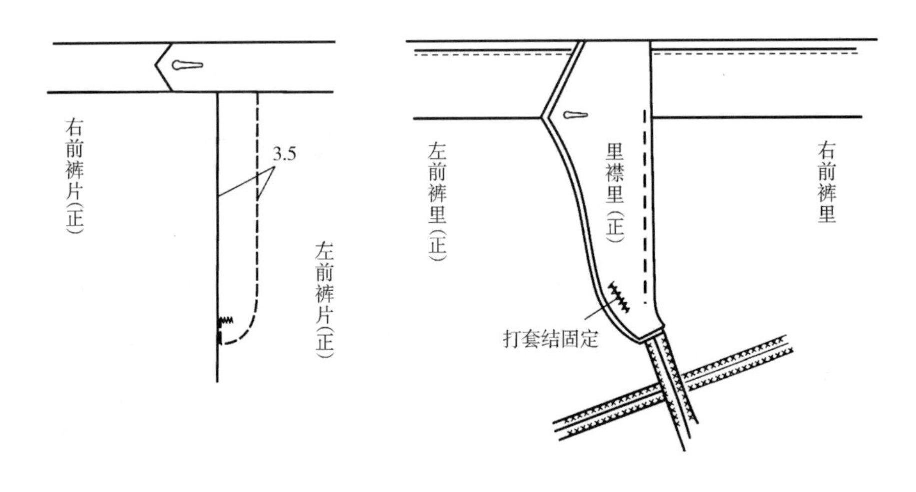

图7－21　封口

（三）单做明缝式门襟

单做明缝式门襟多用于牛仔裤、休闲裤，具体缝制步骤如下：

1. 裁片　如图7－22（a）所示，裁剪门襟片、里襟片与前裤片的前中部分；并包缝门襟、里襟、前裆弯，如图7－22（b）所示。

2. 制作

（1）固定门襟与拉链：如图7－22（c）所示，拉链与门襟正面相对，缉缝双线固定拉链，拉链布带边缘与门襟边缘距离0.8cm。

（2）固定门襟与左前裤片：门襟与左前裤片正面相对进行缝合，缝份0.9cm，缉缝至拉链止口，注意不要缝住拉链。然后将门襟翻折压烫，裤片止口反吐0.1cm，门襟止点以下的裆缝按1cm缝份扣烫，如图7－22（d）所示。

（3）扣烫右前裤片缝份：从腰口处按0.7cm缝份扣烫，一直到门襟止点处逐渐减小到0.5cm，如图7－22（e）所示。

（4）固定里襟与右前裤片：将右前裤片开口区域的缝份扣折，与包缝过的双层里襟、拉链做扣压缝，缉明线距止口0.1cm，如图7－22（f）所示。

（5）缉门襟、合前裆缝：在左前裤片缉门襟明线，门襟止点以下将左前裆缝压在右前裆缝之上，缉双明线0.1cm/0.6cm，如图7－22（g）所示。可以借助缝制模板，如图7－22（h）所示。

四、弧形腰头

中腰裤、低腰裤的腰头一般为弧形腰头，美观、适体且不易变形，具体缝制步骤如下：

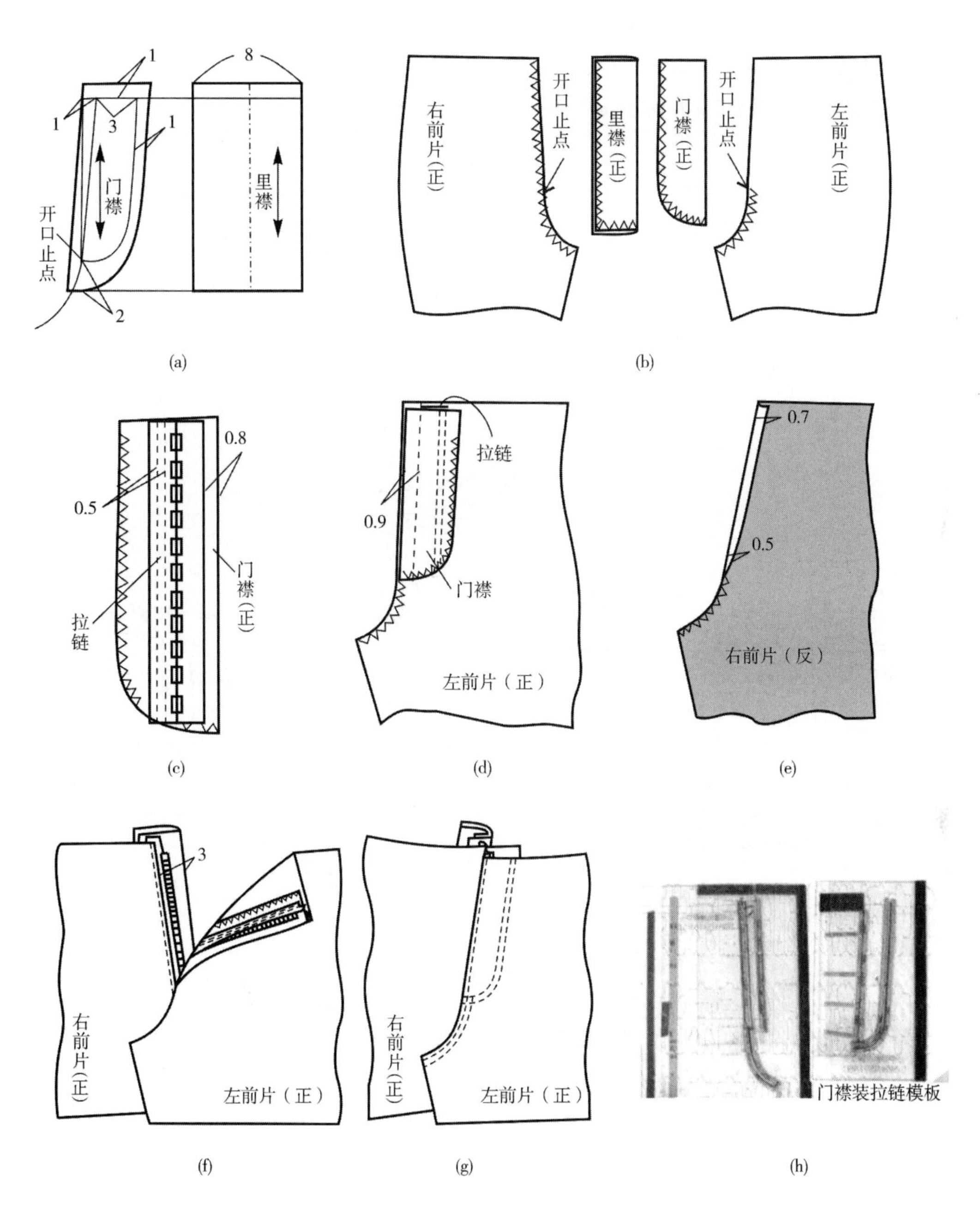

图 7－22 单做明缝式门襟工艺

1. 黏衬 将腰头面、腰头里黏全衬，如图 7－23（b）所示。

2. 缝制

（1）做腰头：将腰头面、腰头里的各部分拼接起来，缝份 1cm，分缝烫平，如图 7－23（c）所示。然后将腰头里的下口缝份按净线扣烫，腰头面、里正面相对，缝合腰头上口和两端，缝份 0.9cm。翻正腰头，熨烫平服。

（2）绱腰头：在相应位置安装串带襻，腰头面与前裤片正面相对，从门（里）襟一侧按净线起针，缝合一周，注意起落针倒回针。将腰头里翻上，熨烫平服，用手针缲缝固定腰里下口，或在腰头面缉0.1cm明线固定，如图7－23（d）所示。

（3）缉明线：腰头四周缉0.1cm明线，然后固定串带襻上端。

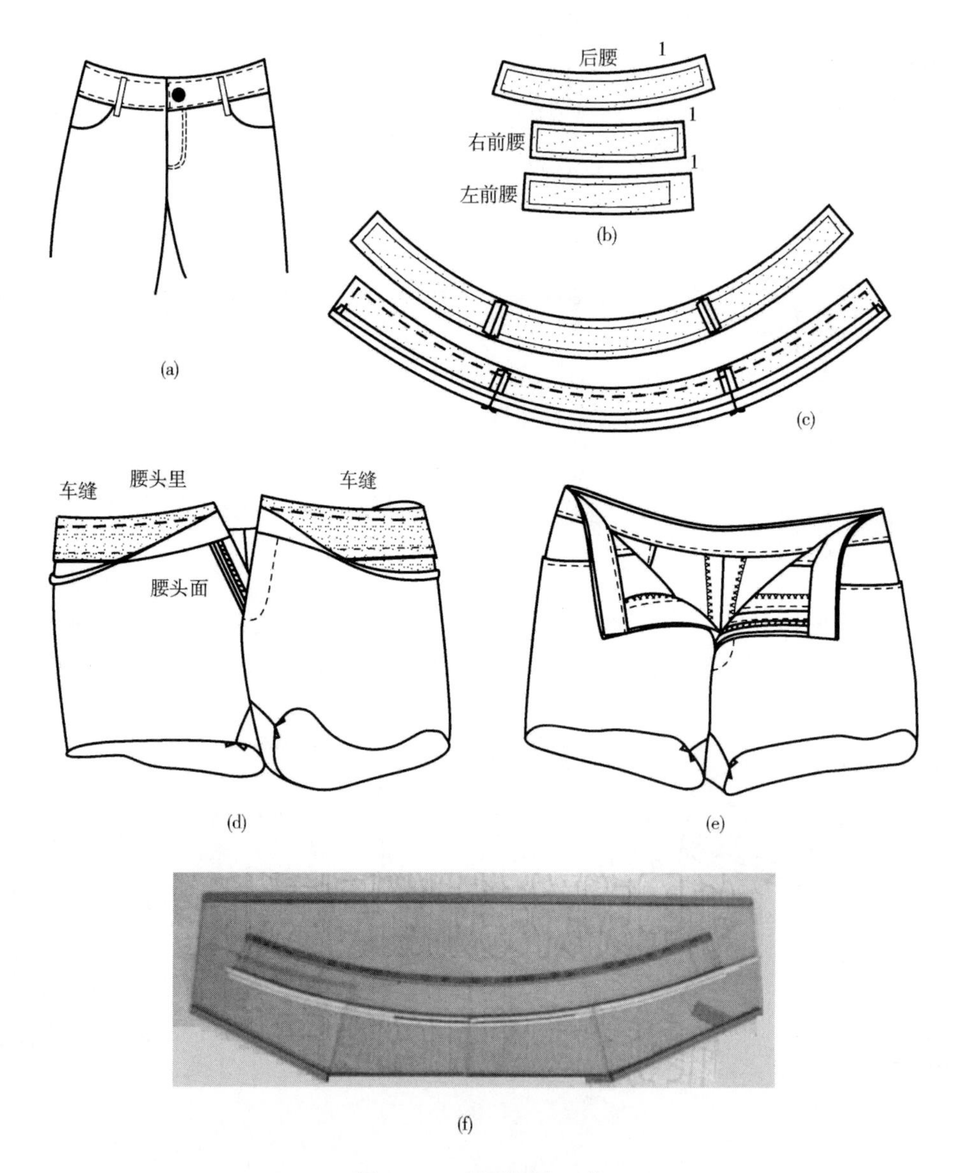

图7－23　弧形腰头工艺

五、思考与实训

（1）练习各种插袋缝制工艺。

（2）练习各种门襟装拉链工艺。

第二节　女西裤缝制工艺

✲课前准备

• 材料准备

1. 面料

(1) 面料选择：女西裤的面料可以选择毛料、麻料、化纤类织物等，选择范围比较广。面料的厚薄、颜色、图案等均不受限制，根据个人爱好和穿着场合自行设定。

(2) 面料用量：幅宽144cm，用量为裤长+10cm，约为110cm。幅宽不同时，根据实际情况酌情加减面料用量。

2. 其他辅料

(1) 裤钩：裤钩一副。

(2) 拉链：需要约20cm长拉链一条，要求与面料顺色。

(3) 无纺衬：幅宽90cm，用料约为30cm。

(4) 缝线：准备与面料颜色及材质相匹配的缝线。

(5) 打板纸：整张绘图纸2张。

• 工具准备

备齐制图常用工具与制作常用工具。

• 知识准备

复习收省工艺、门襟工艺、直插袋工艺、腰头缝制工艺、三角针工艺等。

一、款式特征概述

该款女西裤款式特征为装腰头，串带襻6个，裤前中门襟处装拉链，前片、后片左右各两个省，侧缝直插袋，款式如图7－24所示。

二、结构制图

1. 制图规格　女西裤制图规格，见表7－1。

表7－1　女西裤规格尺寸　　单位：cm

号型	裤长（L）	腰围（W）	臀围（H）	裤口宽
160/68A	100	68+2（放松量）	90+10（放松量）	21

2. 女西裤结构制图　女西裤裤片结构制图，如图7－25所示，零部件毛样结构制图，如图7－26所示。

图7－24　女西裤款式图

三、放缝与排料

面料放缝与排料如图7－27所示。图中未特别标明的部位放缝量均为1cm。

四、缝制工艺

（一）缝制工艺流程框图

女西裤缝制工艺流程，如图7－28所示。

（二）缝制准备

1. 检查裁片

（1）检查数量：对照排料图，清点裁片是否齐全。

（2）检查质量：认真检查每片裁片的用料方向、正反、形状是否正确。

（3）核对裁片：复核定位、对位标记，检查对应部位是否符合要求。

2. 作标记　在前片褶裥位、烫迹线、后片省位等作剪口标记；在拉链止口、侧缝口袋位

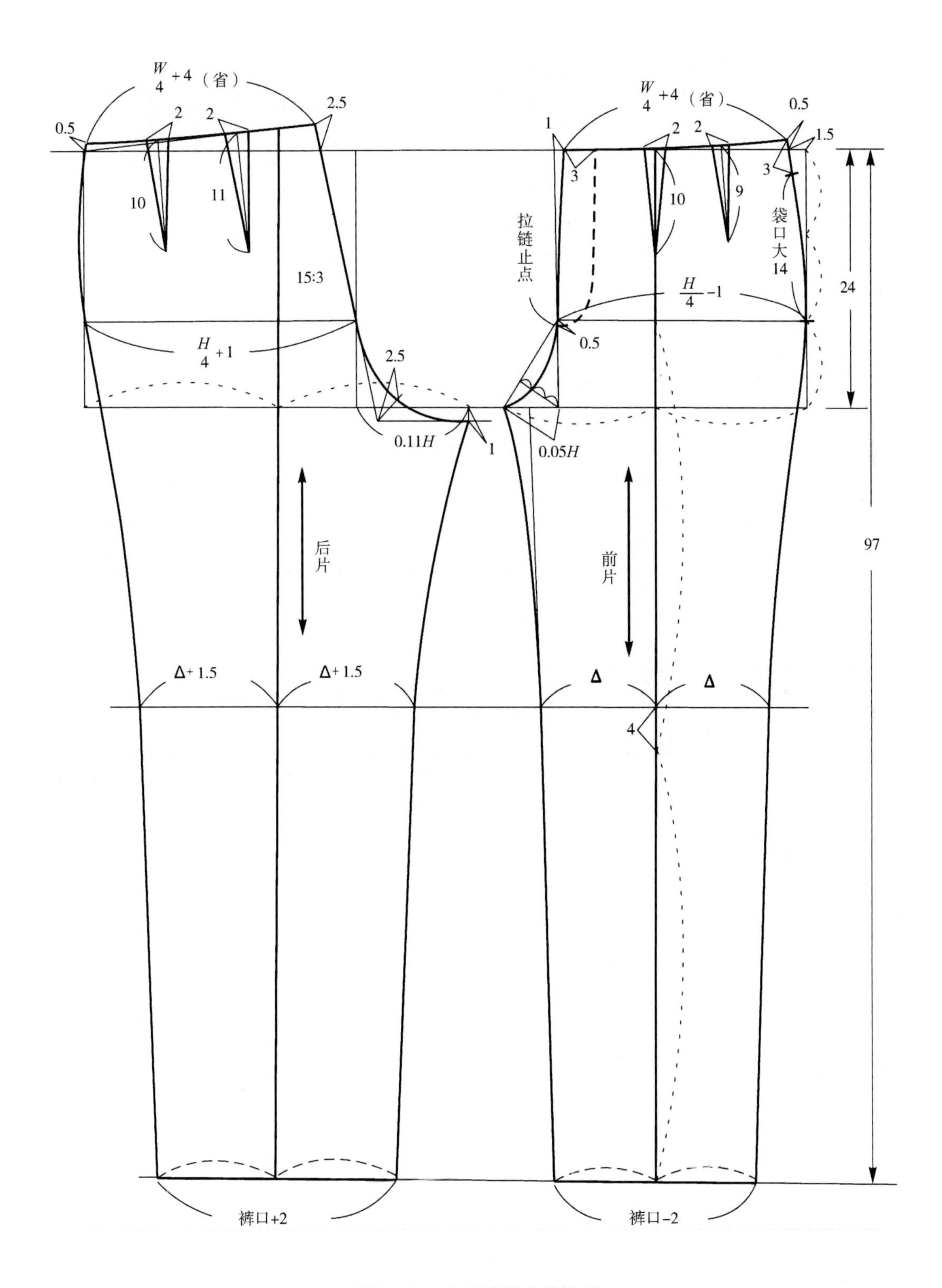

图 7－25　女西裤裤片结构图

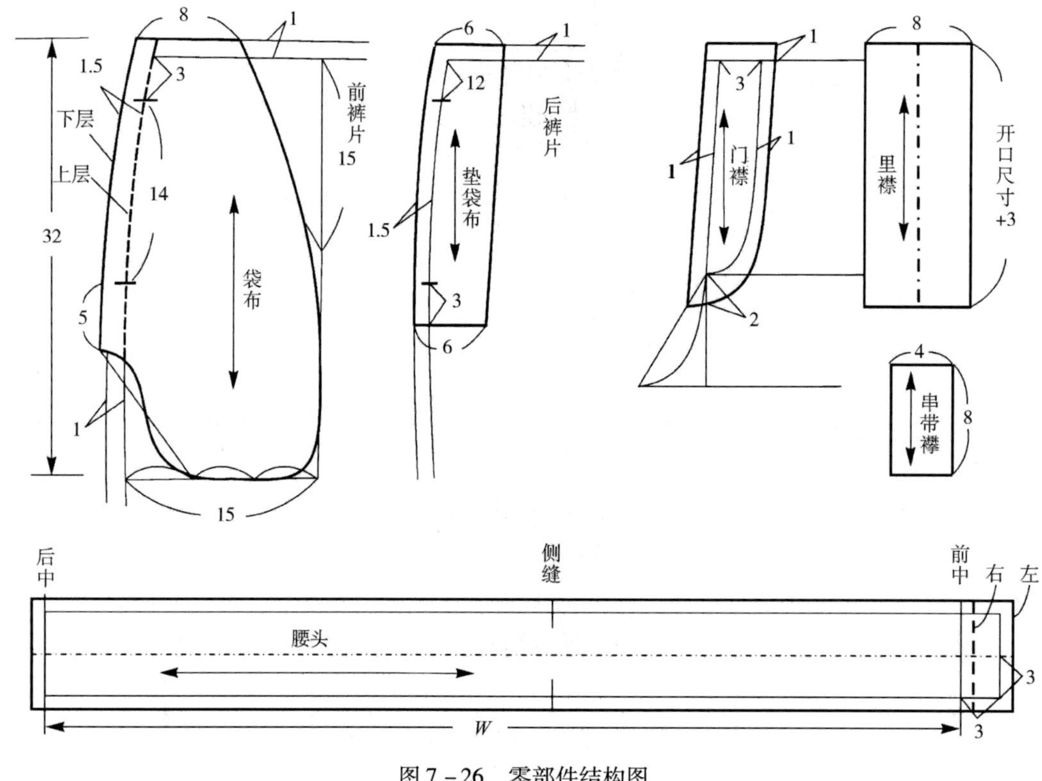

图7－26　零部件结构图

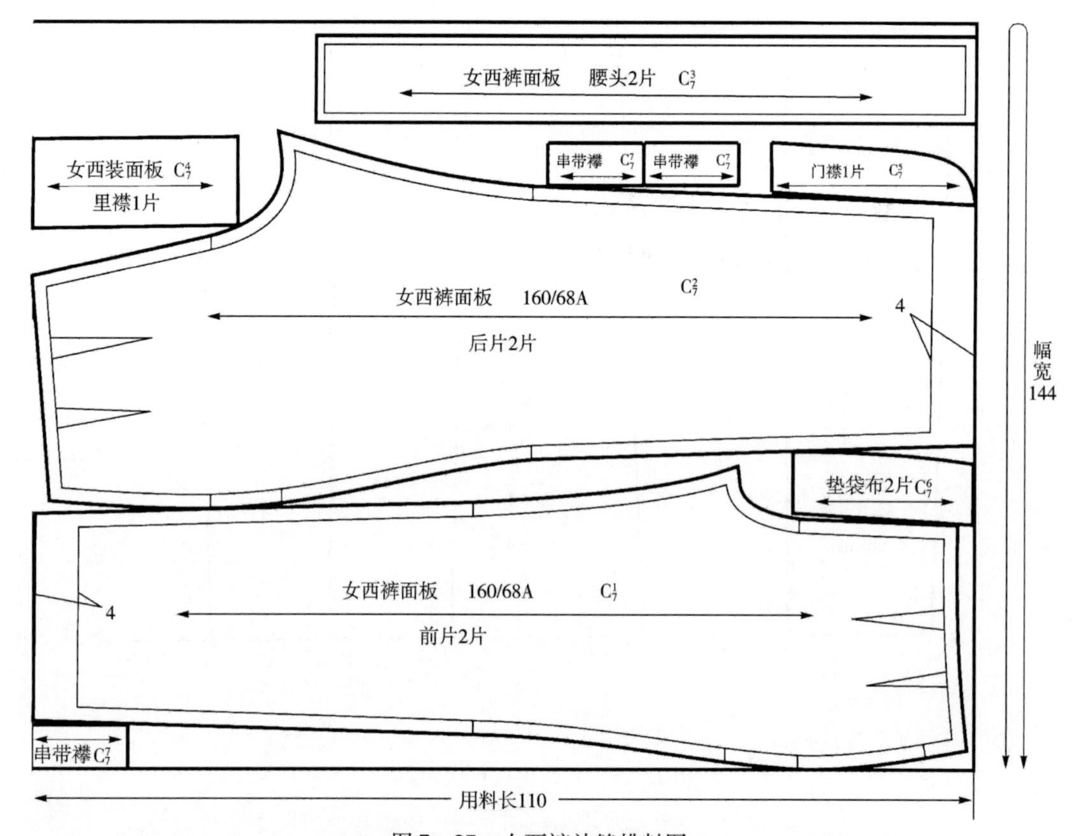

图7－27　女西裤放缝排料图

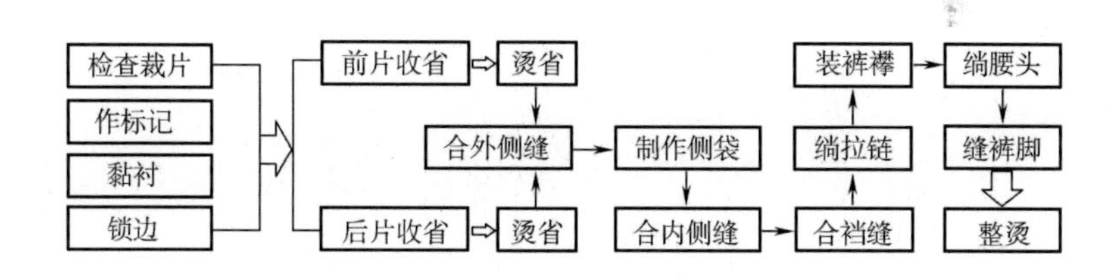

图 7－28　女西裤缝制工艺流程

置、中裆线、裤口折边等作标记。

（三）缝制说明

1. 归拔裤片　将门襟、里襟、前片袋位处需要黏衬的部位先黏上无纺衬，然后对裤片进行归拔处理，如图 7－29 所示。注意熨斗温度要适中，不能损坏面料；归拔力度适中，以免过度拉伸面料。

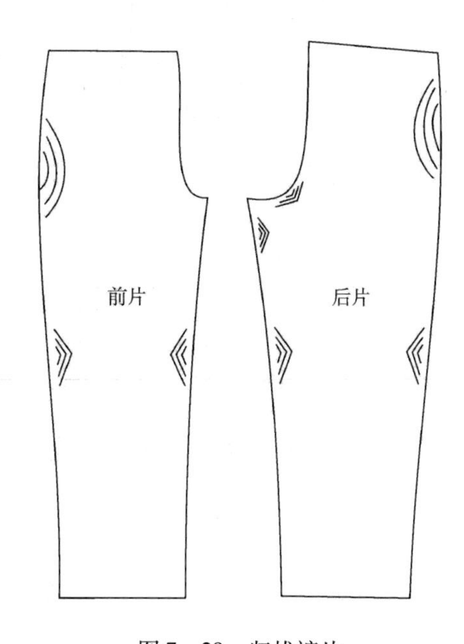

图 7－29　归拔裤片

2. 包缝　前后片除腰口、装拉链部位外，其余三边均三线包缝。另外零部件需要包缝的有垫袋布、门襟、里襟，如图 7－30 所示。

3. 收省　缝合前片、后片省道，缝合顺直呈锥形，起落针倒回针，要求省大、省长、省位对称并熨烫平服。省缝烫倒，前片倒向前中缝，后片倒向后中缝，如图 7－31 所示。

4. 合侧缝　前、后裤片正面相对，侧缝对齐，从袋口下止点开始缝合侧缝，如图 7－32 所示。然后缝份分开烫平。

5. 做侧缝插袋　具体工艺及要求参阅本章第一节部件工艺“直插袋”部分内容。

6. 合下裆缝

（1）合下裆缝：分别缝合左、右下裆缝，分烫缝份。要求缉线顺直，烫平、烫实。

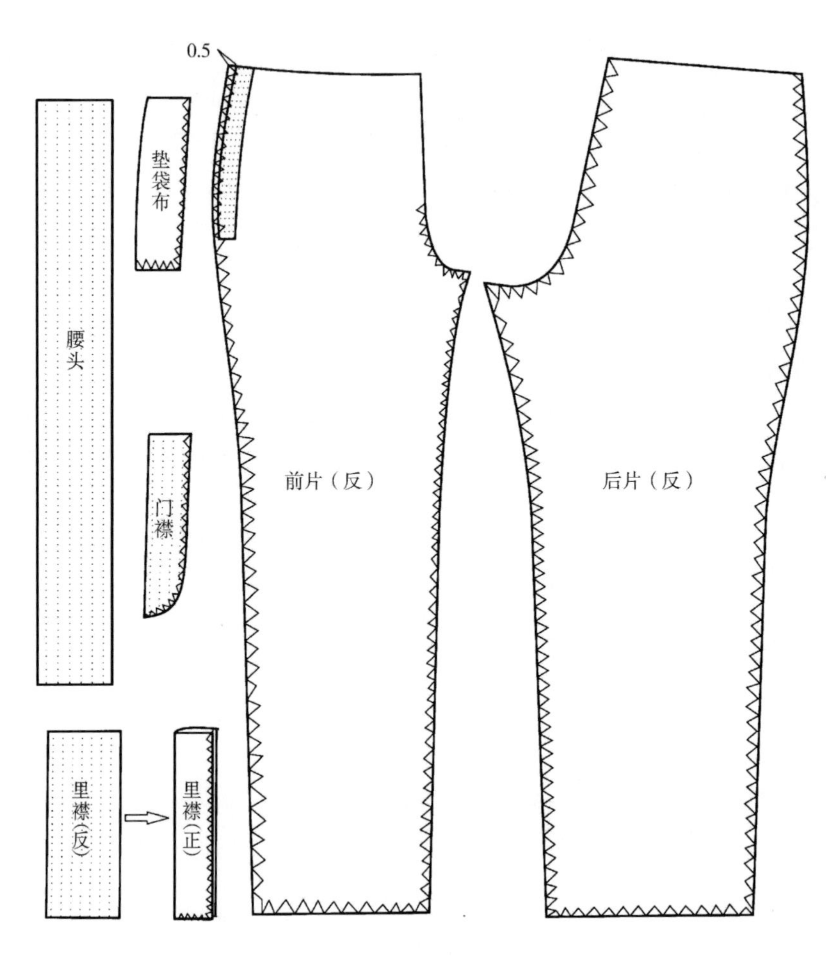

图7－30　包缝

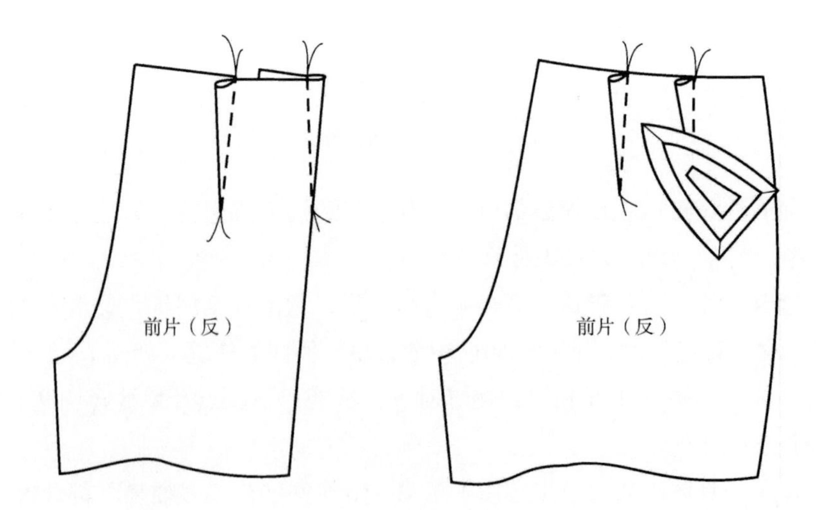

图7－31　裤片收省

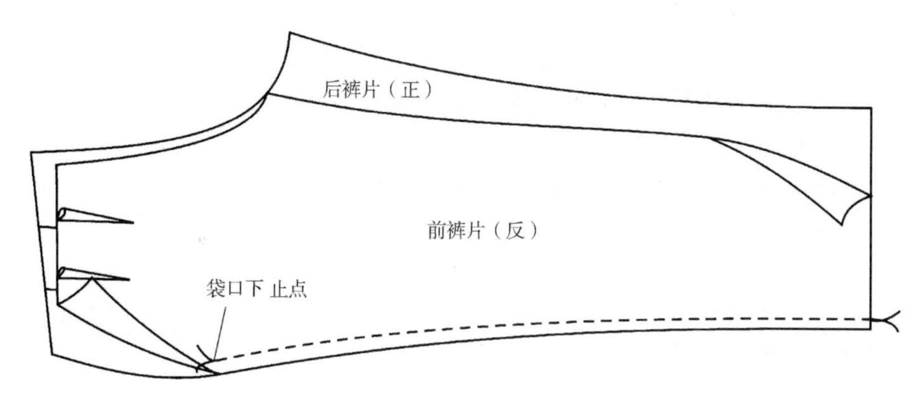

图7－32　合侧缝

（2）烫裤中烫迹线：正面盖水布。按照剪口标记，侧缝与下裆缝对齐，从腰口到脚口，压烫裤中烫迹线。要求烫迹线挺括、顺直。

7. 合裆缝

（1）缝合：左、右裤片正面相对，从后裆缝腰口处一直缉缝至前裆缝开口止点处，起止针处要倒回针。为了增强其牢固性，一般要重合缝两道线或采用分压缝。要求缉线顺直，无双轨现象，裆底十字缝对齐，如图7－33所示。

（2）分烫：利用烫凳、布馒头等熨烫工具，将裆缝分开烫平。注意缝份向两侧自然熨烫，使其形成圆顺弧线。

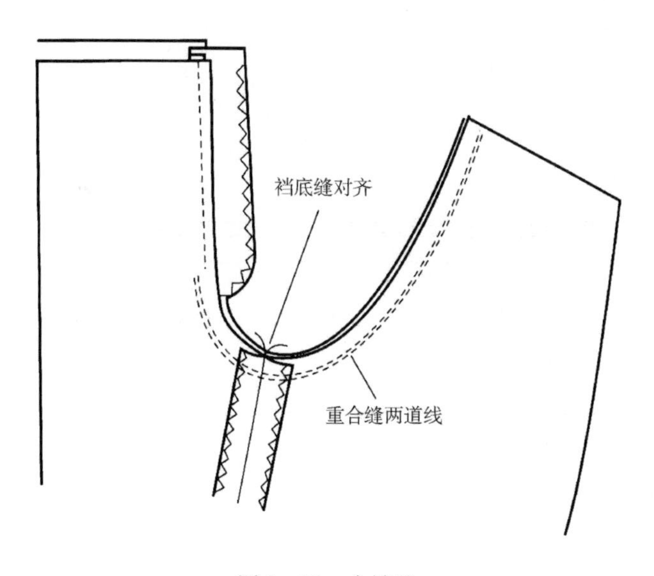

图7－33　合裆缝

8. 前门襟装拉链　具体工艺及要求参阅本章第一节部件工艺“单做暗缝式门襟”部分内容。

9. 装串带襻

（1）制作串带襻：串带襻净宽为0.8～1cm，长为8cm左右。常用的制作方法有三种：

方法一：反面车缝，翻正，缝口置于内侧中间压烫，共三层厚度，如图7－34（a）所示。

方法二：将串带两侧毛边扣烫，再对折烫，沿串带两侧缉止口0.1cm，共四层厚度，如图7－34（b）所示。

方法三：专用串带机将串带两侧毛边卷至反面，双针缉线固定，背面链式线迹将毛边覆盖，共两层厚度，如图7－34（c）所示。

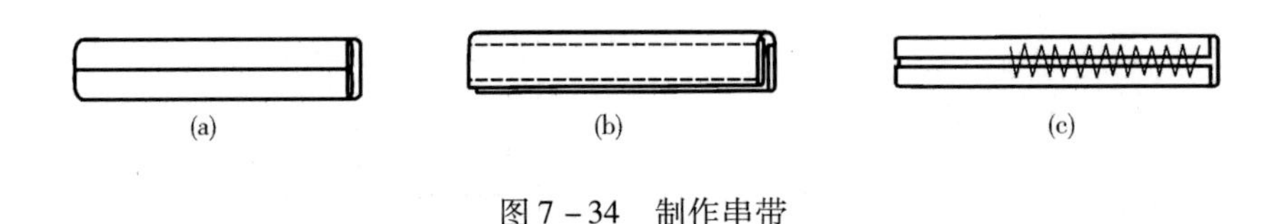

图7－34　制作串带

（2）钉串带襻：先在裤片腰口正面画出串带襻缝钉位置记号，前裤片串带襻缝钉位于挺缝线，后裤片串带襻缝钉位于后中缝（并排两个），中间串带襻在两者中间；然后将串带襻反面向上，距腰口0.3cm摆正，距离腰口2.5cm缉线，来回加固缝2～3次，如图7－35所示。

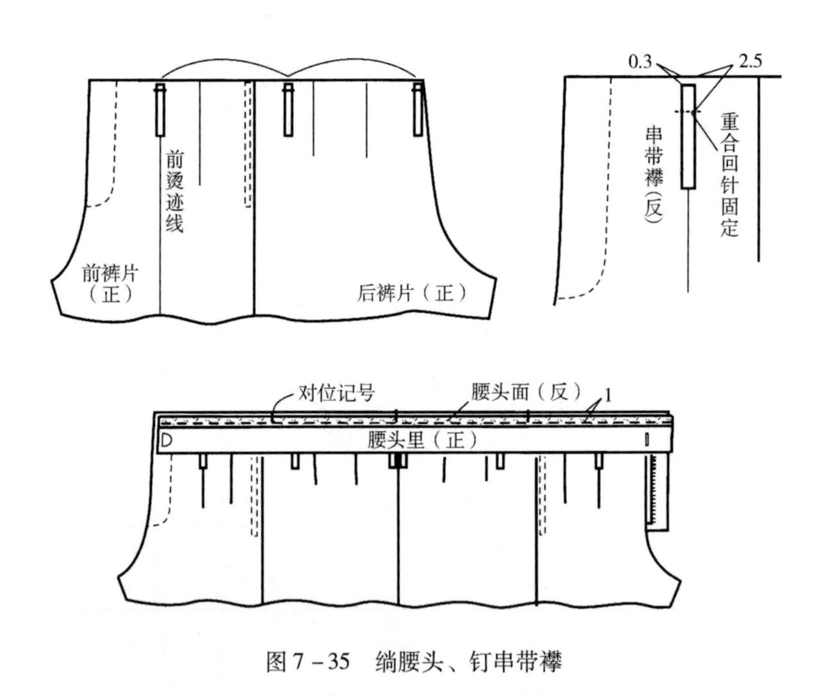

图7－35　绱腰头、钉串带襻

10. 绱腰头

（1）制作腰头：先将腰头黏全衬，并沿长度方向中心线对折烫；再扣烫腰头面下口缝份1cm腰头里下口缝份0.9cm；然后将腰头以烫迹线为准翻至反面，缝合两端（缝份1cm）；最后将腰头翻正、烫平，在门襟处腰里钉裤钩，裤钩对准门襟止口（不可伸出门襟），在里襟处腰面上钉另一半裤钩，要求两者位置平齐。

（2）绱腰头：先在腰头上标好绱腰头的对位记号，然后将腰头面与裤片正面相对，比齐对位记号，缝份1cm缝合，注意裤片腰口吃势；将腰头翻转，正面压缉0.1cm止口并缉住腰头里，或正面漏落缝缉住腰头里，或手针缲腰头里，如图7－35所示。要求左、右腰头宽窄均匀、高度一致，腰头不拧不皱，腰围符合规格，门、里襟和腰头两端平齐。

（3）固定串带襻：串带襻翻上，摆正定位并固定上端，如图7－36所示，常见的固定方法有两种：一种是表面缉线固定，不处理上端毛边；另一种是暗缝固定，上端毛边隐藏在两条线迹之间。

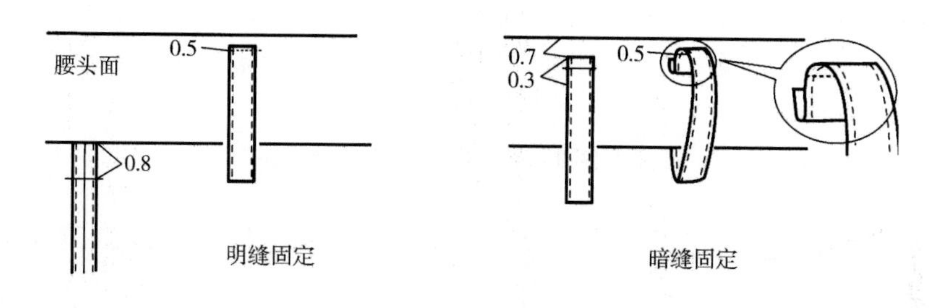

图7－36 固定串带襻

11. 缝裤口 按净线扣烫裤脚口贴边，并用三角针固定。

12. 整烫

（1）反面所有分开缝，一律喷水烫平。

（2）前后省、门襻里襟、袋口、腰头放在布馒头上、盖水布，喷水烫平。

（3）下裆和侧缝重叠，前后烫迹线摆平，掀开一条裤腿，盖上水布，喷水烫平服。前腰省道处垫上布馒头归烫，后臀部拔烫大裆，烫出胖势，使之更符合人体曲线，如图7－37所示。

（4）内侧缝烫平后，翻至外侧缝，盖水布，喷水烫平，再盖干布，烫干、烫平服。

（5）裤脚口处缝三角针，要求针脚细、密、齐，贴边宽窄一致，不能有水迹，不可烫黄、烫焦，前后烫迹线烫平服。

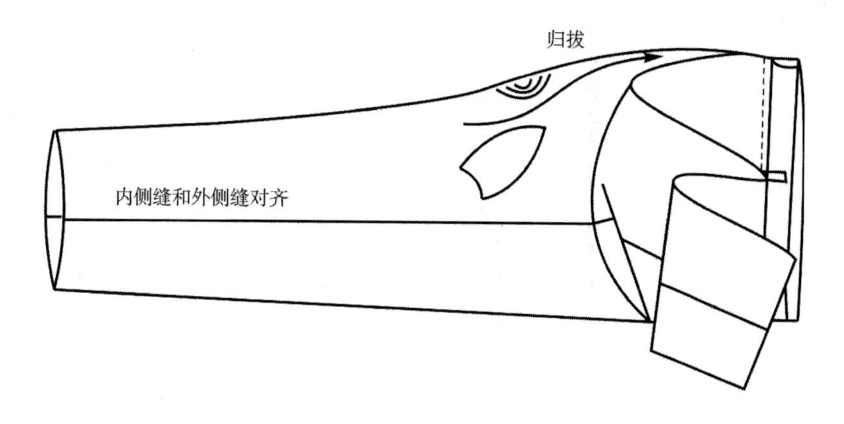

图7－37 整烫

五、思考与实训

在规定时间内，按工艺要求完成一条女西裤的裁制，规格尺寸自定。工艺要求及评分标准见表7－2。

表7－2　女西裤工艺要求及评分标准

项目	工 艺 要 求	分值
规格	允许误差：$W=1.0$cm，$L=\pm1.5$cm	15
腰头	丝缕顺直，宽度一致，内外平服，两端平齐，串带襻位置恰当，缝合牢固（两端无毛露）	15
门襟	门襟止口顺直，封口牢固，不起吊，拉链平服，缉明线整齐	15
前片	省位对称一致，烫迹线挺直	5
侧袋	左右对称，袋口平服，不拧不皱，缉线整齐，上下封口位置恰当，缝合牢固，袋布平服	15
后片	腰省左右对称，倒向正确，压烫无痕	5
内、外侧缝	缝线顺直，不起吊，分烫无坐势	5
裆缝	裆缝十字缝处平服，缝线顺直	10
裤脚口	贴边宽度均匀，三角针线迹松紧适宜，正面无针花，底边平服，不拧不皱	5
整烫效果	无污、无黄、无焦、无极光、无皱，烫迹线顺直	10

第三节　男西裤缝制工艺

✲课前准备

• 材料准备

1. 面料

（1）面料选择：男西裤面料适合选择麻、毛、化纤类、混纺类织物等，颜色深浅根据个人爱好选定。

（2）面料用量：幅宽144cm，用量为裤长＋10cm，约为115cm。幅宽不同时，根据实际情况酌情加减面料用量。

2. 里料

（1）里料选择：与面料材质、颜色、厚度相匹配的里料。

（2）里料用量：幅宽140cm，用量约为35cm。

3. 其他辅料

（1）无纺衬：幅宽90cm，用料约为30cm。

（2）拉链：需要约20cm长拉链一条，要求与面料顺色。

（3）裤钩：裤钩1副。

（4）纽扣：准备与面料顺色树脂纽扣，直径2cm的1粒（里襟），直径1.5cm的2粒（后袋）。

（5）缝线：准备与面料颜色及材质相匹配的缝线。

（6）袋布：顺色中厚涤棉布，幅宽144cm，长35cm。

（7）腰里：准备专用腰里，长度为腰围+3cm，约80cm。

（8）滚条：包裆缝用顺色滚条约100cm。

（9）打板纸：整张绘图纸2张。

• 工具准备

备齐制图常用工具与制作常用工具。

• 知识准备

提前复习男裤样板绘制的相关知识，复习本章第一节斜插袋、挖袋、夹做暗缝式门襟等部分内容，复习第二节女西裤缝制工艺部分内容。

一、款式特征概述

该款男西裤款式特征为装腰头，串带襻6个，前中门襟处装拉链，前裤片左右各设两个褶裥，后裤片左右各收省两个，侧缝斜插袋，后片左右各一个双嵌线挖袋，裤脚口略收，如图7-38所示。

图7-38　男西裤款式图

二、结构制图

1. 制图规格 男西裤制图规格见表7－3。

表7－3 男西裤规格尺寸 单位：cm

号型	裤长（L）	腰围（W）	臀围（H）	裤口宽	腰头宽
170/76A	105	76＋2（放松量）	94＋12（放松量）	22	4

2. 男西裤结构制图 男西裤裤片结构制图，如图7－39所示，男西裤零部件样板，如图7－40所示。

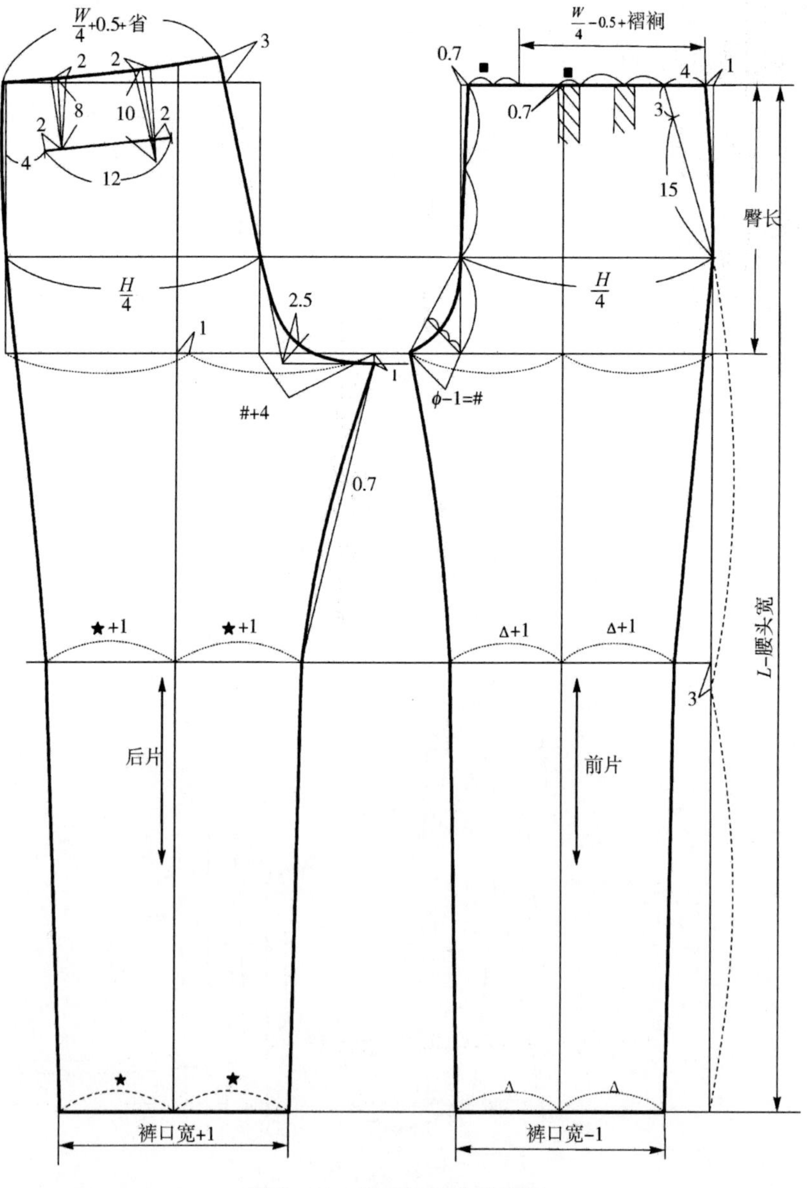

图7－39 男西裤裤片结构图

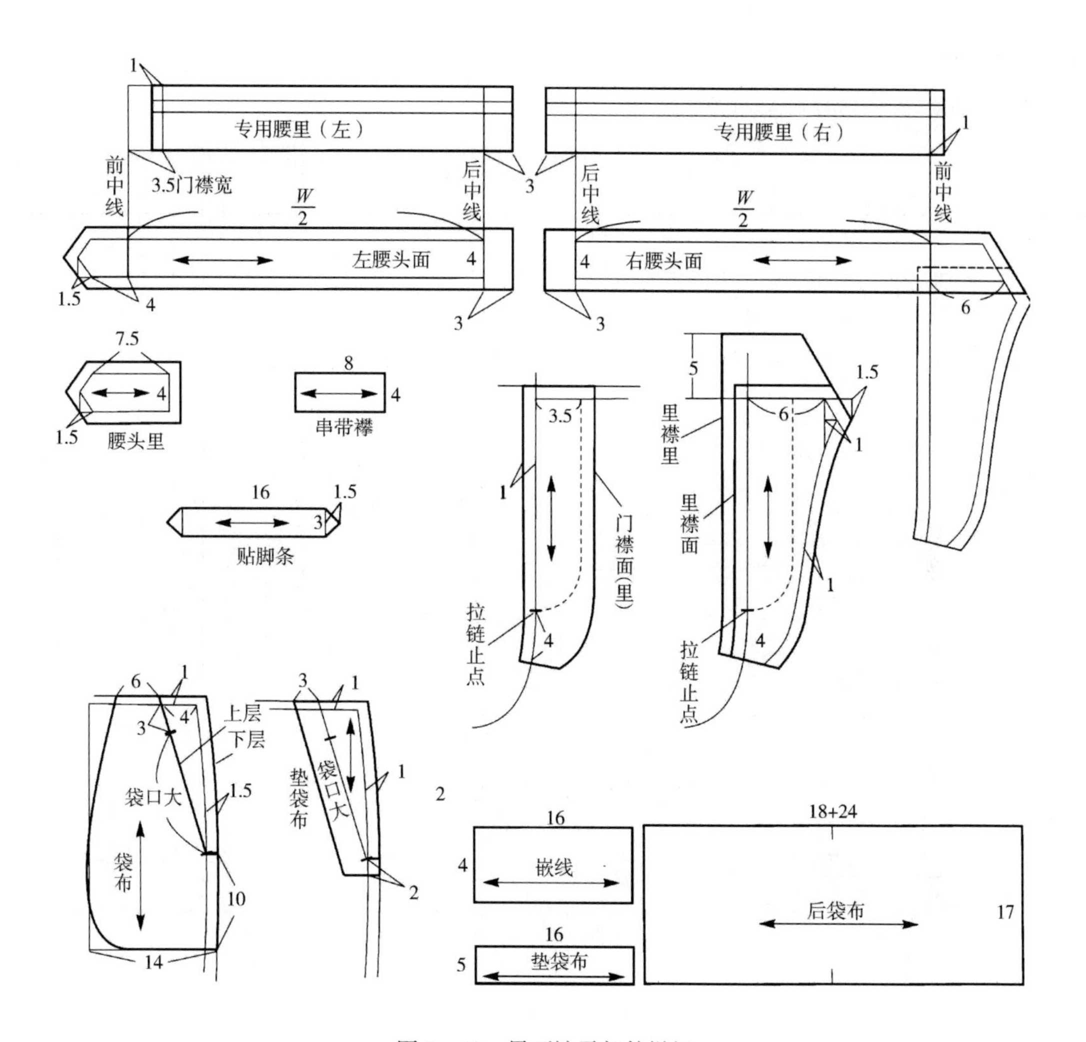

图 7－40 男西裤零部件样板

3. 里料样板 男西裤里料样板，如图 7－41 所示。

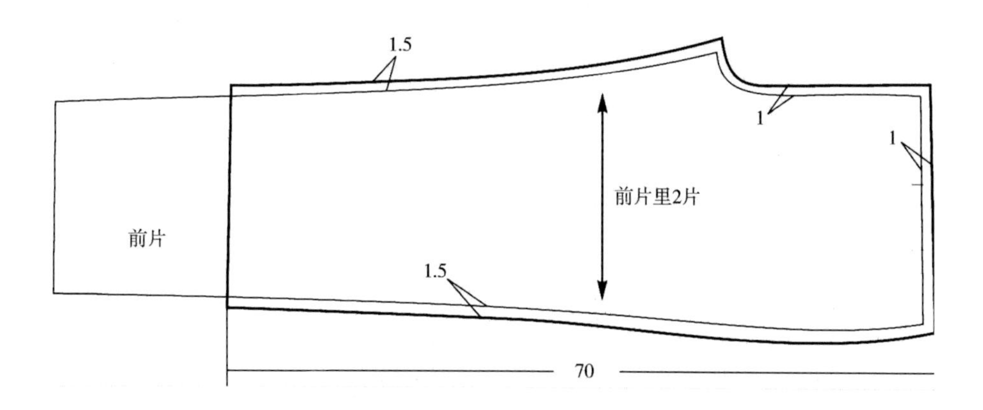

图 7－41 里料样板

三、放缝与排料

（一）面料放缝及排料

男西裤面料放缝与排料，如图7－42所示，图中未特别标明的部位放缝量均为1cm，门襟用门（里）襟所占区域的下层面料。

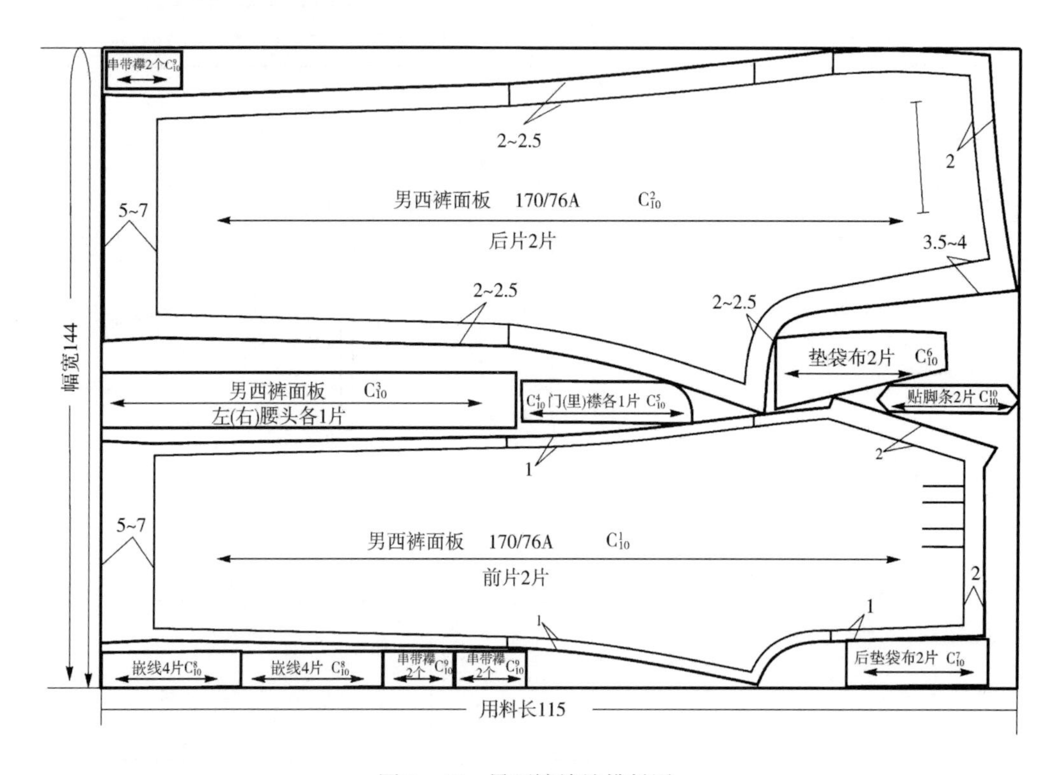

图7－42 男西裤放缝排料图

（二）里料排料图

男西裤里料排料，如图7－43所示。

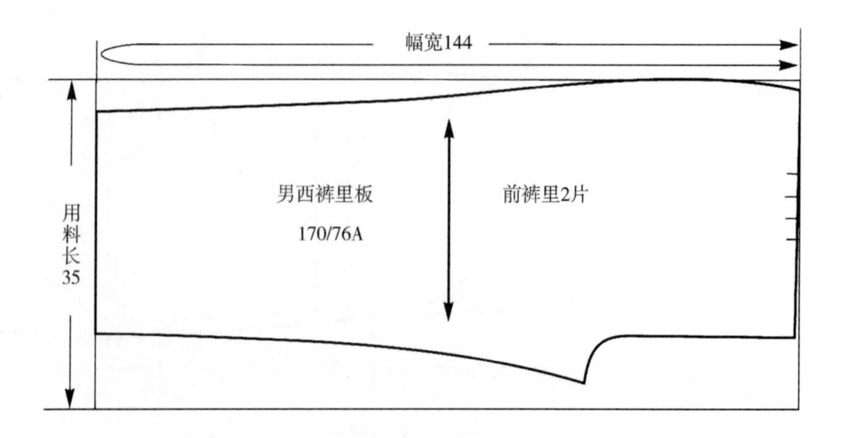

图7－43 男西裤里料排料图

（三）袋布排料

男西裤袋布排料，如图 7－44 所示。

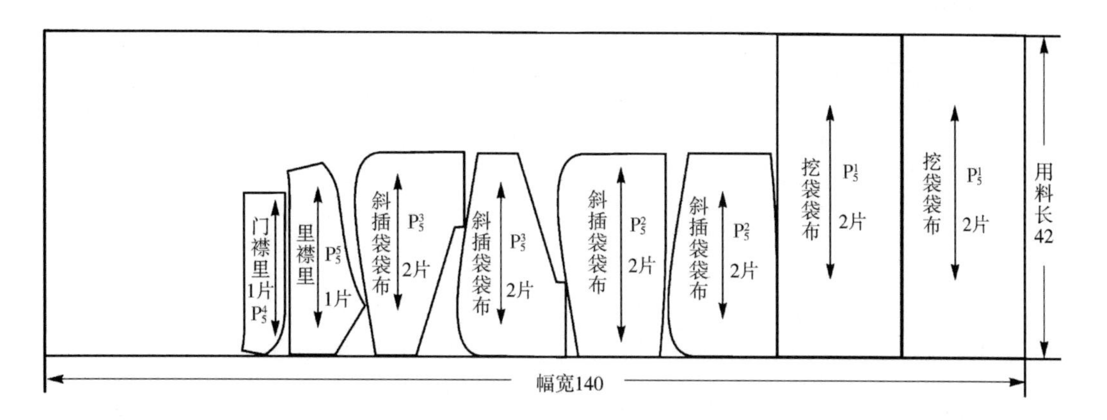

图 7－44　袋布排料图

四、假缝与样板修正

（一）假缝

1. 打线丁　在裤片需要打线丁的部位打线丁，如图 7－45 所示。

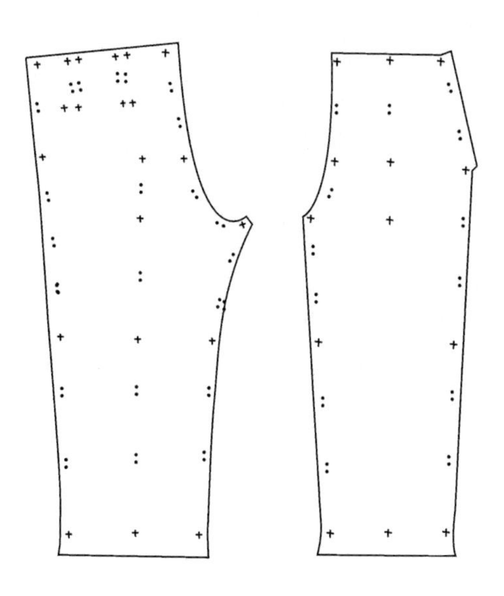

图 7－45　打线丁

2. 归拔裤片　前、后裤片需要归拔的部位，如图 7－46 所示。

在前裤片上喷少许蒸汽，从腹凸点开始，用熨斗按箭头方向进行归拔，在中裆部位侧缝线和下裆线处要拔开，向裤中烫迹线方向归，直到下裆弧线呈直线为止。归拔的重点是后裤片，先喷少许蒸汽，然后从臀凸点开始按箭头方向归拔，中裆部位侧缝线和下裆线处要拔开；然后将裤中烫迹线对折，再沿箭头方向继续归拔，归拔后检查侧缝线与下裆线是否近似直线。

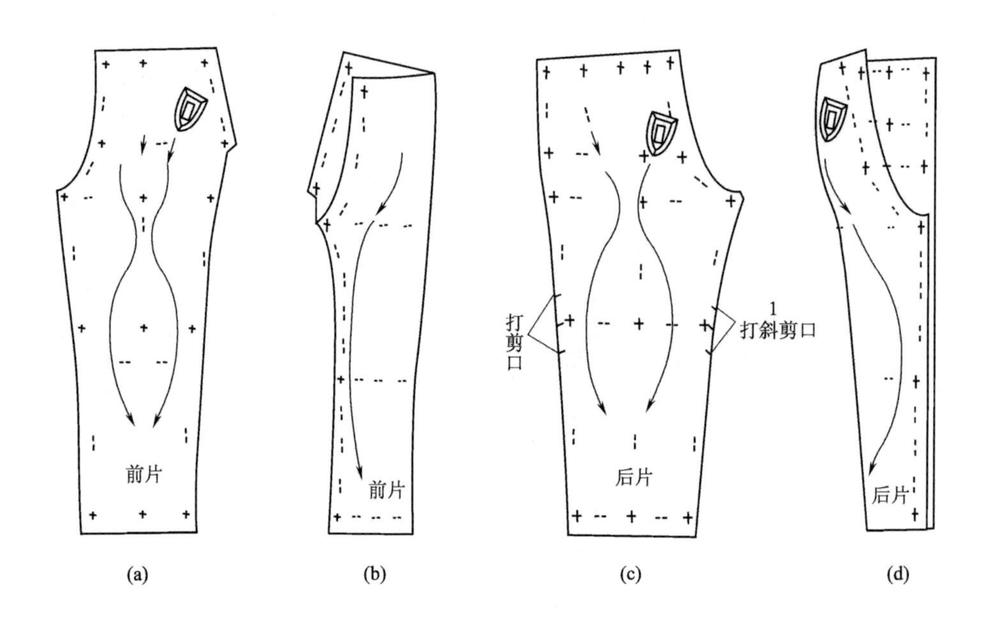

图 7-46 归拔裤片

3. 绷缝裤片

（1）绷缝省道：在后裤片正面沿省缝线绷缝省道。

（2）绷缝垫袋布、前片褶裥：将袋口贴边沿线丁向反面扣倒压在垫袋布上，与垫袋布线丁对齐，手针绷缝。

（3）绷缝外侧缝：先将前裤片侧缝缝份按线丁方向向反面扣折，然后与后裤片侧缝线丁对齐，手针绷缝，如图 7-47 所示。

（4）归拔腰头：直条状腰头需归拔成弧线状，如图 7-48 所示。

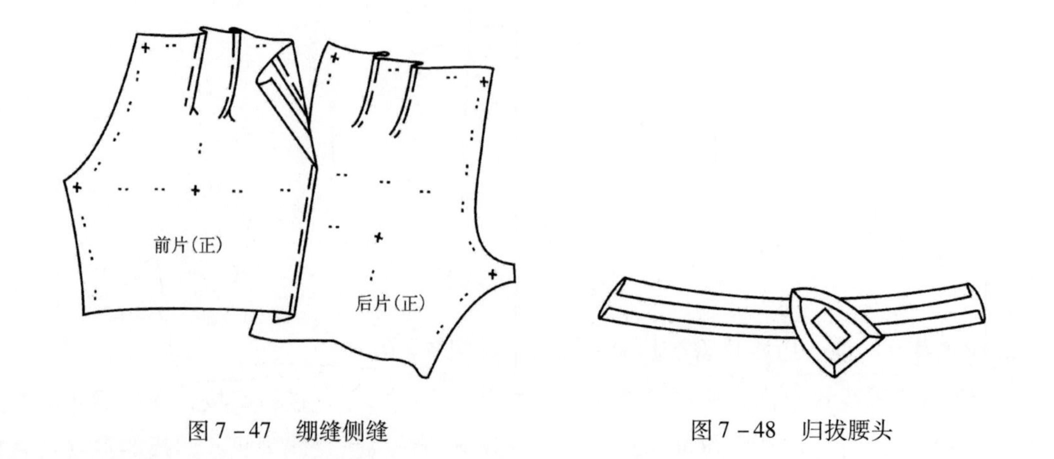

图 7-47 绷缝侧缝　　图 7-48 归拔腰头

（5）绷缝腰头：如图 7 - 49 所示，将腰头与前、后裤片绷缝。

（6）绷缝内侧缝：将前裤片内侧缝份扣折，放在后裤片内侧缝份上，与后裤片线丁对齐，并在裤筒内插一直尺，手针绷缝如图 7 - 50 所示。

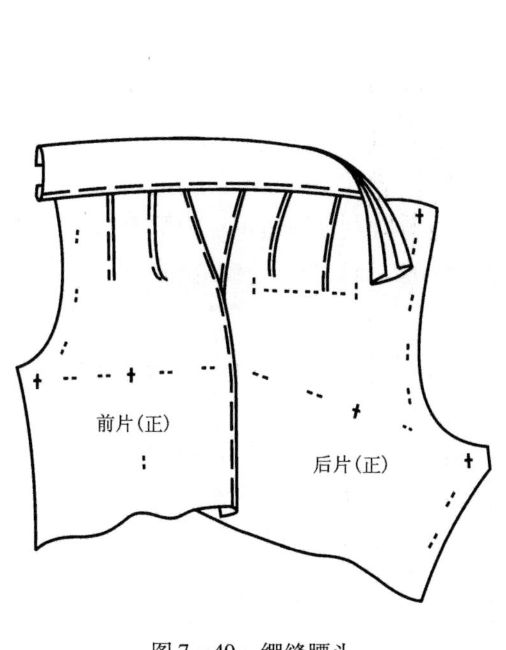

图 7 - 49　绷缝腰头

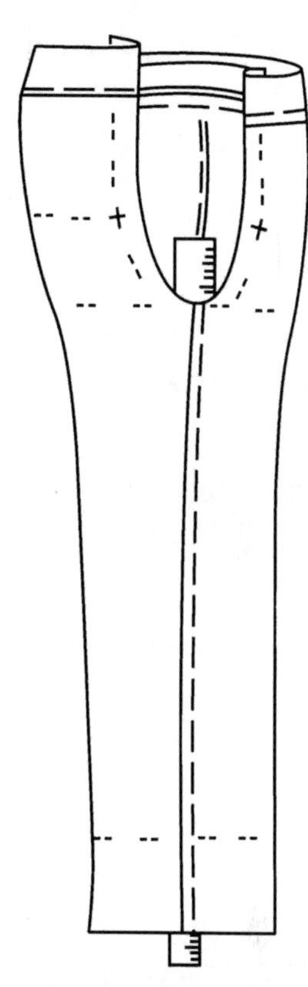

图 7 - 50　绷缝内侧缝

（7）绷缝裤脚口：如图 7 - 51 所示绷缝裤口。

（8）绷缝前后裆：如图 7 - 52 所示，将左、右裤腿正面相对套在一起，从前腰口一直绷缝到后裤片臀围线（后中部分留作围度调整区域）。

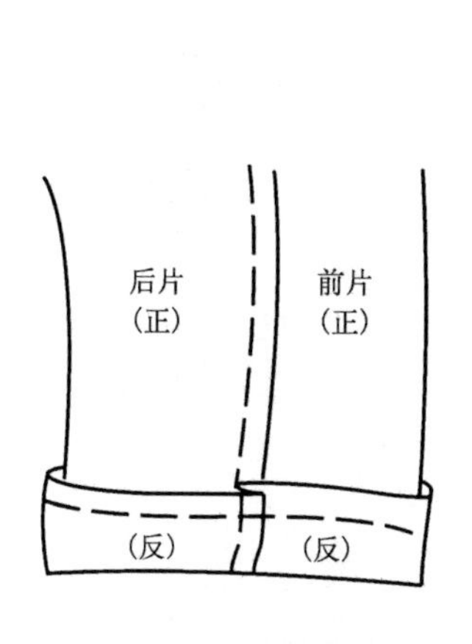

图 7 - 51　绷缝裤脚

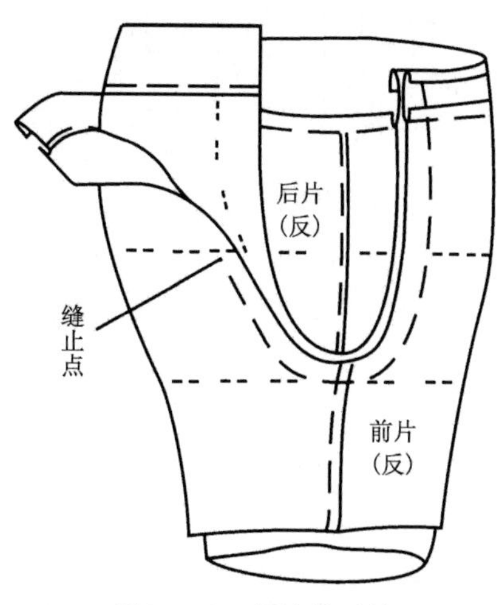

图 7 - 52　绷缝前后裆

（二）试样与修样

假缝后，经试穿如不合体或在某个部位产生褶皱，要查明原因，并对底样进行修正。

1. 驼背体 从背凸向地面作垂线，垂线距臀围线3cm左右为驼背体。这种体型的人比较瘦，年长者居多，试穿时易出现以下弊病：从侧面观察，后臀围线被拉向左、右两侧，侧缝线发生歪斜及出现褶皱等；从后面观察，臀围线附近出现横向沟状皱纹。

修正：前裆线上提0.5cm，前、后侧缝线各向上提1.5cm，前腰口侧缝向内收1cm，后腰口向内收1～1.3cm（腰口线与侧缝呈直角），使侧缝线加长。

2. 肥臀体 该体型臀凸点丰满突出，腰部以上向前挺出，后身臀腰差加大，所以需要适当加大臀围，增加后中斜线倾斜度，提高后翘，适当加大大裆宽。

3. 罗圈腿（O型腿） 腿部除罗圈外，大腿根部异常发达，小腿肚也较粗，造成裤中烫迹线向外偏移。

修正：腰口线侧缝处上提0.7cm，前后片分别向内收进适量；大腿根部异常发达者，后裤片侧缝臀围线下向外加肥0.3cm，大裆宽增加0.5cm，前裤片侧缝增加0.3cm，小腿部位侧缝线比下裆线多加放一些。

4. 平臀体 这种体型的裤子修正时需要将后裆斜线斜度减小，后翘相应降低，横裆线整体下落适量。

5. X形腿 这种体型的裤中烫迹线较难处理，需要将纸样沿中裆线剪开，左侧缝处重叠1cm，使侧缝线减短。

五、缝制工艺

（一）缝制工艺流程框图

男西裤缝制工艺流程，如图7－53所示。

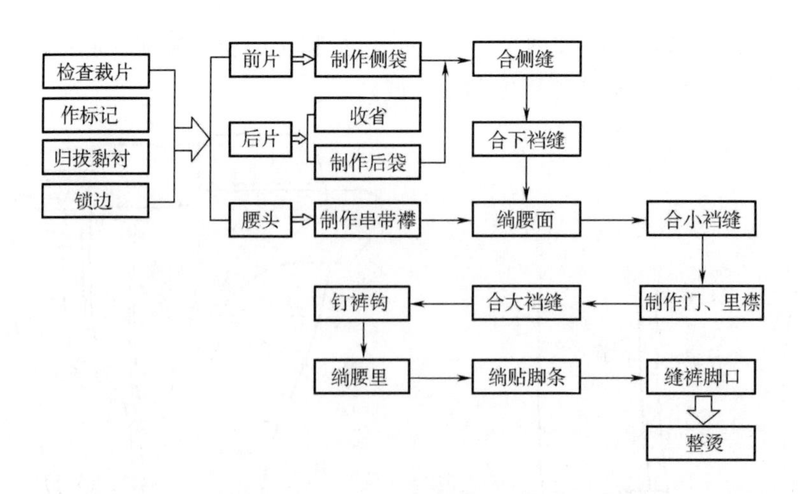

图7－53　男西裤缝制工艺流程

（二）缝制说明

1. 修剪缝份 把经过试样修改后的裤片线丁重新修正，然后将下裆缝、侧缝、腰头缝份修剪为1cm，裤脚口折边为4cm，后裆斜线腰口处为2.5～3cm，到臀高线处为1cm，如图7－54所示。

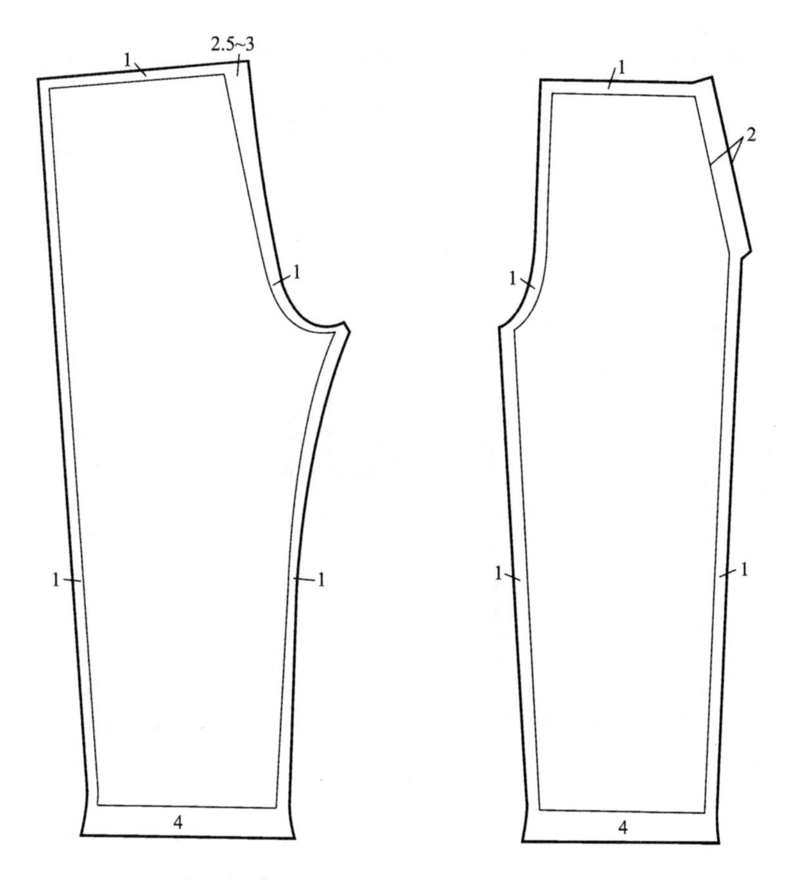

图7－54　修剪缝份

2. 归拔和黏衬　对已归拔的裤片再稍进行归拔定型处理，在需要黏衬的部位压烫黏合衬，压烫前、后裤片的烫迹线。

3. 覆前裤片里子　将前裤片里子与前裤片两侧及上口绷缝固定。

4. 包缝　需要锁边的部位包括前、后裤片的侧缝、脚口、下裆缝，侧袋垫袋布的内口、下口，后袋嵌线布及垫袋布的下口，如图7－55所示。

5. 制作后袋　先收后片腰省，然后缝后袋，具体工艺及要求参阅本章第一节部件工艺双嵌线挖袋部分。

6. 前裤片缝制

（1）压烫烫迹线：烫出前裤片烫迹线，注意要垫水布，要求烫迹线顺直、不还口。

（2）制作前插袋：具体工艺及要求参阅本章第一节部件工艺斜插袋部分内容。

（3）缝褶裥：车缝前裤片褶裥2cm长，褶裥正面倒向侧缝线熨烫。合前、后裤片侧缝，如图7－56所示。

7. 合内侧缝　缝合内侧缝，分烫缝份；包后裆缝，用滚条包后裆及前小裆缝份。

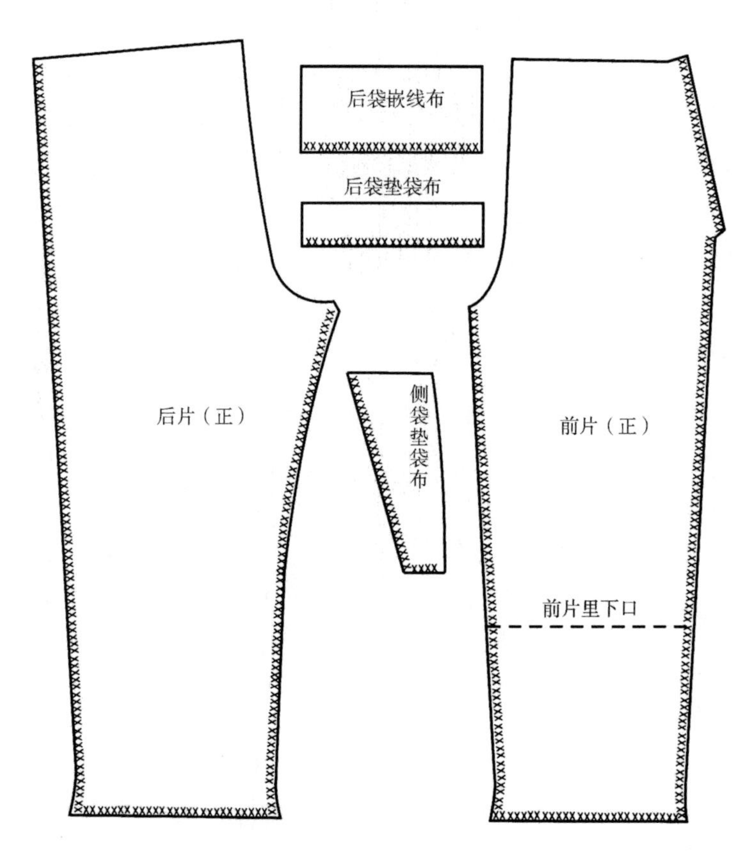

图7－55　包缝

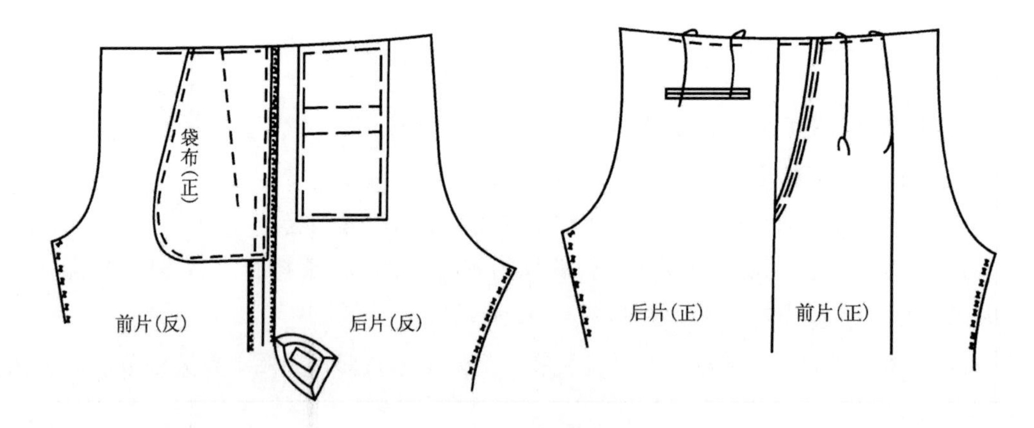

图7－56　合侧缝完成图

8. 缝串带襻

（1）制作串带：参阅上节女西裤缝制工艺部分内容。

（2）钉串带：先在裤片上定好装串带襻位置，前串带襻对准前裤片褶裥，后中串带襻距离后裆斜线边缘3cm，另一个串带襻在前串带襻与后中串带襻中间；串带襻与裤片正面相对，比齐腰口，距离腰口2.5cm处固定，需要重合倒回针3～4次，如图7－57所示。

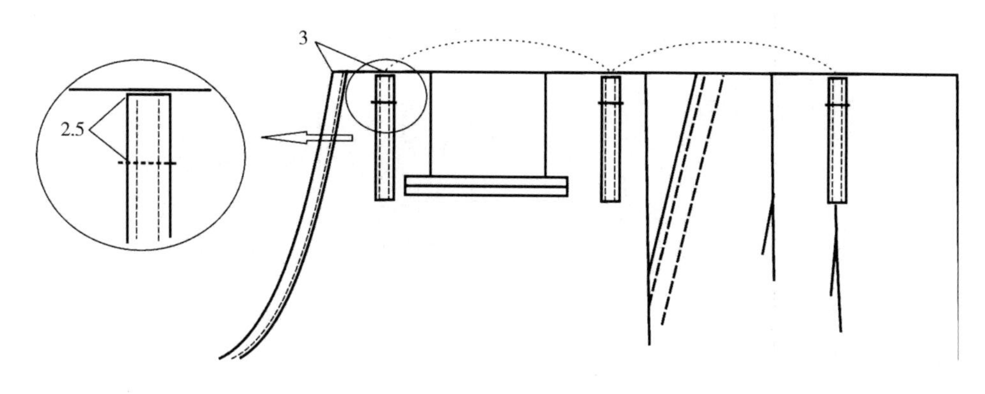

图 7 - 57　钉串带襻

9. 制作门里襟　具体工艺及要求参阅本章第一节部件工艺夹做暗缝式门襟工艺方法二部分内容。

10. 合裆缝　从小裆弯接着合裆缝，裆弯处稍拉伸裤片，缝至后中腰面，为加固后裆，采用分压缝或用双针单轨链式机缝合。

11. 绱腰里、缉串带襻

（1）钉裤挂钩：分别在左腰里和右腰面的前中心线对应位置安装裤挂钩。

（2）绱腰里：掀开表层腰里，从正面的绱腰缝口漏落缝，缝住内层腰里。要求腰里与腰面平服，腰里无漏缝。

（3）钉串带襻：串带襻拉至上腰口，扣折超出部分，向下平移 0. 3cm 后缉明线固定，重合倒回针 4 次。要求串带襻位置准确、缝钉牢固，松量适中。

（4）钉腰里：表层腰里的下口两端折进三角（确保正面看不到腰里），与内层腰里手针固定；侧缝、后中心线处手针固定表层腰里与裤片缝份，如图 7 - 58 所示。

12. 缝裤口　为保护裤脚口，可以在后中区域加装贴脚条，具体方法如图 7 - 59 所示。

（1）烫贴脚条：将贴脚条的宝剑头及两边缝份向反面扣烫。

（2）缉贴脚条：将贴脚条的中线与裤中烫迹线对齐，贴脚条置于裤口净线偏上 0. 1cm，并四周缉缝 0. 2cm 明线固定。

（3）缝裤脚口：烫好裤脚口贴边，用三角针固定。

现在购买裤装大都需要调整裤长，所以工业化生产时已经省去了贴脚条的制作。

13. 锁钉　根据标记，里襟锁长 2. 2cm 扣眼一个，左、右后袋口各锁长 1. 6cm 扣眼一个；对应位置分别钉扣。

14. 整烫

（1）剪线头：整烫之前将裤子划线印迹、油污、线头去掉，使裤子里外干净。

（2）熨烫腰头：将裤子反面朝上放在工作台上，熨烫腰里；翻正裤子，熨烫腰面与串带襻。

（3）熨烫门、里襟：将裤子正面朝上，先熨烫里襟，垫上布馒头，把下面弯势烫平，然后烫门襟。

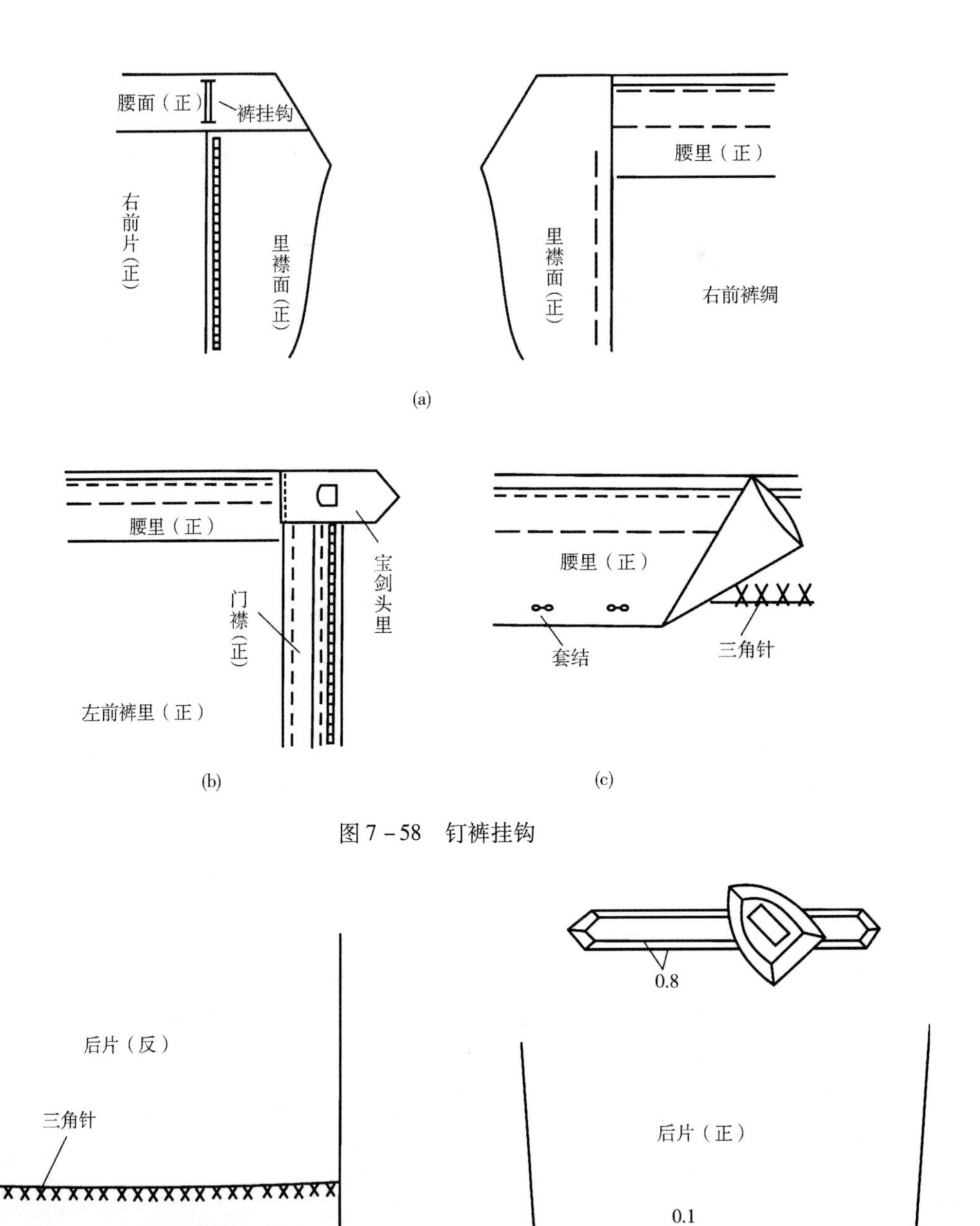

图 7－58　钉裤挂钩

图 7－59　贴脚条

（4）熨烫裤腿：裤子沿前、后烫迹线折叠，置于工作台上，掀起上层裤腿，下层裤腿的内、外侧缝对准，加盖水布，由裤口向腰口烫实烫迹线；烫至前腰褶裥处，垫布馒头归烫；烫至臀部时，横裆以下归烫，横裆以上拔烫，烫出臀部胖势，使后裤片符合人体曲线。

六、思考与实训

在规定时间内，按工艺要求精做一条男西裤，规格尺寸自定。工艺要求及评分标准见

表7-4。

表7-4　男西裤工艺要求及评分标准

项目	工艺要求	分值
规格	允许误差：$W=\pm1$cm；$H=\pm1$cm；上档 $=\pm0.3$cm；$L=\pm1$cm	15
腰头	丝缕顺直，宽度一致，内外平服、平齐，串带襻位置适当，缝合牢固，腰里松紧适宜	10
门襟	门襟顺直，止口不反吐、不反翘，拉链平服，不拧不豁，门、里襟高度一致，封口无起吊	15
后袋	省左右对称，省道顺直，倒向正确，压烫无痕；嵌线宽度均匀、上下一致，袋角方正，袋布平服	15
侧袋	左右对称，袋口不拧不皱，缉线整齐，袋布平服；褶位对称，倒向符合要求	15
裤里	平服，松紧适宜	5
合缝	缝线顺直，不吃不赶，分烫无坐势；后裆缝无双轨线，十字缝处对齐	10
裤脚口	折边宽度均匀，三角针线迹松紧适宜，正面无针花，底边平服，不拧不皱	5
整烫效果	无污、无黄、无焦、无极光、无皱，烫迹线顺直	10

第四节　牛仔裤缝制工艺

✲课前准备

● 材料准备

1. 面料

（1）面料选择：牛仔裤的面料可以选择牛仔布、斜纹布等有一定厚度的面料，颜色深浅均可。

（2）面料用量：幅宽144cm，用量为裤长+10cm，约为105cm。幅宽不同时，根据实际情况酌情加减面料用量。

2. 其他辅料

（1）锹扣：前门襟处大铜扣一副，贴袋袋口处共4个小铆钉扣。

（2）拉链：需要约20cm长铜拉链一条，要求与面料顺色。

（3）无纺衬：幅宽90cm，用料约为30cm。

（4）缝线：准备与使用面料颜色及材质相匹配的牛仔线。

（5）袋布：顺色涤棉布，40cm×35cm。

（6）打板纸：整张绘图纸2张。

● 工具准备

备齐制图常用工具与制作常用工具。

• 知识准备

复习女装休闲裤装样板制图的相关知识，复习本章第一节横插袋工艺、单做明缝式门襟工艺、弧形腰头工艺，第二节女西裤制作部分内容。

一、款式特征

牛仔裤是休闲裤类的代表品种，本款的特征为：低腰直筒裤，装弧形腰头，前中门襟处装拉链，前侧月亮袋，后片育克，左右各一贴袋，如图7-60所示。

图7-60　牛仔裤款式图

二、结构制图

（一）制图规格

牛仔裤制图规格，见表7-5。

表7-5　牛仔裤规格尺寸　单位：cm

号型	裤长（L）	腰围（W）	臀围（H）	裤口宽
160/68A	96	68+4（放松量）	92+4（放松量）	20

（二）结构制图

牛仔裤结构制图，如图7-61所示，牛仔裤零部件样板，如图7-62所示。

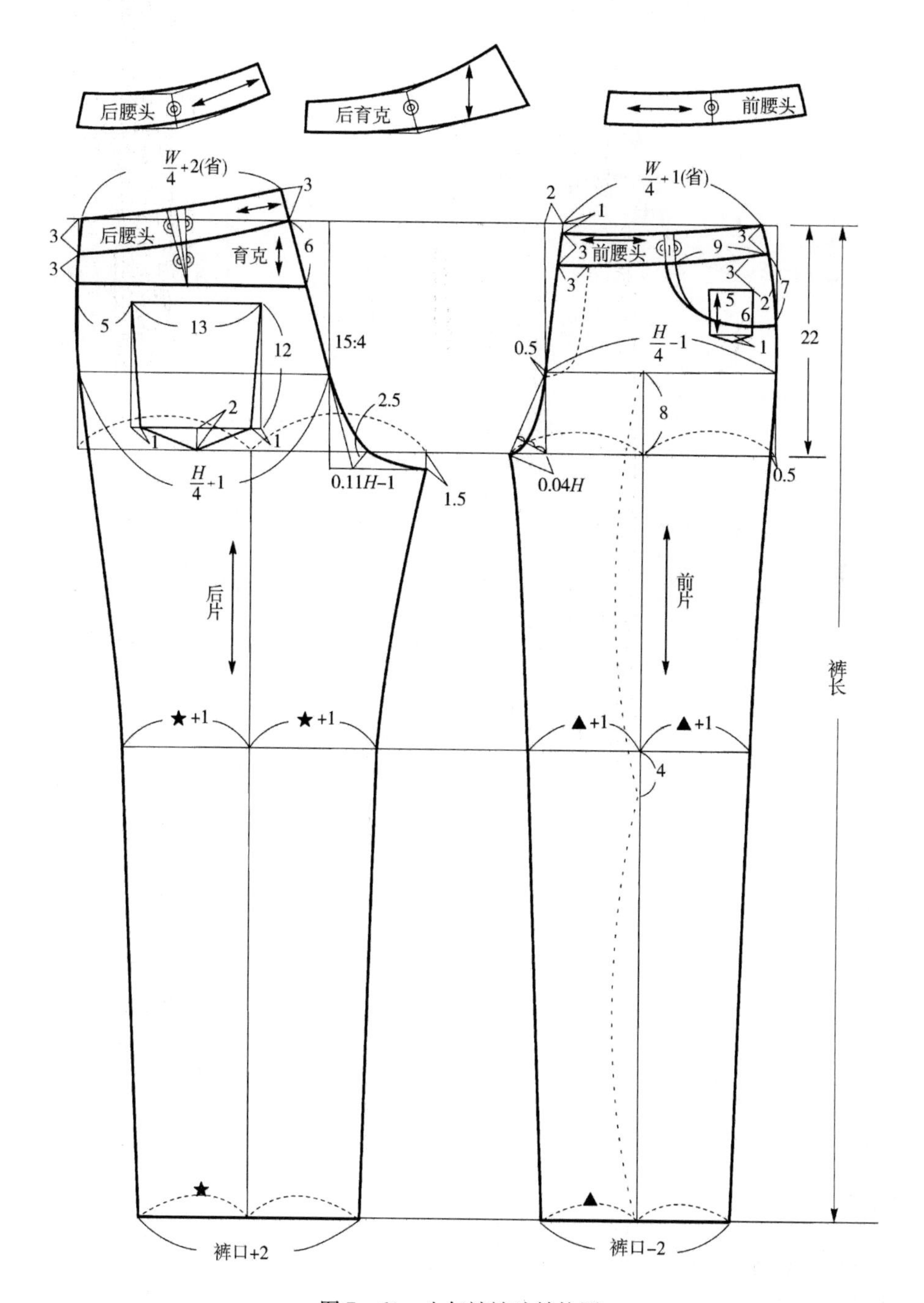

图7-61　牛仔裤裤片结构图

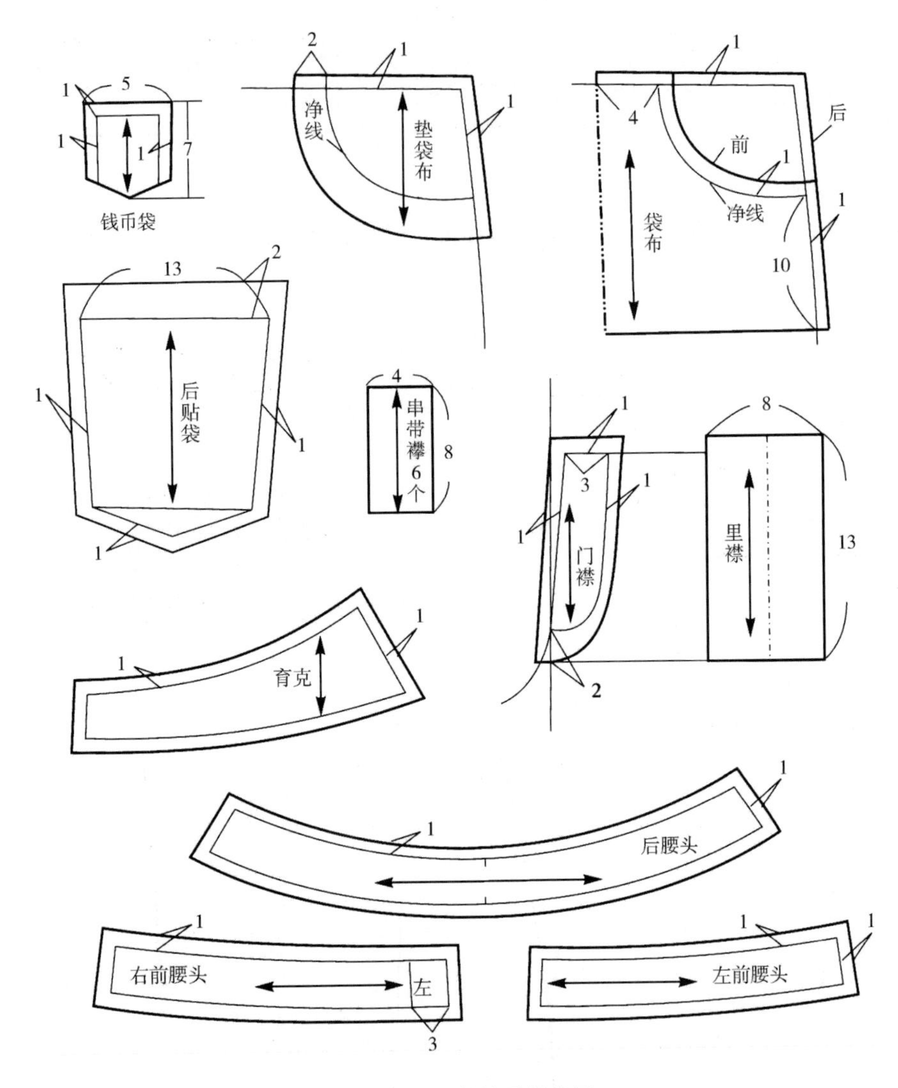

图7-62 牛仔裤零部件图

三、放缝与排料

面料放缝与排料如图7-63所示。图中未特别标明的部位放缝量均为1cm。

四、缝制工艺

（一）缝制工艺流程框图

牛仔裤缝制工艺流程，如图7-64所示。

（二）缝制准备

1. 检查裁片

（1）检查数量：对照排料图，清点裁片是否齐全。

（2）检查质量：认真检查每片裁片的用料方向、正反、形状是否正确。

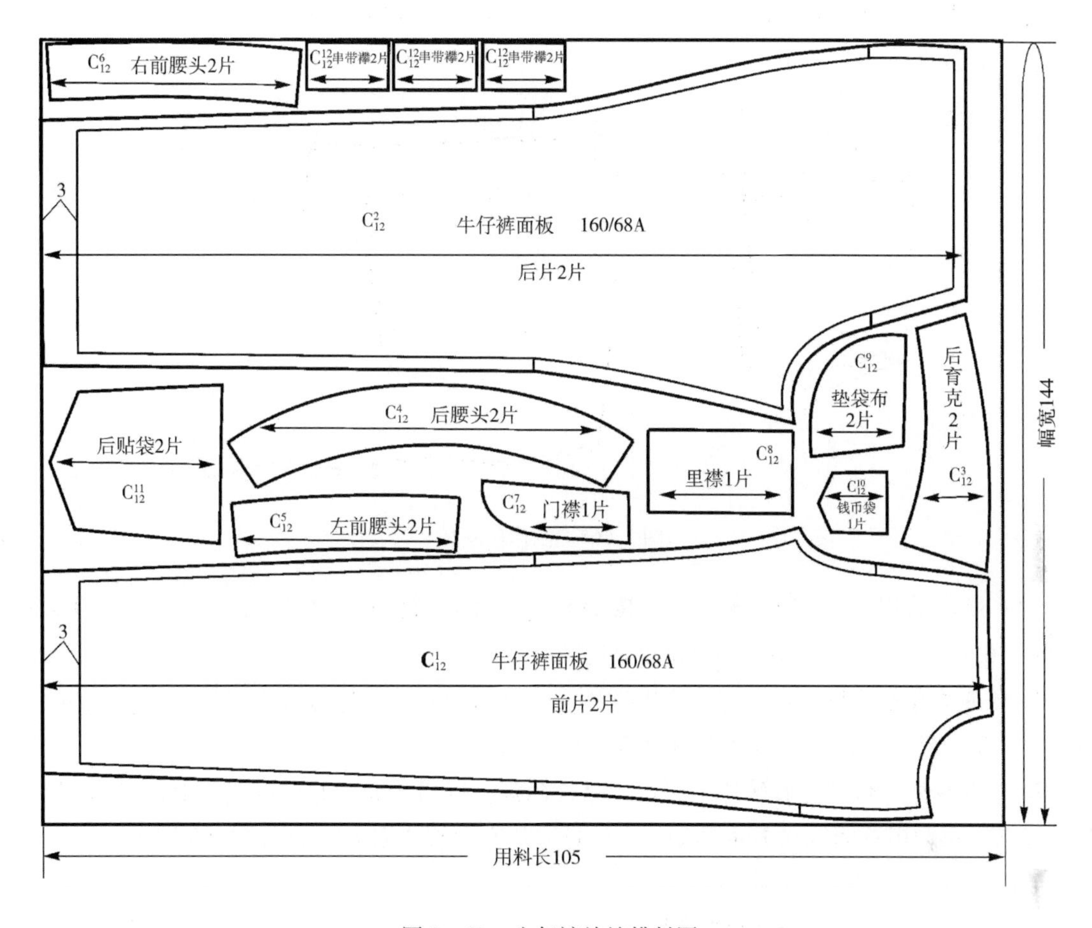

图 7－63　牛仔裤放缝排料图

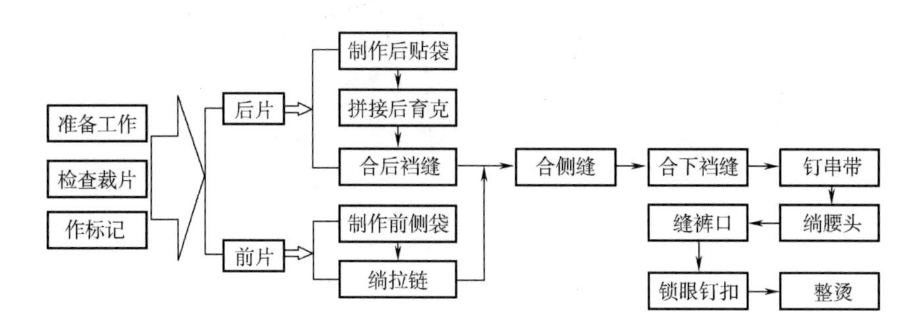

图 7－64　牛仔裤缝制流程图

（3）核对裁片：复核定位、对位标记，检查对应部位是否符合要求。

2. 作标记　在前、后片的中裆线、裤口线上作剪口记号；在前、后片的口袋位置上作标记。

（三）缝制说明

1. 制作后贴袋

（1）制作后贴袋：在袋口贴边烫上黏合衬，然后包缝两侧及袋底。按照净样扣烫袋口贴边，先扣0.5cm，再扣1.5cm，距袋口边缘0.2cm缉明线固定上口；然后将贴袋其余三边按净线扣烫，如图7－65所示。

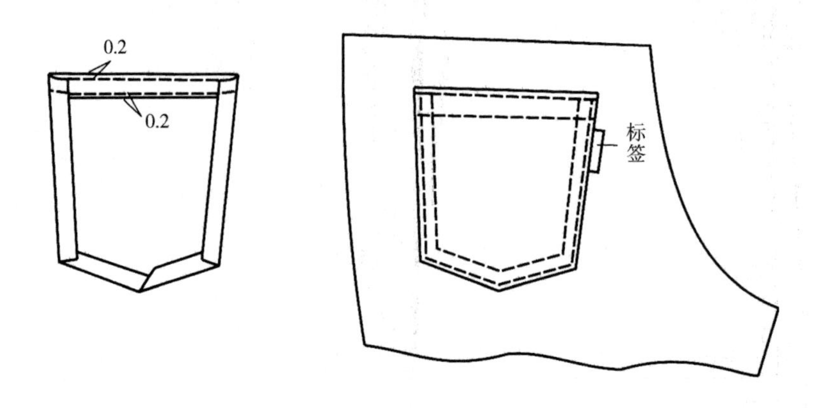

图7－65 制作后贴袋

（2）固定后贴袋：在后裤片上，按照标记位置将贴袋缉缝固定，缉双明线0.1cm/0.6cm。在右后裤片上，固定贴袋的同时将标签固定。

2. 拼接后育克 将后育克与后片进行拼接，缝份1cm。后片与育克双层包边，缝份倒向裤片，烫平。然后正面缉明线0.1cm/0.6cm。

3. 合后裆缝 将左右后裤片正面相对缝合裆缝，缝份1cm。然后双层包缝，缝份倒向左裤片熨烫。正面缉双明线0.1cm/0.6cm。注意后片左右育克对齐，如图7－66所示。

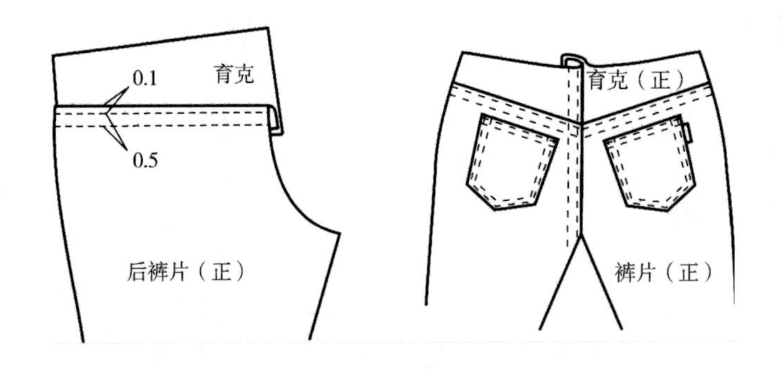

图7－66 拼接后育克、合后裆缝

4. 制作前袋 具体工艺及要求参阅本章第一节部件工艺“横插袋”部分内容。

5. 装拉链 具体工艺及要求参阅本章第一节部件工艺“前门襟工艺”部分内容。

6. 合侧缝

（1）合侧缝：前、后裤片正面相对，按1cm缝份缝合侧缝。双层包缝后，将缝份倒向后裤片烫平。翻到正面，在后裤片上缉双明线0.2cm/0.8cm，如图7－67所示。

（2）合下裆缝：前、后裤片正面相对，缝份1cm缝合内侧缝，裆底十字缝要对齐。双层包边，缝份倒向后裤片熨烫。

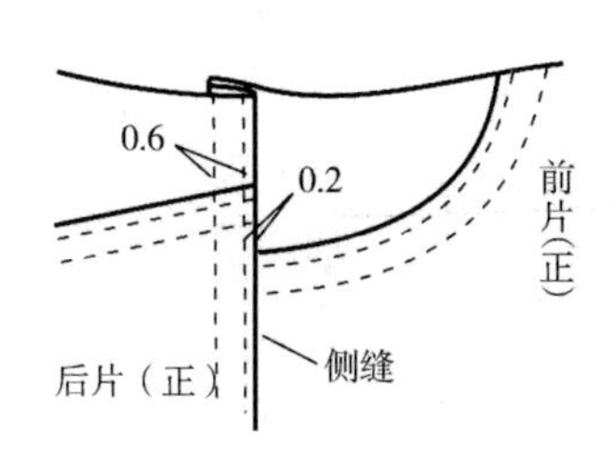

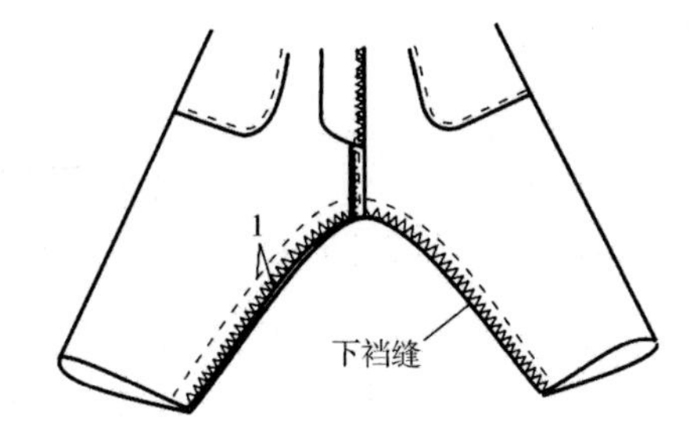

图 7－67　合侧缝、下裆缝

7. 固定串带襻

（1）制作串带襻：将串带襻一侧包缝，然后扣烫，在串带襻两侧缉明线 0.2cm。成品串带襻长 8cm，宽 1cm。

（2）固定串带襻：前片烫迹线一个，后裆缝处两个，这两处的中间位一个。在这些部位做记号，摆正串带襻临时固定，缝份 0.8cm。

8. 绱腰头　参阅本章第一节部件工艺“弧形腰头”部分内容。

9. 缝裤口　将裤口按缝份两次扣烫，1cm/2cm，然后距折边边缘车缝 0.1cm 固定。要求缉线顺直，宽窄一致。

10. 锁眼钉扣　在门襟上锁圆头扣眼，里襟上钉一粒铜扣；在钱币袋袋口两端钉装饰小铜扣。

11. 熨烫

（1）清除所有线头、污渍等，使裤子正面干净整洁。

（2）反面熨烫时，将所有缝份烫平，倒向正确。

（3）正面熨烫时，熨烫腰头、裤口、门里襟等部位，使其平整。

五、思考与实训

在规定时间内，按工艺要求制作一条牛仔裤，规格尺寸自定。工艺要求及评分标准见表 7－6。

表 7－6　牛仔裤制作工艺要求及评分标准

项目	工 艺 要 求	分值
规格	允许误差：$W \leq 1$cm；$H \leq 1$cm；上裆≤1cm	15
腰头	腰头平服，左右对称，宽窄一致，止口不反吐	10
门、里襟	拉链平服，门、里襟长短一致，封口牢固，缉线顺直	15
后贴袋	左右对称，大小一致，高低一致	10
前月亮袋	左右对称，袋口平服，不拧不皱，缉线整齐，缝合牢固，袋布平服	15
侧缝	内外侧缝缉线顺直，不起吊，两裤腿长短一致	10
裆缝	裆底十字缝对齐，平服	10
裤口	宽度均匀，底边平服，不拧不皱	5
整烫效果	各部位熨烫平服	10

实践训练与技术理论——

西服缝制工艺

课程名称： 西服缝制工艺

课题内容： 西服部件与部位工艺
女西服缝制工艺
男西服缝制工艺
西服马甲缝制工艺（选学）

课题时间： 女西服24学时、男西服40学时

教学目的： 通过对女西服和男西服缝制工艺的学习，使学生系统地掌握带里服装的精做工艺及质量要求，提高学生的制板能力、工艺制作能力。通过训练使学生更深入理解结构与工艺理论，同时为相关专业课程的学习奠定扎实的基础。

教学方式： 理论讲解、实物分析和示范操作相结合，借助多媒体演示，根据教材内容及学生具体情况灵活制订训练内容，加强工艺基本理论和基本技能的教学，重视课后训练并安排必要的练习内容。

教学要求： 1. 掌握男、女西服常用口袋的缝制工艺。
2. 了解西服面料常识及相关辅料的准备。
3. 掌握西服纸样的调整及全套样板的制作方法。
4. 掌握西服的排料方法及缝制流程。
5. 掌握西服绱领和绱袖的方法及工艺要求。
6. 了解西服相关的新工艺、新技术、新设备。

第八章　西服缝制工艺

广义的西服泛指西式上衣；普通意义上的西服是指比较合体的外套，通常挂有里子。款式多采用驳领，前中开门襟，圆装合体袖，是常穿用的服装品种之一。西服缝制工艺过程复杂、要求高，本章以男、女西服为例加以说明。

第一节　西服部件与部位工艺

✲课前准备

• 材料准备

白坯布：部件练习用布，幅宽160cm，长度100cm。

无纺衬：幅宽90cm，用量约为50cm。

缝线：准备与面料颜色及材质相匹配的缝线。

• 工具准备

备齐制图常用工具与制作常用工具，调试好缝纫机针距、面线底线张力等。

• 知识准备

复习裤装工艺中“双嵌线挖袋”部分内容。

西服部件与部位工艺主要是口袋的制作工艺。

一、女西服里袋

女西服里袋为合缝式插袋，一般在门襟一侧的过面与里子的接缝处，上袋口距肩缝约24cm，袋口大为13cm。

1. 制作过程　女西服里袋所需裁片，按图8－1所示进行裁剪。两片长方形面料分别代替挂面和前里片。

2. 缝制

（1）缝袋口垫布：袋口垫布与里片正面相对缝合，如图8－2所示。注意上下袋口处重合倒回针。

（2）缝袋布：将两层袋布沿袋底平缝，如图8－3所示。注意起（止）缝点分别距袋上、下口0.2～0.3cm。

（3）装袋布：两层袋布分别与袋口垫布和里片缝合，要求在袋口处缝份正面相对，只缝

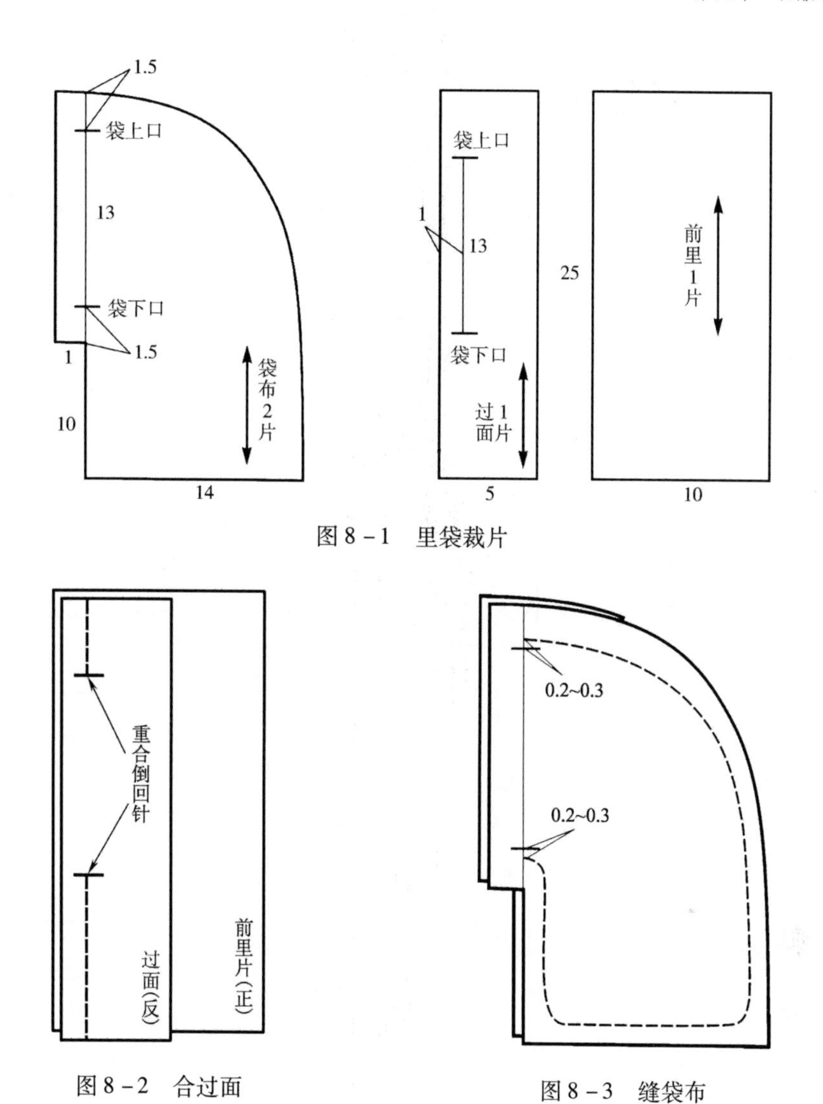

图 8－1　里袋裁片

图 8－2　合过面

图 8－3　缝袋布

合袋口区域，如图 8－4 所示。

（4）封袋口：理顺过面、里片及袋布，上下袋口处正面封口，线迹方向与袋口垂直，长度约 0.7～0.8cm，如图 8－5 所示。

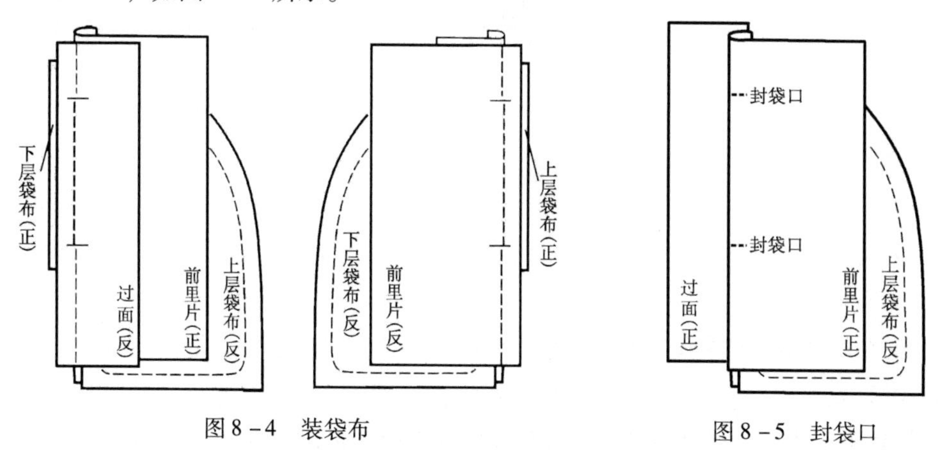

图 8－4　装袋布

图 8－5　封袋口

二、有袋盖挖袋

西服的大袋多为有袋盖挖袋，其制作工艺是袋盖与双嵌线挖袋的组合工艺。

（一）缝制准备

1. 裁片 有袋盖挖袋相关裁片，按图8－6所示进行裁剪。

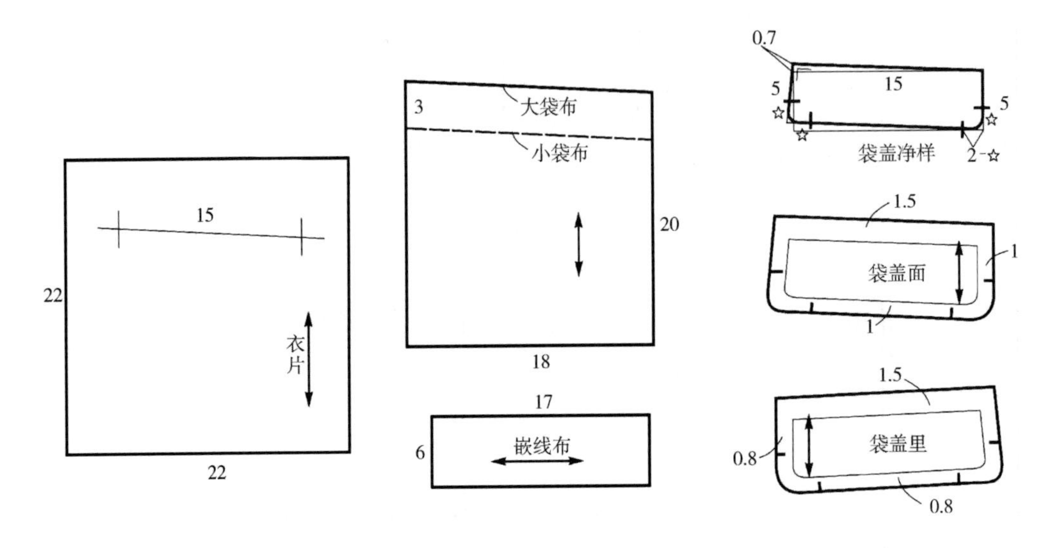

图8－6 有袋盖挖袋裁片

2. 缝制准备 准备工作包括袋位及净样划线，衣片、袋盖、嵌线布的反面黏衬、扣烫嵌线布等，如图8－7所示。

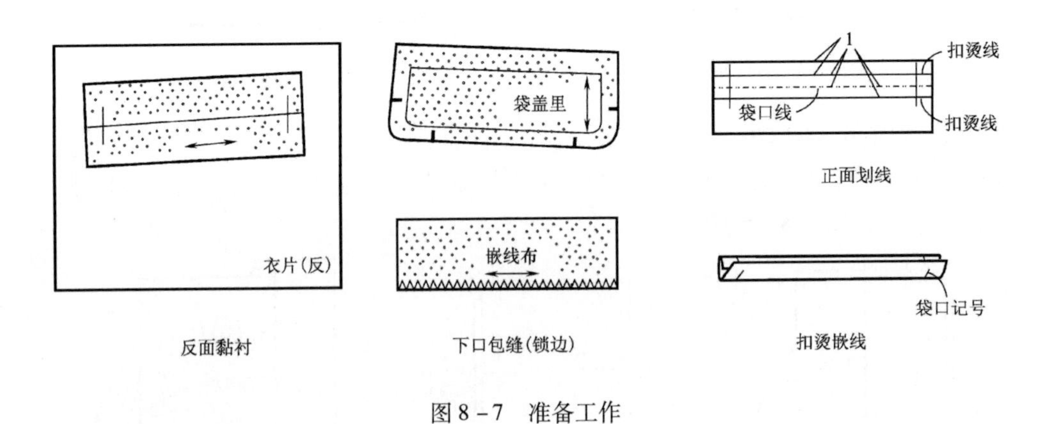

图8－7 准备工作

（二）缝制工艺

1. 制作袋盖

（1）缝袋盖：袋盖里片在上层，与袋盖面正面相对、边缘比齐，沿净线缝合，如图8－8（a）所示。注意圆角区域记号对准，吃缝带盖面。如图8－8（b）所示，借助缝制模板车缝袋盖可以确保缉线圆顺、袋角吃势恰当，还可以降低操作难度。

（2）翻烫袋盖：确认袋盖角对称圆顺后，修剪袋盖里片缝份至 0.3cm，袋盖面片缝份至 0.5cm；翻至正面，在布馒头上压烫止口，注意袋盖面倒吐 0.1cm，缝口处不能留坐势；距上口 1.5cm 处划净线备用（为防止两层错位，可以距离上口 0.5cm 绷缝固定），如图 8－8（c）所示。

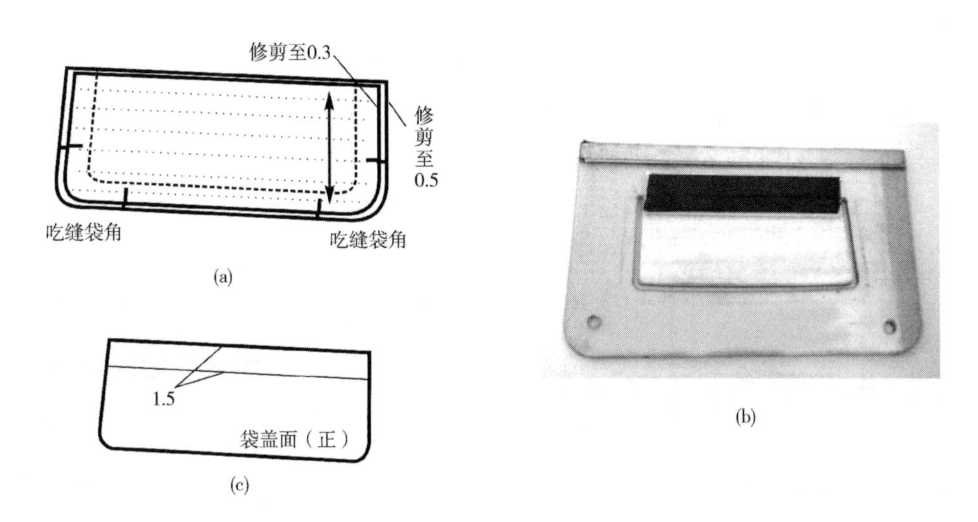

图 8－8　缝袋盖

2. 装嵌线

（1）装上嵌线：如图 8－9（a）所示，嵌线与衣片正面相对，比齐袋口记号，距离嵌线上止口 0.5cm 缉缝，袋口两端重合倒回针。

（2）装下嵌线：如图 8－9（b）所示，距离嵌线下止口 0.5cm 缉缝，袋口两端重合倒回针。

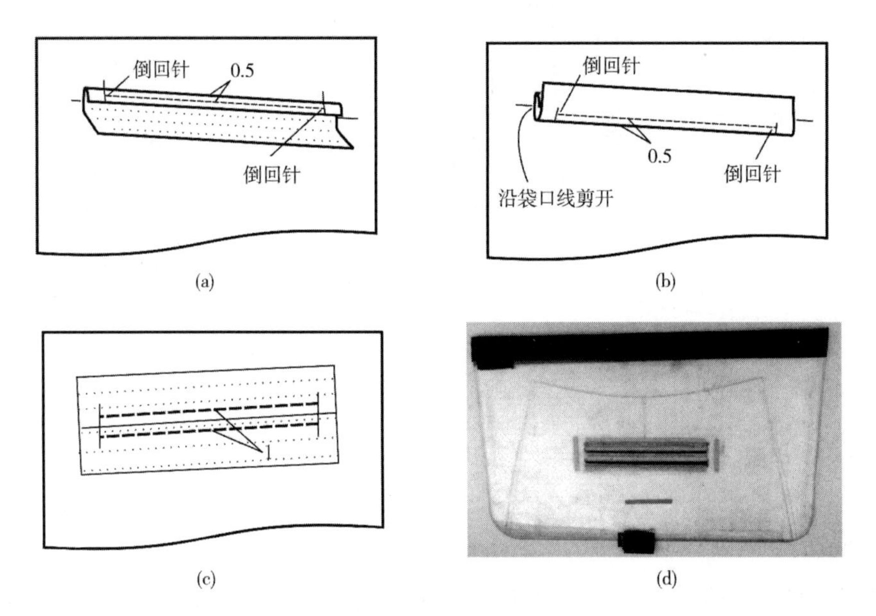

图 8－9　装嵌线

（3）检查线迹：反面检查线迹情况，要求两条线迹平行且间距1cm，两端平齐，回针牢固，如图8－9（c）所示。

如图8－9（d）所示，借助缝制模板装嵌线可以确保缉线符合工艺要求，还可以降低操作难度。

3. 剪袋口

（1）剪嵌线：沿嵌线上的袋口记号剪开，使上下嵌线完全分离。

（2）剪袋口：从衣片反面剪袋口，中间区域剪"一"字形，两端剪"V"字形，要求袋角处剪至距离最后一个针眼1～2根布丝，如图8－10（a）所示。注意不能剪到嵌线。

（3）烫嵌线：将嵌线翻至反面，压烫平服，要求缝口不留坐势，如图8－10（b）所示。

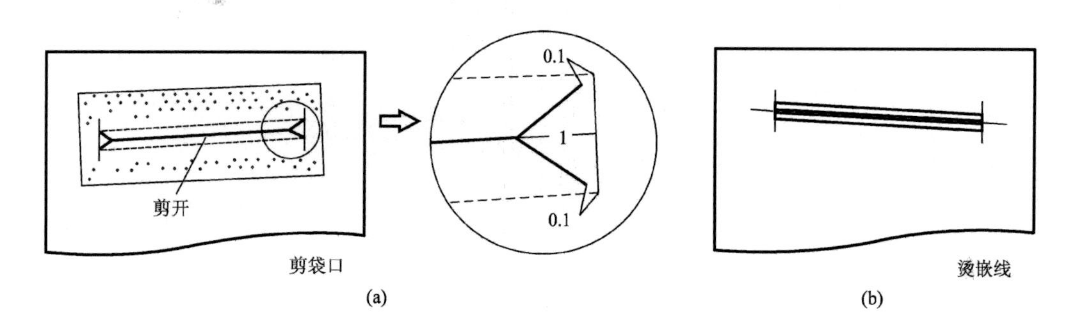

图8－10　剪袋口

4. 封三角　从正面掀开袋口两侧的衣片，露出两端三角；确认三角完全折进后，沿三角底边重合倒回针2～3次，如图8－11所示。

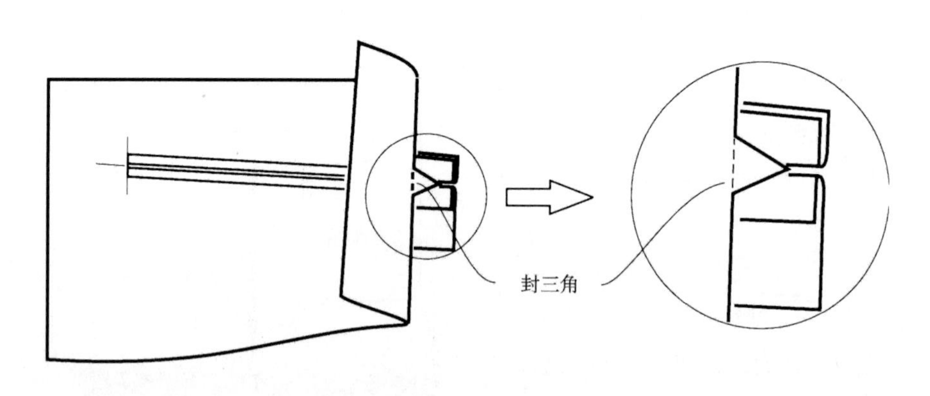

图8－11　封三角

5. 缝袋布

（1）绷缝袋盖：将袋盖插入袋口，上口净线与袋口比齐，与上嵌线绷缝固定，如图8－12（a）所示。

（2）装小袋布：小袋布与下嵌线下口正面相对缝合，缝份1cm，如图8－12（b）所示。

（3）缝袋底：大、小袋布下端比齐，缝合两侧及袋底，如图8－12（c）所示。

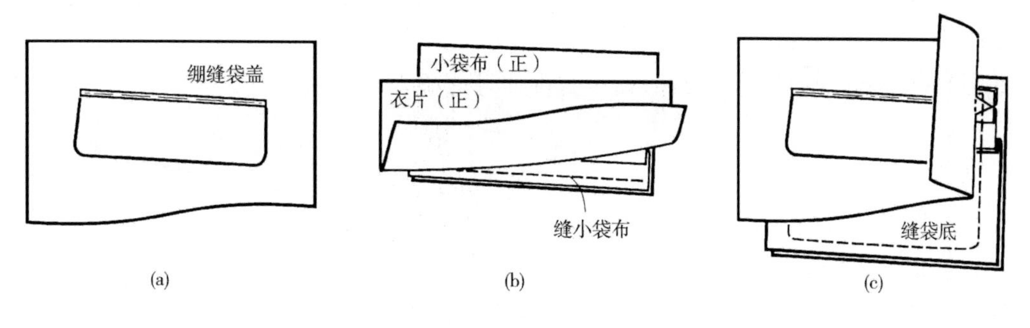

图 8－12　缝袋布

6. 封上口　从正面掀开袋口以上衣片，沿上嵌线缝线缉线，起落针顺势封两端袋口，如图 8－13 所示。

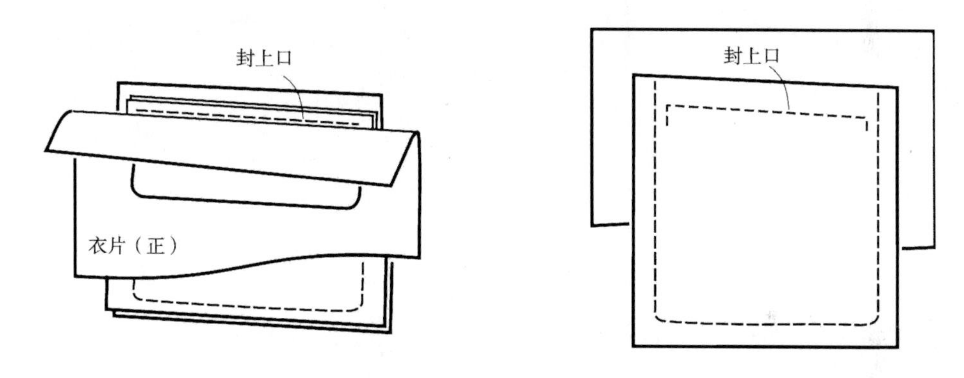

图 8－13　封上口

三、手巾袋

（一）裁片准备

手巾袋裁片准备，如图 8－14 所示。

（二）缝制工艺

1. 制作袋板

（1）袋板黏衬：袋板反面全黏无纺衬，并划出净线，如图 8－15（a）所示。

（2）缝袋板：在净线外侧 0.1cm 车缝袋板两侧，缝至距下口净线 0.7cm 处，如图 8－15（b）所示。

（3）修剪缝份：修剪袋板两侧双折角处多余的缝份，以便袋板翻正后平服，如图 8－15（c）所示。

（4）整烫袋板：翻正袋板，压烫袋口及两侧，使袋板贴边两侧止口偏进 0.1cm，如图8－15（d）所示。

2. 装袋板

（1）连接前袋布：袋板贴边下口与前袋布上口正面相对缝合，缝份 1cm；在前袋布上口

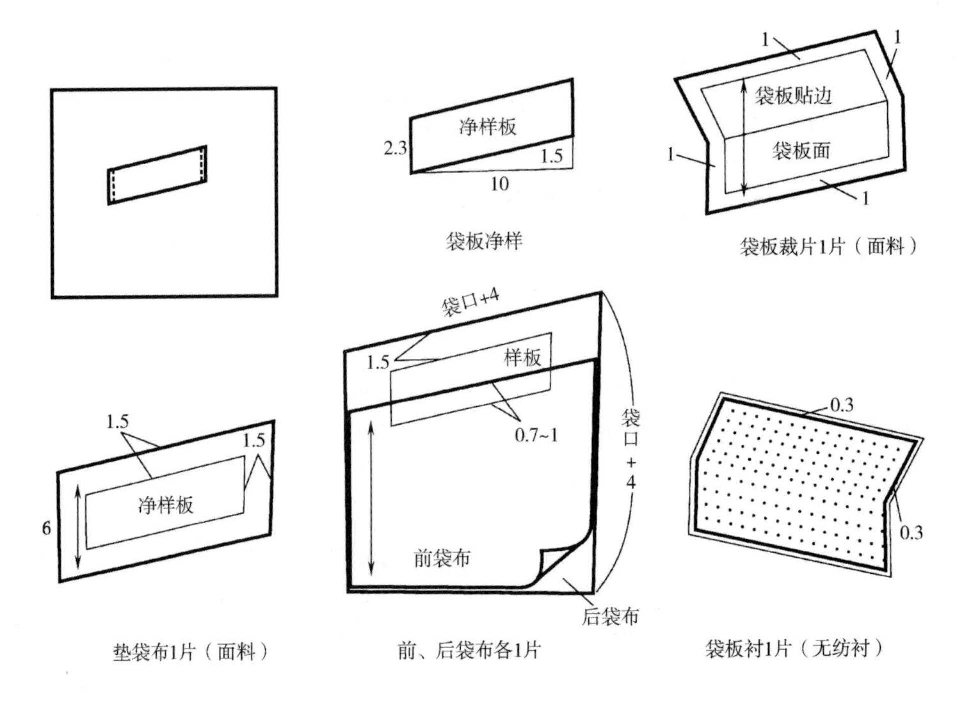

图8－14　手巾袋裁片

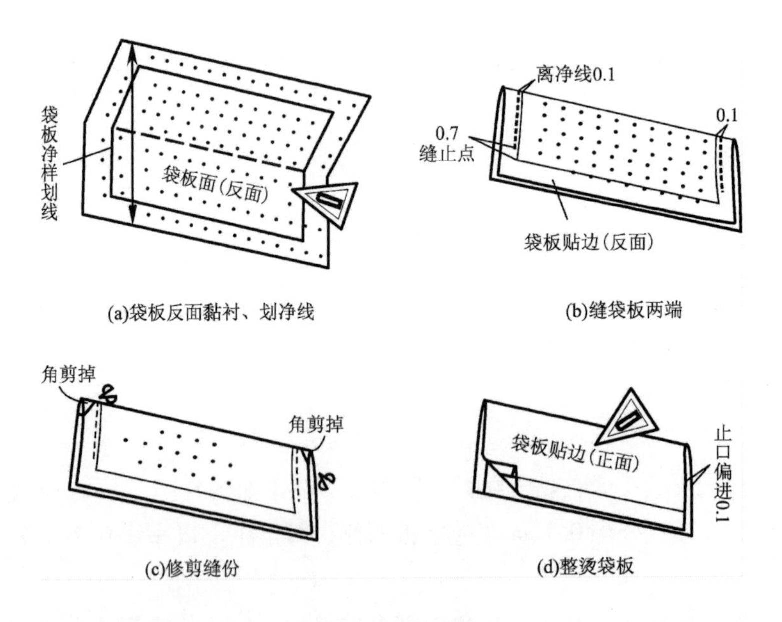

图8－15　做袋板

缝份处打剪口，分别剪至距最后一个针眼0.1cm，如图8－16（a）所示。

（2）缉缝袋板：袋板与衣身正面相对，掀开袋板贴边，袋板下口净线比齐袋位的下划线，沿净线外侧缝合，注意两端重合倒回针，如图8－16（b）所示。

（3）缉缝垫布：如图8－16（c）所示，垫袋布与衣身正面相对，下口与袋板下口拼齐，缉缝垫袋布的下划线，缝份 1cm，沿净线外侧缝合，注意两端比袋位偏进 0.3cm 并重合回针。

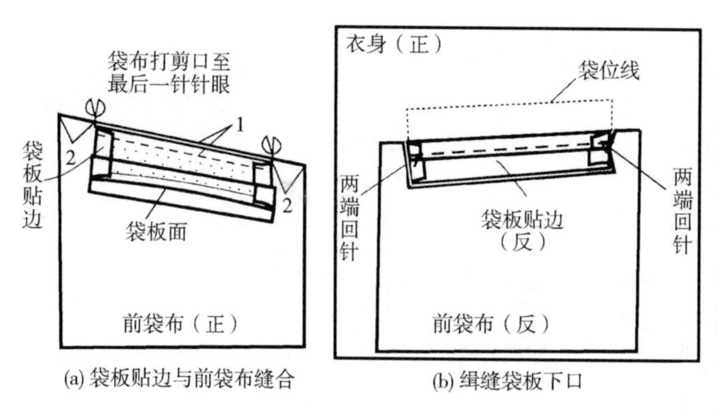

(a) 袋板贴边与前袋布缝合　(b) 缉缝袋板下口

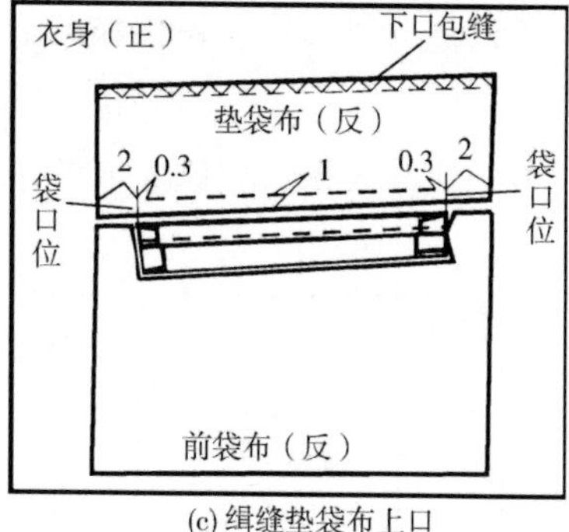

(c) 缉缝垫袋布上口

图 8－16　装袋板

3. 剪袋口

（1）剪袋口：从衣身反面剪袋口，中间区域剪“一”字形，两端剪“V”字形，要求袋角处剪至距最后一个针眼 0.1cm。注意不能剪到袋板和垫袋布，如图 8－17（a）所示。

（2）分烫缝份：将垫袋布翻至衣身反面，并在上口缝份处打剪口，分别剪至距最后一个针眼 0.1cm，然后分烫垫袋布上口缝份；将前袋布翻至衣身反面，分烫袋板与衣身的缝份，如图 8－17（b）所示。

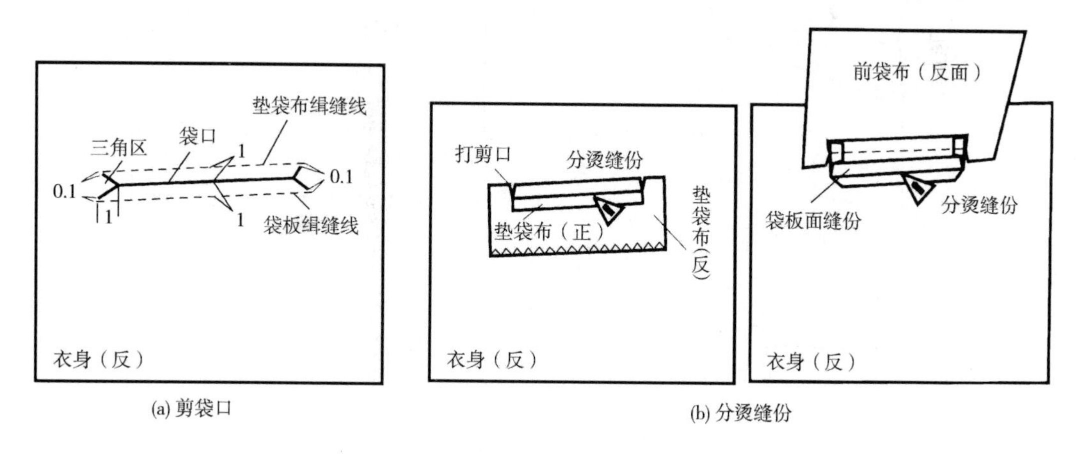

(a) 剪袋口　(b) 分烫缝份

图 8－17　剪袋口

4. 缝袋布

（1）灌缝袋板：从反面掀开垫袋布，翻至正面，沿袋板下口的缝口进行漏落缝，固定袋板贴边及前袋布，如图 8－18（a）所示。

（2）缝定后袋布：在衣身反面将后袋布平铺于前袋布上，上口与垫袋布上口平齐；翻至正面，沿缉缝垫袋布的缝口进行漏落缝，固定后袋布，如图 8－18（b）所示。

（3）缝定垫布下口：将垫袋布下口与后袋布缉线固定，缝份 0.5cm，如图 8－18（c）所示。

（4）缝定袋板：整理袋板、理顺袋布，沿袋板正面两侧缉线固定，缝份0.4～0.5cm，也可以手针缲缝或星点缝，如图8－18（d）所示。

（5）缝合袋布：从正面掀开衣身，沿四周缝合前、后袋布，缝份1cm，如图8－18（e）所示。

（6）成品效果：缝制完成的手巾袋反面效果，如图8－18（f）所示。

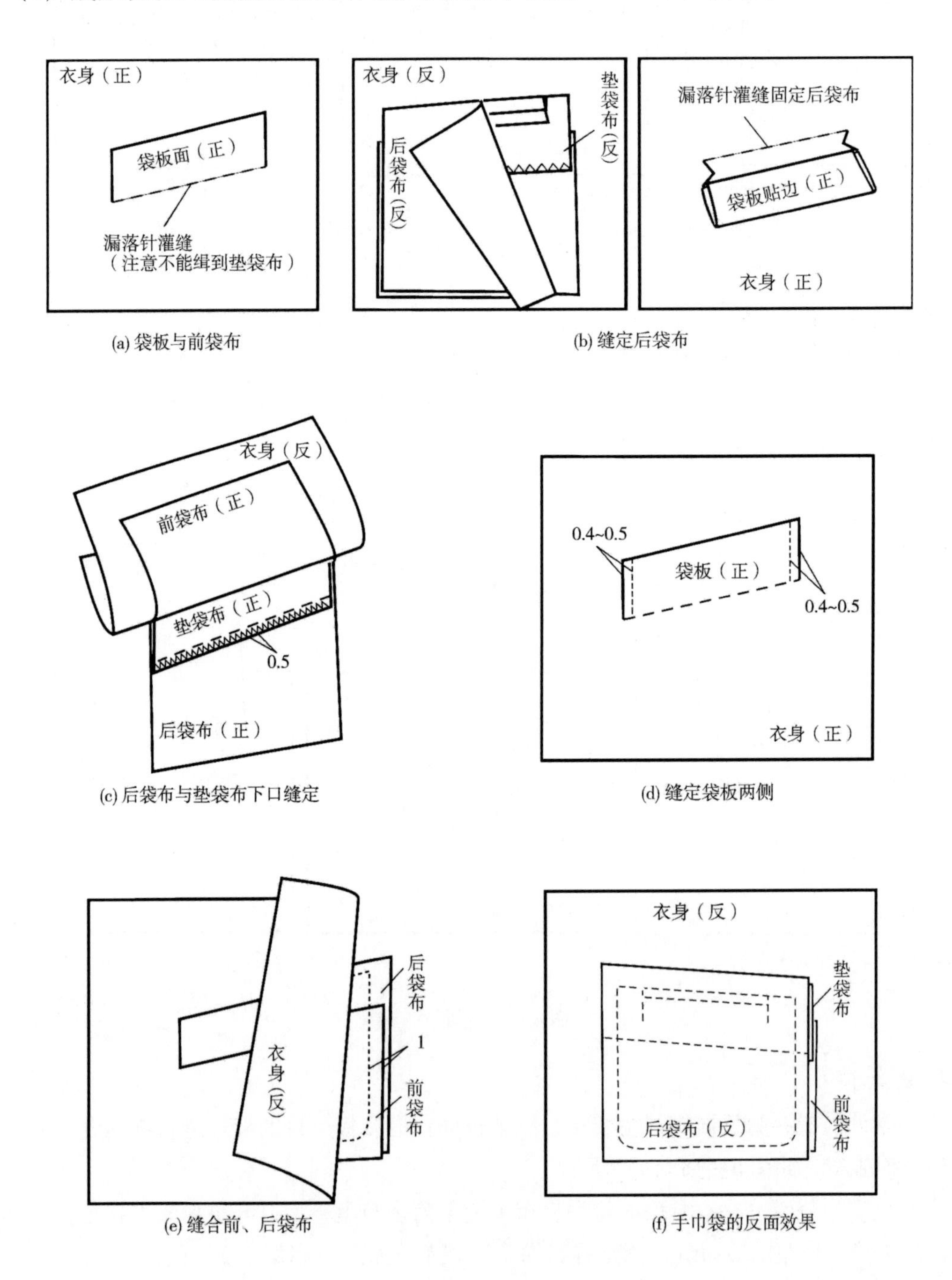

(a) 袋板与前袋布　(b) 缝定后袋布

(c) 后袋布与垫袋布下口缝定　(d) 缝定袋板两侧

(e) 缝合前、后袋布　(f) 手巾袋的反面效果

图8－18　缝袋布

5. 手巾袋板的对条方法，如图 8－19 所示。

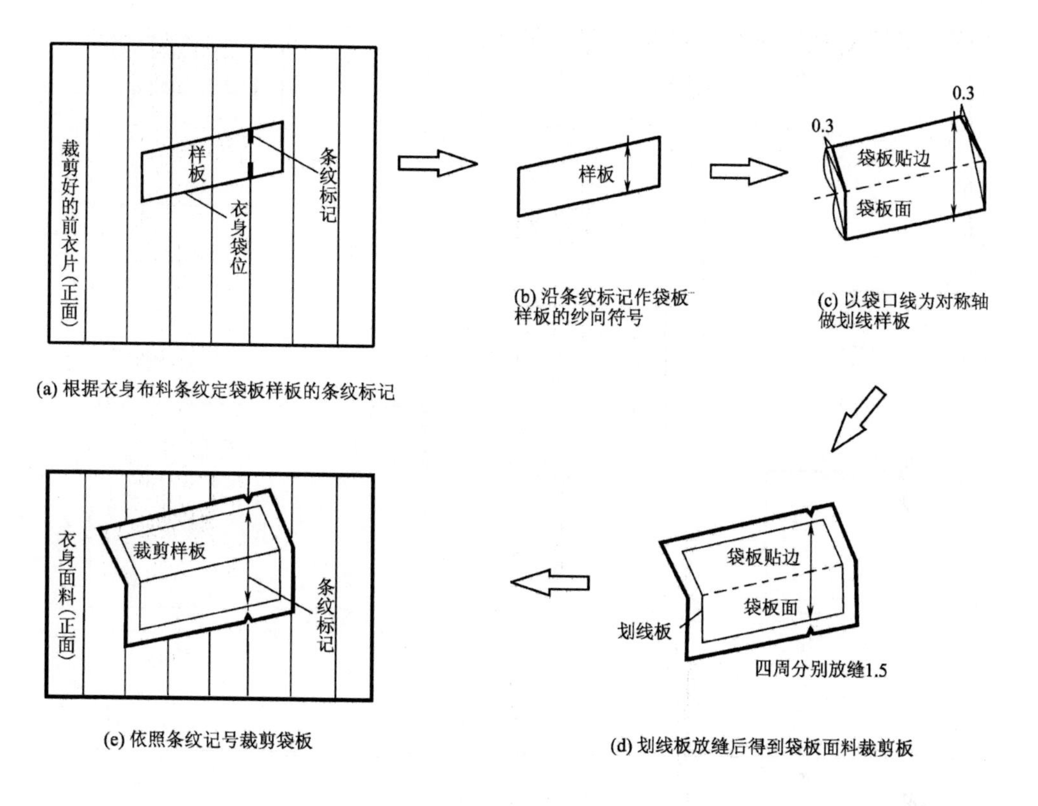

图 8－19 手巾袋对条

四、男西服里袋

男西服里袋为三角袋盖双嵌线挖袋，其缝制工艺与有袋盖双嵌线挖袋基本相同，只是袋盖的裁剪和制作稍有不同。

（一）裁片准备

男西装里袋裁片准备，如图 8－20 所示。

（二）缝制工艺

三角袋盖的制作方法如图 8－21 所示。后续工艺参考本节“有袋盖挖袋”部分内容。

五、思考与实训

（1）练习女西服里袋的缝制工艺。

（2）练习有袋盖挖袋的缝制工艺。

（3）练习手巾袋的缝制工艺。

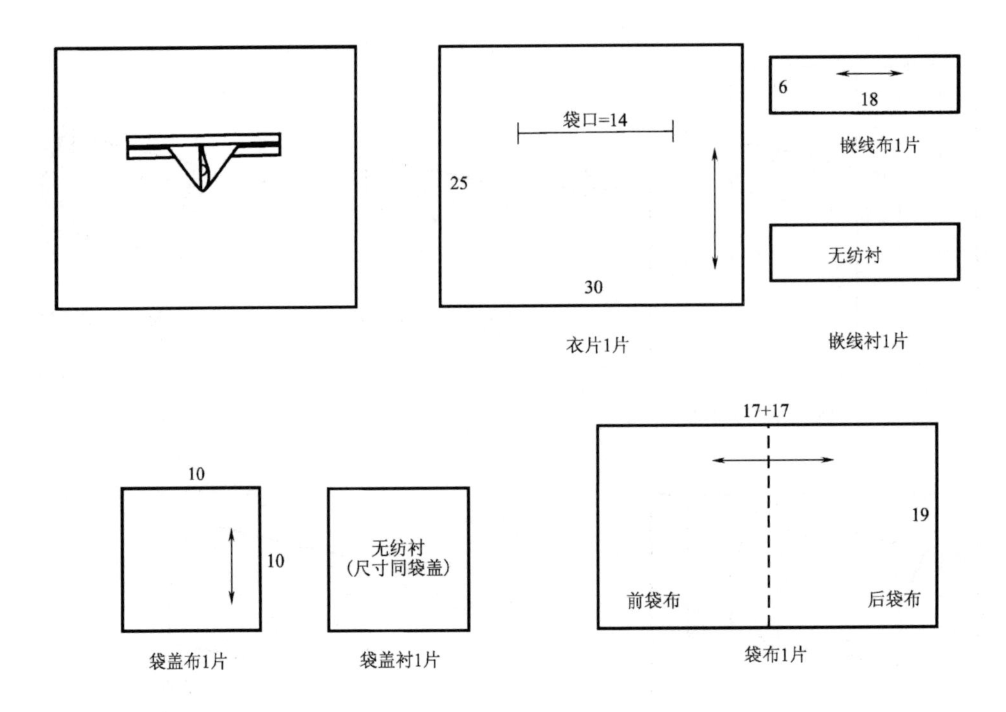

图8－20　裁片

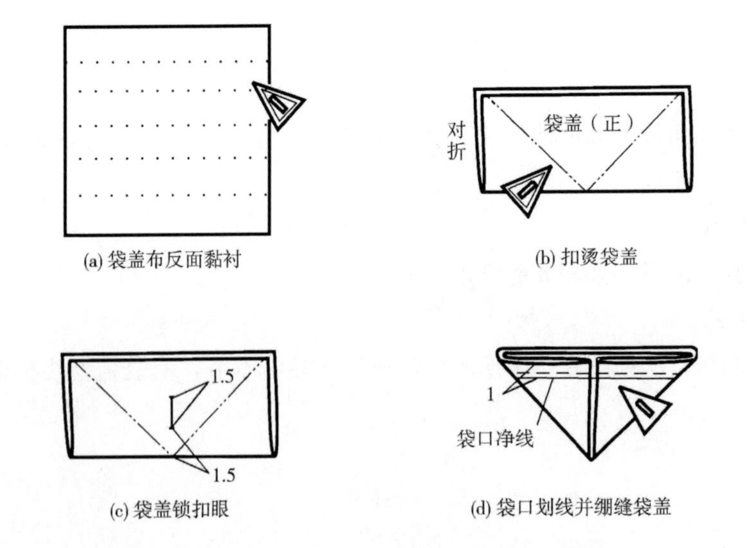

图8－21　三角袋盖的制作

第二节 女西服缝制工艺

✲课前准备

● 材料准备

1. 面料

（1）面料选择：女西服面料适合选择毛织物、混纺织物、化纤类织物等。冬季西服常选用粗纺毛织物，如法兰绒、粗花呢、人字呢、格呢等；春秋季西服常选用精纺毛织物，如华达呢、直贡呢、哔叽、驼丝锦等。毛涤混纺、涤黏混纺或纯涤纶织物，因其具有结实、不易起皱、热塑性较强等特性，近年来也被广为选用。西服多使用单色或近似单色的面料，有时也选用条格面料。

（2）面料用量：幅宽 144cm，用量为衣长 + 袖长 +15 ~ 20cm，约为 145cm。

2. 里料

（1）里料选择：与面料材质、颜色、厚度相匹配的光滑里料。

（2）里料用量：幅宽 144cm，用量为衣长 + 袖长 +5cm，约为 130cm。

3. 其他辅料

（1）黏合衬：幅宽 90cm 的有纺衬，用量为衣长 +10cm，约为 80cm；幅宽 90cm 的无纺衬，用量为衣长 +5cm，约为 75cm；直纱牵条约 300cm；斜纱牵条约 60cm。

（2）纽扣：准备直径 2.2cm 纽扣 3 粒（备用 1 粒），直径 1.5cm 纽扣 8 粒（备用 2 粒），材质及颜色与所用面料相匹配。

（3）垫肩：1.5cm 厚女西服垫肩 1 副。

（4）袖山条：薄型针刺棉 6cm × 30cm。

（5）缝线：准备与面料颜色及材质相匹配的缝线；打线丁用白棉线少量。

（6）打板纸：整张牛皮纸 5 张。

● 工具准备

备齐制图常用工具与制作常用工具。

● 知识准备

提前准备女装上衣原型衣片净样板，复习第一章第一节“打线丁、锁眼、钉扣”等内容，复习本章第一节内容。

女西服是日常穿用的一类服装，造型较为合体，款式简洁，体现稳重的风格，可以与裙装或裤装搭配。

一、款式特征

本款女西服的特征为：基本合体的 X 造型；平驳领，单排两粒扣，圆角下摆；前身左右各有一带盖大袋，前后身有刀背形弧线分割线，后中破缝；圆装两片袖，袖口有袖衩，钉三粒装饰扣，如图8－22所示。

图8－22　女西服款式图

二、结构制图

（一）女西服各部位名称

女西服各部位名称，如图8－23所示。

（二）制图规格

女西服制图规格见表8－1。

表8－1　女西服规格尺寸　　单位：cm

号/型	胸围（B）	腰围（W）	臀围（H）	肩宽（S）	衣长（L）	袖长（SL）	领座宽（a）	翻领宽（b）
160/84A	84	68	90	40	68	54	3	4

（三）原型衣片的调整

女装上衣原型衣片的调整，如图8－24所示。

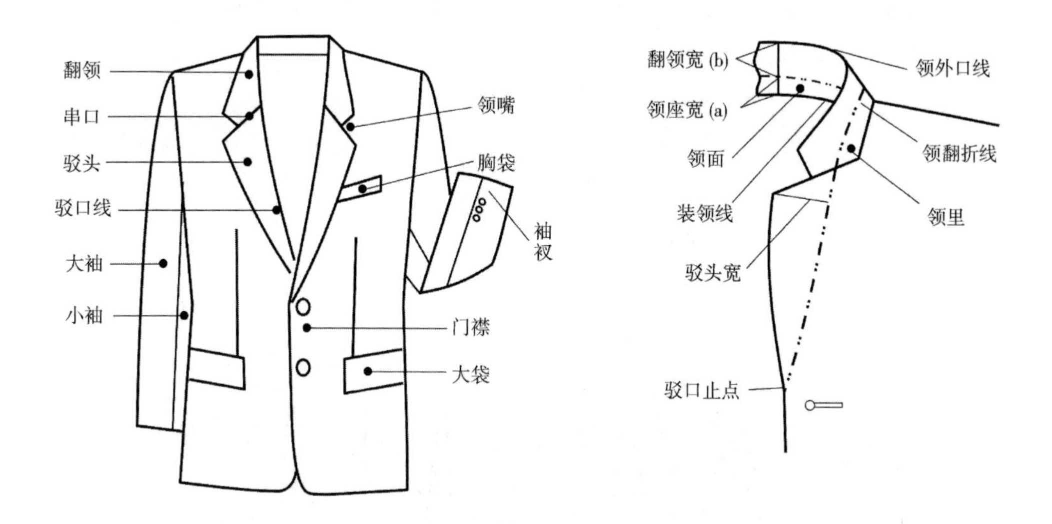

图 8－23　女西服各部位名称

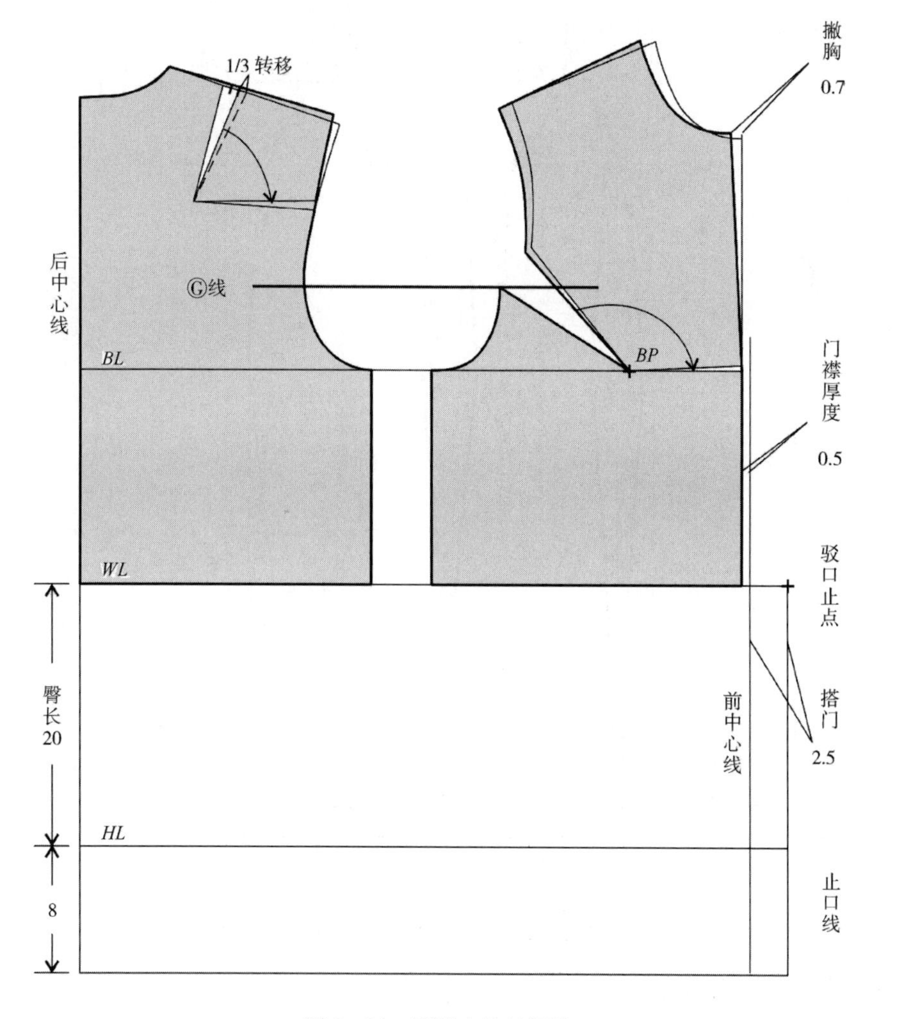

图 8－24　原型衣片的调整

（四）女西服结构制图

女西服衣片结构制图，如图 8－25 所示；袖片结构图，如图 8－26 所示，图中袖山高 $= 0.65 \times \frac{AH}{2}$。

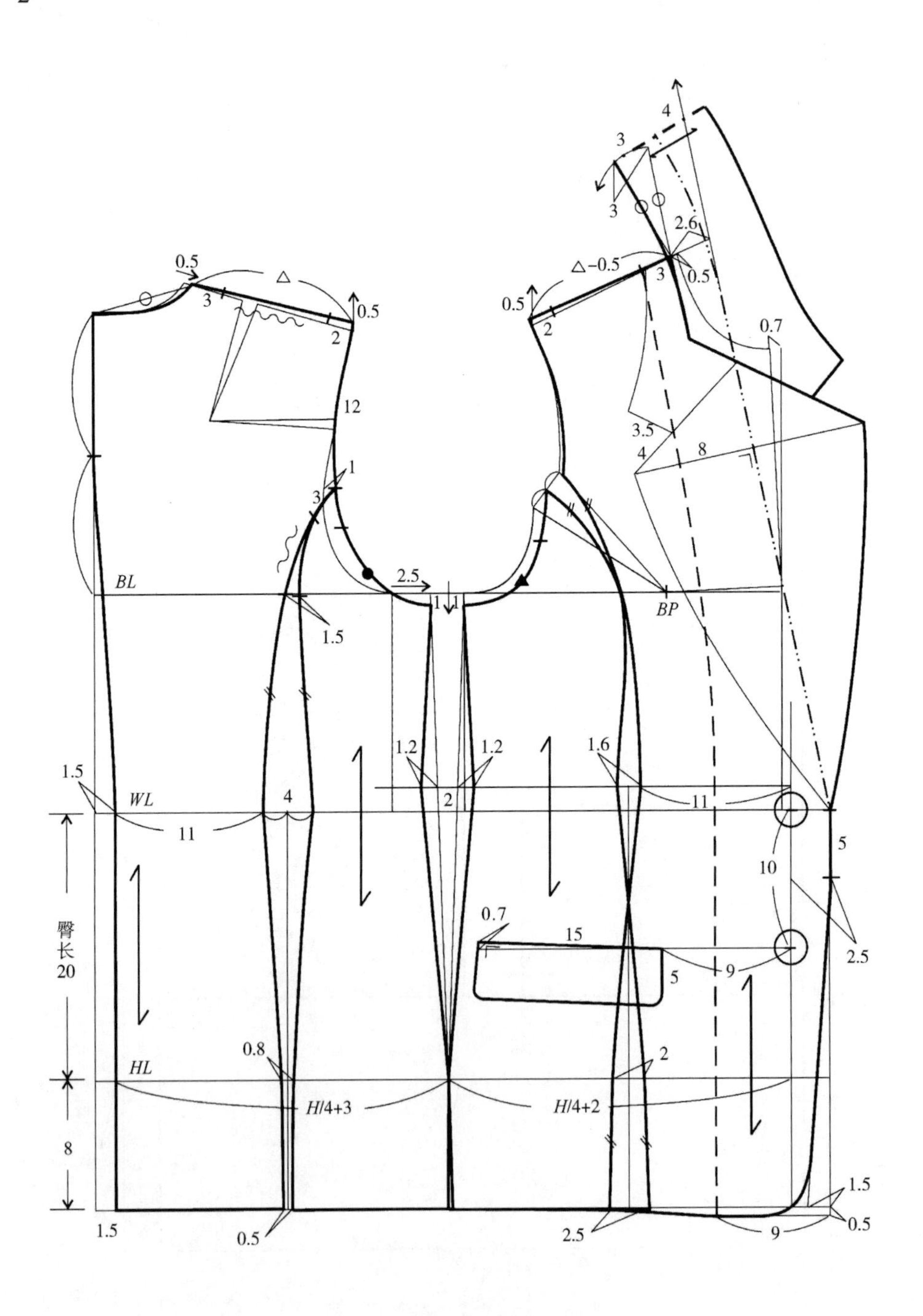

图 8－25　女西服衣片结构图

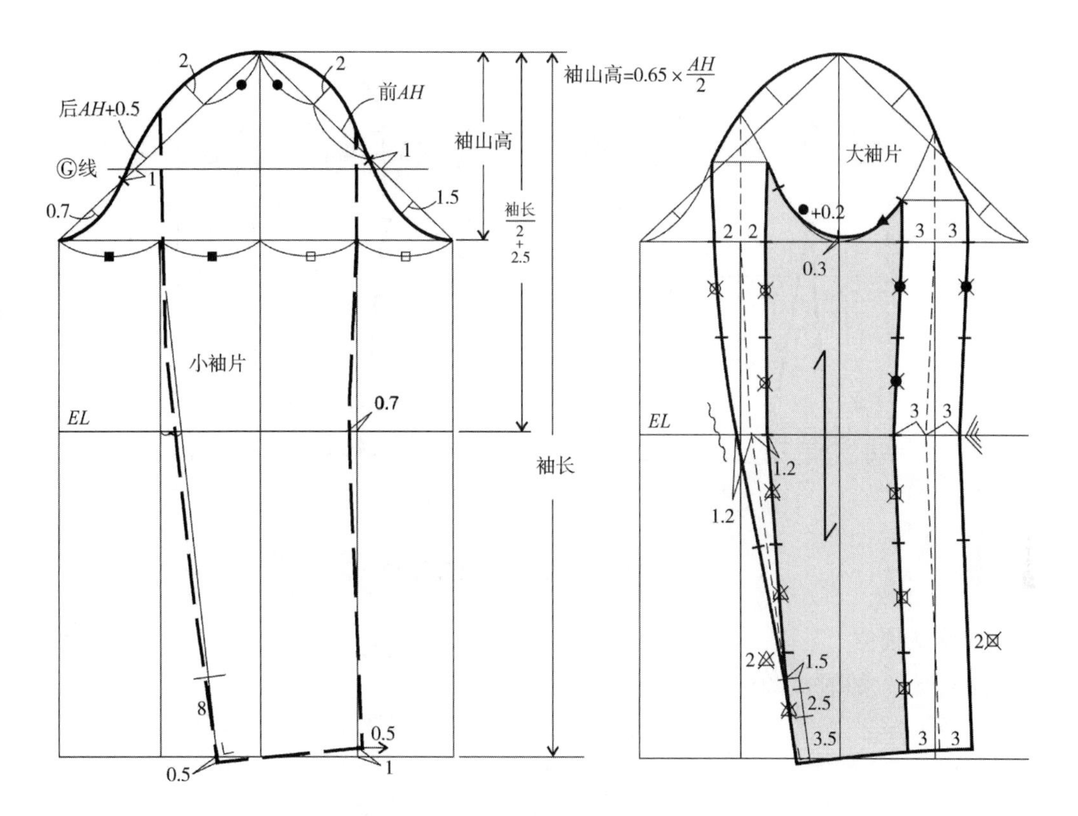

图 8 - 26　女西服袖片结构图

三、放缝及排料

(一) 检查圆顺情况

纸样对合部位的圆顺情况检查，如图 8 - 27 所示。

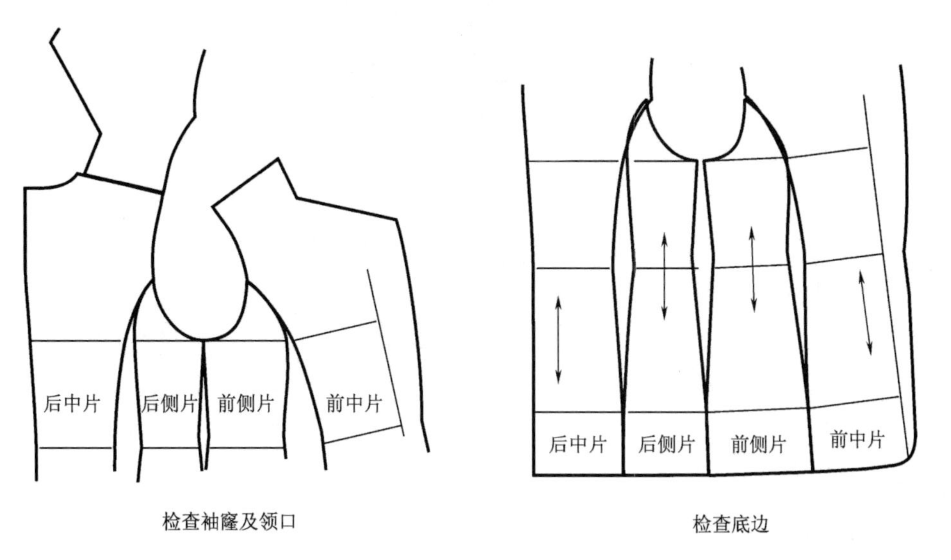

图 8 - 27

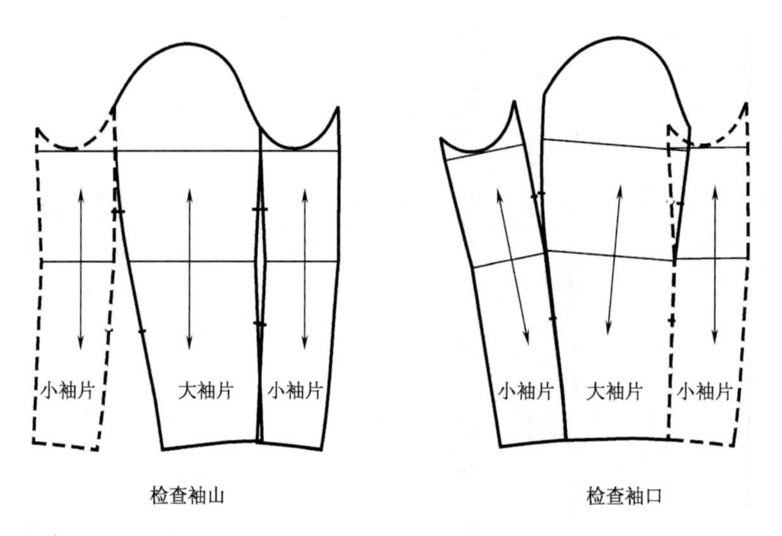

图 8－27　检查圆顺情况

（二）确认袋位

袋位的确认，如图 8－28 所示。

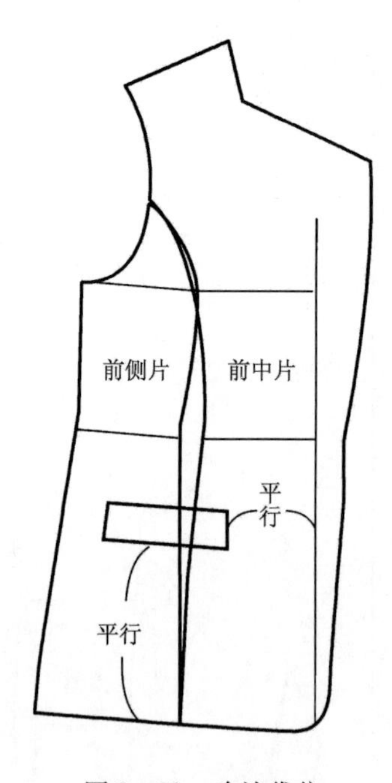

图 8－28　确认袋位

（三）调整领面、过面

领面、过面纸样的调整，如图 8－29 所示。图中领面与过面放缝时，未标明的部位放缝量均为 1.5cm。

（四）调整里料衣片纸样

里料衣片纸样的调整，如图 8－30 所示。

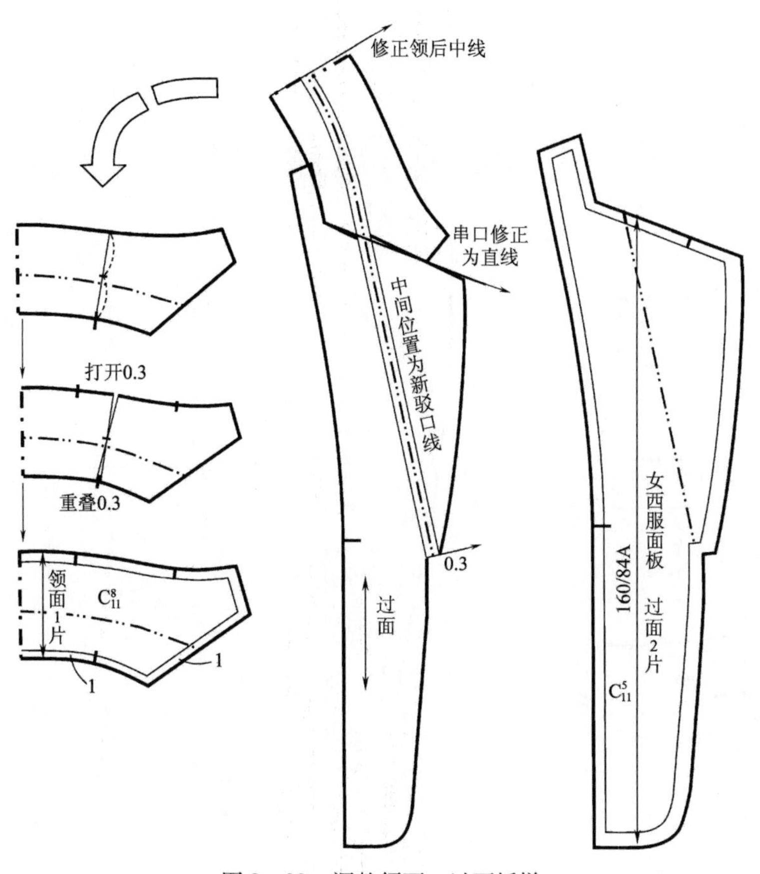

图 8－29　调整领面、过面纸样

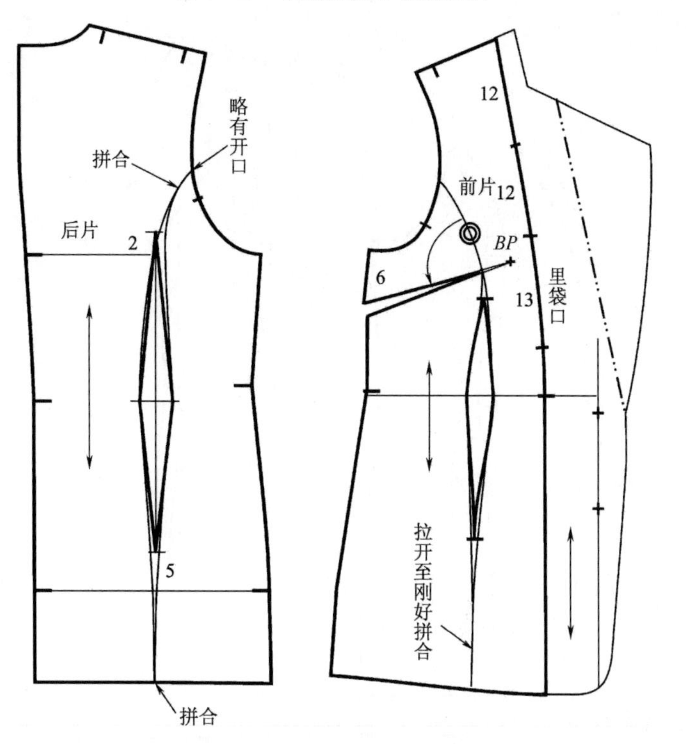

图 8－30　调整里料衣片纸样

（五）面料样板放缝

面料样板放缝，如图8－31所示。图中未特别标明的部位放缝量均为1.5cm，过面及领面放缝见图8－29。

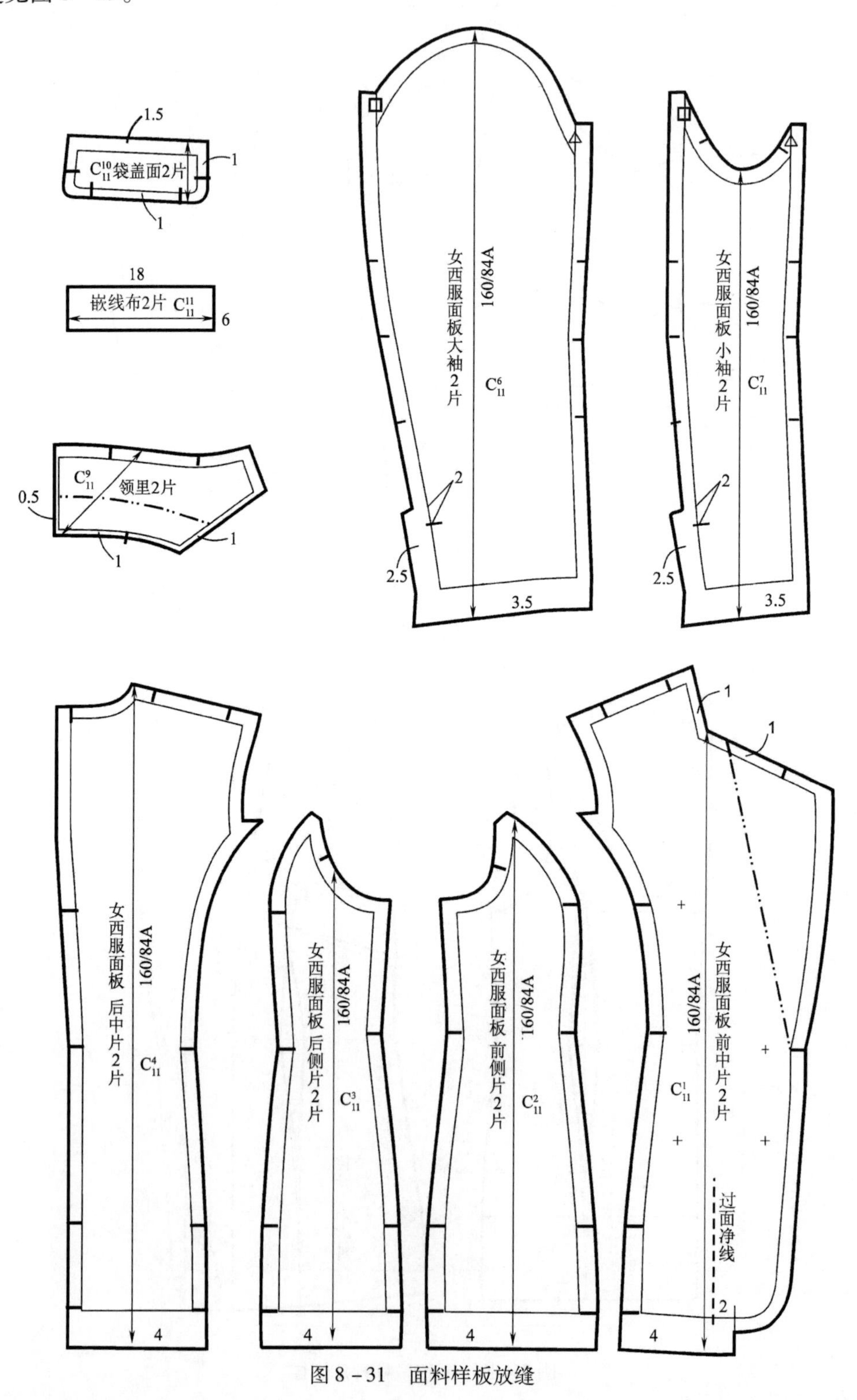

图8－31　面料样板放缝

（六）面料排料

面料排料如图 8－32 所示。

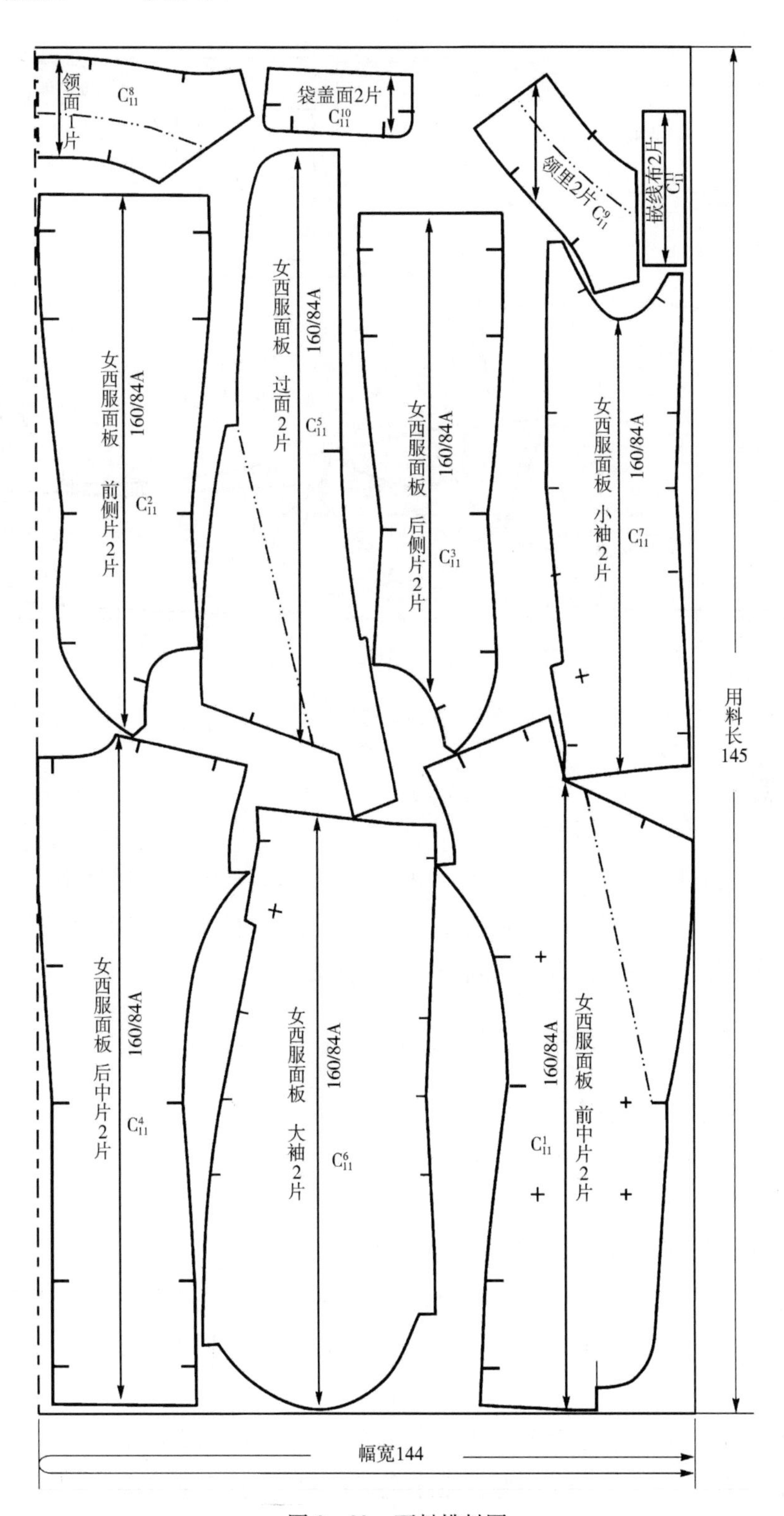

图 8－32　面料排料图

（七）里料放缝排料

里料放缝排料如图8－33所示。图中未特别标明的部位放缝量均为2cm。

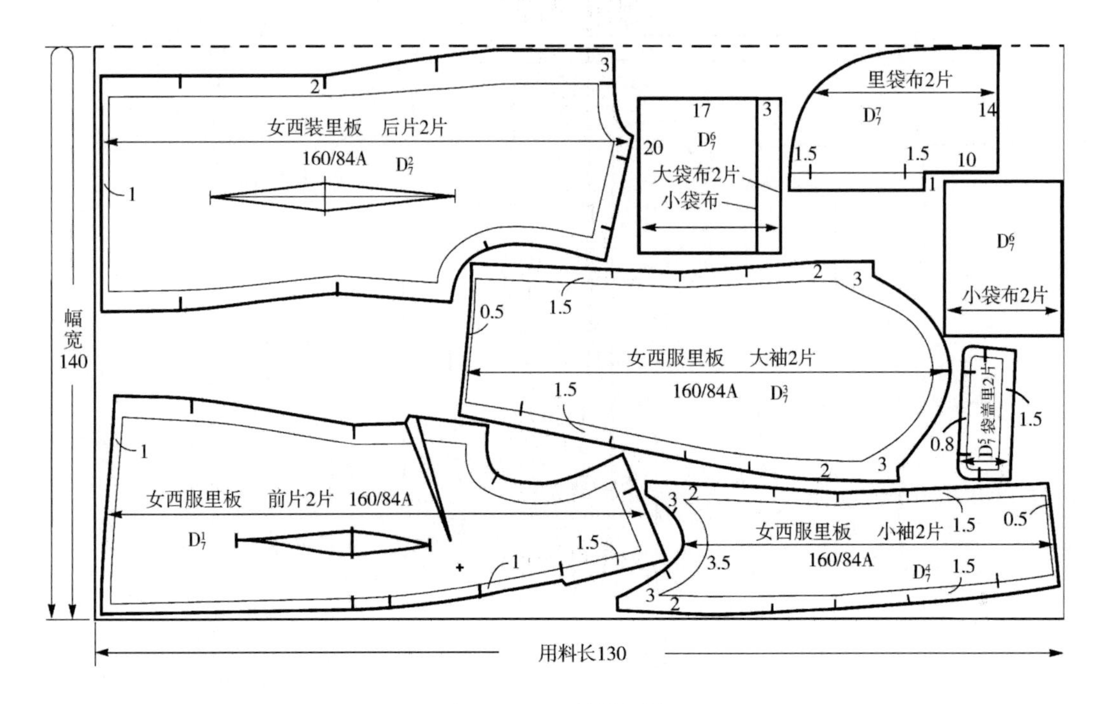

图8－33　里料排料图

四、假缝试样

假缝是将衣片黏衬、打线丁、归拔后，用一定的手缝针法缝合。通过将假缝好的服装在合适的人台或人体上试穿，对服装的宽松度、款式、长短、前胸、后背、肩宽、领型、袋位等进行观察，查找问题，逐一修改，达到令人满意的效果。

五、缝制工艺

（一）女西服缝制工艺流程

女西装缝制工艺流程，如图8－34所示。

（二）缝制准备

1. 黏衬　黏衬的部位及衬的裁配，如图8－35所示。

无纺衬用普通熨斗压烫，有纺衬用黏合机压烫。黏衬前应注意衬的尺寸不可大于相应的衣片，并且应该用面料的小片下脚料测试黏合效果后，确定合适的温度、压力和时间，然后再黏衬。

无黏合机时，可用普通熨斗压烫，其方法是在熨斗下垫一层纸（防止熔胶黏在熨斗底部），垂直用力下压5～6s，黏前少量喷些蒸汽或水，熨斗温度控制在160～180℃。为使黏合均匀，每次将熨斗移开熨斗底宽的1/2。

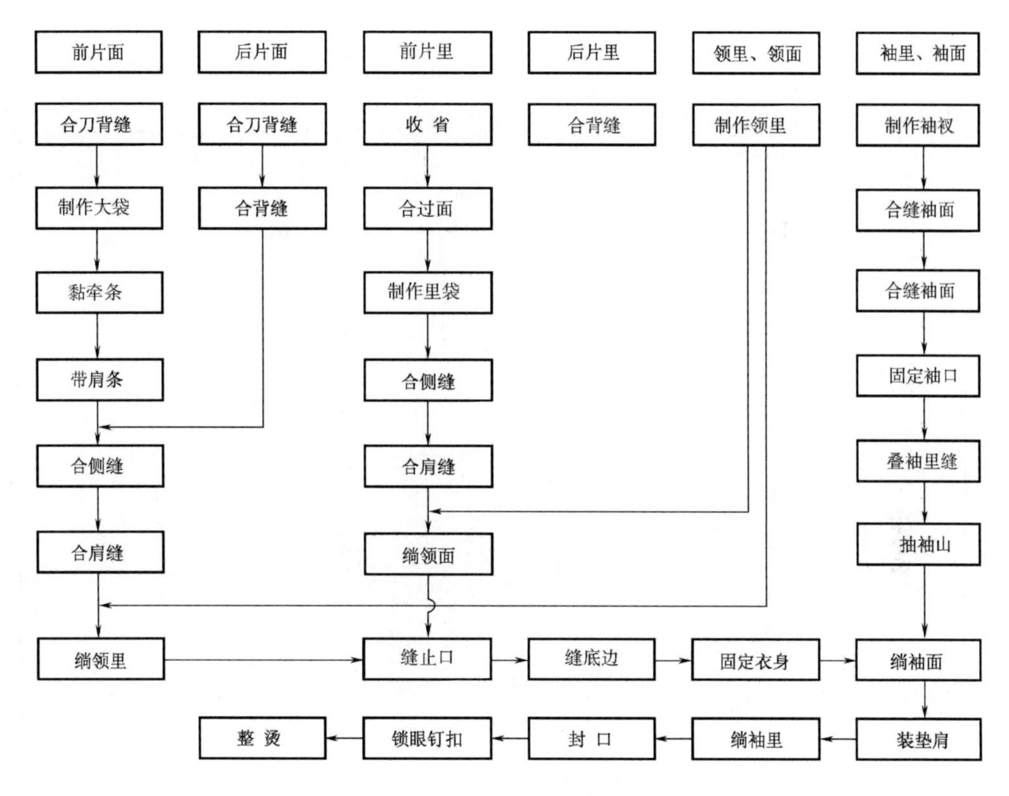

图 8－34　女西服缝制工艺流程

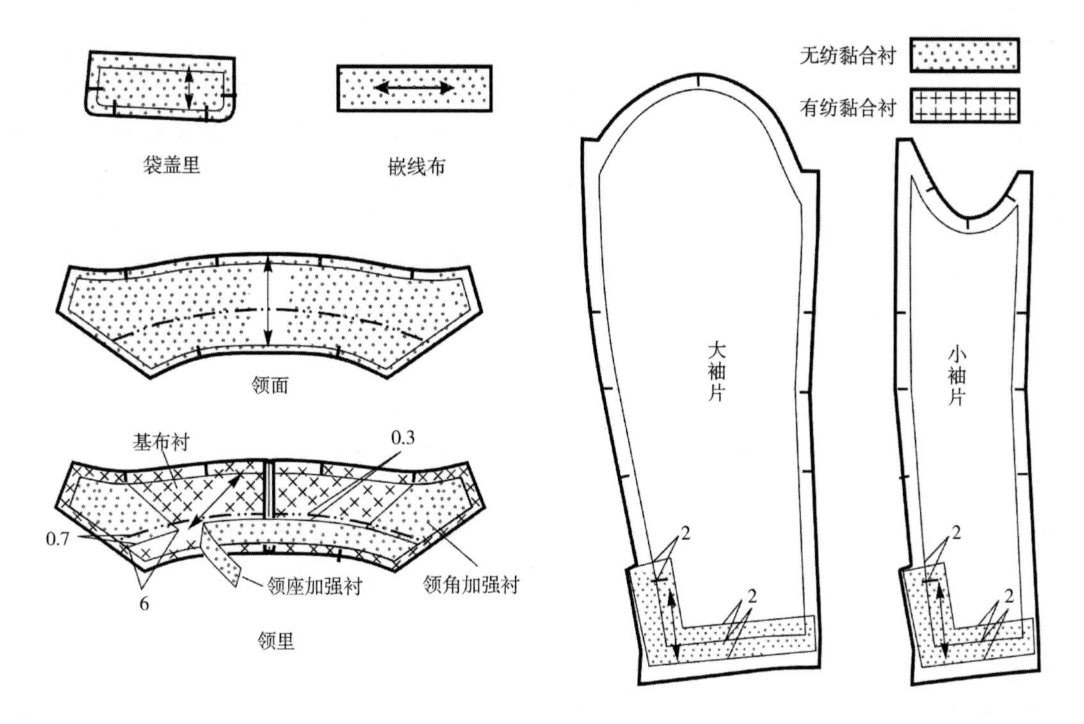

图 8－35

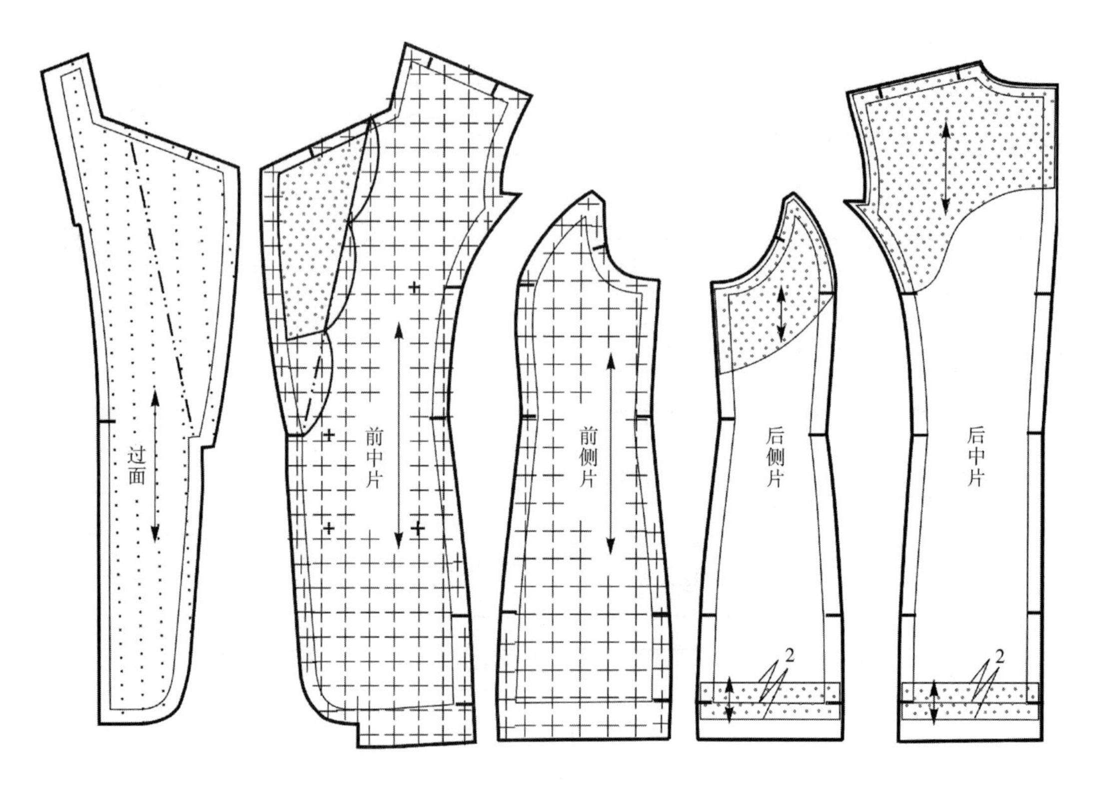

图8－35　黏衬部位

2. 打线丁　打线丁的方法及要求参阅第一章第一节手缝工艺部分内容，打线丁的部位如图8－36所示。

3. 归拔衣片　衣片归拔部位及要求，如图8－36所示。归拔时，在衣片上稍喷些水，将对称衣片正面相对，同时归拔，归拔后将衣片放在人台或人体的相应位置观察是否达到合体美观的效果。归拔好的领里，沿翻折线折转并用环针手缝临时固定，以防在假缝试样过程中变形。

归拔后，要核对衣片之间相应缝边的对位关系及长度，并修顺净缝线。上述工作完毕后需要将衣片在自然状态下放置1小时定型。

（三）缝制工艺

1. 缝制前衣片

（1）缝合刀背线：前侧片与前中片正面相对（中片在下层），对准标记缝合，在胸高点附近前中片略有吃势。

（2）分烫缝份：衣片弧度较大区域将缝份打几个剪口，然后在布馒头上分烫。

（3）挖大袋：具体方法及要求见本章第一节部件工艺内容。

（4）黏牵条衬：为了防止驳头、前止口、袖窿等处在缝制及穿着过程中发生变形，如图8－37所示的部位需要黏牵条衬加固。特别注意串口处牵条衬需要超过驳口线5cm，且这一段暂时不黏，待其他部位黏好后，将驳头沿驳口线翻折后再黏。前袖窿需要黏斜纱牵条衬，可以先将牵条衬绷缝在袖窿缝份上，然后熨烫黏牢。

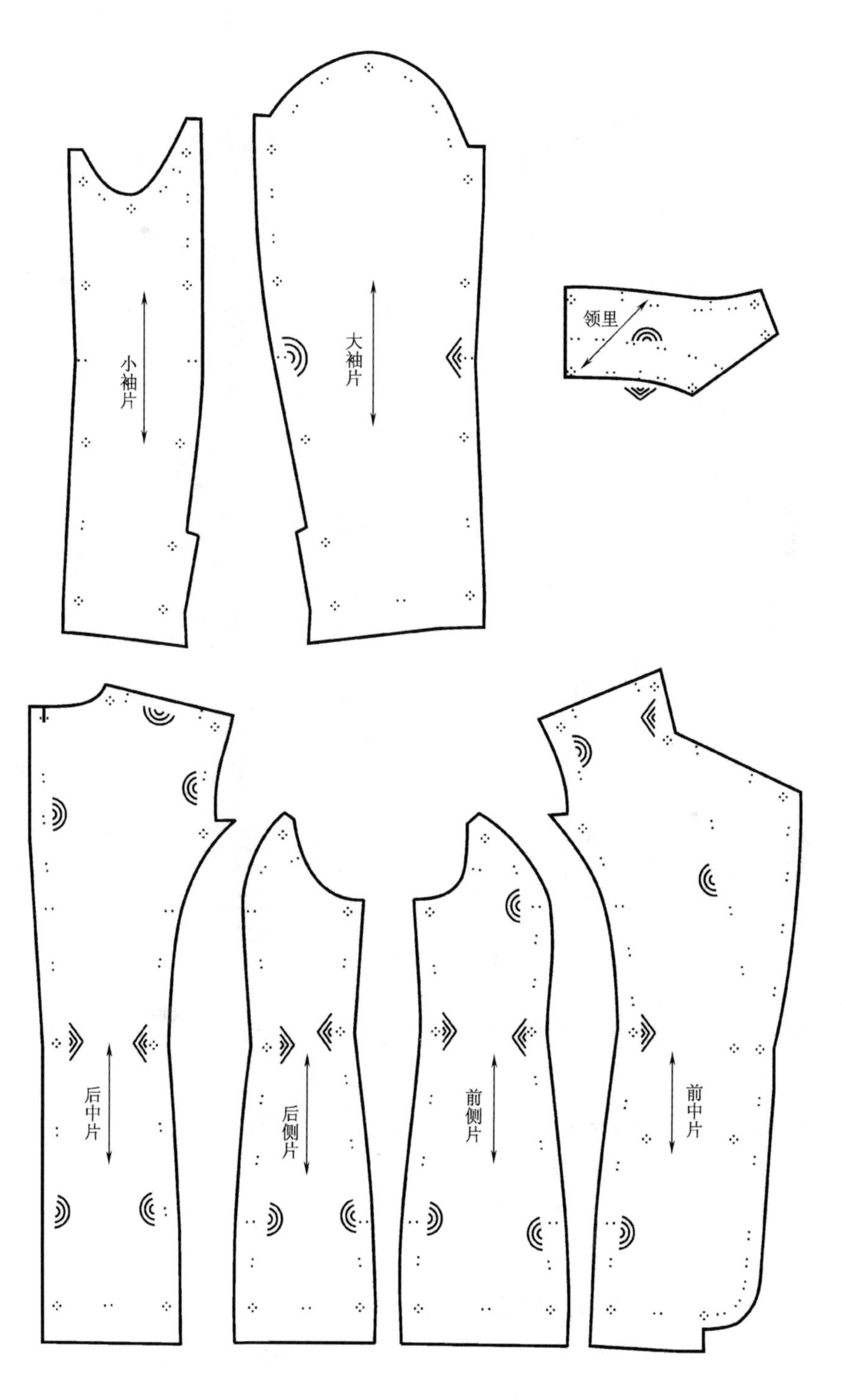

图 8－36　打线丁及归拔部位

（5）带肩条：裁剪宽 1.5cm、与前肩线等长的横纱白布条，大针距平缝于前肩线处，缝线在净线外侧 0.2cm 左右。

2. 缝制后衣片　平缝刀背缝，后中片置于下层，对准刀背缝对位标记缝合，胸围线以上

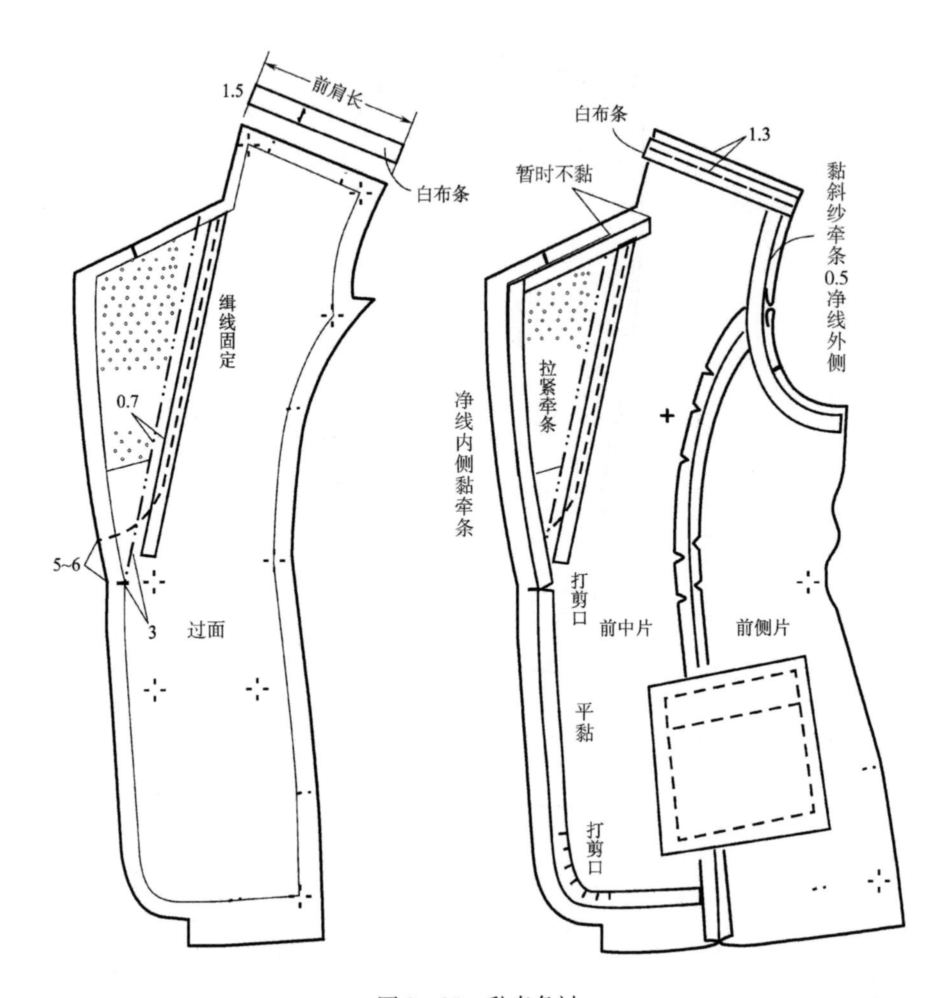

图8-37　黏牵条衬

部分后中片略有吃势。刀背缝弧线处打几个剪口后，在布馒头上分烫缝份；然后合背缝，分烫缝份。

3. 合缝侧缝、肩缝　缝合侧缝、肩缝，分烫缝份。合肩缝时，后衣片在下层，对准两端记号，拉长前肩线，将吃势均匀缝缩在中区。

4. 扣烫底边　将底边沿净缝线向里折转扣烫，注意整体圆顺。

5. 缝制里子

（1）收省：缝合腰省、胸省，省缝倒向中心线方向。

（2）缝合过面：衣里在下，对合记号缝合，中间袋口处不缝。

（3）制作里袋：具体工艺见本节部件工艺内容。

（4）合背缝：如图8-38所示，各段背缝按不同缝份缝合，熨烫缝份时沿净缝线向一侧扣烫，腰节线以上部分留有活动量。

（5）合衣里：合肩缝时，后肩线吃势折叠在中间部位，缝份沿净缝倒向后片；平缝侧缝，缝份倒向后片，坐势0.2cm。

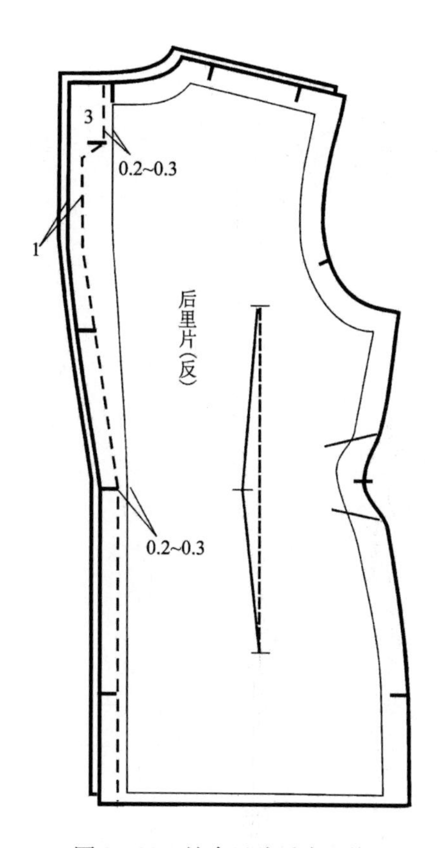

图 8-38 缝合里片后中心线

6. 缝制领里 首先缝合领里中线，劈压缝固定缝份；再沿翻折线缉缝牵条衬，注意在颈侧区域（*SNP* 两侧）带紧牵条；然后拔烫领座下口颈侧区域（注意两侧对称），再沿翻折线折转，压烫中区定型，如图 8-39 所示。

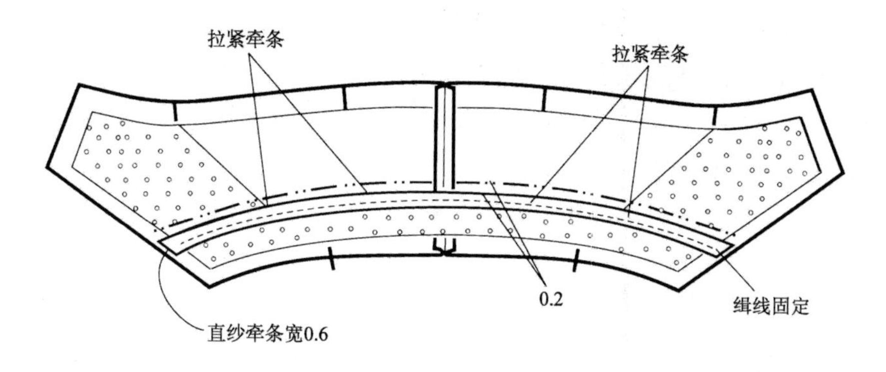

图 8-39 缝制领里

7. 装领里 领里在上，衣身在下，比齐对位点，从一侧串口线装领点起缝，打倒回针；缝至转角处时缝针插入针孔固定缝件，在领口打剪口，拉直领口继续缝合；缝至对面转角处时，同样方法处理；最后缝合另一串口线至装领点，止针时打倒回针。在领里转角处修剪余角；串口及前领窝部分分烫缝份，其余部分倒向领里，如图 8-40 所示。

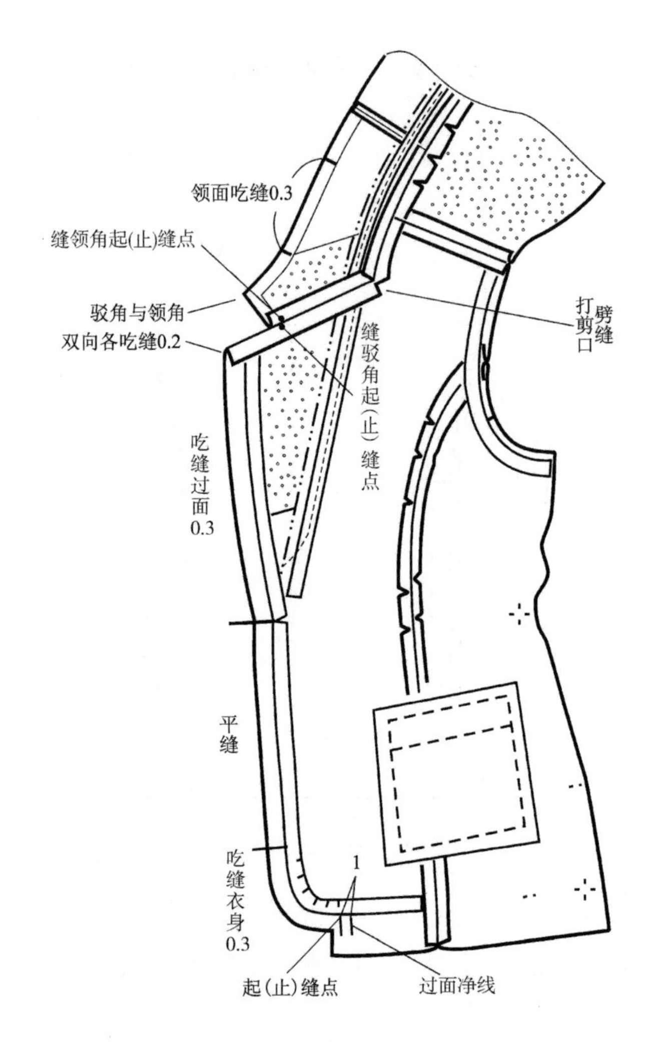

图8－40　装领里及勾止口

8. 装领面　缝合方法与装领里方法相同。

9. 缝止口　将衣身面、里正面相对，对准记号，由一侧摆角起缝，吃进衣面约0.3cm；门襟区域平缝，驳头部分吃进过面约0.3cm；驳角处双向分别吃进过面约0.2cm；缝至装领点停车、倒回针；将四层串口缝份翻至驳头一侧，比齐领止口，由净线处起缝，领角双向分别吃进领面约0.2cm；在颈侧区域，吃进领面约0.3cm；后中平车，另一侧对称缝至底边，如图8－40所示。

10. 缝底边　从与过面接缝处开始，将里子底边逐渐拉至与衣面下口平齐（大约3cm之内），斜线过渡车缝，如图8－41所示。注意各条纵向分割线处里、面对齐。

11. 固定衣身　固定衣身如图8－42所示。

（1）修剪缝份：将缝份呈梯度修剪，着装状态下靠近表层一侧的缝份修剪至0.5～0.7cm，另一侧修至0.3～0.5cm，驳角与领角处的缝份修成尖角状，使双向缝份扣倒后尽可能不重叠。

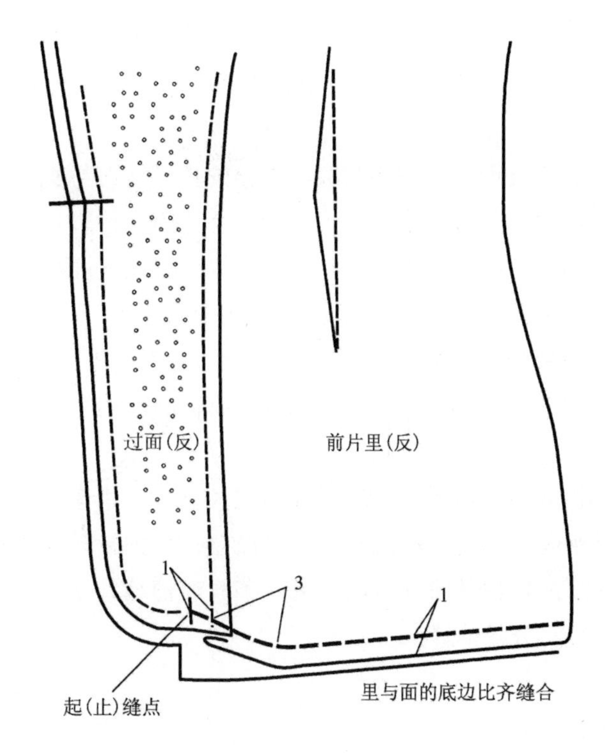

图 8－41　缝底边

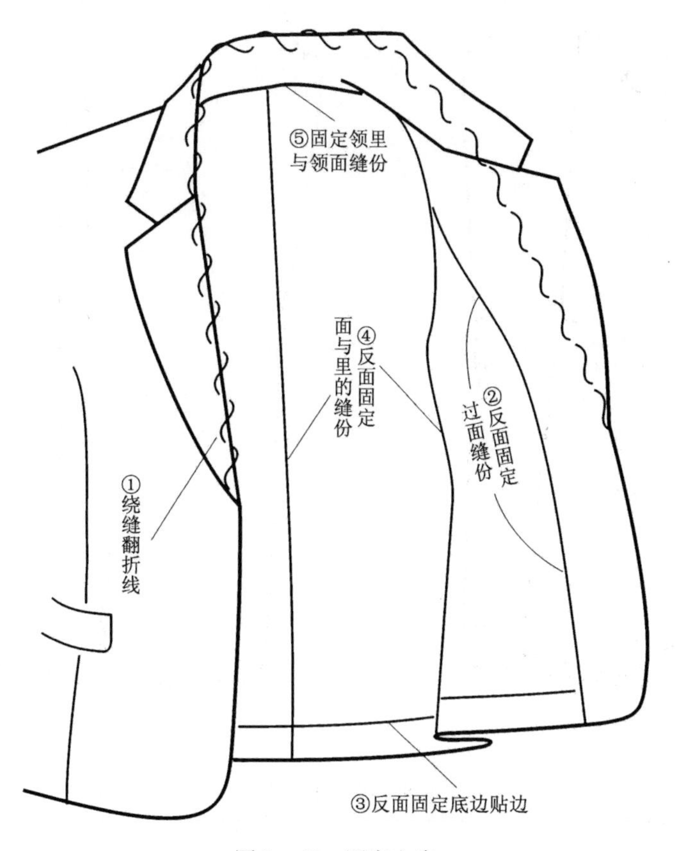

图 8－42　固定衣身

（2）烫止口：止口先劈缝，保证翻正后不留坐势；将衣面、衣里的正面从一侧袖窿处翻出，压烫止口。注意领面及过面驳头倒吐 0.2cm，门襟止口衣面倒吐 0.2cm。要求止口圆顺，不变形，熨烫平薄。

（3）扳止口：衣身翻至反面，将门襟与驳头部分的止口缝份与衣身缭针固定。

（4）固定驳口线：将驳头与领子沿翻折线折转，绕缝固定折边。

（5）固定过面：里面朝上铺平前衣身，用大头针临时固定过面与衣身，衣身翻回反面，将过面里口中区的缝份与衣身缭针固定；沿装领线手针固定领里、领面的缝份。

（6）固定底边：衣身底边贴边沿烫印折上，三角针固定贴边上口；翻至正面，衣里底边留 1cm 眼皮，烫实；理顺衣身面与里子，各纵向分割线腰部都用手针固定对应缝份部分。

12. 制作袖

（1）缝制袖面：如图 8－43 所示，首先需要归拔大袖片，再车缝后袖缝。缝合时大袖片在下层，对准记号，肘线区域吃缝大袖，向下顺缉袖衩；小袖衩转角处打剪口后，分烫后袖缝，袖衩倒向大袖，并沿记号扣烫袖口贴边；然后车缝前袖缝，小袖片置于下层，对齐对位标记，拔开大袖肘线区域，分烫袖缝。

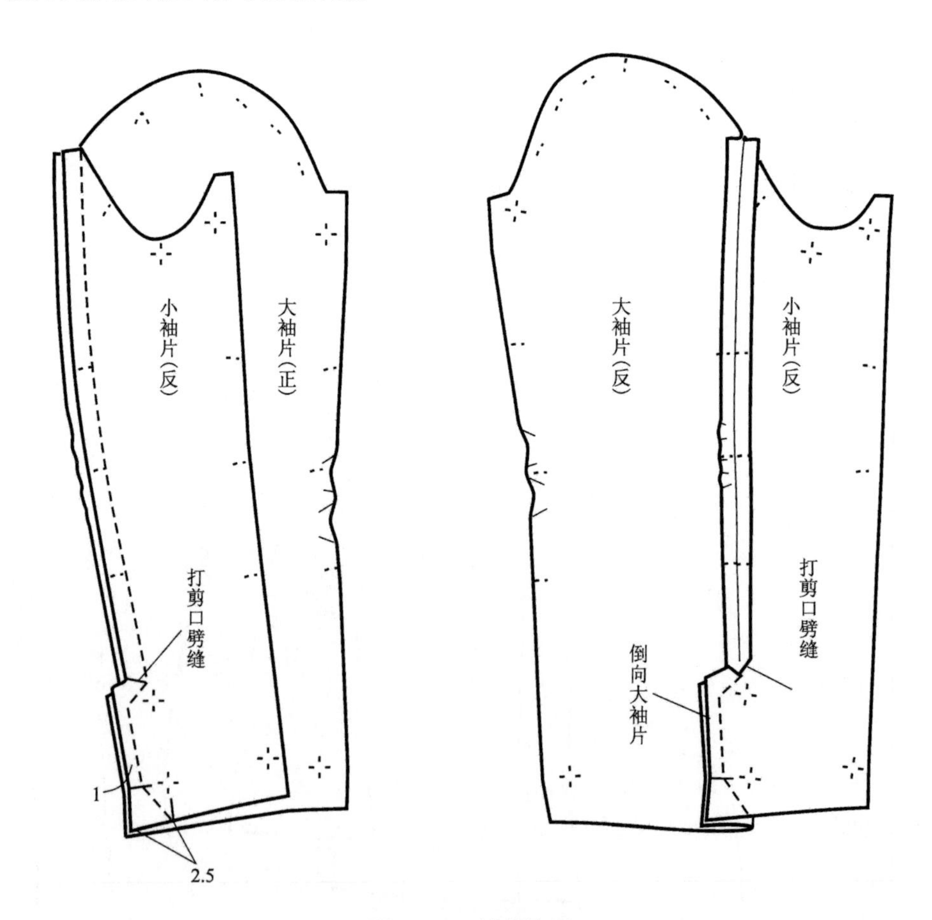

图 8－43　缝制袖面

（2）缝制袖里：分别缝合前、后袖缝，缝份 1cm，袖缝份倒向小袖片一侧，坐势各为

0.2cm，注意右侧袖里的前袖缝只缝合上下两端，中间区域留出约 20cm 不缝，如图 8－44 所示。

（3）合袖口：将袖里、袖面正面相对套合（袖面在外），比齐袖口，车缝一周；袖口贴边沿净线烫印翻折，三角针固定贴边上口；再将袖里翻正，袖口留出 1cm 眼皮烫实。

（4）固定袖子：前、后袖缝肘部，需要用手针将里、面对应缝份固定；然后在距袖肥线约 8cm 处绷缝一周，理顺袖里与袖面，修剪里子袖山缝份，如图 8－45 所示。

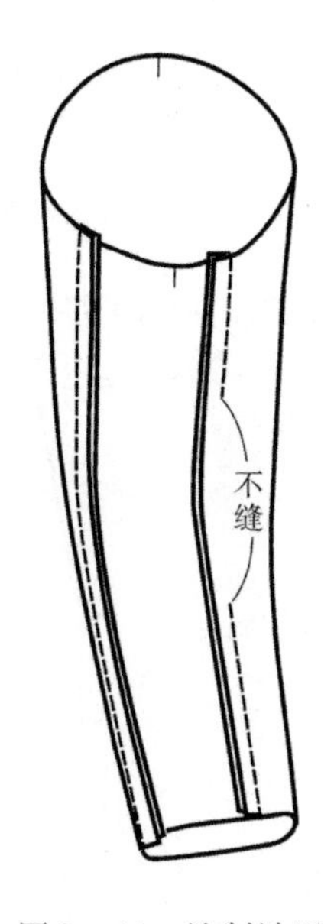

图 8－44　缝制袖里

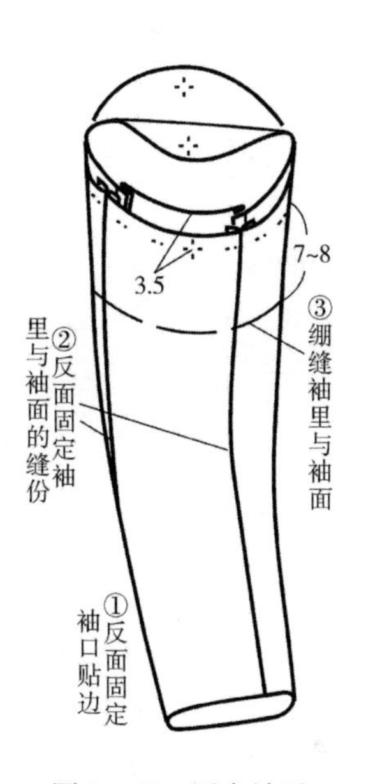

图 8－45　固定袖子

（5）缩缝袖山：在袖里用大针距机缝抽缩袖山吃势；袖面用 1.5cm 宽的斜纱白布条缝缩吃势，布条比袖窿弧长 2cm，根据各区域吃势大小调整拉伸布条的力度，如图 8－46 所示。缩缝好的袖山应与袖窿基本等长，在铁凳或袖山烫板上将袖山头熨烫圆顺饱满。

13. 绱袖

（1）装袖面：将衣身反面翻出，袖子正面朝外，对准袖山与袖窿对位点，先用手针绷缝或大针距机缝固定净线外 0.2cm 位置；正面检查绱袖情况，若位置与吃势分布均合适，可以正式绱袖；缝合时袖山在上层，要求缉线顺直、不吃不赶。

（2）装垫条：为增加袖山的饱满度，需要裁配与大袖山弧长相等、3cm 宽的针刺棉作为袖山垫条；袖山条缝在袖山缝份上，止口互相比齐，

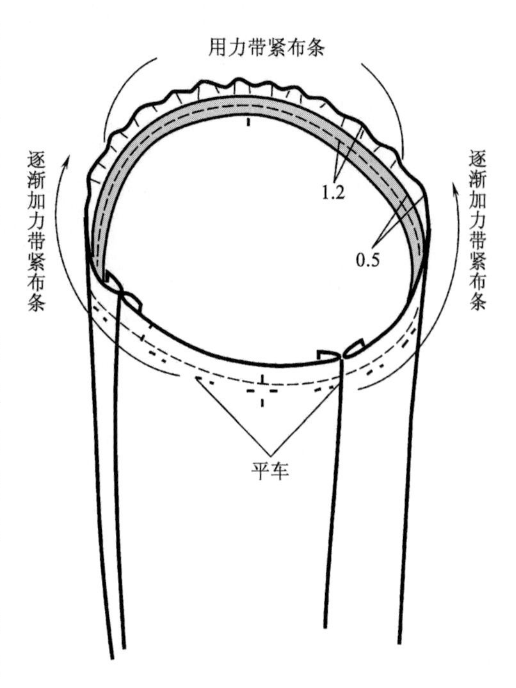

图 8－46　吃缝袖山

前、后位置以肩缝为界，向外距净缝线0.2cm车缝袖山垫条，如图8－47所示。

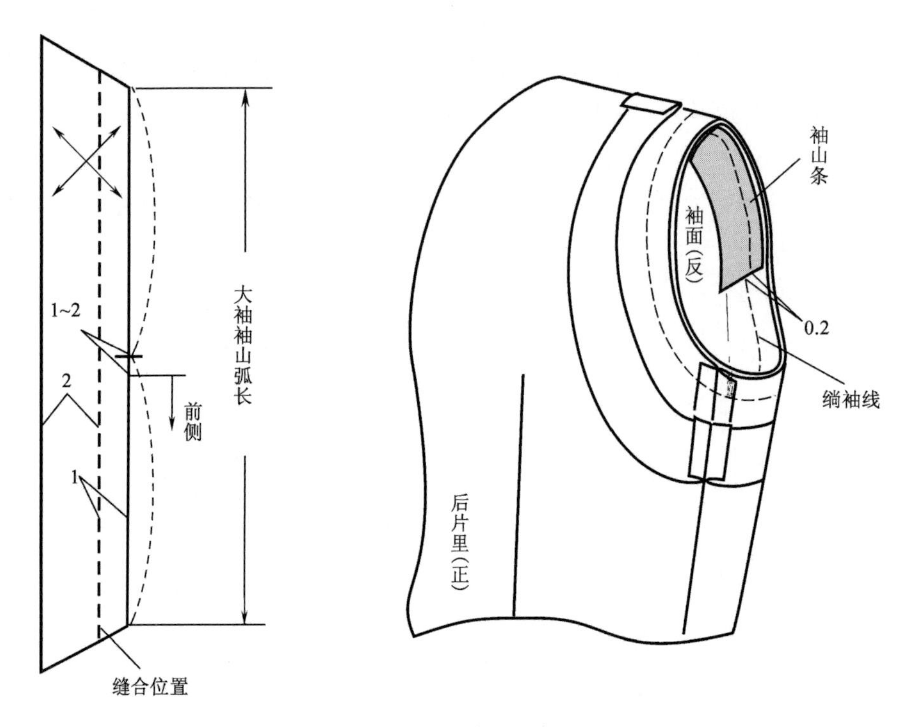

图8－47　袖山垫条

（3）装垫肩：将衣服翻正，垫肩装入肩部里、面之间，外口与袖窿缝份比齐，最厚处与肩缝对齐，从正面手针固定肩部，如图8－48所示；然后翻至衣身反面，将垫肩与肩缝缝份手针固定；用倒勾针将垫肩与袖窿缝份固定，但要注意缝线不宜拉紧。

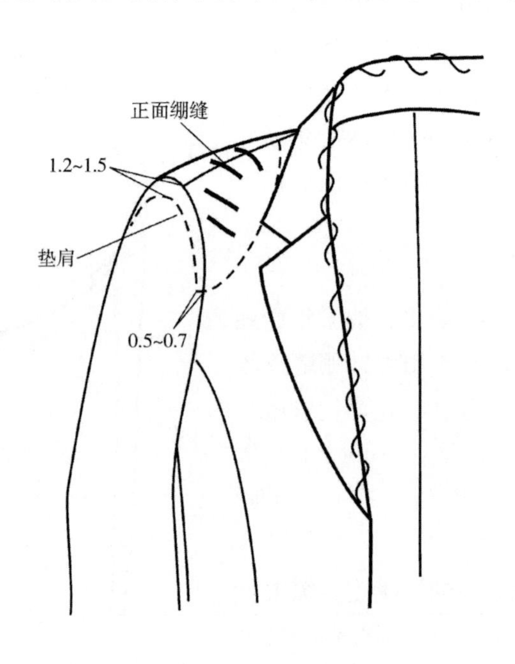

图8－48　装垫肩

（4）绱袖里：先从右袖窿翻出左袖里与左袖窿，对准记号机缝绱袖；再从右袖里开口处翻出右袖里与右袖窿，对准记号机缝绱袖；然后将山头区域的袖里缝份固定在垫肩与衣身袖窿上；最后正面缉缝袖缝开口。

14. 锁眼、钉扣　具体工艺请参阅第一章第一节相关内容。

15. 整烫　整烫前要拔掉所有线丁，拆去表面绷缝线。

整烫顺序为后身下摆、后中腰部、后背部、肩部、胸部、前腰部、大袋、前身下摆、止口、驳头、领子、袖子。

要求止口及所有缝份要烫实，驳头翻折线从第一粒扣向上 1/3 不能烫，熨烫正面时，一定要垫上烫布，以免出现极光，熨烫完毕后将衣服挂在衣架上，散发潮气。

六、思考与实训

在规定时间内，按工艺要求完成一件女西服的裁剪与缝制，规格尺寸自定。工艺要求及评分标准见表 8－2。

表 8－2　女西服工艺要求及评分标准

项目	工 艺 要 求	分值
规格	允许误差：$B=\pm2.0$cm，$L=\pm1.0$cm，$SL=\pm0.7$cm，$S=\pm0.6$cm，$N=\pm0.6$	15
领	领角、驳头对称、窝服，串口顺直，里外平薄，止口不反吐	20
衣身	肩头平服，衣身丝缕顺直，胸部饱满，收腰自然，止口平薄、顺直，下摆窝服，锁眼、钉扣方法正确、位置准确	15
袋	大袋袋盖丝缕正确、贴体，美观对称，袋布平服，袋口两端方正，牢而无毛，无褶裥	15
袖	绱袖位置准确，袖山饱满、圆顺、吃势均匀、无皱，袖面平服不起吊，垫肩位置合适，缝钉牢固	15
衣里	装配适当，袖口、下摆留眼皮 1cm 左右，背缝、侧缝留坐势，与衣面固定无遗漏	10
锁眼钉扣	扣眼位置正确，大小合适，针迹均匀；钉扣牢固、线柱符合要求、位置正确	5
整烫效果	造型挺括，分割线顺直、美观，无线头、无污渍、无黄斑、无极光、无水渍	5

第三节　男西服缝制工艺

✲课前准备

● 材料准备

1. 面料

（1）面料选择：正装男西服一般选择归拔性好的纯羊毛织物或者羊毛与化纤混纺的织

物，休闲西服也可以选择棉、麻和化纤仿毛面料。经典的三件套装（马甲、西裤、西服）多采用深色高级精纺毛料制成，如黑色、藏青色和深灰色，也可以选择素色或细条纹面料。

（2）面料用量：幅宽144cm，用料为衣长＋袖长＋（25～30）cm，约为165cm。

2. 里料

（1）里料选择：与面料材质、颜色、厚度相匹配的光滑里料。

（2）里料用量：幅宽144cm，用料为衣长＋袖长＋10cm，约为145cm。

3. 其他辅料

（1）衬料：幅宽90cm的有纺黏合衬，用量为衣长×2，约为150cm；幅宽90cm的无纺衬50cm；幅宽90cm的黑炭衬，长50cm；胸绒1对；领底呢50cm×15cm（正斜方向）；直纱牵条衬约300cm，斜纱牵条衬约100cm。

（2）纽扣：准备直径2.2cm纽扣3粒（备用1粒），直径1.6cm纽扣8粒（备用2粒），材质及颜色与所用面料相匹配。

（3）垫肩：1.5cm厚男西服垫肩1副。

（4）弹袖棉条：弹袖棉条成品1对，或者准备35cm×35cm的针刺棉1块。

（5）缝线：准备与面料颜色及材质相匹配的缝线；打线丁用白棉线1缕。

（6）袋布50cm（也可用里子布代替）。

（7）打板纸：整张牛皮纸5张。

• 工具准备

备齐制图常用工具与制作常用工具。

• 知识准备

提前复习男装上衣原型衣片结构，复习第一章第一节“打线丁、锁眼、钉扣”等有关内容。

男西服造型要合体，款式应有所变化。通常西服可以按领型不同分为平驳领西服、戗驳领西服、青果领西服等；按搭门宽度的不同可分为单排扣西服和双排扣西服；按适用的场合可分为正装西服和休闲西服。比较典型的款式是平驳领单排两粒扣西服，现以这款西服为例讨论其缝制工艺。

一、款式特征

如图8－49所示，这是一款经典式样的男西服，半紧身造型，平驳领，单排两粒扣，圆角下摆；前身左右各收一个腰省，腹部各挖一个带盖大袋，左胸部设一手巾袋；后中破缝，圆装袖，袖口开衩并钉三粒装饰扣；领面是分领座翻驳领。

该款式西服用黑色高级精纺毛料制成的三件套装（马甲、西裤、西服），是现代国际化的男子礼仪服装，选用藏青色和深灰色（包括素色及细条纹）高级精纺毛料制作的三件套，也有较高的礼仪地位。

图 8－49 男西服款式图

二、结构制图

（一）制图规格

男西装制图规格尺寸，见表 8－3。

表 8－3 男西服制图规格表 单位：cm

号/型	胸围（B）	臀围（H）	衣长（L）	背长（BWL）	袖长（SL）	袖口（CW）	底领宽（a）	翻领宽（b）
170/88A	88＋16	90＋12	72	42.5	58.5	14.5	2.5	3.5

规格说明：作为礼服的西服，其衣长应比普通上衣长，下摆要盖过臀部，而袖长又比普通上衣稍短，袖口要露出 1～1.5cm 的衬衫袖口。

西服的衣长是指后衣长，其确定方法，按照号型查国家服装号型系列控制部位数值中的“颈椎点高”值（见本书第四章表 4－4），后衣长＝颈椎点高/2＋1.5。

西服袖长的测量方法：从肩端点起，沿手臂外侧经过外肘点向下量至大拇指尖。量得数值减 10cm 再加上垫肩厚度即为西服袖长，也可以查表 4－4 中的“全臂长”值，用该值加 3cm 即为西服袖长值。

（二）男西服结构制图

（1）男装衣身原型结构如图 8－50（a）所示，以衣身原型为基础，正当调整后确定男西服原型，其结构如图 8－50（b）所示，图中 B^* 表示净胸围。

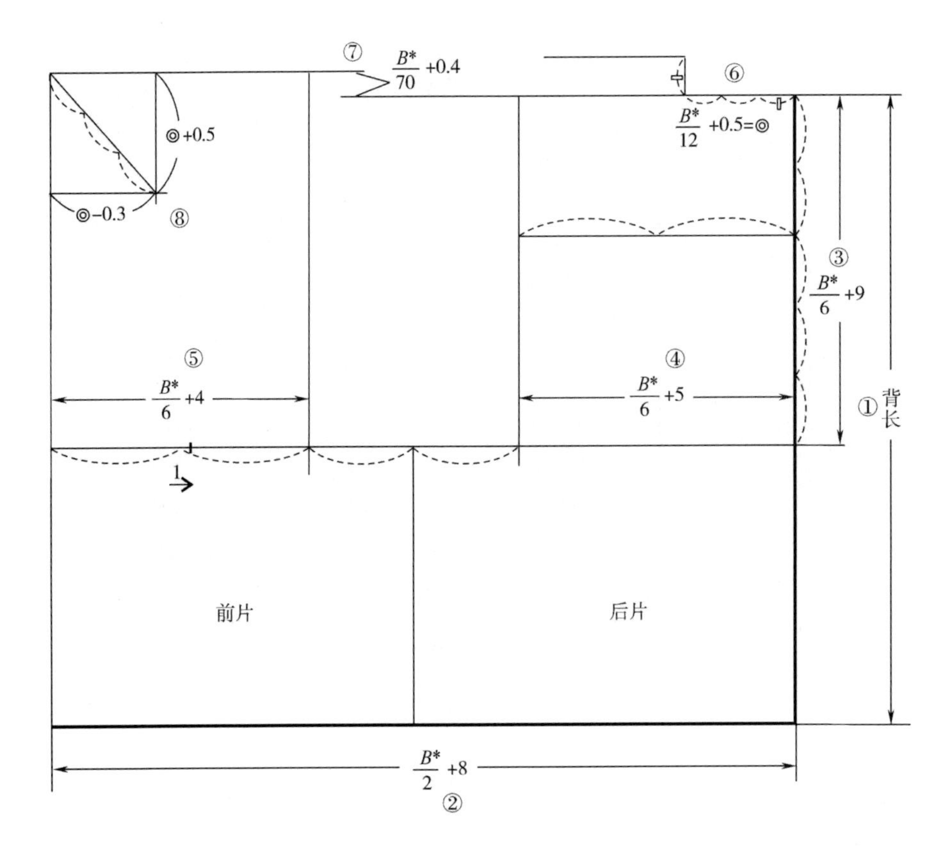
⑦
$\frac{B^*}{70}+0.4$
⑥
$\frac{B^*}{12}+0.5=◎$
◎+0.5
◎−0.3
⑧
③
$\frac{B^*}{6}+9$
⑤
$\frac{B^*}{6}+4$
④
$\frac{B^*}{6}+5$
① 背长
1
前片
后片
$\frac{B^*}{2}+8$
②

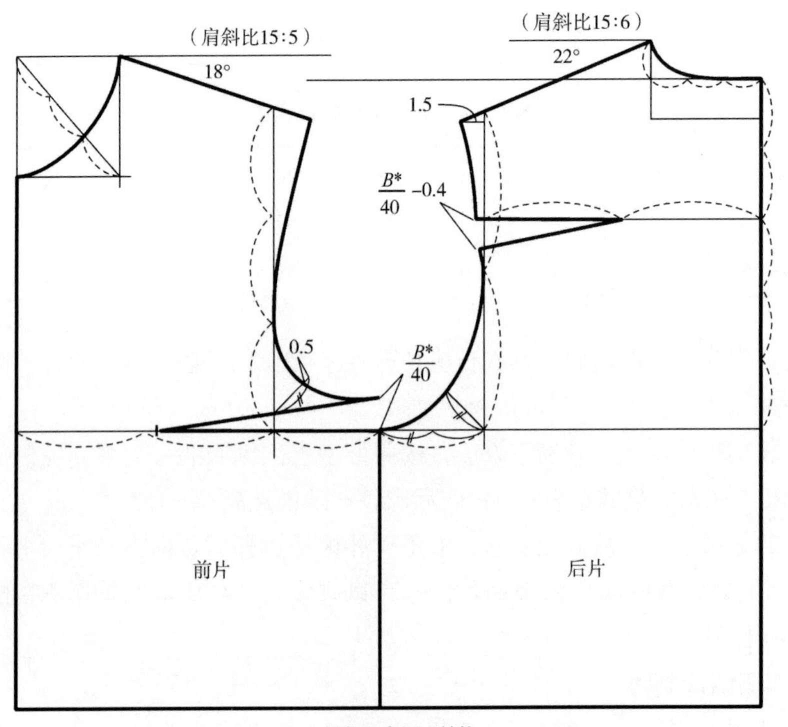
（肩斜比15:5）
18°
（肩斜比15:6）
22°
1.5
$\frac{B^*}{40}-0.4$
0.5
$\frac{B^*}{40}$
前片
后片

(a) 男装衣身原型结构

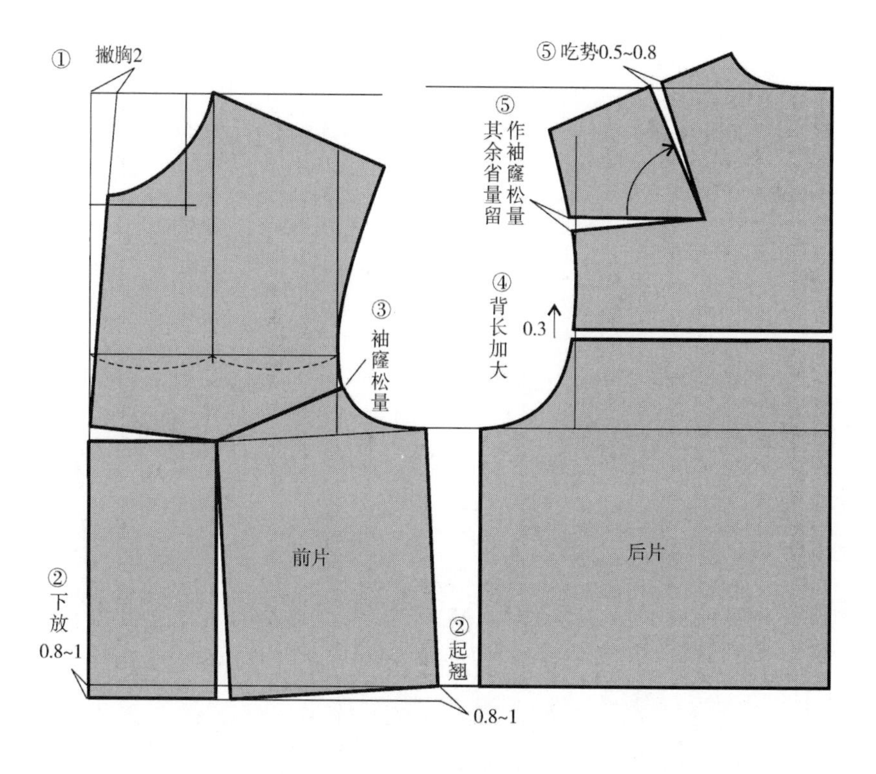

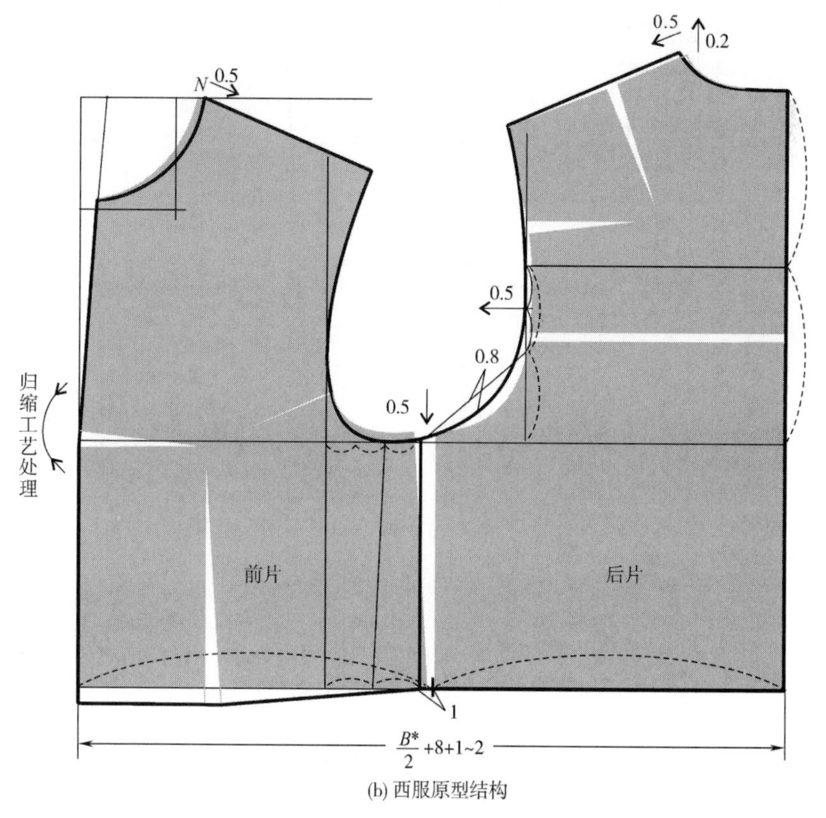

(b) 西服原型结构

图 8－50　男装原型及西服原型结构图

（2）男西服衣片结构如图8-51所示。

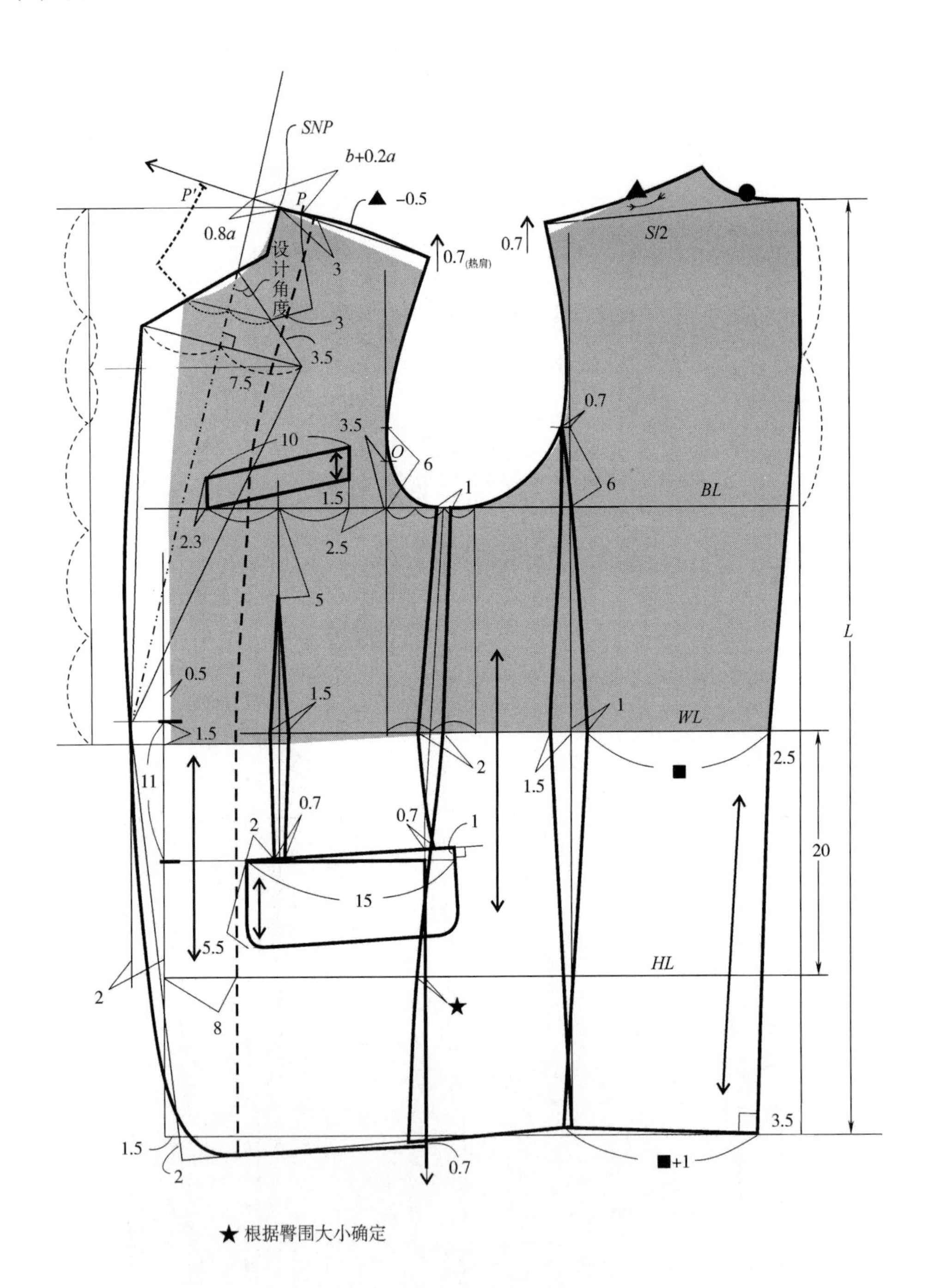

图8-51 男西服衣片结构制图

（3）衣里内袋大小及位置确定，如图8-52所示。

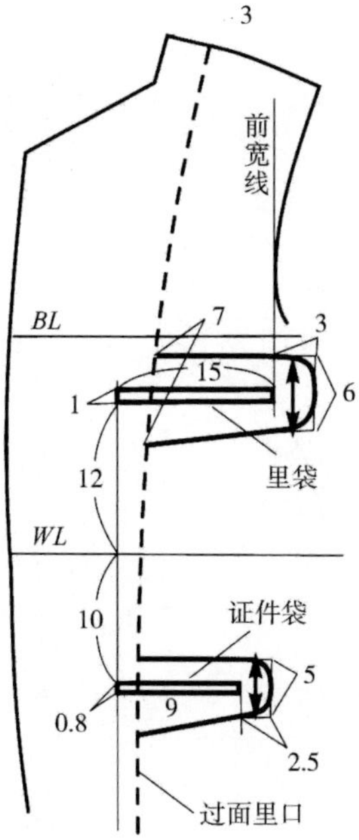

图 8 - 52　里袋的确定

（4）过面的结构处理，如图 8 - 53 所示。

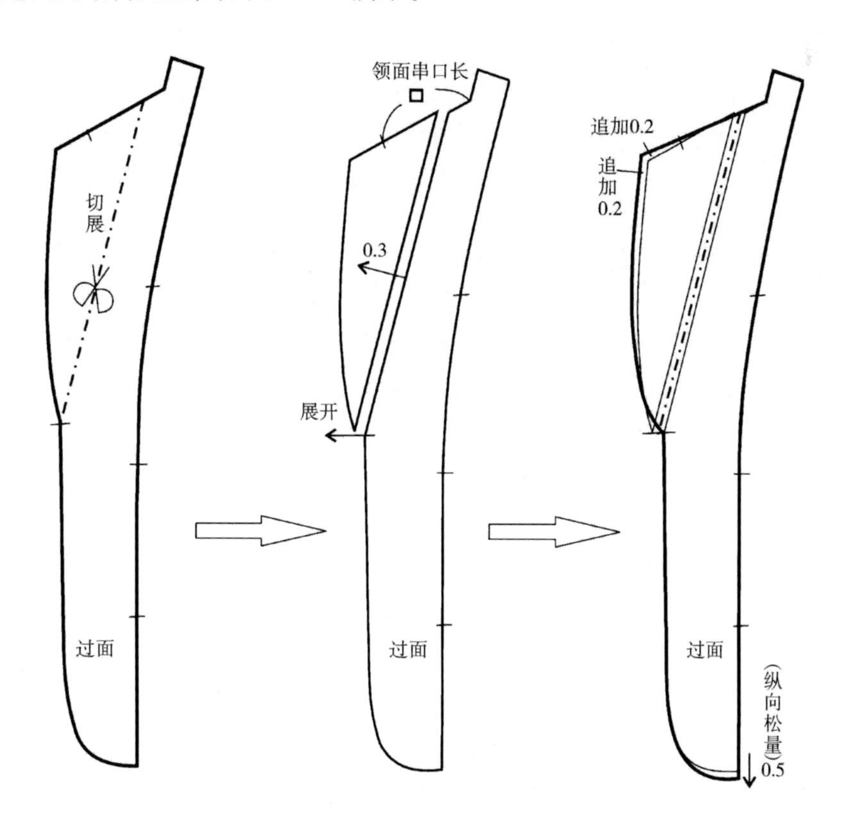

图 8 - 53　过面结构处理

（5）领子的结构制图及领面的结构处理，如图8－54所示。

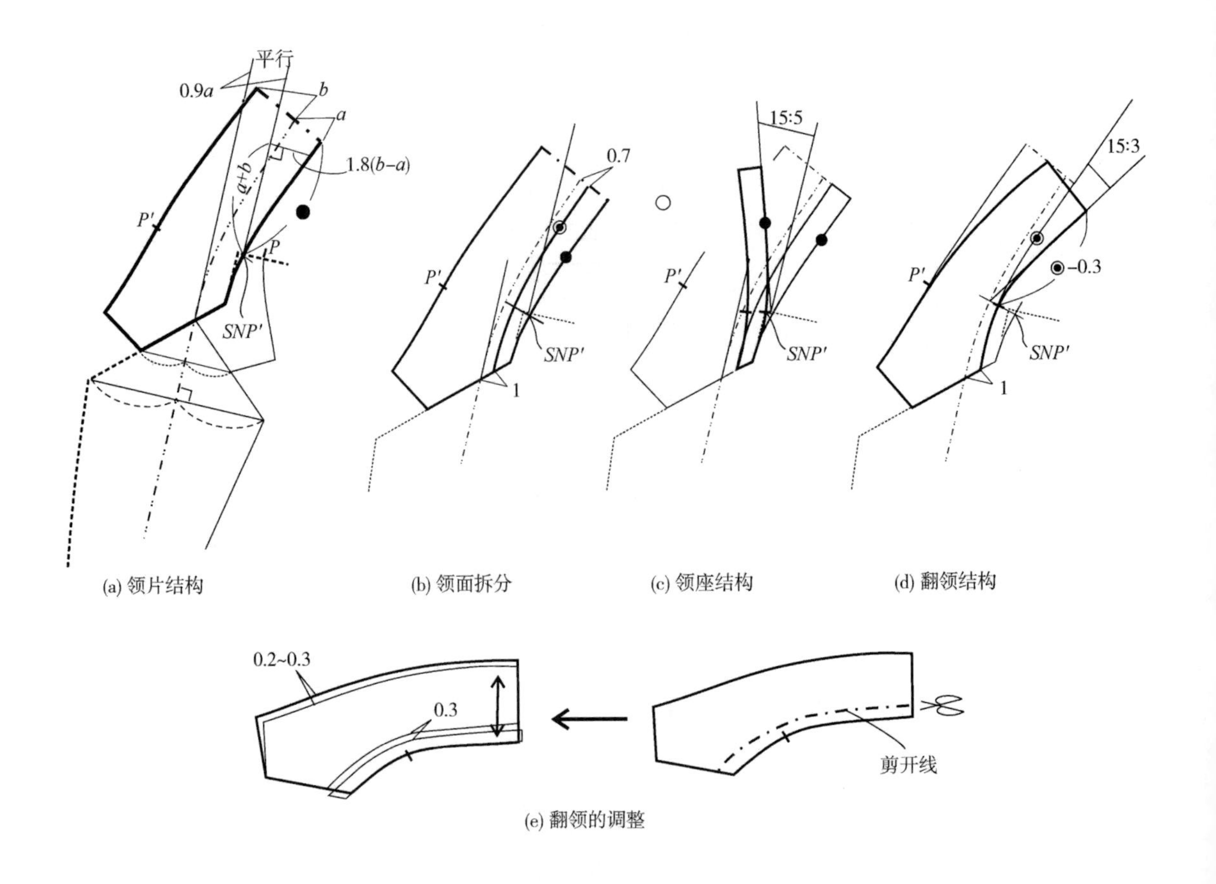

图8－54　领子的结构及领面的处理

（6）袖片的结构制图，如图8－55所示。

三、放缝及排料

（一）纸样放缝前的检查

（1）检查与确认纸样规格尺寸。

（2）确认纸样缝合对位及尺寸，如图8－56所示。

（3）确认纸样间相关弧线的圆顺度，如图8－57所示。

（4）确认袖山与衣身袖窿缝绱对位及衣袖吃势，如图8－58所示。

（5）确认领座底线与衣身领口缝合对位，如图8－59所示。

（二）纸样放缝

确认无误的纸样经过放缝后得到裁剪用样板。

1. 面料样板放缝　衣身与袖片面料样板放缝，如图8－60所示，图中未标明的部位放缝量均为1.2cm。领面、领里及过面面料样板放缝，如图8－61所示。

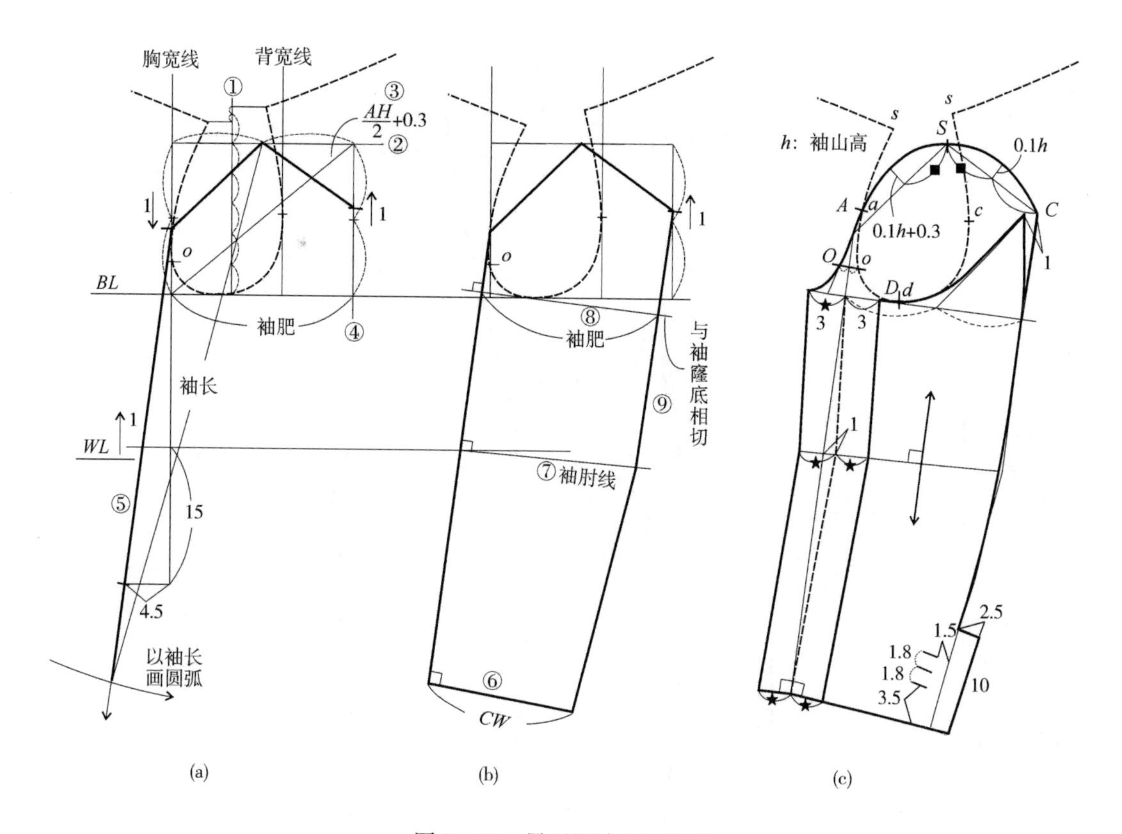

图 8－55　男西服袖片结构图

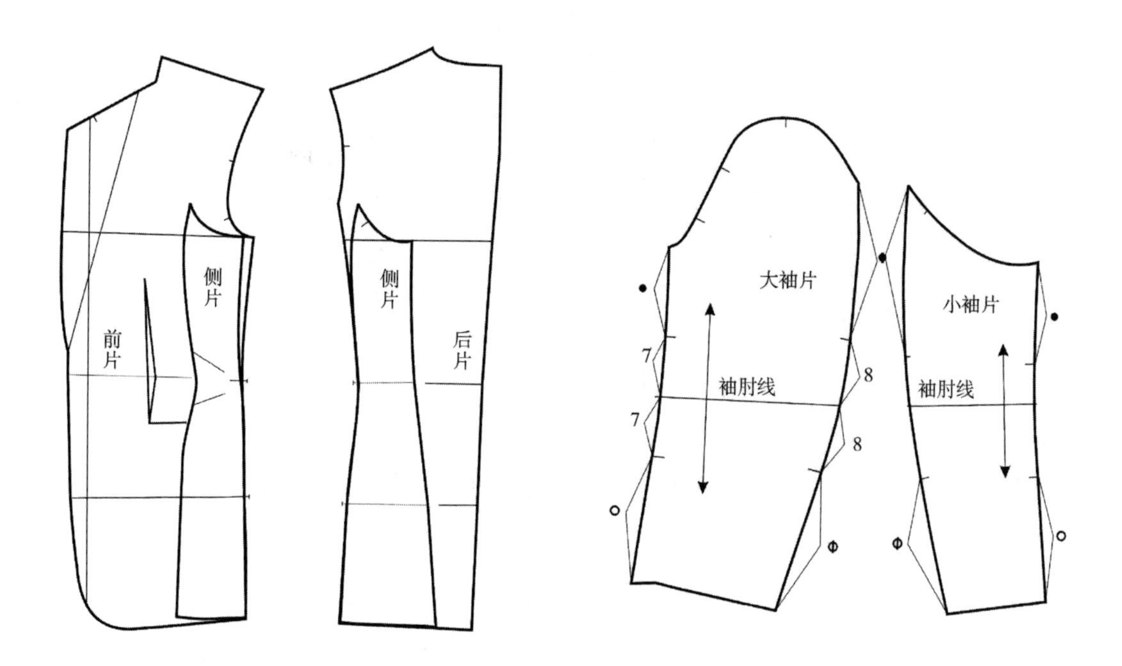

图 8－56　确认纸样对位

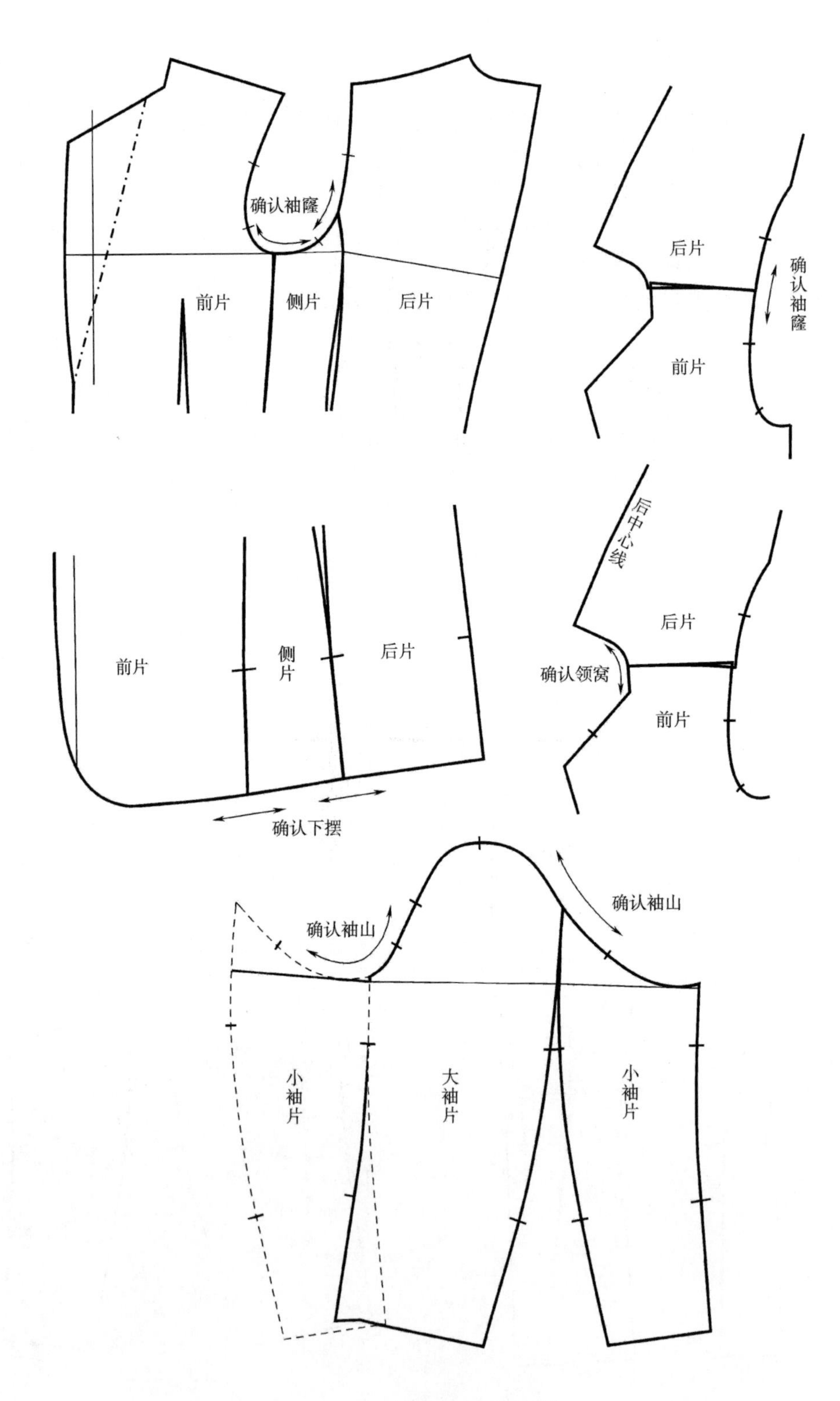

图 8-57　确认弧线的圆顺度

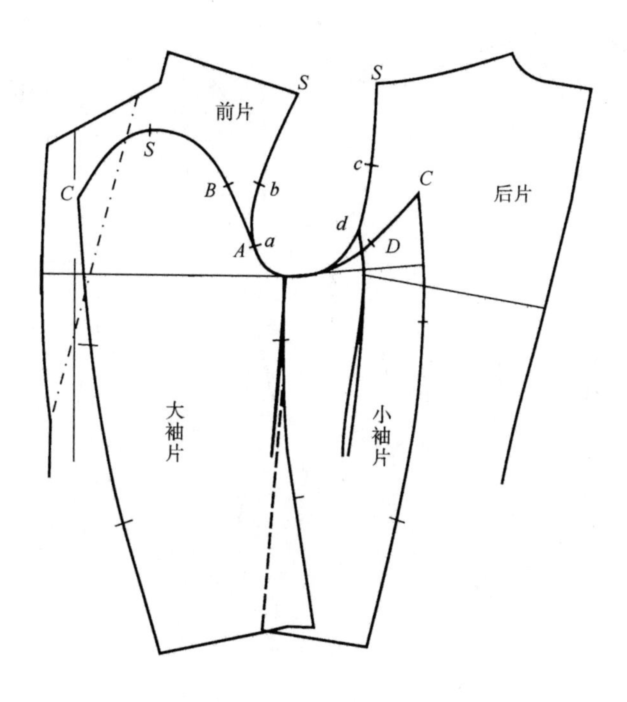

图 8-58　衣袖与袖窿关系的确认

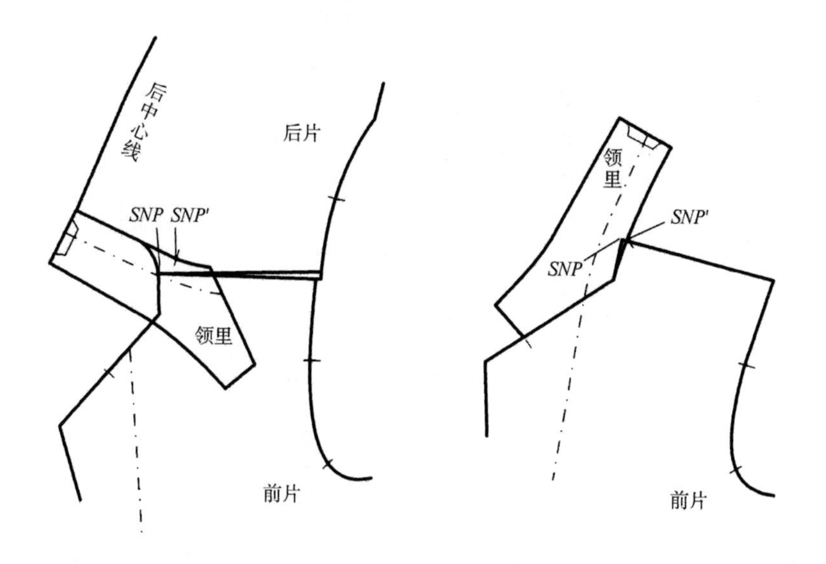

图 8-59　领座与领口关系的确认

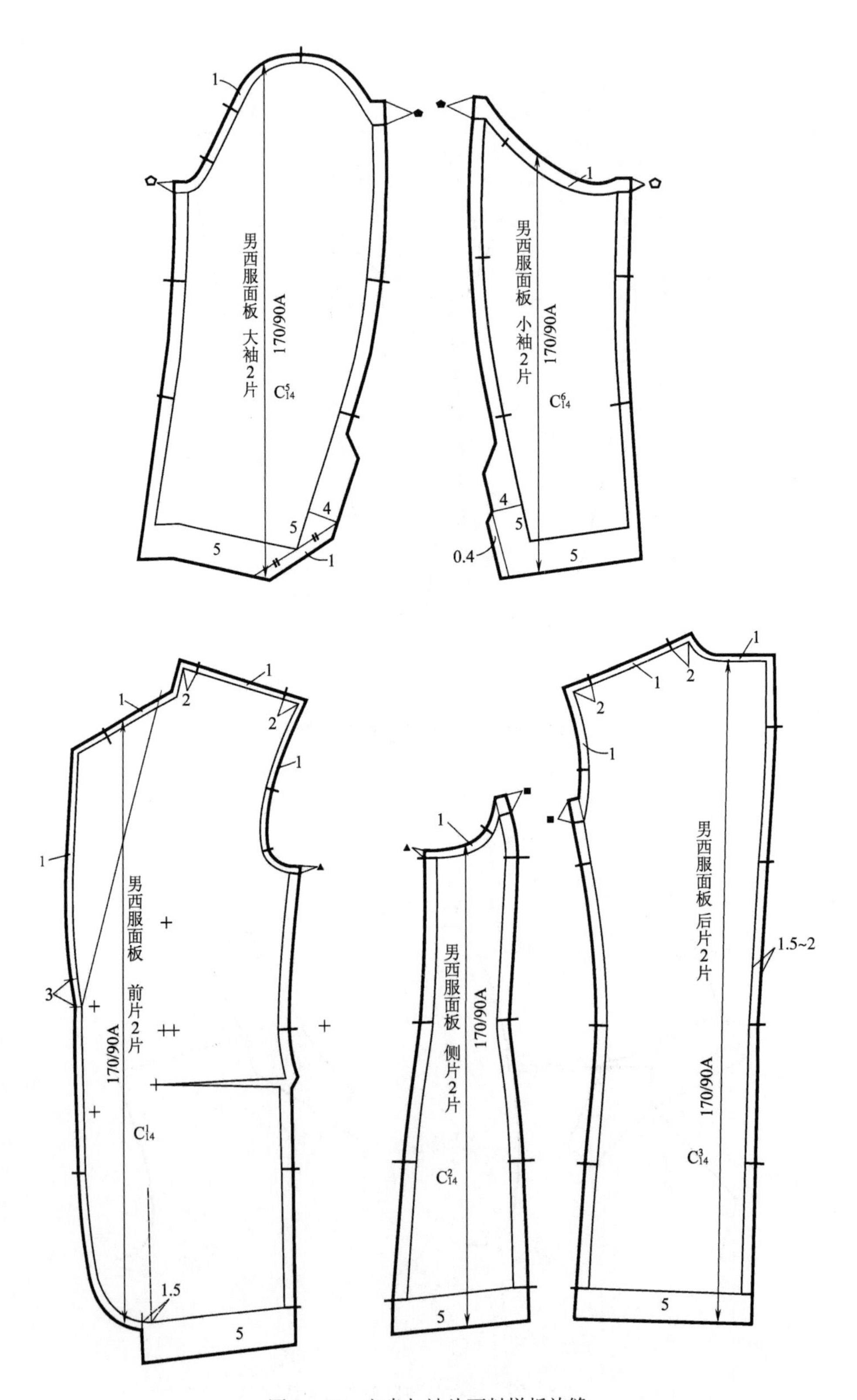

图8－60 衣身与袖片面料样板放缝

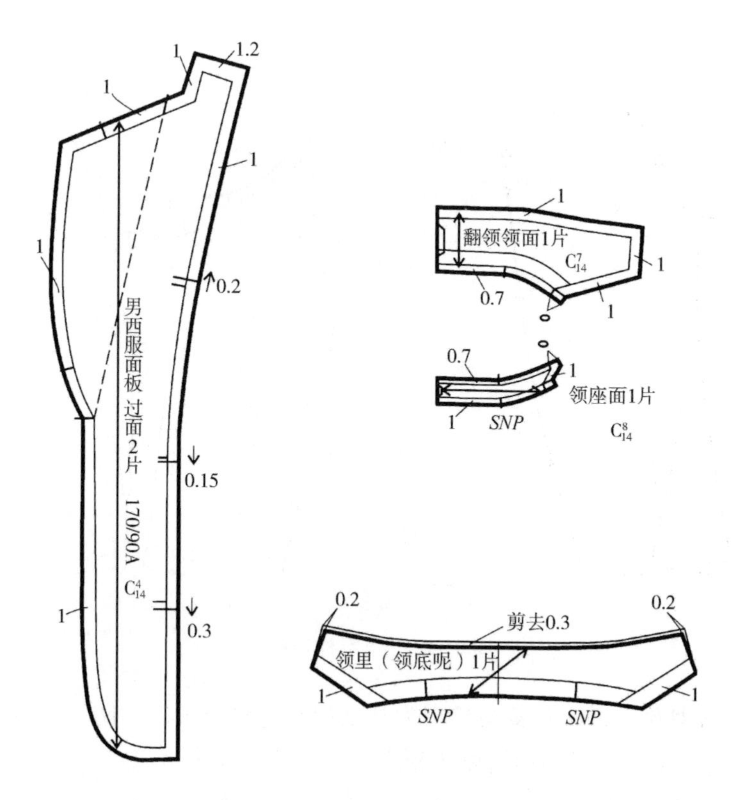

图 8－61　领与过面面料样板放缝

2. 里料样板放缝　里料衣身、袖片纸样放缝，如图 8－62 所示。图中未标明的部位放缝量均为 1.5cm。

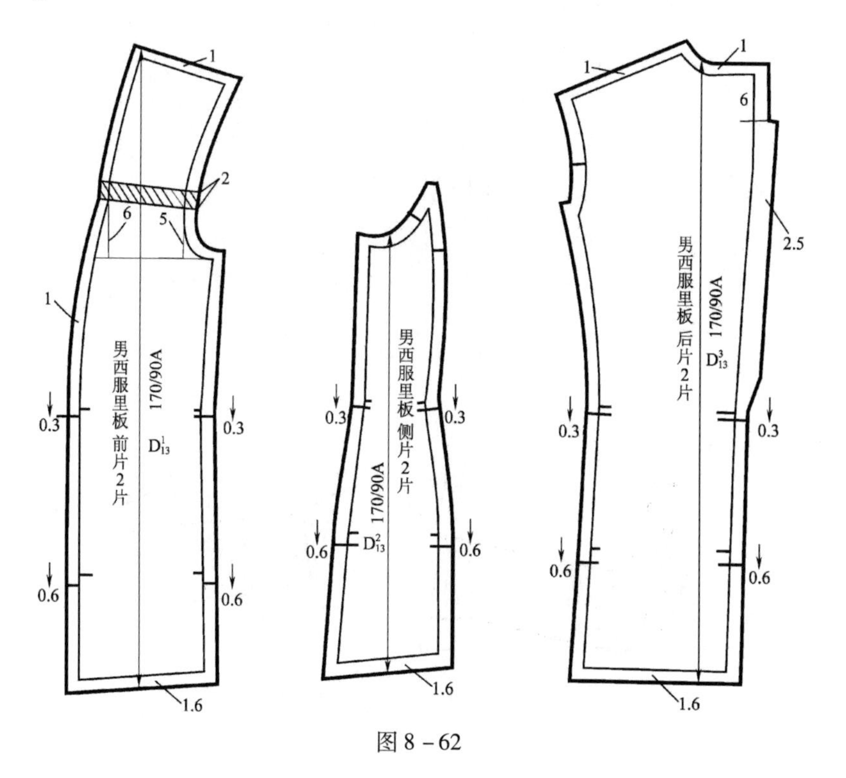

图 8－62

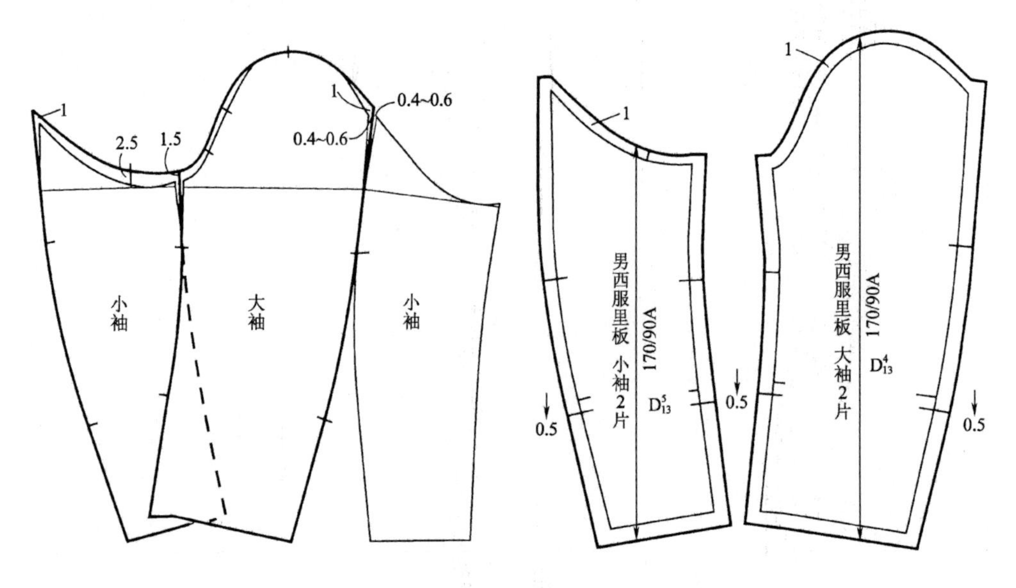

图8-62 里料样板放缝

3. 衬料样板的制作 以衣片裁剪样板为基础配制衬料样板。为防止黏衬时胶粒黏在其他衣片或黏合机的传送带上，衬的边沿要比相应的衣片缩进0.3~0.5cm。

（1）有纺黏合衬的样板配制，如图8-63所示。其中过面衬可用有纺黏合衬，也可用无纺黏合衬。

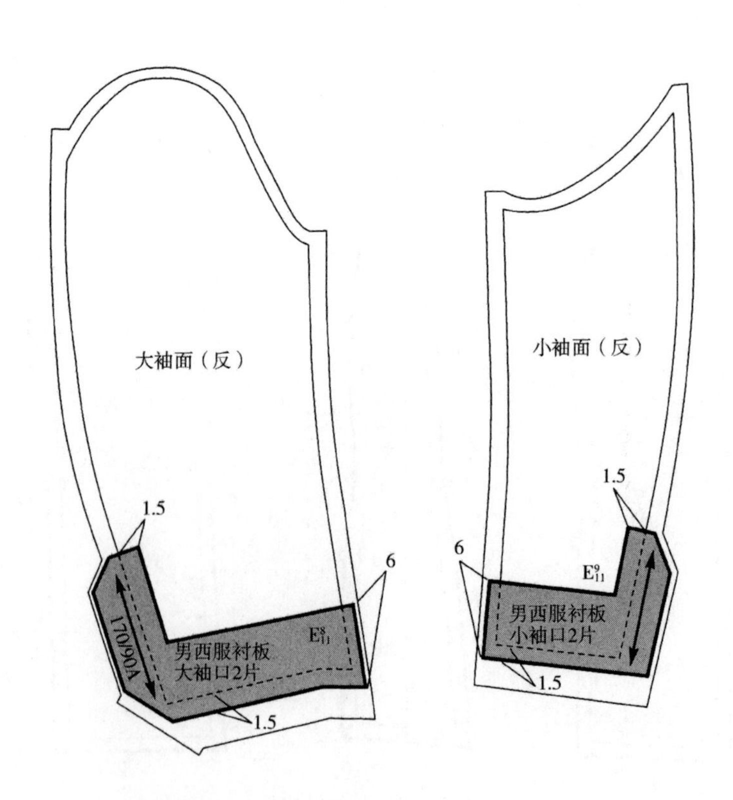

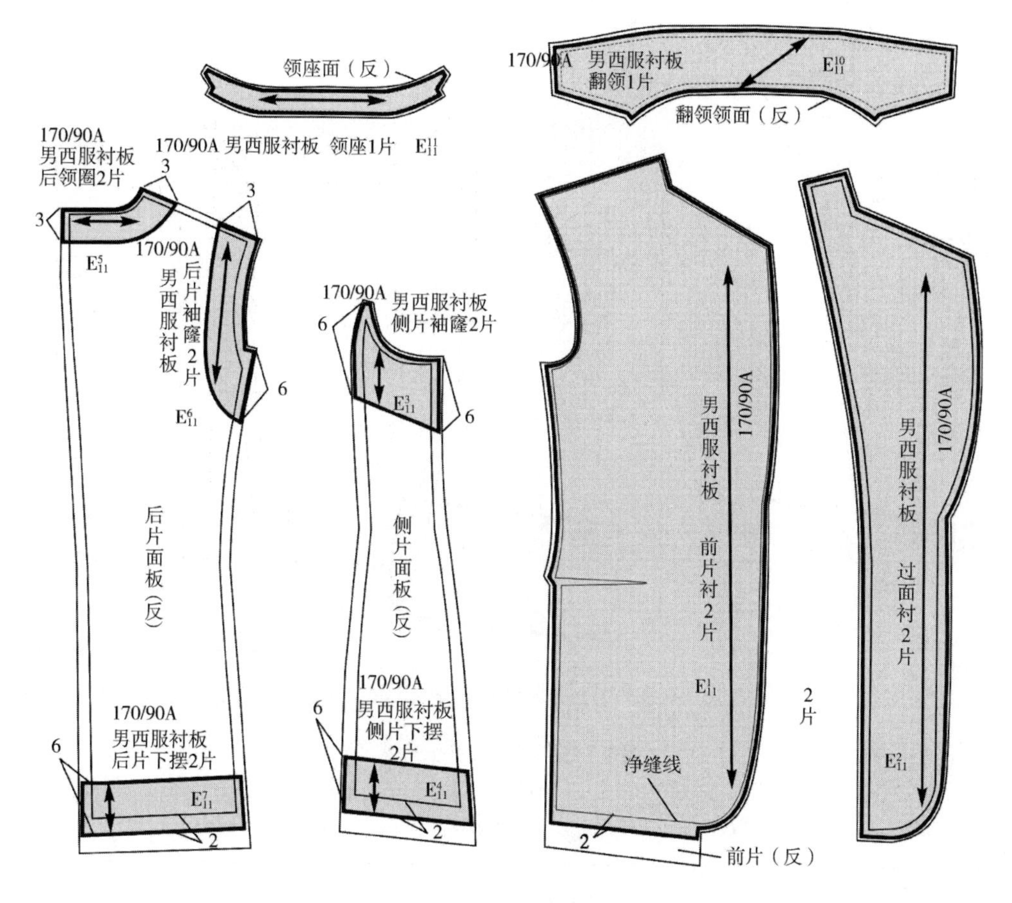

图 8－63　有纺衬的样板

（2）挺胸衬及胸绒的样板配制，如图 8－64 所示。挺胸衬选用黑炭衬，胸绒选用针刺棉。需要说明的是，目前市场上有成品胸衬，如能买到就不需要配制该样板。

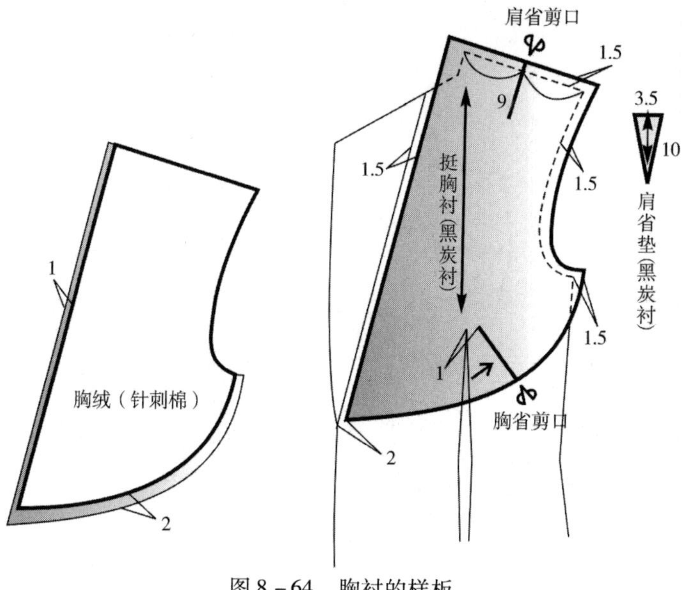

图 8－64　胸衬的样板

4. 零部件及其用衬的样板

（1）带盖大袋的系列样板配制，如图8－65所示。

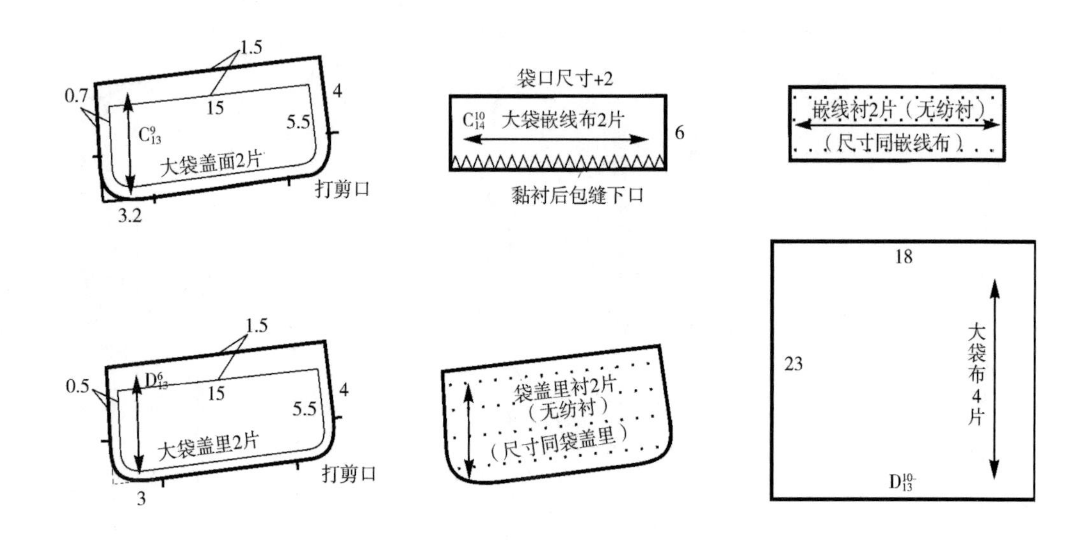

图8－65　带盖大袋的样板

（2）手巾袋的系列样板配制，如图8－66所示。

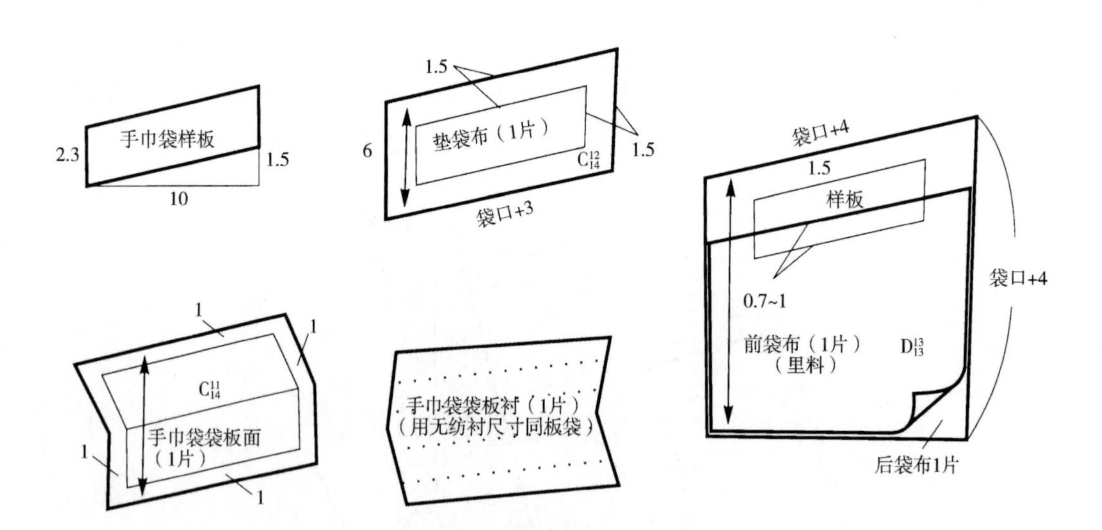

图8－66　手巾袋的样板

（3）大袋里布的系列样板配制，如图8－67所示。

（4）证件袋的系列样板配制，如图8－68所示。

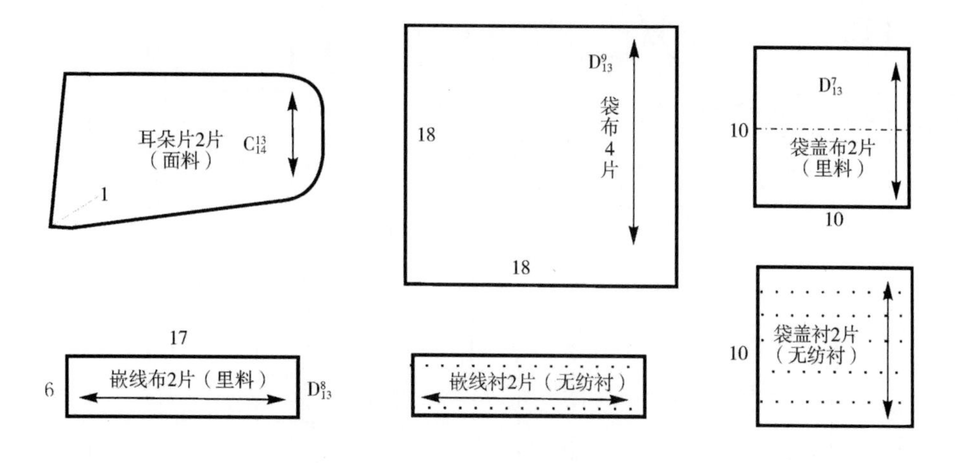

图 8－67　大袋里布样板

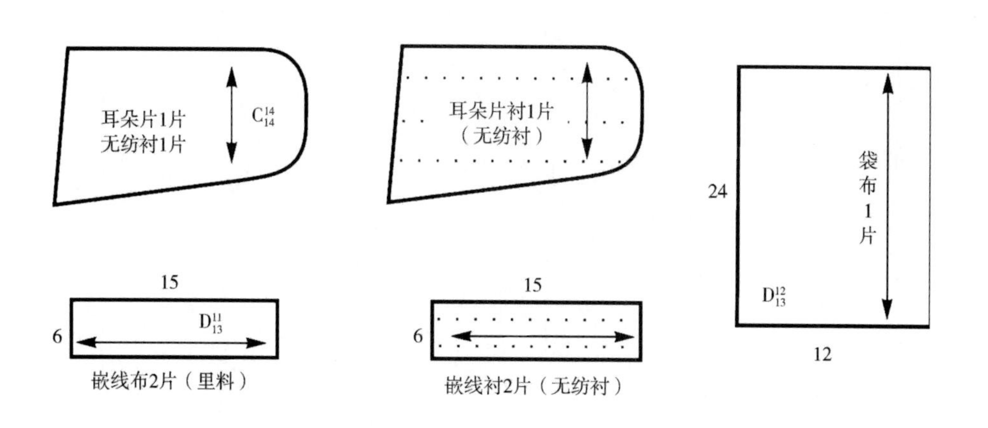

图 8－68　证件袋的样板

（三）排料

1. 面料排料图　面料排料图，如图 8－69 所示（样板编号代码 C）。

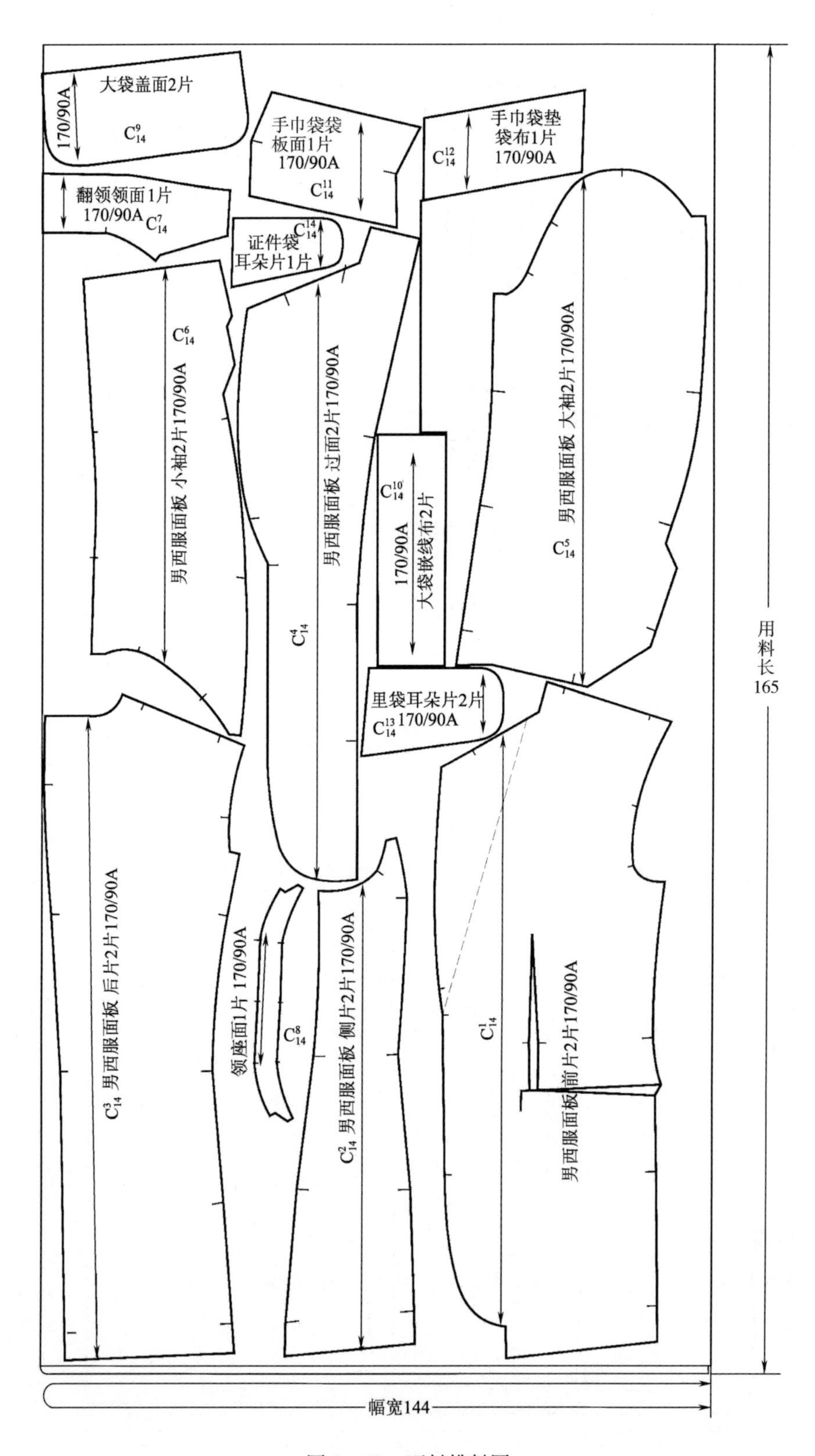

大袋盖面2片
170/90A
C14 9
手巾袋袋
板面1片
170/90A
C14 11
手巾袋垫
袋布1片
170/90A
C14 12
翻领领面1片
170/90A C14 7
证件袋
耳朵片1片
C14 14
男西服面板 小袖2片170/90A
C14 6
男西服面板 过面2片170/90A
C14 4
C14 10
170/90A
大袋嵌线布2片
男西服面板 大袖2片170/90A
C14 5
里袋耳朵片2片
C14 13 170/90A
C14 3 男西服面板 后片2片170/90A
领座面1片 170/90A
C14 8
C14 2 男西服面板 侧片2片170/90A
C14 1
男西服面板前片2片170/90A
用料长165
幅宽144

图8-69　面料排料图

2. 里料排料图　里料排料图如图8－70所示（样板编号代码D）。

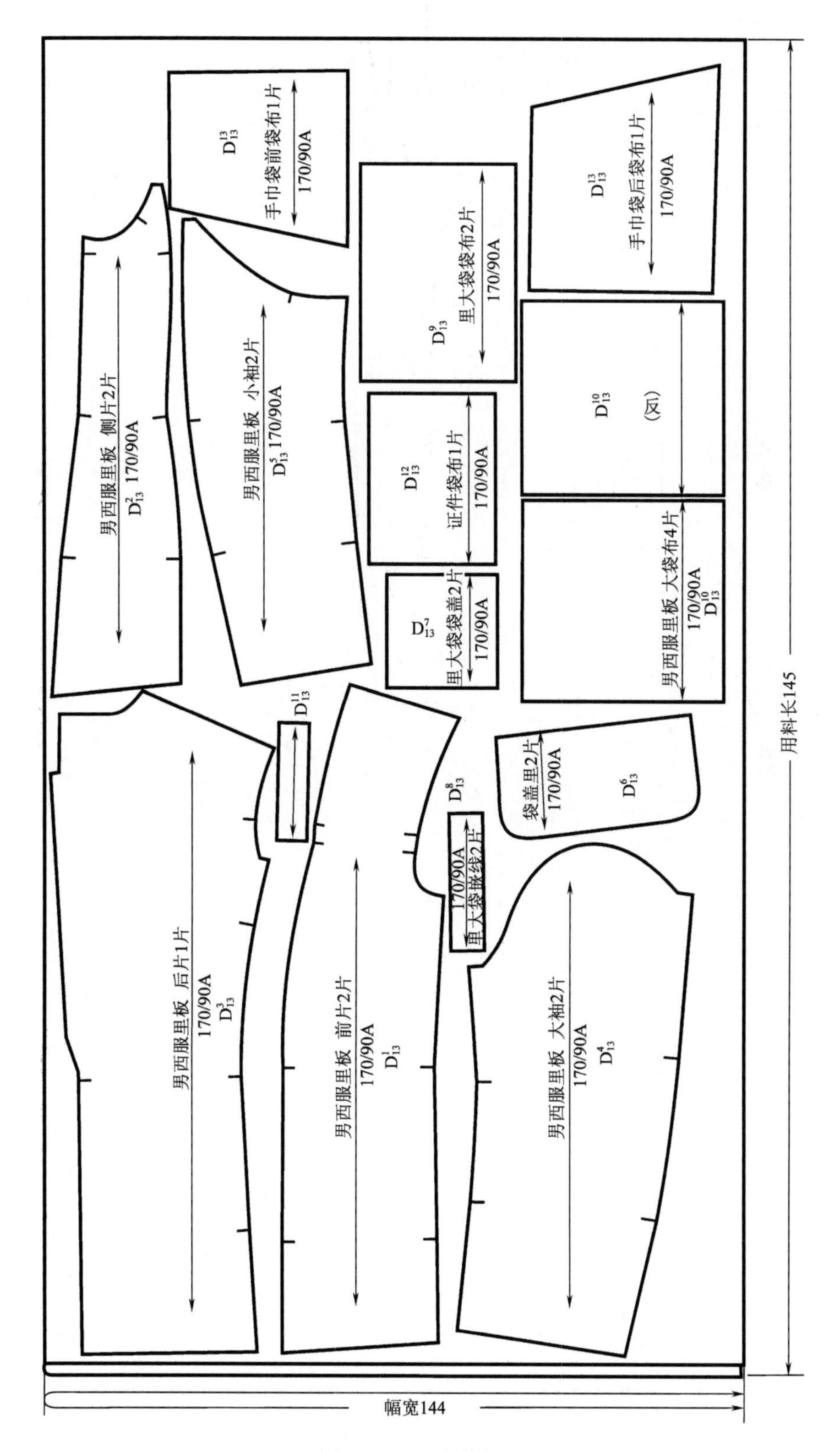

图8－70　里料排料图

3. 有纺衬排料图 有纺衬排料图，如图8－71所示（样板编号代码E）。

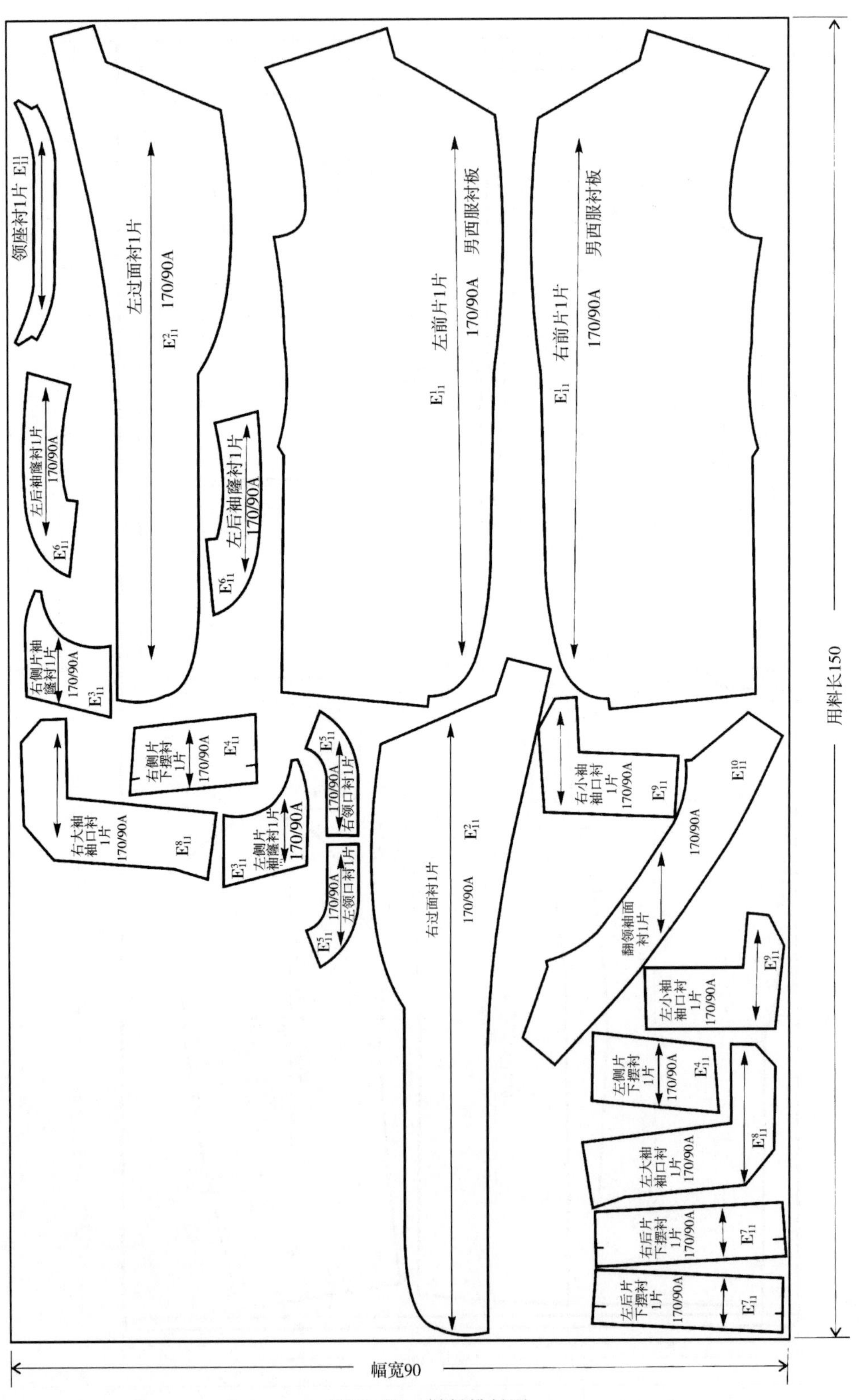

图8－71 衬料排料图

四、假缝、试样

假缝是指为了试样而用坯布或实物面料按一定的程序和方法缝合起来的做法。缝合可采用手缝或机缝，也可采用两者相结合的方法进行，但机缝针迹密度要比一般机缝小，取6～8针/3cm。

（一）工艺流程

男西装假缝工艺流程，如图8－72所示。

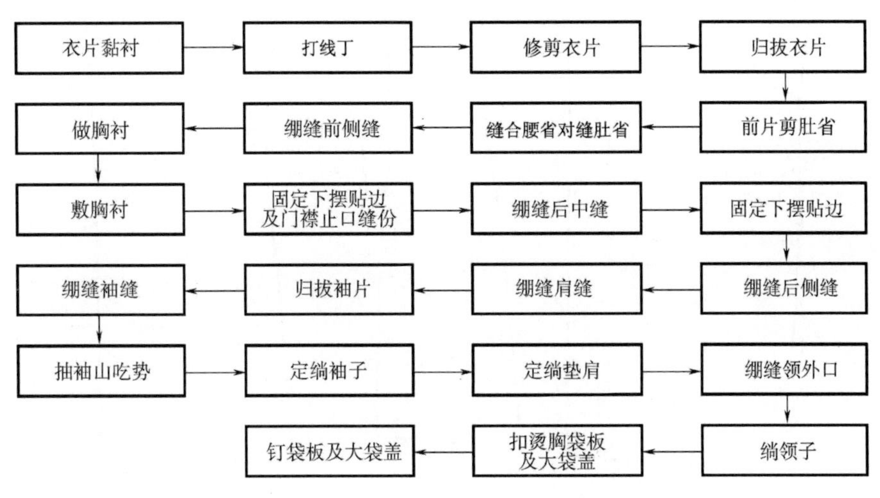

图8－72　男西服假缝工艺流程

（二）衣片黏衬

根据配衬要求，将需要的部位黏衬。

（三）打线丁与归拔

衣片需要打线丁和归拔的部位，如图8－73所示。

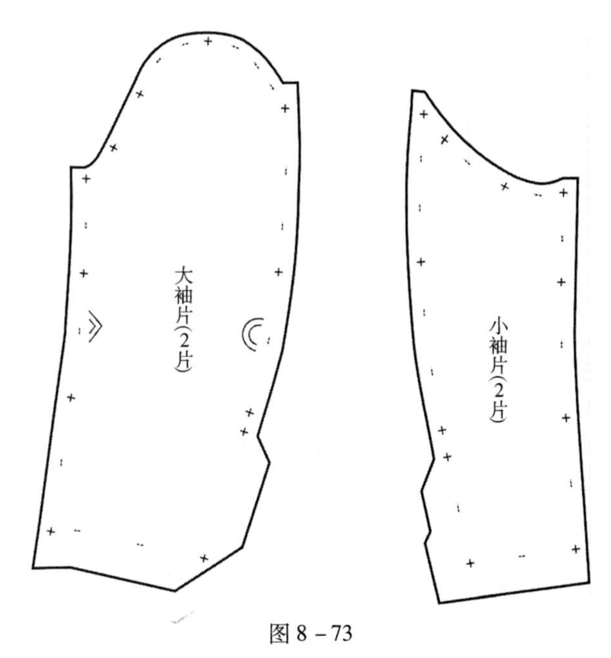

图8－73

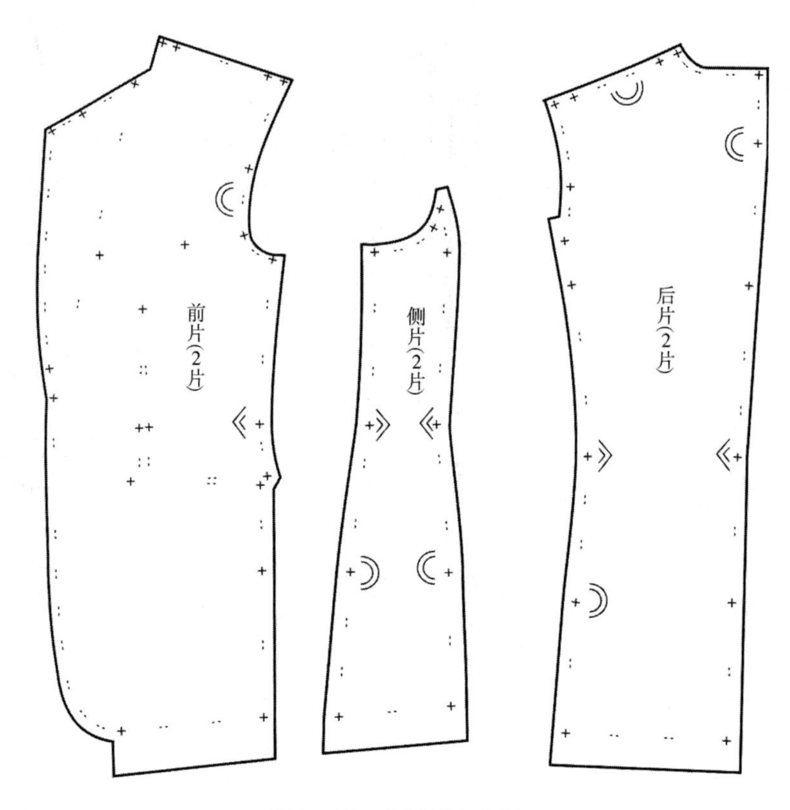

图8－73　打线丁与归拔

（四）假缝步骤

1. 前片合省缝　前片合省缝，如图8－74所示。

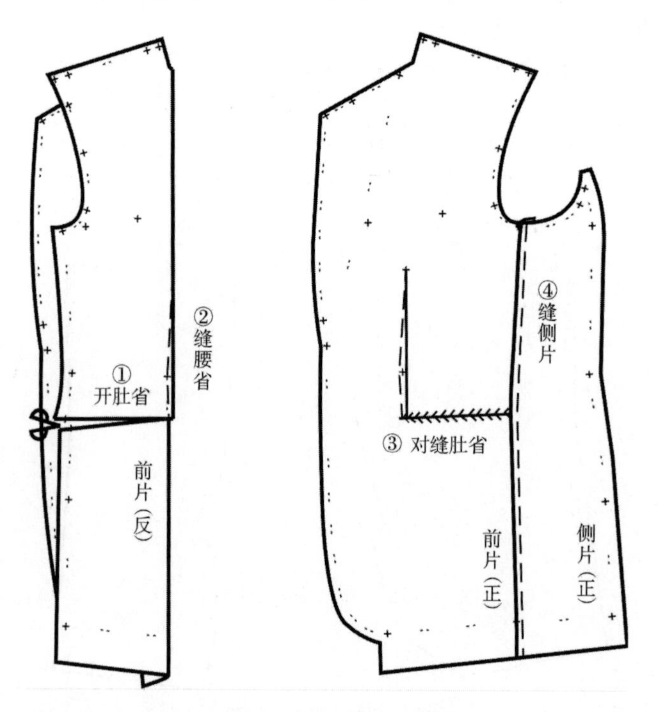

图8－74　前片合省缝

2. 制作胸衬与敷胸衬 胸衬由挺胸衬、胸绒、盖肩衬组成，其中挺胸衬需要收胸省、开肩省，经过归拔后与胸绒、盖肩衬纳缝固定；做好的胸衬置于前衣片反面，胸绒朝上，胸衬与衣片的位置关系如图 8－75 所示。用熨斗将胸衬的驳口牵条衬黏在衣片上，然后衣片正面朝上，下面垫一个扁圆形的物体，使胸部呈现立体状态，也使得衬与衣片紧密贴合。敷衬需要缝五条线，从肩缝下 10cm 距驳口线 3cm 处开始，用棉线绷缝第一道线，按图示沿胸中部绷缝第二道线，依次绷缝第三道线、第四道线、第五道线。绷缝时，注意将衣片向驳口线与串口线交点方向拉出一些，使肩部平挺。

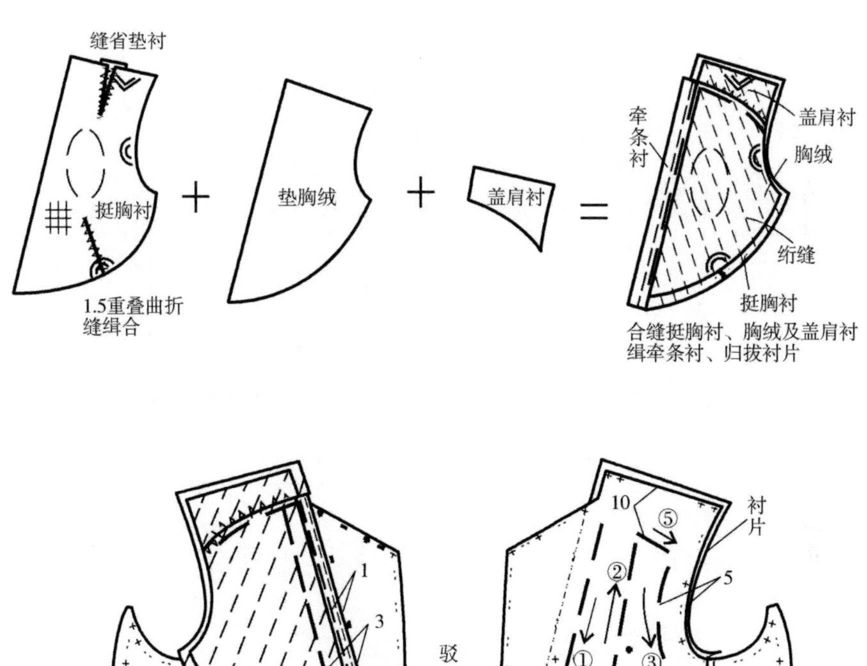

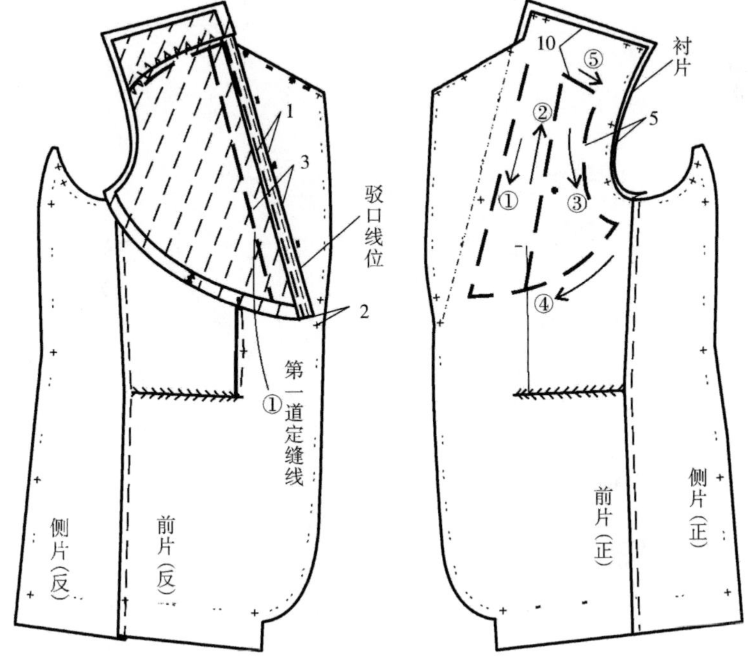

图 8－75 制作胸衬敷胸衬

3. 缝衣身 缝衣身，如图 8－76 所示。

4. 绱领子 绱领子如图 8－77 所示。

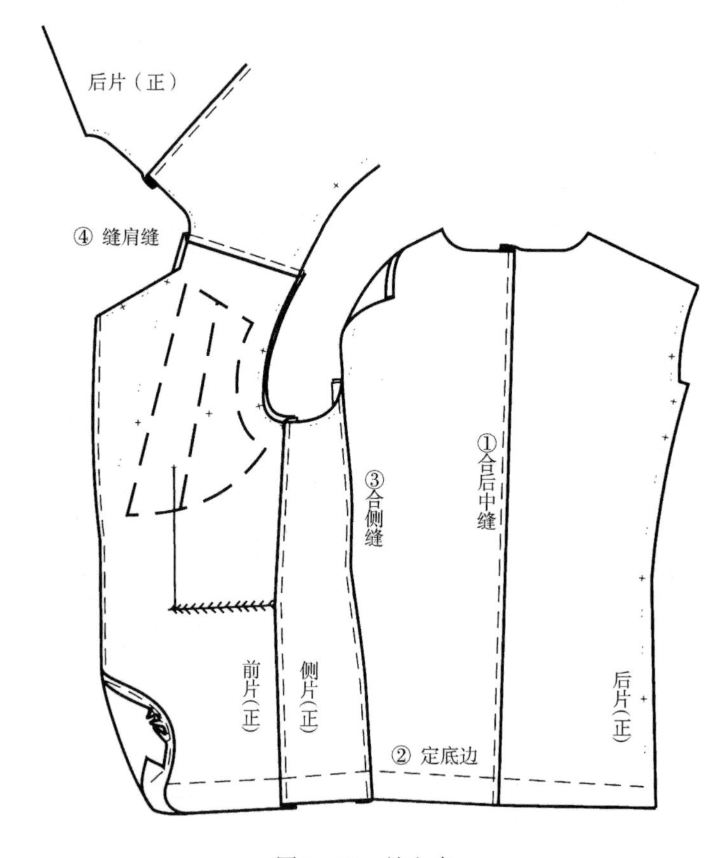

图8－76　缝衣身

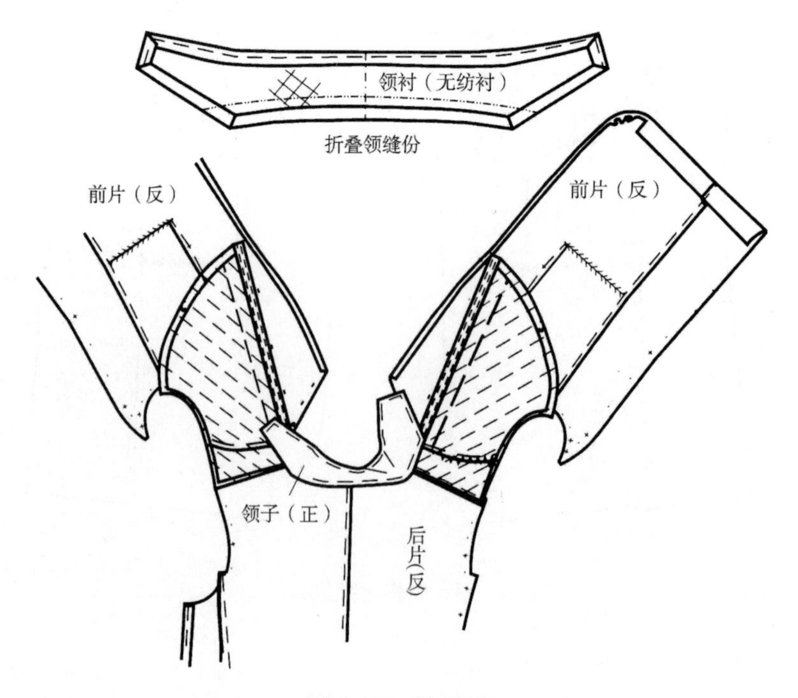

图8－77　绱领子

5. 制作袖子　制作袖子如图 8－78 所示。

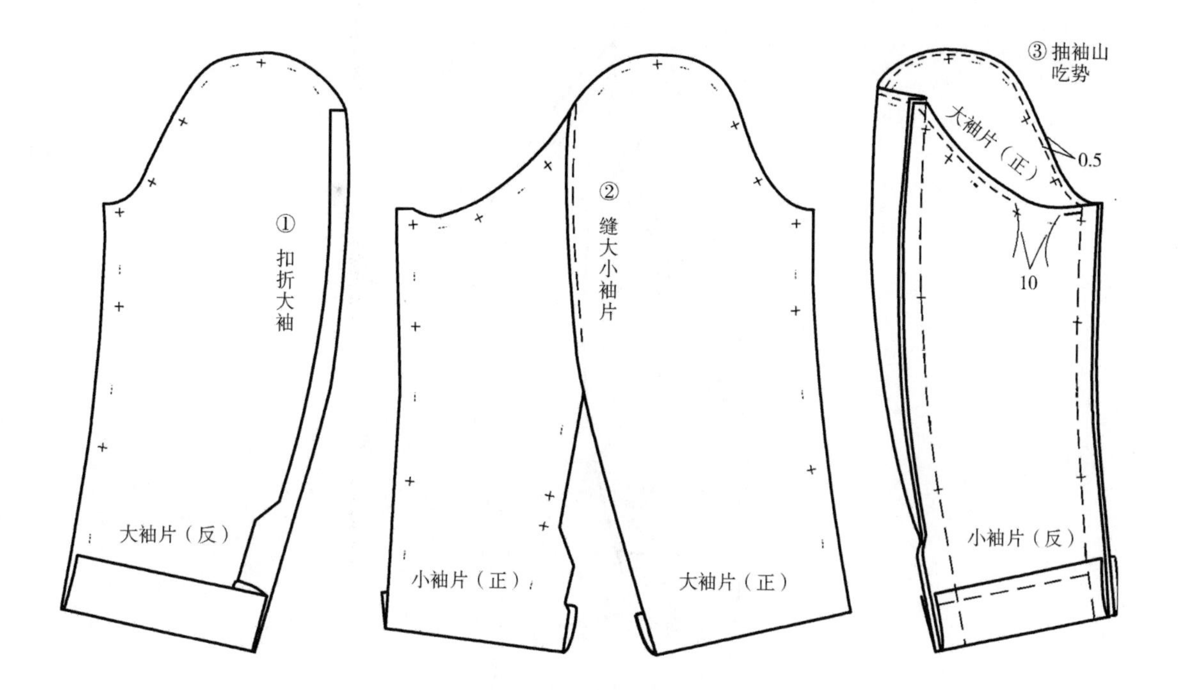

图 8－78　制作袖子

6. 完成假缝　装垫肩、绱袖子，并缝钉口袋，假缝完成，如图 8－79 所示。

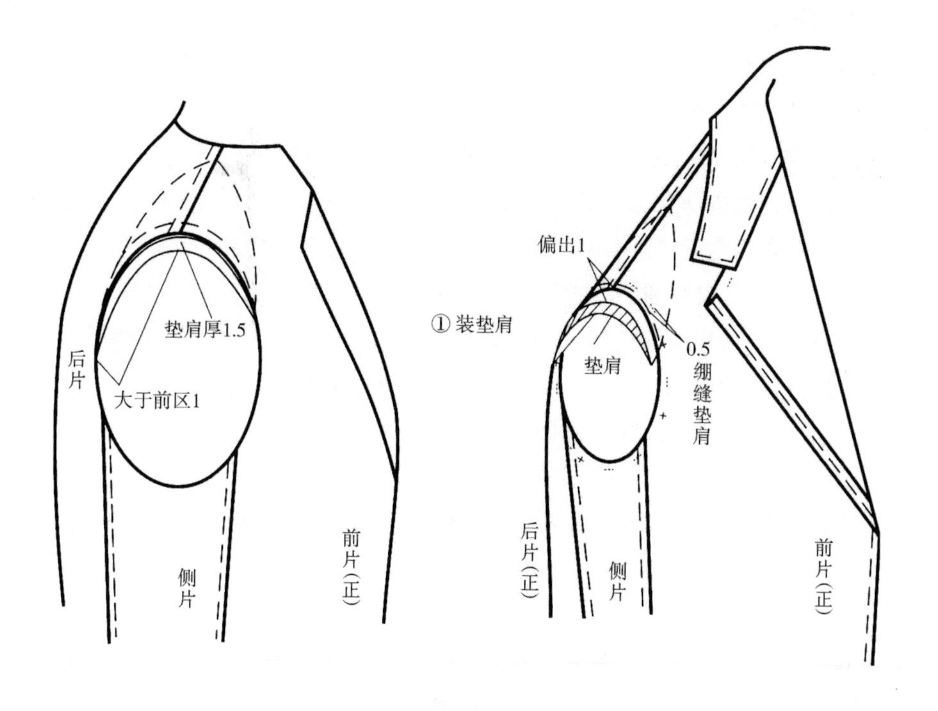

图 8－79

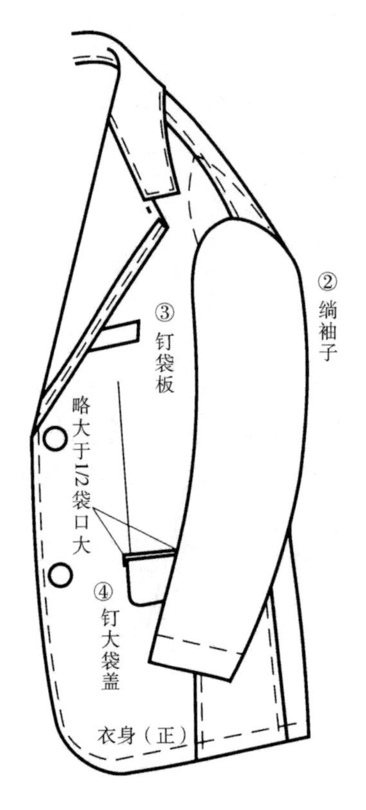

图8－79　假缝完成

（五）试样、修样

假缝完成的西服由穿着者试穿，试穿时要观察服装的宽松量，同时要观察零部件的设计与服装整体款式以及和上下、左右位置关系是否协调。如果衣身围度上过宽松，需要把肥大部位的缝线拆掉，收小后用大头针固定；如衣长偏短，同样要把相关位置的缝线拆开放长后用大头针固定，在进行缩放等修改时需注意左右对称。此外，还要仔细观察袖肥、袖长、袖山高是否合适，领子是否合适。不同体型所产生的主要问题及其纸样的修正如下。

1. 正常体　正常体的胸腰围差应控制在11～13cm，穿上西服，系好纽扣，前门襟止口的重叠量为3～3.5cm。如果重叠量过大，需修窄止口，同时驳口线、驳头都要进行相应的调整；如果重叠量过少，需加宽止口，同样，驳口线和驳头也要进行相应的修正。

2. 溜肩体　溜肩体体型的人穿上西服易出现两种问题，一是衬衣领外露太多；二是后背出现斜皱褶。

溜肩体纸样修正方法：调整垫肩；将前衣片肩颈点提高0.5～0.8cm，后衣片肩颈点相应提高0.5～0.8cm，底边则减去0.5～0.8cm，腰节上提0.25～0.4cm，袋位、驳口线需进行相应的改变。

3. 对体型偏胖、后背稍弯、肩部较宽体型　对于该体型服用者，纸样修正方法：应将前衣片肩颈点和后衣片领口同时提高1.3cm，并向袖窿方向偏0.5cm，其他受影响的部位作重新确定。为使袖窿圆顺，肩部宽些，应将袖窿开深，肩端点相应降低。

4. 端肩体　端肩体的人穿上西服，系好纽扣，易出现驳口不服帖，肩头上翘，领根上浮等现象；解开纽扣，止口豁开。

端肩体纸样修正方法：调整垫肩；调整领口，后领口下落0.5～1cm，前领口也相应下落。肩端向前凸势较大的处理方法，如横纹较少、较短，可将后部领口下落0.3cm。如横纹较多较长，可根据横纹的折叠量决定后领口下落的量，同时，肩颈点下落1cm左右，后中线加宽0.5cm，袖窿肩端点偏进0.5cm。

5. 腹部前凸体　腹部前凸体型者着装后易产生前身短、后身长，止口搭叠、后衩豁开等现象。

腹部前凸体型纸样修正方法：加长前衣片，缩短后衣片，在后身背宽线处收横褶，用大头针固定，褶量以前止口、后开衩正常为准。将褶量等量或不等量分配在肩缝和领口上。例如，褶量是1cm，后领口和后肩缝下落0.5cm，前肩缝和前领宽加大0.5cm。另外，腹部前凸必然会引起袖子后倾，穿上西服后袖子肩端处出现横向皱纹，所以袖子也必须修正，将大袖前袖缝在袖口处偏进0.7～1.3cm，后袖缝在袖口处偏出0.7～1.3cm。

6. 驼背体　驼背体型者的特点是后背突出，人体上部前倾，后腰节明显长于前腰节，穿上西服，系上纽扣，前止口豁开，后开衩搭叠。

驼背体型纸样修正方法：将前衣片缩短，后衣片加长。具体方法是将前衣片横向收褶，别大头针固定。根据褶量决定前衣片的肩斜、领深追加量和后衣片的领深、肩斜提高量，提高和追加量即等于褶量。

五、缝制工艺

（一）缝制工艺流程图

男西服缝制工艺流程，如图8－80所示。

（二）缝制说明

缝制前，要将修改后的衣片修顺，调整线丁，修窄缝份。

1. 前衣片的缝制

（1）缝合前衣片、侧片：如图8－81所示，缝合前衣片、侧片，包括缉胸省、分烫省缝、绷缝肚省、缝合侧片并分烫缝份。

（2）前衣身定型：如图8－82所示，首先需要缉缝、黏袖窿牵条衬，然后归拔衣片，定型后修剪多余的胸衬。

（3）制作胸袋：具体制作工艺参阅本节部件工艺部分。在缝制胸袋时要注意袋板两边的纱向要与衣片一致，袋布下端要用手针固定在省缝上。

（4）制作带盖双嵌线挖袋：具体制作工艺参阅本章第一节女西服工艺的部件工艺部分内容。缝制时要注意两袋盖形状要对称，尺寸要一致，位置要对称，袋盖角要有向内的窝势，带盖面止口倒吐0.2cm，袋布上端、下端要用手针固定在衣片的缝份上。如果面料有条格，袋盖的前端应该与衣身条格一致，如图8－83所示。

（5）制作胸衬、敷胸衬：胸衬的制作与敷衬工艺参阅本章图8－75，现在市场上有制作

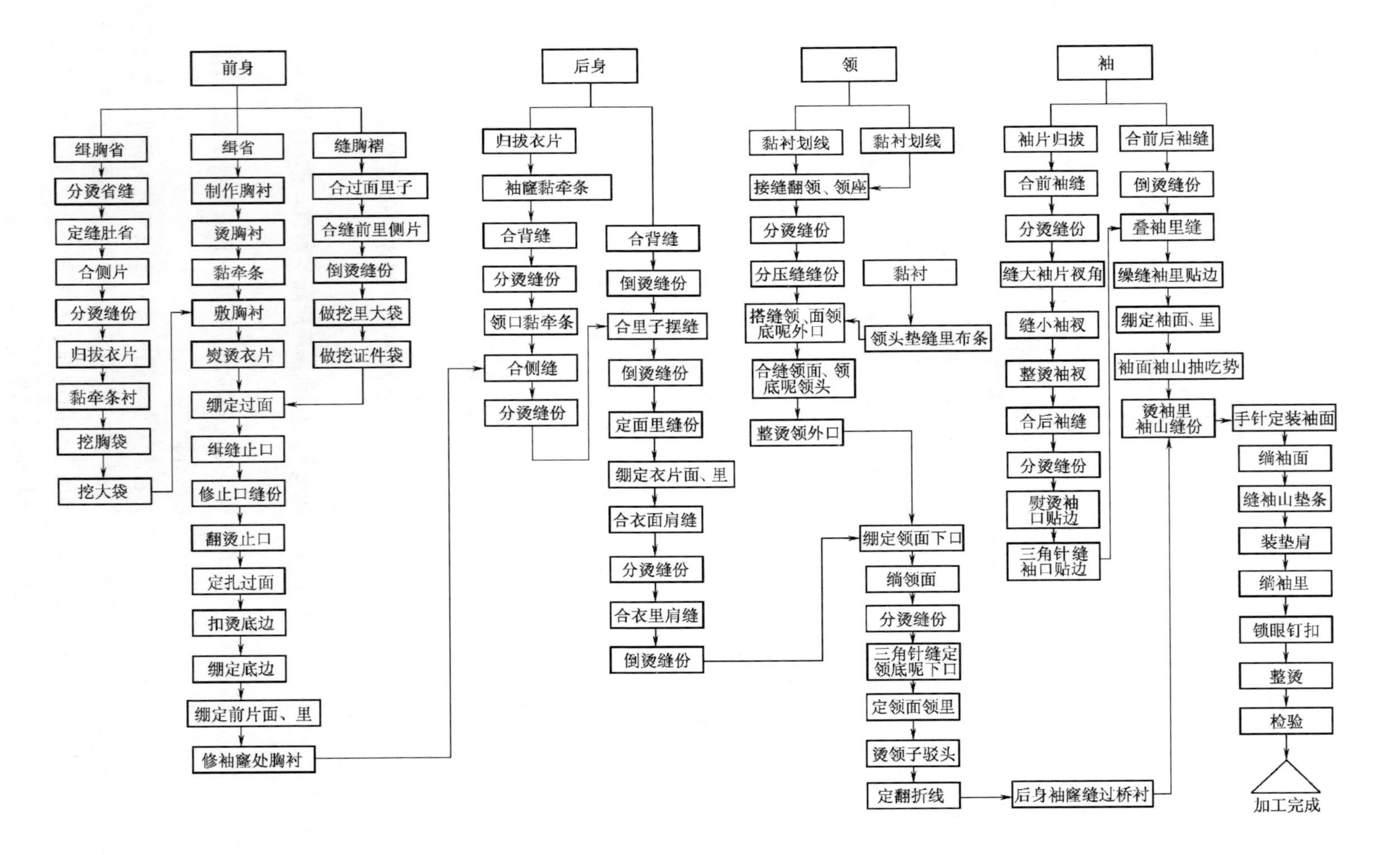

图8-80 男西服缝制工艺流程图

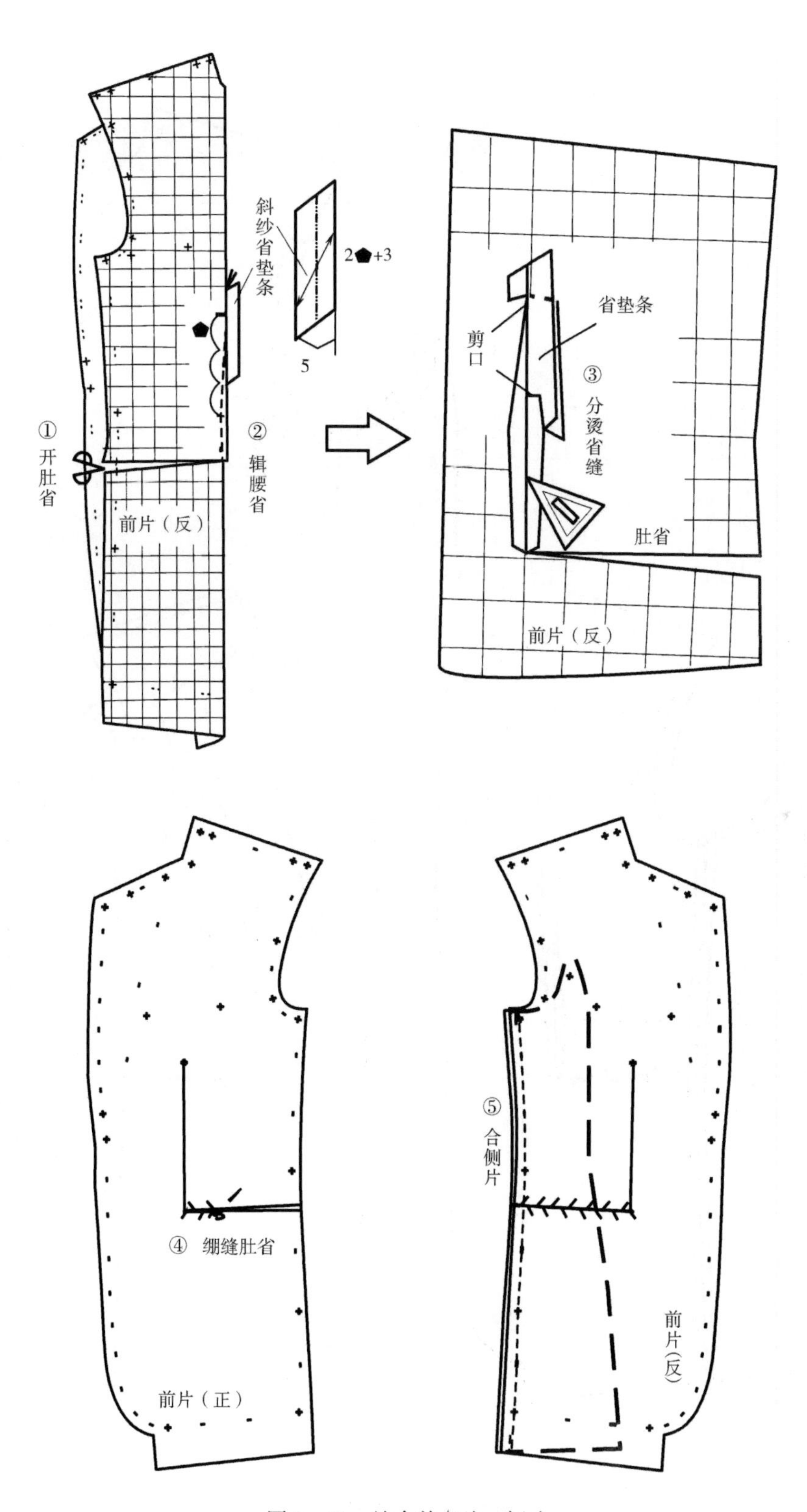

图 8－81　缝合前衣片、侧片

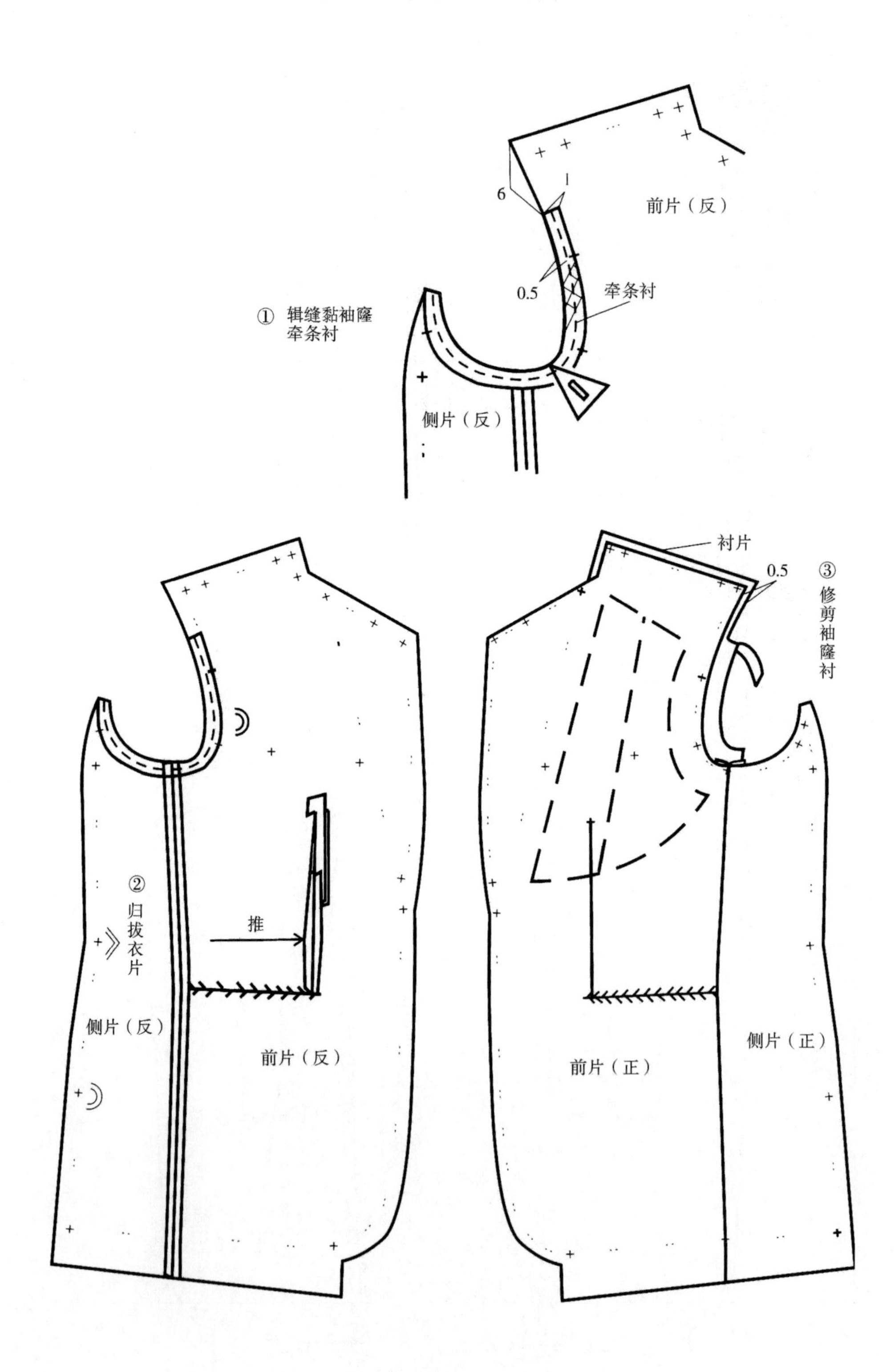
6
1
前片（反）
0.5
牵条衬
① 辑缝黏袖窿牵条衬
侧片（反）
衬片
0.5
③ 修剪袖窿衬
② 归拔衣片
推
侧片（反）
前片（反）
前片（正）
侧片（正）

图8-82 前衣身定型

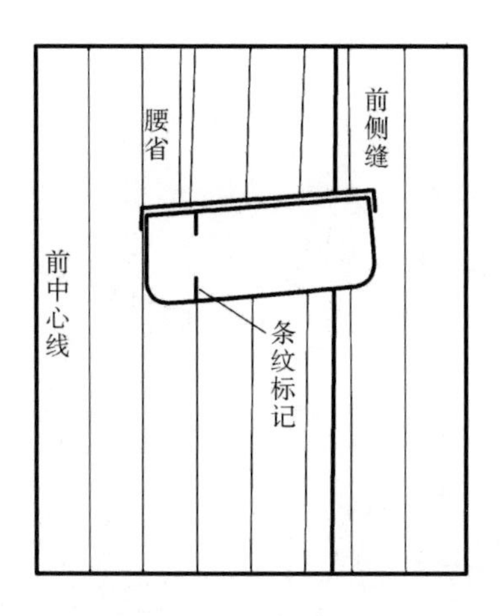

图 8－83　袋盖与衣身对条

好的胸衬出售，可以直接购买使用。

（6）熨烫前衣片：将前衣片正面向上，下垫布馒头熨烫肩部，然后熨烫胸部和止口，使胸衬与前胸饱满服帖，止口处丝缕顺直。

（7）黏牵条衬：制作好的前衣片需要沿止口黏牵条，如图 8－84 所示。

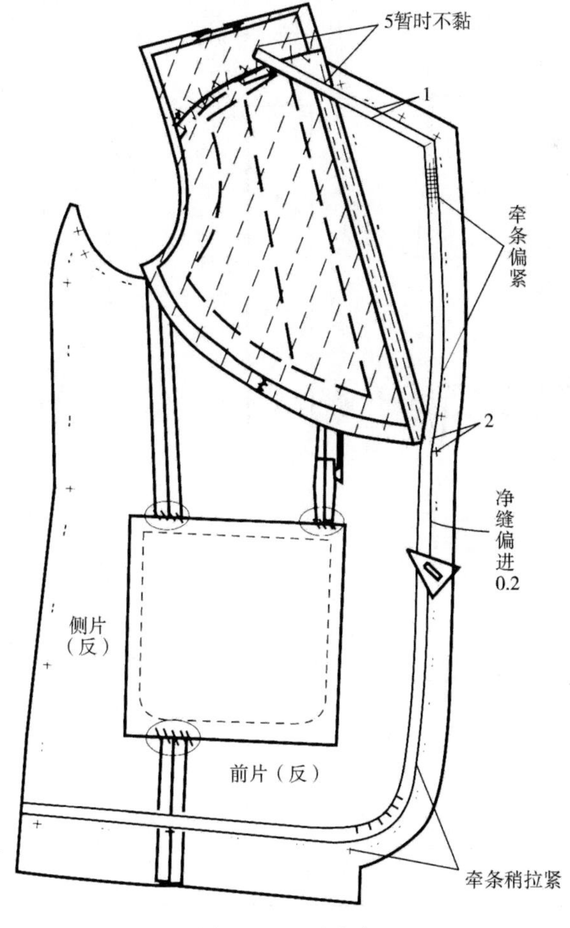

图 8－84　黏牵条

2. 缝合前衣片里

（1）缝定褶口：如图8－85所示，将胸褶两边口褶位对齐，机缝缉合，缝份0.5cm，之后将褶边压烫。

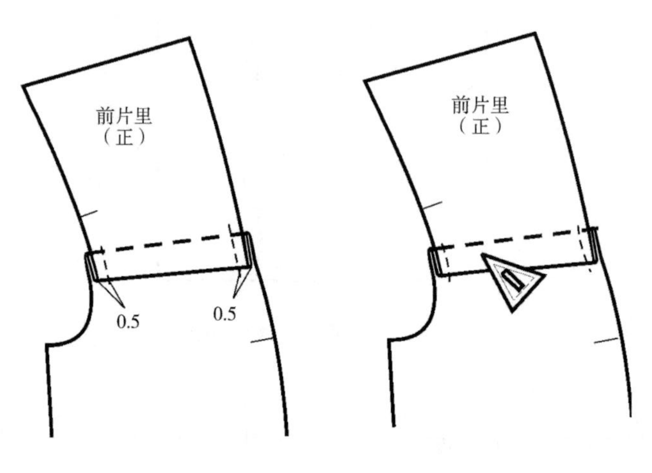

图8－85　缝定褶口

（2）制作耳朵片：如图8－86所示，耳朵片需要用斜纱里布包滚边缘，包滚条采用骑缝的正反夹缝式；根据记号将包好边的耳朵片用大头针固定在里布上，然后沿滚条漏落缝固定。

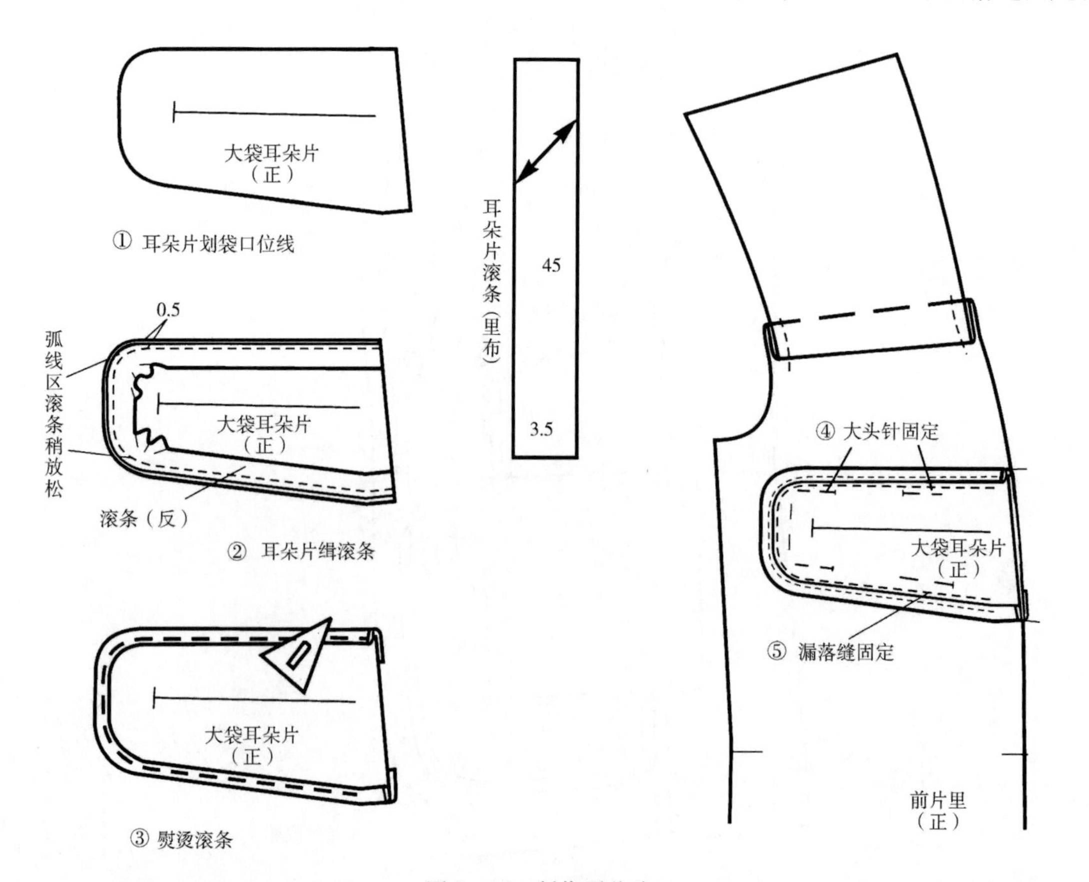

图8－86　制作耳朵片

（3）缝合过面与里子：如图 8－87 所示，首先在过面反面画净线，修好缝份，然后将前片里子与过面正面相对，过面在上，对齐标记缝合，起止针打倒回车；之后将止口处过面缝份打剪口，将剪口以下部分缝份分烫，耳朵片部分分烫，其他部分缝份朝里子方向倒烫。

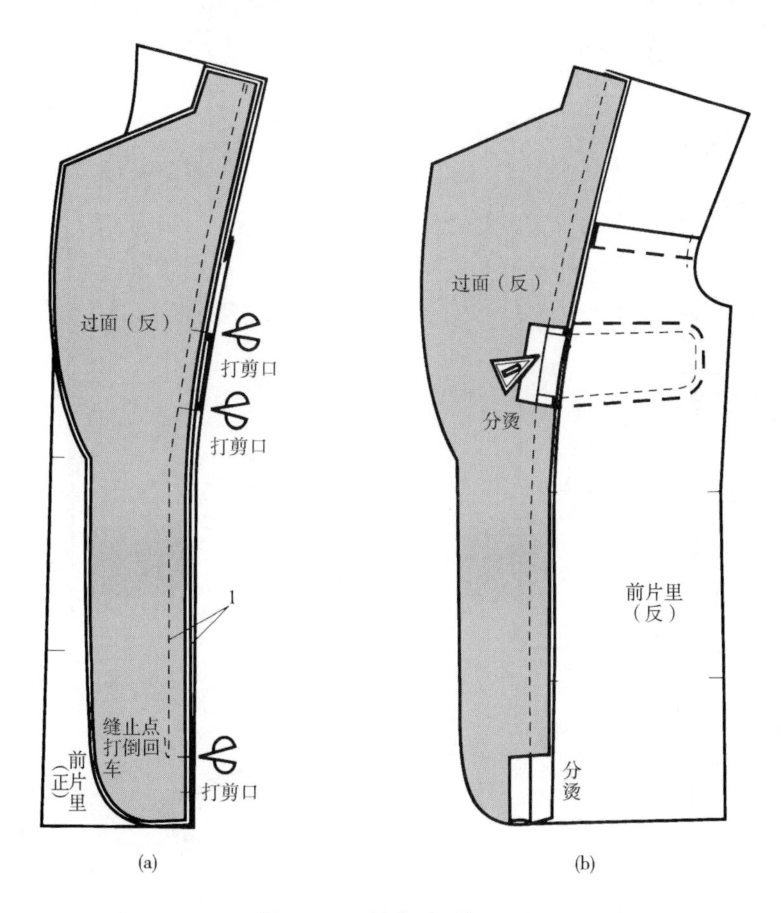

图 8－87　缝合过面与里子

（4）缝合侧片里子：如图 8－88 所示，缝合前片里子与侧片里子，注意只缝 1.2cm，起止针打倒回车；将缝份沿净线坐倒烫，留 0.3cm 作为松量。

（5）制作里大袋：请参阅本节部件工艺部分内容。

（6）制作证件袋：方法与里大袋大多相同，只是不装袋盖。

3. 敷过面

（1）绷定过面：将过面与前衣身门襟和驳头止口正面相对，相应位置对位点对齐，用手针或别针暂时固定，如图 8－89（a）所示。

（2）机缝过面：过面在上，以驳口点为机缝起点，沿净缝线分别缝至装领点和下摆止针点，注意起止针打倒回针，如图 8－89（b）所示。借助缝制模板，如图 8－89（c）所示，可以保证缝合效果，同时降低操作难度。

（3）修剪缝份：以驳口点为界，以下门襟止口缝份、衣身缝份不变，过面缝份修成 0.6cm，以上的驳头部分过面缝份不变，衣身缝份修成 0.6cm，如图 8－89（d）所示。

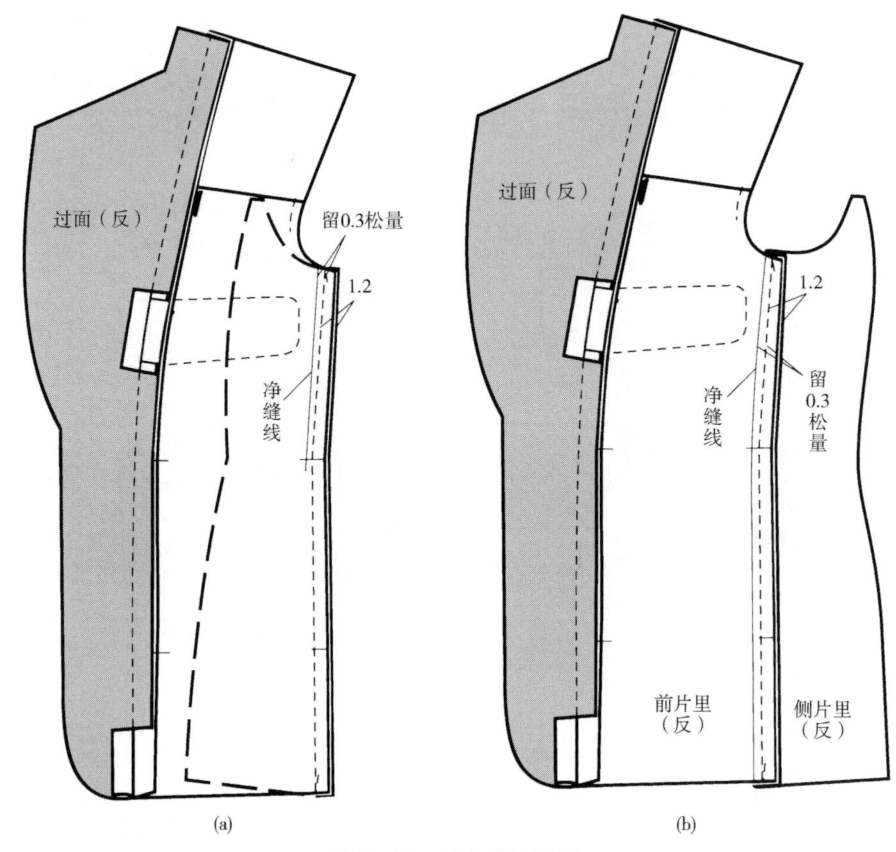
过面（反）
留0.3松量
1.2
净缝线
过面（反）
1.2
净缝线
留0.3松量
前片里（反）
侧片里（反）
(a)
(b)

图8-88 缝合侧片里子

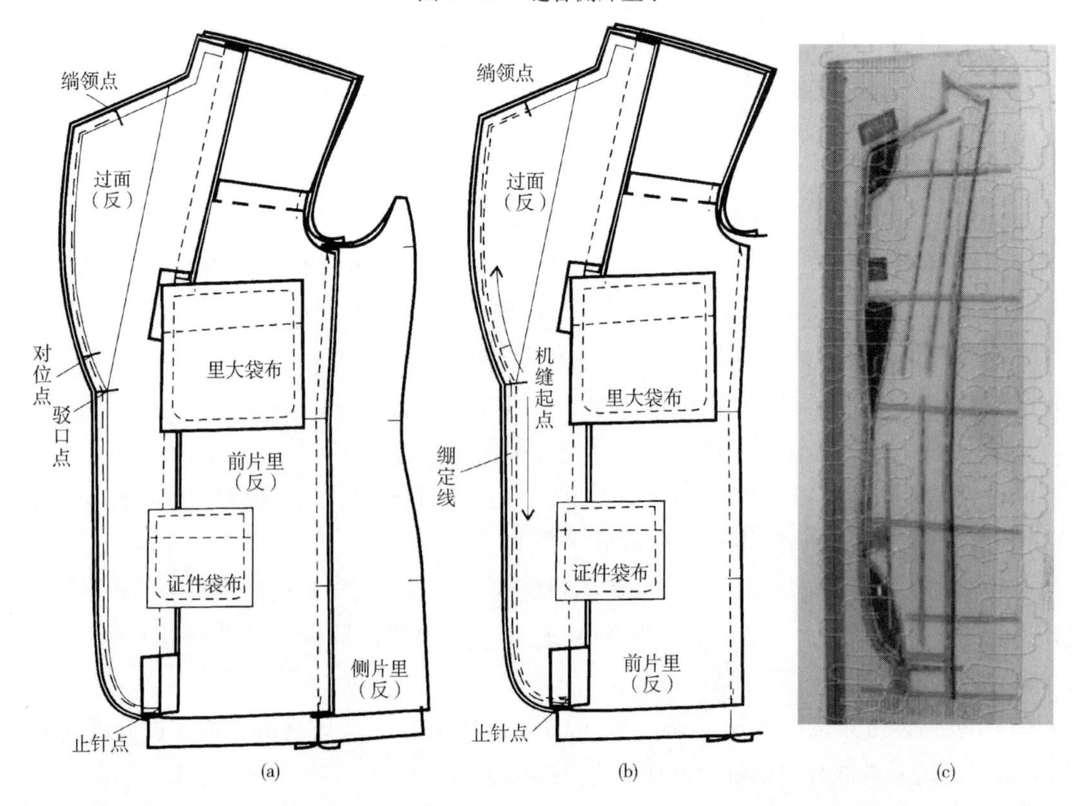
绱领点
过面（反）
对位点
驳口点
里大袋布
前片里（反）
证件袋布
侧片里（反）
止针点
(a)
绱领点
过面（反）
机缝起点
绷定线
里大袋布
证件袋布
前片里（反）
止针点
(b)
(c)

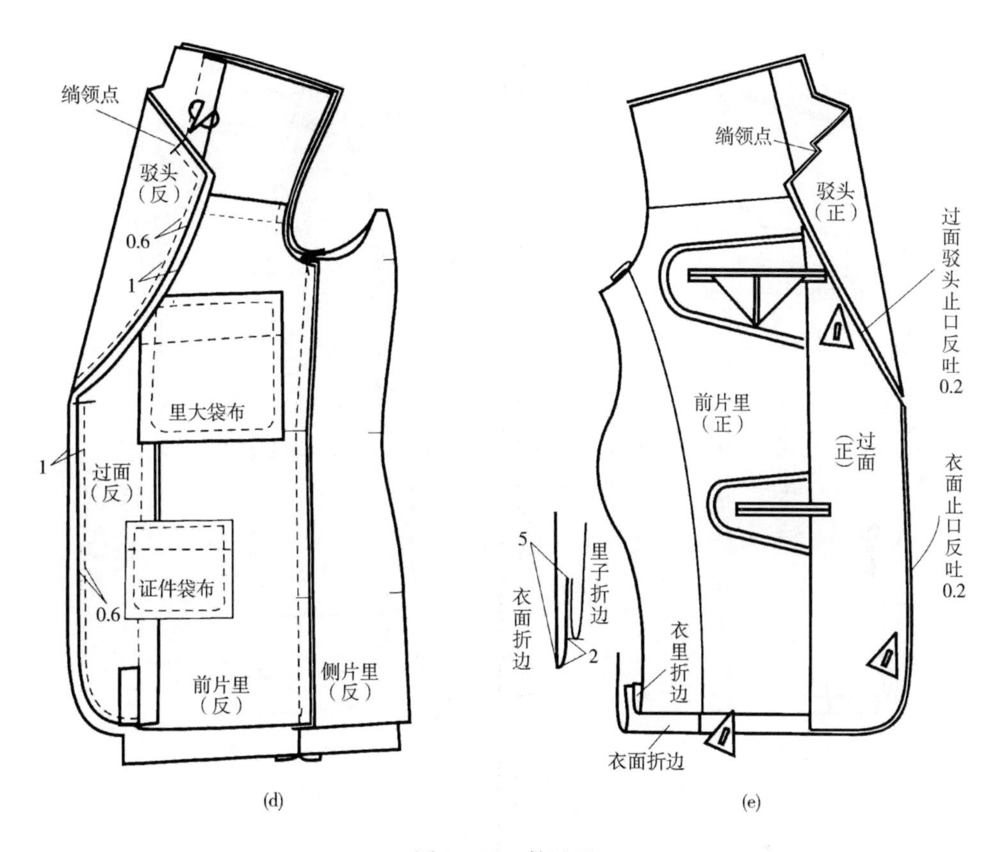

图 8－89　敷过面

（4）烫止口：翻正过面，整烫驳头、门襟止口。要求驳头部分过面止口要偏出 0.2cm，门襟止口部分过面止口要偏进 0.2cm。之后扣烫衣面、衣里底边折边，如图 8－89（e）所示。

4. 固定前身

（1）定扎过面：按穿着状态将驳头沿翻折线折转，然后沿过面里口将面、里手针绷缝固定，如图 8－90（a）所示。掀起里子露出过面缝份，如图 8－90（b）所示，在图中画圈的位置用三角手针将缝份固定在衣面的有纺衬上，注意定扎过面时上下 10cm 处不固定。

（2）绷定衣身面里：将衣片面、里手针绷缝固定，如图 8－90（c）所示。

5. 缝合后片

（1）合后片面：首先合后中缝，起止针打倒回车，然后分烫缝份。

（2）合后片里：缝合里片时，只缝 1.2cm 的缝份，然后沿净线倒缝扣烫，留出松量，如图 8－91 所示。

6. 缝合前后衣片

（1）合摆缝：如图 8－92 所示，缉缝衣片面的摆缝，分烫缝份，扣烫底边折边，手针定缝底边折边；缉缝衣片里摆缝，倒烫缝份，扣烫底边折边。

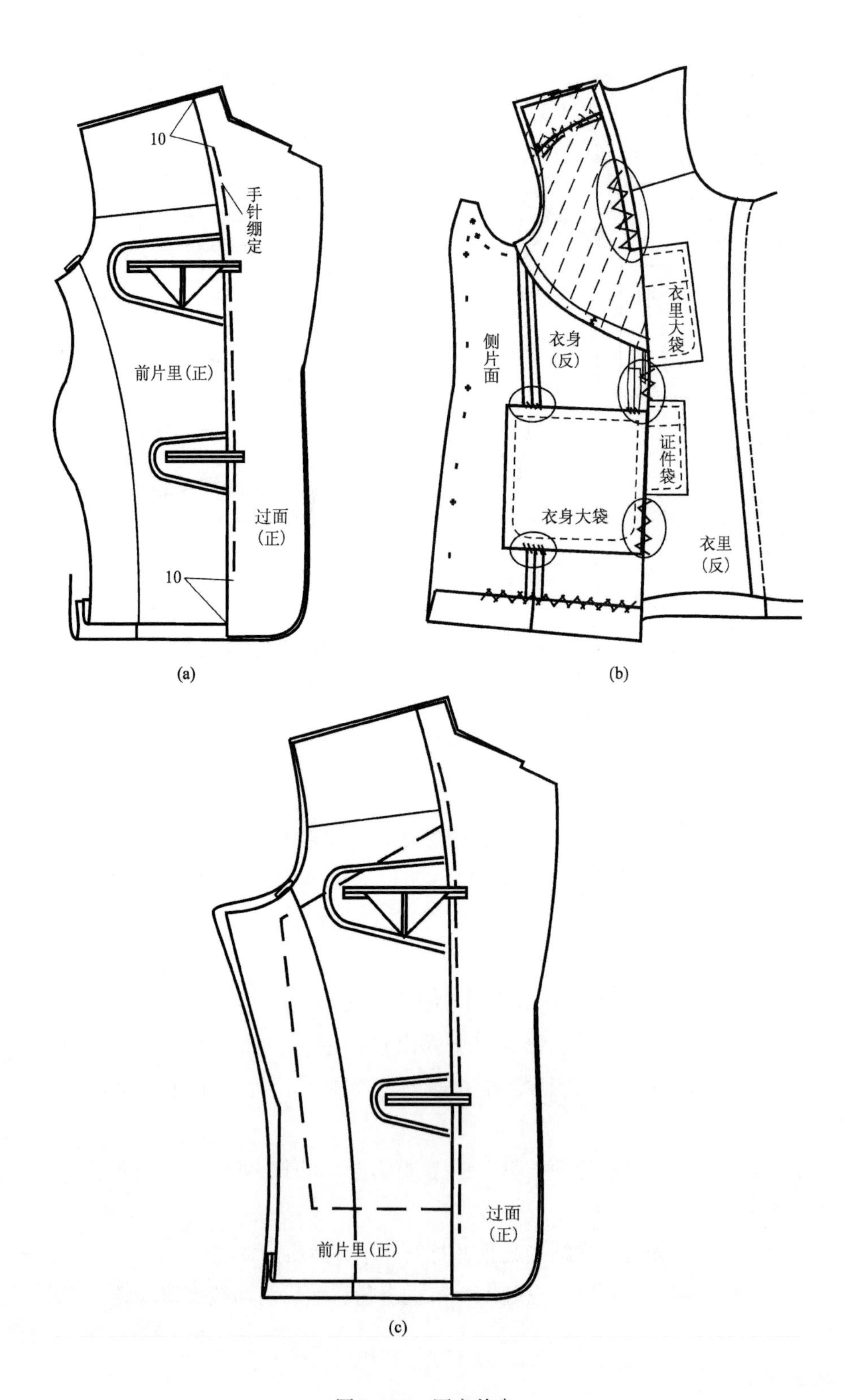

图8-90　固定前身

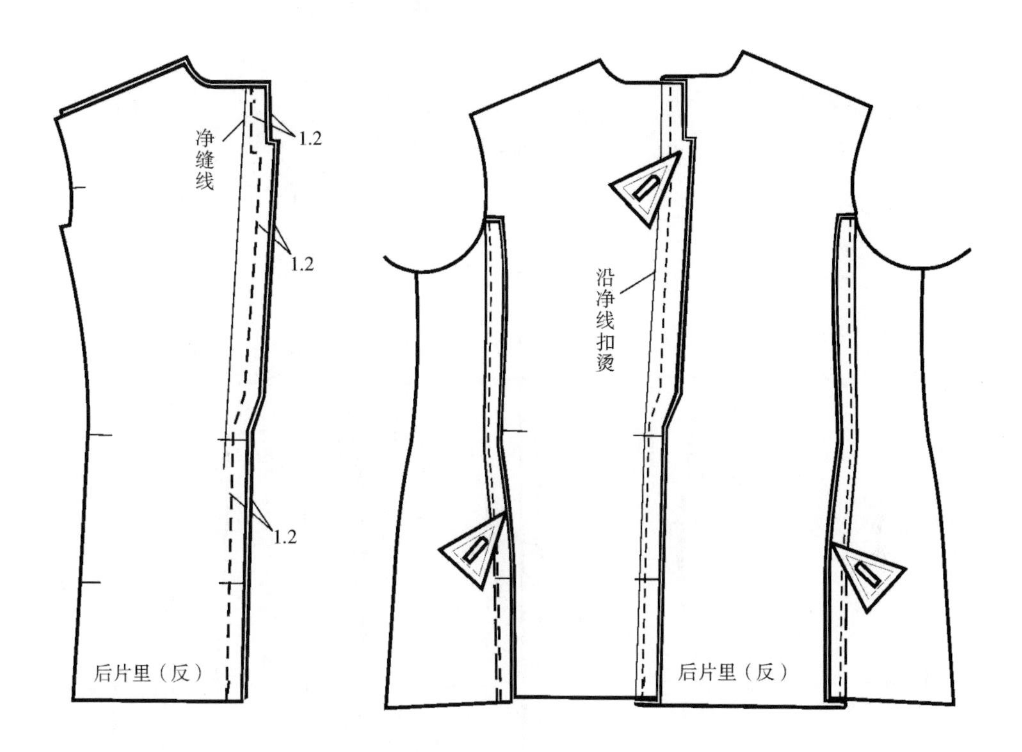

图 8－91 合后片里

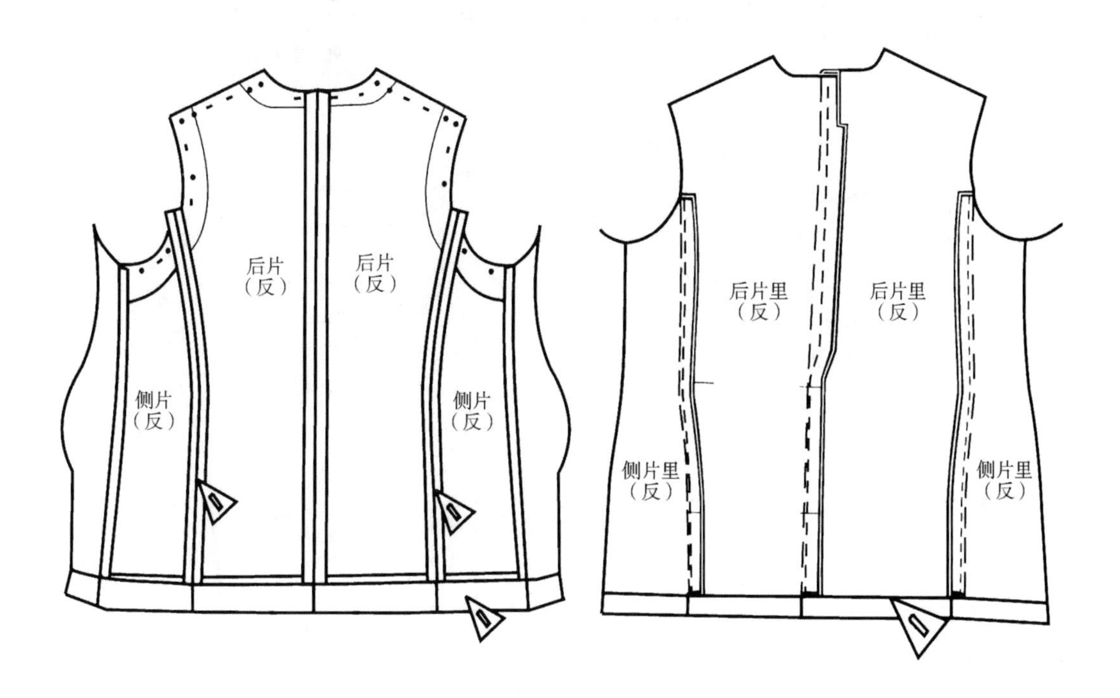

图 8－92 合摆缝

（2）固定大身：如图8－93（a）所示，整个衣身需要缲缝固定面、里，定缝里子底摆折边，定缝过面下口，绷定后身面、里，如图8－93（b）所示。

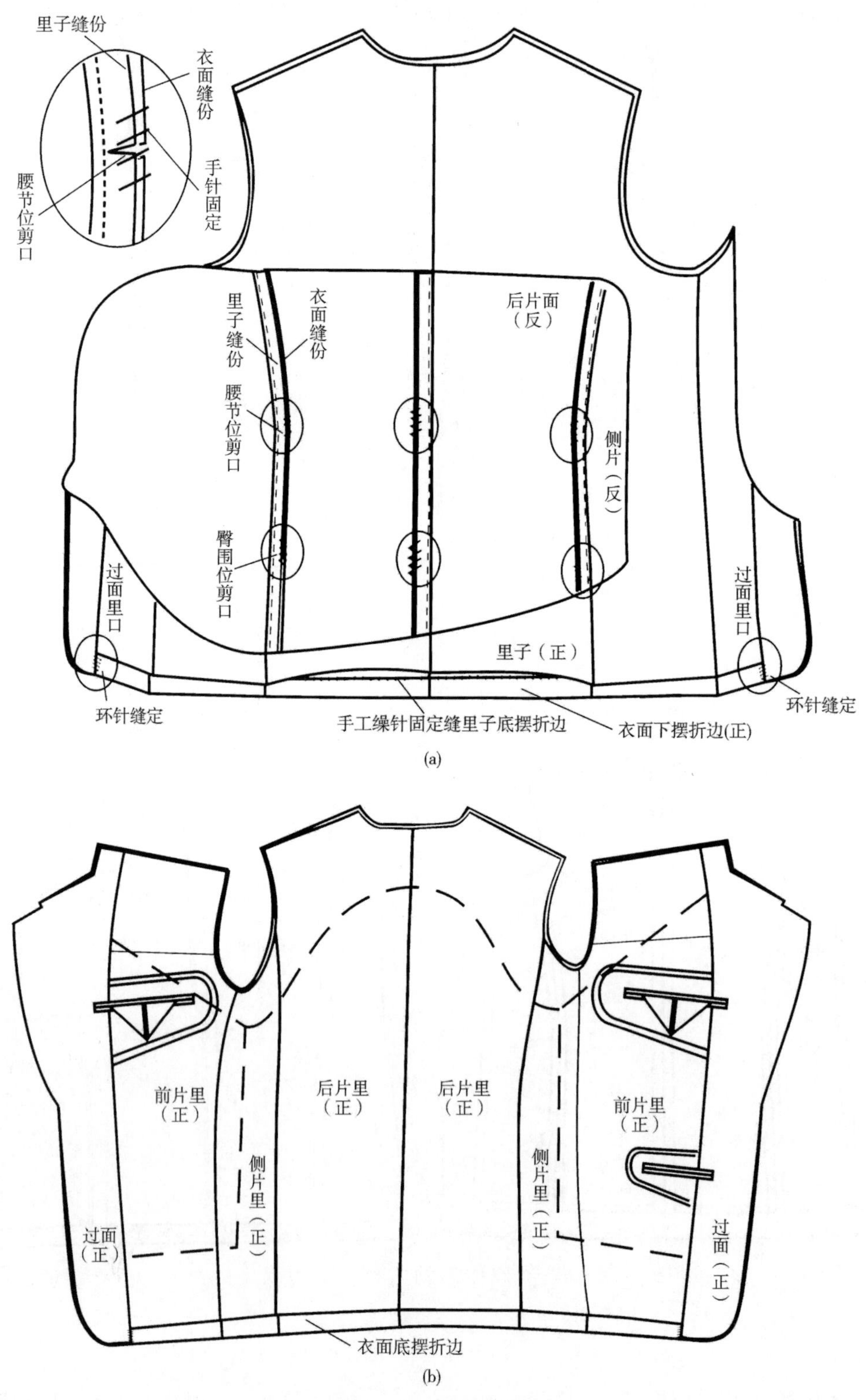

图8－93　固定大身

（3）合肩缝：如图 8－94 所示，先将衣面前、后肩缝正面相对缝合，后衣片在下，对位点对齐，起止针打倒回车。注意不要缝住胸衬；将布馒头垫在肩缝下，分烫肩缝；注意后肩缝部位进行归拔，将肩缝烫成弓形，之后将超出肩缝的胸衬缝在后肩缝缝份上；缝合衣里肩缝，然后将缝份向后片方向烫倒。

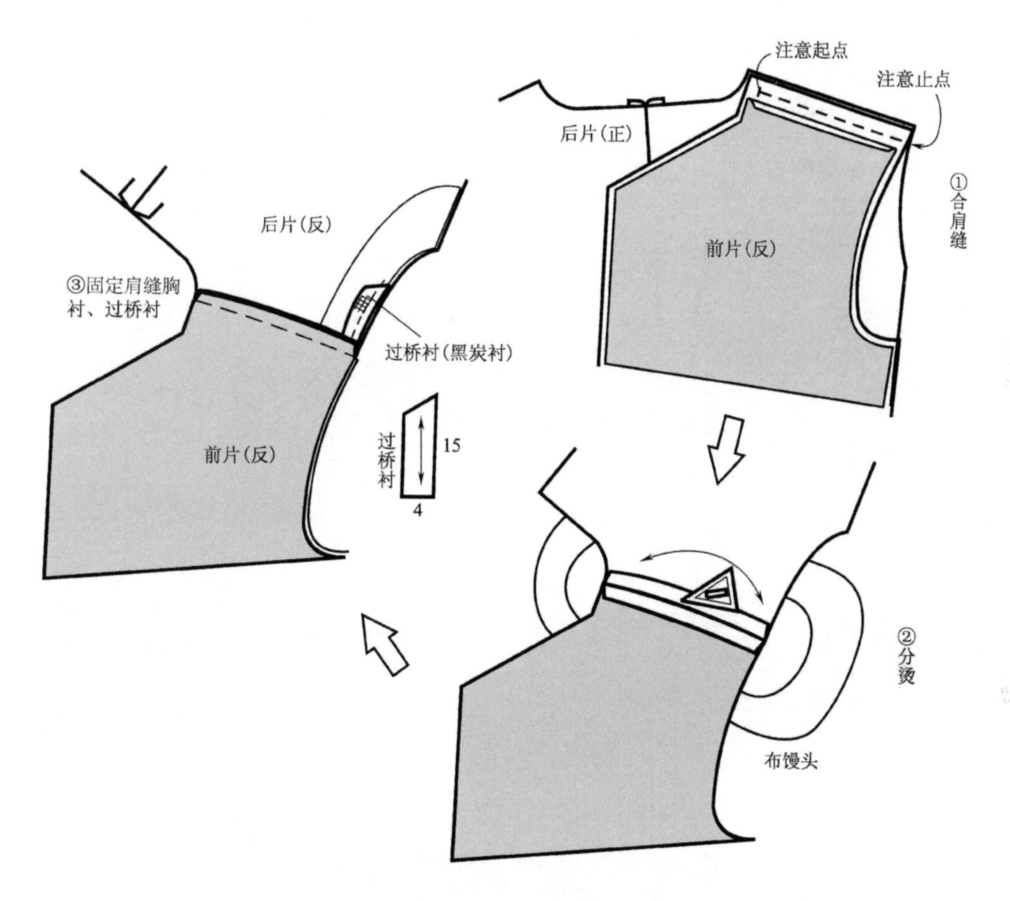

图 8－94　合肩缝

7. 制作领

（1）制作领面：如图 8－95 所示，在黏过衬的翻领面反面划净样线，然后在翻领正面距外口净线 0.3cm 划线；缝合翻领与领座，缝份 0.7cm，起止针打倒回车；分烫缝份，然后做劈压缝。

（2）制作领底呢：领底呢反面黏衬，然后在领头反面搭缝里子布条（作为领底呢缝份）。

（3）合止口：领面与领底呢的止口搭缝，领底呢在上层，比齐领面正面的划线，先用大针距绷缝，然后曲折缝；沿领底呢边缘缝领头至串口净线，倒回针；领子翻正，压烫止口，围出领的立体造型。借助缝制模板可以准确作出领角吃势、确保止口形状，简化工艺，如图 8－95 所示。

8. 绱领

（1）绱领面：如图 8－96（a）所示，领面在上，衣里领口在下，对位点对齐，从装领点

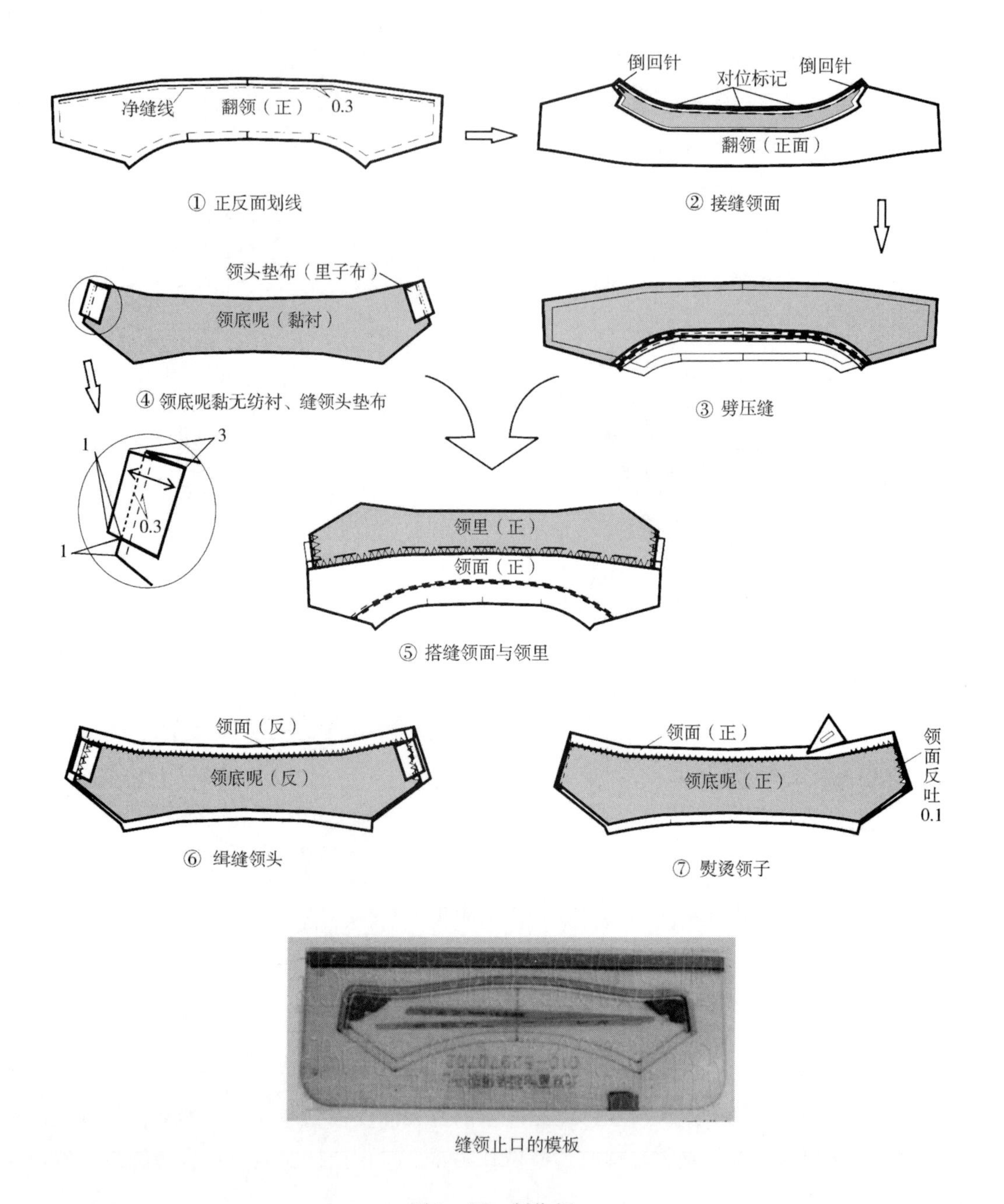

图8－95　制作领

起缝，缝至拐角处，机针插入缝件，将过面拐角处缝份打一剪口，然后铺平上下层继续缝，注意起止针打倒回车；然后在领 *SNP* 处缝份打剪口，整烫绱领缝份。

（2）绱缝领里：用多功能机或手针采用三角针法将领里缝定在衣身领口上，如图8－96（b）所示。

（3）固定领面与领里：将领面放在上，沿翻领与领座的接缝漏落缝，将领面与领里固定在一起，如图8－96（c）所示。

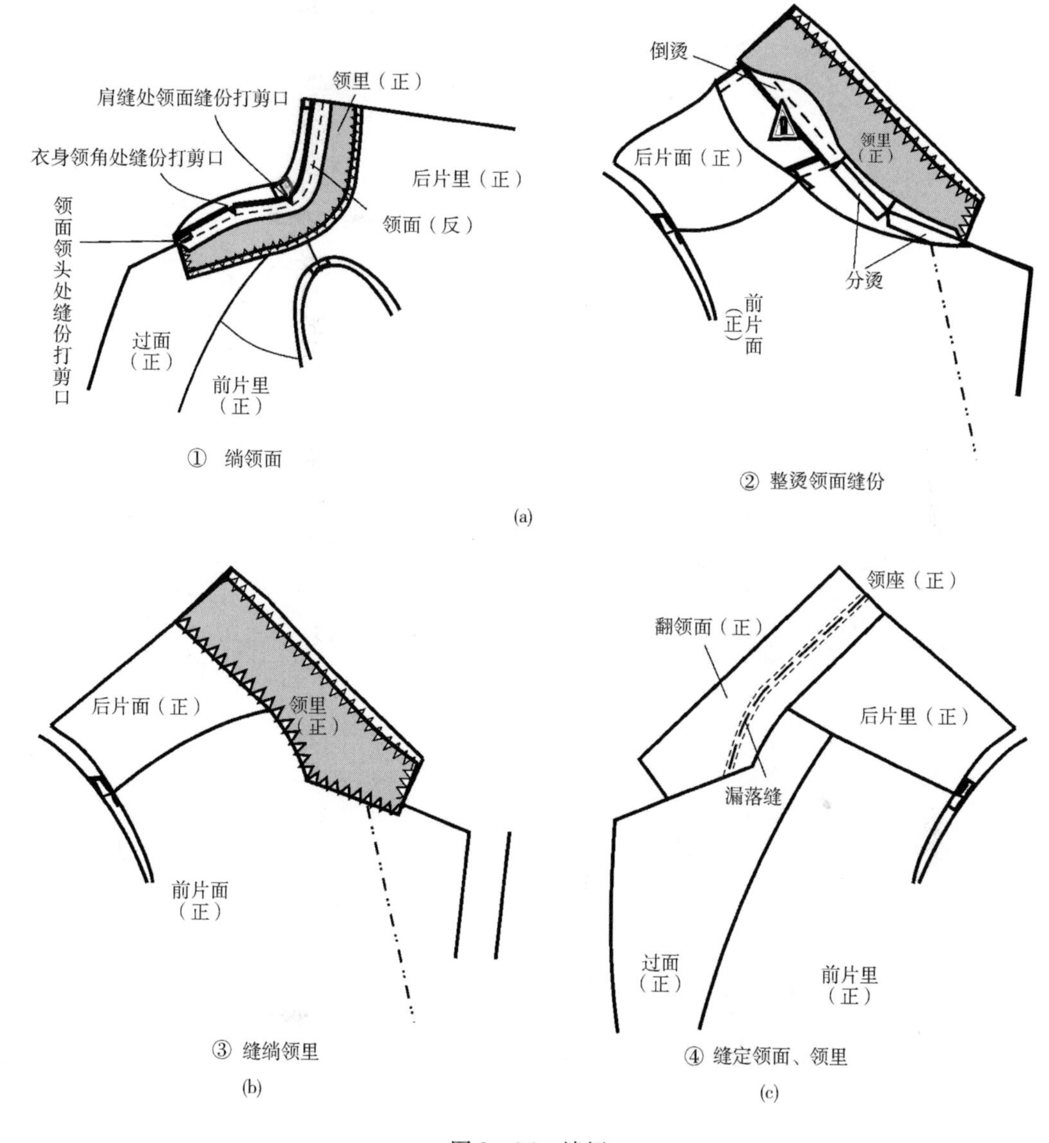

图 8－96　绱领

9. 制作袖与绱袖

（1）制作袖衩：袖衩的制作如图 8－97 所示。

（2）缝合袖面：如图 8－98 所示，先缉合前袖缝并分烫缝份；然后缉合后袖缝至超过贴边上口 1cm 处，在小袖拐角处缝份打剪口后劈缝；扣烫袖口翻折边并用三角针缝定；再沿袖山缝袖山吃势。

（3）缝合袖里：如图 8－99 所示，缝合袖里前、后袖缝，缝份 1.2cm；将袖里缝份沿净缝向大袖方向扣倒，其中的 0.3cm 未缝缝份作为松量。

（4）缝合袖面与袖里：如图 8－100 所示，将袖里反面朝外，袖口套在袖面的袖口外，用手针将袖里折边缝定在大袖折边上；将袖正面翻出且袖里在外，袖里的袖缝份与大袖面缝

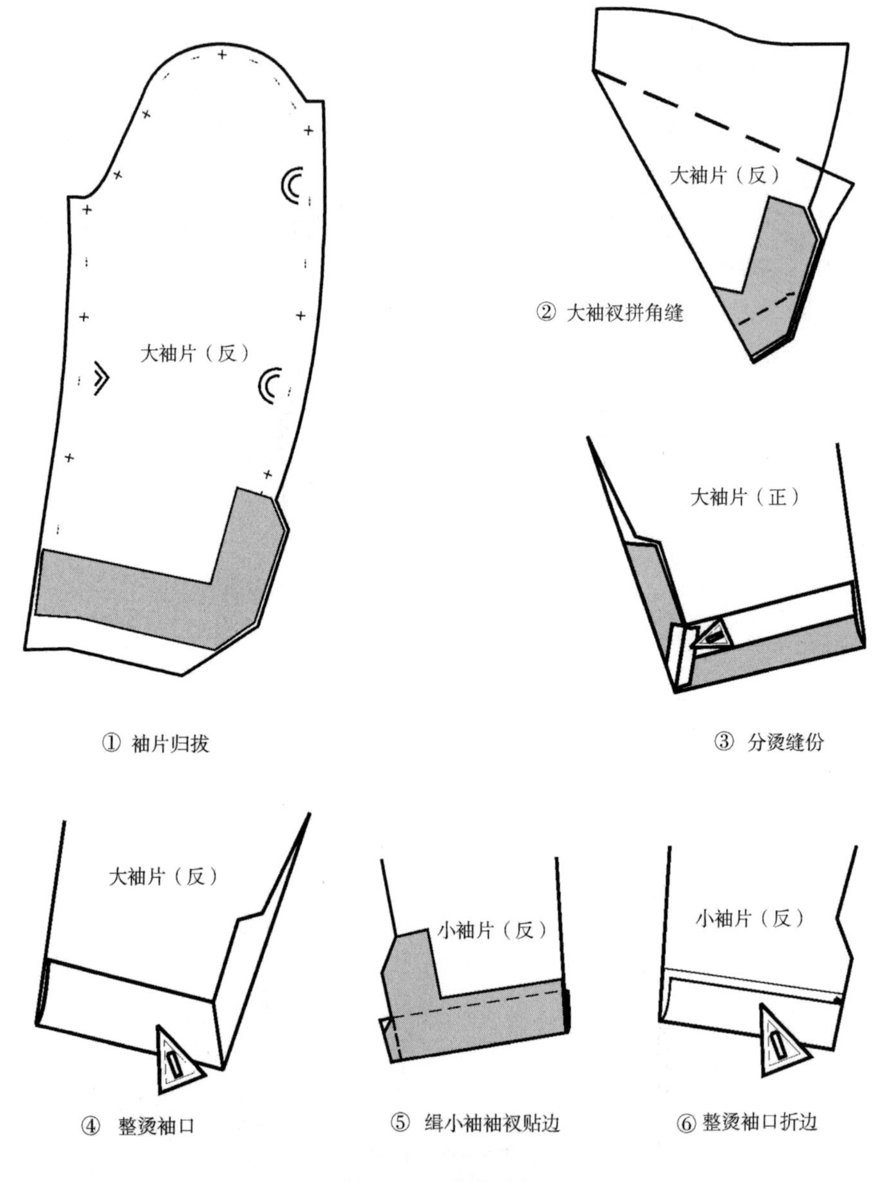

图8－97　制作袖衩

份对齐标记，用手针松松缲住；将袖面、袖里手针绷定后抽缝袖山吃势，缝线抽紧3cm左右，捋匀抽褶，在烫凳上熨烫袖褶，使袖山头饱满、自然圆润。

袖山吃势也可用机缝的方法实现，用斜丝布条拉紧缝在袖山缝份上达到缩缝的目的，斜丝布条长20cm，宽1.5cm。

（5）绱袖面：如图8－101所示，将袖面与袖窿正面相对，对准相应的对位点，用手针将袖面假缝在袖窿上；观察袖与衣身的相对位置是否正确，确认满意后机缝绱袖；裁配袖条，并将垫袖条缝在袖山缝份上。

（6）绱弹袖棉条：如图8－102所示，用相应的衬料裁配弹袖棉条的各个裁片，并以肩

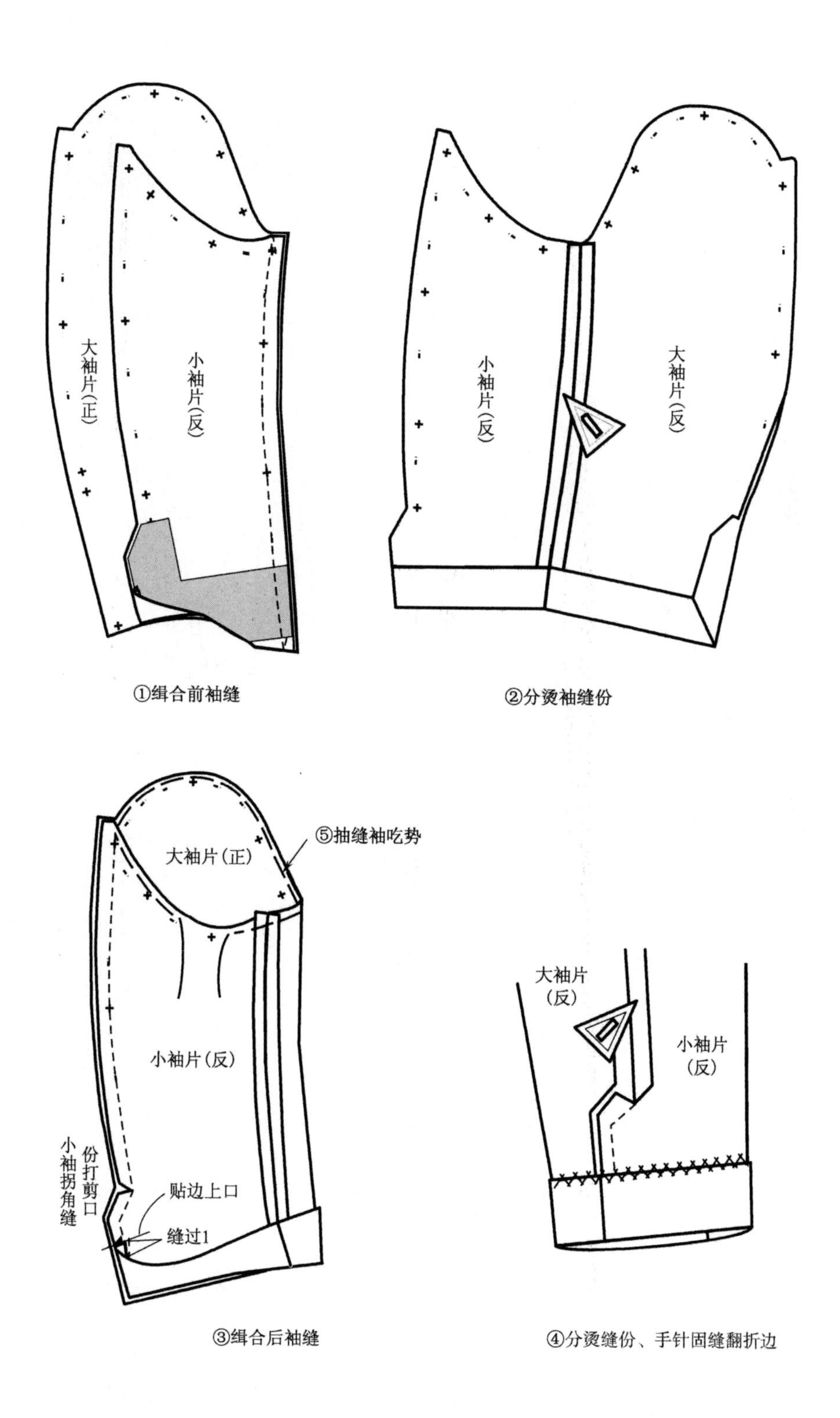

①缉合前袖缝

②分烫袖缝份

③缉合后袖缝

④分烫缝份、手针固缝翻折边

图 8－98　缝合袖面

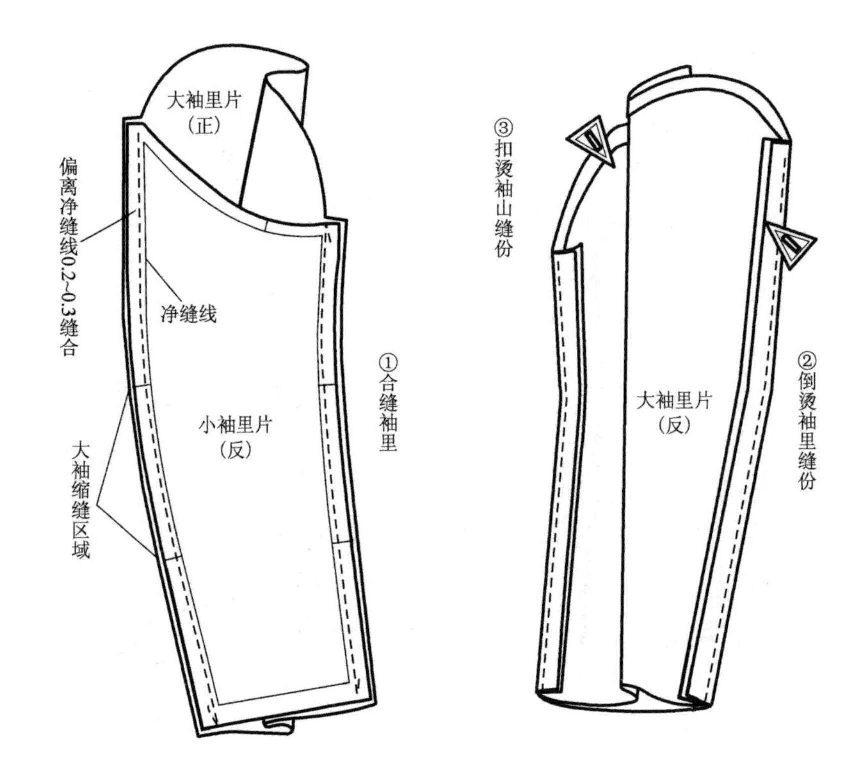

大袖里片
(正)
偏离净缝线0.2~0.3缝合
净缝线
小袖里片
(反)
大袖缩缝区域
①合缝袖里
③扣烫袖山缝份
大袖里片
(反)
②倒烫袖里缝份

图 8－99　缝合袖里

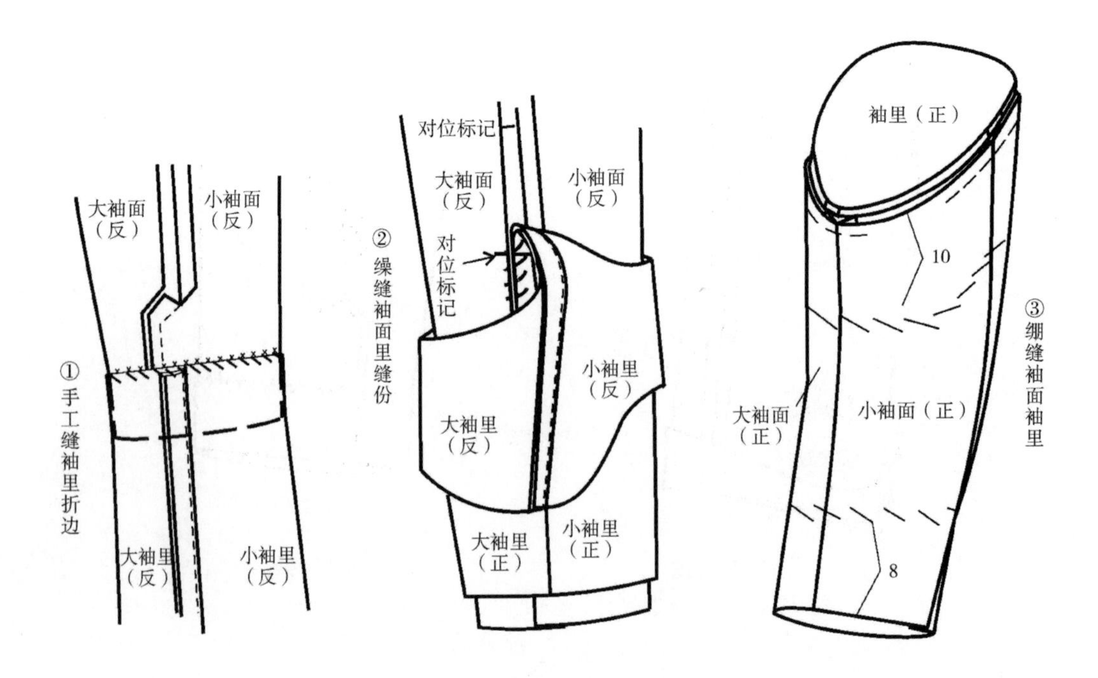

大袖面
（反）
小袖面
（反）
①手工缝袖里折边
大袖里
（反）
小袖里
（反）
对位标记
大袖面
（反）
小袖面
（反）
②缲缝袖面里缝份
对位标记
小袖里
（反）
大袖里
（反）
大袖里
（正）
小袖里
（正）
袖里（正）
10
③绷缝袖面袖里
大袖面
（正）
小袖面（正）
8

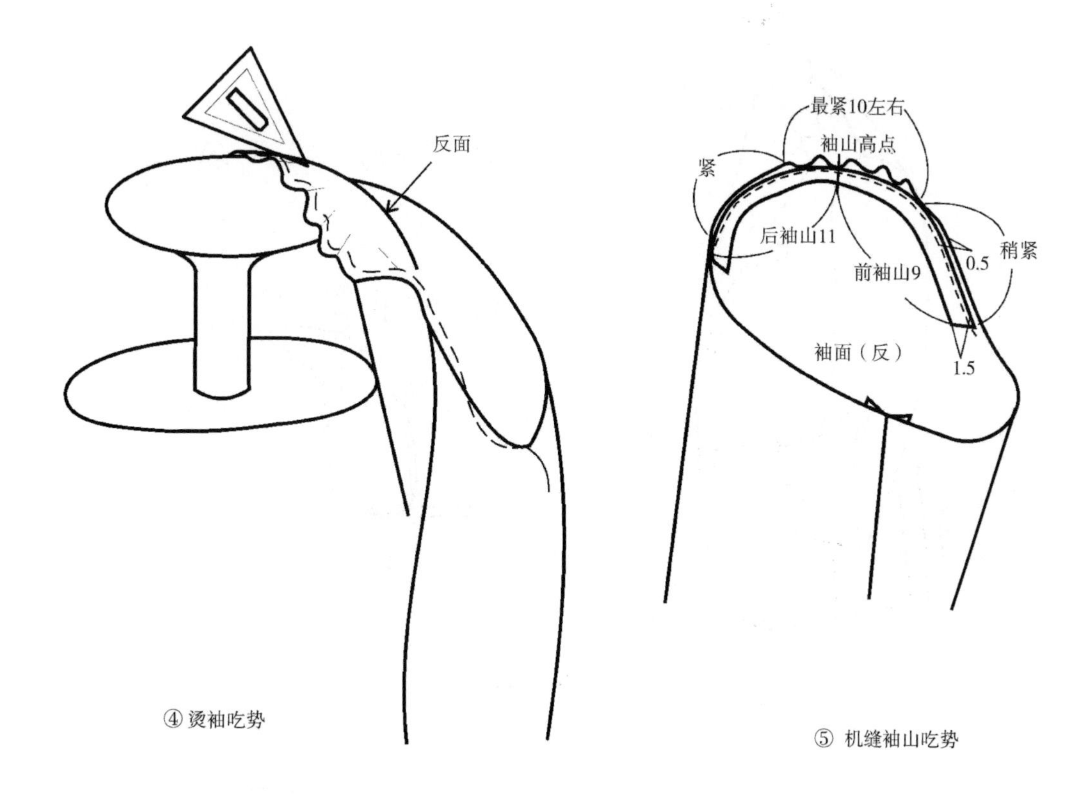

图 8－100 缝合袖面与袖里

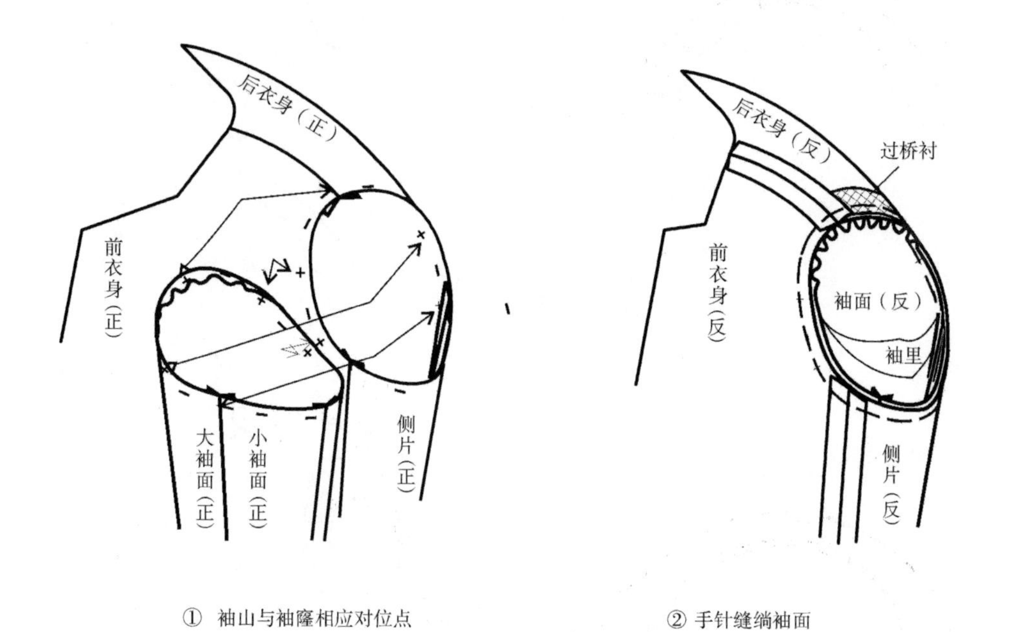

图 8－101

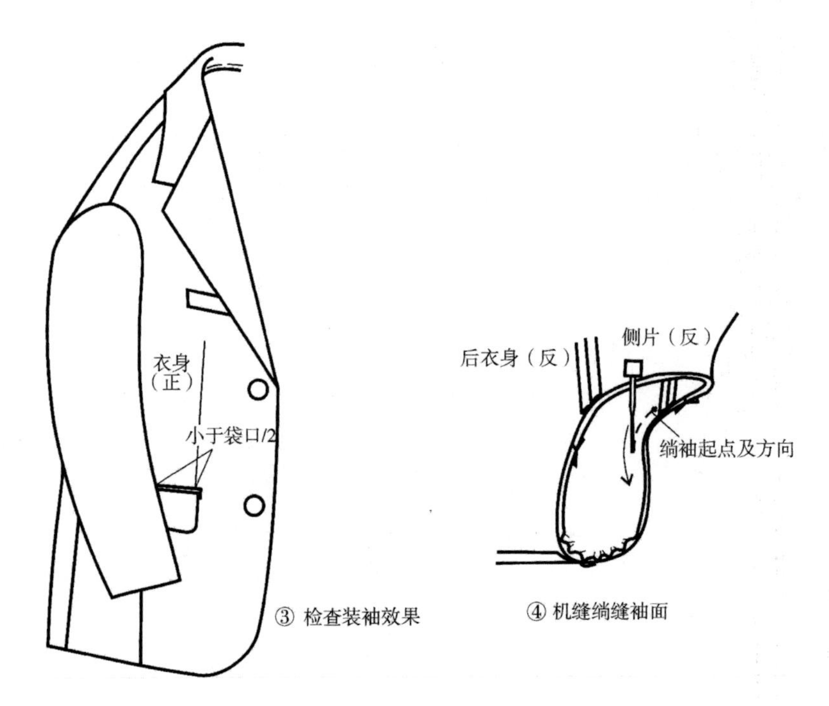

图 8－101　绱袖面

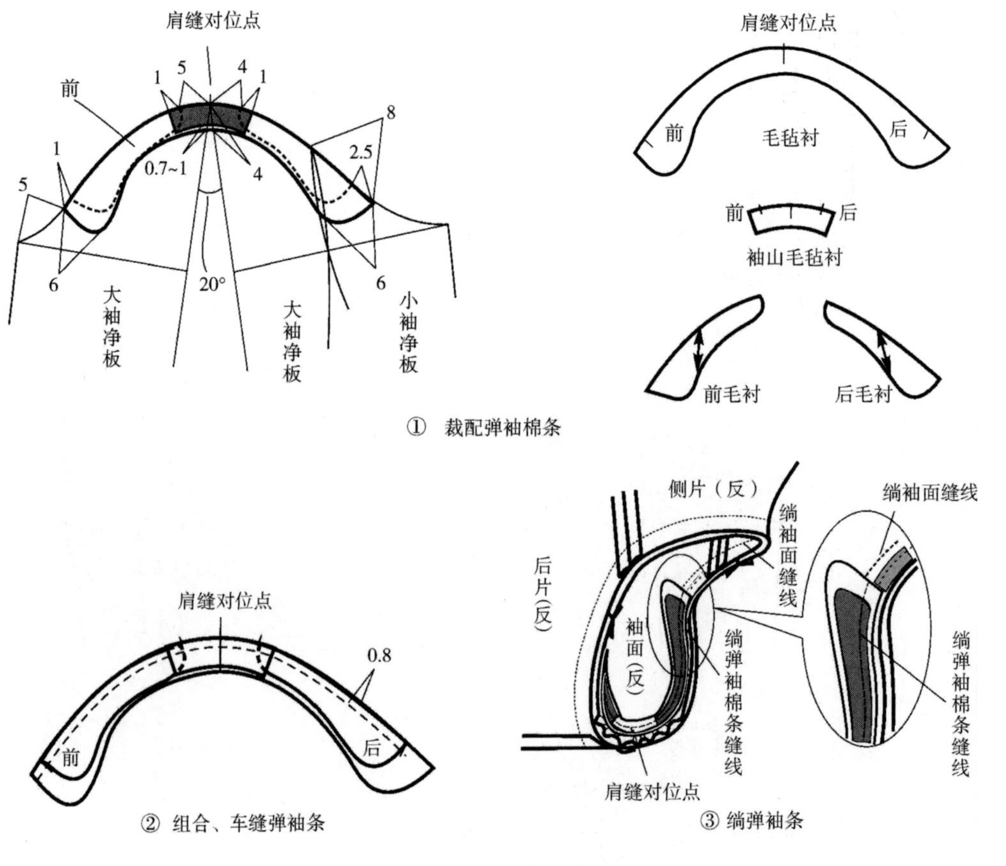

图 8－102　绱弹袖棉条

缝对位点为准固定各层裁片，再将制作好的弹袖棉条缝在袖山缝份上，注意缝份略小于绱袖面的缝份。

10. 绱垫肩　绱垫肩：如图 8－103 所示，放好垫肩用大头针固定位置；将垫肩中部用手针缝定在后肩缝上；将垫肩头与衣身手针绷定；用手针将垫肩头缝定在袖窿缝份上。

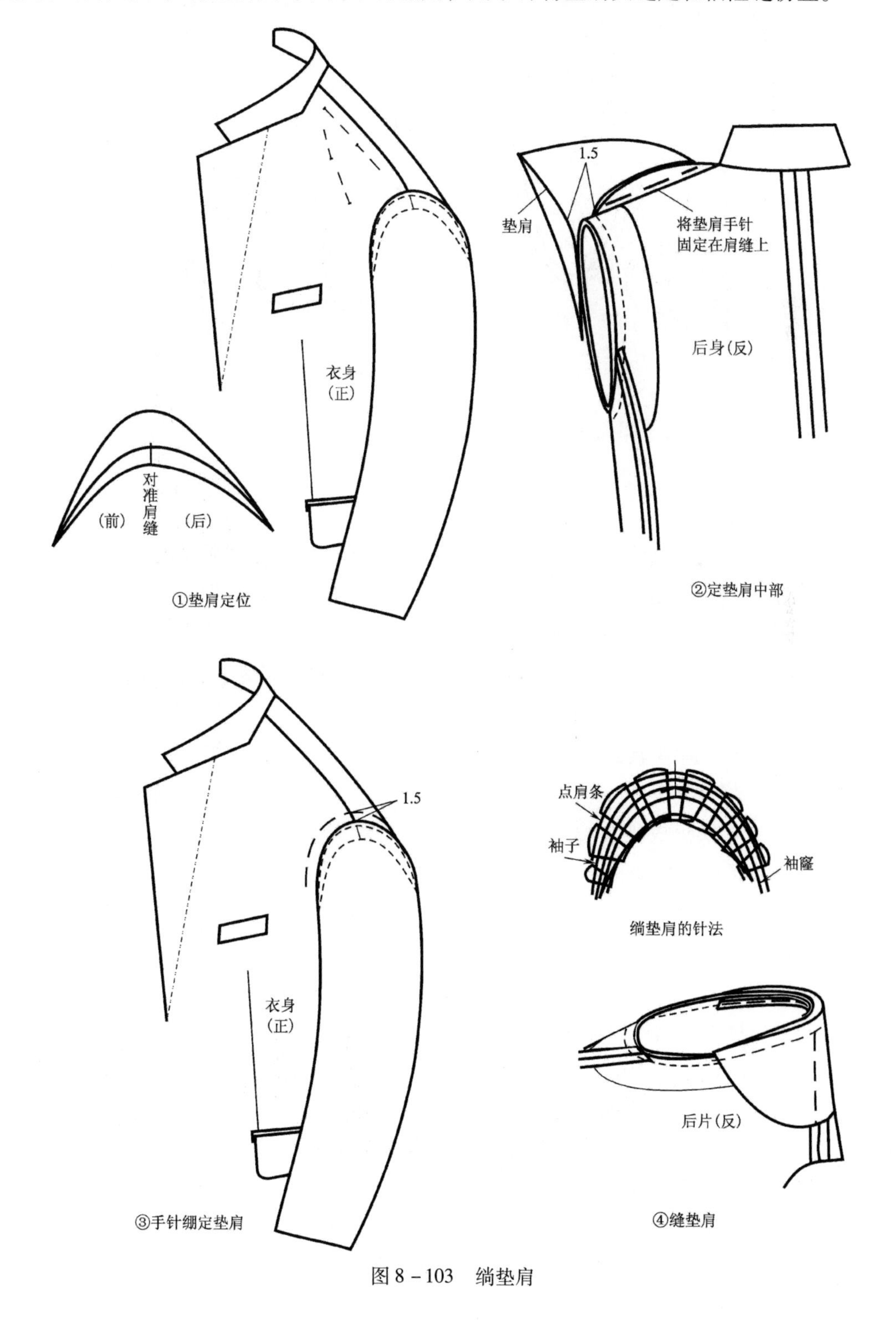

图 8－103　绱垫肩

11. 绱袖里 绱缝袖里：如图8－104所示，先将衣里布袖窿手针缝在垫肩与衣面布的袖窿上，然后将袖里布手针缝在衣里布袖窿上。

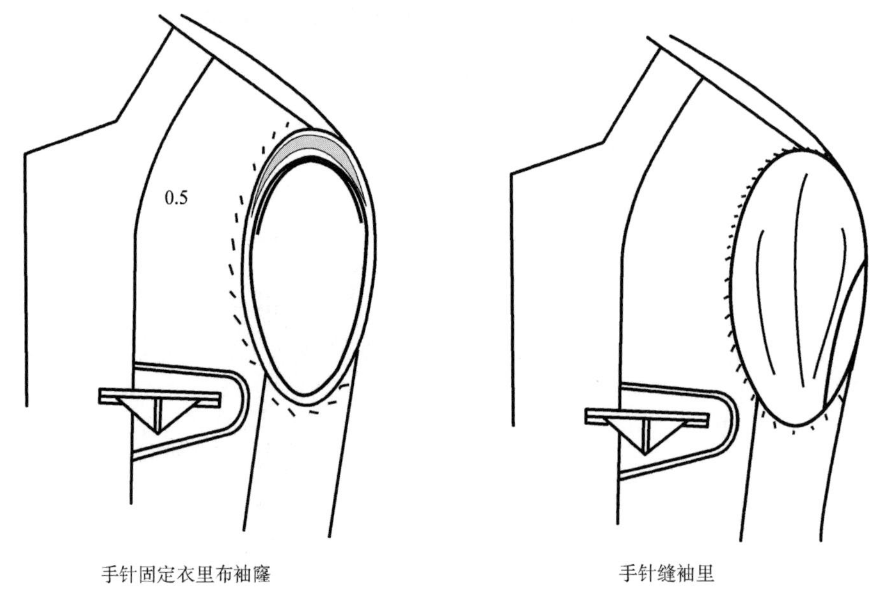

图8－104 绱袖里

12. 锁眼、钉扣

（1）锁眼：用定位板划线定好扣眼位，然后用圆头锁眼机锁好扣眼。

（2）钉扣：用定位板划线定好扣位，然后用手工或钉扣机钉好纽扣。

13. 整烫

（1）整烫衣里：把下摆拉开，铺在布馒头上，将不平之处熨烫平服，使下摆底边顺直，接着烫平后身，肩头和袖里可放在烫凳上熨烫。

（2）烫摆缝：把衣服翻转过来，摆缝下垫布馒头，中腰丝缕拉直平烫，上下稍归。

（3）烫后身：将背缝摆直，先平烫下部，然后中腰上段归烫，领窝、背部袖窿熨烫平服。

（4）烫止口：将摆角放平，烫出窝势，理顺止口丝缕，止口要烫实、压薄；熨烫驳头时，贴着止口烫，条格面料要将条格烫顺直。

（5）烫过面、驳头和领子：将过面翻出，垫在布馒头上，烫出驳领窝势，左、右两边对称，长短一致。

（6）烫袋、省、胸部、领座和袖子：将大袋盖摆正，条格面料要与大身条格对上，下垫布馒头，保持袋口胖势；胸省要保持弓形，收腰处前拔后归，将驳头翻起，熨烫胸部，下垫布馒头，将胸部凸势烫圆顺；烫胸部时顺势往上将领座烫扁、烫薄，领窝烫平；把袖子套在烫凳上，摆顺前、后袖缝熨平服。注意袖缝不能烫出折痕。

（7）烫驳口线：沿驳口线向外翻折熨烫，上接领翻折线，下至第一扣眼位，串口摆顺，驳口线拉直，由肩头直烫到驳口止点以上5cm处，顺势将领面沿翻折线熨烫平服。

（8）烫肩头、袖山：在肩头下垫烫凳，摆顺靠近领口处丝缕，烫平肩头；用袖山烫板把袖山托起，在上面轻压烫顺圆势，不要烫出折痕。

六、思考与实训

在规定时间内，按工艺要求完成一件男西服的裁剪与缝制，规格尺寸自定。工艺要求及评分标准见表8－4。

表8－4　男西服工艺要求及评分

项目		工艺要求	分值
外观	整体效果	整烫平挺，归拔合理	6
	里、面、衬	无极光、烫黄、水渍、污渍、线头等	4
规格	衣长（*L*）	允许误差＝±1.0cm	1
	袖长（*SL*）	允许误差＝±0.7cm	1
	总肩宽（*S*）	允许误差＝±0.6cm	1
	胸围（*B*）	允许误差＝±2.0cm	1
领子	领头	领形对称，领尖高低、左右一致，领窝齐顺	2
	串口、止口	串口顺直、长短一致，领止口顺直，不反吐	2
	领面	不反翘	2
	翻领	翻领折线到位，领外口不紧不松	2
	领座	领座面无皱褶，面、里服帖，宽度符合要求	2
前衣面	驳头	翻领松量适宜，不使驳口线高于或低于第一粒纽扣	2
		驳头面松紧适宜，驳口线顺直，外口圆顺，两侧对称	6
	门襟	止口长短一致，底角方正（或圆顺对称）	4
		止口平薄、不反吐、顺直	
	胸部	胸部丰满、挺括、服帖	4
		胸衬位置适宜、对称	
	手巾袋	袋板宽窄一致，翘势美观，袋口松紧适度	4
		缉线或暗缲美观，封结无毛漏，分缝平服	
	大袋	袋位高低、前后一致	8
		袋盖里、面松紧适宜，造型一致	
		嵌条宽窄一致，松紧适度、顺直，袋位方正	
		封结牢固，无毛漏	
	肩缝	肩缝顺直、平服，左右长短一致	2
	摆缝	摆缝顺直、平服，左右长短一致	2
	省缝	省缝位置准确，省尖无酒窝、顺直，分烫平服	2
袖面	袖山	绱袖圆顺，吃势均匀	2
	袖筒	前、后位置正确，两袖对称，袖筒顺直	2
	开衩	开衩长短一致，平服	2
	袖口	袖口大小对称，尺寸规格误差小	2

续表

项目		工艺要求	分值
后衣面	背缝	背缝顺直，后背平服	4
前后衣里	前衣里	肩缝顺直、对称	8
		过面与耳朵皮的接缝顺直，无皱褶	
		里袋袋口方正，袋口封结牢固，嵌条宽窄一致	
		底边圆顺，折边宽窄一致	
	后衣里	肩缝、摆缝顺直，摆缝有坐势	4
		背缝顺直，有坐势	
	袖里	袖山吃势均匀，圆顺	6
		机缝袖窿里，绷线至少占到1/2以上，前、后袖缝绷线固定	
		里、面袖缝无错位	
		袖口里子有眼皮	
		垫肩位置适宜，绷线不紧	
		袖里与袖口边宽窄一致，顺直	
线迹	机缝	暗线顺直，针距达到标准，无断线	3
	手缝	无毛漏现象，针距适宜，针迹美观	3
		缲针松紧适宜、牢固	
锁眼	锁眼	扣眼位置正确，大小合适，针迹均匀	3
钉扣	钉扣	钉扣牢固、位置正确，有线脚，袖衩装饰扣距均匀	3

第四节　西服马甲缝制工艺

✲课前准备

• 材料准备

1. 面料

（1）面料选择：马甲一般选择与西服相同的面料。

（2）面料用量：幅宽144cm，用料长 = 前衣长 +5cm，约为70cm。

2. 里料

（1）里料选择：与西服相同的的里料。

（2）里料用量：幅宽144cm，用料长 = 前衣长，约为65cm。

3. 其他辅料

（1）衬料：幅宽90cm的有纺黏合衬，用量为前衣长 +5cm，约为70cm；幅宽90cm的无纺黏合衬15cm。

（2）纽扣：准备直径1.6cm纽扣6粒（备用1粒），材质及颜色与所用面料相匹配。

（3）缝线：准备与面料颜色及材质相匹配的缝线。

（4）袋布适量（用里布代替）。

（5）打板纸：整张牛皮纸1张。

• 工具准备

备齐制图常用工具与制作常用工具。

• 知识准备

提前复习并准备男上装原型衣片的净样板（具体制图方法见第八章第二节图8-50），复习本章第一节“挖袋工艺”。

西服马甲是男西服的配套上装，其前身面料与西服相同，后身与西服里料相同，一般要求在西服驳领内可看到2~3粒马甲的纽扣。马甲工艺可参考西服工艺，本节只进行简要说明。

一、款式特征

该款马甲造型合体，前领口呈V形，单排五粒口，三开袋，后身收腰省，侧缝设摆衩，如图8-105所示。

图8-105　西服马甲款式图

二、结构制图

（一）制图规格

西服马甲制图规格，见表8－5。

表8－5　西服马甲规格尺寸　　单位：cm

号/型	胸围（B）	颈椎点高（FL）
175/92A	101	149

（二）西服马甲结构制图

西服马甲衣片结构需要在马甲原型的基础上进行调整，具体制图方法如图8－106所示。

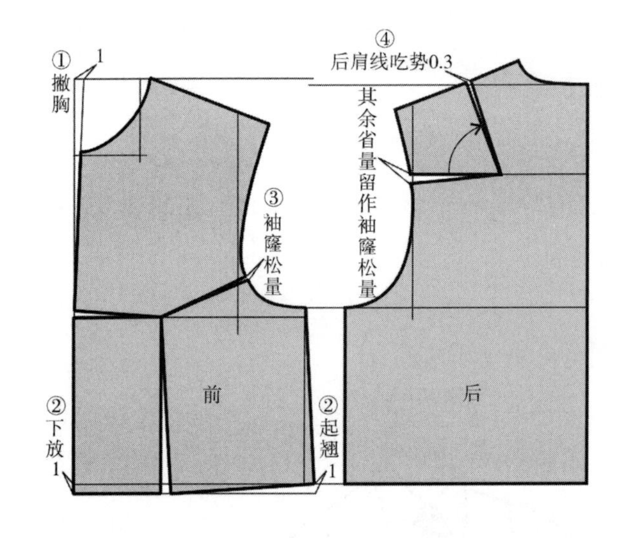

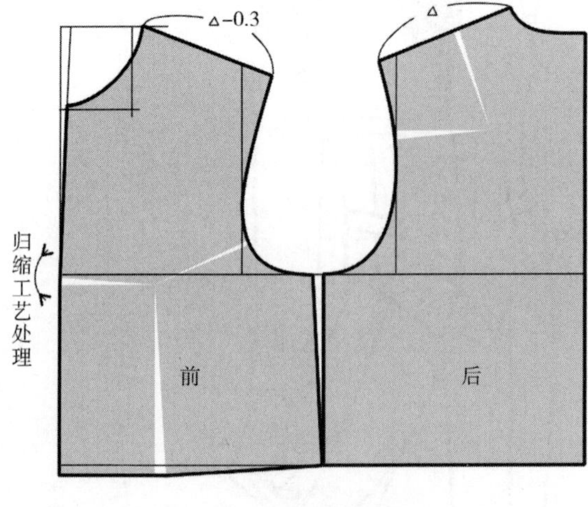

(a) 马甲原型结构

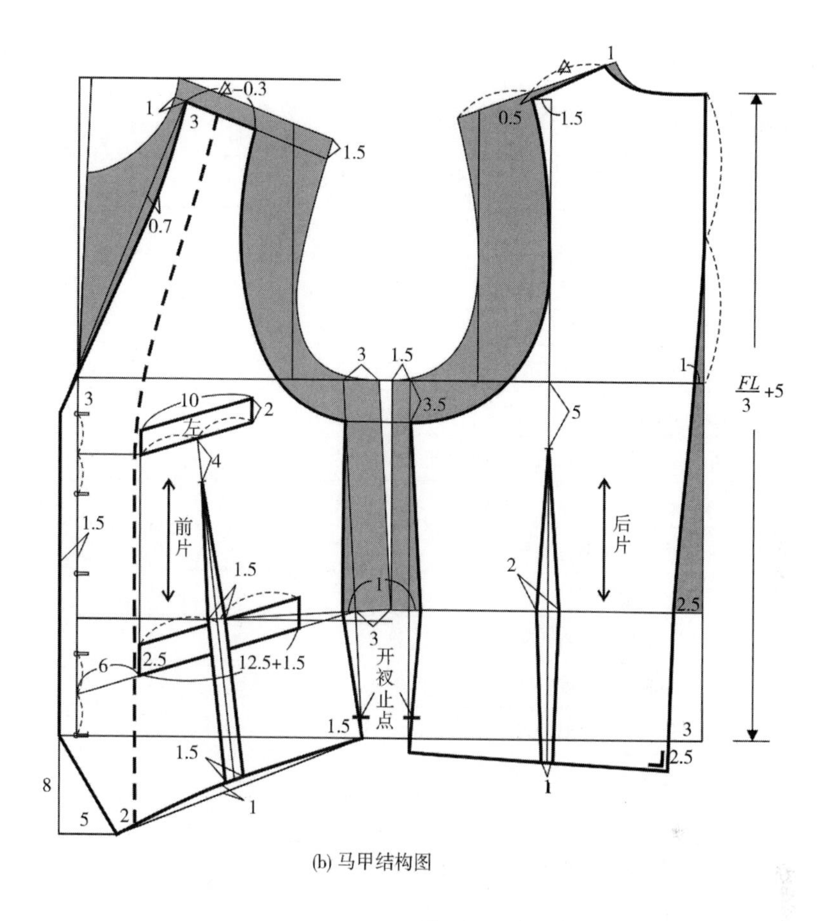

(b) 马甲结构图

图 8－106 西服马甲结构图

三、缝制工艺

西服马甲缝制工艺流程，如图 8－107 所示。

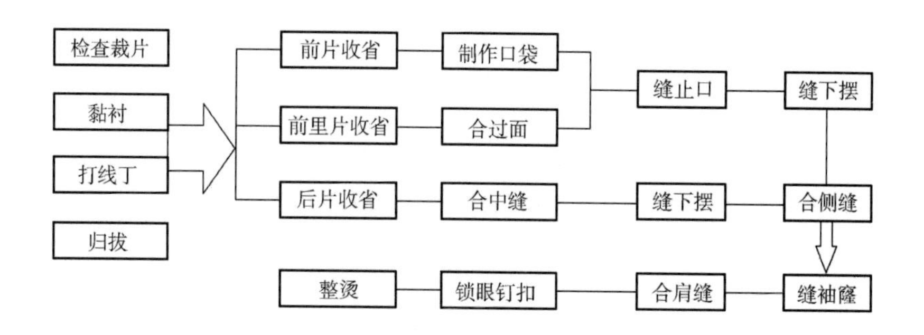

图 8－107 马甲缝制工艺流程图

四、工艺要求及评分标准

西服马甲缝制工艺要求及评分标准见表8－6。

表8－6　西服马甲工艺要求及评分标准

项目	工 艺 要 求	分值（分）
规格	衣长、肩宽与规格相符	6
	允许误差：$B = \pm 1$cm	4
领口	圆顺、平服、不豁、不抽	10
门、里襟	顺直、不搅、不豁	10
口袋	位置允许误差±0.4cm，规格尺寸符合要求	4
	袋板方正，左右对称，无毛漏，明线宽窄一致	8
	袋布规格符合要求、平整	2
	制作方法正确	6
袖窿	平服，不变形，左右圆顺一致	10
肩、背	平服，小肩左右宽度一致，背缝无歪斜	8
摆衩	左右高低一致，套结美观	6
省	位置允许误差±0.4cm，顺直	6
锁眼	锁眼位置准确，符合要求	6
钉扣	钉扣位置准确，方法正确，缝钉牢固	4
整烫效果	熨烫平服	5
	整洁，无线头，无污渍，无黄斑	5

实践训练与技术理论——

夹克与大衣缝制工艺

课程名称： 夹克与大衣缝制工艺

课题内容： 夹克与大衣部件与部位工艺
夹克缝制工艺
大衣缝制工艺（选学）

课题时间： 24 学时

教学目的： 通过对夹克和大衣缝制工艺的学习，使学生系统地掌握不同男装的缝制工艺、质量要求，提高学生的实际操作能力。通过训练使学生更深入理解结构与工艺理论，同时为相关专业课程的学习奠定扎实的基础。

教学方式： 理论讲解、实物分析、示范操作相结合，借助多媒体演示，根据教材内容及学生具体情况灵活制订训练内容，加强基本理论和基本技能的教学，重视课后训练。

教学要求：
1. 掌握夹克常用口袋的缝制方法。
2. 了解夹克袖衩的缝制工艺及要求。
3. 掌握夹克和样板的放缝要点及排料方法。
4. 了解夹克的缝制工艺流程和技术方法。
5. 了解夹克的缝制工艺要求及质量标准。
6. 了解大衣基本结构及缝制工艺流程。

第九章　夹克与大衣缝制工艺

第一节　夹克与大衣部件与部位工艺

✲课前准备

• 材料准备

白坯布：部件练习用布，幅宽160cm，长度50cm。

无纺衬：幅宽90cm，用量约为20cm。

缝线：准备与面料颜色和材质相匹配的缝线。

• 工具准备

备齐制图常用工具与制作常用工具，调试好缝纫机针距、面线、底线张力等。

• 知识准备

复习双嵌线挖袋工艺、袖衩工艺、缩扣烫工艺等。

夹克及大衣的相关部件与部位工艺主要是挖袋的缝制。

一、贴板式挖袋

贴板式挖袋多见于夹克、风衣、大衣的侧袋，袋板较宽，袋口方正，其缝制工艺如图9－1所示。

（一）缝制准备

1. 裁片　如图9－1（a）所示规格尺寸裁剪袋板布（黏全衬）、垫袋布、袋布，裁边长为25cm的正方形布作为衣片使用。

2. 划线及黏衬　衣片正面划出袋口线，袋板布反面划出袋口记号；衣片反面袋口部位黏衬，袋板布黏全衬，并双折烫平。

（二）缝制说明

1. 制作袋板　袋板布正面相对双折，缝合两端；翻正后压烫。

2. 装袋板、装垫布　袋板与小袋布正面相对，比齐袋口，对准袋口记号，沿袋口净线绷缝固定；垫袋布与大袋布比齐袋口记号，压缝固定内侧及下口，如图9－1（b）所示。

3. 装袋布　如图9－1（c）所示，小袋布装在袋口前侧，袋布在上层，对齐袋口线，沿袋板绷缝线迹缉缝，注意两端重合倒回针；大袋布装在袋口后侧，沿袋口1.5cm处缉线，两

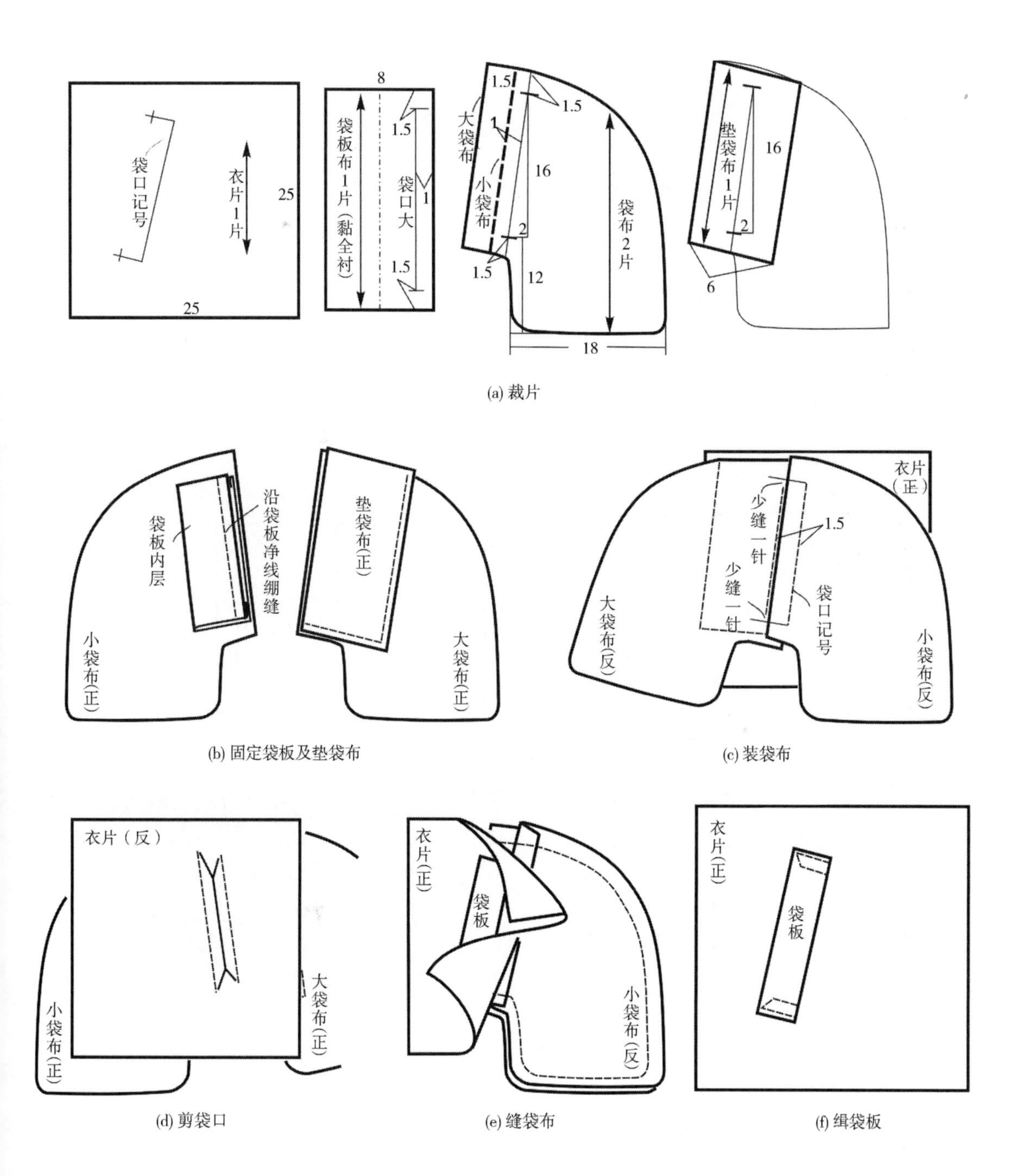

图 9－1　贴板式挖袋工艺

端比袋口记号少缝一针，注意倒回针。

4. 剪袋口　在两条线迹的中间剪袋口，两端剪三角，剪至距离最后一个针眼 0.1cm 处，如图 9－1（d）所示。

5. 缝袋布　如图 9－1（e）所示，正面掀开衣片，沿袋布缉缝一周，不需要处理毛边。

6. 缉袋口　如图 9－1（f）所示，袋口两端缉明线，双线可以封牢三角。

缝制完成的板袋要求袋板顺直，宽度一致，缉线美观；袋角方正，封口牢固，布面平服。

二、单嵌线挖袋

夹克里袋一般是单嵌线挖袋，用垫袋布代替上嵌线，制作方法与双嵌线挖袋相似，其缝制工艺如图9－2所示。

（一）缝制准备

1. 裁片 如图9－2（a）所示规格尺寸裁剪挖袋嵌线（黏全衬）、垫袋布、袋布以及裁边长为20cm的正方形布作为衣片使用。

2. 划线及黏衬 衣片正面划出袋口线，嵌线正反面划出对应的袋口记号（两面记号必须一致）；衣片反面袋口部位黏衬，嵌线黏全衬；将嵌线顺长度方向对折压烫。

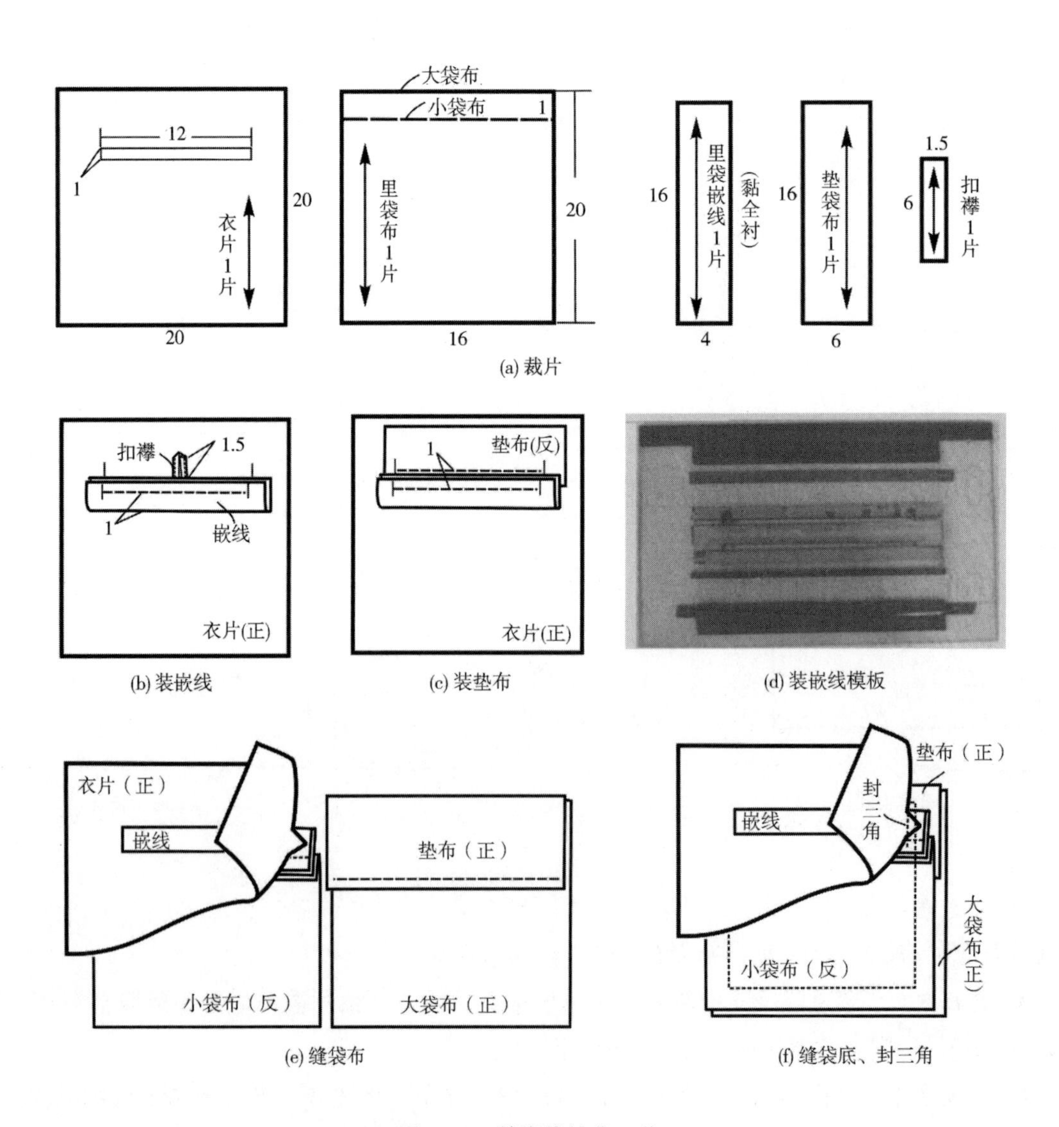

图9－2 单嵌线挖袋工艺

（二）缝制说明

1. 装嵌线 如图9-2（b）所示，嵌线装在袋口下侧，与衣片正面相对叠合，对齐袋口记号，沿袋口划线缉缝，注意两端倒回针。

2. 制作扣襻 用里布裁6cm×1.5cm的直纱襻条，将襻条四折后车缝，折叠成扣襻并固定于上袋口中点。

3. 装垫布 如图9-2（c）所示，垫袋布装在袋口上侧，将垫袋布反面朝上，置于嵌线与衣片之间，垫袋布的布边顶到装嵌线线迹，左右对齐袋口记号，沿嵌线边缘缉缝，注意两端倒回针。借助缝制模板，如图9-2（d）所示，装嵌线和垫袋布可以简化工艺，保证工艺质量。

4. 剪袋口 反面检查，要求两条线迹平行，间距1cm，两端连线成直角；确认无误后，在两条线迹中间剪袋口，两端剪三角，剪至距离最后一个针眼0.1cm处。

5. 装袋布 如图9-2（e）所示，小袋布与嵌线下口反面接缝；垫袋布与大袋布上口比齐，沿垫袋布下口缉线固定。

6. 缝袋布 如图9-2（f）所示，整理好两层袋布，直接沿四周缝合两层袋布，注意顺势缉缝袋口两端三角。

缝制完成的挖袋要求嵌线顺直，宽度一致，缉线美观；袋角方正，封口牢固，布面平服。

三、拉链式挖袋

拉链式挖袋多见于夹克、休闲裤的袋口用拉链覆盖，其缝制工艺如图9-3所示。

（一）缝制准备

1. 裁片 参考图9-2中的里袋规格尺寸，裁剪衣片局部、嵌线布（黏全衬）、垫袋布、袋布。

2. 划线及黏衬 衣片正面划出袋口方框，嵌线正反面划出对应的袋口记号（两面记号必须一致）；衣片反面袋口部位黏衬，嵌线黏全衬。

（二）缝制说明

1. 装嵌线 如图9-3（a）所示，嵌线与衣片正面相对，对齐袋口记号，沿袋口四周缉缝，注意四个袋角处不能接缝。

2. 剪袋口 在两条长线迹的中间剪袋口，两端剪三角，剪至距离最后一个针眼0.1cm处。

3. 固定嵌线 如图9-3（b）所示，将嵌线全部翻至反面，压烫止口定型，注意止口处不能留坐势；距离袋口四周1cm用大针距绷缝固定嵌线。

4. 装拉链 如图9-3（c）所示，拉链置于袋口中间，沿拉链布带四周距拉链牙0.1~0.2cm缉明线固定，注意拉链头要留在袋口区域。

5. 缝装袋布 如图9-3（d）所示，垫袋布与袋布上口比齐，沿垫袋布下口缉线固定；袋布下口与嵌线下口车缝；如图9-3（e）所示，袋布上口（连同垫袋布）与嵌线上口缝合，

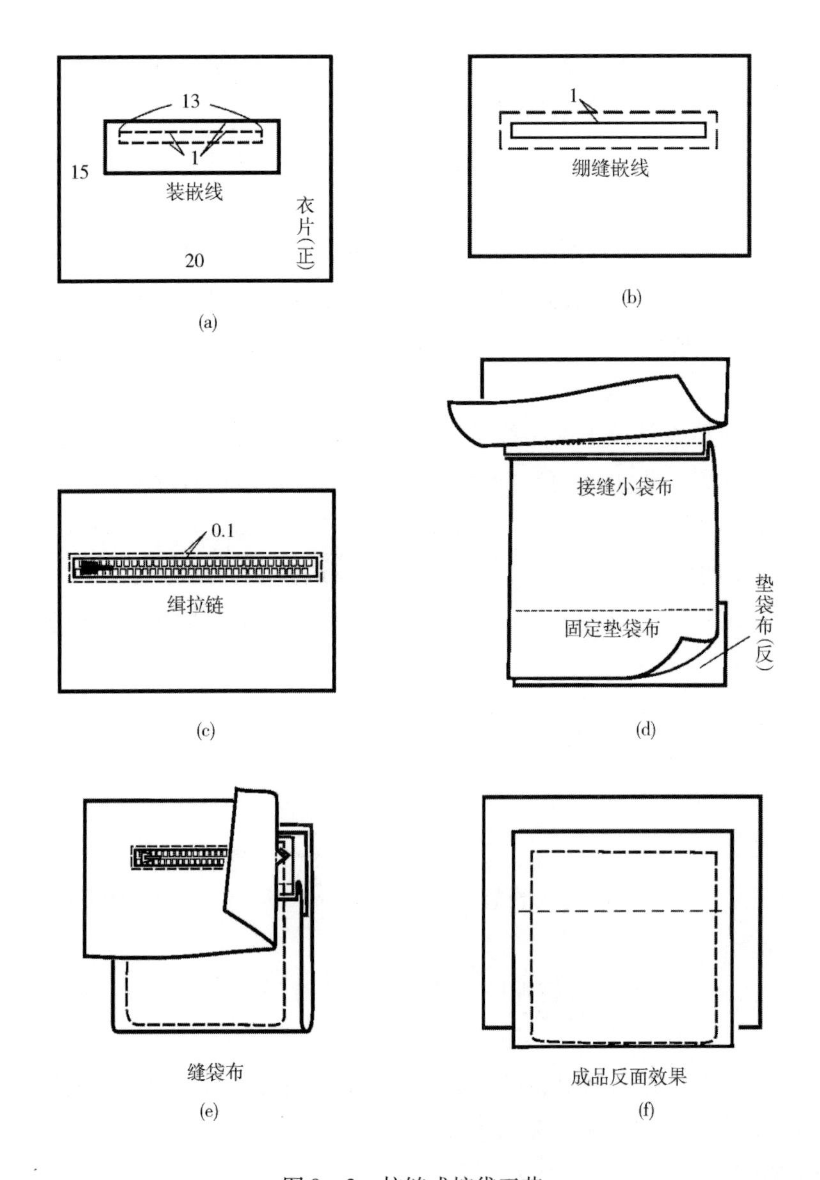

图9－3　拉链式挖袋工艺

顺缉两侧袋布。

缝制完成的挖袋要求袋口顺直，袋角方正，缉线美观；封口牢固，布面平服。

四、思考与实训

（1）练习贴板式挖袋的缝制工艺。

（2）练习单嵌线挖袋、拉链式挖袋缝制工艺。

第二节 夹克缝制工艺

✲课前准备

• 材料准备

1. 面料

（1）面料选择：夹克面料适合选择棉织物、毛织物、混纺或化纤织物等。春秋穿用的夹克，面料应选择全棉细帆布、涤棉卡其、涤黏混纺织物、精纺毛织物等。冬季穿用的夹克，面料应选各种粗纺毛呢织物。

（2）面料用量：幅宽144cm，用量为衣长+袖长+20cm，约为150cm。幅宽不同时，根据实际情况酌情加减面料用量。

2. 里料

（1）里料选择：与面料材质、色泽、厚度相匹配的里料。

（2）里料用量：幅宽144cm，用量为衣长+袖长，约为130cm。

3. 其他辅料

（1）黏合衬：中等厚度无纺衬，幅宽90cm，长度约100cm。

（2）纽扣：准备4粒直径1.7cm袖口用扣，2粒直径1.2cm里袋用扣，材质及颜色与所用面料相匹配。

（3）拉链：需60cm长分离式拉链一条，要求与面料顺色。

（4）垫肩：圆头软垫肩1副。

（5）缝线：准备与面料颜色及材质相匹配的缝线。

（6）打板纸：整张绘图纸3张。

• 工具准备

备齐制图常用工具与制作常用工具。

• 知识准备

准备男装原型衣片净样板（具体制图方法参阅第八章第三节“男西服结构制图”部分），复习本章第一节内容。

夹克是男士生活用装的品种之一。其造型以宽松为主，线条粗犷简练，款式新颖时尚，花色明快柔和，面料适用范围广，穿着舒适，老少皆宜，四季皆可服用。新面料、新设备、新技术的出现，使得夹克工艺不断更新。

一、款式特征概述

本款夹克造型宽松，长及臀围，挂全里。分领座平方领，前门襟装拉链，左右各一斜板式挖袋，另装下摆克夫；后片横过肩分割，下摆靠近侧缝处左右各收一省；两片袖，袖口收一个裥，方头袖克夫，钉两粒扣，如图9-4所示。

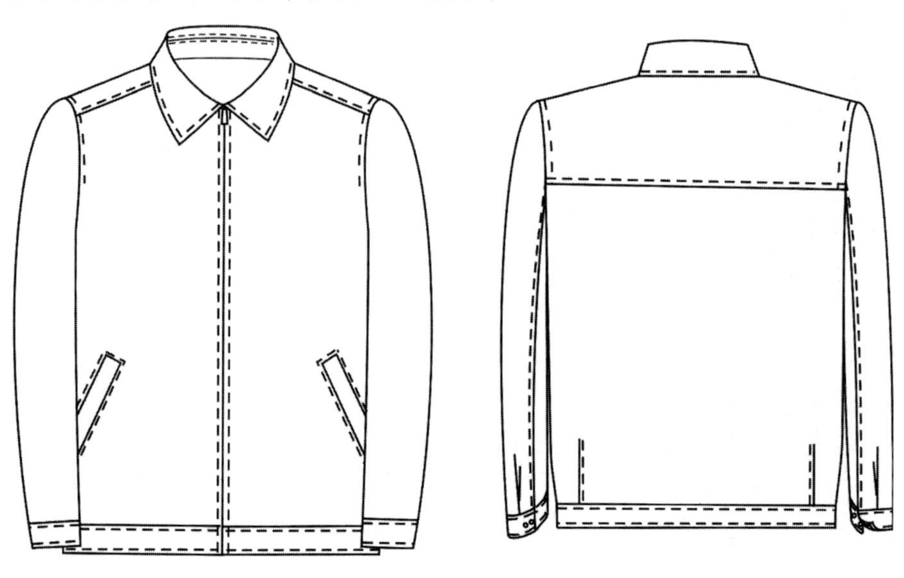

图9-4　夹克款式图

二、结构制图

（一）制图规格

男士夹克制图规格尺寸，见表9-1。

表9-1　夹克规格尺寸　　单位：cm

号/型	胸围（B）	衣长（L）	袖长（SL）	袖口围	底领宽（a）	翻领宽（b）
170/88A	88+20（放松量）	68	55.5+4.5（放松量）	26	4	5

（二）夹克结构制图

夹克衣片与领片结构，如图9-5所示。衣片结构需要在如图8-50（a）所示的男装衣片原型的基础上调整。袖片结构，如图9-6所示。

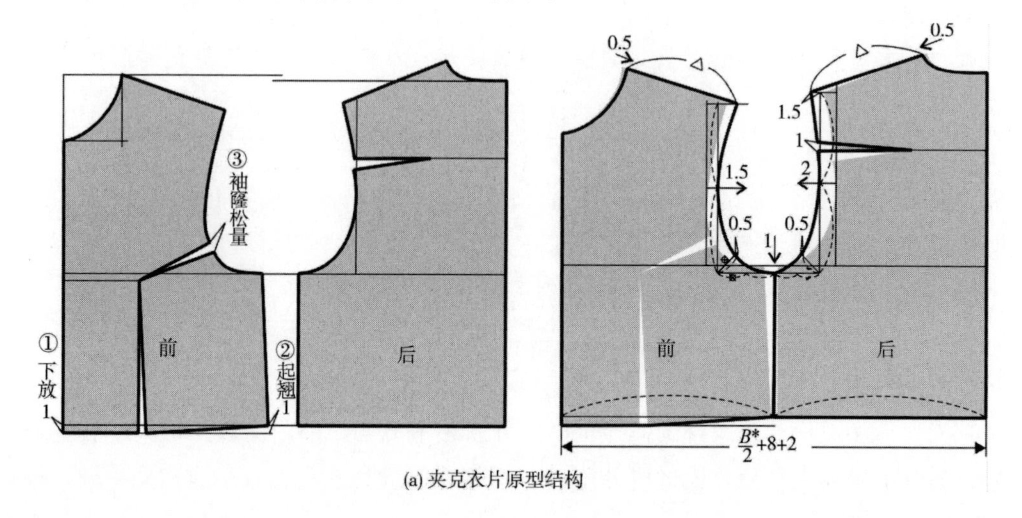

(a) 夹克衣片原型结构

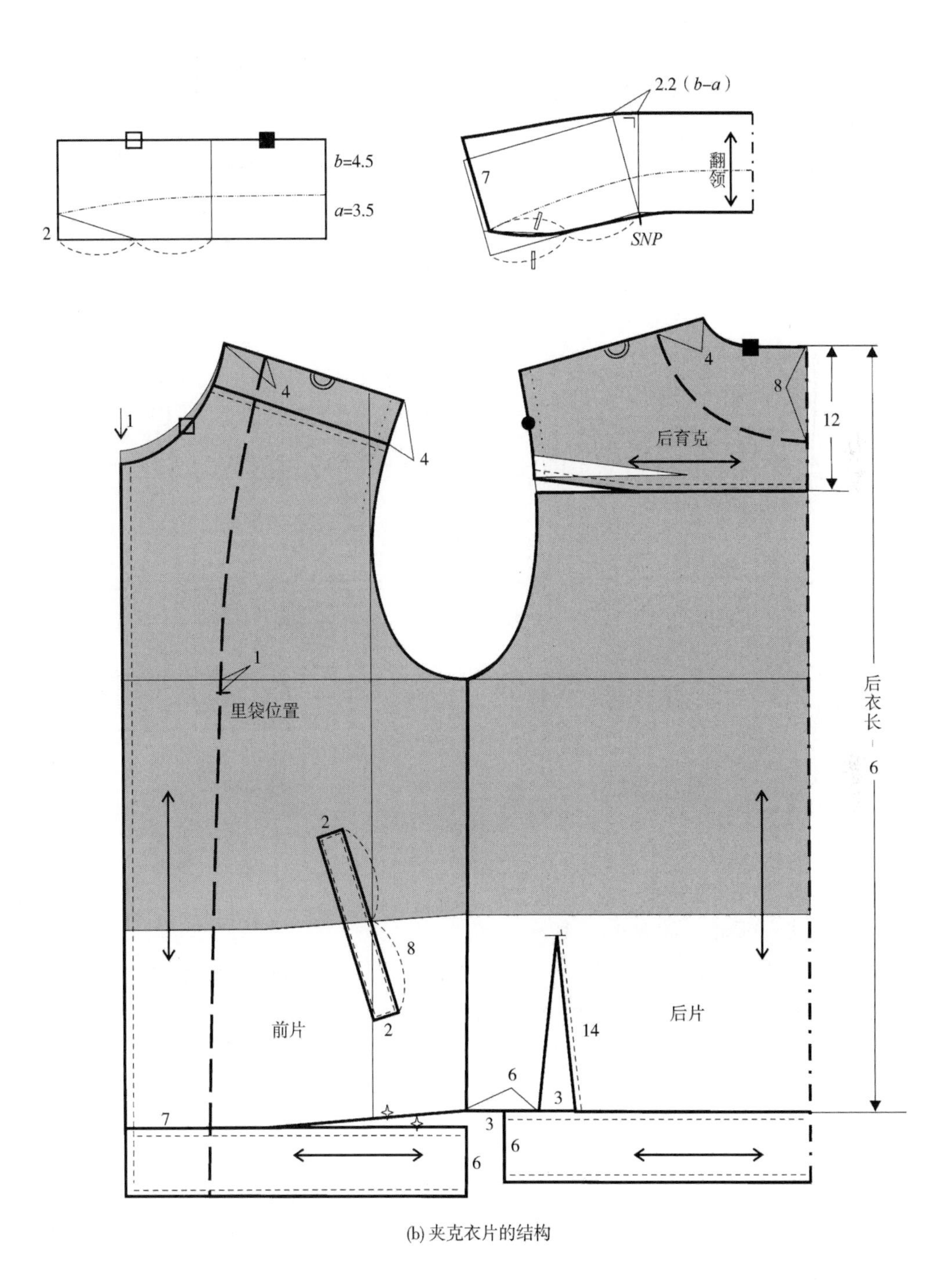

(b) 夹克衣片的结构

图 9－5　夹克衣片与领片结构图

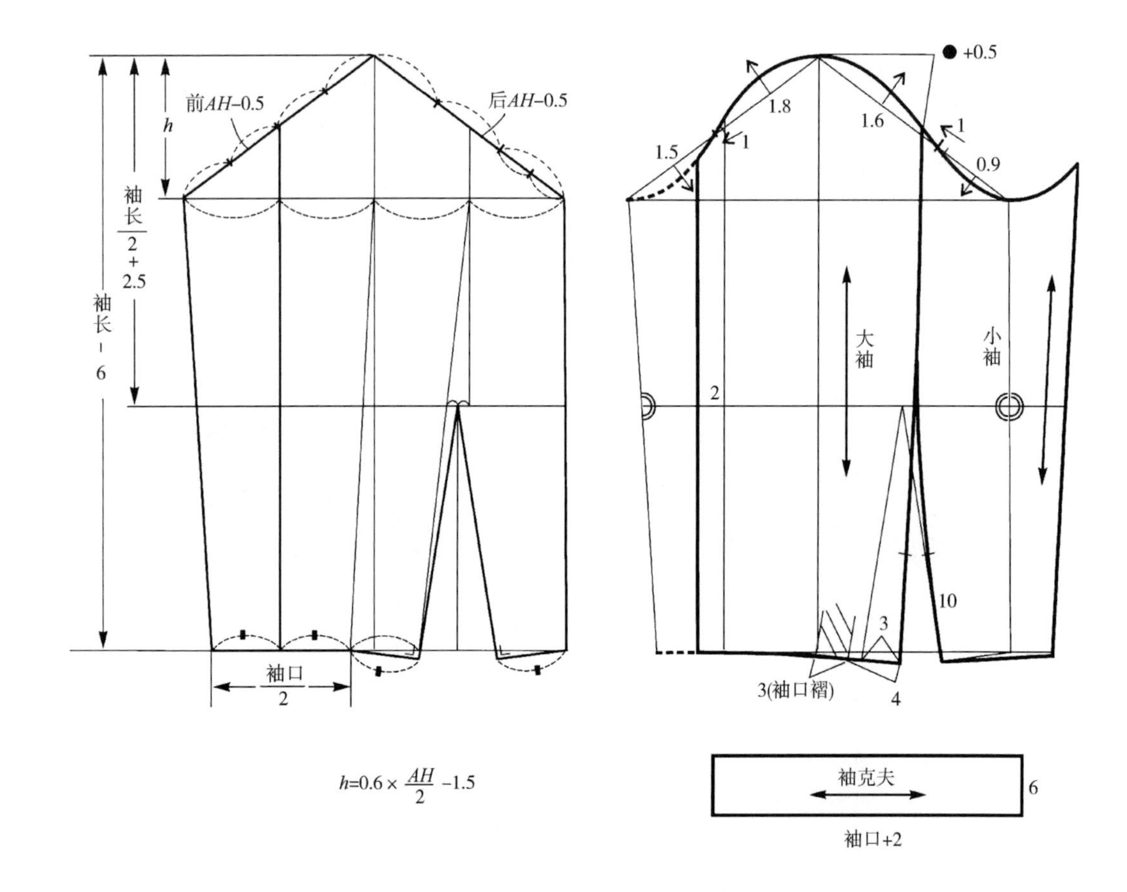

图9－6 夹克袖片结构图

（三）领片制图及纸样调整

领片制图及纸样调整，如图9－7所示。

（四）相关部件及规格

夹克的袋部件及其规格尺寸，如图9－8所示。

（五）里片纸样

里片纸样如图9－9所示。

（六）衬料纸样

衬料纸样如图9－10所示，其中有纺布黏合衬样板编号代码为E，无纺布黏合衬样板编号代码为F。

三、放缝与排料

（一）面料放缝与排料

面料放缝与排料如图9－11所示，图中未标明的部位放缝量均为1.2cm。面料样板编号代码为C，在排料图双层区域中只排了领座面的样板，领座里用其下层即可。

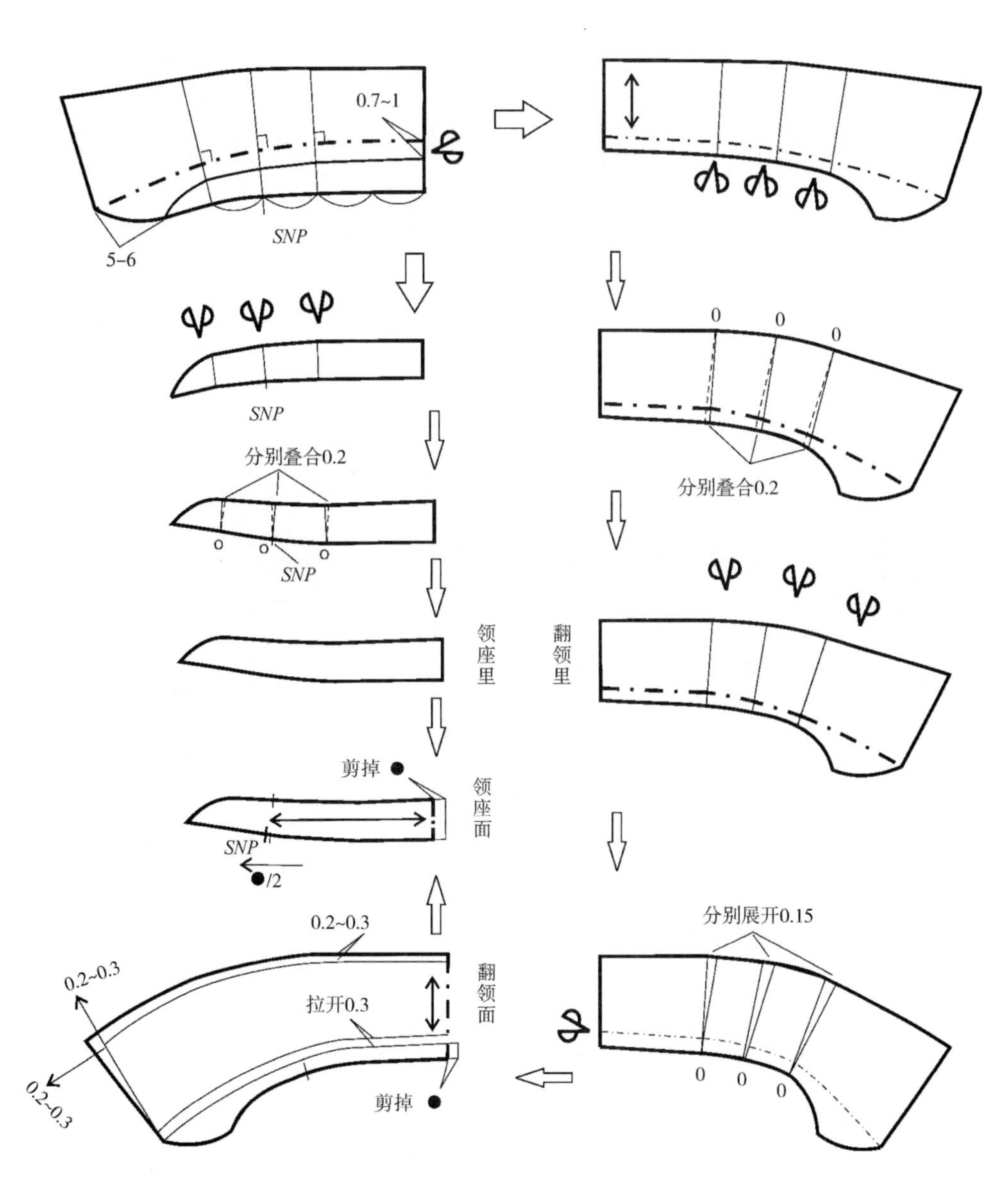

图 9－7　夹克领片结构调整

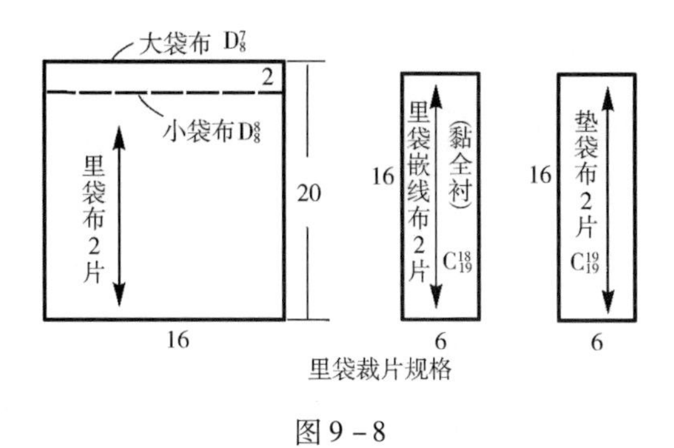

图 9－8

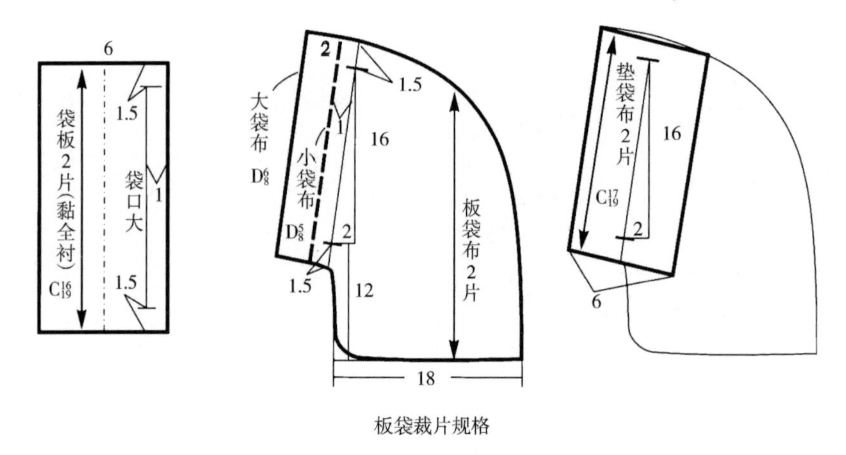

板袋裁片规格

图9－8 夹克相关部件及规格

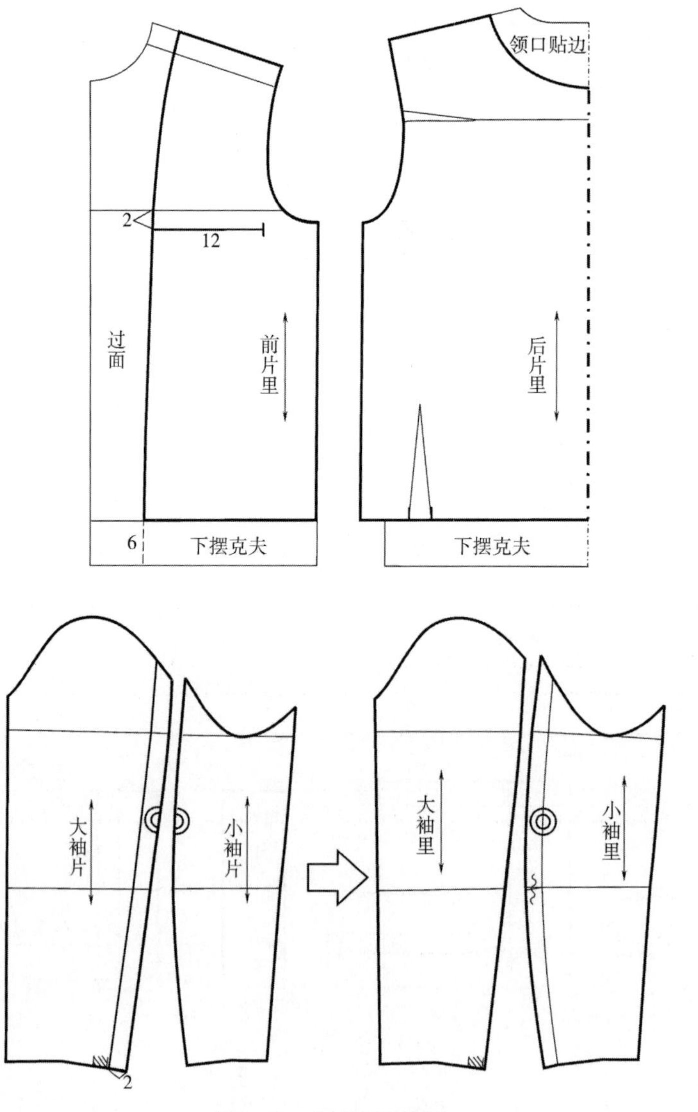

图9－9 里片纸样调整

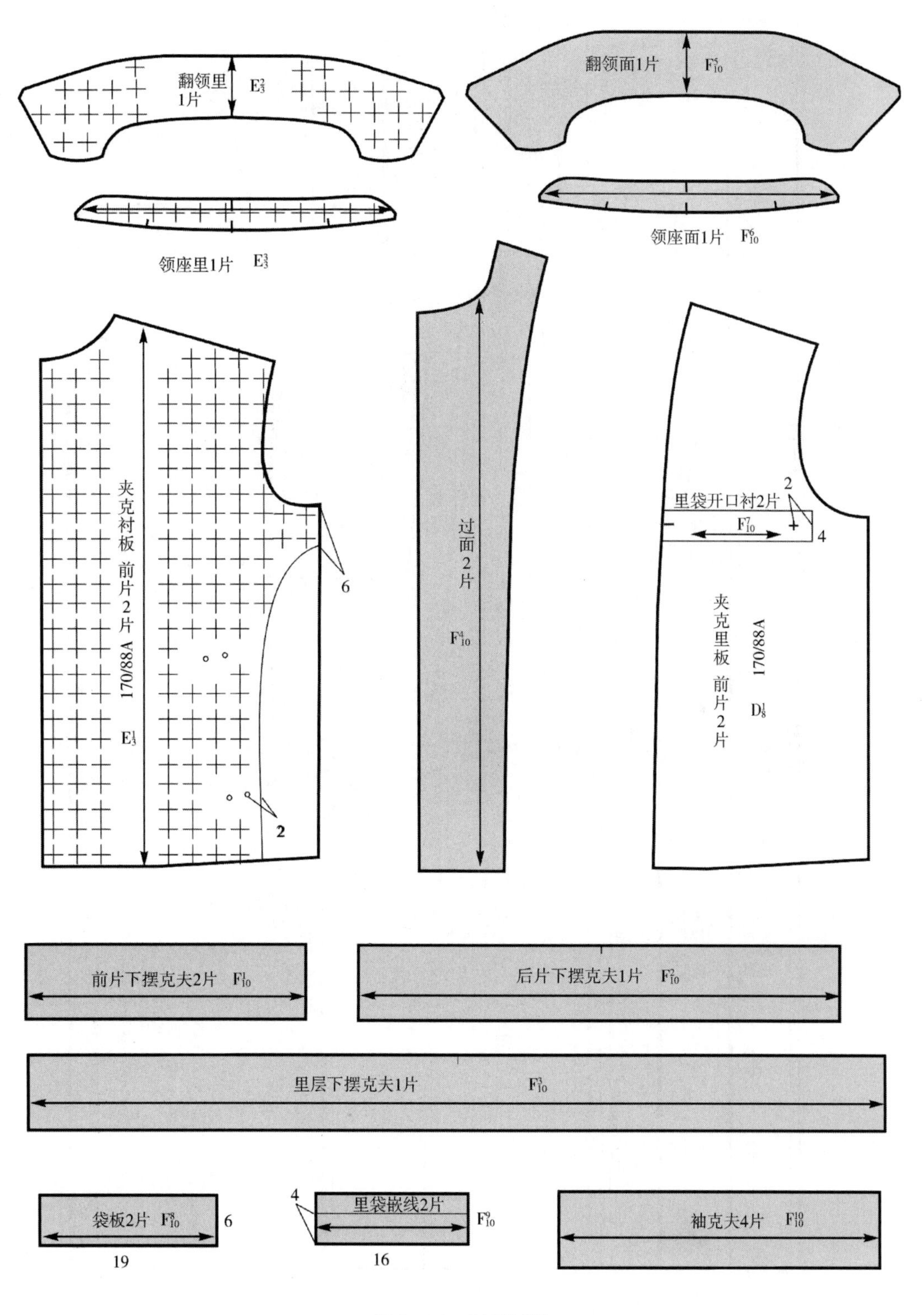

翻领里 1片
E_3^2
翻领面1片
F_{10}^5
领座里1片 E_3^3
领座面1片 F_{10}^6
夹克衬板 前片 2片
170/88A
E_3^1
6
2
过面 2片
F_{10}^4
里袋开口衬2片
F_{10}^7
2
4
夹克里板 前片 2片
170/88A
D_8^1
前片下摆克夫2片 F_{10}^1
后片下摆克夫1片 F_{10}^2
里层下摆克夫1片
F_{10}^3
袋板2片 F_{10}^8
6
19
4
里袋嵌线2片
F_{10}^9
16
袖克夫4片 F_{10}^{10}

图 9-10 衬料纸样

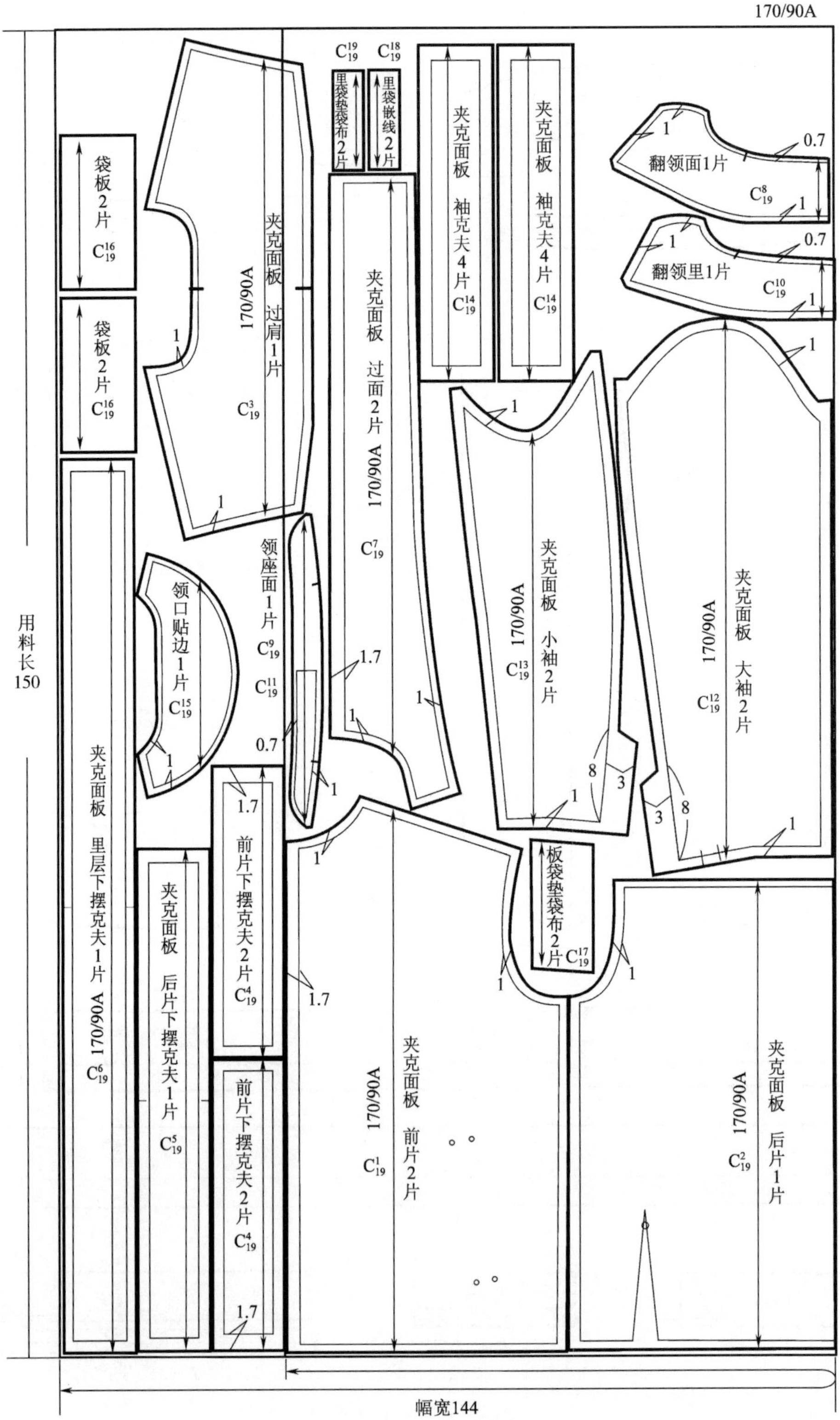

图9-11 面料放缝与排料图

（二）里料放缝与排料

里料放缝与排料如图9－12所示，图中未标明的部位放缝量均为1.5cm。里料样板编号代码为D。

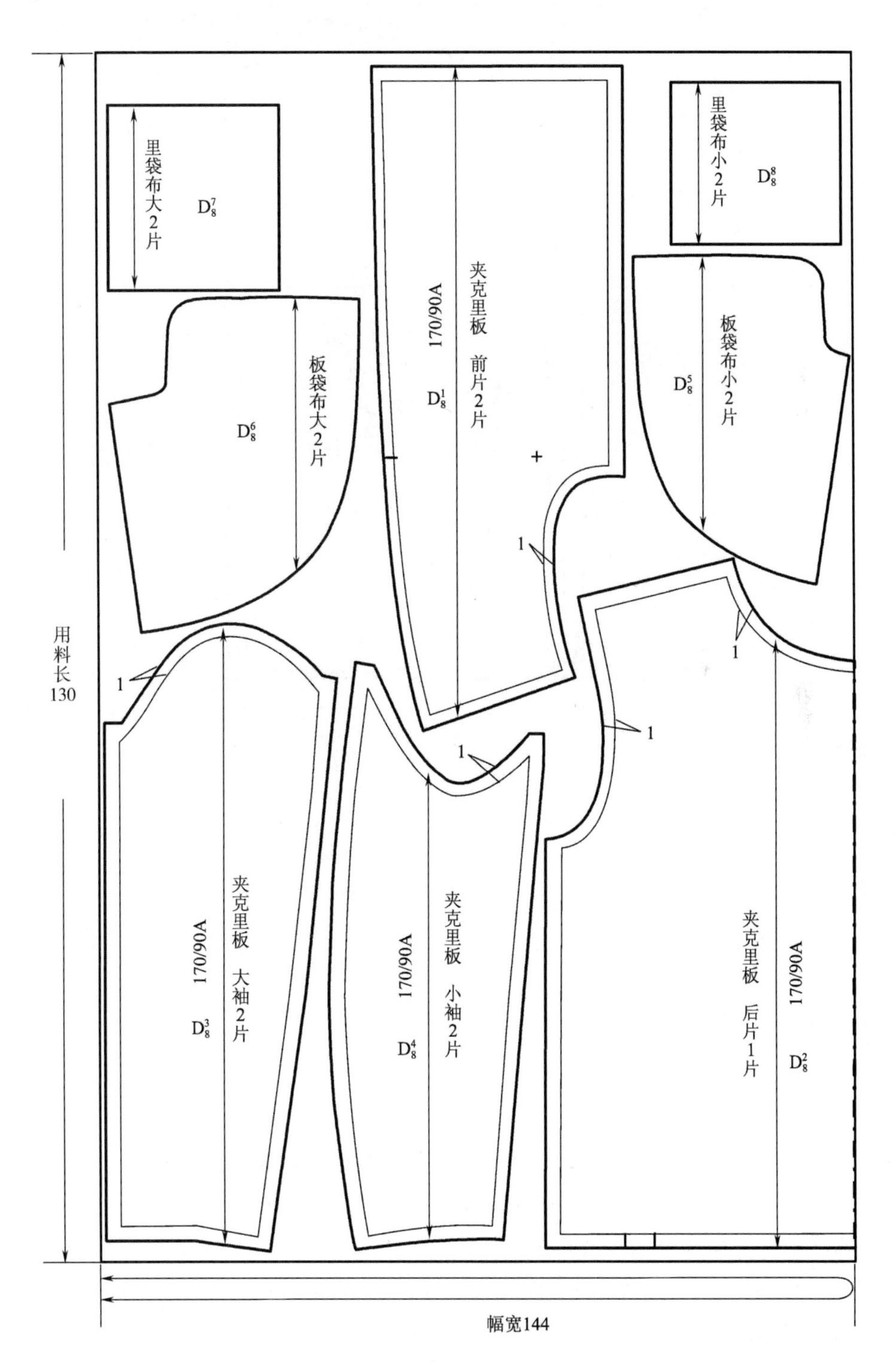

图9－12　里料放缝与排料图

（三）衬料排料

有纺布黏合衬排料如图 9－13 所示，无纺布黏合衬排料如图 9－14 所示。

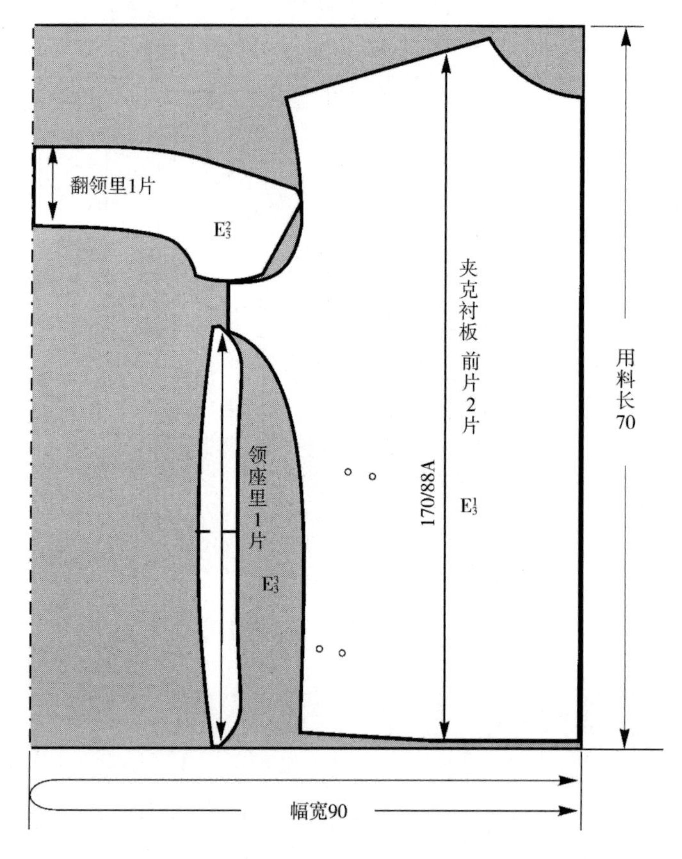

图 9－13　有纺布黏合衬排料图

四、缝制工艺

（一）缝制工艺流程框图

夹克缝制工艺流程，如图 9－15 所示。

（二）缝制准备

1. 检查裁片

（1）检查数量：对照排料图，清点裁片是否齐全。

（2）检查质量：认真检查每片裁片的用料方向、正反、形状是否正确。

（3）核对裁片：复核定位、对位标记，检查对应部位是否符合要求。

2. 划线及黏衬　在裁片反面划省位、袋位等；需要黏无纺衬的部位有：领里、领面黏全衬，过面黏全衬，下摆条里层黏全衬，袖克夫里黏全衬，开袋位置反面黏衬，嵌线与袋板黏衬。

（三）缝制说明

1. 制作前身面

（1）挖袋：具体工艺及要求参阅本节部件工艺“单嵌线挖袋”部分内容。

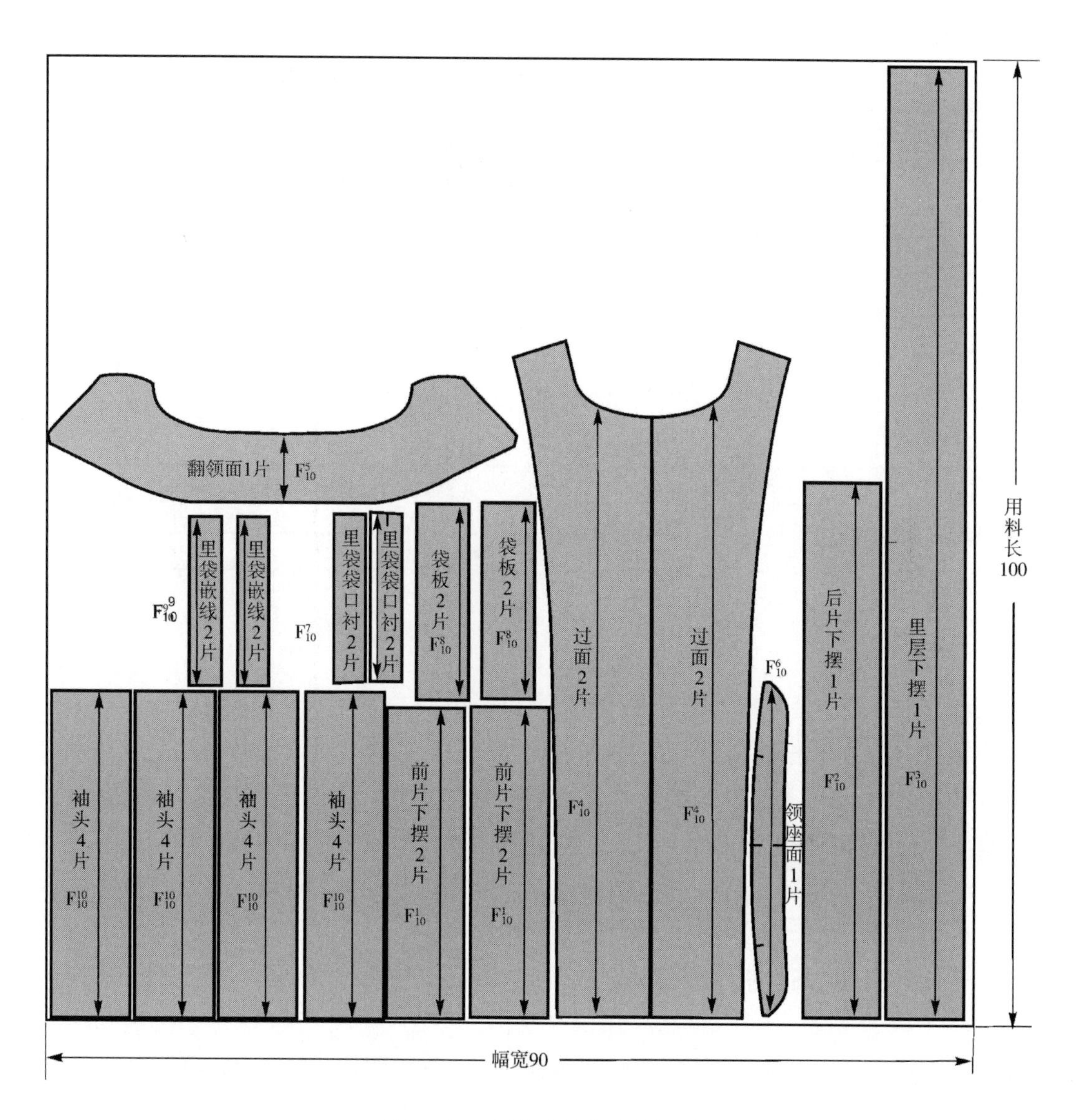

图9－14　无纺布黏合衬排料图

（2）合下摆：反面车缝前片与下摆条，两端回针，缝份倒向下摆。

2. 制作后身面

（1）收省：先从反面缝合省道，省缝倒向中线方向后正面缉线，距缝口0.1cm。

（2）合下摆：对齐后中对位点，反面车缝后片与下摆条，两端回针，缝份倒向下摆。

（3）绱过肩：对齐后中对位点，反面车缝后片与过肩；翻至正面，缝份倒向过肩，距缝口0.6cm缉线。

（4）合肩缝：前片与过肩正面相对车缝，缝份倒向过肩之后正面缉线0.6cm。注意缝合时不能拉伸肩缝。

3. 制作衣身里

（1）挖里袋：里袋位置如图9－5所示，具体制作工艺及要求参阅本章部件工艺“单嵌

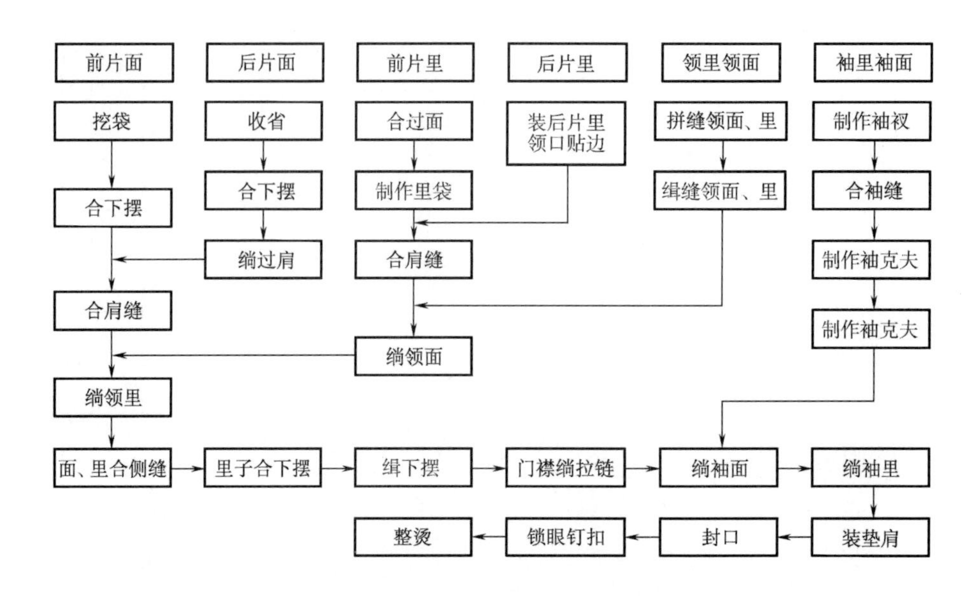

图9－15　夹克缝制工艺流程框图

线挖袋”部分内容。注意右侧里袋的袋布需要留口。

（2）装领口贴边：先将领口贴边沿净线做缩扣烫，然后与后里片正面相对车缝（领口贴边在上）。因为两片呈互补形状，缝合时注意需要铺平里片，边缝合边调整领口贴边位置，使之始终与里片领口部位比齐，缝至圆头区域时不能将扣缩的领口贴边缝份拉开。为保证缝合质量，可以多作几组对位记号；领口贴边翻正，缉缝0.6cm宽的明线。要求接缝平整、圆顺，缝口无变形。

（3）合侧缝：前、后片里子侧缝缝合缝份1.2cm，缝份沿净线倒向后片压烫，0.3cm留作松量。

（4）合下摆克夫：衣身里与下摆克夫里正面相对车缝，两端倒回针，缝份倒向衣身里。

（5）合过面：过面与前片里正面相对车缝，衣身里在下层，注意里袋对位点。

（6）合肩缝：前、后片肩缝正面相对车缝，注意比齐领口贴边与过面对合点。

4. 制作衣领　这款夹克采用分领座的翻领，其缝制工艺如图9－16所示。

（1）拼缝领片：领面的翻领与领座正面相对车缝，缝份0.7cm；翻至正面劈缝压烫，缉线距缝口0.1cm；领里的翻领与领座也同样接缝。

（2）缝衣领：领里、领面正面相对沿净线车缝，注意起针、止针时留出装领线缝份不缝，领角区域吃缝领面，做出窝势。

（3）烫止口：反面扣折领里外口缝份并压烫，翻正领子，领里朝上压烫外口，领面反吐0.1～0.2cm。熨烫时，用熨斗侧边压烫外口。烫领角时，需要左手拉起领子，右手用熨斗尖部压领角，一边压烫一边向领角方向退出，以保持领角窝势，如图9－16所示。

（4）固定领里与领面：翻开领下口，将后中区域分割线处两层领座的缝份手针绷缝或机器缝合固定。

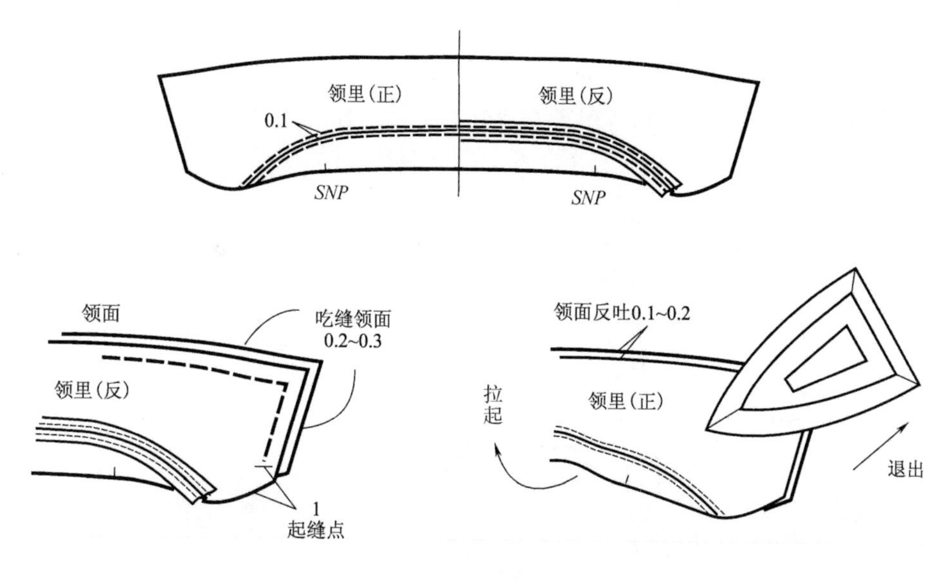

图9－16　制作衣领

5. 绱领

（1）扣烫门襟止口：将衣片与过面的门襟止口沿净线扣烫，为保证止口顺直，可以借助条形纸板扣烫。

（2）绱领面：领面与里层领口正面相对车缝，注意两端与扣烫好的过面止口比齐，中间对合肩颈点及后中记号。

（3）绱领里：绱领里的方法和要求与绱领面相同。

（4）分烫缝份：分别将绱领里和绱领面的缝份分烫，注意颈侧区域领口缝份需要打剪口。

6. 缝下摆

（1）衣面合侧缝：前、后衣片正面相对车缝侧缝，并将缝份分烫。

（2）缝下摆克夫：如图9－17所示，先扣折衣身门襟止口缝份，再将两层下摆克夫正面相对缝合下口；折进过面止口缝份，翻正下摆；压烫门襟止口。

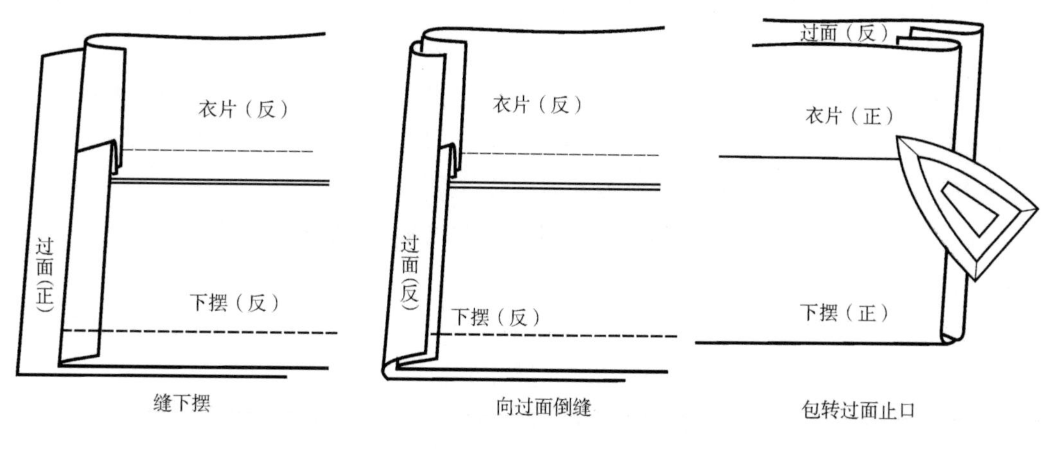

图9－17　缝下摆

7. 绱拉链

（1）绱拉链：拉链置于扣烫好的衣片和过面之间，门襟止口刚好盖没拉链齿扣，缉明线固定距衣片边缘0.8cm。初学者可以分两步操作，具体方法如图9－18所示。

（2）缉下摆克夫：下摆克夫上下缝口缉0.6cm明线。

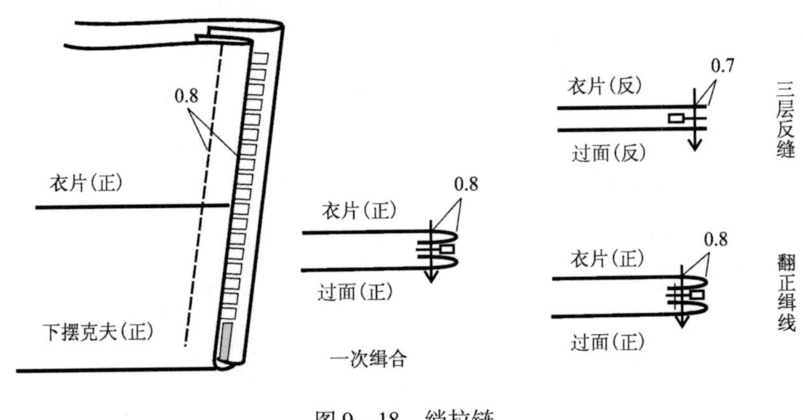

图9－18　绱拉链

8. 制作袖衩　袖衩缝制工艺如图9－19所示。

（1）合后袖缝：袖面的大小袖片正面相对车缝，顺缉袖衩上口至袖衩净线，重合倒回针；缝份倒向大袖，大小袖面正面朝上，距缝口0.6cm缉明线至开衩止点；袖里的大小袖片正面相对车缝，至开衩止点倒回针，开衩部分分别沿净线向两侧扣折。

（2）合袖衩：小袖面的衩口部分沿净线向反面扣折；缝好的袖面与袖里反面相对，分别从两侧翻出，车缝大袖与小袖的开衩部分，小袖衩口缝合0.8cm；压烫衩口折边，注意小袖衩口袖面反吐0.2cm。

（3）合前袖缝：袖面及袖里分别车缝前袖缝，袖面缝份分烫，袖里缝份倒向小袖。

9. 绱袖克夫

（1）固定袖褶：按照记号分别折叠并固定袖口里、面的袖褶，注意倒向相反。

（2）绱袖克夫：袖克夫面、里分别与袖口车缝，注意大袖折转处空一针不缝；袖面缝份倒向袖克夫，袖里的缝份倒向袖身。

（3）车袖克夫：从袖山处翻出袖口，袖克夫面、里正面相对车缝，缝份0.9cm。

（4）缉袖克夫：袖克夫翻至正面，压烫缝口，注意不能有坐势；袖克夫四周距外沿0.6cm缉缝，向上顺缉袖衩止口，注意与袖缝缉线对接。

缝制完成的袖克夫区域要求衩口平服，封口牢固，袖克夫平整，缉线美观。

10. 绱袖

（1）绱袖面：袖面与衣身袖窿正面相对，比齐对位点缝合；缝份倒向袖片，在袖山头区域缉0.6cm明线。

（2）绱左袖里：从右侧袖窿掏出左袖里与袖窿，两者正面相对，比齐对位点缝合；将左侧垫肩机缝固定在衣里肩部；局部固定肩头处的里与面缝份。

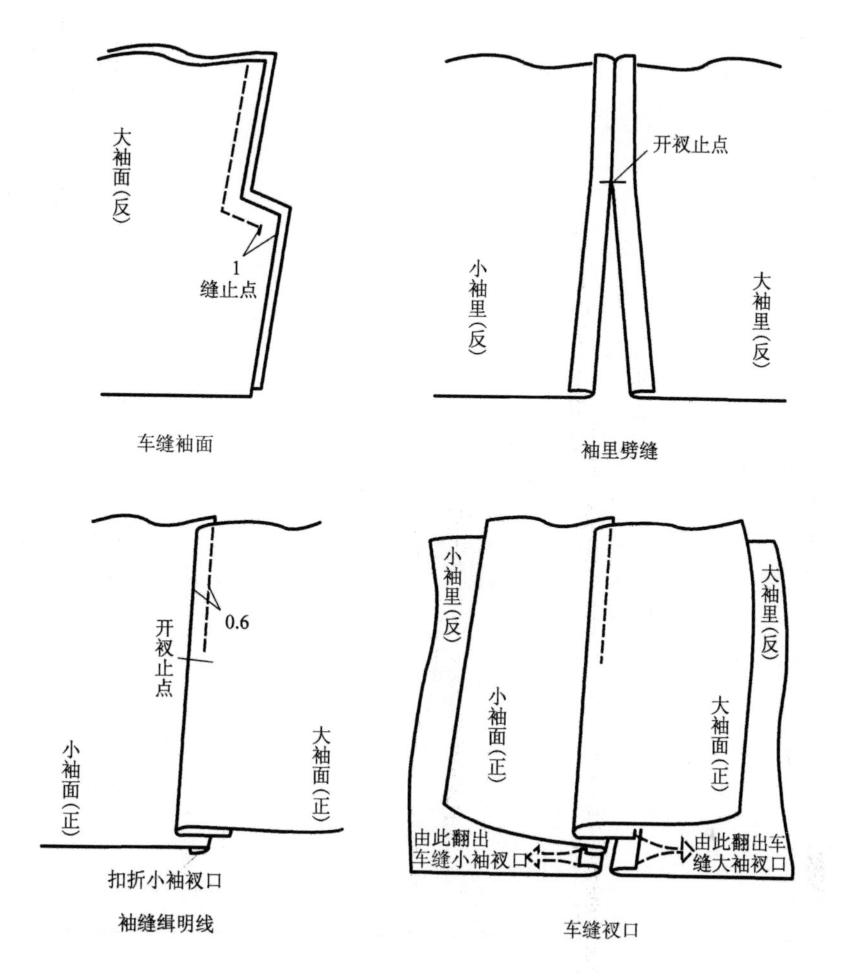

图 9－19　制作袖衩

（3）绱右袖里：从右侧里袋所留出口掏出右袖里与袖窿，与左袖相同的方法绱袖、固定垫肩、固定肩头缝份。

11. 封口　从袋口掏出袋布，在开口区域缉明线封口。

12. 锁眼、钉扣

（1）锁眼：按照记号在袖克夫上锁 2cm 大的扣眼。

（2）钉扣：袖克夫横向并列钉两粒扣，扣间距 3cm，里袋袋口中点各钉一粒扣；不需要线柱，四上四下直接缝钉牢固即可。

13. 整烫　铺平衣身，熨烫平整，注意里层不能烫出折痕。熨烫时，先烫一侧门襟，然后烫后片，转至另一侧前身，再烫袖身，最后垫上布馒头烫肩部及领部。

五、思考与实训

在规定时间内，按工艺要求完成夹克的裁剪与缝制，规格尺寸自定。工艺要求及评分标准见表 9－2。

表9-2 夹克工艺要求及评分标准

项目		工艺要求	分值
规格	衣长（L）	允许误差：±1.0cm	3
	袖长（SL）	允许误差：±0.8cm	3
	肩宽（S）	允许误差：±0.8cm	3
	胸围（B）	允许误差：±2.0cm	3
领	领子	平服，外口不反吐，明线整齐	8
	领尖	左右一致，误差不超过0.3cm	4
	绱领	绱领端正，领窝圆顺	3
袖	袖山	袖窿圆顺，袖山吃势均匀，前后一致	4
	袖底缝	顺直，平服	2
	袖克夫	袖衩平服，袖克夫平齐	6
	对称	袖子长短一致，对称部位无偏差	2
口袋	外袋	袋板整齐、对称，明线整齐，封结牢固	10
	里袋	嵌线宽窄一致，封结牢固，袋口不松懈	6
门襟	拉链	拉链直挺，开合顺畅，门襟止口平挺、长短一致，下摆底边平挺	10
衣身	肩缝	顺直，平服，左右长短一致	2
	侧缝	顺直，平服，左右长短一致	2
底摆		宽度一致，止口均匀	6
里子		各部位面、里相符，袖窿里有绷缝固定线	3
		过面与里子拼缝整齐，肩缝、侧缝平服	3
线迹		明暗线迹整齐、顺直、美观，无跳线、断线	5
钉扣		位置准确、牢固	2
整烫效果		平挺整洁，无光，里面松紧适宜	10

第三节 大衣缝制工艺

✲课前准备

• 材料准备

1. 面料

（1）面料选择：面料材质适合选择厚的毛呢织物、混纺织物或化纤类织物等。

（2）面料用量：幅宽144cm，用料长＝衣长＋袖长＋25～30cm，约为200cm。幅宽不同时，根据实际情况酌情加减面料用量。

2. 里料

（1）里料选择：与面料材质、色泽、厚度相匹配的里料。

（2）里料用量：幅宽144cm，用量为衣长＋袖长＋10cm，约为180cm。

3. 其他辅料

（1）衬料：幅宽 90cm 的有纺黏合衬，用量为衣长 +10cm，约为 120cm；幅宽 90cm 的无纺衬 50cm；直纱牵条约 500cm，斜纱牵条约 80cm。

（2）纽扣：2.5cm 纽扣 9 粒（备用 1 粒），材质及颜色与所用面料相符。

（3）垫肩：1.5cm 厚度的男式大衣垫肩 1 副。

（4）袖山条：针刺棉 6cm × 30cm。

（5）缝线：准备与使用布料颜色及材质相符的机缝线，打线丁用的白棉线少量。

（6）袋布：适量顺色涤棉布，也可用里料。

（7）打板纸：整张牛皮纸 5 张。

• 工具准备

备齐制图常用工具与制作常用工具。

• 知识准备

提前复习男装外套原型衣片结构（具体制图方法见第八章第三节男西服缝制工艺中的结构制图部分），复习本章第一节内容。

大衣是穿在最外层的服装，具有防风、防寒、防尘等功能，其造型相对宽松，款式变化体现在领型、袖型及口袋的变化组合。面料多选用毛呢类粗纺织物，质地厚实，保暖性好，颜色以深色居多。大衣缝制工艺精细，质量要求高，制作方法可参考男西服缝制工艺。

一、款式特征

该款大衣直腰身造型，衣长过膝，挂全里。戗驳领，双排六粒扣，左胸手巾袋，左右各一带盖挖袋，收腰省，后中分割，下摆开衩；圆装袖，袖中分割，袖口有装饰襻，钉扣一粒；各部位止口缉明线，如图 9－20 所示。

图 9－20　大衣款式图

二、结构制图

（一）制图规格

大衣制图规格尺寸见表9-3。

表9-3 大衣规格尺寸　　单位：cm

号/型	胸围（B）	衣长（L）	袖长（SL）	底领宽（a）	翻领宽（b）
170/88A	88+28（放松量）	112	55.5+5.5（放松量）	3.5	4.5

（二）大衣结构制图

大衣衣片结构，需要在如图8-50（a）所示的男装衣片原型的基础上进行调整，具体结构如图9-21所示。袖片结构如图9-22所示。

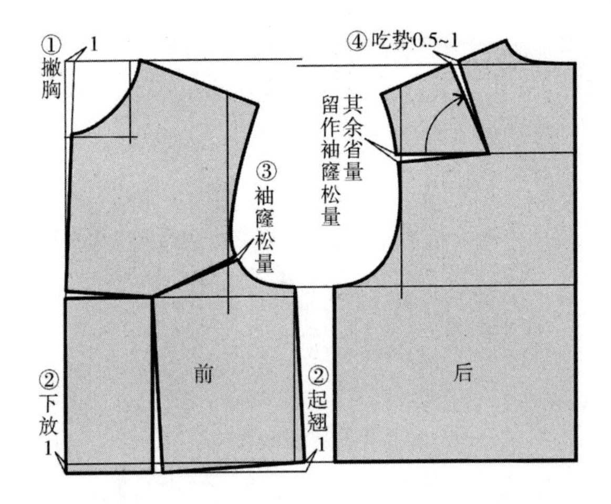

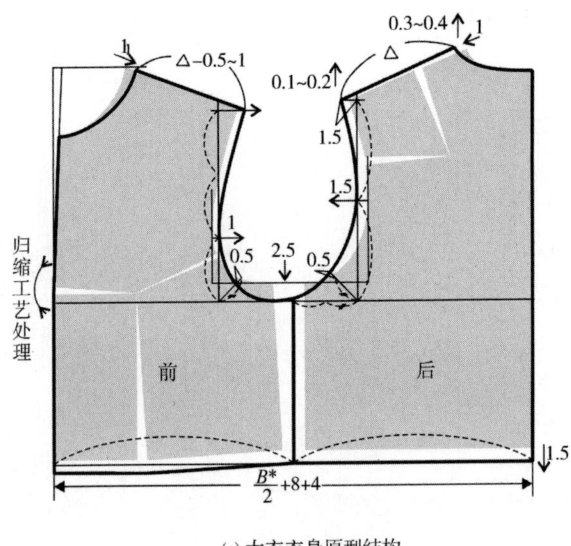

(a) 大衣衣身原型结构

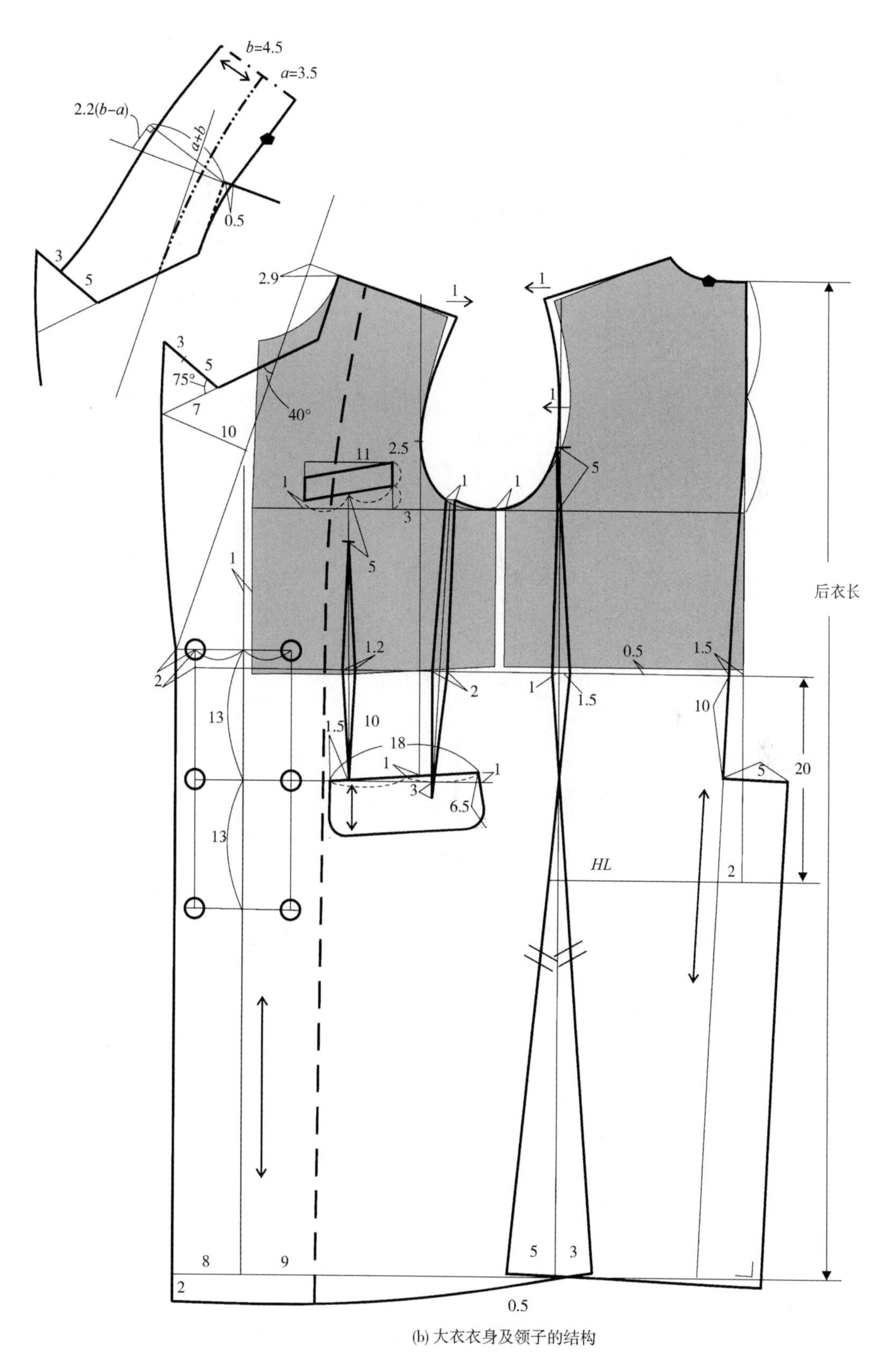

(b) 大衣衣身及领子的结构

图 9－21　大衣衣片结构图

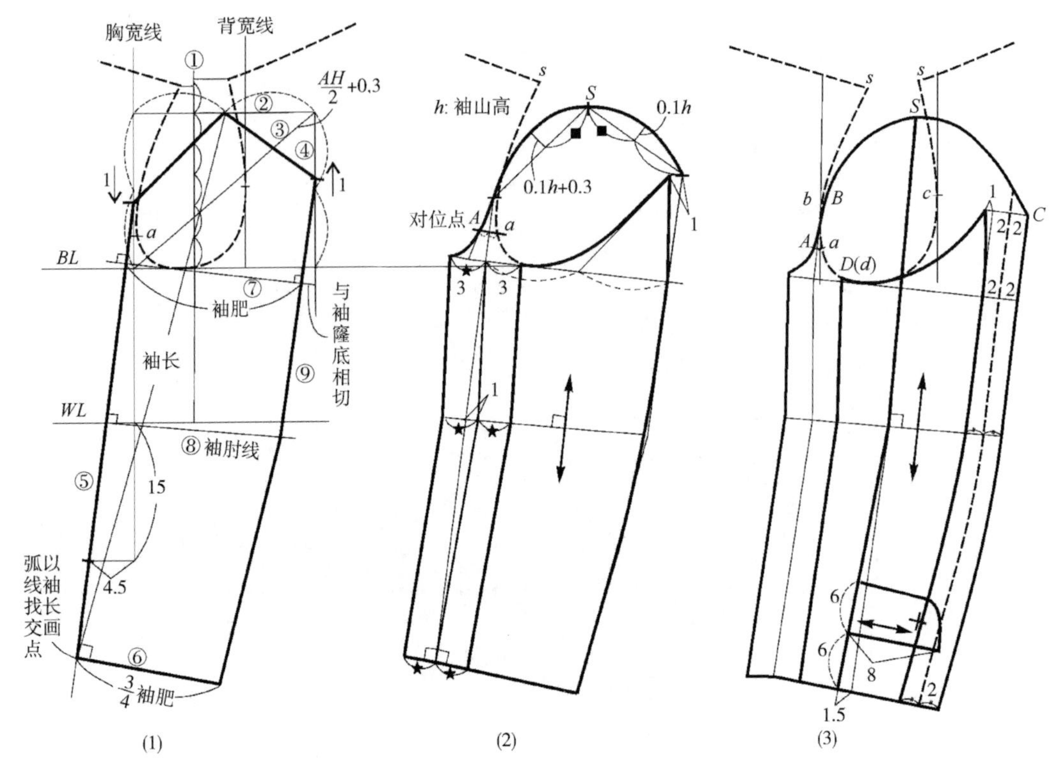

图9－22　大衣袖片结构图

三、缝制工艺流程

大衣缝制工艺流程，如图9－23所示。

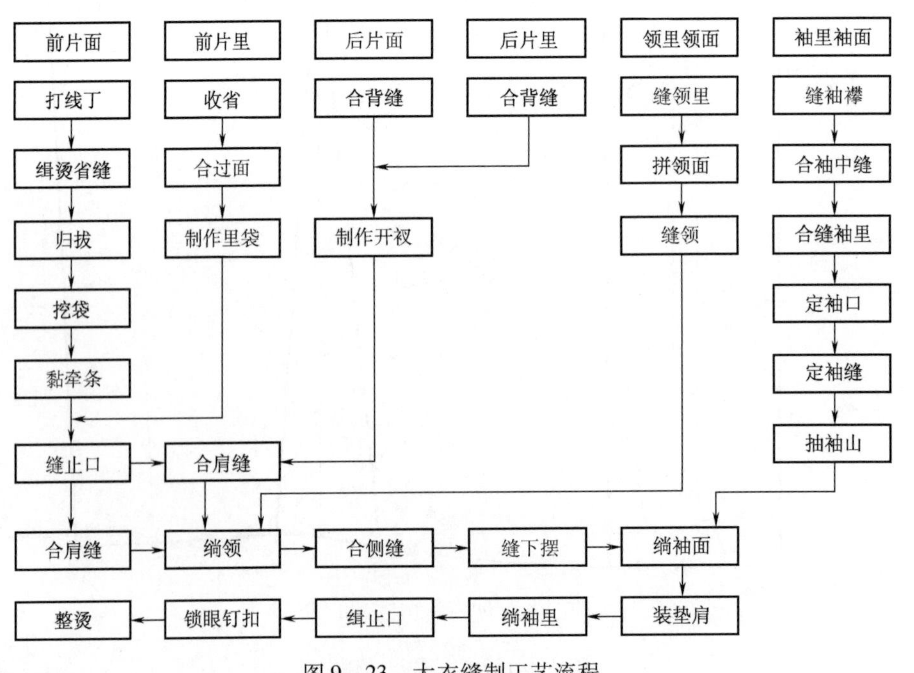

图9－23　大衣缝制工艺流程

四、工艺要求及评分标准

大衣缝制工艺要求及评分标准见表9－4。

表9－4　大衣工艺要求及评分标准

项目	工艺要求	分值
规格	允许误差：$N = \pm 0.6$cm；$B = \pm 2.0$cm；$S = \pm 0.6$cm；$L = \pm 1.5$cm；$SL = \pm 0.7$cm	15
领	领角对称，领面拼接顺直、线迹整齐、外口平薄，领里不反吐，绱领方法正确，位置准确	15
门、里襟	止口均匀，缉线顺直、不拧不训	15
袋	位置正确，大小符合规格，左右对称，袋盖窝服，无褶裥无毛露，袋布平服	15
袖	袖中缝、前后绱袖缝顺直，缉线整齐，袖襻左右对称	10
摆缝	侧缝缉线顺直，不吃不赶，底边翻折边宽度一致，缝口平服	5
开衩	开衩平服、顺直，不起吊	10
衣里	松紧适宜，平整服帖，线襻长度适中	5
整烫效果	平挺、整洁，无线头，无污渍，无极光	10

参考文献

［1］龙晋．服装缝制大全［M］．北京：中国青年出版社，1995.

［2］韩滨颖．现代时装缝制新工艺大全［M］．北京：中国轻工业出版社，1997.

［3］潘凝．服装手工工艺［M］.2 版．北京：高等教育出版社，2003.

［4］赵学舜．服装缝制工艺［M］．北京：高等教育出版社，1988.

［5］李青，徐雅琴，苏石民．服装制图与样板制作［M］．北京：中国纺织出版社，1999.

［6］张文斌．成衣工艺学［M］.3 版．北京：中国纺织出版社，2008.

［7］朱秀丽，鲍卫君．服装制作工艺基础篇［M］.2 版．北京：中国纺织出版社，2009.

［8］王革辉．服装材料学［M］.2 版．北京：中国纺织出版社，2010.

［9］朱文松．服装材料学［M］．北京：中国纺织出版社，1998.

［10］吕学海，杨奇军．服装工业制板［M］．北京：中国纺织出版社，2002.

［11］蒋金锐．图解服装裁剪缝纫技术诀窍［M］．北京：中国轻工业出版社，1997.

［12］中屋典子，三吉满智子．服装造型学：技术篇Ⅰ［M］．孙兆全，刘美华，金鲜英，译．北京：中国纺织出版社，2004.

［13］中屋典子，三吉满智子．服装造型学：技术篇Ⅱ［M］．刘美华，孙兆全，译．北京：中国纺织出版社，2004.

［14］文化服装学院．文化服饰大全：服饰造型讲座②［M］．张祖芳，等译．上海：东华大学出版社，2005.

［15］文化服装学院．文化服饰大全：服饰造型讲座④［M］．张祖芳，等译．上海：东华大学出版社，2005.

［16］蒋锡根．服装结构设计：服装母型裁剪法［M］．上海：上海科学技术出版社，1994.

附录　常用名词术语解释

1. 缝合、合、缉：都指用缝纫机缝合两层以上的裁片，俗称缉缝、缉线。一般在使用中“缝合”指暗缝，即在产品正面无线迹，“合”则是缝合的简易词；“缉”指明缝，即在产品正面有整齐的线迹。

2. 缝份：俗称缝头，指两层裁片缝合后被缝住的余份。

3. 缝口：两层裁片缝合后正面所呈现的痕迹。

4. 绱：亦称装，一般指部件安装到主件上的缝合过程。如绱（装）领、绱袖、绱腰头。安装辅件也称为绱或装，如绱拉链、绱松紧带等。

5. 分烫：亦称分缝，指缝合后，将缝份分向两边烫倒，压实。

6. 止口：止口指衣服或部件的边缘处，如门襟止口、领止口、袋盖止口等。

7. 吃势：亦称层势，“吃”指缝合时使衣片缩短；吃势指缩短的程度（量）。吃势分为两种：一是两衣片原来长度一致，缝合时因操作不当，造成一片长、一片短（即短片有了吃势），这是应避免的缝纫弊病；二是将两片长短略有差异的衣片，有意地将长衣片某个部位缩进一定尺寸，从而达到预期的造型效果。例如，圆装袖的袖山有吃势可使袖山顶丰满圆润；部件面布的角端有吃势可使部件面布的止口外吐，从正面看不到里布，还可使面布形成自然的窝势，不反翘，如袋盖两端圆角、翻领领角等处。

8. 里外匀：亦称里外容，指由于部件或部位的外层松、里层紧而形成的窝服形态。其缝制加工的过程称为里外匀工艺，如缝袋盖、驳头、领子等，都需要采用里外匀工艺。

9. 还（huan）口：指在缝制或熨烫过程中将衣片局部拉长变形，是一种弊病。缉缝时变形称拉还，熨烫时变形称烫还，亦称为烫训。

10. 链形：亦称裂形、扭形，指同一个缝纫部位需要两次缝合，由于没有注意调整，缝合布料时一层走得快，一层走得慢，两道缝线发生错位而出现斜波浪形。如缉夹克止口的双明线和使用骑缝法绱腰头时，都容易出现这种弊病。

11. 打剪口：亦称打眼刀、剪切口，“打”即剪的意思。例如在绱袖、绱领工艺中，为了使袖、领与衣片对位准确，在裁片边缘规定的部位剪 0.3cm 深的小三角缺口，作为定位标记，即称为打剪口。

12. 修剪止口：指将缝合后的缝边缝份剪窄，有修双边和修单边两种方法。其中修单边亦可称为修阶梯状，即两缝份宽窄不一致，一般宽的为 0.7cm、窄的为 0.4cm，质地疏松的面料可增加 0.2cm 宽度。

13. 褶裥与省：指根据体型或造型需要作出的折叠部分。折叠而不必缝合，定型或者不定型的称为褶裥；折叠并要缝合的称为省。例如前裤片的褶裥，后裤片的省，上衣的胸省、腰省等。

14. 回势：亦称还势，指被拔开部位的边缘处呈现出荷叶边形状。

15. 归：归即归拢，指将长度缩短的工艺，一般有归缝和归烫两种方法。裁片被归烫的部位，靠近边缘处出现弧形绺，被称为余势。

16. 拔：拔即拔长、拔开，指将平面拉长或拉宽。例如后背肩胛处的拔长、裤子的拔裆、臀部的拔宽等，都可以采用拔烫的方法。

17. 推：推是归或拔的继续，指将裁片归的余势、拔的回势推向人体相对应凸起或凹进的位置。

18. 推门：将平面前衣片收省，再经过熨斗热塑变形或定型，即用“归、拔、推”的方法，使衣片更符合人的体型。

19. 外弹：一般指有意将面料丝绺偏出，以防回缩。例如前身中腰处的丝绺向止口方向偏出，使门襟止口部位的丝绺正直。

20. 起壳：指面料与衬料不贴合，即里外层不相融。

21. 封结：指在口袋或各种开衩、开口处用回针的方法进行加固，有平缝机封结、手工封结及专用机封结等。

22. 极光：熨烫时裁片或成衣下面的垫布太硬或无水布盖烫而产生的亮光。

23. 烫煞：亦称烫实，指被熨烫的部位非常平薄，或将折缝烫定型。

24. 烫散：指向周围推开熨烫平服。

25. 止口反吐：指将两层裁片缝合并翻出后，里布止口超出面布止口。

26. 起吊：指使衣缝皱缩、上提，或成衣面、里不符，里子偏短引起的衣面上吊、不平服。

27. 胖势：亦称凸势，指服装该突出的部位胖处，使之圆顺、饱满。例如上衣的胸部、裤子的臀部等，都需要有适当的胖势。

28. 吸势：亦称胁势、凹势，指服装该凹进的部位吸收。例如西服上衣腰围处、裤子后裆以下的大腿根部位等，都需要有适当的胁势。

29. 戤势：指人体手臂处于下垂静止状态时，上衣前、后袖窿两侧隆起的部分。这是为了适应人体手臂前后、上下和左右活动需要而留出的宽松量。

30. 翘势：主要指小肩宽外端略向上翘。

31. 圆势：根据造型要求制成圆形的部件、部位，如圆角领、圆角贴袋、圆角门襟等。

32. 坐势：亦称坐缝，指两层裁片缝合并翻出后，衣缝没有翻足，还有一部分卷缩在里面。

33. 弯势：主要指袖肘部位略向前弯曲的形态。

34. 窝势：多指部件或部位由于采用里外匀工艺，呈正面略凸、反面凹进的形态。与之相反的形态称反翘，是缝制工艺中的弊病。

35. 划：指用铅笔或划粉在裁片上划线作对位标记。

36. 圆顺：指衣片轮廓线、缝合线迹流畅自然，无折角。

37. 圆登：一般指圆装袖的袖山圆顺，后袖缝有戤势。

38. 方登：一般指后背的戤势，表示戤势足，活动方便、美观大方。

39. 耳朵皮：指西服上衣或大衣的过面上带有像耳朵状的面料，可有圆弧形和方角形两类。方耳朵皮需与衣里拼缝后再与过面拼缝；圆弧耳朵皮则是与过面连裁，滚边后搭缝在衣里上。西服里袋开在耳朵皮上。

40. 毛露：或称毛出，指因漏针或衣片边缘纱线未被缝进，致使毛边外露。

41. 毛漏：毛露或漏针的通称。漏针指缝合时某些部位未被缝到。毛漏是缝制工艺中的大忌。

42. 针印：或称针花，指缝针的印迹。

43. 水印花：指盖水布熨烫不匀或喷水不匀，出现水渍。

44. 包缝：亦称锁边、拷边、码边，指用包缝线迹将裁片毛边包光，使织物纱线不脱散。

45. 针迹：指缝针刺穿缝料时，在缝料上形成的针眼。

46. 线迹：指在缝制物上两个相邻针眼之间的缝线迹。

47. 双轨：指缝合时由于接线未对齐，只需一道线迹的部位成为双道线迹，也是缝制工艺中的一种弊病。

48. 缝型：指一定数量的缝料在缝制过程中的配置形态，即缝料间的层次与位置关系。

49. 缝迹密度：指在规定单位长度内的线迹数，也称针脚密度。

50. 塑型：指将裁片加工成所需要的形态。

51. 定型：指使裁片或成衣形态具有一定的稳定性的工艺过程。

52. 缺嘴：指领角和驳角之间的开口。

53. 眼皮：指衣片里子边缘缝合后，止口能被掀起的部分。例如带夹里的衣服底边、袖口等处都应留眼皮，但在衣服表面缝口处出现眼皮则是弊病。

54. 捋挺：一般指用手指轻轻地推平整理。

55. 敷衬：指在前衣片上敷胸衬，使衣片与衬面贴合一致，并保持衣片丝缕顺直。

56. 敷：指将牵条绷缝或黏贴于裁片边缘部位的工艺。在新工艺中多采用黏合衬牵条。

57. 磨烫：指用力多次往返熨烫。

58. 烘烫：指熨斗悬空不直接接触织物，用传温方式进行熨烫。

59. 起烫：指消除极光的一种熨烫技法。需在有极光处盖水布，用热熨斗高温快速轻轻熨烫，趁水分未干时揭去水布使其自然晾干。